国家社会科学基金重大项目(21ZDA011)成果

华东师范大学人文社会科学精品力作培育项目

(2024ECNU-JP005)资助

国家社科基金丛书
GUOJIA SHEKE JIJIN CONGSHU

综合性国家科学中心
和区域性创新高地
布局建设研究

Spatial Layout of Comprehensive National Science Centers
and Regional Innovation Hubs

刘承良 著

人民出版社

策划编辑：郑海燕
责任编辑：郑海燕
封面设计：石笑梦
版式设计：胡欣欣
责任校对：周晓东

图书在版编目（CIP）数据

综合性国家科学中心和区域性创新高地布局建设研究 /
刘承良著. -- 北京 ： 人民出版社，2025. 5. -- ISBN 978 -
7 - 01 - 027092 - 0

Ⅰ. G311

中国国家版本馆 CIP 数据核字第 2025HD0842 号

综合性国家科学中心和区域性创新高地布局建设研究
ZONGHEXING GUOJIA KEXUE ZHONGXIN HE
QUYUXING CHUANGXIN GAODI BUJU JIANSHE YANJIU

刘承良　著

人民出版社 出版发行
（100706　北京市东城区隆福寺街 99 号）

中煤（北京）印务有限公司印刷　新华书店经销

2025 年 5 月第 1 版　2025 年 5 月北京第 1 次印刷
开本：710 毫米×1000 毫米 1/16　印张：42.5
字数：618 千字

ISBN 978 - 7 - 01 - 027092 - 0　定价：216.00 元

邮购地址 100706　北京市东城区隆福寺街 99 号
人民东方图书销售中心　电话 （010）65250042　65289539

前　言

　　科技创新中心既是创新资源的集聚地、创新活动的策源地,也是全球地方创新网络的枢纽地。随着科技全球化和区域创新网络化的加速推进,积极谋划建设科技创新中心日益成为世界诸多国家应对新一轮科技革命和产业变革、增强国家战略竞争力的重要抓手。

　　当前,世界主要科技强国纷纷通过布局国家科学中心、区域技术中心等不同等级和类型的科技创新中心,以优化科技资源配置和产业创新布局,进而构筑全球战略竞争优势。2016 年,《国家创新驱动发展战略纲要》明确提出了2050 年"努力成为世界主要科学中心和创新高地"的世界科技强国建设目标。党的十九届五中全会指明,"布局建设综合性国家科学中心和区域性创新高地,支持北京、上海、粤港澳大湾区形成国际科技创新中心",这既是我国建设世界科技强国的内在要求,也是实现创新驱动发展战略的必然选择。

　　随着创新驱动发展战略的深入推进,我国国家创新体系日益优化,区域创新生态逐步改善,科技创新中心快速崛起。但与世界科技强国相比,我国科技创新中心体系布局建设仍然面临科技资源配置不均衡、创新要素流动不充分、战略科技力量定位不清晰、协同创新发展不强劲等诸多现实难题。解决问题的关键是"尊重科技创新的区域集聚规律""因地制宜探索差异化策略和非对称路径"。正如习近平总书记所强调的,科技布局既要注重全面布局,也要讲究重点突破、非对称发展,要"支持有条件的地方建设综合性国家科学中心或区域科技创新中心"。党的十九大提出,全面推进国家创新型城市建设,"加快建设创新型国家"。党的二十大明确提出"统筹推进国际科技创新中心、区域科技创新中心建设""优化国家科研机构、高水平研究型大学、科技领军企业定位和布局"。党的二十届三中全会强调"健全因地制宜发展新质生产力体制机制"。这一系列战略部署为我国综合性国家科学中心和区域性创新高地布局建设提供了基本遵循、指明了总体方向。

近年,上海张江、安徽合肥、北京怀柔、粤港澳大湾区及陕西西安等五大综合性国家科学中心相继获批建设,沪嘉杭 G60 科技创新走廊、广深科技创新走廊等区域性创新高地不断涌现。有关综合性国家科学中心和区域性创新高地布局建设研究引起了政界和学界的广泛重视,形成了一些可供借鉴的理论框架和较为丰富的实践经验。然而,综合性国家科学中心和区域性创新高地的科学内涵、空间布局、功能定位、协同发展路径等科学问题尚未明晰。两者的基本内涵是什么,有何区别和联系? 两者如何科学布局,形成梯次联动格局? 如何充分发挥两者的主导功能和集散效能,实现功能互补? 如何促进两者协同有序发展,实现高质量协同创新? 以上核心问题成为当前亟待破解的关键议题。

为此,本书系统梳理了综合性国家科学中心和区域性创新高地的科学内涵和理论基础,初步建构了综合性国家科学中心和区域性创新高地协同布局的理论框架。全面梳理了国内外典型科学中心和创新高地的发展模式,比较分析了综合性国家科学中心和区域性创新高地的建设潜力及其城际差异,前瞻性地擘画了综合性国家科学中心和区域性创新高地的总体空间布局和创新集群分布,科学界定了综合性国家科学中心和区域性创新高地的功能角色定位和比较优势领域,针对性地提出了综合性国家科学中心和区域性创新高地协同发展的基本方略和政策措施。全书以扎实的理论基础和丰富的实证研究为支撑,既可为科技创新中心和国家科技创新体系的理论深化贡献学理支撑,也能为综合性国家科学中心和区域性创新高地的协同布局提供决策支持。

　　本书是本人主持的"研究阐释党的十九届五中全会精神"国家社会科学基金重大项目"综合性国家科学中心和区域性创新高地布局建设研究"的最终成果。在撰写过程中,得到了很多专家、同人和学生的帮助和支持。特别感谢华东师范大学全球创新与发展研究院院长杜德斌教授和五位子课题负责人(华东师范大学谷人旭教授、华南师范大学方远平教授、安徽大学胡艳教授、武汉大学范斐教授、中国科学院地理科学与资源研究所马海涛研究员)的指导和支持!尤其感谢我的研究生团队所付出的辛勤劳动和无私奉献!其中,博士毕业生毛炜圣(江西师范大学)、李源(中国民航科学技术研究院)、王帮娟(华南师范大学)分别协助完成了第四章、第六章和第一章的数据处理、资料整理、图表制作和初步分析工作;在读博士生林剑铬、朴俊先、王涛分别承担了第五章、第二章和第一章的资料收集整理和初稿撰写工作;硕士毕业生刘通、孙舒琦分别参与了第三章、第七章的资料整理和数据分析工作;硕士毕业生王杰、刘向杰、罗雪承担了部分数据收集工作;在读博士生黄雨珊、罗雪瑶和在读硕士生刘可心协助进行了文字校对。此外,感谢人民出版社郑海燕主任的辛勤工作和认真编审,使本书得以顺利完成。

　　本书成稿过程中,参考引用了许多学者的研究成果,这些成果基本一一列出,但仍恐有挂一漏万之处,诚请相关作者多加包涵。由于研究对象较新,相关理论仍在不断发展,加上成书时间仓促,作者能力水平有限,书中不足之处在所难免,恳请广大同人和读者批评指正!

2025 年 2 月于丽娃河畔地理馆

目　　录

绪　　论

21世纪,全球科技创新进入前所未有的密集活跃期,新一轮科技革命和产业变革正在加速重构全球创新版图和世界政治经济结构,知识和技术创新能力成为国家提升综合实力、参与全球竞争合作的新焦点(王云等,2020)[①]。面对纷繁复杂的国际局势和新发展阶段的艰巨任务,模仿创新、跟跑式创新的道路在中国已然行不通,当下必须着力增强自主创新能力,夯实基础创新研究,突破关键核心技术桎梏,提升引领性创新能力(吕拉昌等,2023)[②]。基于此,以国家战略需求为导向的综合性国家科学中心和区域性创新高地成为解决国家"卡脖子"技术难题、支撑国家创新体系、推动创新驱动发展的核心空间载体和关键政策抓手。

习近平总书记指出:"要支持有条件的地方建设综合性国家科学中心或区域科技创新中心,使之成为世界科学前沿领域和新兴产业技术创新、全球科技创新要素的汇聚地"[③]。近年,国家接连批复上海张江、安徽合肥、北京怀柔、粤港澳大湾区和陕西西安五大综合性国家科学中心,布局北京中关村科技园、沪嘉杭G60科技创新走廊、广深科技创新走廊、武汉东湖新技术开发区等

---

① 王云、杨宇、刘毅:《粤港澳大湾区建设国际科技创新中心的全球视野与理论模式》,《地理研究》2020年第9期。
② 吕拉昌、赵彩云、冉丹、马铭晨:《中国综合性国家科学中心研究进展与展望》,《科学管理研究》2023年第1期。
③ 《习近平著作选读》第二卷,人民出版社2023年版,第472页。

区域性创新高地,充分体现了综合性国家科学中心及区域性创新高地在新发展阶段肩负的重大科技使命和突出战略地位。

然而,当前各界对综合性国家科学中心和区域性创新高地的概念内涵、空间布局、建设路径和区域协同机制等存在争议,综合性国家科学中心和区域性创新高地的布局建设方案尚未明晰。如何科学合理布局综合性国家科学中心和区域性创新高地,形成梯次联动格局?如何充分发挥综合性国家科学中心和区域性创新高地的主导功能和集散效能,实现功能协同互补?如何促进综合性国家科学中心和区域性创新高地高效协同发展,实现高质量协同创新?以上核心问题尚未得到系统而深入的解答。

因此,本书力图系统提炼综合性国家科学中心和区域性创新高地的科学内涵和理论框架,全面梳理中外典型科学中心和创新高地布局建设的发展模式,动态刻画中国战略科技力量和核心创新要素的空间集聚规律,科学擘画综合性国家科学中心和区域性创新高地的空间布局、功能定位及协同发展路径,以期丰富和完善科技地理与创新治理的理论体系,主动服务国家创新体系布局建设。

第一节　研究背景及意义

一、研究背景

当前,全球科技竞争日趋激烈,科技创新成为推动经济增长和社会进步的关键驱动力。综合性国家科学中心和区域性创新高地建设,成为国家深度融入全球创新网络、实现科技自立自强、完善国家创新体系的战略性举措。

(一)科技全球化推动全球创新网络加速演进

在科技全球化背景下,创新资源和要素不断突破地理和组织边界,在全球范围内高速而广泛流动,全球创新版图加速重塑,出现系统性东移,形成错综复杂的全球创新枢纽——网络化态势(刘承良和闫姗姗,2022)①。面向全球的开放创新成为国家利用外部创新资源、增强自身创新能力的重要途径。近年来,中国不断加强自身科技创新实力,积极实施开放创新政策,主动融入全球创新网络。在此背景下,综合性国家科学中心和区域性创新高地成为中国深度融入全球创新网络的重要门户和桥梁。

作为国家参与全球创新网络的重要支点,科学中心和创新高地承担着多重角色和重要功能。一是,作为全球高端创新要素的集聚地,综合性国家科学中心和区域性创新高地吸引了大量高素质人才和高科技企业,搭建了众多先进的创新基础设施,发展成为创新成果孕育和孵化的区域创新集群,成为世界前沿颠覆式技术重要的发展源泉。二是,作为国际科技交流合作的热点区域,综合性国家科学中心和区域性创新高地吸纳了世界各地的顶尖科研机构、科技"引擎"企业、一流大学等战略科技力量。科研人才得以依托前沿科技交流平台开展国际科技合作、共享研究设备及资源、开展前沿技术交流,从而促进科学成果的共享和传播,为全球创新网络深化带来发展机遇。三是,作为区域创新增长和技术发展的引领者,综合性国家科学中心和区域性创新高地通过引领前沿技术研究和应用,促进技术进步和产业升级。一方面,综合性国家科学中心和区域性创新高地通过带动相关产业发展,推动经济增长和就业增加,使其成为全球创新网络中的重要经济"引擎";另一方面,综合性国家科学中心和区域性创新高地通过塑造跨国知识合作共享新模式,加快科技成果的传播和应用,促进全球创新网络的协同发展。因此,作为全球创新网络的核心枢纽,综合性国家科学中心和区域性创新高地发挥着集聚创新资源、促进科技交流合作、引领技术创新和推动经济增长等重要功能,进而促进科技创新跨越式发展。

---

① 刘承良、闫姗姗:《中国跨国城际技术通道的空间演化及其影响因素》,《地理学报》2022年第2期。

(二) 科技创新成为高质量发展的核心支撑力

科技是历史的杠杆,是大国竞争的制高点,决定了国家安全和经济命脉,是我国实现高质量发展的核心支撑和参与国际竞争合作的重要手段。当前,中国经济进入新常态,国内存在经济下行压力,国外面临复杂的国际局势,科技创新成为驱动经济高质量发展的核心支撑力。一方面,以低成本资源和要素投入形成的驱动力明显减弱,国家实现可持续发展亟须从资源和要素投入转向效率提升和创新驱动,通过持续高水平的科技创新为经济发展打造强大引擎(李志遂等,2020)[①]。另一方面,新一轮科技革命愈演愈烈,大国围绕关键核心技术的竞争日益激烈,我国在芯片、工业机器人、航空发动机、人工智能等领域面临核心技术难题(施锦诚等,2024)[②],对我国的经济高质量发展形成掣肘,亟待实现科技自立自强。

综合性国家科学中心和区域性创新高地是中国实现科技自立自强和经济高质量发展的战略性空间载体。鉴于技术边界的逐渐模糊化,许多重大科学技术的发现和创造不再依赖于单一技术,技术汇聚逐渐成为现代科学技术发展的重要推动力量(张琳等,2021)[③]。因此,党的十九届五中全会明确指出,牢牢掌握关键核心技术在手中的重中之重在于:"要充分发挥举国体制优势,布局建设综合性国家科学中心和区域性创新高地,完善国家创新体系,强化战略科技力量,实现科技自立自强"。当下,亟须通过建设科技创新的新型举国体制,加快布局建设综合性国家科学中心和区域性创新高地,加快推进关键核

---

① 李志遂、刘志成:《推动综合性国家科学中心建设增强国家战略科技力量》,《宏观经济管理》2020 年第 4 期。

② 施锦诚、朱凌、王迎春:《会聚视角下关键核心技术研发特征与突破路径》,《科学学研究》2024 年第 3 期。

③ 张琳、彭玉杰、杜会英、黄颖:《技术会聚:内涵、现状与测度——兼论与学科交叉的关系》,《图书情报工作》2021 年第 1 期。

心技术突破(杜传忠,2023)①,打通科学研究的堵点、实现原始创新,进而实现科技自立自强和创新驱动发展目标。

(三) 国家创新体系的布局建设尚未完备

"大科学"时代,举国合力创新成为国家及地方避免路径锁定,提升整体科技竞争实力的重要手段。自《国家中长期科学和技术发展规划纲要(2006—2020 年)》于 2006 年颁布以来,中国开启了统筹建设国家创新体系的重点任务。随后,国家颁布了一系列科技发展空间规划,进一步对国家创新体系建设提供指引。当前,我国的创新空间体系初步形成,打造了一批面向全球、国家和区域不同层级的科技创新中心,并显著提升了国家和地方的区域创新能力。但我国的创新空间体系仍存在区域协同不充分、发展特色不明显、梯次联动不强劲等问题,有待优化重构。

综合性国家科学中心和区域性创新高地是国家创新体系化布局的战略枢纽,对于推进科技创新资源配置、基础科学和关键技术集成攻关、科技自立自强、国家创新治理体系现代化具有重要战略意义。近年来,国家先后统筹规划布局了上海张江、合肥、北京怀柔、粤港澳大湾区和西安五大综合性国家科学中心,涌现出北京中关村科技园、沪嘉杭 G60 科技创新走廊、广深科技创新走廊、武汉东湖新技术开发区、重庆两江新区等一批区域性创新高地。基础研究能力得以加强,产学研联动越发通畅,区域创新能力明显提高。然而,仍面临一些突出问题和现实难题。一方面,空间布局不够合理。综合性国家科学中心数量偏少,高度集中于东部沿海,而区域性创新高地布局缺乏统筹,科技力量配置不均衡(崔宏轶和张超,2020)②,区域差异显著(贾中华和张喜玲,2020)③,各地争创

———————

① 杜传忠:《关键核心技术创新视角下的科技创新新型举国体制及其构建》,《求索》2023年第 2 期。

② 崔宏轶、张超:《综合性国家科学中心科学资源配置研究》,《经济体制改革》2020 年第 2 期。

③ 贾中华、张喜玲:《高水平推动综合性国家科学中心建设研究》,《中国发展》2020 年第 5 期。

存在"一哄而上"隐患。如何尊重区域创新集聚规律,优化战略科技力量空间配置成为棘手难题。另一方面,功能分工不够明确。综合性国家科学中心前沿领域有所重复,学科交叉特性有待增强,区域性创新高地规模效应不突出,技术特色不明显,区域发展定位不明晰(叶茂等,2018)①,亟须优化战略科技力量功能定位和分工,坚持差异化发展路径。

二、研究意义

综合性国家科学中心和区域性创新高地是国家创新体系的重要载体,其科学研究涉及经济学、管理学、地理学等多学科,对其布局和建设进行集成研究对于丰富和完善创新枢纽的理论体系、促进多学科交叉融合具有重要的理论意义。同时,作为创新增长极,综合性国家科学中心和区域性创新高地是经由国际复杂竞争形势研判后统筹国家科技安全和发展布局的重要力量,是中国由"跟跑"向"并行"乃至"引领"角色转变、实现世界性科技强国建设的关键支撑。其布局建设将有助于提升国家创新发展驱动力,对中国参与全球前沿技术研发和实现新发展格局具有重要现实意义(吕拉昌等,2023)。

(一)理论意义

综合性国家科学中心和区域性创新高地布局建设研究是创新地理学、科技管理学和创新经济学等多学科理论的融合和发展,对建设具有中国特色的国家创新体系理论、健全科学中心和创新高地布局规划理论、完善区域创新协同发展理论具有十分重要的作用。

1. 丰富和发展具有中国特色的国家创新体系理论

鉴于知识技术创新的复杂性和根植性等特点,融合科技创新理论、创新系统理论、创新型城市理论和产业集群理论等跨学科理论及复杂性科学、网络科

---

① 叶茂、江洪、郭文娟、龚琴:《综合性国家科学中心建设的经验与启示——以上海张江、合肥为例》,《科学管理研究》2018 年第 4 期。

学、地理信息科学等多学科方法，系统梳理综合性国家科学中心和区域性创新高地的科学内涵和理论框架，揭示科技创新活动的空间集聚和扩散规律，刻画不同创新主体的空间集聚和互动机制，可丰富和完善具有中国特色的国家创新体系理论体系。

2. 完善科学中心和创新高地布局规划理论

面向"双循环"新发展格局，深化科技全球化、创新型城市、创新空间规划等理论认识，梳理不同国家和地区在科学中心和创新高地建设方面的成功经验和教训，提炼综合性国家科学中心和区域性创新高地空间布局和功能定位的基本原则及方案，探索综合性国家科学中心、区域性创新高地与区域经济协同发展理论，可为科技创新地理学和复杂创新系统理论的发展提供新的理论支撑，进而丰富和完善创新枢纽——网络的布局规划理论体系。

3. 完善科学中心和创新高地协同创新发展理论框架

综合复杂性科学、网络科学及地理信息科学等多学科理论方法，深入挖掘战略科技力量和创新要素的空间集聚规律及知识图谱演进趋势，揭示创新主客体耦合作用的非线性机制及协同发展特征，从复杂网络视角深入理解国家创新体系中的科技创新时空复杂性和协同创新机制，可补充和完善已有协同发展理论和区域创新系统理论。

（二）现实意义

综合性国家科学中心和区域性创新高地布局建设研究对中国实现科技强国建设具有重要的实践意义，可为中国实施创新驱动发展战略和实现高水平科技自立自强提供根本遵循和行动指南。

1. 为综合性国家科学中心和区域性创新高地战略性布局建设提供前沿经验指导

全面整理典型科技强国有关科学中心和创新高地布局建设的发展模式，总结国家（区域）创新体系和科技创新中心建设的成功经验和教训，全面评价综合性国家科学中心和区域性创新高地建设基础,厘清综合性国家科学中心和区域性创新高地发展的核心问题及成因机制,据此提出不同梯次综合性国家科学中心和区域性创新高地的功能布局优化路径,可为中国完善综合性国家科学中心和区域性创新高地布局、加快建设世界级科学中心和创新高地提供先验知识指导。

2. 为促进综合性国家科学中心和区域性创新高地协同发展提供科学指引

深入刻画综合性国家科学中心和区域性创新高地协同发展格局,明晰综合性国家科学中心、区域性创新高地、区域经济之间协同发展面临的关键性难题,针对性地提出综合性国家科学中心和区域性创新高地主体—空间—功能三维协同发展路径,形成综合性国家科学中心和区域性创新高地协同发展的根本遵循和行动指南,为实现综合性国家科学中心和区域性创新高地高质量发展,推动国家创新驱动发展提供科学依据和政策指引。

3. 为完善国家创新体系布局和提升创新治理效能提供决策参考

系统梳理国内外科技管理与创新治理的政策工具,深入研究不同国家和地区的创新政策和发展规划适用性,针对综合性国家科学中心和区域性创新高地的政策治理目标和需求,从财税、金融、人才、创新环境等方面制定一揽子保障性政策建议,可为提升国家创新体系整体效能、优化国家创新体系布局、建设开放式创新生态提供政策借鉴和决策依据。

第二节　研究目标及思路

一、研究目标

(一)总体目标

融合科学理论和现实基础,构建综合性国家科学中心和区域性创新高地的理论框架,提出综合性国家科学中心和区域性创新高地的功能布局方案和协同发展路径,以发展国家创新体系相关理论,提升国家创新体系治理效能(见图0-1)。

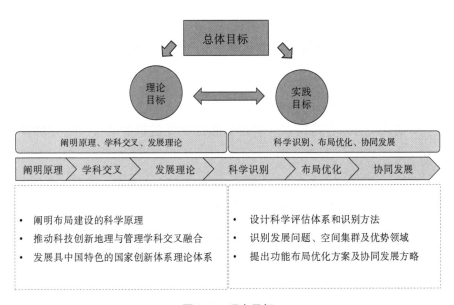

图0-1　研究目标

资料来源:笔者自绘。

1. 理论研究目标

以强化国家战略科技力量为导向、完善国家(区域)创新体系为目标,融合国家(区域)创新体系理论、创新生态系统理论、科技创新中心理论、全球创新网络理论等相关理论,系统揭示综合性国家科学中心和区域性创新高地布局建设的科学原理,以补充和完善具有中国自主特色的国家创新体系理论体系。

2. 实践发展目标

通过深入挖掘综合性国家科学中心和区域性创新高地布局建设的主要问题和关键成因,在精准识别不同类型战略科技力量的空间集群和优势领域的基础上,科学优化综合性国家科学中心和区域性创新高地的功能布局和协同发展策略,以优化国家创新体系布局。

(二)分项目标

理论层面,整合跨学科研究进展,深化国家创新体系的理论体系,促进科技地理、科技治理、技术管理、创新经济等学科的交叉融合。实践层面,设计科学评估体系和识别方法,精准研判战略科技力量和创新要素的空间集群和优势领域,优化综合性国家科学中心和区域性创新高地的空间布局和功能定位,为建设科技强国提供关键支撑和行动指南。

1. 系统阐明综合性国家科学中心和区域性创新高地布局建设的科学原理

系统梳理国内外有关国家(区域)创新体系、科学中心和创新高地等学术研究的知识图谱、理论基础、发展脉络及前沿进展。科学辨析综合性国家科学中心和区域性创新高地等不同创新空间的相关概念,系统阐释综合性国家科学中心和区域性创新高地的基本内涵、核心功能、等级层次及创新能级。从系统—环境视角,建构二者协同发展的要素—结构—功能—演化—协同的理论框架。

从而促进创新经济学、科技管理学、创新地理学、科技政策学等多学科的综合和交叉,推动具有中国语境的国家创新体系理论发展深化及相关学科交叉生长,为中国提升创新驱动发展动能,优化国家创新体系布局,实现科技自立自强提供学理支撑。

2. 精准识别综合性国家科学中心和区域性创新高地的空间集群及优势领域

(1)构建发展评估体系,科学发掘综合性国家科学中心和区域性创新高地布局建设的关键问题及主要原因,为综合性国家科学中心和区域性创新高地问题诊断及布局规划提供方法支撑。基于演化经济地理视角,揭示综合性国家科学中心和区域性创新高地主客体要素及其环境系统的时空演化过程,定量测度综合性国家科学中心和区域性创新高地的发展态势,从主体功能、基础设施、资源禀赋和创新生态四个方面,构建多维度科学中心和创新高地城市发展评估体系,系统梳理主要综合性国家科学中心和区域性创新高地的发展现状及其协同发展态势。比较分析和动态揭示不同层级综合性国家科学中心和区域性创新高地布局建设及协同发展面临的核心问题及其主要成因。

(2)运用地理信息系统(GIS)和知识图谱技术,科学识别战略科技力量和创新要素的空间集群和优势领域,为综合性国家科学中心和区域性创新高地的空间布局和功能定位优化提供技术支持。建立综合性国家科学中心和区域性创新高地的主体、客体、环境三个维度评价指标体系,揭示不同创新主体、资源、环境等要素的空间格局及其主要问题,全面刻画主要战略科技力量的空间格局及其优势学科和关键技术领域,系统性擘画综合性国家科学中心和区域性创新高地的空间布局、功能定位、发展方向和建设重点。

3. 系统构建综合性国家科学中心和区域性创新高地的数据库和资料库

(1)构建时空动态数据库。运用地理实体—联系模型,利用地理信息系统空间分析技术,从多维度、多尺度、多主体、多客体和多要素视角构建综合性国家科学中心和区域性创新高地发展的时空数据库,包括不同类型的战略科技力量、科技创新要素、科技创新主体及不同等级的科技创新中心。

(2)分类汇编资料文献。通过智能分类、文献理论分析,分类建档相关海量电子文献和资料,厘清综合性国家科学中心和区域性创新高地研究的知识脉络和发展前沿,结合传统的文献定性归纳分析,梳理国内外科学中心和创新高地相关研究热点及其动态,为科技地理与创新管理等新兴学科发展提供文献支撑。

(3)系统整理经典案例。收集整理主要创新型国家有关科学中心和创新高地布局建设的经典案例,实现项目决策研究和案例教学的双赢。运用数字化、信息化、大数据以及其他互联网技术,总结归纳典型科技强国在国家(区域)创新体系、科学中心和创新高地布局建设方面的成功经验和发展模式,汇编形成全球主要科学中心和创新高地建设案例库。

4. 前瞻性地提出综合性国家科学中心和区域性创新高地的功能布局及协同发展方略

(1)优化空间布局和功能定位,形成综合性国家科学中心和区域性创新高地功能分工有序、梯次联动布局的国家创新体系新格局。在科学刻画战略科技力量和创新要素的空间配置和知识图谱演化规律基础上,精准识别战略性科技力量和关键性创新要素的空间集群、核心载体、优势学科领域和前沿技术方向,从原则、目标、重点等维度针对性地优化综合性国家科学中心和区域性创新高地的空间布局和功能定位。

(2)优化协同路径和政策工具,提炼综合性国家科学中心和区域性创新高地协同发展路径和政策保障体系,统筹形成不同区域、等级和类型科技创新中心协同发展新格局。针对综合性国家科学中心和区域性创新高地协同发展的主要问题和成因,从科研和技术合作两个维度刻画综合性国家科学中心和区域性创新高地城市协同创新的发展态势及主要问题,针对性地提出综合性国家科学中心、区域性创新高地及区域经济协同创新的发展目标、战略重点、建设路径及政策建议,为强化战略科技力量和完善国家创新体系提供政策保障。

二、研究思路

本书深入贯彻党的十九届五中全会"强化国家战略科技力量"的精神,落实"布局建设综合性国家科学中心和区域性创新高地"的国家战略要求,设计和制定本书的总体研究思路(见图0-2)。从功能布局和协同建设两个视角,以完善"综合性国家科学中心和区域性创新高地布局建设"为总目标,遵循"提出问题—案例借鉴—实证分析—科学施策"的逻辑思路展开本书研究。

(一)理论研究:提出科学问题

通过核心概念分解、政策剖析、文献梳理和词义解析,科学界定综合性国家科学中心和区域性创新高地的基本概念,系统提炼综合性国家科学中心和

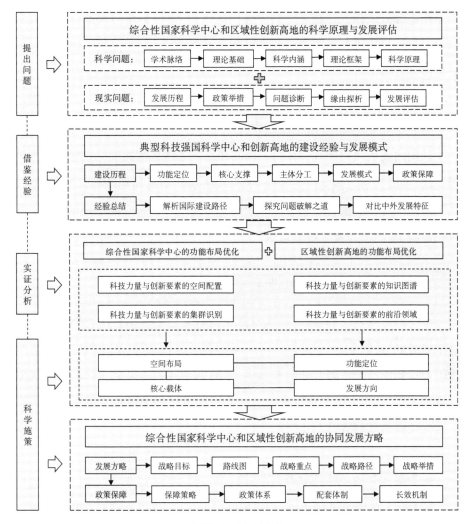

图 0-2 研究思路

资料来源:笔者自绘。

区域性创新高地的核心要素及组织体系,建构综合性国家科学中心和区域性创新高地布局建设的理论框架。

（二）问题研究:厘清现实问题

基于科学内涵和理论研究,从主体、客体、环境三个维度构建综合性国家科学中心和区域性创新高地发展评价指标体系,定量解析中国综合性国家科学中心和区域性创新高地建设的基础条件及空间格局,厘清其布局建设的主要问题及其原因。

(三)案例研究:梳理发展模式

从国内发展问题切入,对北美、西欧和东亚等地区的典型科技强国案例进行解剖,全面梳理其综合性国家科学中心、区域性创新高地的布局建设历程,系统总结综合性国家科学中心和区域性创新高地等创新空间单元布局建设的成功经验、发展模式及其政策启示。

(四)实证研究:厘清发展基础

基于案例分析,认清战略科技力量和创新要素的关键作用。融合地理信息系统、大数据技术、空间分析及知识图谱等多学科方法,定量揭示国内战略科技力量和创新要素的时空配置规律,精准识别其空间集群、核心载体、优势领域和前沿技术,为综合性国家科学中心和区域性创新高地空间布局和功能定位优化提供基础支撑。

(五)对策研究:提出科学对策

针对核心问题及关键成因,分析国际发展模式,结合区域发展基础和实证研究结果,科学优化综合性国家科学中心和区域性创新高地的空间布局、核心载体、功能定位和发展方向,前瞻性地提出综合性国家科学中心和区域性创新高地协同发展方略和政策保障机制。

三、研究框架

遵循问题研究(理论问题→现实问题)—案例研究(国外案例→国内案例)—实证研究(国内发展评估→科技力量配置)—对策研究(空间布局→功

能定位→协同发展→政策保障)的逻辑思路,层层递进、相互关联,以"综合性国家科学中心和区域性创新高地的布局建设研究"为总任务,设计"一大目标、两大理论、三大基础、四大对策"的研究框架(见图0-3)。

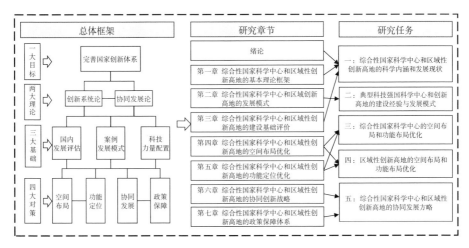

图 0-3　研究框架

资料来源:笔者自绘。

第三节　研究内容及方法

一、研究内容和重点问题

从创新空间联动视角,尊重综合性国家科学中心和区域性创新高地的布局规律和功能优势,重点提炼综合性国家科学中心和区域性创新高地的功能布局方案及其协同发展路径,为优化国家创新体系布局建设提供实践指导。

（一）研究内容

1. 综合性国家科学中心和区域性创新高地的科学原理与发展评估

研究的基本逻辑是统筹理论解析和现状剖析两大模块,提炼综合性国家科学中心和区域性创新高地的科学内涵和理论框架,深刻剖析其布局建设的基本态势、核心问题及其主要成因。主要包括以下研究内容:

(1)综合性国家科学中心和区域性创新高地的科学内涵及理论框架。科学辨析综合性国家科学中心、国家科学中心、科学中心、科学城、科学园、全球科技创新中心、国际科技创新中心、区域科技创新中心、创新型国家、创新型省份、创新型城市、区域性创新高地、国家技术创新中心、国家产业创新中心、国家制造业创新中心、国家自主创新示范区、高科技园区、高新技术产业开发区等相关概念,系统阐释综合性国家科学中心和区域性创新高地的基本内涵、主要类别、核心功能、等级层次及创新能级,从系统—环境视角,建构二者协同发展的"要素—结构—功能—演化—协同"理论框架。

(2)国家创新体系与综合性国家科学中心的发展态势评估及现实挑战。从主体、设施、资源和环境四个方面,梳理国家创新体系建设的基本历程和发展态势,从创新主体功能、创新基础设施、创新资源禀赋和创新生态环境四个方面,构建多维度综合性国家科学中心城市发展评估体系,系统梳理综合性国家科学中心的发展现状,比较分析和动态揭示不同层级科学中心城市布局建设及协同发展面临的核心问题及其主要成因。

(3)区域创新体系与区域性创新高地的发展现状评估及问题诊断。从主体要素、功能要素和环境要素三个维度,全面揭示国家创新体系的区域化过程及区域创新体系的空间演化态势,从创新要素配置、科技设施建设、政策制度保障、功能布局定位和空间网络组织等方面总结归纳主要区域性创新高地建设面临的核心问题及其主要原因。

(4)综合性国家科学中心与区域性创新高地协同发展现状评估及主要问题。从科学中心之间、创新高地之间、科学中心与创新高地之间,以及科学中心和创新高地与区域经济发展之间等多个视角,围绕创新要素、创新资源、技术市场、创新环境等多个方面梳理综合性国家科学中心与区域性创新高地协同发展面临的主要问题及其成因。

2. 典型科技强国科学中心和创新高地的建设经验与发展模式

研究的基本逻辑是统筹国内问题和国际发展模式两个侧面,在梳理建设问题基础上,总结归纳典型科技强国在国家区域创新体系及科学中心和创新高地建设方面的发展模式。主要研究内容包括:

(1)典型科技强国科学中心和创新高地的功能定位及发展方向。通过知识图谱、大数据挖掘和案例解剖方法,从科学领域、技术门类、企业类型、产业结构等方面,深入解析典型创新型国家主要科学中心和创新高地的优势学科领域、前沿先进技术和主导产业类型,总结归纳主要科学中心和创新高地的功能定位和发展方向。

(2)典型科技强国科学中心和创新高地的空间布局及核心支点。从重大科技设施、创新主体分布、创新要素投入、创新产出规模等方面,运用地理信息系统手段图示化综合表达典型创新型国家主要科学中心和创新高地的空间格局,精准识别其科技力量和创新要素的空间集群和核心载体,科学阐明主要科学中心和创新高地布局的影响因素和核心支点。

(3)典型科技强国科学中心和创新高地的发展模式及主体职能。从创新要素、发展动力和产业类型三个方面,界定主要科学中心和创新高地的三维发展模式,辨析不同创新主体所扮演的职能和角色,归纳主要科学中心和创新高地的主体职能及其作用方式和效应。

3. 综合性国家科学中心的功能布局优化

研究的基本逻辑是识别战略科技力量,从国家创新体系建设角度优化功能布局。在厘清不同类型科技力量和创新要素的空间配置和知识图谱基础上,精准识别战略科技力量(要素)的空间集群和优势领域,前瞻性地擘画综合性国家科学中心的空间布局、核心载体、功能定位、发展方向、建设重点及协同发展路径。主要研究内容包括:

(1)国家创新体系中战略科技力量的空间配置及科技集群识别。从创新主体、创新客体、创新环境要素方面,图示化刻画重大科技基础设施、重大科技平台、科技领军企业、一流大学及科研机构等战略科技力量的空间格局,运用地理信息系统共区位分析和科技关联度模型,从空间邻近、学科交叉和共性基础技术供给等方面精准识别战略科技力量的空间集群及核心支点。

（2）国家创新体系中战略科技力量的知识图谱及前沿领域界定。运用知识图谱、大数据挖掘和人工智能技术,从知识和技术产出的学科领域、专利门类、企业主营领域、产品行业类型等方面,定量测度战略性科技力量和知识创新要素的优势学科领域、关键"卡脖子"技术、战略性支柱产业,剖析战略科技力量在学科交叉和共性基础技术供给上的发展特征。

（3）综合性国家科学中心的空间布局及功能定位。基于战略科技力量的空间配置及前沿领域分析,坚持"战略科技力量集聚、前沿学科关联、共性技术供给"的发展方针,从国家创新体系建设视角梯次联动布局一批分工明确、功能互补的综合性国家科学中心,明确不同区位、不同层次、不同领域综合性国家科学中心的功能定位、发展方向、建设重点及协同发展路径。

4. 区域性创新高地的功能布局优化

研究的基本逻辑是识别典型区域创新网络,从区域创新一体化建设角度优化功能布局。在解析国家创新体系区域化过程和区域创新体系空间演化态势基础上,厘清区域创新体系中战略科技力量的空间集聚态势及核心技术领域,科学规划区域性创新高地的空间布局、核心支点、功能定位、发展方向、建设重点和协同发展路径。主要研究内容包括:

（1）区域创新体系中战略科技力量的集聚态势及核心技术预见。从区域创新体系的要素和关系层面,从城市、园区尺度科学刻画不同类型战略科技力量（要素）的空间异质性规律;构建科技力量集聚度模型,从城市群和都市圈等尺度识别主要区域创新体系;融合技术领域优势度模型和前沿技术预见方法,评估并识别区域创新体系的关键技术领域及其核心科技力量。

（2）区域性创新高地的空间布局及功能定位。基于优势战略科技力量的评价分析,从城市和园区等尺度界定区域创新体系中的区域性创新高地,科学谋划区域性创新高地的空间布局方案,规划其核心支点、功能定位、优势领域、发展方向、建设重点及协同发展思路。

5. 综合性国家科学中心和区域性创新高地的协同发展方略

研究的基本逻辑是因地制宜地提炼出综合性国家科学中心和区域性创新高地协同发展方略,建立多维协同发展的政策保障机制。主要研究内容包括:

(1)协同发展的战略目标及重点。从综合性国家科学中心布局建设、区域性创新高地布局建设、国家战略科技力量强化和国家科技安全保障等方面,提出综合性国家科学中心与区域性创新高地协同发展的总体目标、战略路线图和重点方向。

(2)协同发展的战略路径及策略。根据总体目标和重点指标,从科学合作、技术联盟、技术转移、成果转化、产业融合、市场共建、资源和设施共享、人才集聚、产学研网络、创新生态等方面,提炼综合性国家科学中心和区域性创新高地协同发展路径及策略。

(3)协同发展的政策保障机制。从综合性国家科学中心协同发展政策、区域性创新高地协同发展政策、综合性国家科学中心与区域性创新高地协同发展政策三个维度,从财税、金融、人才和环境四个方面顶层设计综合性国家科学中心和区域性创新高地高质量协同发展的政策体系;从政策统筹协调机制、项目联合攻关机制、要素高效流动机制、市场一体化机制、创新资源共享机制、科技设施共建机制、产学研融合机制、技术高效转化转移机制等方面,提出综合性国家科学中心和区域性创新高地高质量协同发展的长效机制。

（二）重点问题

“十五五”规划和面向 2035 年期间,国家实现综合性国家科学中心和区域性创新高地高质量发展,其关键在于从理论和实践层面解决综合性国家科学中心和区域性创新高地的功能布局问题及其协同发展问题。

1. **问题域一:综合性国家科学中心和区域性创新高地的基本内涵和理论框架**

基于综合性国家科学中心和区域性创新高地的相关概念辨析,聚焦内涵—体系—布局—演化四维度,形成以下三大关键性问题:

(1)综合性国家科学中心和区域性创新高地的基本内涵。

(2)综合性国家科学中心和区域性创新高地的系统结构、评估体系及界定标准。

(3)综合性国家科学中心和区域性创新高地的功能布局及其协同演化机理。

2. **问题域二:综合性国家科学中心和区域性创新高地的发展现状和基础条件**

围绕国家创新驱动发展战略,从发展历程—现状分析—建设问题三大板块出发,论及两大核心问题:

(1)综合性国家科学中心和区域性创新高地的建设基础和基本格局。

(2)综合性国家科学中心和区域性创新高地布局建设的现实问题及其主要原因。

3. **问题域三:综合性国家科学中心和区域性创新高地的建设经验和发展模式**

梳理典型科技强国有关科学中心和创新高地布局建设的基本态势,通过案例分析其发展模式,主要包括三大核心问题:

(1)典型创新型国家科学中心和创新高地的功能定位和发展方向。

(2)典型创新型国家科学中心和创新高地的空间布局和核心支撑。

(3)典型创新型国家科学中心和创新高地建设的基本路径、主体职能和发展模式。

4. **问题域四:综合性国家科学中心和区域性创新高地的空间布局和功能优化**

为强化国家战略科技力量,提升国家创新体系效能,重点阐明四大关键问题：

（1）战略科技力量及核心创新要素的空间配置、主要集群、优势领域和前沿技术。

（2）综合性国家科学中心和区域性创新高地的空间布局和核心载体。

（3）综合性国家科学中心在国家创新体系中的功能定位、目标方向和建设重点。

（4）区域性创新高地在区域创新体系中的功能定位、目标方向和建设重点。

5. 问题域五：综合性国家科学中心和区域性创新高地的协同发展方略和政策建议

为针对性构建综合性国家科学中心和区域性创新高地协同发展路线，聚焦以下三大核心问题：

（1）综合性国家科学中心和区域性创新高地协同发展现状和主要问题。

（2）综合性国家科学中心和区域性创新高地协同发展目标和战略路线。

（3）综合性国家科学中心和区域性创新高地协同发展策略和政策建议。

二、研究视角和研究方法

（一）研究视角

针对综合性国家科学中心和区域性创新高地功能布局和协同建设的复杂性难题，坚持问题导向和目标导向，从跨学科理论交叉、多学科方法融合、多源异构数据集成、多时空尺度互动等视角展开本书研究，实现提出问题、分析问题和解决问题的有机结合。

1. 目标和问题导向视角

学习贯彻习近平新时代中国特色社会主义思想关于"坚持问题导向和目标导向相统一"的方法论要求，根据提出问题、分析问题和解决问题的逻辑组织研究。按照党的十九届五中全会"强化战略科技力量"精神,明确"完善国家创新体系"的研究目标。提出"科学问题和现实问题",并细化分解为1个核心科学问题域(科学内涵及理论架构)和3个基本现实问题域(空间布局的问题和优化、功能定位的问题和优化、协同发展的问题和方略)。结合问题研究和案例研究,重点解析科学问题(综合性国家科学中心和区域性创新高地的科学原理)和现实问题(综合性国家科学中心和区域性创新高地的发展问题及其原因)。最后,通过实证分析和对策研究,着重解决三大现实问题:综合性国家科学中心的空间布局和功能定位优化;区域性创新高地的空间布局和功能定位优化;综合性国家科学中心和区域性创新高地的协同发展方略,从而实现提出问题、分析问题到解决问题的有机结合。

2. 跨学科理论交叉视角

鉴于研究对象具有综合性、系统性及交叉性特征,兼有经济学、管理学、地理学、复杂性科学、科学学等多学科属性。为此,本书的研究设计遵循空间人文社会科学综合的研究范式,融合科技地理、创新地理、创新经济、创新管理、公共管理、科技管理、科技政策、地理信息科学、文献计量和计量经济学等多学科理论和方法,建构综合性国家科学中心和区域性创新高地布局建设的理论框架、评价体系及优化方法,力图促进科技地理与创新管理等新兴交叉学科的生长融合。

3. 多时空尺度互动视角

科技全球化时代,全球创新网络、国家创新体系和区域创新体系不断交织形成一体化的全球地方创新网络。本书从全球—国家—区域互动视角,从全球、国家、区域、城市和园区等多个空间尺度展开系统动态研究。通过国际案例分析,研判综合性国家科学中心和区域性创新高地的发展问题及方向,综合国家、区域和城域等尺度科技力量和创新要素的空间配置,科学谋划综合性国家科学中心和区域性创新高地的空间布局、核心载体、功能定位和发展方向,针对性地提出二者协同发展战略和政策保障举措。

（二）研究方法

1. 理论归纳与文献计量：建构理论体系

综合传统文献统计和定性归纳方法，全面收集和整理国内外科学中心和创新高地相关研究的知识结构、发展脉络和热点前沿。通过专家综合集成研讨的方法，梳理全球创新网络、国家（区域）创新体系、创新生态系统、创新空间、创新枢纽等相关理论，科学界定综合性国家科学中心和区域性创新高地的基本内涵，深刻揭示综合性国家科学中心和区域性创新高地布局建设的科学原理，系统建构综合性国家科学中心和区域性创新高地布局建设的新理论框架。

2. 大数据挖掘与数据库管理：建立时空数据库

构建多维度评价体系，多源采集和整理建立综合性国家科学中心和区域性创新高地发展的时空数据库。通过 Python 构建爬虫程序提取、清洗和整理海量地理大数据，运用地理信息系统技术建立多尺度（国家、区域、城市和园区）、多主体（大科学装置、企业、科研院所、一流大学等）、多客体（科学知识、专利技术、科技产品等）、多环境要素（经济环境、政治环境、人才环境、市场环境等）和长时序的科技力量、创新要素发展的时空数据库，以及社会经济发展数据库。

3. 数理统计与空间计量：评估发展现状

融合多要素评价方法，从主体、客体、环境视角构建综合性国家科学中心和区域性创新高地发展的评估体系，以度量二者的发展现状及其主要问题。

4. 空间分析与知识图谱：识别空间集群和优势领域

（1）多空间尺度识别科技力量集群。从城市、城区、园区及个体微观尺度，刻画战略科技力量和创新要素的空间集聚规律。构建科技力量和创新要素的多维度综合评价体系，从城市、城区、园区等多尺度，引入熵权-Topsis 法、密度聚类模型、探索性空间分析等统计分析和空间分析手段，科学识别科技力量和创新要素的空间集群,全面揭示综合性国家科学中心和区域性创新高地的空间异质性特征及核心空间载体。

(2)多技术手段探测优势领域和前沿技术。融合知识图谱、空间计量、人工智能和大数据分析等定量技术手段,重点通过多时间序列数据历史回溯分析,运用主体功能模型,结合社会网络分析方法,智能精准识别综合性国家科学中心和区域性创新高地的优势和前沿技术领域,科学判断不同综合性国家科学中心和区域性创新高地的功能定位、发展方向和建设重点。

5. 案例分析与问卷访谈:提炼协同发展方略

(1)多案例比较分析。通过全球典型科技强国的案例解剖,深入分析总结典型创新型国家科学中心和创新高地建设的成长路径,提炼综合性国家科学中心和区域性创新高地在空间布局、功能定位、发展模式和主体职能等方面的布局建设模式。

(2)问卷和实地调查。通过专家征询和专题分析,针对不同综合性国家科学中心和区域性创新高地,设计制定内容丰富、结构合理的问卷,通过在线和实地调查方式,结合卷面逻辑分析、回访检验等可靠性检验,梳理中国典型综合性国家科学中心和区域性创新高地布局建设的基本问题、主要原因及其经验教训。

三、技术路线和数据清单

(一)技术路线

基于定性与定量分析相结合、理论与实证分析相结合、案例研究与对策研究相结合、大数据挖掘技术与地理信息系统空间分析相结合的研究方法和技术手段,按照综合性国家科学中心和区域性创新高地布局建设的"理论归纳及发展评估分析→数据挖掘和数据库管理→数学建模和集成评价→空间分析和网络图示化→人工智能解析→空间决策和多目标优化→质性访谈和专家集成研讨分析"的逻辑设计技术路线,展开本书研究(见图0-4)。

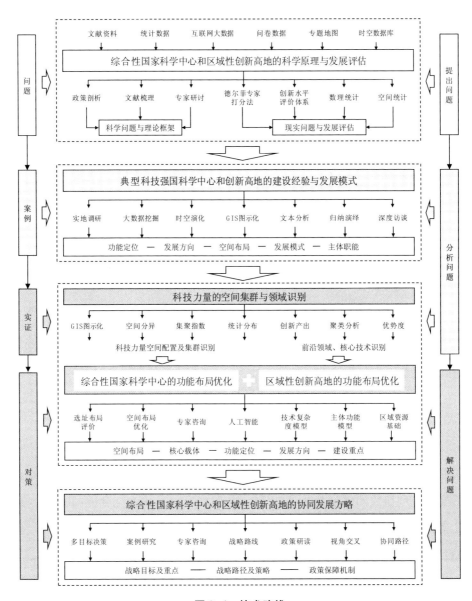

图0-4　技术路线

资料来源:笔者自绘。

（二）数据清单

1. 国内外科学中心和创新高地的经典案例库

梳理已有科学中心和创新高地的经典案例,分析其成功模式和主要原因,有助于更好地理解综合性国家科学中心和区域性创新高地布局建设的关键因素。一是,厘清不同科学中心和创新高地的建设模式和组织机制,包括管理体制、组织架构、决策机制等,为综合性国家科学中心和区域性创新高地健全完善组织机制提供决策支持。二是,总结不同科学中心和创新高地的创新治理模式和政策措施,为综合性国家科学中心和区域性创新高地实现科技创新与区域产业协同发展提供政策启示。三是,归纳不同科学中心和创新高地的产学研合作模式,包括企业、高校和科研机构之间的合作方式和成果转移转化机制,为综合性国家科学中心和区域性创新高地协同发展模式提供政策参考。四是,梳理科学中心和创新高地建设过程中的创新生态系统建设经验,包括创新创业环境、科技人才培养和引进、技术转移和知识产权保护等方面的做法,为综合性国家科学中心和区域性创新高地创新生态系统建设提供发展模式镜鉴。

2. 已有科学中心和创新高地研究的资料文献集

收集和整理综合性国家科学中心和区域性创新高地的已有相关研究资料和文献,包括政府颁布政策文件、学术期刊论文和报刊文章、权威研究机构研究报告等。通过对已有研究资料的综合分析,全面梳理科学中心和创新高地等创新空间研究的理论基础、知识脉络及发展方向。一为综合性国家科学中心和区域性创新高地布局建设的科学原理梳理和研究方法运用提供理论支持;二为综合性国家科学中心和区域性创新高地的政策分析提供理论借鉴。

3. 科学中心和创新高地发展的时空数据库

收集整理战略科技力量、创新要素、创新型城市的时空发展数据,建设综合性国家科学中心和区域性创新高地时空数据库。一是科教机构、研发机构和高技术制造与服务企业等创新主体数据,包括国家企业技术中心的企业名单、欧盟创新记分牌研发投入世界 1000 强中国大陆企业名单、中国数字经济 100 强企业名单、国家实验室体系名录、一流研究型高校名单、国家科研机构名单等。二是专利技术和科学论文等创新客体数据,包括论文和专利规模、论文学科领域、专利门类、所有者(笔者)单位地址、年份等属性数据。

第一章 综合性国家科学中心和区域性创新高地的基本理论框架

自党的十九届五中全会提出"布局建设综合性国家科学中心和区域性创新高地"以来,综合性国家科学中心和区域性创新高地业已成为学术研究的前沿和热点,但其基本内涵和理论发展逻辑尚不明晰。科学辨析两者的基本内涵及其协同演化理论框架,可为两者的协同发展、功能定位和布局优化提供切实的理论指导。

通过词义解析和理论分析,综合性国家科学中心可界定为以知识生产和转化、关键技术孵化为核心功能,以催生原始创新、突破重大科学难题和核心技术瓶颈、增强国际科技竞争话语权为任务使命,以特定科学园区为核心承载空间的国家创新体系综合性基础平台;而区域性创新高地则定义为以知识应用、新技术研发、新产品生产和新兴产业发展为核心功能,以培育具有国际竞争力的高科技企业和战略性新兴产业集群为任务使命的区域创新体系研发平台。作为一个自组织的创新系统,综合性国家科学中心和区域性创新高地的布局建设可归纳为"要素—结构—功能—演化—协同"五个维度,即包括构成要素(主体要素、客体要素和环境要素)、组织结构(时间结构、空间结构和等级结构)、主要功能(知识生产、知识应用、知识扩散、文化引领)、演化机制(演化周期、影响因素、动力机制)和协同发展(空间协同、主体协同和要素协同)"五位一体",相互作用,互为反馈。

第一节　综合性国家科学中心和区域性
创新高地的科学内涵

一、科学和创新的关系解构

"科学"和"创新"两个词汇是综合性国家科学中心和区域性创新高地的核心构成,厘清这两者所代表的功能特征及其逻辑关系,是界定综合性国家科学中心和区域性创新高地基本概念的关键前提。严格来讲,"科学"和"创新"不是一个维度的概念,科学是科技创新活动的中间环节或实施对象,而创新是科技创新活动的结果和价值实现。基于创新活动的经典线性逻辑,"科学"和"创新"所蕴含的基本要义及其相互关系可以解构为过程环节维度和结果维度(见图1-1)。

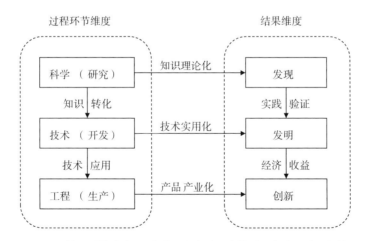

图1-1　基于科技创新活动过程视角的"科学"与"创新"关系解构

资料来源:王涛、王帮娟、刘承良:《综合性国家科学中心和区域性创新高地的基本内涵》,《地理教育》2022年第8期。

(一)科技创新活动的"科学—技术—工程"组织过程

总体来讲,科技创新活动大致可以分为科学、技术和工程(或生产)三大组成部分或基本环节。其中,科学是人类获得的关于自然界和人类社会等客观规律的系统化知识体系,目的是发现本质、原理、规律和模型等理论成果;技术是人类根据科学原理或实践经验所发明创造的各种物质手段和方式方法,产物是新技术、新工艺和新办法等;而工程是根据技术方案进行的制造和生产活动,将技术转化为生产力和物质财富,其产物是商品或产业(董坤等,2018)[①]。

从近代科学技术发展史来看,科学、技术和生产的关系出现阶段性演替:(1)第一次工业革命后,表现为生产→技术→科学的组织过程,即科学发现来源于商品生产过程中的技术改进和经验总结,即"技术科学化";(2)第二次工业革命后,这三者的关系显著向科学→技术→生产的方向转变,基础科学理论的发展成为指导技术突破的重要源头,即"科学技术化";(3)第三次工业革命后,科学、技术和生产的关系呈现出互相渗透、相互依赖和共同促进的趋势,科技创新活动逐渐向"科学—技术—生产"一体化方向发展。随着一些基础性的科学理论和前沿发现越来越依赖于大科学装置等科技基础设施的开发和应用,新的科学知识同时也体现为新技术,即新技术的应用过程中产生新的科学发现,此时科学和技术融为一体(林苞和雷家骕,2014)[②];而新技术革命下,随着技术迭代的速度进一步加快,科技产品的消费和生产需求则反过来引导推动了应用基础科学和技术的新发展、新突破。

(二)科技创新活动过程中的"创新"结果体现

尽管"创新"是各界高频使用甚至泛用的一个词语,但从创新经济学、科学技术学和科技管理学等学科角度来看,创新的概念有其特定的科学内涵和

---

① 董坤、许海云、罗瑞、王超、方曙:《科学与技术的关系分析研究综述》,《情报学报》2018年第6期。

② 林苞、雷家骕:《基于科学的创新与基于技术的创新——兼论科学—技术关系的"部门"模式》,《科学学研究》2014年第9期。

清晰的语义边界。

　　"创新"一词最早由经济学家熊彼特于 1912 年在其《经济发展理论》中首先提出（熊彼特,1990）①。熊彼特认为,创新是"建立一种新的生产函数,把一种从来没有过的关于生产要素和生产条件的'新组合'引入生产体系"的过程（张凤和何传启,2002）②。在这些组合中,既涉及技术创新（产品创新、工艺创新）,也涉及非技术创新（市场创新、原材料创新、组织创新）,但技术创新是熊彼特创新理论思想的主要内容（杨东奇,2000）③。熊彼特认为,创新包含了两个不可分割的基本过程:一是技术发明,二是把发明成果引入商业生产（吴金希,2015）④,即发明成果的商品化和产业化。显而易见,技术创新与技术发明存在区别:技术发明是首次提出的一种新技术或新工艺,该技术只有被企业吸收用于大规模商品化生产,使之转化为生产力并产生经济效益之后,才能被称为技术创新。

　　熊彼特之后,学者们进一步丰富和发展了"创新"的内涵,将其拓展为技术创新、知识创新和制度创新等。但总体来看,技术创新仍是创新理论的思想内核。美国经济学家华尔特·罗斯托"起飞"六阶段理论的提出,更是将"技术创新"提高到了"创新"的主导地位。

　　综上所述,在科技创新活动过程中,"科学"是以构建原理、规律和模型等知识体系为主要任务的基础理论研究环节,是科技创新尤其是重大原始创新的源头。而"创新"则主要表征在科技创新活动的技术开发和工程生产环节,是新技术发明应用于工程生产并实现产业效益的结果,是技术商品化和产业

---

① ［美］约瑟夫·熊彼特:《经济发展理论》,何畏等译,商务印书馆 1990 年版,第 30—74 页。

② 张凤、何传启:《创新的内涵、外延和经济学意义》,《世界科技研究与发展》2002 年第 3 期。

③ 杨东奇:《对技术创新概念的理解与研究》,《哈尔滨工业大学学报（社会科学版）》2000 年第 2 期。

④ 吴金希:《"创新"概念内涵的再思考及其启示》,《学习与探索》2015 年第 4 期。

化的价值体现。

二、科技创新枢纽相关概念辨析

近年来,政策界和学术界提出多个与综合性国家科学中心和区域性创新高地相关的创新空间概念,与之共同构成了科技创新枢纽体系。基于"科学"和"创新"的关系解构,从科技创新功能和过程视角,这些相关科技创新枢纽概念可划分为"科学"主导型(综合性国家科学中心相关概念)、"创新"主导型(区域性创新高地相关概念)和"科学+创新"复合型(科技创新中心相关概念)三大类型(见图1-2)。

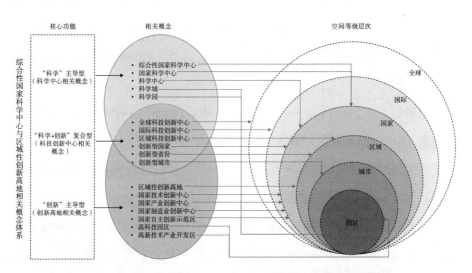

图1-2 综合性国家科学中心和区域性创新高地的相关概念体系

资料来源:王涛、王帮娟、刘承良:《综合性国家科学中心和区域性创新高地的基本内涵》,《地理教育》2022年第8期。

(一)"科学"主导型

与综合性国家科学中心相关的概念,主要包括国家科学中心、科学中心、科学城和科学园等,这些概念均主要以基础研究环节的科学研究功能为主,但在等级层次、空间载体和核心功能方面又有所区别。

1. 国家科学中心

"国家科学中心"的概念发源于国外,且与国内对这一概念的认知相比有较大区别,国外的"国家科学中心"一般指某些特定研究机构实体,尤其是以基础研究为主的科研机构。如俄罗斯的"国家科学中心"指联邦政府授予的具有先进设备、产出国际公认科技成果及吸引集聚顶尖科技人才的科研单位,相当于国家级重点科研单位(王振等,2017)①;而法国"国家科学研究中心"则是法国最大的以基础研究为主的国家研究机构。在国内,"国家科学中心"这一概念基本上等同于"综合性国家科学中心",在国务院印发的《上海系统推进全面创新改革试验加快建设具有全球影响力的科技创新中心方案》中,"国家科学中心"即指"综合性国家科学中心"。

2. 科学中心

"科学中心"是一个较为宽泛的概念,其概念层次包含从国家、地方到研究机构等多个尺度。1962 年,日本学者汤浅光朝较为系统和定量地对"科学中心"进行了定义并提出"科学中心转移理论",即当一个国家在某一时期内科学成果数占全世界科学成果总数的比例达到 25% 以上时,则为世界科学中心(冯烨和梁立明,2000)②。不难看出,这一层面的科学中心指某一个国家,如中国明确提出"建设世界主要科学中心"。近年来,"科学中心"也被用来特指一些科学领域研究机构,呈现以"科学领域+科学中心"的表达形式,如医学科学中心、脑科学中心、健康科学中心等。因此,总体来看,"科学中心"与"综合性国家科学中心"两个概念,无论在构成要素、创新主体或是空间载体方面都存在较大差异。

3. "科学城"或"科学园"

严格意义上,"科学城"或"科学园"属于"科学研究综合体"。早期设立

---

①　王振、李斌、梁正:《俄罗斯国家科学中心协同创新机制研究》,《全球科技经济瞭望》2017 年第 Z1 期。

②　冯烨、梁立明:《世界科学中心转移的时空特征及学科层次析因(上)》,《科学学与科学技术管理》2000 年第 5 期。

的"科学城"是以基础科学研究为主要功能,通过集聚和协同效应,促进科研成果产出的科学园区;后期主要采用政府、企业和高校"三螺旋"协同模式,加强科学研究与产业界、社区之间的互动,推动成果转化和创新产出(袁晓辉和刘合林,2013)①,并逐渐向卫星城方向发展。如著名的日本筑波科学城,是全球典型的以科研机构和高校为主体的世界级国家科研中心,也是具有完整独立城市形态的科技"新城"。"科学园"提出伊始便强调大学与工业的结合,是以科学技术研究成果和高新技术企业孵化为主要目标,促进知识链、技术链与产业链相结合,将大学和科研院所的知识创新成果迅速转化为现实生产力的高科技园区(雷德森,2004)②,如美国硅谷、英国剑桥科学园和中国台湾新竹科学园等。可以看出,"科学园"在空间范围、空间载体和主要功能上与"科学城"基本相同,两者的功能定位和发展方向也殊途同归,基本可统称为"科学(城)园"。整体来讲,"科学园""科学城"与综合性国家科学中心在创新主体和主要功能方面较为接近,"科学园"和"科学城"的空间地域范围近似于综合性国家科学中心的核心承载区。

(二)"创新"主导型

区域性创新高地以创新链中下游的技术创新和产业创新为主要功能,与其相关的概念包括国家技术创新中心、国家产业创新中心、国家制造业创新中心、国家自主创新示范区、高科技园区和高新技术产业开发区等,这些概念多是国家明确批复设立的特定创新平台或科技园区。根据创新主体构成或空间载体差异,这些概念基本可以分为两大类型。

1. 单一创新主体为主导

即以独立法人实体(企业、研发机构、科研院所等)为载体的"创新"主导型概念,包括国家技术创新中心、国家产业创新中心和国家制造业创新中心

---

① 袁晓辉、刘合林:《英国科学城战略及其发展启示》,《国际城市规划》2013年第5期。
② 雷德森:《对科学园认识的演进和发展趋势》,《科研管理》2004年第3期。

等。三者均强调技术和产业层面的创新,如国家技术创新中心的功能定位是实现从科学到技术的转化,促进重大基础研究成果产业化;国家制造业创新中心强调突破重点领域共性关键技术,加速科技成果商业化和产业化;国家产业创新中心侧重战略性新兴产业领域前沿技术研发、高成长型科技企业投资孵化、实验室技术熟化和竞争前商品试制、技术创新成果转移转化等主导功能。三者均高度依托企业的主体地位,组建企业、高校和科研院所等多个创新主体或平台协同的产学研联盟和区域创新网络。功能上,这些科技创新枢纽与区域性创新高地的主导功能高度契合;空间上,这些概念基本上是区域性创新高地(以科技园区为核心承载区)的个体组成要素和核心空间载体。

2. 创新主体集群为主导

即以科技园区或产业开发区为载体的"创新"主导型概念,包括国家自主创新示范区、高科技园区和高新技术产业开发区等。从空间范畴来看,三者均属于科技园区类创新空间,与区域性创新高地的核心承载区基本一致。从功能定位来看,都强调技术创新和高科技产业融合发展。如国家自主创新示范区的主要目的是加快推进自主创新和战略性新兴产业等高技术产业发展;高新技术产业开发区是以发展电子与信息、新材料、先进制造、航空航天等高新技术产业为本职功能而批准设立的科技工业园区;高科技园区则是以开发高技术和开拓新产业为目标,促进科研、教育与生产相结合的园区,有时也被认为等同于高新技术开发区(刘卫东,2001)①。可以看出,这三者的功能基本上也是区域性创新高地的核心功能。因此,无论从空间载体还是主要功能来看,这三者均与区域性创新高地高度吻合,从某种程度来说,它们是建设区域性创新高地的核心依托。

总之,这些相关概念都与区域性创新高地内涵高度相关或一致,基本上属于包含与被包含、整体与组成部分的关系。其中,区域性创新高地构成区域创

---

① 刘卫东:《世界高科技园区建设和发展的趋势》,《世界地理研究》2001 年第 1 期。

新空间体系的外圈层,园区类科技创新枢纽(国家自主创新示范区、高科技园区和高新技术产业开发区)位居中圈层(核心载体),内圈层(核心个体)则是法人实体类科技创新空间(国家技术创新中心、国家产业创新中心和国家制造业创新中心)。

(三)"科学+创新"复合型

科学与创新紧密联系,高度集聚耦合,往往遵循综合化和共区位特征,从而孕育形成"科学+创新"的复合型科技创新枢纽。这些枢纽基本涉及从科学研究、技术研发到产业发展的创新链全过程。根据规模等级可以划分为国际(或全球)科技创新中心、国家科技创新中心、区域科技创新中心;根据行政组织可以划分为创新型国家、创新型省份和创新型城市等。前者属于科技创新中心类,后者则归属于创新型地域类。

1. 科技创新中心类

主要包括国际(全球)级、国家级和区域级科技创新中心等。从功能上讲,该类科技创新枢纽概念不仅要求具备基础研究和源头创新功能,还要求承载关键技术研发、科技成果商业化和产业化的功能,是"科学—技术—产业"创新链完整链条的高阶、均衡化发展结果。

国家"十四五"规划和2035年远景目标纲要提到:"支持北京、上海、粤港澳大湾区形成国际科技创新中心,建设北京怀柔、上海张江、大湾区、安徽合肥综合性国家科学中心,支持有条件的地方建设区域科技创新中心。"不难看出,国际科技创新中心、综合性国家科学中心和区域科技创新中心三者暗含一定的等级和功能差异。相较区域科技创新中心,国际科技创新中心主导功能更强、影响范围更大、等级层次更高,具有全球影响力。综合性国家科学中心代表国家意志,是国家科技创新中心的核心组成。而区域科技创新中心属于下一科层,等级明显低于国际科技创新中心和国家科学中心,是在特定区域内具有较强创新活力和创新能力,能够显著集聚和合理组织创新要素,驱动区域创新发展的创新空间,是融入国家创新体系和全球创新网络的关键"枢纽"(马海涛和陶晓丽,2022)①。

此外,政府界和学术界曾提出了全球科技创新中心的概念,认为全球科技创新中心是全球科技创新资源密集、科技创新活动集中、科技创新实力雄厚、科技成果辐射范围广大,从而在全球价值网络中发挥显著增值功能并占据领导和支配地位的城市或地区,是世界新知识、新技术和新产品的创新源地(杜德斌,2016②;杜德斌,2015③)。这一概念与国际科技创新中心概念内涵类似,均强调创新能级的全球影响性和控制性。但部分学者认为全球科技创新中心是具有更高层次性、更大影响力和更强控制力的科技创新枢纽。

2. 创新型地域类

主要包括创新型国家、创新型省份、创新型城市及创新型街区(社区)等。该类型概念更接近于一种发展战略或发展导向,即具有"创新型"特征的地域,可适用于任何尺度的空间单元。总体来看,"创新型"特征是一个较为宽泛的概念,其内涵不仅局限于科技创新活动的某一个环节或某一种功能。普遍认为,创新型地域是创新源(大学、科研院所、企业等)、产业集群、服务机构、孵化器和加速器等集中的创新生态系统,是一个涵盖了知识创新、技术创新、制度创新、服务创新、文化创新等综合创新的地域系统。

三、综合性国家科学中心和区域性创新高地的基本内涵

(一)基本概念

综合性国家科学中心的核心功能基本明确,既有研究多从不同角度展开论述,但缺乏从构成要素、空间载体、功能定位、任务目标等多个维度的系统性

---

① 马海涛、陶晓丽:《区域科技创新中心内涵解读与功能研究》,《发展研究》2022年第2期。

② 杜德斌:《中国孕育世界级科技创新中心的潜力》,《地理教育》2016年第12期。

③ 杜德斌:《全球科技创新中心:动力与模式》,上海人民出版社2015年版,第21页。

梳理;同时,鲜有学者展开有关区域性创新高地的概念内涵研究。

1. 综合性国家科学中心和区域性创新高地的政策解读

尽管国家层面并未对综合性国家科学中心的概念进行严格定义,但其功能内涵从政策文件中便可初见端倪。此概念首次提出是在 2015 年 3 月的全国两会期间,较早正式在政策文件中出现是在 2015 年 11 月上海市人民政府印发的《关于加快推进中国(上海)自由贸易试验区和上海张江国家自主创新示范区联动发展实施方案》中,即"通过充分发挥自贸试验区和张江示范区叠加区域的核心优势,加快建成具有强大原始创新能力的综合性国家科学中心"。

随后,中国政府相继出台了一系列关于综合性国家科学中心的政策(吕拉昌等,2023)。2016 年 4 月,国务院批复《上海系统推进全面创新改革试验加快建设具有全球影响力的科技创新中心方案》并首次提出:"国家科学中心是国家创新体系的基础平台。建设上海张江综合性国家科学中心,有助于提升我国基础研究水平,强化源头创新能力,攻克一批关键核心技术,增强国际科技竞争话语权。"2017 年 1 月,国家发展和改革委员会发布《国家重大科技基础设施建设"十三五"规划》,提出:"初步建成若干综合性国家科学中心,使其成为原始创新和重大产业关键技术突破的源头,成为具有重大国际影响力的创新基础平台。形成世界级重大科技基础设施集群,成为全球创新网络的重要节点、国家创新体系的基础平台以及带动国家和区域创新发展的辐射中心。推动实现重大原创突破,攻克关键核心技术,增强国际科技竞争话语权。"2020 年 3 月,科技部、国家发展和改革委员会等五部委联合下发最新文件《加强"从 0 到 1"基础研究工作方案》,其中明确提出深圳综合性国家科学中心应加大基础研究投入力度,加强基础研究能力建设。从政策文件可以看出,"基础研究""原始创新""重大关键核心技术突破"和"国家创新体系基础平台"是综合性国家科学中心的概念内核。

关于区域性创新高地的政策研究在两份文件中有所提及。2020 年 10

月,党的十九届五中全会通过的《中共中央关于制定国民经济和社会发展第十四个五年规划和二〇三五年远景目标的建议》提出要"布局建设综合性国家科学中心和区域性创新高地,支持北京、上海、粤港澳大湾区形成国际科技创新中心"。习近平总书记提出"中国要强盛、要复兴,就一定要大力发展科学技术,努力成为世界主要科学中心和创新高地"[①]。

2. 综合性国家科学中心和区域性创新高地的学术界定

目前学术界对综合性国家科学中心概念、内涵的理解大体与政策文件一致,归纳起来比较常见的观点有:"综合性国家科学中心是指经国家法定程序批准设立的,依托先进的国家实验室、创新基地、产学研联盟等重大科技基础设施群,支持多学科、多主体、交叉型、前沿性基础科学研究、重大技术研发和促进技术产业化的大型开放式研发基地"(王振旭等,2019)[②];"综合性国家科学中心是对全球科学技术创新具有示范引领和辐射带动作用的城市或区域,应具备催生重大原始创新、参与全球科技竞争、汇聚顶尖创新主体、促进资源优化配置、推动科技创新治理、引领产业创新发展等核心功能"(叶茂等,2018);"综合性国家科学中心是以大科学设施为基础支撑,汇聚政府、高校、科研院所和企业,产生创新集聚和辐射效应的大型科学园区"(张耀方,2017)[③]。普遍认为,重大科技基础设施群是其关键依托,前沿基础研究(知识生产)、重大技术突破(知识应用)、产业创新发展(知识扩散)是其核心功能,实现重大原创突破、参与国际科技竞争、引领区域创新发展是其使命所在。但对区域性创新高地的概念、内涵目前鲜有学术研究的定义和解析。

---

① 《习近平谈治国理政》第三卷,外文出版社2020年版,第246页。
② 王振旭、朱巍、张柳、刘青:《科技创新中心、综合性国家科学中心、科学城概念辨析及典型案例》,《科技中国》2019年第1期。
③ 张耀方:《综合性国家科学中心的内涵、功能与管理机制》,《中国科技论坛》2017年第6期。

3. 综合性国家科学中心和区域性创新高地的拆词解义

通过拆词解义，综合性国家科学中心和区域性创新高地两个概念在基本类别、核心功能、等级层次和创新能级等几个维度存在显著区别和联系。其中，综合性国家科学中心侧重于多学科综合集成的基础研究功能和重大原始创新突破的国家使命，而区域性创新高地强调区域范围产学研协同发展的技术研发功能和产业创新引领发展的溢出效应(见表1-1)。

表1-1　综合性国家科学中心和区域性创新高地概念和内涵的多维词义解析

维度分解	综合性国家科学中心	区域性创新高地
类别维度	"综合性"：多学科交叉融合、多技术领域集成、多资源要素汇聚和多主体合作联动的国家创新体系综合性基础平台，在参与国际科技竞争中发挥"引擎"作用	"区域性"：多主体协同创新、产业链与创新链协同的区域产学研联盟和区域创新体系基础平台，在驱动区域创新发展中具有引领效应
层次维度	"国家级"：体现国家意志和国家战略("国家队")，承担国家层面赋予的产出前沿基础科学和重大科技成果历史使命，代表国家参与国际科技竞争	"区域级"：体现区域科技创新协同布局策略，充分发挥局部区域科技创新资源优势和区域增长极作用，带动周边区域技术进步和产业创新发展
功能维度	"科学"：基础科学研究和关键核心技术研究是其主要任务。以大科学装置集群等国家战略科技力量为基础，汇聚世界一流科学家，开展国家长远发展所需的战略性前沿科学研究，实现重大原创突破，解决重大科学难题，催生变革性原始创新，攻克国家发展急需的关键核心技术、重大产业关键技术、前沿交叉和共性技术等前沿领域技术的科学原理与技术瓶颈	"创新"：知识应用、技术研发和产业创新是核心功能。以创新型企业为主体，承接科学中心的知识溢出、转化和技术转移，融入产学研联盟，促进新技术、新产品和新产业的孕育，突出技术落地应用及产业化，实现技术创新和产业升级；依托各区域特色优势领域，形成高科技企业集群和战略性新兴产业集群
能级维度	"中心"：全国范围内的前沿基础科学策源地和战略科技风向标，承担"领头羊"功能，对外释放辐射力，为国家创新发展提供强大动力，引领和带动全国科技创新发展，提升全球地位和国际科技竞争话语权	"高地"：国家创新体系中的节点枢纽和关键一环，区域创新体系和地方创新网络的增长极，辐射扩散和带动区域创新发展的能量源

资料来源：王涛、王帮娟、刘承良：《综合性国家科学中心和区域性创新高地的基本内涵》，《地理教育》2022年第8期。

4. 综合性国家科学中心和区域性创新高地的基本概念

基于二者的关键词关系解构、政策剖析、文献梳理和多维词义分解,本书对综合性国家科学中心和区域性创新高地的概念进行以下初步界定。

综合性国家科学中心指以国家实验室、国家科研机构、高水平研究型大学和科技领军企业等创新主体为核心依托,以世界级大科学装置集群、高层次人才和国家级创新平台等创新要素为关键支撑,面向国家重大科技需求,聚焦基础科学研究和关键核心技术开发研究,以知识生产、知识转化和关键技术孵化为核心功能,以催生原始创新、突破重大科学难题和核心技术瓶颈、增强国际科技竞争话语权为任务使命,以特定科学(技)园区为核心承载区、以创新型城市为功能配套区,实现多学科交叉、多领域集成、多要素协同的国家创新体系综合性基础平台,是全球创新网络中的关键节点和辐射带动全国发展的科学知识策源地和创新文化引领地。

区域性创新高地指以创新型企业和国家科技创新平台及各级各类技术研发机构等创新主体为主要依托,以技术研发人员、技术转移转化平台和风险投资等创新要素为关键支撑,以知识应用、新技术研发、新产品生产和新兴产业发展为核心功能,以培育具有国际竞争力的高科技领军企业和战略性新兴产业集群为任务使命,以特定科技园区和产业开发区为核心承载区、以创新型城市为功能配套区,通过产学研一体化辐射带动周边区域技术产业升级和高质量发展的区域创新体系基础平台。

(二)内涵比较

基于以上概念界定,从功能定位、构成要素、空间结构和组织等方面对综合性国家科学中心和区域性创新高地的科学内涵和基本特征进行比较(见图1-3)。

1. 功能定位视角

综合性国家科学中心的科技创新活动主要发生在创新链上、中游环节,以

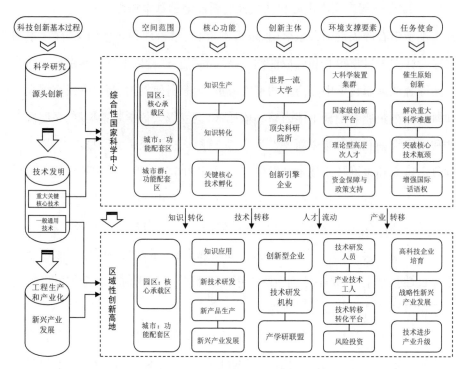

图 1-3　综合性国家科学中心和区域性创新高地的内涵表征和逻辑关系

资料来源:王涛、王帮娟、刘承良:《综合性国家科学中心和区域性创新高地的基本内涵》,《地理教育》2022 年第 8 期。

知识生产、知识转化和关键技术孵化为核心功能,是世界级科学资源和原始创新集聚中心,在国家创新体系中占据核心位置。而区域性创新高地的科技创新活动则主要集中在创新链中、下游环节,以知识应用、新技术研发、新产品生产和新兴产业发展为核心功能,强调技术创新和产业创新,承接国际科技创新中心或综合性国家科学中心的知识溢出、技术扩散和产业转移,促进新技术开发,培育壮大战略性新兴产业集群,是区域创新体系和地方创新网络的增长极和辐射带动区域创新发展的能量源。

2. 构成要素视角

综合性国家科学中心和区域性创新高地的构成要素差异主要体现在创新主体的类型差异和环境支撑要素的等级层次差异方面。综合性国家科学中心汇聚了现代大科学装置等重大科技基础设施集群,国家(重点)实验室和国家技术创新中心等创新平台,世界一流大学和顶尖科研院所及科技领军企业等战略科技力量,以及世界一流科学家、工程师和企业家等高层次人才,在科技创新资源要素禀赋上处于全国乃至国际顶尖水平。而区域性创新高地则对区域范围内(流域、省域、城市群、都市圈、城市等不同空间尺度)的创新型企业和技术研发中心等创新主体、技术研发人员和产业技术工人等支撑要素具有显著的集聚和吸引能力。整体来看,科研院所、企业、研发机构、人才和资金等要素仍是两者发展所需的核心要素。

3. 空间载体视角

综合性国家科学中心和区域性创新高地是国家(区域)创新体系的核心枢纽和关键支点,通常以城市区域为主要地域单元,包括创新型城市群(带)、创新型城市和城市创新功能区三类不同等级范围空间载体。特定科学(技)园区均是综合性国家科学中心和区域性创新高地落地建设的核心承载区,而城市或城市群则是为两者提供各类资源要素支撑的功能配套区。在空间布局模式上,城市集中布局模式、城市分散布局模式和城市群协同联动分散布局模式是潜在的几种布局模式或方案。

4. 实施组织视角

综合性国家科学中心,强调国家意志,依托重大科技基础设施的集聚作用,发挥国家实验室的引领作用,由国家主导,通过跨学科多领域集成、跨地域多区域联动、跨组织多主体联盟(综合性),进而催生原始创新,突破重大科学难题和核心技术瓶颈(注重"用钱产生知识")。区域性创新高地,强调区域辐射,侧重技术创新的区域扩散效应,发挥科技领军企业的龙头作用,通过市场机制促进技术成果转移转化和实现产学研一体化,培育壮大区域创新生态系统,建设区域创新共同体(区域性),助力创新链、人才链和产业链的深度融合,实现创新驱动区域高质量发展(突出"用技术产生钱")。

第二节　综合性国家科学中心和区域性
创新高地的理论基础

一、国家创新体系理论

20 世纪 80 年代以来,创新研究走向"系统范式",最初出现在国家层面（Edquist,1997[1]；Carlsson,2006[2]）。国家创新体系（National Innovation System）的学术思想最早可追溯到 30—50 年代的熊彼特创新学说和李斯特（List）国家学说。此后,国家创新体系的理论研究基本遵循熊彼特的知识和技术视角及李斯特的制度和国家视角（郑小平和司春林,2006[3]；郑小平,2006[4]）。1987 年,弗里曼（Freeman）首次提出国家创新体系的概念,并强调良好的知识生产、流通和使用一体化是日本国家创新体系的有效框架（Freeman,1987）[5]。随后,伦德瓦尔（Lundvall,1992）[6]将创新体系定义为"在新而有用的知识生产、传播和使用中相互作用的元素和关系"。梅卡伊菲（Mefcalfe,1995）[7]进一步界定为:"由一群在新兴科技发展上互相有关联的组

---

[1]　Edquist C., *Systems of Innovation：Technologies，Institutions and Organizations*, London：Routledge.,1997.

[2]　Carlsson B., "Internationalization of Innovation Systems：A Survey of the Literature", *Research Policy*, Vol.35, No.1, 2006.

[3]　郑小平、司春林:《国家创新体系学术思想形成研究》,《研究与发展管理》2006 年第 5 期。

[4]　郑小平:《国家创新体系研究综述》,《科学管理研究》2006 年第 4 期。

[5]　Freeman C., *Technology Policy and Economic Performance：Lessons from Japan*, London：Pinter Publishers,1987.

[6]　Lundvall B.A., *National Systems of Innovation，Towards a Theory of Innovation and Interactive Learning*, London：Pinter Publishers,1992.

[7]　Mefcalfe S., "The Economic Foundations of Technology Policy：Equilibrium and Evolutionary perspectives", *Handbook of the Economics of Innovation and Technological Change*, Oxford：Blackwell, 1995.

织机构所组成,从事有关知识的创造、储存、应用与转移的系统",被大多数发达国家广泛接受(Meyer 和 Schmoch,1998)[1]。

这些机构组织主要包括:支持创新的政府部门、进行商业创新的企业部门或行业、从事基础研究和培养人才的研究机构、其他从事教育活动的中介服务机构和教育培训机构(见图1-4)。与此同时,国家创新体系的功能及其演进过程,也备受学者们的关注(Edquist,2011[2];Hekkert 等,2007[3];Niosi,2002[4])。普遍认为,国家创新体系具有五种基本功能(活动):研发、应用、最终用途、连接和教育(Liu 和 White,2001)[5],这与创新生态系统的五种功能类

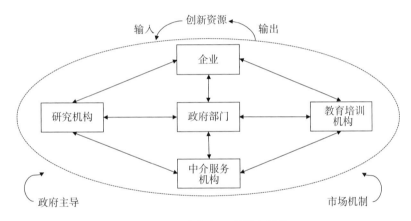

图1-4　国家创新系统基本结构

资料来源:Freeman C.,*Technology Policy and Economic Performance*,London:Pinter Publishers,1987。

① Meyer-Krahmer F., Schmoch U., "Science-Based Technologies: University-industry Interactions in Four Fields",*Research Policy*,Vol.27,No.8,1998.

② Edquist C., "Design of Innovation Policy through Diagnostic Analysis: Identification of Systemic Problems(or Failures)",*Industrial & Corporate Change*,Vol.20,No.6,2011.

③ Hekkert M.P.,Suurs R.,Negro S.,Kuhlmann S.,Smits R.,"Functions of Innovation Systems: A New Approach for Analysing Technological Change",*Technological Forecasting & Social Change*,Vol.74,No.4,2007.

④ Niosi J.,"National Systems of Innovations are 'X-Efficient' (and X-Effective): Why Some are Slow Learners",*Research Policy*,Vol.31,No.2,2002.

⑤ Liu X.,White S.,"Comparing Innovation Systems: A Framework and Application to China's Transitional Context",*Research Policy*,Vol.30,No.7,2001.

型(知识生产、知识应用、知识扩散、驱动发展和引领社会)内涵基本一致(张
仁开,2018)①。

二、区域创新体系理论

20 世纪 90 年代以来,随着全球化和区域一体化发展,国际边界约束不断
削弱,区域成为真正意义上的经济利益体(Ohmae,1993)②,导致创新系统研
究范式的"区域转向"。1992 年,库克(Cooke)首次正式提出区域创新系统
(Regional Innovation System)概念(Cooke,1992)③:由在地理上相互分工与关
联的生产企业、研究机构、高等教育机构和地方政府等构成的有利于创新活动
的区域性组织体系,其核心特征在于地方根植性(Local Embeddedness)和制度
性学习。随后,他从"区域""创新"和"系统"三个方面分析了金融资本、制度
性学习和创新生产文化对区域创新系统绩效的作用(Cooke 等,2004)④。库
克(Cooke,2001)⑤指出,本地金融资本越丰富,制度性学习越紧密,创新文化
越包容,区域创新系统竞争力越强(Cooke,2001)。区域创新体系是一个动态
的历史范畴,国内外学者对其认识在定义角度、构成要素、功能组织、性质特征
等方面存在一定分歧。但普遍强调区域创新系统地域性、根植性和内聚性,区
域创新环境和制度,知识传导和网络关联机制(付淳宇,2015)⑥。认为内生要
素及产学研一体化、根植性、信任、制度厚度,对促进企业创新、创新网络发展
具有决定作用(见图 1-5),能较好地解释创新空间的黏性(王缉慈,1999⑦;苗

---

① 张仁开:《新时代上海众创空间发展的新思路研究》,《上海城市管理》2018 年第 4 期。

② Ohmae K., "The Rise of the Region State", *Foreign Affairs*, Vol.72, No.2, 1993.

③ Cooke P.N., "Regional Innovation Systems: Competitive Regulation in the New Europe", *Geoforum*, Vol.23, No.3, 1992.

④ Cooke P.N., *Regional Innovation Systems: The Role of Governance in a Globalised World*, London: Routledge, 2004.

⑤ Cooke P.N., "Regional Innovation Systems, Clusters, and the Knowledge Economy", *Industrial and Corporate Change*, Vol.10, No.4, 2001.

⑥ 付淳宇:《区域创新系统理论研究》,吉林大学 2015 年硕士学位论文。

⑦ 王缉慈:《知识创新和区域创新环境》,《经济地理》1999 年第 1 期。

长虹,2006①)及路径依赖和技术锁定。

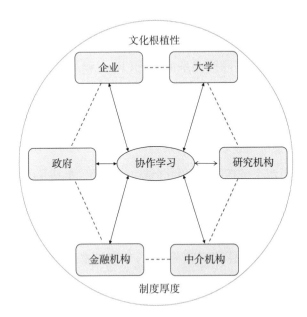

图1-5　区域创新系统的内部联系

资料来源:Liu C.L.,*Geography of Technology Transfer in China:A Glocal Network Approach*,Singapore:World Scientific,2023,pp.234-335。

区域创新体系是一种多主体、多机制、多空间层次的复杂系统(余斌等,2007)②。首先,从系统论视角,区域创新体系包括创新主体要素(包括企业、大学、科研机构、各类中介组织和地方政府)、创新功能要素(主体之间的联系与运行机制)及创新环境要素(包括体制、基础设施、社会文化心理和保障条件等)三大类(李虹,2004)③。这些要素相互作用、耦合协同形成组织创新系

① 苗长虹:《全球—地方联结与产业集群的技术学习——以河南许昌发制品产业为例》,《地理学报》2006年第4期。

② 余斌、李星明、曾菊新、罗静:《武汉城市圈创新体系的空间分析——基于区域规划的视角》,《地域研究与开发》2007年第1期。

③ 李虹:《区域创新体系的构成及其动力机制分析》,《科学学与科学技术管理》2004年第2期。

统、制度创新系统、政策创新系统、过程创新系统和基础条件创新系统(黄鲁成,2002)①。其次,区域创新体系演化是对内外部创新环境不断变化的反馈(Gluckler 和 Doreian,2016)②,宏观上表现为网络结构和空间尺度的调整,微观上表现为网络组织内部联结关系的演化(Rose 和 Shin,2001③;刘晓燕等,2014④)。甘斯(Gans,2003)⑤基于波特的集群竞争力理论,提出了区域创新系统的动力机制理论框架,认为其演化动力包括:公共创新环境完善度、产业集群竞争力、产业集群与创新环境联系强度(Gans,2003)。最后,区域创新系统被定义为一个由两个子系统组成的区域组织系统。其中一个是知识生成和扩散子系统(或称为探索子系统),包括公共研究机构、教育机构、技术和劳动力中介机构等。另一个是知识应用和开发子系统(也被称为开发子系统),由竞争对手、承包商、合作伙伴和消费者组成,并通过垂直和水平网络与社会经济、文化环境建立联系(见图1-6)。

区域创新系统功能与国家创新体系类似,但更强调地方根植性和制度式学习作用,核心功能包括互动学习、知识生产、邻近性和社会根植性(Doloreux,2002)⑥。王稼琼等(1999)⑦将区域创新系统功能抽象为协调、催化、化险、解惑等。王子龙和谭清美(2003)⑧则将区域创新系统的主要功能归纳为知识创新、技术创新、知识传播和应用。区域创新系统的功能演化与自身

---

① 黄鲁成:《宏观区域创新体系的理论模式研究》,《中国软科学》2002年第1期。

② Gluckler J., Doreian P., "Social Network Analysis and Economic Geography-Positional, Evolutionary and Multi-level Approaches", *Journal of Economic Geography*, Vol.16, No.6, 2016.

③ Rose R., Shin D.C., "Democratization backwards: The Problem of Third-Wave Democracies", *British Journal of Political Science*, Vol.31, No.2, 2001.

④ 刘晓燕、阮平南、李非凡:《基于专利的技术创新网络演化动力挖掘》,《中国科技论坛》2014年第3期。

⑤ Gans C., *The Limits of Nationalism*, Cambridge, UK: Cambridge University Press, 2003.

⑥ Doloreux D., "What We Should Know about Regional Systems of Innovation", *Technology in Society*, Vol.24, No.3, 2002.

⑦ 王稼琼、绳丽惠、陈鹏飞:《区域创新体系的功能与特征分析》,《中国软科学》1999年第2期。

⑧ 王子龙、谭清美:《区域创新体系(RIS)的网络结构》,《科技进步与对策》2003年第1期。

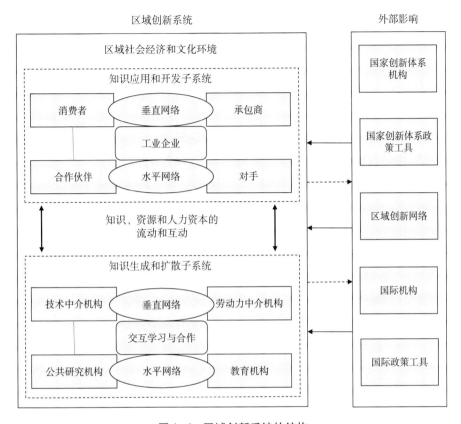

图 1-6 区域创新系统的结构

资料来源:Autio E.,"Evaluation of RTD in Regional Systems of Innovation",*European Planning Studies*,Vol.6,No.2,1998.

的发展基础密切联系,具有过程相关性(陈伟,2012)[1],呈现自组织演进特性,表现出结构不断复杂化、系统创新能力不断增强的自组织循环过程(王莉静,2010)[2]。王景荣和徐荣荣(2013)[3]则提出区域创新系统自组织演化模型,重点解析了浙江省产业集群由无序到有序的自组织演化进程。

---

① 陈伟:《典型国家或地区区域创新系统演进研究》,《当代经济》2012 年第 19 期。

② 王莉静:《基于自组织理论的区域创新系统演进研究》,《科学学与科学技术管理》2010 年第 8 期。

③ 王景荣、徐荣荣:《基于自组织理论的区域创新系统演化路径分析——以浙江省为例》,《科技进步与对策》2013 年第 9 期。

三、创新生态系统理论

根据已有关于创新高地(空间)的研究来看,科学中心和创新高地的要素构成,通常包括大学、科研院所、企业等产学研主体,科研论文、技术专利、新产品和高科技产业等创新客体,以及政府、政策、制度、经济、社会文化等创新环境要素,而这与创新生态系统理论的核心观点不谋而合。

创新生态系统(Innovation Ecosystem)是创新系统的高阶发展阶段,其理论探索兴起于21世纪初。最早由摩尔(Moore,1993)①提出,所谓创新生态系统指通过竞争和合作的相互作用,所形成的专注于技能共享和价值共创的关系(Bassis和Armellini,2018)②。既有理论研究主要包括新制度经济学理论、战略管理理论和创新管理理论三大流派(梅亮等,2014)③。学术界普遍从生态系统视角,强调创新系统要素之间、创新系统与生态环境之间的相互作用和协同创新。认为区域创新生态系统是技术创新组织与环境的空间集合,具有整体性、耗散性、复杂性和调控性等特征。其中,企业是区域产学研创新系统的重要组成部分,也是产业与技术的交汇点,企业通过项目咨询与合作、人才交流、专利转让、共建研发机构等直接或间接途径(Grimpe和Hussinger,2013)④,从大学、科研院所吸收和引进专业人才,并获得新的生产技术。大学和科研机构是区域新知识、新技术的创造者,通过向企业输出科学知识、转让创新成果、提供技术支持

---

① Moore J.F.,"Predators and Prey:a New Ecology of Competition",*Harvard Business Review*,Vol.71,No.3,1993.

② Bassis N.F.,Armellini F.,"Systems of Innovation and Innovation Ecosystems:A literature Review in Search of Complementarities",*Journal of Evolutionary Economics*,Vol.28,No.5,2018.

③ 梅亮、陈劲、刘洋:《创新生态系统:源起、知识演进和理论框架》,《科学学研究》2014年第12期。

④ Grimpe C.,Hussinger K.,"Formal and Informal Knowledge and Technology Transfer from Academia to Industry:Complementarity Effects and Innovation Performance",*Industry and Innovation*,Vol.20,No.8,2013.

和科研人才（赵喜仓等,2009）[1]，实现技术的不断扩散,从而转化科技创新成果,形成"技术创造—技术转化—技术价值—技术创造"的创新良性循环。高校和科研院所都是区域重要的创新主体,但高校注重基础性研究和人才培养,科研院所主要承担战略性研究任务。政府和中介服务机构通过为产学研创新提供合作平台与中介服务,在创新子系统之间建立创新要素传递、创新成果转化和创新研究合作的通道和纽带,提高创新资源的配置效率、加速技术的产业化（见图1-7）。

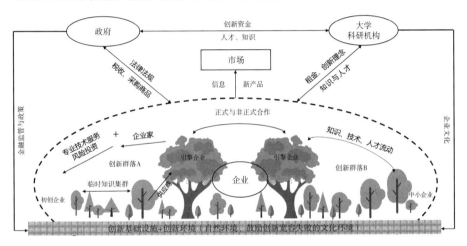

图1-7 创新生态系统示意图

资料来源:胡曙虹、黄丽、杜德斌:《全球科技创新中心建构的实践——基于三螺旋和创新生态系统视角的分析:以硅谷为例》,《上海经济研究》2016年第3期。

与生态系统类似,创新系统要素与其环境间存在竞争共生、协同进化的机制（胡斌和李旭芳,2013）[2]。创新生态系统由与创新活动相关的物种、种群、群落等创新主体要素及创新生态环境构成,"创新热带雨林"将是创新生态系统进化的最终方向（张仁开,2018）。张利飞（2009）[3]则强调创新生态系统是高科技

---

① 赵喜仓、李冉、吴继英:《创新主体与区域创新体系的关联机制研究》,《江苏大学学报（社会科学版）》2009年第2期。
② 胡斌、李旭芳:《复杂多变环境下企业生态系统的动态演化及运作研究》,同济大学出版社2013年版,第28页。
③ 张利飞:《高科技产业创新生态系统耦合理论综评》,《研究与发展管理》2009年第3期。

企业基于构件/模块的知识异化、协同配套、共存共生、共同进化而形成的技术创新体系。冉奥博和刘云（2014）[1]则从创新系统要素作用视角，认为创新生态系统是企业等多主体要素之间相互作用而形成技术研发——技术应用——技术衍生的循环过程，并通过信息传递而充分利用发展技术的复杂性系统。

基于信息系统的特性，创新生态系统同样存在技术、专利、信息的贮藏与转移这一功能特征（冉奥博和刘云，2014）。艾斯蒂和波特（Esty 和 Porter，1998）[2]认为创新生态系统的理念既有利于企业提高产品质量，也有利于促进企业之间的合作，降低产品成本和提高竞争力，进而创造价值和塑造市场优势（石新泓，2006）[3]。张仁开（2018）则从知识生产和技术应用视角，系统梳理了创新生态系统的五大功能：知识生产、知识应用、知识扩散、驱动发展和引领社会，并提炼了创新生态系统功能演化的四种模式：遗传模式、变异模式、选择模式、嵌入模式，归纳了创新生态系统功能演化的四种生态形式（创新荒漠、创新苗圃、科技种植园、创新雨林）和五大发展阶段（初生的溪流、涌动的温泉、平静的湖泊、汹涌的海洋、萎缩的池塘）[4]。

四、创新网络理论

21 世纪以来，"全球—地方"创新网络成为经济地理学、区域经济学、科学学与科技管理学等学科交叉研究的关注焦点和研究前沿。科学中心和创新高地作为全球/区域创新网络中的一种空间节点和枢纽，是构成全球/区域创新网络的重要组成部分，科学中心和创新高地之间的合作与关联互动是推动创

---

① 冉奥博、刘云：《创新生态系统结构、特征与模式研究》，《科技管理研究》2014 年第 23 期。

② Esty D.C., Porter M.E., "Industrial Ecology and Competitiveness: Strategic Implications for the Firm", *Journal of Industrial Ecology*, Vol.2, No.1, 1998.

③ 石新泓：《创新生态系统：IBM Inside》，《商业评论》2006 年第 8 期。

④ 张仁开：《培育创新的热带雨林：上海创新生态系统演化研究》，华东师范大学出版社 2018 年版。

新网络演化的重要驱动力。

创新网络的概念最早由弗里曼(Freeman,1991)①提出,他认为创新网络是为了有效应对系统创新而形成的制度安排,企业间的创新合作关系是网络的基本连接机制。区域创新网络是在创新网络理论基础上演化发展而来,是企业、科研院所、大学、政府、中介机构等创新主体之间在长期正式或非正式的合作与交流关系的基础上所形成的相对稳定的系统(童昕和王缉慈,2000)②。作为一种介于市场和科层制之间的组织形式,区域创新网络更强调知识、技术等创新要素的集聚(杨博旭等,2023)③。安德森和伦德瓦尔(Andersen 和 Lundvall,1997)④从生产交互角度指出"区域创新网络运行是一种学习、研究和社会选择的过程",为学者探究区域创新网络知识、学习、社会资本及技术创新机制提供了重要参考。

全球创新网络扩展了传统区域创新网络的空间范围。许多学者强调网络主体的主导作用差异性,认为跨国公司主导的全球技术创新网络、以大学和科研机构为主体的全球知识创新网络,与政府引领的地方创新系统叠加耦合,交织形成一体化的全球创新网络(杜德斌,2015;司月芳等,2016⑤)。更多学者则认为全球创新网络的核心主体是企业(马琳和吴金希,2011),表现为从事与创新相关并生产新技术的企业和非企业组织之间复杂互动的全球化组织。作为本地创新系统(或本地创新集群)、区域创新系统和国家创新系统的补充或补偿,全球创新网络不仅是企业全球化组织的骨架和创新模式,而且也是地

---

①　Freeman C., "Networks of Innovators: A Synthesis of Research Issues", *Research Policy*, Vol.20, No.5, 1991.

②　童昕、王缉慈:《论全球化背景下的本地创新网络》,《中国软科学》2000 年第 9 期。

③　杨博旭、柳卸林、吉晓慧:《区域创新生态系统:知识基础与理论框架》,《科技进步与对策》2023 年第 13 期。

④　Andersen E.S., Lundvall B.A., "National Innovation Systems and the Dynamics of the Division of Labor", in *Radosevics Systems of Innovation: Technologies, Institutions and Organizations*, 1997.

⑤　司月芳、曾刚、曹贤忠、朱贻文:《基于全球—地方视角的创新网络研究进展》,《地理科学进展》2016 年第 5 期。

方获取外部知识和技术的重要通道和区域保持竞争优势的主要驱动方式（Bathelt 和 Henn，2014）①，更是影响区域发展的重要因素，有助于刺激不同区域创新系统的路径扩展和路径更新（见图1-8）。

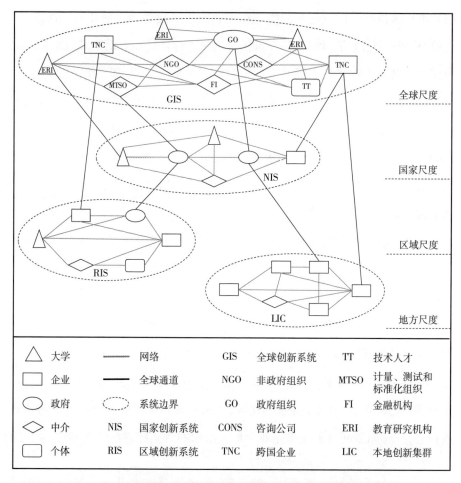

图1-8　国家创新系统、区域创新系统和本地创新集群整合框架

资料来源：Binz C.，"Global Innovation Systems—A Conceptual Framework for Innovation Dynamics in Transnational Contexts"，*Research Policy*，Vol.46，No.7，2017.

---

① Bathelt H.，Henn S.，"The Geographies of Knowledge Transfers over Distance：toward a Typology"，*Environment and Planning A*，Vol.46，No.6，2014.

当前,国内外学者对全球创新网络演化进行了长足的研究,呈现从企业内部研发网络到全球研发网络、从产业技术合作网络到全球知识创新网络,从全球化到地方化再到全球地方化(Dicken,2004)[1]研究态势。近年来,全球创新网络演化的空间组织引起重视,呈现城市、区域、国家等空间单元相综合的研究格局,仅关注单一空间尺度存在较大的片面性,全球与本地互动(贺灿飞和毛熙彦,2015)[2]及战略耦合(Yeung,2016)[3]对全球创新网络演化具有决定作用,导致全球—地方创新网络的形成(见图1-9)(司月芳等,2016)。

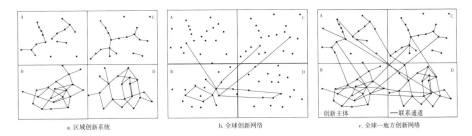

a. 区域创新系统　　　　b. 全球创新网络　　　　c. 全球—地方创新网络

图1-9　区域创新系统、全球创新网络和全球—地方创新网络示意图

资料来源:司月芳、曾刚、曹贤忠、朱贻文:《基于全球—地方视角的创新网络研究进展》,《地理科学进展》2016年第5期。

五、创新空间理论

科学中心和创新高地作为创新空间的一种地域类型,其形成演化机理可从创新空间理论汲取理论来源和科学认知。国内外学者普遍认为创新空间是聚集创新活动的场所,是以创新、研发、学习、交流等知识经济为主导功能的空间单元(曾鹏,2007)[4]。创新空间涉及创新活动场、创新型城市、创新场所、学

①　Dicken P., "Geographers and 'Globalization': (yet) Another Missed Boat?", *Transactions of the Institute of British Geographers*, Vol.29, No.1, 2004.

②　贺灿飞、毛熙彦:《尺度重构视角下的经济全球化研究》,《地理科学进展》2015年第9期。

③　Yeung H. W., *Strategic Coupling: East Asian Industrial Transformation in the New Global Economy*, Ithaca: Cornell University Press, 2016.

④　曾鹏:《当代城市创新空间理论与发展模式研究》,天津大学2007年博士学位论文。

习型区域、新工业区、创新环境、创新集聚区、创新空间单元等一系列的相关概念,形成一个包含物质空间和精神空间的多层次城市创新空间概念群(刘炜和郭传民,2022)①,它们相互关联,构成了创新空间的多层次体系(见图1-10)。

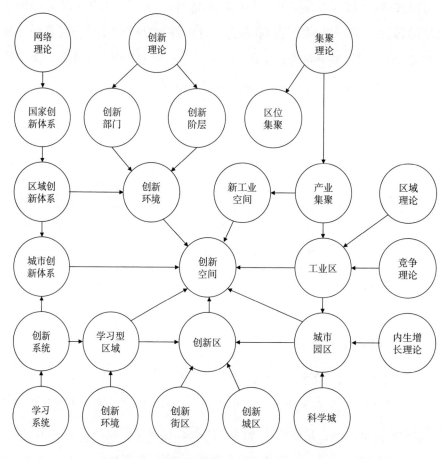

图 1-10 创新空间相关理论与空间形态网络

资料来源:刘炜、郭传民:《基于创新空间生产的城市更新策略:理论,方法与国际经验》,《科技管理研究》2022 年第 16 期。

根据世界各国创新空间发展历程,国外创新空间理论研究可以划分为三

---

① 刘炜、郭传民:《基于创新空间生产的城市更新策略:理论,方法与国际经验》,《科技管理研究》2022 年第 16 期。

个阶段:(1)1950—1980 年的科学园区研究阶段,主要论及科学城、研究园、科技企业孵化器、科技园等城市园区概念。普遍认为,上述概念功能类似,均是大学、产业和政府三重螺旋发展的高级阶段形式。但科学城(研究园、科学园)严格意义上属于"科学研究综合体",强调以大学为核心,是专门设置科学研究和高等教育机构的一种卫星城(王振旭等,2019),而企业孵化器类似科技园区和技术城,更强调大学、产业和政府间的功能互动和高技术产业的集聚。(2)1980—2000 年的高技术产业园区研究阶段,包括高技术产业区、技术城、高新技术开发区等城市功能区概念(吴林海,1999)[①],注重高技术产业集聚引发的创新集群研究,研究尺度拓展到区域或城市尺度,包括学习型区域(Pyke,1990)[②],大学城、知识型城市(Yigitcanlar 等,2008)[③],高技术综合体(Miller,1987)[④],高技术中心等概念。(3)2000 年至今的创新型城市空间研究阶段,研究尺度日益多样化,集中于城市内部空间、城市空间、城市区域空间,涉及科技型区域(Yigitcanlar,2009)[⑤]、高科技中心、创新城市、创新城区(街区、社区)等创新型城市空间概念。普遍认为,创新型城市空间是创新源、产业集群、创业企业、孵化器和加速器等集中的空间片区,包括生产要素和社会服务要素,为创新主体进行创新活动匹配和提供符合需求的功能业态、创新氛围。

21 世纪初,创新主体和创新要素的地方化集聚、全球化扩散引起学者们的高度关注,一些学者针对创新活动的城市区域集聚性现象提出并解析了国

---

① 吴林海:《世界科技工业园区发展历程、动因和发展规律的思考》,《高科技与产业化》1999 年第 1 期。

② Pyke F., *Industrial Districts and Inter-Firm Co-operation in Italy*, Geneva: International Institute for Labour Studies,1990.

③ Yigitcanlar T., Velibeyoglu K., Martinez-Fernandez C., "Rising Knowledge Cities:The Role of Urban Knowledge Precincts", *Journal of Knowledge Management*, Vol.12, No.5, 2008.

④ Miller R., Growing the Next Silicon Valley: A Guide For Successful Regional Planning, Lexington MA: Lexington Books,1987.

⑤ Yigitcanlar T., "Planning for Knowledge-Based Urban Development: Global Perspectives", *Journal of Knowledge Management*, Vol.13, No.5, 2009.

际研发中心(黄鲁成,2002)、产业研发枢纽(王铮等,2007)①、创新枢纽城市(王铮等,2007)、科技创新城市、国际研发城市(黄亮等,2014)②、全球科技创新中心(杜德斌和何舜辉,2016)③、城市群创新中心(吴贵华,2020)④等概念。此外,有学者从城市规划视角,提出创新空间系统的概念,试图统一不同空间尺度的创新型城市功能区、创新型城市或创新型城区等相关概念(王兴平和朱凯,2015)⑤,认为创新空间是一个涵盖技术创新、知识创新、制度创新、服务创新、文化创新、创新环境等全社会创新的综合创新体系(石忆邵和卜海燕,2008)⑥,具有孵化功能、示范功能、集聚功能、扩散功能、渗透功能和波及功能等多重功能(王兴平和朱凯,2015)。

第三节　综合性国家科学中心和区域性
创新高地的理论框架

　　基于国家(区域)创新体系、创新生态系统、复杂适应系统、关系经济地理学和演化经济地理学等多学科理论,本书从构成要素、组织结构、主要功能、演化机制和协同发展五个维度,构建了综合性国家科学中心和区域性创新高地协同发展的"要素—结构—功能—演化—协同"理论框架(见图1-11),以厘

---

　　① 王铮、杨念、何琼、姚梓璇:《IT产业研发枢纽形成条件研究及其应用》,《地理研究》2007年第4期。

　　② 黄亮、王馨竹、杜德斌、盛垒:《国际研发城市:概念、特征与功能内涵》,《城市发展研究》2014年第2期。

　　③ 杜德斌、何舜辉:《全球科技创新中心的内涵、功能与组织结构》,《中国科技论坛》2016年第2期。

　　④ 吴贵华:《创新空间分布和空间溢出视角下城市群创新中心形成研究》,华侨大学2020年博士学位论文。

　　⑤ 王兴平、朱凯:《都市圈创新空间:类型、格局与演化研究——以南京都市圈为例》,《城市发展研究》2015年第7期。

　　⑥ 石忆邵、卜海燕:《创新型城市评价指标体系及其比较分析》,《中国科技论坛》2008年第1期。

清两者在布局建设过程中的逻辑架构。

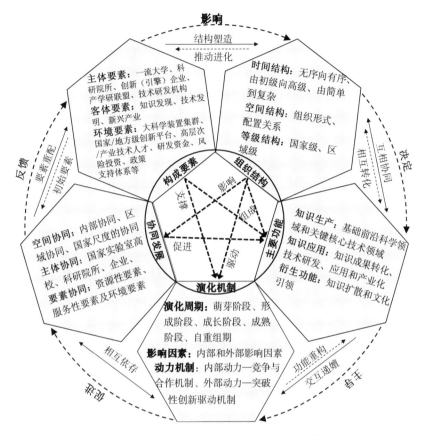

图 1-11 综合性国家科学中心和区域性创新高地的理论框架

资料来源：王帮娟、王涛、刘承良：《综合性国家科学中心和区域性创新高地协同发展的理论框架》，《地理教育》2022 年第 8 期。

一、构成要素

根据科技创新活动的实施组织过程和投入产出特征，综合性国家科学中心和区域性创新高地的构成要素可统一归纳为主体要素、客体要素和环境支撑要素三大类别（见图 1-12）。这种要素构成的多样性和包容性特征，是支撑科学研究和技术产业创新的重要保障。由于各自核心功能的不同，综合性国家科学中心和区域性创新高地的主体、客体和环境支撑要素组成结构也存在一定的分异。

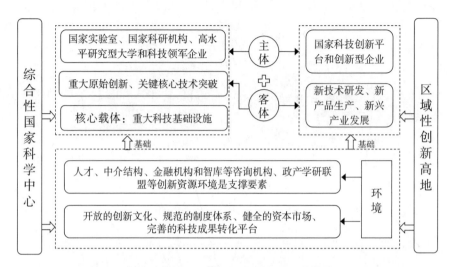

图 1-12　综合性国家科学中心和区域性创新高地的构成要素

资料来源:王帮娟、王涛、刘承良:《综合性国家科学中心和区域性创新高地协同发展的理论框架》,《地理教育》2022 年第 8 期。

(一)主体要素

1. 大科学装置群是综合性国家科学中心建设的关键载体

综合性国家科学中心是支撑各类重大创新资源要素的集合体,科技基础设施是其中的关键,大科学装置是其突出特色(李志遂和刘志成,2020)。所谓"大科学装置",又称"重大科技基础设施",指"通过较大规模投入和工程建设来完成,建成后基于长期的稳定运行和持续的科学技术活动,实现重要科学技术目标的大型设施"(张玲玲等,2019[①];薄力之,2023[②])。作为重要的战略科技资源,重大科技基础设施是开展高水平和跨学科研究,实现前沿科技突破,解决我国"卡脖子"关键技术的国之重器。为解释和解决关键科学问题,

---

①　张玲玲、王蝶、张利斌:《跨学科性与团队合作对大科学装置科学效益的影响研究》,《管理世界》2019 年第 12 期。

②　薄力之:《国内外大科学装置集聚区》,《国际城市规划》2023 年第 2 期。

突破关键领域的技术难题,推进多学科基础科学研究和应用研究的原始创新提供了基础支撑(张玲玲等,2019)。其科学技术目标主要面向科学技术前沿,为国家经济建设、国家安全和社会发展作出战略性、基础性和前瞻性贡献(李志遂等,2023)①。

2. 战略科技力量是综合性国家科学中心的核心主体

国家实验室、国家科研机构、高水平研究型大学和科技领军企业是综合性国家科学中心建设的战略科技力量(见图1-13)。

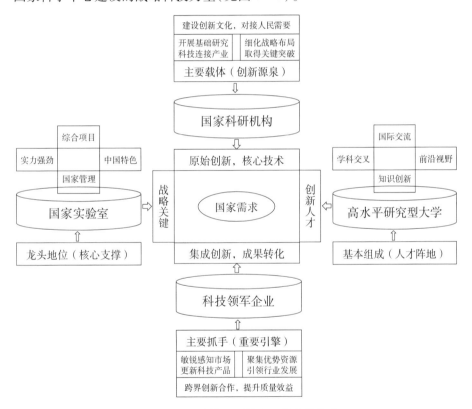

图 1-13　国家战略科技力量的主体构成

资料来源:刘庆龄、王一伊、曾立:《如何推进国家战略科技力量建设?——基于历史经验积累和现状实证分析的研究》,《科学管理研究》2022年第3期。

---

①　李志遂、聂常虹、刘倚溪、贺舟:《大科学装置(集群)驱动型创新生态系统的理论模型与实证研究》,《管理评论》2023年第1期。

国家实验室具有适应大科学发展的内在特征,能够承担国家的重大科研任务,是开展国际科技合作的高端平台,也是保障国家科技安全的中流砥柱。作为国家战略科技力量的"龙头",国家实验室在基础研究和技术应用方面发挥着核心作用(陈凯华和于凯本,2017①;何枭等,2020②)。

国家科研机构具有引领前沿科技进步、直接服务国家战略需要、有力支撑关键产业发展的硬科技特点(杨斌和肖尤丹,2019)③。其主要任务是面向制约国家发展全局和长远利益的重大科技问题,依托新型举国体制,聚集优势科技创新资源,进行跨学科集成交叉攻关,以在更高层次上推进自主创新和原始创新。因此,国家科研机构既是原始创新的策源地,也是尖端技术突破的主阵地和动力源(刘庆龄和曾立,2022)④。

高水平研究型大学是高端科技创新人才培养的摇篮和基础科学研究的主体(刘庆龄和曾立,2022)。其主要围绕国家需求推进基础研究,聚焦世界科技前沿进行学科建设,并基于高校间科研合作推动基础研究,促进尖端学科和新兴学科孕育发展,为中国创造领先世界的尖端科技奠定基础。以"双一流"高校为代表,其核心任务是人才培养和基础研究,通过不断推进理论创新和知识创造,为国家前沿尖端技术创新和原始创新提供基础科学理论和高端人才支持。

科技领军企业在综合性国家科学中心中主要处于生产和流通环节,是国家战略科技力量中具有高度灵活性的组成部分,是国家抢占未来科技和产业发展制高点的主要抓手,是国家创新能力提升的重要引擎(何平,2023)⑤。科

---

① 陈凯华、于凯本:《加快构建以国家实验室为核心的国家科研体系》,《光明日报》2017年12月7日。

② 何枭、郭丽娜、周群:《基于三螺旋模型的国家实验室协同创新测度及启示》,《中国科技论坛》2020年第7期。

③ 杨斌、肖尤丹:《国家科研机构硬科技成果转化模式研究》,《科学学研究》2019年第12期。

④ 刘庆龄、曾立:《国家战略科技力量主体构成及其功能形态研究》,《中国科技论坛》2022年第5期。

⑤ 何平:《我国科技领军企业发展面临的挑战与应对策略》,《价格理论与实践》2023年第2期。

技领军企业集聚创新资源的优势明显,自主创新能力较强,具备引领其他科技企业参与国家科技创新体系建设的能力,面对建立跨领域、大协作、高强度创新基地的需要,可以集中资源开展产业共性关键技术研发工作。

综合性国家科学中心的四大主体既具有各自独特的性质,又在推进国家科学中心的建设中相互联系、相辅相成。虽然国家实验室、国家科研机构、高水平研究型大学、科技领军企业的性质特征和运作模式各不相同,但作为国家战略科技力量,均以国家需求为核心导向,都具有满足国家重大需要和维护国家发展安全的使命职责,在协同合作中共同支撑起国家高水平科技自立自强。

3. 创新型企业及集群是区域性创新高地的关键主体

区域性创新高地以应用层面的技术发明和产业发展为导向目标,决定了其要素"优势种"与综合性国家科学中心有所不同,其核心主体要素包括创新型企业及国家科技创新平台(见图1-14)。

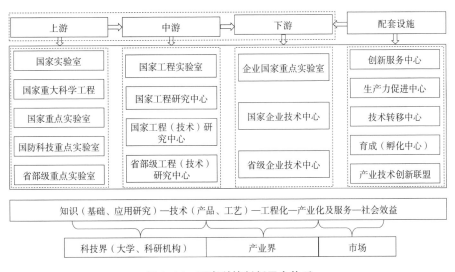

图1-14 国家科技创新平台体系

资料来源:万劲波、赵兰香、牟乾辉:《国家创新平台体系建设的回顾与展望》,《中国科学院院刊》2012年第6期。

创新型企业指拥有自主知识产权和知名品牌、具有较强国际竞争力、依靠

技术创新获取市场竞争优势和实现可持续发展的企业(郭细根,2016)①,主要
以实现产品乃至产业可持续发展为目标进行科技创新组织,是区域性创新高地
建设的关键主体和核心驱动力(安璐,2020)②。主要包括政府创新政策与产业
经济界高度关注的独角兽(及培育)企业、瞪羚企业、高新技术企业、中小型科
技类企业等(李经成和黄春晓,2022)③。作为熟知市场运作规律并能敏锐感知
市场信息的创新主体,创新型企业能及时将市场信息传递给其他科技主体,切
实打通从科技强到企业强、产业强、经济强的通道(刘庆龄和曾立,2022)。

国家科技创新平台主要包括国家重点实验室、国防科技重点实验室、国家
工程实验室、国家工程研究中心、国家工程技术研究中心,以及省部级重点实
验室、省部级工程(技术)研究中心和省级企业技术中心等(见图1-14)(万劲
波等,2012)④。其中,国家重点实验室以基础、应用研究为主;国家工程实验
室以尖端产业技术创新为主;国家工程(技术)研究中心以产业技术工程化为
主;国家认定企业技术中心以新产品开发和新技术产业化为主;企业国家重点
实验室以提高企业和行业的自主创新能力和产业核心竞争力为宗旨(见图
1-15)。众多创新平台的主导功能互补,形成有序分工。国家创新平台具有
聚集创新资源的功能,有利于将企业"真需求"与科研单位的"好成果"有效对
接,对于攻克产业共性技术瓶颈、科技成果转化及产业化难题具有重要作用
(韩凤芹等,2023⑤;赵洁等,2023⑥)。其核心目标是围绕产业高质量发展和

① 郭细根:《创新型企业空间分布及其影响因素研究——来自全国676家创新型试点企业的数据分析》,《科技进步与对策》2016年第15期。
② 安璐:《全球科技创新中心:内涵、要素与发展方向》,《人民论坛·学术前沿》2020年第6期。
③ 李经成、黄春晓:《创新型企业城市内部空间分布及组织逻辑——以南京市为例》,《经济地理》2022年第7期。
④ 万劲波、赵兰香、牟乾辉:《国家创新平台体系建设的回顾与展望》,《中国科学院院刊》2012年第6期。
⑤ 韩凤芹、陈亚平、马羽彤:《高水平科技自立自强下国家创新平台高质量发展策略》,《经济纵横》2023年第2期。
⑥ 赵洁、胡浩、谭佳:《新时代国家工程技术研究中心建设的思考》,《科技资讯》2023年第1期。

现代化经济体系建设的现实需求开展创新活动,从而为保障创新链、产业链安全和区域性创新高地建设提供有效支撑。

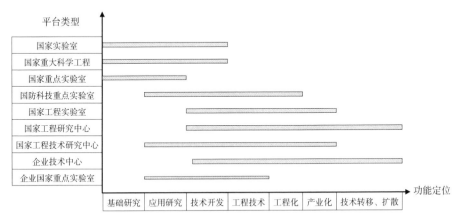

图 1-15　各类创新平台的功能定位

资料来源:笔者自绘。

(二) 客体要素

1. 综合性国家科学中心以重大原始创新和关键技术突破为主要客体要素

加强“从 0 到 1”的基础研究,开辟新领域、提出新理论、发展新方法,取得重大开创性的原始创新成果是综合性国家科学中心最核心的客体要素(白静,2020)[①]。推动“从 0 到 1”的原始创新主要有以下两种路径(见图 1-16)。

第一种是正向发展逻辑,以重大科学突破为核心,构建“一体化”的国家战略科技力量“市场化竞争体系”(孙思源和彭现科,2022)[②]:国家实验室体系和高水平研究型大学作为“强核心”致力于基础研究,国家科研机构通过多条技

①　白静:《优化原始创新环境 推动关键核心技术突破科技部等部门印发〈加强“从 0 到 1”基础研究工作方案〉》,《中国科技产业》2020 年第 4 期。
②　孙思源、彭现科:《基于科技创新基本逻辑强化国家战略科技力量》,《科技中国》2022 年第 12 期。

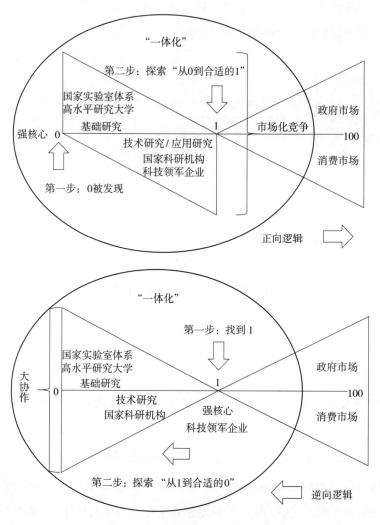

图 1-16 推动原始创新的正向和逆向逻辑

资料来源:孙思源、彭现科:《基于科技创新基本逻辑强化国家战略科技力量》,《科技中国》2022 年第 12 期。

术路线参与技术研发,与市场紧密联系的科技领军企业利用相对成熟的技术路线开拓市场,展开应用研究,实现技术产业化,去寻找科技创新可能适合的"1"。

第二种是逆向发展逻辑,以重大市场需求为核心,构建"一体化"的国家战略科技力量分工协作体系:以科技领军企业为"强核心",多家国家科研机构参与关键技术、分支技术研究,国家实验室体系和高水平研究型大学广泛参与基础研究,形成国家战略科技力量的"大协作"体系,去寻找科技创新可能适合的"0"。

关键核心技术在企业竞争、产业竞争与全球价值链竞争中发挥着关键作用,是综合性国家科学中心的另一个主要客体要素。关键核心技术指以复杂性知识或者集成性知识为基础,是一国企业和产业竞争过程中的"牛鼻子"和"卡脖子"技术体系,包括基础工艺、核心元部件、核心设备乃至系统构架等。它并不单指某一具体技术或者部件,而是围绕这一技术门类形成的技术领域或体系,在企业和产业竞争过程中具备战略性地位(阳镇,2023)①。作为具有竞争性和垄断性的技术,它是企业参与市场竞争,嵌入产业链、价值链的核心竞争要素。跨理论、跨学科和跨方法的系统优势可为开展关键核心技术攻关突破提供强大的人才基础和智力资本支持。

2. 区域性创新高地以新技术、新产品、新工艺为主要客体要素

技术创新是把新技术、新产品、新工艺引入市场,实现其商业价值的过程。新技术指在科学研究、工程设计、生产制造等领域中开发出的新理论、新方法、新工具和新装置。新产品指通过创新设计、材料选择、生产工艺等方式开发出的全新产品。新工艺指基于新材料、新技术等创新性成果开发出来的新生产工艺。新技术、新产品和新工艺都是区域性创新高地中非常重要的产出要素。它们的不断涌现和发展可以推动该区域相关领域产业链的升级和新兴,提高整个区域的经济竞争力和创新活力。同时,这些新技术、新产品和新工艺的商业化应用也可以通过引领消费需求及变革生产方式,赋能区域社会经济发展的转型和升级。

(三)环境要素

良好的创新环境是加快国家或区域创新体系构建的前提,主要包括创新

---

① 阳镇:《关键核心技术:多层次理解及其突破》,《创新科技》2023 年第 1 期。

硬环境(人才、中介、金融、咨询机构等)、创新软环境(政策及制度环境、经济环境、社会文化环境)两个方面(黄庆桥等,2004①;张耀方,2017)。

1. 创新硬环境是综合性国家科学中心和区域性创新高地的内在支撑要素

人才、中介机构、金融机构、咨询机构和政产学研联盟等创新环境是综合性国家科学中心和区域性创新高地布局建设的支撑要素。人才是综合性国家科学中心和区域性创新高地开展科技创新的核心主体和内在动力因素,包括两种类型:一类是具备丰富理论知识储备、抽象思维能力强、能够攻克关键技术的科研型创新人才;另一类则是动手能力强、具有丰富的产品生产经验、可以将新技术转化为实际生产力的实践型创新人才。其共同特点是均具备创新精神、创新知识和创新能力(连瑞瑞,2019)②。

中介机构、金融机构及科技智库等咨询机构为综合性国家科学中心和区域性创新高地布局建设提供辅助性资源支持。中介机构通过对接人才、信息、技术、资金等科技资源的供求双方,促进各类创新要素在创新主体间、创新主体与服务主体间的高效流动,成为综合性国家科学中心和区域性创新高地相关节点创新要素链接的桥梁和纽带;金融机构则通过贷款、股权投资等方式提供资金支持,尤其是帮助科技型企业开展专利权质押等知识产权融资活动,打通从"知本"到"资本"的通道。科技类智库等咨询机构为创新主体提供科技创新过程中的决策咨询、管理咨询、法律咨询、政策咨询等专业服务,为科技创新活动准确定位和高效开展予以帮助(连瑞瑞,2019)。

政产学研联盟是政府、企业、高校或科研机构及中介机构等多个创新主体之间基于技术资源、人才资源、市场资源、运作模式、创新文化等创新要素而形

---

① 黄庆桥、姚俭建:《制度:唯物史观的重要范畴》,《上海交通大学学报(哲学社会科学版)》2004年第1期。

② 连瑞瑞:《综合性国家科学中心管理运行机制与政策保障研究》,中国科学技术大学2019年博士学位论文。

成的相互依赖、共生共赢的高效协同创新系统（Hannan 和 Freeman，1977[①]；Markkula，2012[②]；黎友焕和钟季良，2020[③]）。这个系统将上下游的科技力量有效连接起来，构建"国家政策—科研机构—转化中心—市场主体"之间畅通有效的循环网络，培育优质科技创新生态和创新文化氛围，促进科技人才在民主宽松的科技创新环境中充分施展才能（刘庆龄和曾立，2022），为综合性国家科学中心和区域性创新高地的布局建设提供动力支撑。

2. 创新软环境是综合性国家科学中心和区域性创新高地的关键外在要素

规范的制度体系、健全的资本市场和开放的创新文化等创新软环境是综合性国家科学中心和区域性创新高地布局建设不可或缺的关键外在要素（张耀方，2017），共同形成促进科学创新和技术应用的创新生态和创新氛围。制度政策环境包括与科技创新有关的科技政策和科技管理体制及法律法规，对创新主体起引导和规范作用（连瑞瑞，2019）。经济环境主要通过保持资金供给、提升要素配置效率和完善基础设施为综合性国家科学中心和区域性创新高地布局建设提供基础资源保障和市场需求条件（赵雅楠等，2022）[④]。文化环境包括影响创新的社会价值观、行为偏好和风俗习惯，开放包容的创新文化，求知求真的科学精神，以及爱国奉献、求实创新、协同育人的科学家精神，有利于形成鼓励和保护创新的社会氛围。

综合性国家科学中心和区域性创新高地的主体、客体和环境要素三者相互联系、协同作用、共同促进。高校、科研机构和科技领军企业依托大科学装

---

①　Hannan M.T.，Freeman J.，"The Population Ecology of Organization"，*American Journal of Sociology*，Vol.82，No.5，1977.

②　Markkula M.A.，"European Engineering Universities as Key Actors in Regional and Global Innovation Ecosystems"，*SEFI 40th Annual Conference*，2012.

③　黎友焕、钟季良：《国内外政产学研协同创新生态系统研究评述——内涵、运行机制与绩效》，《经济研究导刊》2020 年第 2 期。

④　赵雅楠、吕拉昌、赵娟娟、赵彩云、辛晓华：《中国综合性国家科学中心体系建设》，《科学管理研究》2022 年第 2 期。

置和高端人才实现基础研究的原始创新和关键核心技术的突破,国家科技创新平台和创新型企业以新技术、新产品和新工业为主要产出,以技术研发合作为纽带实现创新要素高效流动。中介机构、咨询机构和产学研联盟为完成知识生产到市场化提供服务支持,政策、经济和文化环境是综合性国家科学中心和区域性创新高地建设的关键环境要素。

二、组织结构

从结构主义视角,作为一个复杂区域创新系统,综合性国家科学中心和区域性创新高地的组织结构可以解构为三个维度:时间结构(相空间)、空间结构(实空间)和等级结构(序空间)(刘承良,2017)①(见图1-17)。

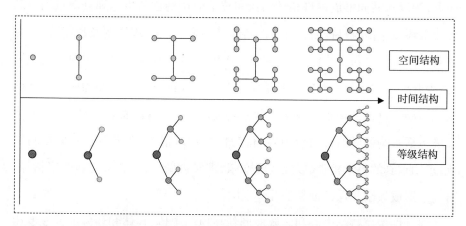

图1-17　综合性国家科学中心和区域性创新高地的时间—空间—等级结构

资料来源:刘承良:《城乡路网系统的空间复杂性》,上海科学普及出版社2017年版,第57页。

（一）时间结构

时间结构指综合性国家科学中心和区域性创新高地在全球地方创新网络耦合作用下沿时间轴由无序向有序、由初级向高级、由简单到复杂的自组织演

---

① 刘承良:《城乡路网系统的空间复杂性》,上海科学普及出版社2017年版,第57页。

化态势。根据生命周期理论,综合性国家科学中心和区域性创新高地的演化过程可以分为形成阶段、成长阶段及成熟阶段等不同阶段。在其诞生的初期阶段,主要表现为由政府主导在部分具备良好建设基础的区域规划和布局;在成长阶段,表现为部分区域由于国家创新战略规划直接获批进行建设,而一些区域由于自身具备科技资源配置条件而获得国家认可,呈现国家扶持和自然形成双驱动的发展模式;在成熟阶段,伴随着建设路径的成熟和完善,越来越多的区域会自发地集聚优化科技资源配置,并获得国家扶持和政策倾斜,形成自然形成为主、国家扶持为辅的发展模式(张耀方,2017)。

(二)空间结构

空间结构指创新主体、客体及环境等构成要素相互作用、共同影响所表现出的空间组织形式和配置关系。由于地方根植性及外部交互性共同作用,综合性国家科学中心和区域性创新高地布局具有显著的空间异质性,突出表现为空间不均衡性、集聚性及其等级层次性。不同等级和区位的综合性国家科学中心和区域性创新高地的发展基础和功能定位存在明显不同。

宏观尺度上,国家和区域创新体系空间组织呈现枢纽——网络组织架构,形成以科学中心和创新高地为创新增长极,以跨区域和跨组织创新通道(以交通主干道为支撑的人才流动、科研合作、技术转移、技术贸易和技术投资等创新流)为创新增长带(或创新发展轴、创新廊道),以高度协同一体化的创新城市集群(或城市群)为创新共同体的"点—轴—面"互嵌布局。

中观尺度上,综合性国家科学中心和区域性创新高地的总体布局呈现集中式和分散式两种空间形态。集中式主要包括块状、连片放射、连片带状等空间构型,分散式主要包括双核式、多点分散、分散组团式等布局形态。

微观尺度上,综合性国家科学中心和区域性创新高地发育"核心——边缘"结构、"枢纽——网络"结构、全域联动等级圈层结构和组团式结构等空间耦合构型。如已获批的综合性国家科学中心——上海张江呈现组团式和集约型结构,形成"一心一核、多圈多点、森林绕城"格局(张宝珍,2017)①。安徽合肥发育典型的核心层、中间层、外围层、联动层四圈层结构(郑传月和杨艳红,2022)②。西安形成"一核(科学城)两翼(中国西部创新港和长安大学城)三片区(科技成果转化片区、科技服务集聚片区、未来产业承载片区)"的空间布局。而成渝正在规划形成"一中心+多科学城+众产业基地(创新园区)+数科创大走廊"的布局模式(张志强等,2020)③。

(三)等级结构

等级结构指创新要素及其网络组织呈现等级层次性。由于自身规模及创新资源配置的差异性,综合性国家科学中心和区域性创新高地空间体系存在显著的等级—规模分布和无标度性结构。在城市能级和地位、科技创新能力和科技产业化水平等方面,综合性国家科学中心和区域性创新高地枢纽体系涌现出全球级、国际级、国家级、区域级和地方级等多个层级,形成有序的职能分工和合作(张文忠,2022)④(见图1-18)。

三、主要功能

综合性国家科学中心和区域性创新高地的主导功能由其构成要素及其发展定位决定。前者以知识生产功能为主导,后者则强调知识应用功能引领,而知识扩散和文化引领则是它们共有的衍生功能(见图1-19;杜德斌,2024⑤)。

---

① 张宝珍:《〈张江科学城建设规划〉落地实施将形成"一心一核、多圈多点、森林绕城"格局》,《城市导报》2017年8月11日。

② 郑传月、杨艳红:《综合性国家科学中心视角的城市创新基础设施建设模式研究——基于北京、上海、合肥和深圳的比较》,《安徽科技》2022年第2期。

③ 张志强、熊永兰、韩文艳:《成渝国家科技创新中心建设模式与政策研究》,《中国西部》2020年第5期。

④ 张文忠:《中国不同层级科技创新中心的布局与政策建议》,《中国科学院院刊》2022年第12期。

⑤ 杜德斌:《全球科技创新中心:理论与实践》,上海科学技术出版社2024年版。

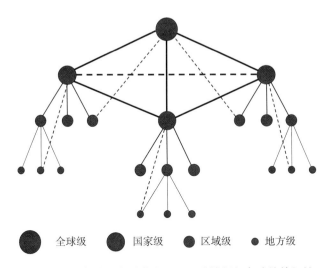

图1-18 综合性国家科学中心和区域性创新高地的等级性

资料来源:张文忠:《中国不同层级科技创新中心的布局与政策建议》,《中国科学院院刊》2022年第12期。

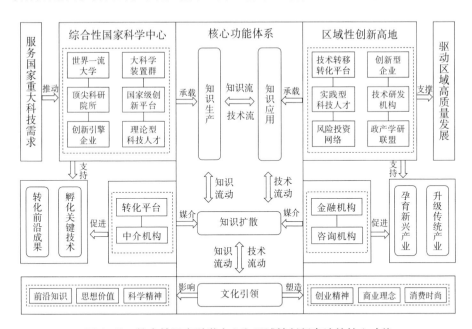

图1-19 综合性国家科学中心和区域性创新高地的核心功能

资料来源:王帮娟、王涛、刘承良:《综合性国家科学中心和区域性创新高地协同发展的理论框架》,《地理教育》2022年第8期。

（一）知识生产功能

知识生产功能基本由综合性国家科学中心承担，主要集中于基础前沿科学领域及关键核心技术领域。面向国家重大科技需求，综合性国家科学中心以重大科技基础设施、高层次人才为基础支撑，以国家实验室、国家科研机构、高水平研究型大学和科技领军企业等国家战略科技力量为主体要素，汇聚一流科研团队，发挥创新集散优势，聚焦基础科学，瞄准人工智能、空天科技、生命健康等前沿领域，开展前沿基础科学研究，催生变革型原始创新，攻破国家关键核心技术、前沿交叉共性技术瓶颈。一是，挑战最前沿的科学问题，产出科学家共同体公认的原创和独创成果，取得多项具有里程碑意义的重大突破，将学术影响力提至国际前列。二是，瞄准国家前瞻性战略关键领域的重大需求，超前部署、集中攻关，在前沿关键核心技术方面取得一大批原始突破性成果，包括基础技术与通用技术、非对称技术、颠覆性技术，实现从跟跑、并跑到领跑的转变。三是，汇聚一流科研团队，培养具备国际视野、战略思维、家国情怀、杰出能力的尖端科研人才，催生一批诺贝尔奖、图灵奖、菲尔兹奖、普利兹克奖等国际殊荣获得者。

（二）知识应用功能

知识应用功能主要由区域性创新高地承载，表现在三个方面。一是，充分利用自身在区域范围内的创新资源要素集散优势，向上积极承接和汇聚综合性国家科学中心的知识溢出，聚焦知识成果转化、技术研发和应用，积极推进科技成果转化和技术产业化，实现"知识—研究—开发—中试—产业化"链条的互联互通。二是，积极引进和吸收国际先进技术和经验，探索适合本土实际的新模式、新方法和新技术，加快产学研用一体化，推动知识成果转化为真正的技术创新成果。三是，通过知识的吸收、转化和应用，促进新产品、新技术、新产业的孕育和外向扩散，带动区域范围内技术进步和产业升级更新，驱动区域高质量发展。

（三）知识扩散功能

根据国家对创新链与产业链融合发展的战略部署（王智源，2017）①，综合性国家科学中心和区域性创新高地以中介机构、金融机构、咨询机构和政产学研联盟等高效协同创新平台为媒介，分别通过知识流动和技术流动发挥知识扩散功能，促进前沿成果的转化、核心技术的孵化、新兴产业的孕育、传统产业的升级。一是，促进关键核心技术孵化和科技成果有效转移。通过建立合作研究与开发协议机制，围绕研究开发、中试熟化与产业化开发等实现协同创新，促使高等院校、科研院所等基础研究优势转化为技术孵化和商业化优势。鼓励高等院校、科研机构等通过拍卖、转让、许可、作价入股等形式开展科技成果转移扩散。通过经费补贴等方式促进对战略性新兴产业发展具有重要推动的科技成果直接转移。二是，促进科技成果高效转化。通过发展科技成果转化功能型平台和科技成果产业化基地，建设创新链、转化链、产业链相互支撑的完整链条，促进科技优势转化为产业和经济发展的优势。三是，推动科技成果的跨国和跨区域扩散。通过参加或创办具有广泛国际影响力的高层次创新论坛、技术交易会、工业博览会等活动，建设国家科技成果转移转化示范区，推动科技创新成果全球化流动，充分发挥引领辐射与源头供给作用，促进综合性国家科学中心和区域性创新高地科技成果的跨区域转移扩散。

（四）文化引领功能

科学发展和技术进步的一个必然结果，不仅影响人的思想价值和科学精神，也塑造着人的创新精神、商业理念和消费时尚。因此，综合性国家科学中心和区域性创新高地衍生出文化引领功能。一是，综合性国家科学中心和区

---

① 王智源：《强化知识产权创造保护运用促进综合性国家科学中心建设》，《中共合肥市委党校学报》2017 年第 6 期。

域性创新高地作为塑造文化、引领创新的示范者,培育包容性的创新文化,成为进步先锋文化的繁荣地。二是,通过科学知识和方法不断塑造和影响着人的世界观,产生新的价值理念,引导人类价值观和思想体系的变革。三是,通过吸引和汇聚高端优秀人才,引领周边区域创新发展,改造传统生产模式,重构主流价值观,塑造新的生产生活方式,引领时代创新精神、商业理念和消费潮流。

在经济、文化、政策等因素相互作用的科技创新环境中,政产学研等创新主体围绕大科学设施群,形成由高水平研究型大学、顶尖科研院所和科技领军企业构成的知识生产群落,由国家科技创新平台和创新型企业组成的知识应用群落,以及由咨询机构、中介机构、金融机构和政产学研联盟等创新型转化平台组成的知识扩散群落。依托综合性国家科学中心和区域性创新高地,知识生产、知识应用和知识扩散三个群落相互协作,完成知识从生产到市场化的过程并衍生文化引领功能(谭慧芳和谢来风,2022)[①]。

四、演化机制

综合性国家科学中心和区域性创新高地是由主体、客体和环境三要素构成的复杂系统。各构成要素在内外不同动力机制的综合作用下,驱动整个系统朝高级有序的耗散结构进行自组织演化(曾芷墨,2022)[②]。其自组织演化机理复杂性突出表现为时序演化的周期性和动态性、影响因素的多样性和非线性、动力机制的耦合性和协同性等基本特征。

(一)演化周期

综合性国家科学中心和区域性创新高地自组织发展是一个长期的、动态

---

① 谭慧芳、谢来风:《综合性国家科学中心高质量建设思路——以粤港澳大湾区为例》,《开放导报》2022年第4期。

② 曾芷墨:《基于自组织理论的高技术产业创新生态系统演化研究》,重庆交通大学2022年硕士学位论文。

周期性的过程,是其创新主体和外部创新环境共同作用、相互耦合的结果。在不同创新要素驱动下,两者的演化过程经历了萌芽、形成、成长、成熟、衰退和再生的周期性演化规律(见图1-20)(连瑞瑞,2019;黎友焕和钟季良,2020)。

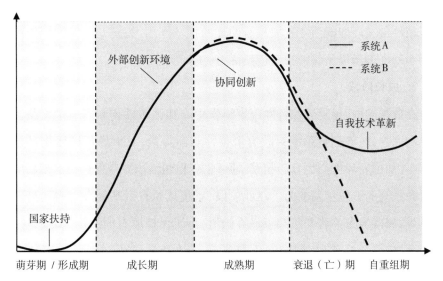

图 1-20　综合性国家科学中心和区域性创新高地的演化周期
资料来源:笔者自绘。

1. 萌芽阶段

在萌芽阶段,综合性国家科学中心和区域性创新高地尚未形成,创新主体间缺乏特定关联,表现出无序分散特性,相关创新主体和科技力量处于初步发展中,对综合性国家科学中心和区域性创新高地的支持能力不足。同时,由于重大原始创新难度高,关键核心技术研发周期较长,新技术未实现产业化,市场服务体系尚未完善,无法从目标市场获取利润,创新更多依赖于国家财政投入政策扶持。在此阶段,系统处于无序状态,创新生态系统主要依靠行政手段推动自组织演化。

2. 形成阶段

在形成阶段,综合性国家科学中心和区域性创新高地建设以国家扶持为主,自然形成为辅,更多地表现出人工系统的他组织作用。主要由国家部委批准,政府牵头在科技资源配置优越、具有知识和技术创新优势的区域进行集中布局和前瞻规划。目前已获批的综合性国家科学中心(如上海张江、安徽合肥、北京怀柔及粤港澳大湾区)均由政府主导。政府对综合性国家科学中心和区域性创新高地的演化发展具有明显的推动作用,特别是政府的创新治理有助于制度创新以及保持技术创新活力(王振旭等,2019)。

3. 成长阶段

在成长阶段,伴随着综合性国家科学中心和区域性创新高地建设路径的成熟和完善,区域创新系统对政府依赖性逐渐降低,对市场环境变化日益敏感,与外部创新环境交流日趋频繁,通过创新枢纽溢出效应促进技术创新扩散来提升系统的整体创新能力。在此阶段,系统从原有近平衡态走向远离平衡态,以微涨落为主。若涨落低于临界阈值,系统保持原有的结构,出现路径锁定;若系统涨落高于临界阈值,系统通过有效产学研协同创新作用进一步进化。

4. 成熟阶段

在成熟阶段,综合性国家科学中心和区域性创新高地的建设路径趋于完善,功能保持稳定,技术交流日渐复杂化,系统内部创新主体连接关系演化呈网络状,系统内各种创新要素通过创新网络加强协同创新效应,催化系统自组织演化为有序的耗散结构。在此阶段,协同创新模式起着关键作用,提供完善灵活的制度支撑,创新主体间协同方式灵活多变,同时创新主体对资源要素的需求加大,系统内部出现激烈的竞争,系统进一步远离平衡态,通过非线性机制放大作用形成巨涨落,从而实现突变性创新。此时,其演化受到创新主体和创新环境的耦合作用、共同推动。

5. 自重组期

进入成熟期后,综合性国家科学中心和区域性创新高地会在一定时期内保持相对稳定,但当外部环境出现不利变化时,系统内创新主体一方面可能以技术进步实现自我革新,积极探索系统向高级结构演化。在此阶段,创新主体若能快速紧跟市场变化,调整技术创新方向,进而推动系统结构进一步升级,呈高级化、有序性演化。另一方面,可能因长期惯性导致系统自组织演化过程出现路径依赖,招致创新趋于同质化,系统内部出现恶性竞争,进而走向衰败和死亡。此时,在外力因素干扰与内部技术制约下,系统结构出现无序且功能不断退化。

(二)影响机制

综合性国家科学中心和区域性创新高地的演化受到内生和外生因素的共同影响。这些影响机制包括市场竞合驱动机制、政府引导调控机制、创新环境扰动机制和多维邻近性机制(地理、认知、社会、制度和组织邻近性)等。简言之,两者的形成和发展是科研机构、企业、政府、中介机构等创新主体之间,以及创新主体与市场、政策等创新环境之间共同作用的结果(见图1-21)。

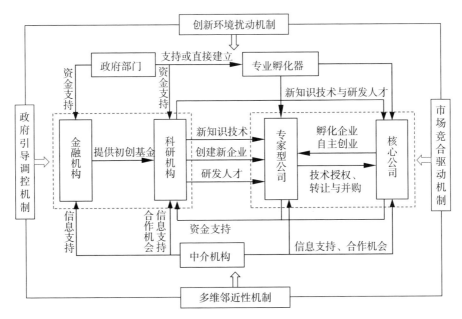

图1-21　综合性国家科学中心和区域性创新高地演化的多重机制

资料来源:笔者自绘。

1. 市场竞合驱动机制

市场不仅影响创新主体的创新行为和创新方式,同时还影响综合性国家科学中心和区域性创新高地的形成和发展,市场的驱动作用主要表现为竞争与协作两个维度。从创新生态系统角度来看,综合性国家科学中心和区域性创新高地具有自我生长的机制,既依赖序参量或关键主体在系统自组织演化中的主导功能,又强调一系列创新主体间的协同作用(张燕和韩江波,2022)①。其自组织演化内源动力来自竞争主体间通过建立合作关系追求共同利益,其中竞争带来新技术,合作加快技术扩散,系统在创新主体之间的竞合作用下不断演化。

一是,系统创新主体间的竞争,会让创新资源要素在创新网络上快速流动,催化创新成果产生,促使系统处于非平衡态。进而在创新主体间协同合作下,使不稳定趋势加以放大,推动系统结构功能跃迁。虽然分工整合使企业专精优势领域,但提供同样产品的企业并不唯一,且不同企业对外部创新环境的适应不同,获取创新资源的能力存在差异,因而系统内竞争是永存的。简言之,竞争是系统自组织演化最活跃的动力,竞争的存在造成系统内部存在远离平衡性,满足系统形成耗散结构的基本条件。

二是,单一的特定企业已不可能完全满足客户的需求,创新主体只有合作共生,才能够抵抗外部环境的强烈变化。通过知识和技术共享,才能有效降低技术创新成本,获取更大的竞争优势。通过创新主体之间的合作,科研机构和企业产生知识扩散和技术外溢,带动配套企业的技术升级,激发创新主体进行技术革新,为综合性国家科学中心和区域性创新高地创新活动的开展提供不竭动力,使其高效运行。

因此,创新主体间的激烈竞争导致综合性国家科学中心和区域性创新高地内新物质产生,保持系统的创新活跃度,防止系统进入平衡态,满足自组织

---

① 张燕、韩江波:《大湾区科技创新协同发展机制与路径研究——基于综合性国家科学中心的视角》,《上海市经济管理干部学院学报》2022 年第 4 期。

演化为耗散结构的基本条件,而创新主体间的协同则能防止恶性竞争导致系统无序状态的产生,使系统向有序结构演化。因此,在竞争产生的非平衡态条件下,合作使微小涨落加以放大,支配着综合性国家科学中心和区域性创新高地整体向高质量方向发展。

2. 政府引导调控机制

政府作为宏观调控经济的主体,其引导和激励机制对综合性国家科学中心和区域性创新高地的建立和发展具有重要的推动作用:

(1)创新主体在开展创新初期,存在创新环境不稳定的情况,需要政府制定相关法律法规,通过统筹规划确保创新资源的合理配置和高效利用。通过制定中长期科技发展政策和出台推进科研机构、企业、政府创新合作的举措,对综合性国家科学中心和区域性创新高地进行宏观政策调控,引导国家和区域创新系统向有序平稳方向发展。

(2)在宏观创新政策框架下,灵活微调手段至关重要。通过建立科技基础设施,发挥中介机构及金融工具的调节作用,政府能够充分激发中介功能,实现对创新主体的精准支持,确保其在不同发展阶段得到适当的支持。这种微调机制有助于防范外部环境波动对创新活动的影响,避免系统自组织演化受到大幅度干扰。

(3)作为国家创新系统的承载主体,政府通过研究经费支持、人才政策制定手段影响综合性国家科学中心和区域性创新高地的发展定位和体制机制建设,甚至可能通过相关政府机构直接管理方式决定两者的建设和运行。在整个过程中,政府需考虑科技发展的动态变化,及时调整政策手段,以适应不断演进的创新环境。政府的引导和支持将为综合性国家科学中心和区域性创新高地的建设提供稳定而有力的动力,推动国家和区域创新体系向着更为高效、协同和可持续的方向发展。

3. 创新环境扰动机制

综合性国家科学中心和区域性创新高地的创新活动通常与周围环境呈现

出高度的相关性,不同创新主体间的合作总是发生于特定的经济、政治、文化等环境中,以社会资本为主导的软环境对两者的发育尤为重要。

(1)经济发展的带动作用。经济发展水平较高的城市区域,能够充分释放市场经济增长潜力,为创新主体提供广阔的市场空间,推动创新成果的商业化进程,进而为带动综合性国家科学中心和区域性创新高地的不断演化提供内生动力。此外,城市区域的产业分工不同,经济市场对科技创新的需求程度必然不同,创新主体获取研发经费、创新资源的能力也不同,进而导致城市区域经济对创新的带动作用呈现差异性。因此,有价值的、异质性的、难以模仿的经济要素是创新系统独特自组织演化能力形成的基础,是综合性国家科学中心和区域性创新高地创新生态系统朝不同方向动态演化的重要原因。

(2)创新资本的推动作用。首先,创新人力资本的不断投入或流入,是综合性国家科学中心和区域性创新高地有序演化的持续动力,众多创新型人才加入,通过技术革新生产出具有竞争力的新产品,从而确保企业在激烈的市场竞争中处于优势地位,进一步促使区域创新网络复杂化。其次,随着创新金融资本的不断注入,创新活动愈加频繁,企业得以开展突破性技术创新,进而直接推动国家或区域创新系统飞跃发展。最后,综合性国家科学中心和区域性创新高地产生知识溢出和技术扩散。从而带来学习效应,为整个创新系统提供知识策源支撑,增强综合性国家科学中心和区域性创新高地的创新资本吸引力。

(3)创新文化的支撑作用。创新文化能够将综合性国家科学中心和区域性创新高地系统内有着不同价值追求的创新主体紧密联合起来,为实现共同目标而进行创新协作。包容性创新文化促使创新主体主动进行突破性创新,激发系统创新活力,进而推动综合性国家科学中心和区域性创新高地形成新的创新文化环境。

4. 多维邻近性机制

多维邻近性是影响综合性国家科学中心和区域性创新高地形成和发展的重要机制,主要包括地理邻近性、认知邻近性、社会邻近性、制度邻近性、组织邻近性等多个维度(Balland,2012①;Boschma,2005②;刘承良等,2017)。

(1)地理邻近性。地理邻近性主要通过降低交易成本和提供面对面交流机会两种途径促进创新主体间的知识溢出(Boschma,2005)。综合性国家科学中心和区域性创新高地的形成和发展对于地理邻近性的需求受到创新链和产业链所需知识基础及其所处周期阶段综合影响。知识和技术的传播具有显著的地理衰减效应,对于技术知识复杂度高、处于萌芽阶段的产业而言,由于存在大量缄默知识,知识隐性程度较高,地理邻近和面对面交流变得尤为重要(Balland 等,2013)③。

(2)认知邻近性。认知邻近性表征认知主体对世界观察方式的相似程度(Wuyts 等,2005)④,是异地企业进行合作创新的基础条件。首先,创新主体合作需具备相似的认知基础和知识吸收能力,适度认知邻近能提升沟通效率,降低知识溢出成本,以便高效交流、理解和处理新信息,但过大差异会增加合作成本(Callois,2008)。此外,过度邻近可能导致技术锁定和无意识知识外溢风险,不利于创新主体之间的合作(Nooteboom 等,2007)⑤。最后,认知邻近影响隐性知识共享,有助于理解复杂技能和评估知识价值(Balland 等,2016)⑥,从而促进综合性国家科学中心和区域性创新高地的协同创新。

---

① Balland P. A., "Proximity and the Evolution of Collaboration Networks: Evidence from Research and Development Projects within the Global Navigation Satellite System(GNSS)Industry", *Regional Studies*, Vol.46, No.6, 2012.

② Boschma R., "Proximity and Innovation: A Critical Assessment", *Regional Studies*, Vol.39, No.1, 2005.

③ Balland P. A., Vann M. D., Boschma R., "The Dynamics of Interfirm Networks along the Industry Life Cycle: The Case of the Global Video Game Industry, 1987 - 2007", *Journal of Economic Geography*, Vol.13, No.5, 2013.

④ Wuyts S., Colombo M. G., Dutta S., Nooteboom B., "Empirical Tests of Optimal Cognitive Distance", *Journal of Economic Behavior & Organization*, No.58, 2005.

⑤ Nooteboom B., Haverbeke W. V., Duysters G., Gilsing V., Oord A. V. D., "Optimal Cognitive Distance and Absorptive Capacity", *Research Policy*, Vol.36, No.7, 2007.

⑥ Balland P. A., Martínez J. A. B., Morrison A., "The Dynamics of Technical and Business Knowledge Networks in Industrial Clusters: Embeddedness, Status, or Proximity?", *Economic Geography*, Vol.92, No.1, 2016.

(3)社会邻近性。其概念源自社会嵌入性理论,指行为主体之间社会嵌入性与亲疏关系。一是社会邻近性有助于建立行为主体之间的信任感,促进知识共享和技术流动。社会关系促使知识传播和交流形成路径依赖趋势,现有的社会嵌入关系提升信任程度,降低了隐性知识转移的难度,便于复杂知识的交流学习,因此社会邻近的主体更易形成创新合作(Broekel 和 Boschma,2012)①。社会邻近性对协同创新的主要影响表现为增强互信、促进隐性知识交互传递、拓宽知识流动渠道。二是社会邻近构建的实践社区为寻找可信赖的创新合作对象提供了信息平台,并加强了创新合作的路径依赖。然而,过度社会邻近可能忽视机会主义风险,固化创新主体的社会网络关系,降低创新网络的流动性和可进入性。

(4)制度邻近性。制度邻近性指合作企业所在区域宏观制度的邻近或相似程度,包括正式制度和非正式制度。正式制度相似度有助于跨区域创新主体的学习和合作,而非正式制度层面则有利于知识、信息传递(李琳和雒道政,2013)②。制度安排是协调创新主体合作的机制,对综合性国家科学中心和区域性创新高地的形成和发展至关重要。知识创造需要整合多方主体的知识片段,而市场机制和合同协议难以处理技术发展的不确定性和规避机会主义行为。因此,基于制度安排的控制机制能够保障知识所有者权利,激励其与合作者进行协同创新和知识共享。然而,过度制度邻近可能对互动学习和合作创新产生负面影响,导致创新合作关系产生锚定效应、降低组织内外创新合作的可进入性、形成内向锁定网络以及失去创新所需的灵活性。

(5)组织邻近性。组织邻近性定义为相类似的关系空间,它以多种性质的有效相互作用为基础,行为主体因为共享相同的空间和知识而相互关联并呈现出相似性特征。组织邻近性有助于减少新知识产生的不确定性和机会主

---

① Broekel T. , Boschma R. , "Knowledge Networks in the Dutch Aviation Industry: the Proximity Paradox", *Journal of Economic Geography*, Vol.12, No.2 2012.

② 李琳、雒道政:《多维邻近性与创新:西方研究回顾与展望》,《经济地理》2013 年第 6 期。

义,通过建立强有力的控制机制保障创新者的知识产权和投资者的回报。这种机制推动了综合性国家科学中心和区域性创新高地之间及其创新主体之间的知识学习和协同创新。博施马(Boschma,2005)强调了组织邻近性在企业内外关系中的作用程度,认为共同的组织结构促进了知识的转移和协同合作。创新主体间通过组织邻近优势促进知识溢出,促进企业内部衍生关联产品,依赖已有路径实现演化。同时,通过协同合作提升企业自身技术水平,创造新的演化路径,实现产品的升级和更新。

五、协同发展

综合性国家科学中心和区域性创新高地的布局不是孤立的,而是协同联动的。作为关键创新节点,两者在国家创新体系框架下,充分发挥主体优势,共同构成以实现重大原始创新和关键核心技术突破,孕育新技术、新产品和新工艺为目标的协同创新体系,主要包括空间协同、主体协同和要素协同三个方面(赵雅楠等,2022),进而促进综合性国家科学中心和区域性创新高地表现为一种创新枢纽——网络组织架构。

(一)空间协同

空间协同,即综合性国家科学中心和区域性创新高地的创新主体、创新资源和创新要素在不同空间尺度下的跨区域整合。作为不同功能和等级的科技创新枢纽,两者本质上是创新体系内不同空间位置上的创新节点。

首先是区域内部协同,即作为一个区域创新生态系统的内部协同。产生于系统内的政府、高校及科研机构、企业和创新服务机构相互配合、整合优势资源、实现科技创新的过程中(见图1-22)。其次是区域之间的协同,在与区域的互动中产生基于地理邻近性的区域效应(赵雅楠等,2022)。最后是全球与地方的协同,综合性国家科学中心之间、区域性创新高地之间、综合性国家科学中心与区域性创新高地之间在人才、科研、技术和产业等方面的交流互动,发育形成以人才流动网络、科研合作网络、技术转移网络、贸易网络和投资网络等为载体的全球地方创新网络(刘通和刘承良,2023)①,呈现基于不同领域和不同功能的协同互动网络组织。

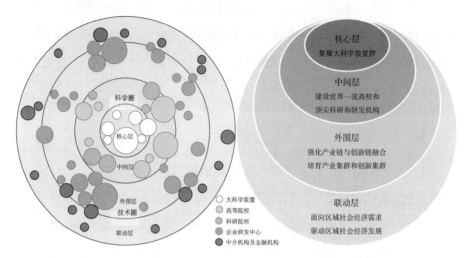

图 1-22　综合性国家科学中心和区域性创新高地的空间协同格局

资料来源:笔者自绘。

(二) 主体协同

主体协同,即创新主体之间为实现协同创新产生的合作互动。综合性国家科学中心和区域性创新高地的创新主体,由于角色和作用不同,在创新过程中形成了不同的协同合作关系,从而实现创新资源的有效配置(见图 1-23)。

高校及科研机构作为知识创新的主体,提供前沿基础科学知识;企业作为技术创新的主体,提供科研成果转化的平台和技术支持;创新服务机构作为服务创新的主体,提供创新支持服务并连接各类创新主体;政府作为制度创新的主体,提供政策支持、营造良好的创新环境(赵雅楠等,2022)。综合性国家科

---

① 刘通、刘承良:《"全球—地方"视角下中国创新网络演化格局与内生机制》,《世界地理研究》2024 年第 9 期。

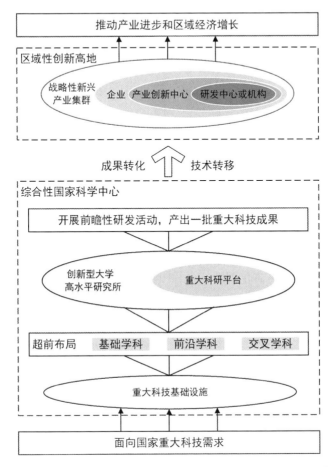

图 1-23 综合性国家科学中心和区域性创新高地的主体协同逻辑

资料来源:笔者自绘。

学中心和区域性创新高地以国家实验室、国家科研机构、高水平研究型大学、科技领军企业和国家科技创新平台和创新型企业为核心,协同链接其他高校、科研院所、企业等创新主体,组成战略科技平台、战略科技人才、科技创新政策一体的协同创新网络(徐示波等,2022)①,并以此为基础实现共生演化。

————————

① 徐示波、贾敬敦、仲伟俊:《国家战略科技力量体系化研究》,《中国科技论坛》2022 年第 3 期。

（三）要素协同

要素协同,即综合性国家科学中心和区域性创新高地汇集全球范围内的创新要素,构建一个广泛的创新集聚平台。当前科技创新呈现高度集中的趋势,不仅需要科研基础设施等硬要素支撑,也需要不同区域之间形成高度一体化的创新网络,促使各类创新要素流动对接。综合性国家科学中心和区域性创新高地的建设不仅需要大科学装置等硬要素投入,同时还需要构建跨区域的开放网络,以实现人才、技术、资金等软要素的自由流动,使创新主体、创新资源、创新服务和创新环境等要素在更大范围内实现有效协同(赵雅楠等,2022)。在这一过程中,综合性国家科学中心和区域性创新高地逐步形成功能配合、错位发展、上下联动的一体化创新体系,并且两者基于"科学—技术—产业"的创新链建立不同类型的链网和链路,通过要素的流动不断促进两者之间的功能分工和优势互补,推动要素的进化升级和功能分化(见图1-24)。

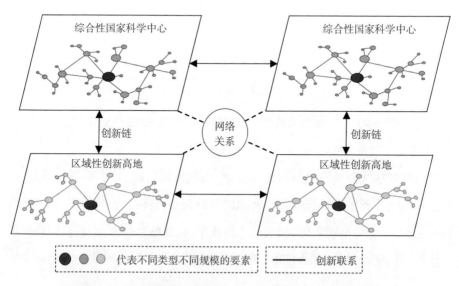

图 1-24　综合性国家科学中心和区域性创新高地的要素协同

资料来源:王帮娟、王涛、刘承良:《综合性国家科学中心和区域性创新高地协同发展的理论框架》,《地理教育》2022 年第 8 期。

不难看出,在综合性国家科学中心和区域性创新高地的形成演化过程中,其要素、结构、功能、演化相互作用、互为反馈,最终形成具有内在逻辑关联的协同互馈闭环。首先,在科技势差等机制作用下,创新要素的不均衡配置特征,赋予了综合性国家科学中心和区域性创新高地自组织演化的初始动力,也催生了不同要素之间通过创新关联形成创新网络。其次,综合性国家科学中心和区域性创新高地之间的创新网络关系演化影响并塑造其组织结构及其功能。随着时间推移,综合性国家科学中心和区域性创新高地表现出结构和功能相互转换和互相协同的动态关联过程,两者在创新网络中的功能及其能级得到重组和优化。最后,综合性国家科学中心和区域性创新高地的功能重组和演化,对其创新要素的组成结构提出新的要求,推动创新要素的配置发生变化,从而满足创新网络中功能重组优化后的要素需求,最终形成"要素—结构—功能—演化—协同"的逻辑闭环。

总之,综合性国家科学中心和区域性创新高地作为党的十九届五中全会明确提出的国家创新体系布局建设重点,是科技创新相关学科研究领域的前沿热点,系统研究其概念、内涵和理论框架具有重要的理论和现实意义。本章解构了"科学"与"创新"这两个核心概念,并结合多种文本研究方法,初步界定了综合性国家科学中心和区域性创新高地的概念、内涵,并辨析了其与相关概念的异同和关系,最终构建了综合性国家科学中心和区域性创新高地的理论研究框架。

第一,综合性国家科学中心的创新主体以国家实验室、国家科研机构、高水平研究型大学和科技领军企业等国家战略科技力量为依托,区域性创新高地则以创新型企业及其研发机构为主体。此外,综合性国家科学中心以大科学装置集群、高层次科技人才和国家级创新平台等为支撑,区域性创新高地则以技术研发人员、技术转移转化平台和风险投资网络等为支撑。

第二,综合性国家科学中心的核心功能以基础科学研究和关键核心技术研发为主导,以催生原始创新、突破重大科技瓶颈、增强国际科技竞争力为任务使命,而区域性创新高地则以新技术研发、新产品生产和新兴产业发展为核心功能,以培育具有国际竞争力的战略性新兴产业集群、驱动区域创新发展为任务使命。综合性国家科学中心以特定科学(技)城为核心承载空间,是多学科交叉、多领域集成、多要素协同的国家创新体系集成平台;而区域性创新高地则以特定高科技产业园区为核心承载单元,是产学研一体的区域创新体系基础平台。空间组织上,综合性国家科学中心是全球创新网络中的关键节点和辐射带动全国科技发展的科学技术策源地和创新文化引领地,是国家融入全球创新网络的"国家队";而区域性创新高地则是带动周边区域产业升级和驱动区域高质量发展的高科技产业集群和区域创新集散地,是国家创新驱动发展的区域"增长极"。

第三,作为复杂性系统,综合性国家科学中心和区域性创新高地整体上可归纳为构成要素、组织结构、主要功能、演化机制、协同发展"五位一体"的协同创新体系架构,五者相互作用、互为反馈,最终形成具有内在逻辑关联的协同创新闭环。发展方向上,二者协同发展构成国家创新体系的基本架构和核心支撑,"科学+创新"的复合型功能是其共同演化趋势,从而实现创新链条上各环节功能的均衡发展和国家创新体系效能的不断提升。

第二章 综合性国家科学中心和区域性创新高地的发展模式

当前,全球科技竞争日益激烈,不同地区的科技发展呈现出多样化和差异化的特点。随着科技的飞速发展和全球经济一体化进程的持续加速,各国纷纷加大对科技创新的投入,力求在全球科技竞争中保持竞争优势。综合性国家科学中心是国家参与全球科技竞争合作的关键载体,其创新策源力、技术转化力和科技辐射力备受关注。这些国家科学中心通常聚集了国内外顶尖科学家、一流科研机构和高水平研究型大学,发展成为世界级的科技创新生态系统,如美国的华盛顿、中国的北京、日本的东京等。区域性创新高地则是在全球范围内出现的新兴科技创新集聚区,因其特定的产业优势、政策扶持、人才聚集等因素而迅速崛起,例如中国的粤港澳大湾区、日本的东京—横滨和美国的硅谷等。

第一节 综合性国家科学中心 布局建设的发展模式

一、国外科学中心的发展模式

通过解构国外科学中心发展的规律,本书将其分解为"主体维度""管理维度"和"驱动维度"。"主体维度"指关注发挥主观能动性以支撑科学中心发展的核心创新主体;"管理维度"包括科学中心的管理体制、科研项目的规划和执行,以及资源配置等方面;"驱动维度"则是聚焦科学中心发展的主要驱动力。

(一)主体维度

按核心创新主体类型,国外典型科学中心可以划分为国立科研机构主导型、大学—科研机构合作型和工业领军企业主导型(见图 2-1;表 2-1)。

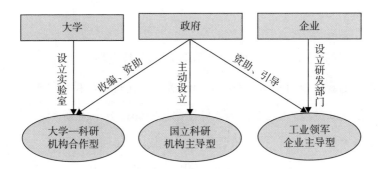

图 2-1　基于创新主体的国家科学中心类型

资料来源:笔者自绘。

表 2-1　世界典型国家科学中心的基本构成

名称	大科学装置	实验室	研究中心/平台	一流大学及科研院所	核心领域
中国北京怀柔	综合极端条件实验装置、地球系统数值模拟装置、高能同步辐射光源、空间环境地基综合监测网、多模态跨尺度生物医学成像设施等	物质科学实验室、空间科学实验室、中国科学院大学——中机恒通联合实验室等	材料基因组研发平台、清洁能源材料测试诊断与研发平台、先进光源技术研发与测试平台、空间科学卫星系列及有效载荷研制测试保障平台、高速列车动模型实验平台、先进载运和测量技术综合实验平台、分子材料与器件研究测试平台、北京分子科学交叉研究平台、北京石墨烯产业创新中心、北京市医疗机器人产业创新中心等	北京应用数学研究院、中国科学院大学怀柔科学城产业研究院、魏桥国科研究院、中国科学院电子所、中国科学院网络中心、中国科学院力学所、国家空间科学中心、北京纳米能源与系统研究所、中国科学院地质地球所、北京综合研究中心、中国科学院物理所、中国科学院大气物理所等	新一代信息技术、集成电路、医药健康、智能装备、节能环保、新能源汽车、新材料、人工智能、软件和信息服务和科技服务等

续表

名称	大科学装置	实验室	研究中心/平台	一流大学及科研院所	核心领域
中国上海张江	上海同步辐射光源、国家蛋白质科学研究设施、超强超短激光实验装置、活细胞成像平台、软X射线自由电子激光装置、硬X射线自由电子激光装置、海底科学观测网、高效低碳燃气轮机试验装置、磁—惯性约束聚变能源研究设施、钍基熔盐堆研究设施等	张江国家实验室、新能源汽车及动力系统国家工程实验室、联通5G+AI实验室、微软人工智能和物联网实验室等	上海脑科学与类脑研究中心、阿里巴巴上海研发中心、晶心科技上海研发中心、瓴盛科技上海研发中心、赋源生物研发中心、嘉和生物药业研发中心、中央国债上海生产研发基地、中美合作干细胞医学研究中心、上海转化医学研究中心、日馨生物神经退行性疾病研发平台、上海自主智能无人系统科学中心、上海处理器技术创新中心、用友(上海)产业生态AI创新中心、SEMI国际合作交流创新中心、康宝莱中国产品创新中心、量子信息技术协同创新平台、守朴科技(上海)芯片研发、艾力斯医药总部及研发基地、IBM人工智能创新中心等	李政道研究所、复旦张江国际创新中心、复旦大学张江研究院、上海交大张江科学园、上海微技术工业研究院、上海产业技术研究院、上海张江高校协同创新研究院、上海张江医学创新研究院、上海科技大学等	集成电路、生物医药、智能制造装备、新能源智能汽车等
中国安徽合肥	全超导核聚变托卡马克装置、稳态强磁场实验装置、同步辐射光源装置、聚变堆主机关键系统综合研究设施、大气环境综合探测与实验模拟设施、超导质子医学加速器等	量子信息科学国家实验室、新能源国家实验室、同步辐射国家实验室、合肥国家实验室等	综合性超导核聚变研究中心、大气环境物理研究中心、微电子中心、离子医学中心、大基因中心、合工大节能与新能源汽车研究中心等	中国科学技术大学、中国科学院合肥物质科学研究院、北航合肥科学城创新研究院、合工大智能制造研究院、量子信息与量子科技创新研究院、合肥能源研究院、合工大智能制造技术研究院等	新型显示、生物医药、医疗器械、智能语音及人工智能、光伏新能源等

名称	大科学装置	实验室	研究中心/平台	一流大学及科研院所	核心领域
中国广东深圳	合成生物研究设施、脑解析与脑模拟设施、精准医学影像设施、材料基因组装置、先进表征综合粒子设施、同步辐射光源、中能高重复频率 X 射线自由电子激光装置、人体 14T 超高场磁共振成像装置、人体多模态医学成像装置、动物多模态成像装置、分子医学影像探针、医学影像数据解析与可视化平台、空间引力波探测装置、空间环境与物质作用研究装置等	鹏程国家实验室、深圳湾实验室、人工智能与数字经济实验室等	工程生物产业创新中心、脑科学技术产业创新中心、国家超级计算机深圳中心等	中国计量科学院技术创新研究院、综合粒子设施研究院、神经科学研究院、中山大学深圳校区、中国科学院深圳理工大学、深圳大学、北京大学深圳研究生院等	信息、材料、生命科学与技术等
日本筑波	自由电子激光装备、同步辐射装置、太空舱环境模拟设施、质子同步加速器、脉冲散裂中子装置、光子工厂、可转移对撞型储存环加速器、非对称正负电子对撞机、加速器实验装置、光子工厂先进环、共建质子同步加速器等	气象测量仪器检测实验中心、高能加速器研究机构等	新一代癌症治疗法的开发及实际应用化研究中心、藻类生物质能源的实用化研究中心、TIA-nano 世界级纳米技术基地、战略型都市矿山循环再利用体系的开发及实用化研究中心、革新型机器人医疗器械开发研究中心等	筑波高能物理研究所、筑波大学、筑波技术大学、NTT 服务系统研究所、防灾科学技术研究所、土木研究所、建筑研究所、物质与材料研究机构、宇宙航空研究开发机构、产业技术综合研究所、气象研究所、理化学研究所筑波研究所等	建筑建设、生物、理工科学等

续表

名称	大科学装置	实验室	研究中心/平台	一流大学及科研院所	核心领域
俄罗斯新西伯利亚	强电流氢离子线性加速器、气体动力粉末喷涂装置、同步辐射光源、自由电子激光等	生物技术和病毒学实验室、经济实验室等	辐射技术研究中心、自动化与测电研究中心、新基因研究中心、"基因技术"卓越中心、新西伯利亚地理信息技术中心、国际层析成像中心、新医疗技术中心、联邦基础和转化医学研究中心、联邦信息与计算技术研究中心等	布德克尔核物理研究所、新西伯利亚国立大学、细胞学和基因学研究所、固体化学、机械化学研究所、俄罗斯科学院西伯利亚分校、俄罗斯农业科学院的西伯利亚分会、Vektor科学生产协会、激光物理研究所、细胞遗传学研究所、有机化学研究所、分子生物学与生物物理研究所、神经科学与医学研究所、核物理研究所等	信息技术、仪器制造、生物技术与医学、纳米技术与新材料等
法国格勒诺布尔	欧洲同步辐射光源、劳厄—朗之万研究所、高通量核反应堆RHF等	欧洲分子生物学实验室、电子与信息技术国家实验室等	法国国家电信研究中心、德法合作的天文观测研究中心、格勒诺布尔核研究中心等	高通量劳厄—朗之万研究所、欧洲结构生物学研究所、格勒诺布尔—阿尔卑斯大学、格勒综合理工学院工程师学校、格勒巴黎政治学院、格勒诺布尔第一大学、法国国家科学研究中心、法国国家计算科学与控制研究所、生物结构研究所、法德合作的强磁场研究所等	数字技术、纳米微电子、电子工业和信息技术等

资料来源:笔者采集于各科学城官网。

1. 国立科研机构主导型

国立科研机构主导型科学中心主要通过国家政府牵头设立科研机构,形成高水平科研资源集聚地区。政府通过投入大量资金和人力资源来建设和运营国立科学中心,通常聘请一批国内外知名科学家来领导科研团队,提供先进的科研设备和实验室条件,以吸引更多的优秀研究人员加入,围绕国家重大科研需求,在基础研究、共性技术和应用研究等前沿领域进行探索和创新。通常拥有领先的科研水平和丰富的团队合作经验,具备较强的组织协调能力和资金管理能力,能够有效地整合国内外科研资源,注重国际科技合作和科研成果转移转化。例如,欧洲核子研究中心(CERN)是欧洲多国政府建立的国际性研究机构,在其发展阶段投入了质子同步加速器(SPS)、大型强子对撞机(LHC)等大科学装置,成为全球高能物理和核物理研究的领军机构之一;法国国家科学研究中心(CNRS)是法国最大的国立研究机构,于 1939 年由法国政府设立以加强国家科学研究能力,在 20 世纪 50 年代初,设置了多个研究所和实验室,涉及物理学、化学、生命科学等多个学科领域。

2. 大学—科研机构合作型

大学—科研机构合作型科学中心主要设立于大学内部,由政府资助但附属于大学或者由大学代管的科研机构,充分利用大学丰富的科研和人才资源成长为原始性创新的策源基地。这类科学中心的前身通常是大学实验室,后来政府出于战略需求,将其收编作为公立科研机构,而实验室本身依然由大学进行运营。大学—科研机构合作型科学中心与大学之间有着密切的合作关系,科研机构可以利用大学已有的人才资源和科研设备,通过与大学合作来完成相关的科研项目,如美国洛斯阿拉莫斯国家实验室(LANL)依托加州大学进行核武器的设计和开发等。而大学也可以借助科研机构的研究平台,获得更好的科研资源和知识溢出,并将科研成果反哺教学,培养高素质人才,如坐落于英国剑桥大学内部的卡文迪许实验室(CL)截止目前共培养了 30 位诺贝尔奖得主,占剑桥大学诺奖总数的三分之一强,被誉为"诺贝尔奖的摇篮"。这种科学中心可以更好地发挥大学的学术资源和人才优势,同时也能够创造更多的交叉学科协同创新机会,美国能源部国家实验室的下属实验室大多采用这种模式。例如,阿贡国家实验室依托芝加哥大学的冶金实验室(ANL),劳伦斯伯克利国家实验室(LBNL)依托加州大学放射实验室,橡树岭国家实验室(ORNL)则依托田纳西大学的克林顿实验室,在美国能源部资助以后拓展其研究领域到能源开发和运输研究方向。

3. 工业领军企业主导型

工业领军企业主导型科学中心通常归属于工业龙头企业部门，为国家和企业的工业技术研发提供技术支撑。工业领军企业主导型科学中心与上述两种模式最大的不同是资金通常主要来源于企业的投资和财政补助，而不是政府的直接投资，其研究方向通常与其所属的产业或母公司相关联。例如 IBM 研究实验室，由万国商业机器（IBM）公司设立，下设四个研究中心，主要从事计算机通信产品有关技术的开发以及相关的基础科学研究。该类科学中心主要服务于商业目标，聚焦应用型研究，以支持和促进相关产业的技术商业化。但因其在特定技术领域的引领性和专业性，通常会获得政府额外的资金支持以展开更多的基础性研究。最著名的案例是美国贝尔实验室（BL），它是贝尔公司为了推动电话技术的研发而设立，目前其母公司为阿尔卡特朗讯（ALU），该企业每年投资 40 亿美元作为其研发经费，同时美国联邦政府也会给予其资助展开通信领域的基础性研究，其基础研究和应用开发经费的比例约为 1：9。

（二）管理维度

根据管理权属关系，国外科学中心发展可以分为政府管理型（Government Owned-Government Operated，GOGO）、委托管理型（Government Owned-Contractor Operated，GOCO）和自主管理型（Contractor-Owned and Contractor Operated，COCO）三种类型（见图 2-2）。这些管理模式在科学中心的运作和管理方式上具有各自的优势和适用范围，可根据具体领域和需求进行灵活选择。

1. 政府管理型

政府管理型科学中心采用政府拥有—政府运营模式，其所有权和运营权全部归属政府，由政府通过设立主管部门直接对科学中心进行管理。具体而言，土地和设备归政府所有，雇员和管理者均为政府公务员，遵循公务员管理

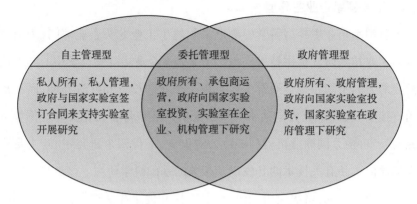

图 2-2 基于管理模式的国家科学中心类型

资料来源:李玲娟、王璞、王海燕:《美国国家实验室治理机制研究——以能源部国家实验室为例》,《科学学研究》2022 年第 9 期。

制度,主要开展战略性、探索性及涉密性研究工作。管理方式相对简单直接,政府通过下设专属的职能部门对相应的科学中心进行管理,主要负责提出相应政策、制订研究计划、实行关键决策和监督科研进展等。该模式比较适用于基础科学理论、关键基础设施和前沿核心技术等非营利性研究领域,便于政府更好地掌握关键领域的控制权和决策权,保护国家安全和重要利益。例如,美国通过下设能源效率办公室直接管理可再生能源国家实验室(NREL);欧洲 11 国政府联合成立欧洲核子研究中心组织(CERN),负责管理下属一系列粒子物理学实验室。然而,该模式的缺点是政府运营机构可能缺乏市场竞争力、创新性和灵活性等。此外,政府运营机构可能会受到政治干预和腐败的影响,导致效率下降和财务损失。因此,政府管理型模式不适用于以营利为主的科学研究领域。

2. 委托管理型

委托管理型科学中心采用政府拥有一承包方运营模式,其所有权归属政府但运营权归属承包方,政府通过合约委托大学、企业或非营利性机构对科学中心进行管理。具体而言,土地和设备由政府所有或租用,而管理工作由政府以合同方式委托给企业、大学和非营利机构等承包方负责,政府部门通过竞争方式选取承包方。因此,承包商通常是在相应领域内经验丰富的营利机构,他们能够采取先进的管理模式和技术手段,提高资产的利用价值和效率。而政府不会失去对重要资产的所有权和决策权,可以更好地掌握整个科学中心研究项目的进展情况,并对承包商的工作进行监督和评估,不仅可以降低自身的成本和风险,还可以专注于制定更好的政策和规划。委托管理型模式相较政府管理型,更加注重市场价值,给予承包方更多的灵活性,促进了研究机构与学术界及企业界的广泛交流(连瑞瑞,2019),因此被大多数科学中心采用。比如,美国能源部下辖的 16 家国家实验室都采用委托管理型模式(连瑞瑞,2019)。通过此模式,政府会对承包商的绩效进行评估,替换掉合同期满、运营绩效不合格的承包方。例如洛斯阿拉莫斯国家安全公司在 2006 年取代加州大学成为洛斯阿拉莫斯国家实验室(ANL)的新运营承包方,阿贡有限责任公司取代芝加哥大学成为阿贡国家实验室(ANL)的新运营承包方(连瑞瑞,2019);此外,欧洲地区的科学中心也广泛地采用这一模式,例如英国防御科技实验室(DSTL)由防御科技实验室公司运营,瑞典国家国防研究所(FOI)由瑞典国家国防研究所 AB 公司运营。

3. 自主管理型

自主管理型科学中心采用即独立机构—自主运营模式。其所有权属于独立法人,运营权归内部机构所有,具有高度独立自主的管理权。具体而言,机构属于独立法人,机构资产归机构所有,接受政府的稳定经费研究资助,同时接受政府一定程度的监管。机构享有充分的内部管理自主权,主要为政府机构或业主单位提供相应的研究服务和技术支持。自主管理型模式主要存在于欧洲的一些大型科学中心。最经典的例子是德国亥姆霍兹联合会(HGF),其内部建立了理事会制度,成员由政府代表、科学界、商界等领域代表选举组成,负责机构重大事项的决策和规划,而整个协会的 19 个成员单位均是具有独立法人资格的研究中心。然而,自主管理型模式主要存在利益冲突和安全隐患等问题,因此在安全等级较高或者市场价值较低的基础科学领域适用性不高。

（三）驱动维度

根据发展动力差异,国外经典科学中心发展模式可以分为外部合作式和内部联动式。外部合作式驱动模式主要由政府主导,适用于基础型研究。内部联动驱动模式则强调内部产学研主体密切互动,适用于应用型研究。

1. 外部合作式

外部合作式驱动模式主要由政府主导,促进不同科学中心间密切交流,从而实现多领域融合型理论或技术突破(见图2-3)。这种合作可以通过共享设备、数据和专业知识来实现,旨在打破单一机构的研究壁垒,充分利用各自的研究优势和创新资源,加速科学技术的突破式创新。例如,在能源领域,多个国家实验室之间进行联合研究,共同探索可再生能源、能源存储、智能电网等方面的技术创新。在医药领域,不同的国家实验室可以协作开发新的药物,共同开展基础研究和临床试验,以加快新药的研发和上市。这种模式一般存

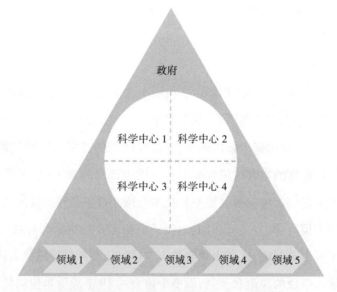

图2-3　基于外部合作的国家科学中心驱动模式

资料来源:笔者自绘。

在于以基础型研究为主的科学中心,例如美国能源部和德国亥姆霍兹国家研究中心联合会,主导推动下属各实验室之间开展密切交流和合作。

2. 内部联动式

内部联动式驱动模式指内部产学研主体密切互动,从而实现科学技术由理论创新到成果商业化的全链条环节流动(见图2-4)。其内部主要分为企业科研部门、产业化部门、人才培养部门及政府部门,形成了政产学研联动的良好机制。科研部门通常负责前沿科学研究、技术研发和创新工作。在这个过程中,产业化部门和相关企业则负责将研究成果转化为实际应用,推动科技成果的商品化,实现其经济价值。在创新链的末端,相关企业负责将产品社会效用化,并在政府的主导下扩大产业化规模,推动创新链与产业链的深度融合。人才渗透在各个环节中,是众多创新资源的整合者、新技术的发明者和新产业的开拓者(杜德斌和祝影,2022)①。因此,人才部门负责为各环节主体提供必要的创新人力资源,以保证创新链条运行的高效性。这种模式一般存在于以应用型研究为主的科学中心,例如美国贝尔实验室、日本产业技术综合研究所(AIST)等。

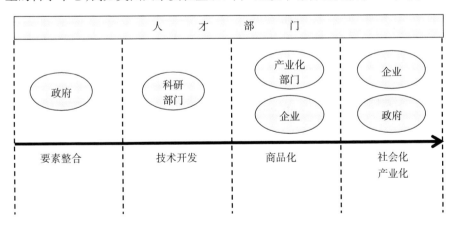

图 2-4　基于内部联动的国家科学中心驱动模式

资料来源:笔者自绘。

---

①　杜德斌、祝影:《全球科技创新中心:构成要素与创新生态系统》,《科学》2022年第4期。

二、国外科学中心的功能定位

国外经典科学中心的功能定位涵盖多个方面,是科学创新和技术产业化发展的核心要素。这些科学中心在全球科技竞争合作中扮演着重要的角色,其功能定位对于推动国家科技进步和经济转型发展具有重要意义。

(一)整体定位

按整体功能定位,国外典型科学中心可以分为两种类型:基础研究型和应用研究型(见表2-2)。

表2-2　世界主要国家科学中心的功能定位

名称	核心领域	项目制度	整体定位
美国劳伦斯伯克利国家实验室	物理学、生命科学、化学、材料、能源、计算机科学等	多项目制	基础研究、应用研究
美国橡树岭国家实验室	中子科学、复杂生物系统、能源、先进材料、国家安全和高性能计算等	多项目制	基础研究、应用研究
美国阿贡国家实验室	材料科学、物理、化学、生物学、生命和环境科学、高能物理、数学和计算科学等	多项目制	基础研究、应用研究
美国费米国家加速器实验室	高能物理、粒子物理等	单项目制	基础研究
美国普林斯顿等离子物理实验室	等离子物理、核物理、能源等	单项目制	基础研究
美国劳伦斯利弗莫尔国家实验室	核物理、化学、能源、激光等	单项目制	应用研究
英国卢瑟福·阿普尔顿实验室	核物理、同步辐射光源、散裂中子源、空间科学、粒子天体物理、信息技术、大功率激光等	多项目制	应用研究
日本原子力研究所	原子能、能源、核化学等	单项目制	基础研究

续表

名称	核心领域	项目制度	整体定位
法国国家科学研究中心	数学、物理、信息与通信科学技术、核物理和高能物理、地球和宇宙科学、化学、生命科学、人文与社会科学、环境科学以及工程科学等	多项目制	基础研究、应用研究
瑞士保罗谢勒研究所	固态物理、材料科学、基本粒子物理、生命科学、核与非核能、能源等	多项目制	基础研究、应用研究
欧洲核子研究中心	高能物理、粒子物理、量子物理、宇宙学等	单项目制	基础研究
德国弗劳恩霍夫协会	微电子、制造、信息与通信、材料与零部件、生命科学、工艺与表面技术、光子学等	多项目制	应用研究
美国贝尔实验室	数学、物理学、材料科学、行为科学、计算机、电信网络、软件设备等	多项目制	应用研究、基础研究

资料来源:各研究所官网。

1. 基础研究型

基础研究型科学中心主要由政府出资建设,以基础理论突破为主要任务,是推动国家科技发展和提升国际竞争力的关键组成部分。其关注科学的基本问题,致力于对自然界现象和基本原理进行探索性的研究,增进人类对自然世界的理解和认知。在开展研究过程中,涉及诸多前沿技术和核心知识,积累了大量的原始数据和知识产权,具有明显的技术优势和自主创新能力,是推动国家高科技产业发展和提升国际竞争力的重要支撑。但基础科学的研究往往具有时间跨度长、所需经费高、可推广性差等特点,在短时间内难以达到明显的收益,而研究的基础科学领域通常与国家重大战略需求密切相关,因此需要政府持续出资建设。基础研究型科学中心在发达国家和新兴经济体中是不可或缺的,是国家走在科技前沿和实现理论突破的关键科学载体,例如美国能源部下属的大部分国家实验室、法国国家科学研究中心、日本原子力研究所(JAEA)等都属于国家级的基础研究型科学中心。

2. 应用研究型

应用研究型科学中心主要以研究成果转移转化为主要任务,研究领域较为灵活,旨在推动国家经济发展和社会进步。主要聚焦于应用技术和产业发展需求,例如新一代信息技术、新材料、先进制造等。内部人才具有较强的理论基础和实践能力,能够将研究成果转化为新产品、新技术、新工艺和新服务,从而推动经济快速转型和发展。相比基础研究型科学中心,独立机构在应用研究型科学中心中的角色更加重要,具有一定的决策权和运营权,从而使其研究方向更加具有市场敏锐性和组织灵活性。因此,应用研究型科学中心往往涉及多个学科领域,以应对多元化社会经济发展需求,具有较强的社会经济效益。目前世界上很多科学中心都具有该性质,主要服务于国家或跨国企业等主体,例如日本产业技术综合研究所和德国弗劳恩霍夫应用研究所等。

(二)核心领域

根据项目运作方式,国外典型科学中心通常采用多项目制和单项目制两种运作模式。不同的科学中心根据自身定位和任务需求选择适合的运作模式,以发挥其在国家科技发展和应用推广中的作用。

1. 多项目制

多项目制指研究机构同时负责多个项目的研发,研究领域较为广泛,主要解决一般性科学难题。该模式最重要的是科研资源的共享,以及平衡资源分配和时间管理,以确保"多点开花"。多项目制意味着研究涉及多个研究领域,并鼓励不同领域之间的合作和交流,以提高创新能力和解决复杂问题的能力。同时,在不同学科的交流中,产生新的理论或交叉学科。科学中心的管理主体会为每个项目分配专门的研究团队,同时有专门的项目管理人员负责资源分配、时间管理等组织工作,以确保项目按计划进行。目前,很多综合性国家科学中心一般都为多项目制。例如,英国的卢瑟福·阿普尔顿实验室成为核物理、同步辐射光源、散裂中子源、空间科学、粒子天体物理、信息技术、大功率激光等多学科应用研究的中心;瑞士保罗谢勒研究所在固态物理、材料科学、基本粒子物理、生命科学、核与非核能研究,以及与能源有关的生态学研究中非常活跃。

2. 单项目制

单项目制指研究机构专门负责某个特定的项目研究和开发,研究领域集中在特定学科,主要解决重大或非常规科学难题。科学中心将大量的创新资源集中在某个特定问题的研究中,包括人员、设备和设施。这样可以确保研究支持更充分、项目成功率更高。因此,单项目制往往意味着更高的专业性和突破性,比如在新产品、新技术等方面。往往背负国家重大使命和涉及高保密性学科的科学中心采用单项目制。例如,美国能源部下属的部分国家实验室采用单项目制:费米国家加速器实验室聚焦于高能物理;劳伦斯利弗莫尔国家实验室和洛斯阿拉莫斯国家实验室主要负责研究核武器;国家可再生能源实验室聚焦于化石能源;艾姆斯实验室则聚焦于凝聚态物理和材料科学。

三、科学中心集群的空间布局

全球主要的科学中心遵循高度区域集聚规律,往往布局于社会经济发达的城市区域,形成具有全球影响力的知识创新集群(见表 2-3)。科学出版物发表量是衡量这些知识创新集群科研实力的重要指标之一,直接反映了该地区的科学创新程度和研究水平。本书采用世界知识产权组织(WIPO)的科学出版物发表数据,用以衡量 2011—2020 年世界主要知识创新集群的空间演化特征,以评估科学中心布局的空间演化规律及其科学领域分布特征。

表 2-3 2011—2015 年世界科学出版物发表量排名前 30 的科学中心

排名	城市/集群	所属国家	科学出版物发表量
1	北京	中国	197175
2	东京—横滨	日本	141584

续表

排名	城市/集群	所属国家	科学出版物发表量
3	首尔	韩国	130290
4	纽约	美国	129214
5	华盛顿—巴尔的摩	美国	124968
6	波士顿—剑桥	美国	119240
7	伦敦	英国	104238
8	上海	中国	102132
9	巴黎	法国	94073
10	圣何塞—旧金山	美国	90238
11	阿姆斯特丹—鹿特丹	荷兰	77445
12	洛杉矶	美国	68404
13	大阪—神户—京都	日本	67781
14	南京	中国	64856
15	芝加哥	美国	56564
16	德黑兰	伊朗	55156
17	墨尔本	澳大利亚	54251
18	莫斯科	俄罗斯	52549
19	广州	中国	51013
20	费城	美国	50056
21	台北	中国	50002
22	马德里	西班牙	48682
23	武汉	中国	47857
24	悉尼	澳大利亚	46272
25	多伦多	加拿大	45426
26	罗利	美国	45176
27	西安	中国	43830
28	新加坡	新加坡	42747
29	休斯敦	美国	42568
30	巴塞罗那	西班牙	42518

资料来源:笔者采集于 WIPO 官网。

（一）空间演化

2011—2020 年,世界主要科学中心集群空间分布高度不均衡,呈现典型的空间集聚性。宏观层面上,形成稳定的以美国、东亚和西欧为核心的"三足鼎立"格局,具有显著的空间黏滞性和地方依赖性。得益于科技全球化和国家创新体系建设,世界性的科学中心城市高度集中于中国和美国两"极"。中国主要科学中心快速崛起,不断重塑世界科学中心格局,导致全球创新版图加速系统性东移。微观层面上,典型科学中心集群区位布局遵循经济指向性和沿海指向性,主要聚集于欧美科技强国(美国、西欧、东亚、澳大利亚等)及新兴追赶者(如中国)的沿海政治中心和经济中心。

1. "三足鼎立"格局

2011—2015 年,世界主要科学中心集群高度集中于美国、东亚和西欧三大经济体,呈"三足鼎立"态势;所在城市基本区位指向于国家政治中心和全球经济中心(见表 2-3)。东亚地区已经超越美国,成长为最有影响力的世界科学研究策源地,发育形成北京、东京—横滨和首尔三大国际科学中心。三者发表科学出版物数量超过 13 万件,北京位列首位,五年间发表近 20 万篇科学出版物。这些城市或城市区域凭借国家政治中心和经济中心区位优势,聚集了大量世界一流的国立科研机构及研究型大学,例如中国科学院、东京大学、韩国科学技术院等。

美国是排行榜中拥有科学中心集群最多的国家,在全球知识创新版图中也具有引领性作用和枢纽性地位。其科学中心集群高度集中于东北海岸波士华大都市带(纽约、华盛顿—巴尔的摩、波士顿—剑桥、费城等)和西海岸圣圣大都市带(圣何塞—旧金山、洛杉矶等)。其中,纽约、华盛顿—巴尔的摩、波士顿分列第 4—6 位,均发表超过 11 万篇科学出版物,拥有西北太平洋国家实验室、布鲁克海文国家实验室等国家重点实验室,以及哈佛大学、哥伦比亚大学等世界一流高校。

西欧地区的科学影响力整体较强,科学中心集群分布指向少数国家政治中心,相对较集中于英国、法国、荷兰。其中,伦敦、巴黎、阿姆斯特丹—鹿特丹位列欧洲前三,发表科学出版物均超过 7 万篇,都是所在国家的政治中心,主要依赖伦敦大学、法国国家科学研究中心、乌特勒支大学等战略科技力量的引领作用。总之,大多数的科学中心集群布局建设于国家政治中心和全球城市,通常具有科研资源聚集、有力政策支持、对外交流便捷等区位优势。

2. "一极两核"格局

2016—2020 年,随着全球经济重心系统性东移,全球创新版图不断重塑,东亚地区国际科技合作强度和重大科学研究能力快速提升,涌现成为新的世界知识创新增长极;尤其是,中国建制化科研优势不断凸显,科学研究水平迅速增长,加速步入世界主要科学中心方阵。而美国和西欧科学产出出现不同程度下降,世界科学创新版图由美国、东亚、西欧"三核并立"结构转向以中国为增长极、美国和东亚为核心的"一极两核"格局(见表 2-4)。

表 2-4　2016—2020 年世界科学出版物发表量排名前 30 的科学中心

排名	城市/集群	所属国家	科学出版物发表量
1	北京	中国	260937
2	上海	中国	148203
3	深圳—香港—广州	中国	133327
4	首尔	韩国	124530
5	东京—横滨	日本	112890
6	南京	中国	103260
7	武汉	中国	80002
8	西安	中国	76727
9	华盛顿—巴尔的摩	美国	75104
10	纽约	美国	73623
11	波士顿—剑桥	美国	73457
12	巴黎	法国	62793
13	德黑兰	伊朗	61807

排名	城市/集群	所属国家	科学出版物发表量
14	成都	中国	58696
15	圣何塞—旧金山	美国	58087
16	伦敦	英国	56911
17	杭州	中国	55312
18	莫斯科	俄罗斯	53109
19	阿姆斯特丹—鹿特丹	荷兰	52561
20	台北—新竹	中国	51666
21	大阪—神户—京都	日本	50605
22	天津	中国	48619
23	长沙	中国	46712
24	洛杉矶	美国	43172
25	哈尔滨	中国	39628
26	墨尔本	澳大利亚	39314
27	马德里	西班牙	37284
28	重庆	中国	36776
29	新加坡	新加坡	35483
30	合肥	中国	35125

资料来源:笔者采集于 WIPO 官网。

　　东亚地区在全球知识创新版图中占据枢纽位置和"龙头"地位,前八位科学中心集群均集中于中国、日本和韩国。其中,前十排行榜中,中国占据六席,具有高影响力的科学中心集群由北京政治中心向经济发达的长三角城市群(上海、南京、杭州等)和粤港澳大湾区(深圳—香港—广州等)扩散,但北京的引领地位不断增强,与其他地区的差距继续扩大,中国知识创新型城市体系的极化效应和首位分布显著。相比上个阶段,随着我国综合性国家科学中心建设的持续发展,上海、深圳—香港—广州、西安、武汉、南京等政策导向城市科研发展迅速,成为具有全球影响力的科学中心。

　　美国的科学中心集群科研产出和能级整体呈下降趋势,前十榜单中仅剩华盛顿—巴尔的摩和纽约,科学出版物数量不到 8 万篇,分列第九位和第十位;波士顿—剑桥(11)、圣何塞—旧金山(15)、洛杉矶(24)等其他科学中心集群均有不同程度的下降。西欧科学中心集群的科研产出规模和知识创新能级下降趋势较为明显,且高度锁定在巴黎、伦敦、阿姆斯特丹—鹿特丹、德黑兰、莫斯科等国家政治中心。

(二)学科分布

科学研究领域具有较强的地方根植性,因此年际突变性较弱。本书在分析世界科学中心集群的主要领域分布时采用 2012—2017 年数据,这是世界知识产权组织关于学科领域最新的数据,据此将主要科学领域划分为 12 类。分析表明,世界主要科学中心集群的学科分布具有较强的空间异质性和地方根植性,形成较良好的区域分工格局(见表 2-5)。

表 2-5 2012—2017 年世界主要科学中心的学科分布

城市/集群	所属国家	科学出版物主要领域
东京—横滨	日本	物理学
深圳—香港	中国	工程
首尔	韩国	工程
北京	中国	化学
圣何塞—旧金山	美国	化学
大阪—神户—京都	日本	化学
波士顿—剑桥	美国	肿瘤学
纽约	美国	神经科学与神经病学
巴黎	法国	物理学
圣迭戈	美国	其他科学技术
上海	中国	化学
名古屋	日本	化学
华盛顿—巴尔的摩	美国	神经科学与神经病学

续表

城市/集群	所属国家	科学出版物主要领域
洛杉矶	美国	神经科学与神经病学
伦敦	英国	常规医学与内科学
休斯敦	美国	肿瘤学
西雅图	美国	常规医学与内科学
阿姆斯特丹—鹿特丹	荷兰	心血管与心脏病学
芝加哥	美国	神经科学与神经病学
科隆	德国	化学
广州	中国	化学
大邱	韩国	工程
特拉维夫—耶路撒冷	以色列	神经科学与神经病学
慕尼黑	德国	物理学
南京	中国	化学
斯图加特	德国	化学
明尼阿波利斯	美国	化学
新加坡	新加坡	工程
费城	美国	神经科学与神经病学
杭州	中国	化学
埃因霍温	荷兰	工程
斯德哥尔摩	瑞典	其他科学技术
莫斯科	俄罗斯	物理学
罗利	美国	其他科学技术
墨尔本	澳大利亚	常规医学与内科学
法兰克福	德国	物理学
悉尼	澳大利亚	常规医学与内科学
武汉	中国	化学
多伦多	加拿大	神经科学与神经病学
布鲁塞尔	比利时	物理学
柏林	德国	化学
马德里	西班牙	化学

城市/集群	所属国家	科学出版物主要领域
台北	中国	工程
巴塞罗那	西班牙	化学
波特兰	美国	神经科学与神经病学
德黑兰	伊朗	工程
西安	中国	工程
米兰	意大利	神经科学与神经病学
丹佛	美国	气象与大气科学
苏黎世	瑞士	化学

资料来源:笔者采集于 WIPO 官网。

东亚国家主要以化学、工程和物理学为主。其中,韩国以工程为主,日本以物理和化学为主,而中国则以化学和工程为主导学科,呈现较明显的地域分工。中国以化学为主要领域的科学中心集群主要分布在京津冀和长三角城市群;以工程为主要门类的科学中心集群主要分布于粤港澳大湾区及中原城市群。究其原因,一方面归因于东亚国家在化学、工程和物理领域有着强大的产业技术需求,从而吸引大量科学家和研究团队从事相关研究;另一方面,得益于东亚国家的基础研究计划和自主创新战略牵引,使化学、工程和物理等基础研究领域获得大力投入。

欧洲国家主要以物理、化学和其他科学领域为主,这归根于欧洲悠久的科学研究历史和发达的基础学科研究积淀。除了在物理、化学等自然科学领域具有深厚的学术积淀和研究基础,欧洲还拥有许多世界知名的大学和科研机构,在物理、化学等领域拥有强大的学术实力、科学设施和研究力量。

美国则是以医学作为科学中心的主要研究领域。高度重视生物医学的教育和研究,拥有世界上最先进和最完善的医学体系之一。作为发达国家,面临着人口老龄化和慢性疾病等挑战,美国对医学及生命科学的社会需求日益增长,导致医学院、医疗机构及研究中心广泛布局,这为医学领域的科学研究提供了优良的环境和条件。

四、国外典型科学中心案例解析

（一）美国能源部国家实验室

美国能源部国家实验室由 17 个下属实验室组成，分布于 15 个州（见表 2-6）。其历史可以追溯到第二次世界大战时期的"曼哈顿计划"，在 1947 年新成立的原子能委员会（AEC）支持下得以发展。在七十多年的发展历程中，美国国家实验室始终面向国家战略需求，随着不同时期国家需求和任务的变化而调整和发展，形成了一个具有内在动力的科研体系。这些实验室执行长期性的、具有挑战性和前瞻性的科研任务，大力发展跨领域科学研究，如原子弹、超级计算机等都是由能源部国家实验室研发并加以应用。它们组成的国家实验室系统成为美国保持全球创新领导力的战略性科技力量，推动了全球科学技术研究和国家新兴产业化发展。

表 2-6　美国能源部国家实验室体系下属实验室信息

名称	简称	所属州	管理主体	研究方向	定位
阿贡国家实验室	ANL	伊利诺伊州、爱达荷州	芝加哥大学	材料科学、物理、化学、生物学、生命和环境科学、高能物理、数学和计算科学等	基础研究、应用研究
劳伦斯伯克利国家实验室	LBNL	加利福尼亚州	加州大学	高能物理、地球科学、环境科学、计算机科学、能源科学、材料科学等	基础研究、应用研究
布鲁克海文国家实验室	BNL	纽约州	纽约州立大学石溪分校、布鲁克海文科学学会	核技术、高能物理、化学和生命科学、纳米技术、环境和能源科学等	基础研究、应用研究
SLAC 国家加速器实验室	SLAC	加利福尼亚州	斯坦福大学	天体物理学、光子科学、加速器和粒子物理等	基础研究、应用研究

续表

名称	简称	所属州	管理主体	研究方向	定位
西北太平洋国家实验室	PNNL	华盛顿州	能源部	能源科学、环境科学、计算机科学、核能物理、放射化学等	基础研究、应用研究
橡树岭国家实验室	ORNL	田纳西州	田纳西大学、巴特尔纪念研究所	中子科学、复杂生物系统、能源、先进材料、国家安全和高性能计算等	基础研究、应用研究
费米国家加速器实验室	FNAL	伊利诺伊州	芝加哥大学、大学研究协会	高能物理、粒子物理等	基础研究
普林斯顿等离子物理实验室	PPPL	新泽西州	普林斯顿大学	等离子体物理学、核聚变等	基础研究
艾姆斯研究中心	Ames Lab	艾奥瓦州	爱荷华州立大学	航空航天、生命科学等	基础研究
托马斯·杰弗逊国家加速器装置	TJNAF	弗吉尼亚州	杰斐逊科学协会有限公司	粒子物理、加速器技术等	基础研究
国家可再生能源实验室	NREL	科罗拉多州	可持续能源联盟	可再生能源、能源效率等	应用研究
爱达荷国家实验室	INL	爱达荷州	巴特尔能源联盟	核能、生物技术、化学工程、化学、计算机科学和工程等	应用研究
国家能源技术实验室	NETL	俄勒冈州、西弗吉尼亚州、宾夕法尼亚州	Eagle 设施管理系统公司、绩效评价公司等	能源、环保技术等	应用研究
萨凡纳河国家实验室	SRNL	南卡罗莱纳州	萨凡纳河核解决方案公司	环境治理、氢经济技术等	应用研究
劳伦斯利弗莫尔国家实验室	LLNL	加利福尼亚州	劳伦斯利弗莫尔国家安全机构	核武器、尖端激光等	应用研究
桑迪亚国家实验室	SNL	新墨西哥州、加利福尼亚州	西部电力公司	核武器中非核部分的研究开发等	应用研究
洛斯阿拉莫斯国家实验室	LANL	新墨西哥州	洛斯阿拉莫斯国家安全机构	核武器、生物医学、超导等	应用研究

资料来源:美国能源部官网,2023 年,见 https://www.energy.gov/national-laboratories。

1. 发展路径

美国政府建立能源部国家实验室主要采取主动设立科研机构和收编大学实验室两条路径。前者是美国能源部根据地方科研资源和产业集群等优势，在当地直接设立相关实验室进行科学和技术研究，例如艾姆斯研究中心借助莫菲特机场致力于航空航天产业研发。而后者的前身通常为大学的实验室，能源部根据国家战略需求将大学实验室的实验设施、研究人员、研究成果等收编于国家，从而开展时间周期较长、短期利润较低的基础性研究和公益性研究，这一模式也是能源部国家实验室体系发展最常用的手段。

美国能源部国家实验室主要采用委托管理型模式，委托对象主要为大学、企业及大学企业联盟。美国能源部17个国家实验室中，仅有国家能源技术实验室采用政府管理型模式，其余均采用委托管理型模式（连瑞瑞，2019）。政府通过与企业、大学及大学企业联盟签订管理和运营合同，采用"政府所有—合同制"管理模式（刘云和翟晓荣，2022）①，其目的是利用竞争机制，提升实验室的创新绩效，从而满足国家战略需求（连瑞瑞，2019）。在委托管理型模式下，美国能源部国家实验室的管理主体包括能源部、实验室和承包方三方（见图2-5）。

其中，美国能源部通过科学评议对实验室研究进行竞争性资助，借助实验室研究实现国家创新战略目标；而针对承包商，美国能源部将政策文件和法规要求内化到承包商合同（M&O合同）中，同时通过"绩效评估和检测计划"（PEMP）对承包商进行考核和评估（李玲娟等，2022）②。承包商负责建立实验室的管理团队和研发团队，并促进其与产业界和学术界的交流和合作，通过承包商保证系统（CAS）对实验室进行风险管控（李玲娟等，2022）。委托合同

---

① 刘云、翟晓荣：《美国能源部国家实验室基础研究特征及启示》，《科学学研究》2022年第6期。

② 李玲娟、王璞、王海燕：《美国国家实验室治理机制研究——以能源部国家实验室为例》，《科学学研究》2022年第9期。

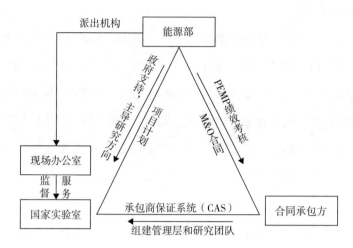

图 2-5　美国能源部国家实验室委托管理型管理机制

资料来源:李玲娟、王璞、王海燕:《美国国家实验室治理机制研究——以能源部国家实验室为例》,《科学学研究》2022 年第 9 期。

制的优势在于美国能源部成功利用了合同承包方的经验和技术,为公共部门提供专业的技术服务和智力支持。这些机构通常具有更高的创新效率和生产力,并帮助公共部门转移一定的创新风险,从而减轻了能源部的压力。委托合同制在运营过程中需有具体的合同规定和监管要求,这可以增强透明度,并使公共部门更容易实施问责制。

2. 关键支撑

美国能源部各下属国家实验室的核心支撑依赖当地的现有科研创新资源,主要包括大学内部资源和产业外部资源。

大学内部资源主要包括人才库和实验室的基础设施,通过收编的大学实验室通常在该领域具有一定的引领性。大学内部资源对美国能源部国家实验室的发展至关重要。美国拥有许多世界顶尖的研究型大学,这些大学具备丰富的研究经验和专业知识,并配备一流的科研设施和实验室。国家实验室通常与大学建立密切的合作关系,共享创新资源和专业知识。通过利用大学的研究设施和实验室进行科学研究和技术开发,与大学教授和研究人员进行科研合作,共同推动科学的进步和创新的发展。

产业外部资源指区域在特定领域所具备的产业基础,特别是非大学校园内的国家实验室,其所在区域前身通常为相关行业领域的研究机构和科技设施,在相关领域已有一定应用基础。美国拥有发达的产业体系,集中了各个行业领域的企业和组织。这些企业和组织在科学技术研究方面拥有丰富的研发经验和专业知识,并具备先进的技术设备和生产能力。国家实验室通过与这些企业和组织进行产学研合作,共同开展项目研究和技术合作。因此,产业外部资源的利用可以促进基础知识的生产和技术创新的应用,将科技成果转化为实际的商业价值,推动经济的发展和技术的进步。

3. 核心功能

美国能源部国家实验室的核心功能随着国家需求变化而不断调整。建成之初的美国能源部国家实验室核心功能定位为:以军事为导向的综合性研究。起初时期,美国能源部国家实验室的形成主要由美国原子能委员会(AEC)主导,其军事导向研究主要聚焦于国防任务和军备竞赛(Westwick,2003)[1]。其中,军事导向主要目标是研制武器,以应对冷战和朝鲜战争的爆发(樊春良,2022)[2]。美国原子能委员会利用在"曼哈顿计划"时期建立的实验室,针对核物理进行基础性研究,同时多个实验室负责对核聚变进行应用研究以及核武器的制造。如劳伦斯利弗莫尔国家实验室、桑迪亚国家实验室和洛斯阿拉莫斯国家实验室等涉及从核聚变理论、原子弹元素到核武器材料等武器研制全环节的基础和应用研究。而军备竞赛主要是针对苏联进行的太空竞赛,如洛斯阿拉莫斯国家实验室与美国太空总署合作进行核能的应用型研究,实现核动力火箭的研发(樊春良,2022),橡树岭国家实验室则负责解决卫星的能源

---

① Westwick P.J., *The National Labs*: *Science in an American System*, 1947—1974, Cambridge: Harvard University Press, 2003.

② 樊春良:《美国国家实验室的建立和发展——对美国能源部国家实验室的历史考察》,《科学与社会》2022年第2期。

研发,而阿贡国家实验室和布鲁克海文国家实验室等其他实验室也同时负责太空核辅助能源的综合性研究(Westwick,2003)。

当前美国能源部国家实验室的核心功能业已转型为以提供技术服务为目标的应用导向研究。其功能转型的契机是冷战结束后美国国家安全政策转变带来的挑战。在 20 世纪 80 年代,美国政策的主要目标转型为技术和经济竞争,要求国家实验室需要为国家基础科学、国家安全、环境保护、能源、航空航天等领域提供必要的技术服务(樊春良,2022)。因此,美国能源部国家实验室各下属实验室的目标调整为科学成果的商业化应用,如阿贡国家实验室利用其先进光子源产生的 X 射线,用以研发治疗艾滋病、癌症和阿尔茨海默病的药物(美国能源部,2022)①。

(二) 德国亥姆霍兹联合会

德国亥姆霍兹联合会是德国目前体量最大的科研组织,成立于 1958 年。该组织以 19 世纪著名的德国物理学家赫尔曼·冯·亥姆霍兹命名,旨在推动人类社会发展、科学技术进步和经济可持续竞争力等国家性任务(卞松保和柳卸林,2011)②。亥姆霍兹联合会由 19 个独立的研究中心组成(见表 2-7),遍布德国各地。每个研究中心都专注于不同领域的科学研究,涉及能源、地球与环境、医疗卫生、关键技术、物质结构、交通与航空航天六大领域。这些研究中心致力于开展前沿研究,培养高素质科学家,推动科技创新,并积极参与国际合作。亥姆霍兹联合会通过跨学科和跨组织的合作和交流,加强与政府、企业和其他研究机构的紧密合作,共同推动科研成果的应用和转化,以解决复杂的社会问题,对德国乃至全球的科学界和工业界产生重要影响。

---

① 美国能源部官网,2022 年,见 https://www.energy.gov/national-laboratories。
② 卞松保、柳卸林:《国家实验室的模式、分类和比较——基于美国、德国和中国的创新发展实践研究》,《管理学报》2011 年第 4 期。

表 2-7 德国亥姆霍兹联合会下属实验室信息

名称	所属城市	核心领域	所属分管领域
阿尔弗里德·瓦格纳极地与海洋研究所	不来梅哈芬	极地、海洋与气候等	地球与环境
亥姆霍兹信息安全中心	萨尔布吕肯	信息安全等	地球与环境
德国电子同步加速器研究中心	汉堡	物质结构等	物质结构
德国癌症研究中心	海德堡	癌症治疗等	医疗卫生
德国航空航天中心	科隆	航空航天、能源、交通等	能源、地球与环境、交通与航空航天
德国神经退行疾病研究中心	波恩	神经退行疾病等	医疗卫生
于利希研究中心	于利希	物质结构、能源、信息、生命和环境等	能源、地球与环境、医疗卫生、关键技术、物质结构
亥姆霍兹重离子研究中心	达姆施塔特	物理学、生物物理和辐射医学等	医疗卫生、物质结构
亥姆霍兹基尔海洋研究中心	基尔	海底地质学、海洋气候学等	地球与环境
亥姆霍兹柏林材料与能源研究中心	柏林	新材料、复杂工程材料等	能源、关键技术、物质结构
亥姆霍兹德累斯顿罗森多夫研究中心	德累斯顿	物质结构、医学、环境等	能源、医疗卫生、物质结构
亥姆霍兹感染研究中心	不伦瑞克	传染病及其预防与治疗等	医疗卫生
亥姆霍兹环境研究中心	莱比锡	环境治理、环保技术等	能源、地球与环境、医疗卫生
亥姆霍兹吉斯达赫特材料与海洋研究中心	盖斯特哈赫特	能源、环境、医学等	地球与环境、关键技术、物质结构
亥姆霍兹慕尼黑研究中心—德国环境卫生研究中心	慕尼黑	生命科学等	地球与环境、医疗卫生
亥姆霍兹波茨坦研究中心—德国地学研究中心	波茨坦	测地学、地球物理学、地质学和矿物学以及地球化学等	能源、地球与环境
卡尔斯鲁厄理工学院	卡尔斯鲁厄	能源、信息技术等	能源、地球与环境、医疗卫生、关键技术、物质结构

续表

名称	所属城市	核心领域	所属分管领域
马克斯·德尔布吕克分子医学中心	柏林	微生物学等	医疗卫生
马克斯—普朗克等离子体物理研究所	伽兴	核聚变等	能源

资料来源:德国亥姆霍兹联合会官网,2023 年,见 https://www.helmholtz.de。

1. 发展路径

德国亥姆霍兹联合会基本都由政府直接设立的国立科研机构组成,对下属研究中心起到资源整合和科研管理的作用。作为国立科研机构,这些研究中心受到政府的直接资助和政策支持。政府投入大量资源用于设施建设、设备采购和人才培养,为科学家们提供良好的工作环境和先进的实验条件。其中,2018 年联合会预算的 70%来自联邦和州政府(按照 9∶1 出资)(王慧斌和白惠仁,2019)[①]。这种公共资金的支持使这些研究中心能够开展高水平的科学研究,并在各自领域取得重要的创新突破。而德国亥姆霍兹联合会起到整合碎片化的独立研究机构的作用,防止资源分散、研究重复和效率低下。因此,建立亥姆霍兹联合会的目的之一就是通过整合这些研究机构,实现资源共享和高效研究合作。此外,亥姆霍兹联合会统一管理德国大科学装置,实现了其在各研究机构间以及与外部机构的开放共享。据统计,亥姆霍兹联合会所管理的大科学装置在 2015—2017 年分别有 70.6%、72.6%、71%的机时为外部科学家所用(陈娟等,2016[②];王慧斌和白惠仁,2019)。

德国亥姆霍兹联合会的管理模式是典型的自主管理型模式,即每个机构都是独立主体,所有权归独立法人,拥有自己的管理权和决策权。这意味着每

[①] 王慧斌、白惠仁:《德国大科学装置的开放共享机制及启示》,《中国科学基金》2019 年第 3 期。

[②] 陈娟、周华杰、樊潇潇、杨春霞、李玥、曾钢、彭良强、杨为进、林明炯:《重大科技基础设施的开放管理》,《中国科技资源导刊》2016 年第 4 期。

个机构可以根据自身的需要制定目标和战略,自主组织内部科技事务。由于每个机构的决策权归属于各自的董事会,德国亥姆霍兹联合会不是真正意义上的行政实体(连瑞瑞,2019),而是扮演一个科技平台角色,让各个机构可以进行信息交流、资源分享和项目合作。

　　政府通过出任投资者委员会和评议委员会的形式,传达政府意志、审查并监督科研目标的执行。亥姆霍兹联合会最高的决策机构是成员大会和评议会(见图2-6),投资者委员会和评议会委员会属于决策咨询机构,为联合会的最终决策作出重要指示和参考依据。其中,投资者委员会由联邦和州政府的代表组成,是政府在联合会中的常设机构,负责政府长期研究计划的实施,以及研究预算的审查及监督(连瑞瑞,2019)。评议委员会由联邦和州政府代表及行业领域代表组成,主要涉及投资领域的博弈和研究经费使用的建议。一言以蔽之,政府不直接参与对亥姆霍兹联合会及各研究机构的管理,而是通过嵌入组织架构中,采取引导和监督等方式使联合会成员不偏离国家的科研目标,坚决履行国家战略方向。

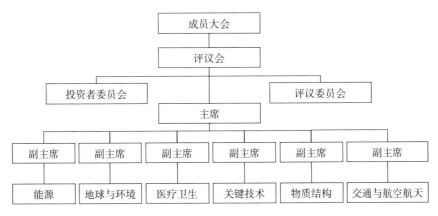

图 2-6　德国亥姆霍兹联合会的组织架构

资料来源:连瑞瑞:《综合性国家科学中心管理运行机制与政策保障研究》,中国科学技术大学 2019 年博士学位论文。

2. 关键支撑

　　德国亥姆霍兹联合会主要围绕重大研究领域布局相应的研究机构、大科学装置及管理部门。联合会重点发展能源、地球与环境、医疗卫生、关键技术、物质结构及交通与航空航天六大领域,成立以相关大科学装置为主要依托的研究机构。其中,能源领域包括能源转化、可再生能源、核聚变、核安全等;地球与环境领域包括地理系统、大气与气候、海洋海岸及极地系统、生物地理系统、地表可持续利用、可持续发展及技术等;医疗卫生领域细分为疾病研究、医学、人体学、环境健康等;关键技术领域包括科学计算、微电子、纳米技术、微系统技术、先进工程材料等;物质结构领域包括基本粒子、天体粒子、强子与核子、凝聚态、大型研究设备等;交通与航空航天领域包括交通、航空、航天等部门(何宏,2004)①。

主席团下设 6 个副主席席位,分管该六大领域,旨在确保各个领域得到充分关注和专业指导。每个副主席将负责领导并协调与其所分管领域相关的研究项目、科技政策及国内外合作伙伴关系。此举旨在加强联合会在能源、环境、生物医学、信息技术、地球系统科学和交叉学科等重要学科领域的影响力和可持续发展。除此之外,评议委员会也会有来自六大领域的代表,负责在项目测算基础上就投资优先权和经费规模提供意见(见图 2-6)(连瑞瑞,2019)。

3. 核心功能

德国亥姆霍兹联合会主要从事国家基础性研究、预防性研究和关键技术研究,是一个集基础研究和应用研究于一体的研究综合体。亥姆霍兹联合会与"马普学会""弗朗霍夫应用研究促进协会"和"莱布尼茨科学联合会"共同组成德国的国家实验室体系,并形成了有序的职能分工体系(见图 2-7)。

其中,"马普学会"主要与高校合作从事基础研究工作,90%的经费来自政府拨款(卞松保和柳卸林,2011);"弗朗霍夫应用研究促进协会"和"莱布尼茨科学联合会"主要从事应用型研究,其经费来源相对多元化。而"亥姆霍兹

---

① 何宏:《德国亥姆霍兹国家研究中心联合会介绍》,《中国基础科学》2004 年第 5 期。

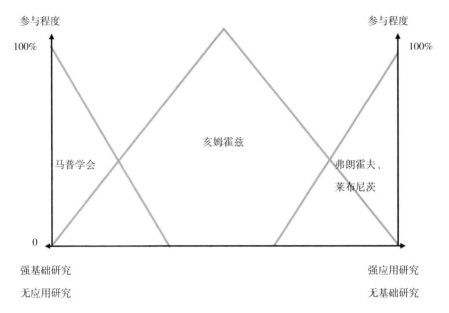

图 2-7　德国四大科研组织的功能分异

资料来源:卞松保、柳卸林:《国家实验室的模式、分类和比较——基于美国、德国和中国的创新发展实践研究》,《管理学报》2011 年第 4 期。

联合会"则是集基础研究和应用研究于一体。一是,通过开展基础研究,深入理解各个领域的基本原理和规律,不仅为科学进步提供了坚实的理论基础,还为其他研究领域的发展提供了重要支持。二是,注重预防性研究,致力于通过科学的方法预测和预防潜在的环境、能源、健康等领域的重大问题。三是,面向关键技术难题,致力于开发包括人工智能、生物技术、能源技术等在内的众多前沿技术,推动科学创新与产业应用的结合,为德国乃至全球的工业自动化和智能化发展提供技术支持。

五、国内主要科学中心案例解析

(一)上海张江综合性国家科学中心

2016 年 4 月,《国务院关于印发上海系统推进全面创新改革试验加快建设具有全球影响力科技创新中心方案的通知》指出在上海张江建设首个综合性国家科学中心。上海张江综合性国家科学中心以上海市浦东新区张江高科技园区为核心功能承载区,意在打造高度集聚性、综合性、世界引领性的大科学设施集群,建成多学科交叉、多领域融合、多主体协同的国际前沿科学综合性研究试验基地(张坚等,2018)①和国际领先的高端人才培养基地。目前已吸引多个领域的国内外顶尖科学家和研究团队入驻,拥有电子显微镜中心、催化剂中心、纳米材料中心等一流的实验室设施和技术平台,与复旦大学、上海交通大学等合作建立了一批高水平研究机构和创新空间载体,配备了一支高水平的科研团队和管理团队,在重大基础研究、技术转移转化、创新创业孵化、科普活动教育等方面取得长足发展。

1. 发展模式

上海张江综合性国家科学中心依托张江高科技园区,将原先分散在张江各科技园区的资源进行有效整合,打造高度集聚的重大科技基础设施集群,形成“1区18园”布局:一个核心区域和18个主题园区(叶茂等,2018)。这种高效聚集模式吸引了大批科技企业和高端人才汇聚于此,形成了一个具有强大创新能力的创新生态系统。

作为国际化大都市,上海市在集聚全球顶尖创新人才、引领国际科学合作和链接全球创新网络等方面具有良好区位条件,这赋予了张江综合性国家科学中心国际化开放优势(连瑞瑞,2019)。该中心以“创新驱动、开放合作、系统集成、产学研深度融合”为发展理念,致力于在生物医药、信息技术、新材料物质等领域开展前沿性科学研究,推进高端人才培养和科技成果转化。已经依托复旦大学重点建成微纳电子研究中心、新药创制国际联合研究中心,依托上海交通大学重点建设前沿物理、代谢与发育科学等国际科学中心,依托同济大学建设海洋科学、干细胞医学(中美合作)等研究中心,依托上海科技大学重点建设物质、生命、信息等特色领域科研机构(连瑞瑞,2019)。

---

① 张坚、黄琨、李英、齐国友、迟春洁、刘璇:《张江综合性国家科学中心服务上海科创中心建设路径》,《科学发展》2018 年第 9 期。

上海张江综合性国家科学中心采用理事会制度和委托管理型模式。理事会是其最高决策机构,负责制定和审议重要的科研发展战略、规划和政策,指导中心各项工作的实施。理事会下设国家重大科技基础设施运行管理委员会、科技委员会、用户委员会和学术委员会等分支管理机构。参考美国经验采用委托管理型模式,将科学中心委托给高校、科研机构和第三方组织进行企业化管理,积累形成上海转化医学国家重大科技基础设施建设和运营模式(张坚等,2018)。

2. 核心支撑

上海张江综合性国家科学中心主要围绕"1+6"架构打造重大科技基础设施、科研机构及科技服务机构一体的支持平台。其中,"1"指一个大科学设施群,包括上海同步辐射光源、超快激光设备和高场强磁共振成像仪等主要大型科学基础设施(见图2-8和表2-8),这些大科学设施开放共享,以支持多学

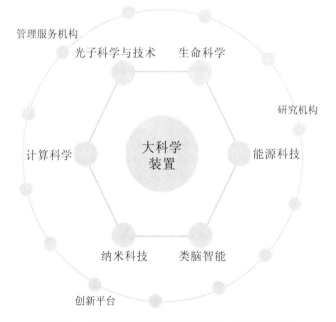

图 2-8　上海张江综合性国家科学中心的核心支撑

资料来源:笔者自绘。

科交叉融合的技术需求;"6"指光子科学与技术、生命科学、能源科技、类脑智能、纳米科技、计算科学六大研究方向。围绕这六个领域,下设研究机构、创新平台和管理服务机构,强化这些领域之间的相互合作和协同发展,实现跨学科、前沿性和突破式创新(见图2-8)。

表 2-8 上海张江综合性国家科学中心的主要大科学装置

大科学设施	管理主体	具体研究领域
上海同步辐射光源	上海光源设施中心	光子科学与技术、生命科学、环境科学、新材料等
国家蛋白质科学研究设施	中国科学院上海高等研究院	蛋白质制取与纯化、结构分析和功能研究等
超快激光设备	中国科学院上海高等研究院	激光应用、飞秒激光、激光制导、激光医学、激光通信等
高场强磁共振成像仪	上海市医学影像中心	神经科学、疾病学、病理学、器官移植等
分子显微镜	上海科技大学	生物医学、材料科学、纳米科技、能源科技、化学等
量子计算实验室	中国科学院上海微系统与信息技术研究所	量子计算机、量子通信、量子仿真等
神威太湖之光超级计算机	中国科学院计算技术研究所	天气预报、地震模拟、能源资源开发、生命科学、材料科学等
无线通信测试平台	华为技术有限公司	硬件与软件开发、信号、通信系统等计算科学
电子显微镜	中国科学院上海硅酸盐研究所	材料科学、生物医学、纳米科技、地球科学、环境科学等
X射线衍射仪	上海辰山同步辐射光源有限公司	材料科学、生命科学、物理学、化学、地球科学、纳米科技等
电子束光刻系统	上海微纳电子器件工程技术研究中心	半导体、纳米科技、光子科学与技术、生物医学、等离子体、新材料等

资料来源:中国科学院上海高等研究院大科学装置管理中心,2023年,见 www.sari.cas.cn/lari/index.html。

3. 主导功能

上海张江综合性国家科学中心在兼顾基础研究的同时,更加强调应用研究,主要聚焦于技术开发和企业孵化两大环节。上海张江综合性国家科学中心不仅服务于上海市国际科技创新中心建设,也代表国家战略支点参与全球科技竞争和合作。主要围绕产业链布局创新链,强调基础科学的理论应用,以及应用技术成果的转移转化。既集中精力研发关键技术和前沿技术,提高我国在科技领域的竞争力和创新力,也加强企业孵化服务,为创业者提供全方位的咨询、资金、人才等方面支持,促进创新成果快速转化和产业化,助力上海国际科技创新中心建设。

(二)安徽合肥综合性国家科学中心

安徽合肥综合性国家科学中心是由中国科学院主导建设的一个综合性国家级科研平台,成立于2015年。该中心以合肥滨湖科学城为核心功能承载区,以"面向世界科技前沿、服务国家重大需求、培养高层次人才"为目标,致力于在量子信息、能源、健康、环境等多个领域开展前沿性、基础性、战略性研究。下设中国科学技术大学、中国科学院物理研究所、中国科学院近代物理研究所、中国科学院化学研究所、中国科学院金属研究所、中国科学院福建物质结构研究所、中国科学院生命科学联合中心等多个研究院和实验室。不仅汇聚了中国众多科学家和工程师,与国内外多家高校、科研机构及企业建立了紧密的科技合作关系,而且还积极组织众多国际学术会议、高端科技论坛等科研活动。

1. 发展模式

安徽合肥综合性国家科学中心的发展主要由科教资源推动。中国科学技术大学和中国科学院合肥物质科学研究院,是其主要建设主体(叶茂等,2018)。其发展路径可概括为:首先,加强与高校、研究机构科研合作。整合中国科学技术大学、中国科学院合肥分支机构等众多高水平大学和科研机构,实现技术、人才和科研设施共享和学科优势互补。其次,建立产学研联盟。通过产学研联盟共同推动科技成果转移转化和产业化升级。再次,推进科技成果转化。将各个领域内科技成果进行有效整合,通过专利授权、技术转让等方式推进科技成果高效转移转化。最后,加强人才培养。与高校、研究机构合作,建立优秀的人才培养模式和渠道,搭建良好的人才培训和发展平台。

2. 核心支撑

安徽合肥综合性国家科学中心围绕核心层、中间层和外围层三个圈层分别建设实验室、高校和科研机构及创新平台(见图2-9)。

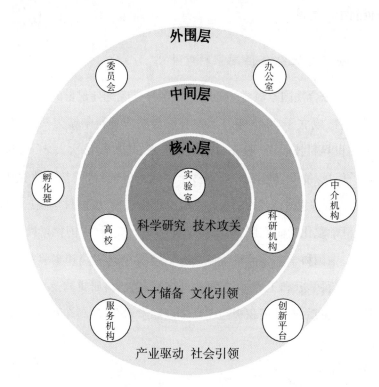

图2-9 安徽合肥综合性国家科学中心的核心支撑

资料来源:笔者自绘。

其中,核心层是重点发展区域,布局建设量子信息科学实验室、国家同步辐射实验室、磁约束核聚变国家实验室等一系列高水平的实验室,配备同步辐射光源、全超导托卡马克、稳态强磁场等系列大科学装置设施(见表2-9),集聚世界一流的科学家和研究人员,以支持前沿科学研究和关键技术突破。中间层重点发展高校和科研机构,依托中国科学技术大学等高校雄厚师资力量,培养大批优秀科研人才,利用中国科学院合肥物质科学研究院等科研机构开展应用研究和技术开发。外围层建设人工智能中心、核聚变中心、联合微电子中心等系列创新平台和研发平台,以促进产学研合作、科技成果转移转化和创新创业孵化等科技服务。通过三个圈层协同发展,共建一个完整的科技创新生态系统。

表 2-9 安徽合肥综合性国家科学中心的主要大科学装置

大科学设施	管理主体	具体研究领域
聚变工程实验堆	中国科学院合肥物质科学研究院	清洁能源、核物理、新材料等
全超导托卡马克核聚变实验装置	中国科学院合肥物质科学研究院	清洁能源、核物理、新材料等
稳态强磁场实验装置	中国科学院合肥物质科学研究院	物理、新材料、化学和生命科学等
同步辐射光源	中国科学院合肥物质科学研究院	物质科学、量子材料、能源科学、生物科技、先进光刻技术等
大气环境立体探测实验研究设施	中国科学院合肥物质科学研究院	生态环境、气候变化、大气科学、星际科学等
反场箍缩磁约束聚变实验装置	中国科学院合肥物质科学研究院	等离子体物理、能源科学、核能物理等

资料来源:中国科学院合肥物质科学研究院官网,2023 年,见 https://hf.cas.cn/kxyj/dkxzz/。

3. 主导功能

因其多样化的优势资源,安徽合肥综合性国家科学中心的功能定位更加综合,强调基础研究和应用研究兼顾。合肥综合性国家科学中心的大科学装置、国家实验室和科研机构数量在全国领先,基础科研资源优势突出;同时拥有大量高新技术企业驻扎,有利于科技成果转移转化。在信息、能源、健康、环境等基础科学领域,以及量子信息、超导核聚变、天地一体化信息网络、离子医学、智慧能源等应用科学领域均拥有世界顶级科研平台和创新集群,从而形成兼具前沿交叉学科研究和技术创新集成应用两大主导功能。

(三)北京怀柔综合性国家科学中心

北京怀柔综合性国家科学中心是一个综合性的科研平台和科学教育基

地,始建于 2012 年,是中国政府推动科技创新和科学普及的重要举措之一。中心以北京怀柔科学城为核心功能承载区,致力于聚集一批大科学装置集群和前沿科技交叉研究平台,吸引世界一流的科学家和研究团队(杨瑾,2021)①,围绕物质科学、信息智能科学、生命科学、地球系统科学、空间科学等科学领域(郑传月和杨艳红,2022),强化基础研究、应用研究与产业化的有机衔接,构建了一个开放和协作的创新生态系统,实现引领性原创成果取得重大突破。

1. 发展模式

北京怀柔综合性国家科学中心的发展路径可以归纳为六个一批:围绕物质科学、生命科学、信息智能科学、空间科学和地球系统科学五大研究方向,建设高能同步辐射光源等一批国家重大科技基础设施和科技研发平台,吸引一批顶尖科学家、科技人才及创新创业团队,集聚中国科学院分支机构等一批高水平科研机构、高等院校及创新型企业,开展一批基础研究、应用基础研究、前沿交叉研究及关键技术攻关等科技创新活动,产出一批世界领先的原创科研成果,培育一批优秀的青年科技人才和创新创业团队。

2. 核心支撑

北京怀柔综合性国家科学中心的核心支撑包括重大科学基础设施、高端研发平台、顶尖人才和世界级科学研究机构四大要素(见图 2-10)。

一是,发挥重大科学装置汇聚作用,建设和运营高能同步辐射光源、多模态跨尺度生物医学成像设施等一系列先进的大科学装置(见表 2-10),为解决重大科学问题和攻关关键技术提供了基础研究平台。二是,促进产学研深度融合,共建材料基因组研究平台等一系列高水平的交叉研发平台,集聚各类先进的研发设备和技术手段,致力于科研成果的转化和产业化应用(见表 2-11)。三是,吸引顶尖科研人才集聚,组建建制化大科学团队,打造科学家、科技人才和

① 杨瑾:《国内外综合性科学中心建设的借鉴与启示》,《杭州科技》2021 年第 6 期。

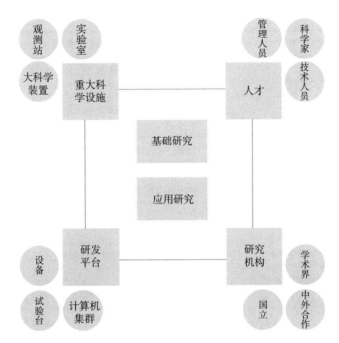

图 2-10 北京怀柔综合性国家科学中心的核心支撑

资料来源:笔者自绘。

创业创新团队紧密合作的科研共同体。四是,发挥首都科教资源优势,集聚中国科学院分支机构等战略性科技力量,共建大科学装置用高功率高可靠速调管研制平台等一批科技基础设施(见表2-12),加强与国内外众多世界级科研机构的交流和合作,打造具有国际影响力的科研合作和学术交流平台。

表 2-10 北京怀柔综合性国家科学中心的主要大科学装置

大科学装置	管理主体
高能同步辐射光源	中国科学院高能物理研究所
多模态跨尺度生物医学成像设施	北京大学
综合极端条件实验装置	中国科学院物理研究所
地球系统数值模拟装置	中国科学院大气物理研究所和清华大学
空间环境地基综合监测网	中国科学院国家空间科学中心

资料来源:国际科技创新中心网站,2023 年,见 www.ncsti.gov.cn。

表 2-11　北京怀柔综合性国家科学中心的主要研发平台

研发平台	项目单位
材料基因组研究平台	中国科学院物理研究所、北京怀柔科学城建设发展公司
清洁能源材料测试诊断与研发平台	中国科学院物理研究所、北京怀柔科学城建设发展公司
先进光源技术研发与测试平台	中国科学院高能物理研究所、北京怀柔科学城建设发展公司
先进载运和测量技术综合实验平台	中国科学院力学研究所
空间科学卫星系列及有效载荷研制测试保障平台	中国科学院国家空间科学中心
国际子午圈大科学计划总部	中国科学院国家空间科学中心
高能同步辐射光源配套综合实验楼和用户服务楼	中国科学院高能物理研究所
介科学与过程仿真交叉研究平台	中国科学院过程工程研究所、北京怀柔科学城建设发展公司
脑认知机理与脑机融合交叉研究平台	中国科学院生物物理研究所、北京怀柔科学城建设发展公司
北京分子科学交叉研究平台	中国科学院化学研究所、北京怀柔科学城建设发展公司
轻元素量子材料交叉平台	北京大学、北京怀柔科学城建设发展公司
北京激光加速创新中心	北京大学、北京怀柔科学城建设发展公司
空地一体环境感知与智能响应研究平台	清华大学、北京怀柔科学城建设发展公司

资料来源:国际科技创新中心网站,2023 年,见 www.ncsti.gov.cn。

表 2-12　北京怀柔综合性国家科学中心的主要科技基础设施

科技基础设施	管理主体
大科学装置用高功率高可靠速调管研制平台	中国科学院空天信息创新研究院
物质转化过程虚拟研究开发平台	中国科学院过程工程研究所

科技基础设施	管理主体
分子材料与器件研究测试平台	中国科学院化学研究所
脑认知功能图谱与类脑智能交叉研究平台	中国科学院自动化研究所
怀柔综合性国家科学中心支撑保障条件平台	中国科学院科技创新发展中心
太空实验室地面实验基地	中国科学院空间应用工程与技术中心
空间天文与应用研发实验平台	中国科学院国家天文台
深部资源探测技术装备研发平台	中国科学院地质与地球物理研究所
环境污染物识别与控制协同创新平台	中国科学院生态环境研究中心
京津冀大气环境与物理化学前沿交叉研究平台	中国科学院大气物理研究所
泛第三极环境综合探测平台	中国科学院青藏高原研究所

3. 主导功能

北京怀柔综合性国家科学中心的核心功能具有综合性,聚焦基础研究、应用研究与产业化的衔接,既聚焦战略性和前瞻性基础研究,也致力于关键共性技术、前沿引领技术和颠覆性技术的创新突破,旨在打造成为世界级原始创新承载区、战略性和前瞻性基础研究新高地和生态宜居创新示范区。

第二节　区域性创新高地布局建设的发展模式

近年,伴随一些欧美全球城市的产业升级和功能转型,全球涌现出一批以科技成果转移转化、技术商业化、创意创业孵化为主导功能、具备较强区域辐射带动能力的技术创新中心和创新高地。

一、国外创新高地的发展模式

国外典型创新高地的发展模式可以从主体、管理和驱动三个维度进行归纳。参考经典的"三螺旋"理论(Etzkowitz 等,2000①;Carayannis,2010),大学和企业是主要参与创新活动的核心主体(见表2-13),主体维度发展模式相应包括大学主导型、企业主导型两种类型。管理维度发展模式主要关注创新高地的运营管理体制、资源配置方式,以及科研项目规划和执行情况等因素,相应划分为市场主导型和政府干预型。驱动维度发展模式侧重考量创新高地发展的动力来源,包括内生根植型和外源联动型两类。

表2-13 世界典型区域性创新高地的基本构成

名称	年份	国家	核心产业	研发中心	一流大学	知名企业
美国"硅谷"	1951	美国	信息技术、生物科技、国防与航空航天	美国硅谷区块技术研究中心、计算机研究中心、国际斯坦福研究所、帕克研究中心等	斯坦福大学、圣塔克拉拉大学、圣何塞州立大学、加州大学伯克利分校等	谷歌、惠普、英特尔、苹果、甲骨文、特斯拉、雅虎、仙童等
日本东京—横滨—筑波创新带	1963	日本	生命科学和绿色环保、高端制造	日本国家高能物理研究所、筑波高能物理研究所、电子技术综合研究所、宇宙研究中心、工业试验研究中心等	东京大学、东京工业大学、早稻田大学、筑波大学、横滨国立大学等	丰田、佳能、索尼、松下、三菱、日立等
英国牛津—剑桥科技弧	1975	英国	航空航天、人工智能、生物技术和制药研发	计算机实验室、卡文迪许实验室、计算机辅助设计中心等	剑桥大学、牛津大学、克兰菲尔德大学等	安谋控股、亚马逊、苹果、华为等分部

① Etzkowitz H.,Webster A.,Gebhardt C.,Terra B.R.C.,"The Future of the University and the University of the Future: Evolution of Ivory Tower to Entrepreneurial Paradigm", *Research Policy*, Vol.29,No.2,2000.

续表

名称	年份	国家	核心产业	研发中心	一流大学	知名企业
韩国大德科技园	1973	韩国	生命工学、信息通信、新材料、精细化学、能源、机械航空	原子力研究所、航空宇宙研究院、电子通信研究院、生命工程研究院、能源技术研究院、地质资源研究院等	韩国科学技术院、韩国科学与技术大学等	太阳生物、科玛集团等
法国格勒诺布尔科技城	1975	法国	半导体、电子和生物技术	法国国立核科学技术学院、法国国家科学研究院、核能研究中心、信息技术和电子研究所等	格勒诺布尔综合理工大学、傅立叶大学等	施耐德电气、苏泰克半导体等
新加坡纬壹科技城	1979	新加坡	生物医药、咨讯媒介和信息科技	启奥生物医药园、启汇园、媒体工业园、癌症科学研究院等	新加坡国立大学和新加坡理工学院	宝洁、希捷、甲骨文、富士通等亚洲分部
中关村科技园	1988	中国	信息技术、生物、节能环保、新材料、新能源汽车、航空航天	中关村软件园、中关村集成电路设计园等	北京大学、清华大学、北京航空航天大学等	联想、百度、小米、京东、滴滴出行等
沪嘉杭G60科技创新走廊	2016	中国	人工智能、工业互联网、集成电路、生物医药、新材料新能源	清华长三角研究院、未来科技城、青山湖科技城等	上海交通大学、浙江大学、复旦大学、上海大学等	阿里巴巴、苏宁、吉利、万科等
广深科技创新走廊	2017	中国	新一代信息技术、生物医药、智能装备、新能源汽车	超级计算广州中心、国家超级计算深圳中心、东莞散裂中子源、大亚湾中微子实验室、深圳国家基因库等	中山大学、华南理工大学、华南师范大学、深圳大学、南方科技大学等	华为、中兴、腾讯、比亚迪、华大基因、大疆创新等

资料来源:笔者根据相应官网整理。

（一）主体维度

主体维度发展模式强调创新高地发展所主要依赖的创新主体。按照不同创新主体主导地位,可以分为大学主导型和企业主导型两类。其共同点在于最终目的都是聚焦于技术商业化及其创新驱动发展效应,而最大的区别在于大学在技术创新产业化中所扮演角色、地位不同。既有的国外典型创新高地发展历程表明,一流高校和大型跨国企业在不同阶段均起到领头羊作用,呈现良好的分工协作。

1. 大学主导型

大学在"三螺旋"结构中,主要扮演着创新生产的功能(Leydesdorff 和 Etzkowitz,1998[①])。大学主导型发展模式比较适用于创新高地发育的初始和发展阶段。在起步阶段,一流高校依托自身科研和人才优势,通过开发科技园区或企业孵化器从而衍生和吸引大量创新创业活动及人才集聚。一方面,一流大学凭借先进的科研设施、优秀的师资队伍和丰富的科研成果,通过技术转移转化等方式,从大学实验室衍生新创企业以承载科研成果的商业化环节(Etzkowitz 等,2000)(见图 2-11)。例如,"硅谷"地区的谷歌从斯坦福大学的计算机科学实验室衍生而来,剑桥科技园的剑桥显示技术公司(Cambridge Display Technology)是从剑桥大学物理实验室中分离而来,新加坡科技园的维视智公司(Visenze)是由新加坡国立大学计算机科学系的教授和研究人员创建。另一方面,一流大学也依靠大学的科研资源和科技人才优势,吸引其他企业入驻大学科技园区,或者设立研究机构或组建研发联盟。例如萨路达医疗(Saluda Medical)入驻悉尼大学创新中心,IBM 设立研发部与纽约州立大学在计算机和数据分析等领域开展合作研发。

在发展阶段,大学组织和衍生出系列技术转移服务及中介机构,以加强产学研的深度融合,从而不断提升创新竞争力。一方面,大学通常会设立联络办公室、技术转移办公室、科研基础平台等中介机构,加强产学研联盟化和一体化发展,使大学的科研成果与企业的产业化需求紧密结合,从而促进科技成果

---

① Leydesdorff L., Etzkowitz H., *A Triple Helix of University-Industry-Government Relations : The Future Location of Research*, New York : State University Press, 1998, pp.134–188.

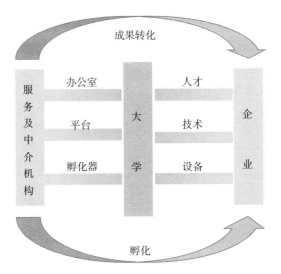

图 2-11　大学主导型主体发展机制

资料来源:笔者自绘。

转移转化。另一方面,以大学和政府为主导建立创新创业孵化器,为中小企业发展提供硬件设施、场地资源、人才资源、风险资金、专业服务、管理经验等支持(Carayannis,2010),使中小企业能够快速成长并承载来自大学的知识溢出,提升地区创新创业能力。例如,由斯坦福大学学生创办的"硅谷"孵化器,每年选择数百家初创公司进行投资和指导;剑桥大学创业中心为超过 1500 家初创企业提供所需的创业空间、导师、投资和资源;新加坡国立大学企业家中心为园区内初创企业提供包括商业计划编写、导师支持、资金支持和市场营销等全方位的支持。

总之,大学主导的创新发展模式主要利用一流高校的优势学科和高端人才优势,孵化吸引大量新创企业,发展中介机构,打造产学研合作网络和校企研发联盟,致力于应用基础研究和科技成果产业化,是一兼具基础性研究与应用型研究的复合发展模式。

2. 企业主导型

企业在"三螺旋"结构中,主要扮演着财富生产的功能(Leydesdorff 和

Etzkowitz,1997），是创新驱动发展最重要的一环。以企业为主导的发展模式更加注重企业的技术需求和产业化发展，而高校、政府等创新主体则扮演辅助角色，主要为企业技术创新提供知识、资金、人才等支撑。企业主导型发展模式在起步阶段高度依赖于知名企业的规模集聚效应。一方面，大型公司或领军企业通过整合自身的纵向创新链，输送外部技术人才、企业分支机构等主体要素，以及创新资金、新型技术等客体要素，丰富当地的技术库和人才库（Barbera 和 Fassero,2013①；Longhi,1999②）（见图 2-12）。同时，在科技园区

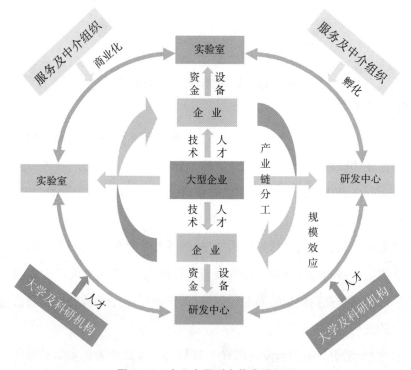

图 2-12　企业主导型主体发展机制

资料来源：笔者自绘。

---

① 　Barbera F.,Fassero S.,"The Place-Based Nature of Technological Innovation：The Case of Sophia Antipolis",*Journal of Technology Transfer*,Vol.38,No.3,2013.

② 　Longhi C.,"Networks,Collective Learning and Technology Development in Innovative High Technology Regions：The Case of Sophia-Antipolis",*Regional Studies*,Vol.33,No.4,1999.

内设立自己的研发中心、实验室和管理机构等技术服务部门,与当地政府、高校及研究机构、金融投资机构和中介机构等建立紧密科技联系和合作,不断利用和集聚其科技人才、研发资本和前沿技术,形成一个完整的科技产业生态系统。比较典型的案例有:日本迪士尼创意工厂的株式会社、德国因戈尔施塔特科技园的菲利普斯和摩托罗拉等,以及法国索菲亚科技园的德国仪器和法国电信等。

在发展阶段,大量中介及服务机构主要为企业技术研发和产业化组织服务,以增强企业的技术合作和商业化能力(见图2-12)。其中,大学在企业主导型模式中通常起到辅助作用,主要为企业培养和输送人才和满足企业的科研需求。中介及服务机构则基本由龙头企业或政府设立,致力于为企业提供政策咨询、投资引导、市场开拓、人才引进和日常管理等服务,提升企业的技术商业化能力和创新竞争力。例如,德国政府在柏林科技创新中心建立了大众实验室、共享办公空间、企业能力中心、孵化器/加速器等多种创新实验室,为初创企业和中小型企业提供人才、技术、资金等服务。

一言以蔽之,企业主导的创新发展模式主要发挥知名企业的主导作用,通过设立研发中心、企业实验室和中介服务机构等分支机构,围绕企业市场化需求整合高校、政府、金融机构及中介机构等创新主体,着力开展产学研合作和应用型研究,从而服务企业技术商业化发展需求。

(二)管理维度

管理维度发展模式指运营和管理创新要素的政府治理机制。按政府介入程度,可以分为市场主导型和政府干预型。尽管很多区域性创新高地在起初阶段创新发展上采取单一模式,但随着"政府失灵"和经济危机等现象频发,最终往往采用复合型,即在市场机制下允许政府对部分领域的宏观调控(如美国"硅谷"、"128公路"、法国索菲亚科技园等),或在政府完全管理下适当引入市场机制(如日本筑波科学城、韩国大德科技园)。案例调查发现,以市场驱动为主要类型的区域性创新高地大多位于欧美国家,而以政府干预为主要类型的地区大多位于亚洲国家。

1. 市场主导型

市场主导型发展模式高度依赖市场机制,调节主要创新活动及其主体间的关系,呈现为一个开放、合作、共赢的创新生态系统(见图2-13)。

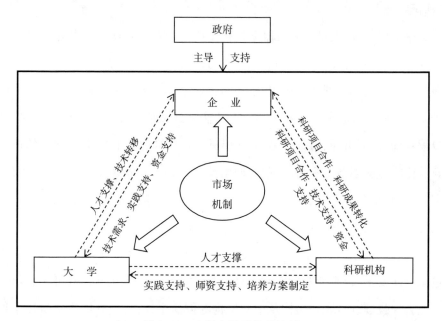

图 2-13　市场主导型管理机制

资料来源:笔者自绘。

对企业而言,技术成果的商业化及人才的输入将会为自身带来直接收益,因此会建立和主导地方产学研体系或者企业间的横向合作。例如,德国柏林科技园中的因法姆公司(Infarm)主动与柏林自由大学合作开展城市农业研究;法国索菲亚科技园中大型企业英特尔和施耐德电气公司主动建立联合实验室,共同开发物联网、人工智能等前沿技术。

而对大学和研究机构而言,服务于高科技企业的技术需求而带来的技术转移收益将极大程度上提升自身应用型技术研究的积极性和效率;同时企业也会提供资金和实践场所支持,因此也会积极寻求和响应产学研体系。例如,美国"硅谷"地区的斯坦福大学建立工业园区,通过风险资本体系将学校和企业的利益相互捆绑,逐渐形成拥有完善产学研体系的创新集群;而"128 公路"则是麻省理工学院利用地区良好的工业基础,衍生了一批中小型企业,它们之间的合作促进了研究的商业化。值得注意的是市场驱动型创新发展并不意味着政府完全不介入区域性创新高地的发展;相反地,政府往往会通过一系列的政策鼓励并保护区域创新发展,但不参与其直接管理和决策。例如,美国在1971 年创立美国国家科学资金(NSF),重点资助高校与企业联合申请科研项目,进一步促进产学研联系强度及创新型产品研发意愿。

市场主导型发展模式多出现在有一定创新资源基础的区域性创新高地,对非营利的基础科学研究项目不利。在市场"无形之手"的推动下,区域性创新高地中的创新主体集聚往往出自自身利益而非政府的意志,自发建立创新合作关系,形成完善的创新链条和产学研机制。该驱动模式通常对选址较为苛刻,对创新资源的分布较为敏感。其创新发展路径高度依赖现有创新资源和创新基础,例如一流大学和跨国企业,已为地区创新发展注入内生动力。政府通常不参与区域性创新高地的直接管理和规划决策,而是通过政策激励等方式,使其创新链条运作更高效,产学研一体化更完善,起到创新发展"润滑剂"的作用。然而,市场驱动型发展尽管可以有效避免"政府失灵"等问题,但容易受到市场环境和主体经济能力等衍生问题影响。因此,即使如美国等以市场主导的区域性创新高地,也会适度由政府进行宏观调控,在不符合市场经济规律的投资规模大、回报周期长的重大基础研究项目方面,搭建平台推进共性技术研发(何华沙,2014)①。

2. 政府干预型

政府干预型发展模式高度依赖政府的投入、协调和管理,创新的发展体现

---

① 何华沙:《市场驱动型产学研合作理论与实践研究》,武汉大学 2014 年博士学位论文。

了政府的意志(见图2-14)。该模式通常是由政府牵头,在强有力的国家政府追赶和产业升级的目的下建立(林剑铬和刘承良,2022)①。

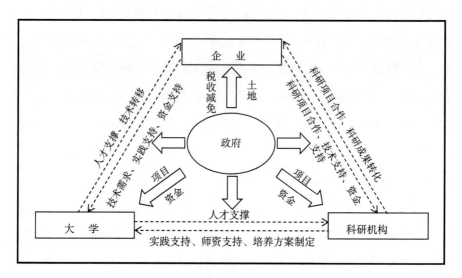

图 2-14　政府干预型管理机制

资料来源:笔者自绘。

在区域性创新高地的新创阶段,政府内部专业人士通过对地理位置、土地资源、气候条件、经济发展状况、科技创新能力和市场需求等方面进行分析,为园区选址并定位其功能,通过税收、土地、资金等优惠政策,吸引或强制相关企业和高校进驻园区,形成相对完整的创新链。因此,政府投入为此类区域性创新高地快速发展提供了重要资金保障。例如,日本政府通过大量经费将30%的国立研究机构和筑波大学迁至筑波科学城,同时还相继在高速公路及有轨电车等交通设施方面投入建设,促进区际创新要素流动;韩国政府对拥有科研机构的企业实行应缴税款减免优惠,尤其鼓励科技领军企业(如三星、乐喜金星LG)等在大德科技园设立研究所,鼓励风险资本投资及产业界资助公共研发机构等。

在区域性创新高地的发展阶段,政府继续通过出资和公共私营合作制

---

① 林剑铬、刘承良:《世界典型创新空间的发展模式:科学中心与创新高地》,《地理教育》2022年第10期。

（PPP）等方式引入民间资本投资,提供办公场所、研发设施、商务服务等配套设施,为企业提供各种服务和平台,组织协调创新链不同环节中各创新主体间的关系,完善园区的产学研一体化建设,实现科技成果高效转移转化和产业化。同时,政府还会牵头成立相关的管理机构或专门的服务部门,参与区域性创新高地整体的运营、管理和决策,因此其创新行为往往体现了政府的意志。例如,韩国政府成立大德管理办公室并单独设立技术产业化中心,负责大德科技园创新成果的商业化;法国索菲亚科技园由地方政府通过运作人才苗圃、企业孵化器和风险资金等方式,大力发展新兴"幼苗"企业。

政府干预型发展模式多出现在资源相对匮乏的创新追赶地区,通过政府支持促进创新后发地区不断集聚创新资源和要素,但通常无法充分调动各创新主体的创新创业积极性。政府虽然并不直接参与到创新生产活动中,但其作用主导着创新功能和产业化发展方向。无论是在区域性创新高地形成的初期和发展期,政府都是通过制定政策法规、投资和税收支持、管理监督等政策工具,成为调配创新资源、营造创新环境、创设创新平台的引导者。创新主体和资源相对匮乏的后发地区通过有为政府的支持和帮助,往往实现创新资源的集聚,发展成为区域性创新高地。该模式是一个"自上而下"的管理机制,因此需要一个强有力而有为的政府统一领导,形成各部门分工协作的方式,多出现在亚洲国家和新兴经济体。但政府干预型发展模式也有诸如封闭、成果转化率低、管理冗余等弊端,因此在政府干预的大背景下依然不可忽视市场作用机制。目前,日本筑波科学城、韩国大德科技园等以政府完全干预的发展模式已部分引入市场机制,从而突破自身发展的局限性。

（三）驱动维度

根据创新发展所依赖的动力机制,区域性创新高地的驱动发展模式可以划分为内生根植型和外源联动型两种。其中,内生根植型与市场驱动型基本对应,而外源联动型多与政府干预型内涵相同。由于内部环境和外部资源的局限性,既有区域性创新高地发展模式很少依赖单一维度,逐渐演变为"内生外源复合型",既依赖外部创新资源引入带来的"路径突破",又依赖内部创新主体集体学习实现知识扩散和技术流动。

1. 内生根植型

内生根植型发展环境的塑造主要依靠区域性创新高地内部各创新主体的高度连通性,通过内部横向知识扩散机制自发成长(见图2-15)。

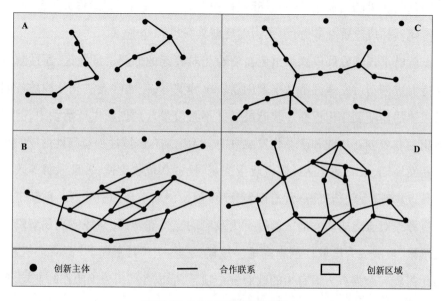

图2-15 内生根植型驱动模式

资料来源:Liu C., Geography of Technology Transfer in China:A Global Network Approach, Singapore: World Scientific, 2023。

内生根植型创新高地通常具有包容、共享、合作的创新氛围,区域内部产学研联系紧密,企业、高等院校、政府和投资机构等组成了一个强大的创新生态系统,推动区域创新自发性发展,具有强烈的地方根植性。其创新要素通常由内部组织提供,通过孵化器、加速器、创业基金等投融资支持帮助初创公司快速多元化发展。因地理邻近性机制,不同创新主体通过集体学习促进了多样性知识的传播和重组,并依靠人才流动、学术会议、项目合作等形式加速本地知识的空间溢出,进而推动区域内部自主创新发展。例如,法国索菲亚科技园在转型后,通过人才流动、合作研发、集成学习和本地反馈等方式,实现了知识的横向扩散;其他创新高地在后期阶段也大多塑造内生根植型创新环境以提升自主创新能力,如波士顿"128号"公路、阿姆斯特丹科学园等。

内生根植型发展模式具有可持续发展和自我加速的优势。随着学者对"三螺旋"结构与产学研一体化实证研究的深入,创新的内生动力逐渐被视为区域创新可持续发展不可或缺的支撑。当区域致力于塑造一个内生根植的创新环境,技术库、人才储备、制度环境等发展到一定程度时,区域创新能力将会呈爆发性增长。但由于其启动缓慢的劣势,需要一定创新资源的积累,内生根植型发展模式通常集中在区域性创新高地发展的中后期。

2. 外源联动型

外源联动型发展模式主要依靠区域创新主体的外部联系和政府介入,通过外部资源和纵向知识扩散机制带动区域性创新高地发展(见图2-16)。

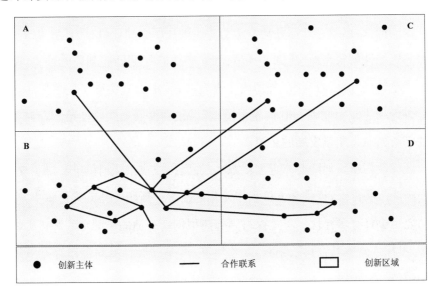

图2-16　外源联动型驱动模式

资料来源:Liu C., Geography of Technology Transfer in China:A Global Networke Approach,Singapore:World Scientific,2023。

外源联动型发展通常需要政府的主导,包括税收优惠、融资支持、土地等要素的供应和放宽市场准入等政策工具。这些政策可以吸引或强制企业和投资者进驻,从而促进区域性创新高地的技术创新和经济发展。跨国公司和世界一流大学等具有国际影响力的创新主体占据主导地位,通过与区外创新主体和创新资源建立联系,整合自身的纵向创新链,为本地带来风险资本、高端人才、前沿技术等创新要素,从而丰富了本地知识库和技术库。世界比较著名的外源联动型发展案例多与政府干预型驱动模式同质,例如日本的筑波科学城和韩国的大德科技园。

外源联动型发展模式具有在短期内高速推动区域性创新高地发展的优势,通常集中在其前中期阶段,但对外部创新环境变化较为敏感。创新主体通过建立外部联系以及获得政府资助,能够快速地集聚全球高端创新资源,从而较快改变本地技术库单一和技术锁定局面,实现路径创造和创新突破。但随着时间推移,产业升级、政策改变、金融危机等外部因素成为制约区域创新高地可持续发展的重要掣肘,导致本地创新链条断裂、人才流失、新创企业停滞等现象。例如,以单一外源联动型塑造为主的法国索菲亚科技园、日本筑波科学城等区域性创新高地(见图 2-17),均在产业升级期间受到较大冲击,前者通过完全转型,而后者通过"外源内生复合联动"的方式突破了发展瓶颈。因此,"外源内生复合联动"和"内生根植型"的创新发展模式往往是国际典型区域性创新高地高质量发展的主流。

区域性创新高地既要靠近创新源头,加强科技成果辐射供给和源头支撑,又要瞄准市场需求,提供全方位和多元化的技术创新服务和系统化解决方案,其功能定位具有多样性。着重探讨国外典型创新高地的空间定位和核心领域分布,可深入理解其在科技创新、人才培养、产业发展和国际合作等方面的重要作用(见表 2-14)。

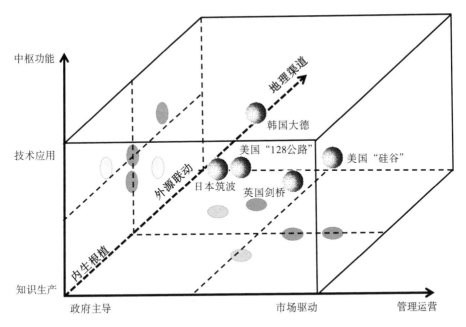

图 2-17　世界主要区域性创新高地的发展模式

资料来源:林剑铭、刘承良:《世界典型创新空间的发展模式:科学中心与创新高地》,《地理教育》2022
　　　　年第 10 期。

表 2-14　世界主要区域性创新高地的功能定位及核心主体

名称	年份	国家	优势产业	龙头企业	一流大学	区位优势
"硅谷"	1951	美国	信息技术、生物医药、太阳能和节能环保、人工智能	谷歌、苹果、脸书等	斯坦福大学、加州大学伯克利分校等	周边有多个重要城市和机场
筑波科学城	1963	日本	生命科学、信息技术、新能源、先进制造	日立、富士通等	东京大学、筑波大学等	具有港口和机场,距东京 80公里
剑桥科技园	1959	英国	生命科学、信息技术、物联网、人工智能	安谋 ARM、微软等	剑桥大学等	重要公路枢纽、火车站直达枢纽城市,斯坦斯德机场联系海外
大德科技园	1973	韩国	生命工学、信息通信、新材料、精细化学、能源、机械航空	乐喜金星LG、三星等	韩国科学技术院、大田医科大学等	国家重点创新发展地区,靠近大邱和仁川机场

名称	年份	国家	优势产业	龙头企业	一流大学	区位优势
索菲亚科技园	1969	法国	信息技术、生命科学、环境科学	万国商业机器（IBM）、艾玛迪斯（Amadeus）、华为等	尼斯大学等	靠近尼斯机场，紧邻著名旅游城市尼斯、戛纳等
阿姆斯特丹科学园	1997	荷兰	生命科学、数据科学、物理学、环境科学	英特尔、菲利普斯等	阿姆斯特丹大学等	紧邻阿姆斯特丹航空港与市区
新加坡裕廊工业园	1961	新加坡	电子制造业、化工制造、航空航天、能源和环保	联想、爱立信等	新加坡国立大学、南洋理工大学等	国家重点创新发展区，毗邻新加坡港口和机场
班加罗尔软件园	1990	印度	软件开发、信息咨询	英特尔、德州仪器、通用、微软、万国商业机器（IBM）、思爱普（SAP）、甲骨文等	印度科学研究院等	IT中心城市，与孟买等大型城市交通连接便利

资料来源：笔者采集于各园区官网。

（四）空间定位

根据建设基础不同，国外典型区域性创新高地的整体定位可以分为资源优势型和区位优势型。资源优势型区域性创新高地以当地特定创新资源为基础优势，充分吸引和集聚外部创新人才、技术、资金、产业和设施等优质资源，形成地域特色化和领域专门化的高科技产业聚集区。区位优势型区域性创新高地则着重发挥地理区位的重要性，沿交通枢纽和干道等优质区位，进行高科技产业布局，注重与外部创新环境的互动和整合。

1. 资源优势型

资源优势型区域性创新高地是以本地特定创新资源优势为基础，发展壮大的、具有区域性引领作用的高科技产业聚集区。这些资源通常包括先进的科研机构、优质的教育体系、繁荣的中介组织及金融机构、良好的创新文化氛围、发达的新兴产业等方面。这些区域根据本地资源优势和创新基础发展新兴产业,以新一代信息技术、生物技术、新材料、环保节能等多个高新技术产业为主导,以关键技术研发为核心使命,产学研协同推动科技成果转移转化与产业化发展,从而带动区域经济发展。例如,英国剑桥科技园通过在剑桥大学周边建立科学园区,利用该校雄厚师资力量和研究资源来支持初创公司的发展;新加坡裕廊工业园发挥当地产业基础优势,聚集了石化、修造船、工程机械、物流等主导产业相关企业超过 8000 家。因此,这种类型的区域性创新高地通常更加注重本地创新资源和产业基础的整合和利用,以推动技术创新和产业升级。

2. 区位优势型

区位优势型区域性创新高地则强调其地理位置的重要性,尤其是交通基础设施条件优势。这些高新技术开发区、高技术产业园区等区域性创新高地更加注重与外部创新环境的互动和整合,通常选址布局于机场、港口、高铁站等交通枢纽和高速干道沿线,以吸引人才、资本和产业集聚以及加速创新要素流动,从而形成交通和高科技产业高度一体的创新走廊和枢纽。例如,阿姆斯特丹科学园位于荷兰阿姆斯特丹市和斯卡波尔城市之间,毗邻阿姆斯特丹国际机场和主要高速公路。渥太华的北卡那(Kanata North)科技园被誉为"北方硅谷",毗邻加拿大航空公司总部机场,靠近加拿大首府,吸引了包括黑莓、戴尔、思科等知名高科技企业入驻和投资。沿"128 号"公路发展起来的波士顿 M128 创新廊道,聚集了数以千计的从事高技术研究、开发和生产的研发机构和公司,成为世界上知名的电子工业中心,享有"美国科技高速公路"之称。

(五)核心领域

根据产业定位不同,国外典型区域性创新高地的功能定位可以分为产业聚焦型和产业融合型。产业聚焦型区域性创新高地以某个或某些特定产业为核心,形成规模化和专业化的集聚效应,打造上中下游完整的专门化产业创新生态系统。产业融合型创新高地则注重不同产业领域的整合发展,通过跨界融合和协同创新推动产业转型升级和区域经济发展。

1. 产业聚焦型

产业聚焦型区域性创新高地是以某个或某些特定高新技术产业领域为主导产业,具有规模化和专业化集聚效应的高科技产业园区。按核心产业领域可以大致分为信息技术类、生物医药类、新能源与节能环保类、先进制造业类和文化创意类等类型。这类区域性创新高地聚集了高校、研究机构、高科技企业等一些相关创新主体,但以上下游企业及供应商等企业为核心,聚焦于单一领域的技术创新和成果转移转化,配备专门实验室、试验基地等支持产业发展所需的配套设施和服务,形成了产业链完整的专门化产业创新生态系统。例如,瑞典基斯塔(Kista)科技园,聚焦电信业,吸引了微软、英特尔、摩托罗拉、康柏和太阳微电子等电信业巨头落户。英国苏格兰"硅谷高地"(SiliconGlen)高科技区,被誉为"欧洲硅谷",生产了英国 80% 的集成电路和 50% 以上的计算机及软件产品。这种聚焦于单一领域的功能定位有助于加强产业链的协同发展,形成规模集聚效应,提升主导产业的竞争力、影响力和辐射力。

2. 产业融合型

产业融合型指将不同产业领域的创新资源聚集起来,例如信息技术与文化创意、医疗健康等领域融合,形成数字文化、智慧医疗等新兴产业,通过跨界融合和协同创新,促进产业转型升级和区域经济社会发展,具有创新性强、交叉融合高、产业链长等特点。产业融合型区域性创新高地通常具有多重功能,既可以承载创新创业活动,也可以成为科技成果转化、产业协同创新和国际交流合作的平台。例如,新加坡科技园不仅是生物医药、微电子学及信息通信、机器人及人工智能等新兴产业领域的研发基地,也是国家重要的创新中央商务区、高端住宅区和旅游社区,规划布局商务、科技、教育、生活、娱乐、旅游等复合功能。

总之,现有大量典型创新高地已经不同于早期的传统工业园,其功能定位已经从生产制造转向科研、商务、休闲、居住、生产等复合型功能,呈现由科技园区、产城分离向科技城区、"三生"(生产、生活、生态空间)并重式产城融合的演变态势。

二、创新高地集群的空间布局

专利合作条约(Patent Cooperation Treaty,PCT)申请量是衡量区域创新活力和研发实力的重要指标之一,也是识别创新高地集群(或城市)的有效指标。因此,本书采用世界知识产权组织(World Intellectual Property Organization,WIPO)世界创新集群排名中的专利合作条约专利申请数据,用来识别2011—2020年世界主要创新高地集群的空间分布及其领域构成规律。

(一)空间演化

2011—2020年,全球主要创新高地集群空间分布高度不均衡,显著集中于美国(东西海岸)、东亚(中国、日本、韩国)和西欧(法国、德国等)三大经济体,北太平洋两岸成为全球创新高地集聚带。创新高地集群(或所在城市)区位布局具有鲜明的经济指向性和沿海指向性,主要取决于其良好的本地创新环境:高水平的大学和科研机构、便捷高速的交通条件、包容开放的文化氛围、高素质的科技人才和劳动力、优越的生活环境及宜人的居住条件等。

1. 三足鼎立格局(2011—2015年)

2011—2015年,世界主要创新高地集群聚集在经济和产业高度发达的国家或地区,整体呈现出以美国、东亚和西欧为核心的"三足鼎立"格局,与科学中心集群布局同构(见表2-15)。东亚地区,日本和韩国的技术创新引领地位突出,中国与之相比差距较明显。其中,日本东京—横滨和关西都市圈(大阪—神户—京都)集中了近12万专利合作条约专利,远超其他地区,呈垄断地位,成为全球最有影响力的创新高地集群之一,以日本筑波科学城为代表。韩国首尔则依托大德科技园等,生产了3.4万专利合作条约专利,我国粤港澳大湾区主要得益于深圳湾科技生态园和华为技术有限公司,申请了4万多的专利合作条约专利,位列世界第2。这些地区都是经济和产业高度发达的沿海城市区域,拥有众多世界著名的高科技产业园区,集聚了华为、乐喜金星(LG)、三菱等大量的领军科技企业。中国北京(位列第7)和上海(位列第19)与其相比,专利合作条约专利生产不过1.5万,差距较明显。

表2-15　2011—2015年世界专利合作条约专利申请量排名前30的创新高地

排名	城市/集群	所属国家	专利合作条约专利申请量(件)
1	东京—横滨	日本	94079
2	深圳—香港	中国	41218
3	圣何塞—旧金山	美国	34324
4	首尔	韩国	34187
5	大阪—神户—京都	日本	23512
6	圣迭戈	美国	16908
7	北京	中国	15185
8	波士顿—剑桥	美国	13819
9	名古屋	日本	13515
10	巴黎	法国	13461
11	纽约	美国	12215
12	法兰克福	德国	11813
13	休斯敦	美国	9825
14	斯图加特	德国	9528
15	西雅图	美国	8396
16	科隆—杜塞尔多夫	德国	7957
17	芝加哥	美国	7789
18	埃因霍温	荷兰	7222
19	上海	中国	6639
20	慕尼黑	德国	6578
21	伦敦	英国	6548
22	特拉维夫	以色列	5659

续表

排名	城市/集群	所属国家	专利合作条约专利申请量（件）
23	大邱	韩国	5507
24	斯德哥尔摩	瑞典	5211
25	洛杉矶	美国	5027
26	明尼阿波利斯	美国	4422
27	波特兰	美国	4146
28	埃尔朗根—纽伦堡	德国	4049
29	欧文	美国	3965
30	柏林	德国	3632

资料来源：笔者采集于 WIPO 官网。

　　美国仍然是具有全球引领性的技术创新高地，衍生多个全球级区域性创新高地集群。与科学中心集群格局类似，核心创新高地集群主要分布于美国的东西海岸，以圣圣大都市带（圣何塞—旧金山—洛杉矶—圣迭戈）和波士华大都市带（波士顿—剑桥—纽约）为代表。其中，圣何塞—旧金山地区（"硅谷"）生产了 3.4 万专利合作条约专利，是美国专利产出最多的区域性创新高地，位列世界第 3；圣迭戈则申请了近 1.7 万个专利合作条约专利，位列全球第 6；波士顿—剑桥地区申请了近 1.4 万个专利合作条约专利，位列第 8，紧随其后的有纽约（11）、休斯敦（13）、西雅图（15）、芝加哥（17）等全球城市。

　　西欧地区的区域性创新高地集群分布较分散，相对集中于德国和法国，且产出规模远不及东亚和美国。其中，德国美因河畔的法兰克福和斯图加特共申请了超过 2 万专利合作条约专利，分别位列全球第 12 和第 14，科隆—杜塞尔多夫（位列全球第 16）、慕尼黑（位列全球第 20）紧随其后，是德国最主要的区域性创新高地之一。法国的技术生产高度集中于首府——巴黎（1.3 万专利合作条约专利），是西欧专利申请量最多的城市，位列世界第 10。这些集群得益于欧莱雅、宝马、奔驰等跨国公司的研发全球化。

　　不难看出，大多数的区域性创新高地集群区位选择于国家经济中心和全球城市,通常远离国家政治中心,这与科学中心集群的政治中心指向明显不同。

2. 北太平洋轴心格局(2016—2020 年)

2016—2020 年,西欧的创新引领地位持续下降,美国东海岸创新高地日益衰落,东亚技术创新中心不断涌现,导致全球创新版图加速东移,由"三足鼎立"格局向东亚—美国西海岸双核主导的北太平洋轴心格局演替(见表 2-16)。

表 2-16　2016—2020 年世界专利合作条约专利申请量排名前 30 的创新高地

排名	城市/集群	所属国家	专利合作条约专利申请量(件)
1	东京—横滨	日本	122526
2	深圳—香港—广州	中国	94340
3	首尔	韩国	46273
4	圣何塞—旧金山	美国	42884
5	大阪—神户—京都	日本	34738
6	北京	中国	32016
7	上海	中国	22869
8	圣迭戈	美国	19363
9	名古屋	日本	18623
10	波士顿—剑桥	美国	16172
11	巴黎	法国	14147
12	纽约	美国	13020
13	西雅图	美国	11943
14	洛杉矶	美国	10515
15	大邱	韩国	10286
16	休斯敦	美国	9785
17	慕尼黑	德国	9166
18	斯图加特	德国	9086
19	杭州	中国	8568
20	埃因霍温	荷兰	8162
21	科隆	德国	7829

续表

排名	城市/集群	所属国家	专利合作条约专利申请量(件)
22	特拉维夫—耶路撒冷	以色列	7238
23	芝加哥	美国	6433
24	明尼阿波利斯	美国	6382
25	波特兰	美国	6151
26	斯德哥尔摩	瑞典	5978
27	法兰克福	德国	5234
28	伦敦	英国	4936
29	华盛顿—巴尔的摩	美国	4727
30	新加坡	新加坡	4370

资料来源:笔者采集于 WIPO 官网。

东亚地区成为世界创新版图的创新增长极,在区域性创新高地集群规模前十排行榜中占据七席,中国、日本、韩国"三足鼎立"格局保持稳定。其中,日本依然是世界最具影响力的创新高地之一,东京—横滨创新高地集群始终保持龙头地位,完成了超过 12 万的专利合作条约专利申请,但其领先优势降低;日本关西都市圈创新高地集群产出规模稳居世界第 5 位,名古屋增长较快,跻身世界第 9 位。中国技术创新发展迅猛,深圳—香港—广州创新高地集群始终占据世界第 2 位,共申请了 9 万多专利合作条约专利,相比上一阶段成倍数增长,与东京—横滨创新高地集群的差距不断缩小。此外,我国北京和上海技术生产规模增长也十分迅速,地位不断提升,分别位列第 6 和第 7,杭州(位列第 19)和武汉(位列第 32)等其他区域性创新高地集群城市也不断涌现。相比上一阶段,东亚头部城市通过持续加大科技创新投入、提升高等教育水平、培育创新创业氛围、加强国际科技合作和建设卓越创新生态系统等方式,进一步巩固全球创新网络枢纽地位。

美国技术创新影响力不断提高,进入排行榜的区域性创新高地集群显著增多。其中,圣何塞—旧金山创新高地集群发展最为突出,贡献了 4 万多专利合作条约专利申请,维持世界第4的领导地位;其他大都市区通过创新赋能产业升级和功能优化,快速挤入全球创新高地第一方阵,且空间分布相对均衡,相对集中于东海岸的波士顿—剑桥(位列第10)、纽约(位列第12)和西海岸的圣迭戈(位列第8)、西雅图(位列第13)、洛杉矶(位列第14)等,呈带状集聚展布。

西欧区域性创新高地集群发展速度较慢,规模较小,分布相对集中,主要锁定于德国和法国。由于集聚全球创新要素能力较弱(杜德斌,2024),西欧创新型城市专利申请规模排名跌出前十位。法国巴黎仍是西欧最大的创新高地集群,但专利申请规模相对下降,位列世界第11;德国慕尼黑和斯图加特的专利合作条约专利申请量排名也出现显著下滑,分别位列第17和第18。

不难看出,中国和日本技术研发实力提升显著,业已发展成为全球创新版图中的创新增长极,具有全球影响力的区域性创新高地集群不断涌现,区位高度指向沿海地区的国家经济中心和全球城市。

(二)主要领域

由于技术创新领域与科学研究一样具有较强的地方根植性,因此年际突变性较弱。本书在分析世界创新高地集群的主要领域分布时,采用2012—2017年世界知识产权组织专利分类数据,将其主要技术领域分为15类。

分析表明,世界主要区域性创新高地集群的技术领域分布具有较强的空间异质性和地方根植性,与世界主要科学中心的科学领域区位分布具有高度的同配性(见表2-17)。东亚国家在电机、仪器、能源、计算机技术及通信技术等新兴技术领域具有显著比较优势。一方面,中国、日本、韩国三国处于工业化快速发展和产业提质增效关键阶段,电机、仪器、能源、计算机技术及通信技术等新兴产业领域具有较大的技术需求和发展空间。另一方面,这些新兴产业领域多属于知识密集型和资本密集型行业,得益于有为政府的政策支持和直接投资,顶尖的科研人才集聚,以及良好的创新生态系统培育。我国与东亚地区技术结构类似,但技术种类较为丰富,区域性创新高地形成有序的地域功能分工和优势互补:东部沿海发达城市带以电机、仪器、能源、计算机技术和其他消费商品技术为主;东北地区以计量技术为主,中西部地区技术种类较为混杂,包含制药、医疗技术、数字通信、土木工程和光学等。

表 2-17 2012—2017 年世界主要创新高地的领域分布

城市/集群	所属国家	专利合作条约专利主要领域
东京—横滨	日本	电机、仪器、能源
深圳—香港	中国	数字通信
首尔	韩国	数字通信
北京	中国	数字通信
圣何塞—旧金山	美国	计算机技术
大阪—神户—京都	日本	电机、仪器、能源
波士顿—剑桥	美国	制药
纽约	美国	制药
巴黎	法国	交通
圣迭戈	美国	数字通信
上海	中国	数字通信
名古屋	日本	电机、仪器、能源
华盛顿—巴尔的摩	美国	制药
洛杉矶	美国	医疗技术
伦敦	英国	数字通信
休斯敦	美国	土木工程
西雅图	美国	计算机技术
阿姆斯特丹—鹿特丹	荷兰	土木工程
芝加哥	美国	数字通信
科隆	德国	基本材料化学
广州	中国	电机、仪器、能源
大邱	韩国	电机、仪器、能源
特拉维夫—耶路撒冷	以色列	计算机技术
慕尼黑	德国	交通
南京	中国	电机、仪器、能源
斯图加特	德国	电机、仪器、能源

续表

城市/集群	所属国家	专利合作条约专利主要领域
明尼阿波利斯	美国	医疗技术
新加坡	新加坡	计算机技术
费城	美国	制药
杭州	中国	计算机技术
埃因霍温	荷兰	医疗技术
斯德哥尔摩	瑞典	数字通信
莫斯科	俄罗斯	计算机技术
罗利	美国	制药
墨尔本	澳大利亚	制药
法兰克福	德国	医疗技术
悉尼	澳大利亚	医疗技术
武汉	中国	光学
多伦多	加拿大	医疗技术
布鲁塞尔	比利时	基本材料化学
柏林	德国	电机、仪器、能源
马德里	西班牙	数字通信
台北	中国	计算机技术
巴塞罗那	西班牙	制药
波特兰	美国	计算机技术
德黑兰	伊朗	医疗技术
西安	中国	数字通信
米兰	意大利	电机、仪器、能源
丹佛	美国	医疗技术
苏黎世	瑞士	医疗技术

资料来源:笔者采集于 WIPO 官网。

　　欧洲国家的区域性创新高地主要以基本材料化学、医疗技术、电机、仪器、能源和数字通信为主。这归根于欧洲具有悠久的产业传统、良好的创新生态和优质的科技力量,使广大欧洲国家在电机、仪器、医疗服务、数字通信等领域拥有深厚的技术基础,形成了独特的产业优势。此外,欧洲国家高度重视可持续发展,基本材料化学、新能源等领域的环保技术和可再生能源研发实力较强。

美国则是以医疗技术、制药和计算机技术为主。这与其科学中心的学科领域分布类似，具有高度同配性。美国在医学及计算机科学等基础科学研究领域拥有雄厚科研实力、优质高端人才、一流科研院所和发达技术转移转化体系，这为下游相关核心技术研发打下了坚实基础，从而促使美国成为全球生物医药及计算机技术领域的创新领导者。

三、国外典型创新高地案例解析

（一）法国索菲亚科技园

法国索菲亚科技园（Sophia Antipolis）建立于 1969 年，位于法国南部里维埃拉地区（见图 2-18），是欧洲第一个也是最大的技术主导型科技创新园区，被誉为法国"硅谷"。在电气电子、信息通信、网络安全、生物化学、汽车制造等产业领域具有国际影响力。

1. 发展路径

索菲亚科技园的建设历程可分为外部驱动与内部驱动两个阶段。20 世纪 90 年代之前，园区通过内部大型跨国公司已有的外部生产网络和创新联系带动本地技术创新发展，并大量吸引海外相关企业和技术人员入驻。90 年代之后，由于大型跨国公司产业结构的重塑，其带来的创新资源十分有限，园区因此发挥大型跨国公司在园区内的知识扩散机制，孵化中小型企业，不再过度依赖外部创新资源，形成内部驱动发展模式主导园区高质量发展。

（1）外驱型工业园区建设阶段（20 世纪 70—80 年代）。索菲亚科技园在建成之初的创新产出高度依赖于大型跨国公司的垂直整合生产模式。在 1969 年园区正式成立之时，美国 IBM、德国仪器、法国汤姆逊电子、法国宇航、法国电信等大型跨国企业已经集聚于此。一方面，这些跨国公司通过设立自己的研发中心、实验室和管理机构等科技部门整合自身的纵向创新链，为索菲亚科技园输送外部技术人才、新创企业等创新主体要素，以及创新资金、新型技

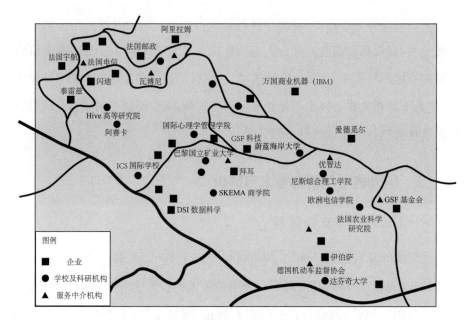

图 2-18　法国索菲亚科技园的创新主体布局

资料来源：笔者自绘。

术等创新客体要素，丰富了当地的技术库（Barbera 和 Fassero，2013；Longhi，1999）。另一方面，法国政府的"分权化"政策，使当地政府具有高度的发展自治权，为园区发展提供了一个自由、平等的创新氛围和文化环境（沙德春等，2016）①。由于跨国公司分支机构群聚，园区重要决策权通常来源于海外母公司（艾之涵，2015）②。这一时期索菲亚科技园的创新发展模式为"卫星平台"式（Markusen，1996）③，采用跨国公司内部的垂直整合生产模式，强调地理邻近性以促进组织间知识集体学习和技术协同应用，而本地化学习和本地创新主体间交流较为匮乏，外部知识无法实现有效的溢出和扩散。因此，园区的创

---

① 沙德春、王文亮、肖美丹、吴静：《科技园区转型升级的内在动力研究》，《中国软科学》2016 年第 1 期。

② 艾之涵：《法国索菲亚科学园区的发展对我国高新科技园区的启示》，《科技管理研究》2015 年第 22 期。

③ Markusen A.，"Sticky Places in Slippery Space：A Typology of Industrial Districts"，*Economic Geography*，Vol.72，No.3，1996.

新产出高度依赖且受限于跨国公司的发展策略,受国际形势和母公司所在当地政策等外部因素影响较大。

(2)本土化创新基地发展阶段(20世纪90年代以后)。20世纪90年代后,索菲亚科技园的创新产出主要归功于外部知识的本地化溢出,以及本地创新能力的培育。首先,由于跨国公司生产和研发规模的缩减,园区所能收获的外部创新资源日趋有限;与此同时,大量原跨国公司技术人才等创新资源的本地流动加速,给予园区内中小型企业提供良好的发展机遇(Barbera和Fassero,2013)。原大型跨国企业的技术人员纷纷在园区内通过重新创业(Start-Ups)发展中小型企业和设立衍生公司(Spin-Offs)。一方面,承接跨国企业知识的纵向溢出,另一方面通过合作研发、集成学习和本地反馈等方式,实现知识的横向扩散。中小型高新技术企业和跨国公司衍生企业成为当地知识传播、技术扩散、实践经验分享的重要主体(Keeble等,1999)[1],这些企业的出现极大地提升了园区的创新能力和创新生态环境。此外,在当地政府的鼓励和推动下,园区涌现了大量孵化器、技术培训、技术中介等服务型组织,不仅扮演企业的人才培养池,为新型企业提供创业支持、专业训练等技术服务,也是促进本地技术交流、科研合作等创新活动的重要组织者。例如,索菲亚天使投资(Sophia Business Angels,SBA)由世界各国的精英组成,负责资助新兴中小型企业进行创业;欧瑞康姆(Eurecom)提出"网格口袋"(Gridpocket)计划以帮助各企业解决手机、数字电视和互联网领域中的节能问题;索菲亚·安提波利斯微电子(Sophia Antipolis MicroElectronic,SAME)在微电子领域,负责组织论坛、会议和学术交流等周期性活动,以促进相关企业间的面对面交流。最后,园区引入尼斯大学等一流大学及科研机构,在服务型组织的协作下,建立高强度的产学研一体化联系,为新创企业提供必要的人才库和基础理论研究成果。因此,在20世纪90年代后,索菲亚科技园的创新产出不再依赖跨国企

---

① Keeble D., Lawson C., Moore B., Wilkinson F., "Collective Learning Processes, Networking and 'Institutional Thickness' in the Cambridge Regions", *Regional Studies*, Vol.33, No.4, 1999.

业的外部驱动,园区成功通过知识溢出和人才培养机制不断提升自主创新能力,形成内生驱动力,从原先的"卫星平台"式发展成为自给自足的"科技城"模式(Barbera 和 Fassero,2013)。

总之,索菲亚科技园的发展路径可以归纳为以企业为主、大学和政府为辅的企业主导型发展模式。起初,它高度依赖于现有的大型跨国公司,通过主动融入全球创新网络方式丰富园区的技术库,以短时间内提升园区创新能力,但面临对外部环境较为敏感且无法有效提高本地创新能力的弊端。一旦跨国公司遭遇瓶颈,园区的创新能力和技术产出将受到较大影响。为解决这一困境,迈入成熟期的园区管理者高度重视打造创新生态系统,助力跨国技术的本地化吸收和扩散:通过税收减免等方式发展新兴中小企业、衍生企业,以承接跨国公司的技术溢出和企业间的技术扩散;引进服务性组织和学术性机构,借力中介机构完善技术转移转化体系,发挥一流大学的人才培养池效应,实现技术本土化和创新内生性驱动。

2. 核心支撑

索菲亚科技园主要依靠企业、大学和研发机构、服务型组织三大创新主体,以支撑技术创新及研发活动。其中,企业以中小型企业为主,但大型跨国企业依旧占据技术研发的主导地位。由于缺少世界知名大学及科研机构,园区主要通过引进大学及其研究机构,应对企业技术和人才需求开展应用型研究,为企业输送人才。服务型组织覆盖技术创新研发的全链条,起到"桥梁"和"润滑剂"的作用。三大主体联系紧密,通过相互协作的创新政策,促进创新活动和研发项目高效开展。

总之,索菲亚科技园大力支持本土中小型企业创业发展,围绕创新研发环节搭建全链条公共服务体系。通过减税、补贴等政策大力扶持中小企业发展,提高园区内知识扩散强度和技术创新能力。为辅助高新技术研发,建立包括企业培训、融资服务、研发支持、人才培育、中介服务等公共服务体系,覆盖技术研发的各个环节。

3. 主导功能

索菲亚科技园功能齐全,包括住宅、商业、公共服务、休闲运动、教育培训等。作为国家级的电子信息产业基地,其核心功能主要从事高端和高附加值的电子信息通信产业技术研发及商业化。相关企业占园区企业总数的80%左右,拥有300多家IT公司的地区总部,聚集60多个国家3万多名工程师和研发人才及1300多家高科技企业和研发机构。同时,配备了大量研究机构、国际学校及相关配套服务机构,主要负责技术研发和转移转化服务;由于产业配套环境的缺乏,制造、物流、市场和销售等环节相对滞后,仅负责试验和小批量生产。

(二)英国剑桥科技园

英国剑桥科技园(Cambridge Science Park)建立于1970年,位于英国东南部的剑桥市,距离伦敦市区约50英里。该园区以其优越的地理位置、便捷的交通条件、丰富的人才资源而闻名,拥有世界一流高校——剑桥大学,吸引了众多高科技企业和创新服务机构集聚,被誉为"硅沼"(Silicon Fen)和"剑桥现象"。目前园区形成了以大学、新兴公司和大型跨国公司密切协作的创新生态系统,拥有7000多名高科技人才,170多家中小型新创企业及世界科技领军企业(World's Leading Technology Businesses),以生物工程和生物制药技术、电讯及信息通信技术闻名于世。据统计,剑桥科技园以中小企业为主,75%的企业员工总数不到30人,高科技产出占剑桥郡GDP的60%,提供了约70%的就业岗位(Athreye,2012)[1]。

1. 发展路径

(1)20世纪60年代的初创期:由大学实验室衍生出的新创企业组成了剑桥科技园的雏形。20世纪60年代后期,美国斯坦福科技园与"硅谷"的成功

---

[1] Athreye S.S.,"Agglomeration and Growth: A Study of the Cambridge Hi-Tech Cluster", in Bresnahan T.,Gam bardella A.,*Building High Tech Clusters: Silicon Valley and Beyond*,UK:Cambridge University Press,2012.

促使英国政府及大学负责人认识到科研与高技术产业融合的重要性。10 多家企业从大学实验室衍生出来,在剑桥第一次形成了以科学技术为基础的公司创业浪潮(Koh 等,2005)①。

(2)20 世纪 70 年代的起步期:管理机构及金融机构引领剑桥科技园创业浪潮。70 年代,剑桥大学圣三一学院在伦敦市西北角规划建立剑桥科学园,以发挥大学科研优势和加速科研成果转化;随后成立沃夫森产业联络办公室,提供从技术咨询、市场分析到代拟合同等全方位服务,成功吸引剑桥地区约10%—15%的高技术公司入驻,形成了科技园区的第二次公司创业浪潮(Koh 等,2005)。70 年代末,巴克莱银行等多家国内外银行和大型地产开发公司进入剑桥,为高技术企业发展创造了良好的金融环境和居住配套。在此期间,主要是英国的一些跨国公司在科学园内开设分支机构,科学家创立新生企业,从事计算机、激光、电子通信、医药和生化等尖端科技工业技术研发和产品生产。

(3)20 世纪 80 年代的发展期:中介机构及技术平台助力剑桥科技园快速发展(Green,2022)②。1984 年,圣三一中心成立,提供良好的技术咨询服务和税务财政服务,促使大量中小企业新创和入驻,衍生 500 多家高科技企业,吸引多家风险投资公司设立分支机构。

(4)20 世纪 90 年代的成熟期:知识经济催生新的经济增长点推动园区步入成熟阶段。随着经济全球化推进,知识经济和科技变革加速发展,园区建立企业孵化器和技术转移机构,催生出大批中小型高科技企业,孵化出一批上市公司,核心领域由生物科技和软件设计逐渐拓展到人工智能、物联网及信息通信等其他新兴产业领域(Koh 等,2005)。

(5)21 世纪以来的波动重组期:全球经济下行促使剑桥科技园产业功能

① Koh F., Koh W. T. H., Tschang T. F., "An Analytical Framework for Science Parks and Technology Districts with an Application to Singapore", *Journal of Business Venturing*, Vol.20, No.2, 2005.

② Green C., "Learning by Comparing Technopoles of the World: The Cambridge Phenomenon", *The 6th International Conference on Technology and Innovation*, 2022.

和规模不断收缩。受到 IT 经济泡沫和金融危机影响,全球经济出现下行,许多中小企业破产或退出,由鼎盛期的 1200 多家逐步锐减到 170 多家,员工由 3 万多人下降到 7000 多人。为此,剑桥科技园适时调整发展策略,筛选聚焦生物科技、医药及医疗器械、计算机、科学仪器、信息通信等具有高附加值的前沿产业和高技术产业方向,建立系列公用研发中心、孵化中心及公共活动中心(见表 2-18),吸引跨国公司及剑桥大学设立分支机构及研发中心,优化园区创新生态系统,打造成为英国新兴产业技术中心。

表 2-18　英国剑桥科技园的主要功能及其面积占比

主要功能			面积占比 (%)	说明	建筑形态
休闲			33	大面积水系和绿地	绿地及滨水公园
居住			0	无	无
商务办公			35	企业研发中心及商务办公室	独栋楼宇
服务	技术服务	公用研发中心	8	可租用区域、配套前台、保安等服务	多层楼宇
		孵化中心	10	为新创企业提供租用型物业,灵活配置空间	多层楼宇
		检测认证中心	3	为园区企业提供检测、认证服务	多层楼宇
	商务服务	展示交易中心	0	无	无
		教育培训中心	2	为园区企业提供培训教室	多层楼宇
		商务会议中心	3	配备会议室	多层楼宇
	公共服务	公共服务中心	2	为园区企业提供公共服务	多层楼宇
	生活服务	生活服务中心	4	健身、幼托、餐椅等公共活动中心	多层楼宇

资料来源:剑桥科技园官网(https://www.cambridgesciencepark.co.uk/)。

2. 核心支撑

剑桥科技园的核心支撑是剑桥大学本身(见图 2-9)。作为一所世界知名的学府,剑桥大学不仅在学术研究和教育方面具有卓越声誉,而且在技术研发和创新创业领域也扮演着重要角色。一方面,剑桥大学产出优质的科研成果和知识产权,引起许多高科技企业和初创公司的青睐,成为科技园区吸引力的重要源泉。另一方面,剑桥大学为科技园区提供了先进的研究设施、高素质的科技人才、丰富的学术网络和广泛的产学合作机会,为科技园区内的企业家和创新者提供了一个良好的创新生态环境。此外,剑桥大学还通过与科技园区的紧密合作,促进了学术界和工业界之间的相互交流和合作,推动了科技园区的持续繁荣和创新生态系统的孕育壮大。

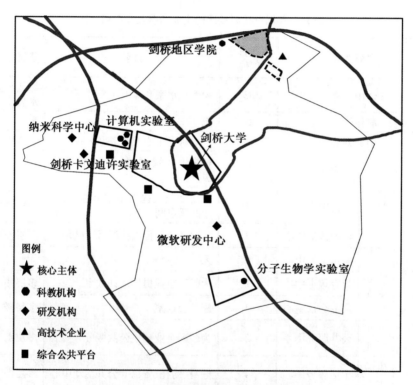

图 2-19 英国剑桥科技园的创新主体布局

3. 主导功能

剑桥科技园功能比较齐全,整体建设以低密度的独栋楼宇为主,集科研、办公、商务、休闲、公共服务等功能于一体(见表 2-18)。

但其核心功能还是科学产业化,注重生物科技、医药及医疗器械等新兴产业应用型研究,涵盖科学研究、产业研究、成果转让、创业融资、技术服务及企业服务等多个环节。

四、国内典型创新高地案例解析

(一)北京中关村科技园

北京中关村科技园(Zhongguancun Science Park)始建于 1988 年,是中国著名的高新技术产业基地。经过三十多年的发展,该园区发展成为国家自主创新示范区,形成了"一区十六园"的发展格局,涵盖面积 200 多平方千米。其核心区域为海淀园,聚焦中关村科学城建设,可以划分为中关村东区、中关村南区、中关村西区、中关村北区等多个片区,包括软件园、集成电路设计园等 40 多个专业园区,清华科技园、北航科技园等 20 个大学科技园,以及 170 余家创业服务机构,初步形成以 IT 产业为主导的高新技术产业研发高地。

1. 主要历程

(1)起源阶段:20 世纪 80 年代的电子一条街(1983—1988 年)。以 20 世纪 80 年代初第一个民营高新技术企业"先进技术发展服务部"为起点,随后以"两通两海"(即四通公司、信通公司、科海公司、京海公司)为代表的近百家科技企业聚集于中关村大街,形成了中关村"电子一条街"(李晔,2005)①。

(2)初创阶段:20 世纪 90 年代的新技术产业开发试验区(1988—1999 年)。1988 年,北京市围绕中关村地区,规划 100 平方千米建设新技术产业开发试验区;1999 年,通过政策调整形成"一区五园"(中关村地区、海淀园、丰台园、昌平园、电子城、亦庄园)空间布局。

(3)发展阶段:20 世纪 00 年代的科技园(1999—2009 年)。1999 年 6 月

---

① 李晔:《新竹科学工业园区与中关村科技园区发展模式的比较分析》,天津大学 2005 年硕士学位论文。

更名为中关村科技园;2006 年获批国家级开发区,调整形成"一区十园"(中关村地区、海淀园、丰台园、昌平园、德胜园、雍和园、电子城、亦庄园、石景山园、通州园、大兴生物医药基地)格局。

(4)成熟阶段:20 世纪 10 年代以来的自主创新示范区(2009 年至今)。2009 年 3 月,明确定位为国家自主创新示范区,目标建成具有全球影响力的科技创新中心。2012 年,进一步扩容调整规划范围形成"一区十六园"格局,包括东城园、西城园、朝阳园、海淀园、丰台园、石景山园、门头沟园、房山园、通州园、顺义园、大兴—亦庄园、昌平园、平谷园、怀柔园、密云园、延庆园等园区。

2. 发展模式

(1)民营企业自发发展与政府规划引导相结合的组织模式。初期通过创办民营科技企业,探索科技成果转化。科技人才打破了大院壁垒,在创业浪潮下创办高科技企业,加速园区内部的科技成果转化。后期在政府的引导下,企业由原来聚焦电子产品市场交易,逐步承载研发环节,在 CPU 芯片、图像芯片、应用软件等 IT 产业领域,以及生物芯片、等离子垃圾处理技术等重大技术研发项目方面,加强产学研合作和集成攻关。

(2)政府政策引导与市场供需调控相结合的管理模式。一方面,政府通过制定"资本股份化、产业规模化、技术创新化、融资多元化、管理科学化、经济国际化"等一揽子方针政策引导园区民营科技型企业发展(吴敬琏,2002)[①],鼓励民营科技企业家"二次创业",设立研发中心推动科技企业联合研发。另一方面,政府设立中关村科技园区管理委员会、各园区分委会等管理机构和服务机构,负责园区规划、管理和服务等工作,共同推动各分园区协同创新和功能分工整合。与此同时,高度面向市场需求,充分发挥市场调节机制,采用"两头在内,中间在外"的发展格局,即研发和市场营销部分高度聚集在园区(李晔,2005);通过市场竞争机制促进园区内企业依托园区创新资源

---

① 吴敬琏:《发展中国高新技术产业:制度重于技术》,中国发展出版社 2002 年版,第 71—89 页。

和平台进行技术创新、研发和推广。

（3）集群本地蜂鸣和跨国外部通道相结合的网络模式。即初期由电子产业集群内部的"本地蜂鸣"（Local Buzz）驱动,后期由政府及跨国公司分支机构等外部"全球通道"（Global Pipeline）驱动。在发展初期阶段,中关村科技园建设主要依靠本地电子产业集群内部的"集体学习"和本地化合作推动,这些企业在紧密合作中形成了强大的技术壁垒和行业影响力,形成"电子一条街"的发展战略图。但随着园区规模不断扩大,其对经济社会的重要性逐渐凸显,政府开始在硬环境（基础设施）和软环境（管理体系）提供了大量的资金投入和管理支持,良好而优惠的政策红利,以及"两头在内,中间在外"的规划布局,进而吸引了大量跨国公司在中关村设立研发机构（李晔,2005）,推动园区链接全球创新资源。例如,微软—中星多媒体技术中心、用友微软联合开发实验室、联想—英特尔未来技术研究中心、中科红旗LINUX 开发实验室等跨国公司共建技术研发联合体,成为中关村科技园融入全球创新网络的主要支点。因此,后期的中关村科技园驱动发展不再仅依赖内部创新主体间的横向溢出,而是主要依靠政府规划引导和跨国总部—分支联系的外部联动。

3. 核心支撑

北京中关村科技园以信息产业为主导,聚集了大量跨国公司及其研发中心,构建了上下游产业链及其配套产业,形成了产业高度集聚、密切关联的三大创新集群:中关村软件园、中关村科技园和中关村生命科学园。中关村软件园位于海淀区北部,聚集了联想、英特尔、微软等众多知名信息技术企业和高新技术公司,是国内规模最大、最具特色的软件产业基地之一。中关村科技园位于海淀区中部,涵盖了电子信息、生物医药、新材料、先进制造等多个新兴产业领域,是中国最早的国家级高新技术产业开发区之一。中关村生命科学园则位于海淀区南部及昌平部分地区,集聚了中国科学院、北京大学、华人生物医药等国内外顶尖的生命科学研究机构和科技领军企业,是以生命科学和医药健康为核心的综合性产业园区。

4. 主导功能

北京中关村科技园功能齐全,集研发、生产、经营、培训、教育、休闲和公共服务于一体,业已实现由"科技园区"到"创新城区"的转型(孟景伟,2013)①。其主导功能是以大信息产业为支柱,辐射大健康产业、科技服务业和先进制造业,聚焦应用研究、成果转化及产业化。形成了下一代互联网、移动互联网和新一代移动通信、卫星应用、生物健康、节能环保、轨道交通等六大优势产业集群,以及集成电路、新材料、高端装备及通用航空、新能源及新能源汽车等四大潜力产业集群和高端现代服务业。

(二)台湾新竹科学工业园

台湾新竹科学工业园(Hsinchu Science Park)于1980年建立,是中国台湾地区最重要的高科技产业园区之一,位于新竹市和苗栗县交界处。目前下辖六个园区:新竹园、竹南园、铜锣园、生物医学园、宜兰园和龙潭园,吸引了英特尔、台积电(台湾积体电路制造股份有限公司的简称)、联发科(联发科技股份有限公司的简称)、鸿海精密(鸿海精密工业股份有限公司的简称)等全球众多知名的半导体、光电子、通信等领域科技领军企业入驻,成为全球半导体产业集群和亚洲最大的高科技产业园区之一。同时,周边也聚集了台湾阳明交通大学、台湾清华大学及工业技术研究院等众多高水平的大学及科研机构,形成了一个完整的创新生态系统。

1. 主要历程

(1)"学院化"筹划期(1976—1979年):充分利用台湾清华大学、台湾阳明交通大学等周边科教资源,将高科技产业作为重点发展方向,确定科学化、学院化和国际化的建区方针。

---

① 孟景伟:《从"科技园区"转型"创新城区"》,《中关村》2013年第3期。

（2）"代工生产"导向期（1980—1990年）：加强基础设施建设，实施优惠政策，大量引进人才、技术和项目，发展代工生产（OEM）（杨会良等，2018①；刘孝波，2006）②，建设产学研协作网络。

（3）生产、研发并重期（1991—2000年）：加大研发投入，建设孵化器，扶持本地企业和科研院所衍生企业成长，推动研发创新奖励活动，建设产学研合作网络，加大高科技人才培训（李燕萍等，2014）③。

（4）自主研发创新导向期（2001年至今）：培育壮大集成电路等高技术产业集群，规划设立国家高速网路与计算中心等六大台湾实验室，加强自主创新能力，拓展五大卫星园区，强化与美国圣地亚科技园区等国际合作交流，完善园区基础设施和公共服务设施，打造良好创新生态环境（李燕萍等，2014）。

2. 发展模式

（1）地区政府的主导作用。台湾新竹科学工业园借鉴日本和韩国发展经验，逐步建立起"地区政府主导下的官民学相结合的整体推动模式"（张伟峰和王敬青，2007）④，是典型的地区政府干预型发展模式。20世纪60年代初，中国台湾地区开始意识到科技产业的重要性，一方面制订了相应的政策和计划，例如颁布《科学工业园区设置管理条例》来规范园区的管理模式；另一方面由于当地资源匮乏，大力吸引外来企业、技术和人才入驻园区，并鼓励内外企业入驻园区设立研发基地和工厂，加速区域科技产业升级。在园区扩张期间，台湾地区不仅投入了巨额资金建设基础设施，还采取了一系列优惠政策，如税收优惠、配套设施支持等，来鼓励更多外来企业在园区内投资兴业。不同

① 杨会良、杨雅旭、侯雨彤：《台湾新竹科学工业园发展现状及对雄安新区的借鉴研究》，《经济研究参考》2018年第64期。

② 刘孝波：《我国高新区的集群发展研究》，沈阳工业大学2006年硕士学位论文。

③ 李燕萍、沈晨、罗静子：《基于企业创新主导的区域创新体系及其要素协同——以台湾新竹科学园为例》，《科技进步与对策》2014年第13期。

④ 张伟峰、王敬青：《中关村与新竹科学园发展模式比较》，《宝鸡文理学院学报（社会科学版）》2007年第3期。

于"硅谷"通过市场机制孕育产业集群,台湾新竹科学工业园的产业集群则是通过政府营造良好创新环境而形成(李晔,2005)。此外,台湾地区还在园区内设立了各种服务机构,如科技大学、研究机构、贸易促进中心等,为企业提供全方位的支持。

(2)垂直分工驱动发展。台湾新竹科学工业园在初期由外来创新资源驱动,后期主要依靠园区内部的垂直生产模式驱动发展。在园区建成初期,本地创新资源十分有限,园区发展借鉴了"硅谷模式",并从美国大量地引进人才、技术和企业,重点发展代工生产(OEM)(杨会良等,2018)。通过代工生产(OEM)将制造业分离出来,让企业更加专注于自身的核心业务和技术研发,同时降低制造成本,提高生产效率。这一做法使园区能够更好地吸收先进科技和管理经验,极大地推动了新竹地区的经济社会发展。在这些外部资源的推动下,台湾新竹科学工业园在初期得以高速发展,形成一种外源联动型驱动模式。在内部企业数量达到一定规模后,台湾地区引导企业间进行有意识的合作和分工,形成了相关产业的集群效应(李晔,2005)。为了应对市场需求,台湾新竹科学工业园强调垂直分工模式,将一个产品的整个生命周期划分成不同的阶段,并由不同的企业来负责不同的生产环节,从而促使不同企业之间形成了紧密的合作关系,共同推动了整个产业链的发展。同时,这种分工模式也为企业带来了更多的商机和利润空间,促进了中小企业的快速发展。

3. 核心支撑

台湾新竹科学工业园的核心支撑是六大产业集群,分别为集成电路、计算机及外围、通信、光电、精密仪器和生物技术。六大集群采用垂直生产模式,对内资源共享,对外联合竞争,增强了集群整体竞争力。其中,集成电路产业集群是台湾新竹科学工业园最具代表性的产业之一,在园区内的企业规模和产业影响力最大。在此领域,台湾新竹科学工业园集聚众多国际知名的半导体企业,如台积电、联电(联华电子股份有限公司的简称)、旺宏(旺宏电子股份有限公司的简称)等,这些企业在全球范围内具有重要的市场地位和影响力。

计算机及外围产业集群也是台湾新竹科学工业园的重要组成部分,聚集了一批在电子产品制造和设计方面有着广泛市场影响力的企业,如华硕(华硕电脑股份有限公司的简称)、宏碁(宏碁股份有限公司的简称)等。通信产业集群的企业主要从事通信设备和技术的研发和生产,如台湾大哥大(台湾大哥大股份有限公司的简称)、中兴(中兴通讯股份有限公司的简称)等。光电产业集群的企业主要从事光学元器件、光纤通信设备、太阳能电池板等产品的设计、制造和销售,以友达光电(友达光电股份有限公司的简称)、奥林巴斯(奥林巴斯株式会社的简称)、日月光(日月光集团的简称)等企业为代表。精密仪器产业集群主要从事高端仪器的研发和制造,这些仪器广泛应用于航空、航天、国防、医疗等领域,代表性企业有安捷伦科技有限公司、震旦科技有限公司等。生物技术产业集群的企业主要从事生物医药、生物材料等方面的研究和开发,目前园区内已经有了一批很有潜力的相关企业,如迈迪生物科技有限公司、马偕纪念医院等。

4. 主导功能

台湾新竹科学工业园业已形成科技、居住、教育及休闲娱乐四大功能。其核心功能是集成电路等高科技技术研发和制造加工。技术研发方面,台湾新竹科学工业园为全球知名的半导体产业、光电子产业和生物科技产业提供了良好的研发环境和支持,吸引了大量的科研人才和投资。制作加工方面,台湾新竹科学工业园聚焦代工生产(OEM),拥有先进的制造和加工设备,能够满足高品质、高精度、高效率的产品制造需求。此外,台湾新竹科学工业园还积极孵化和培育创新企业,提供了专业的孵化服务和资源支持,帮助初创企业快速成长。并通过与高校合作,共建产学研协作体系,培养了大量的高素质科技人才和吸引了众多留学生,为园区企业输送技术人才和管理人才。

简言之,台湾新竹科学工业园经过40多年开发建设发展成为台湾地区科技产业的心脏地带和具有全球影响力的创新高地,其成功经验主要归因于高端创新资源及人才集聚、完善风险投资制度、密切产学研协同创新、开放包容创业文化氛围及非正式制度环境等区域创新环境。

总之,尽管"综合性国家科学中心"和"区域性创新高地"在国外学术圈没有相关的定义,但"国家实验室""科学研究联合会""科学城""创新集群""科技园区"等概念,在概念内涵、理论框架、运行机制和核心功能方面与其类似。本章通过解构国内外相关典型创新空间案例,总结其发展模式、功能定位和空间布局。

第一,发展模式上,可以从主体、管理和驱动三个维度理解"科学中心"和"创新高地"的发展路径。根据优势主体不同,"科学中心"可以分为"国立科研机构主导型""大学—科研机构合作型"和"工业企业主导型"三种发展模式;而"创新高地"则可以划分为"大学主导型"和"企业主导型"两类。根据管理权属不同,"科学中心"可以分为"政府管理型""委托管理型"和"自主管理型"三类,是一种从公到私的管理方式渐变;而"创新高地"则更多注重政府和市场作用,分为"政府干预型"和"市场主导型"两类。根据驱动力差异,"科学中心"和"创新高地"具有相似之处,本质上可以从内部主体驱动和外部主体联动剖析其动力机制。"科学中心"强调政府在内部创新链的协调作用和外部资源的调配机制,可以分为"内部联动式"和"外部合作式"两类;而"创新高地"则注重科技创新的市场竞争机制和政府调控作用,可相应划分为"内生根植型"和"外源联动型"两种。

第二,核心功能上,"科学中心"和"创新高地"的整体定位和核心领域具有显著异同点。在整体定位上,"科学中心"更加强调科学研究功能,分为"基础研究型"和"应用研究型"两种;而"创新高地"注重知识技术的商业化价值,更加侧重发挥地方创新优势,分为"资源优势型"和"区位优势型"两类。在核心领域方面,"科学中心"和"创新高地"的共同点是领域多样性和优势互补性。"科学中心"具有国家使命,聚焦完成国家委托的科研项目和解决国家重大科研难题,可划分为"单项目主导制"和"多项目联动制";而"创新高地"则是服务区域产业发展和市场需求,聚焦创新链和产业链的深度"双链融合",因此可分为"产业聚焦型"和"产业融合型"两种。

第三，空间布局上，世界主要"科学中心"和"创新高地"遵循区域高度集聚规律，具有典型的空间异质性。在宏观尺度上，世界主要"科学中心"和"创新高地"集群呈现以"东亚""美国"和"西欧"为核心的"三足鼎立"格局；随着全球经济重心东移，中国等东亚地区"科学中心"和"创新高地"集群快速崛起，全球创新版图由北大西洋轴心格局向北太平洋轴心格局加速重塑。在微观尺度上，"科学中心"和"创新高地"具有鲜明的沿海指向性和经济指向性，高度集中于全球城市。其中，"科学中心"体现国家意志，高度聚集在国家政治中心，而"创新高地"则通常远离政治中心，布局于经济发达的城市区域。其中，中国北京成长为世界最具有影响力的"科学中心"，而日本东京—横滨则是世界最主要的"创新高地"。

第四，领域分布上，世界主要"科学中心"和"创新高地"均具有强烈的地方根植性和国家需求导向性，空间分布上高度同配。东亚国家由于工业化发展需求牵引，主要领域集中在应用技术和新兴产业研发方面；欧洲具有深厚的历史文化沉淀和产业发展传统，在基础科学研究领域拥有传统优势；而美国因其社会结构及计算机产业优势，主要领域集中在医学、生物制药、计算机技术及信息通信技术领域。

第五，案例解析上，相比"科学中心"，一流高校和中介服务机构等创新主体在"创新高地"发展中起到更关键的作用。"创新高地"发展主要依赖本地创新资源，大多采用市场机制和政府调控相结合的发展方式，实现"创新链"与"产业链"的高效运作和协同。核心支撑上，国外更加强调核心主体的主观能动性，而我国更加强调主体聚集带来的规模效应。在主导功能上，国内外"创新高地"都聚焦于高新技术产业，但我国的"区域性创新高地"与"综合性国家科学中心"功能分异化程度较高，基本集中在技术研发和产业化应用方面，而国外的"创新高地"更加重视基础理论突破和应用基础性研究工作。

第三章　综合性国家科学中心和区域性创新高地的建设基础评价

厘清创新资源的空间分布异质性,把握国家科技创新发展的空间规律,是实施区域创新政策的重要参考(方创琳等,2014)①。当下,城市已经成为国家参与全球科技竞争合作的基本单元,建设世界级的科技创新城市是吸引全球创新要素、获得战略主动权的重要途径(段德忠等,2018)②。作为政策实施的基本单元,城市是创新主体集聚的空间载体,其创新产出能力是创新资源集聚的参考标准,其创新环境是推动主体创新能力提升的外部动力。尽管综合性国家科学中心和区域性创新高地呈现全球、国家和区域等多尺度耦合,但其布局、建设、运行多以城市为实施载体,并根植于城市的主体、客体和环境构成的创新生态系统。综合性国家科学中心和区域性创新高地的布局建设需因地制宜,充分发挥城市已有基础条件及其创新发展优势。

---

① 方创琳、马海涛、王振波、李广东:《中国创新型城市建设的综合评估与空间格局分异》,《地理学报》2014 年第 4 期。
② 段德忠、杜德斌、谌颖、翟庆华:《中国城市创新网络的时空复杂性及生长机制研究》,《地理科学》2018 年第 11 期。

第一节　综合性国家科学中心和区域性
创新高地的评价体系

一、综合性国家科学中心建设评价体系建构

区域创新系统主要包括创新主体、创新客体(成果)和创新环境三个相互耦合、共同作用的组成部分(苏屹等,2016)[①]。作为一个区域知识创新系统,综合性国家科学中心特殊性在于地理的实体性和对外的开放性,既存在于特定的空间实体,又通过基础性的科学知识生产,服务国家创新驱动发展战略(赵雅楠等,2022)。

综合性国家科学中心通常以重大科技基础设施群为核心支撑,高校、科研机构、政府、企业等创新主体以及人才、经济等环境要素围绕其周围相互作用(吕拉昌等,2023)。其中,大科学装置、一流大学及国家科研机构、科技领军企业等战略科技力量是综合性国家科学中心的关键主体;基础共性的前沿知识创造和关键核心技术突破是综合性国家科学中心的核心使命(王涛等,2022)[②];人才、经济和政策环境则是综合性国家科学中心的重要支撑(赵彦飞等,2020)[③]。因此,综合性国家科学中心的建设基础评价既要考量创新主体的规模及能级,也要考虑城市既有科技发展水平和能力,还要评估本地创新环境状况,可以从创新主体、创新客体和创新环境三个维度展开(见图3-1)。

为科学测度城市相关创新主体、创新客体、创新环境对综合性国家科学中

[①]　苏屹、姜雪松、雷家骕、林周周:《区域创新系统协同演进研究》,《中国软科学》2016年第3期。

[②]　王涛、王帮娟、刘承良:《综合性国家科学中心和区域性创新高地的基本内涵》,《地理教育》2022年第8期。

[③]　赵彦飞、李雨晨、陈凯华:《国家创新环境评价指标体系研究:创新系统视角》,《科研管理》2020年第11期。

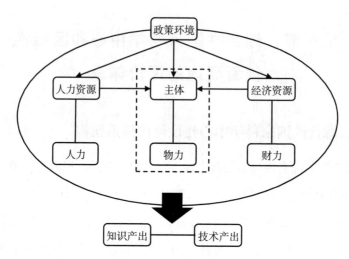

图 3-1　综合性国家科学中心的评价指标框架

资料来源:笔者自绘。

心建设的重要性,我们采用德尔菲法(专家打分法),通过邀请 20 位专家进行赋分,取平均值后,分别赋予主体、客体和环境 0.518、0.302、0.180 的权重。

(一) 主体发展评价

知识生产是综合性国家科学中心的主要职能,其最显著特征之一是多主体的聚集和协作(张耀方,2017)。伴随知识系统复杂度不断提升,打破组织边界、形成多主体的协同创新成为实现科学和技术突破的重要手段(曹湛等,2022)[①]。同时,前沿科学知识和关键核心技术的生产越发强调大型科技基础设施的驱动和战略科技力量的引领,因而以大科学装置为代表的科技基础设施是综合性国家科学中心汇聚多主体和多要素的主要载体(黄振羽,2019)[②],高能级的国家实验室、国家科研机构、一流高校和科技领军企业等战略科技力

---

① 曹湛、戴靓、吴康、彭震伟:《全球城市知识合作网络演化的结构特征与驱动因素》,《地理研究》2022 年第 4 期。

② 黄振羽:《基于大科学设施的创新生态系统建设——"雨林模型"与演化交易成本视角》,《科技进步与对策》2019 年第 19 期。

量则成为综合性国家科学中心的核心主体(毛炜圣和刘承良,2022)①。因此,本章将综合性国家科学中心的创新主体划分为战略创新平台(大科学装置等)和战略科技力量(国家实验室体系、国家科研机构、一流高校、科技领军企业等)两大部分,通过德尔菲法分别赋予战略创新平台和战略科技力量0.317 和 0.201 的权重,以衡量不同城市的综合性国家科学中心创新主体发展状况。

1. 战略创新平台

"大科学"时代,世界各大科技强国都愈发强调重大科技基础设施布局建设于国家科学中心。科学仪器的制造伴随着科学发展的进程,其复杂度和研发投入亦不断提升。具有"平台"性质的重大科技基础设施需要较大规模投入和工程建设,从而为跨学科领域科学研究提供开放的设施支持(王贻芳等,2020)②。综合性国家科学中心的显著特征是多学科交叉、多领域集成、多要素融合和多主体联动,以大科学装置为代表的战略性创新平台是实现上述特征的基础。

2. 战略科技力量

国家战略科技力量是指面向国家科技战略需求、体现国家意志,开展原始性、基础性创新和关键共性技术研发的组织实体,是国家提升科技发展水平、参与国际科技竞争的基础性和决定性力量(李正风,2022)③。国家实验室、国家科研机构、一流研究型高校和科技领军企业等战略科技力量是综合性国家科学中心的核心主体,具有支撑国家前沿科学研究和关键核心技术生产及转

---

① 毛炜圣、刘承良:《综合性国家科学中心的发展评估与区位选择》,《地理教育》2022 年第8 期。
② 王贻芳、白云翔:《发展国家重大科技基础设施 引领国际科技创新》,《管理世界》2020年第5 期。
③ 李正风:《如何准确理解国家战略科技力量》,《中国科技论坛》2022 年第4 期。

化的重要使命(刘庆龄和曾立,2022;刘承良和毛炜圣,2023①)。国家战略科技力量需要围绕战略性创新平台开展基础性的科学和技术研究合作。因此,我们根据德尔菲法的专家赋分结果,分别赋予国家实验室序列、国家科研机构序列、"双一流"高校序列和科技领军企业序列 0.043、0.048、0.065、0.045 的权重。

(1)国家实验室序列:作为国家级科研机构,国家实验室体系是国家创新系统的重要组成部分,主要面向国家重大科研任务,开展原始性和基础性创新研究(樊春良,2022)。自 1983 年,国家计划委员会批准建设第一个国家同步辐射实验室以来,我国国家实验室体系建设已历经四十余年,不仅围绕国家重大研究计划和战略需求提供了基础性和前沿性的知识,而且面向国民经济社会发展重大领域和科技成果转化方面进行技术攻关,已经成为国家创新体系的重要支撑和科学研究的主要平台,对我国科学源头创新、提升自主创新能力和建设创新型国家具有重大意义。对于综合性国家科学中心而言,国家实验室是其开展科学知识生产和关键核心技术开发的重要主体,与综合性国家科学中心的职能和使命密切关联。

国家研究中心和国家实验室是国家实验室体系的核心方阵,聚焦前沿和重点科学领域开展科学研究,在综合性国家科学中心建设中发挥重要基础性作用(李力维和董晓辉,2023)②。国家研究中心主要包括国家工程技术研究中心(Chinese National Engineering Research Center,CNERC)和国家工程研究中心(National Engineering Research Center)。国家工程技术研究中心是我国科学技术发展计划的重要组成,推动了我国研发条件和创新能力的提升,主要面向国家经济社会发展重大需求,以科技领军企业为支撑,对具有发展前景的

---

① 刘承良、毛炜圣:《综合性国家科学中心体系布局优化:框架体系与实践策略》,《城市观察》2023 年第 3 期。

② 李力维、董晓辉:《中国特色国家实验室体系的鲜明特征、建设基础和发展路径研究》,《科学管理研究》2023 年第 1 期。

科研成果进行系统研发和产品转化,并推动相关技术向相关行业辐射、转移和扩散(汪涛等,2010)①。国家工程研究中心是国家创新体系的另一重要组成,是国家发展和改革委员会以服务国家重大战略任务和重点工程实施为目标,组织具有较强研究开发和综合实力的企业、科研单位、高等院校等建设单位开展技术研发的研究实体(曲云腾,2022)②。国家实验室(National Laboratory)则是以国家现代化和社会经济发展的重大需求为导向,开展基础研究、前沿技术研究和社会公益研究,由高校和科研院所承担建设的国家重大科研平台。

(2)国家科研机构序列:国家科研机构是国家战略科技力量的重要组成,以国家战略需求为导向,聚焦解决影响制约国家发展的重大科技问题,开展有组织的多学科、多领域的基础性、战略性和前瞻性研究的科研单位,是原始性知识创新和关键核心技术的策源地(樊春良等,2022)③。与其他创新主体相比,国家科研机构具有国家意志和国家使命的历史继承性,通常以建制化团队的方式完成大规模、系统化的研究,同时参与知识创造和知识应用两个环节(温珂等,2023)④。这些国家科研机构根据国家战略需求和国家任务使命,强调多学科交叉融合,集成开展重要基础性研究、社会公益性研究和关键共性技术研究,对我国建设科技强国具有重要推动作用。国家科研机构与综合性国家科学中心的使命愿景相吻合,决定了其成为综合性国家科学中心必不可少的核心主体。从发展历程来看,我国国家科研机构的发展正式起源于1949年中国科学院的成立,其通过调查整编了众多新中国成立前已经发展具有一定规模的地方科研机构,形成庞大的中央—地方多层级的科研系统。随后,国务

① 汪涛、张小珍、汪樟发:《国家工程技术研究中心政策的历史演进及协调状况研究》,《科学学与科学技术管理》2010年第9期。
② 曲云腾:《国家工程研究中心管理模式及优化整合研究》,《中国铁路》2022年第2期。
③ 樊春良、李哲:《国家科研机构在国家战略科技力量中的定位和作用》,《中国科学院院刊》2022年第5期。
④ 温珂、刘意、潘韬、李振国:《公立科研机构在国家创新系统中的角色研究》,《科学学研究》2023年第2期。

院下属部门(包括中国科学技术协会、中国气象局及国家地质部等)纷纷建立科技协调和研究部门,从而共同组成国家级科研机构体系,成为我国科研机构的主要引领者。

(3)"双一流"高校序列:作为国家创新体系的重要组成,高校是基础研究的主力军和原始创新的策源地。在创新人才培养、基础研究、关键核心技术攻关、成果转化应用等方面肩负着重要使命,与国家实验室、国家科研机构和科技领军企业共同构成了国家创新体系(陈劲等,2023)①。高校是综合性国家科学中心实现原始创新突破的基础力量,不仅扮演知识创造的动力源,还提供科研设施、科技人才等多方面的支持。"双一流"高校是"世界一流大学"和"世界一流学科"建设高校的简称,是中国高等教育领域继"211工程""985工程"之后的又一国家战略,涵盖了中国具有较高学科建设水平和科研实力的大学。

(4)科技领军企业序列:企业是国家创新体系最核心的创新主体,尤其是高科技"引擎"企业(杜德斌和段德忠,2015)②,主导国家创新体系的演进和发展。其中,科技领军企业是指具有明确的科技创新战略,承担保障国家产业和经济安全的政治担当和社会使命,拥有关键核心技术,具备较强的产业和创新带动能力的创新型企业(张学文等,2023)③。科技领军企业通过市场渠道,汇聚创新资源,开展集成创新,推动科技转化,是综合性国家科学中心开展技术生产、知识转化职能的核心主体。

近年来,国家遴选一些高技术和高成长性的企业设立国家工程研究中心、国家工程技术研究中心、国家企业重点实验室等科研实体,强化企业的技术创

① 陈劲、朱子钦、杨硕.:《"揭榜挂帅"机制:内涵、落地模式与实践探索》,《软科学》2023年第11期。

② 杜德斌、段德忠:《全球科技创新中心的空间分布、发展类型及演化趋势》,《上海城市规划》2015年第1期。

③ 张学文、靳晴天、陈劲:《科技领军企业助力科技自立自强的理论逻辑和实现路径:基于华为的案例研究》,《科学学与科学技术管理》2023年第1期。

新战略使命。设立此类研究机构的企业往往具备较强的自主创新能力、关键共性技术生产能力和科技成果转移转化能力,是科技领军企业的重要代表。

(二)客体发展评价

加强基础研究、注重原始创新是综合性国家科学中心的主旨内核,推进学科交叉融合、完善共性基础技术供给是综合性国家科学中心的根本任务(张耀方,2017)。对于综合性国家科学中心而言,原始性的科学知识生产和关键共性的基础技术生产是其最重要的使命。公共性科学知识的生产是综合性国家科学中心的首要使命,处于"知识—技术—产品"创新链的最前端,对我国的技术创新和产业发展发挥最基础性的作用,是驱动我国创新发展的原始动力。同时,综合性国家科学中心对研发投入较大、设施要求较高、短期回报较低等特点并存的关键核心技术开发亦具有使命担当的作用。基于专家赋分结果,分别赋予知识生产能力和技术生产能力 0.205 和 0.097 的权重。

1. 知识生产能力

综合性国家科学中心的首要任务是基础性科学知识的生产。科研论文是知识生产的最直接表征,绝大多数基础研究成果通过科研论文方式呈现。科研论文数据记载全面且容易获得,是衡量某一主体或区域知识生产能力的主要指标,被广泛应用于科学创新评价研究中(曹贤忠等,2015[1];刘承良等,2017[2])。其中,SCI 论文数据库(Scientific Citation Index)主要记载自然科学研究成果,收录论文质量较高,得到学术界的广泛认可,是表征某一城市或主体科学生产能力的重要参考。因此,综合考虑论文发表周期和新冠疫情对科学研究的影响,本部分研究选择 2019 年 SCI 论文发表量作为指标。

---

① 曹贤忠、曾刚、邹琳:《长三角城市群 R&D 资源投入产出效率分析及空间分异》,《经济地理》2015 年第 1 期。

② 刘承良、桂钦昌、段德忠、殷美元:《全球科研论文合作网络的结构异质性及其邻近性机理》,《地理学报》2017 年第 4 期。

2. 技术生产能力

综合性国家科学中心的另一大任务是攻关研发难度大、专利价值高、技术共用性强的关键核心技术。关键核心技术攻关是培育和发展主导技术群落，抢占新一轮科技变革的重点，对推动我国经济高质量发展、保障国家安全具有十分重要的意义。

就本质特征和战略指向而言，关键核心技术指在特定历史时期特定行业或领域，处于核心地位并发挥关键作用的技术。既包括战略性新兴产业领域的"牛鼻子"技术，也包括我国长期受制于人的"卡脖子"技术，以及基于产业链、技术链和关键产品等多维视角的主导技术群落。

识别关键核心技术须先确定关键技术领域，关键技术领域是对我国国民经济发展和科技自立自强起重要作用的产业领域。为加强战略性新兴产业创新的动态监测，国家知识产权局制定《战略性新兴产业分类与国际专利分类参照关系表（2021）（试行）》，从而实现战略性新兴产业专利与经济产业活动的关联分析。分类参照关系表涉及国际专利分类表 8 个部、89 个大类、317 个小类、2893 个大组和 35473 个小组，分别对应八大战略性新兴产业关键技术领域（见表 3-1）。

表 3-1   战略性新兴产业领域

战略性新兴产业类别	战略性新兴产业子领域
新一代信息技术产业	新一代信息网络产业、电子核心产业、新兴软件和新型信息技术服务、互联网与云计算、大数据服务、人工智能
高端装备制造业	智能制造装备产业、航空装备产业、卫星及应用产业、轨道交通装备产业、海洋工程装备产业
新材料产业	先进钢铁材料、先进有色金属材料、先进石化化工新材料、先进无机非金属材料、高性能纤维及制品和复合材料、前沿新材料、新材料相关服务
生物产业	生物医药产业、生物医学工程产业、生物农业及相关产业、生物质能产业、其他生物业
新能源汽车产业	新能源汽车整车制造、新能源汽车装置配件制造、新能源汽车相关设备制造、新能源汽车相关服务

续表

战略性新兴产业类别	战略性新兴产业子领域
新能源产业	核电产业、风能产业、太阳能产业、生物质能及其他新能源产业、智能电网产业
节能环保产业	高效节能产业、先进环保产业、资源循环利用产业
数字创意产业	数字创意技术设备制造、数字文化创意活动、设计服务、数字创意与融合服务

资料来源:国家知识产权局(2021)。

在此基础上,本章采用北京合享智慧科技有限公司开发的"合享价值度"筛选关键核心技术。"合享价值度"深度融合人工智能 AI 与专利大数据,以主成分线性加权综合评价方法为理论基础,选用包括专利类型、被引证次数、同族数量、同族国家数量、权利要求个数、发明人个数、涉及 IPC 大组个数、专利剩余有效期等在内的 26 个对专利价值影响较大的参数,以及每个参数对专利价值影响的函数关系,通过综合均衡、迭代和优化,最终获得专利价值度的综合评价分值。根据不同参数重点体现的价值维度不同,合享价值度可进一步细分为技术稳定性、技术先进性和保护范围三个子维度,具有客观参数和权重赋值。它可以针对不同地域、专利类型和技术领域创建差异化模型,实时针对法律状态、法律事件和引证信息进行动态更新(栾春娟等,2020)[1]。参考相关研究,本章界定合享价值大于 8 为高价值专利,从而确定关键技术领域的核心技术价值。

发明专利和授权专利分别相较其他专利类型和专利申请具有更高的质量,已经被学术界广泛地应用于区域创新研究(姜南等,2020[2];李洪涛和王丽丽,2021[3]),因此本章采用发明专利授权数据测度区域关键核心技术生产水

---

① 栾春娟、梁乐言、竺申:《中美产/学/研专利价值度比较及启示》,《科学与管理》2020 年第 3 期。

② 姜南、李济宇、顾文君:《技术宽度、技术深度和知识转移》,《科学学研究》2020 年第 9 期。

③ 李洪涛、王丽丽:《中心城市科技创新对城市群产业结构的影响》,《科学学研究》2021 年第 11 期。

平。通过检索选取全球所有国家（地区）的发明专利授权数据，获取包括专利申请日、公开日、IPC 分类号、发明人数量、申请人地址、申请人国别和地址等字段，从而得到战略性新兴产业关键核心技术数据集，专利数据来源于IncoPat 专利数据库（https://www.incopat.com）。由于发明专利授权率低（不到 1/2），从申请到授权需经过 3—5 年的审查周期，因此采用 2018 年全年各城市关键核心技术授权量作为其关键核心技术生产能力的统计指标。

（三）环境发展评价

城市的创新环境是开展科技创新的重要支撑力，人才、经济、市场、政策等环境要素为孕育综合性国家科学中心提供"土壤"。通过已有研究发现，城市的创新环境通常包括人才、经济、市场、政策、文化、基础设施、信息化水平等（方创琳等，2014；刘承良等，2021[①]；吕拉昌等，2021[②]）。城市的人才资源和经济资源，对应于创新主体"物力"中的"人力"和"财力"因素，是实现综合性国家中心职能的重要保障（张耀方，2017）。由于综合性国家科学中心体现国家政府意志，因而"政府力"是建设综合性国家科学中心和发挥其主要职能的重要驱动力，具有财政支撑和资源调配的作用（赵雅楠等，2022）。相比之下，城市的创新文化环境、基础设施状况、信息化水平等对于常规的企业或个人创新创业具有重要影响，但对于受行政力量主导、以前沿科技生产为目标的综合性国家科学中心而言，其重要程度不高。因此，本章从人才资源、经济资源、政策要素三个核心方面考量综合性国家科学中心的创新环境发展状况。根据德尔菲法的赋分结果，分别赋予人才资源、经济资源、政策要素 0.075、0.073、0.032 的权重（见表 3-2）。

---

① 刘承良、李春乙、刘向杰：《中国创新型城市化的空间演化及影响因素》，《华中师范大学学报（自然科学版）》2021 年第 5 期。

② 吕拉昌、辛晓华、陈东霞：《城市创新基础设施空间格局与创新产出——基于中国 290 个地级及以上城市的实证分析》，《人文地理》2021 年第 4 期。

表 3-2　综合性国家科学中心评价指标体系

指标类别	一级指标	二级指标	权重
主体	战略性创新平台	重大科技基础设施（大科学装置）	0.317
	战略科技力量	国家实验室序列	0.043
		国家科研机构序列	0.048
		"双一流"高校序列	0.065
		科技领军企业序列	0.045
客体	知识生产能力	SCI 论文数量	0.205
	技术生产能力	关键核心技术授权数量	0.097
环境	人才资源	高被引科学家数量	0.031
		研发人员数量	0.024
		普通高等学校教师数量	0.020
	经济资源	研发投入	0.025
		科学技术支出	0.024
		人均 GDP	0.024
	政策要素	科学技术支出占公共财政支出比重	0.032

资料来源：笔者根据专家赋分结果绘制。

1. 人才资源

人才是综合性国家科学中心的第一资源和核心支撑力（刘洋等，2023）[1]。主要包括从事科学研究的科学家和高校教师、主要技术研发人员。高被引科学家是综合性国家科学中心实现科技引领的核心人才，在助推国家科技发展和技术进步方面具有重大贡献力（司月芳等，2020[2]；孙康和司月芳，2022[3]）。

---

① 刘洋、盘思桃、张寒旭、罗梦思：《加快建设粤港澳大湾区综合性国家科学中心》，《宏观经济管理》2023 年第 2 期。

② 司月芳、孙康、朱贻文、曹贤忠：《高被引华人科学家知识网络的空间结构及影响因素》，《地理研究》2020 年第 12 期。

③ 孙康、司月芳：《创新型人才流动的空间结构与影响因素——基于高被引华人科学家履历分析》，《地理学报》2022 年第 8 期。

普通高等学校教师是知识创新的主体力量,是综合性国家科学中心建设的重要人才库。二者主要承担综合性国家科学中心的基础科学研究和知识生产职能;而研发人员则代表了从事技术研发和商业化的关键力量,承担了综合性国家科学中心的关键核心技术生产职能。根据德尔菲法的评价结果,高被引科学家数量、普通高等学校教师数量和研发人员数量分别赋予 0.031、0.020、0.024 的权重(见表 3-2)。

2. 经济资源

与传统科学分散式的小规模研究相比,现代科学的发展需要大规模资金的投入,因而需要政府力量的引领和全社会的投入(李志遂和刘志成,2020),因此,地方经济实力决定了其建设综合性国家科学中心的潜力。事实上,当下世界知名的科学中心,如东京、纽约、伦敦等,均诞生于经济条件发达的地区。人均地区生产总值是间接衡量一个区域创新资本的指标之一(席强敏等,2022)[①],人均 GDP 越高的地区,往往科技创新投入愈高。而研发投入和科学技术支出则直接表征了企业、政府等进行创新投入的资金量。结合德尔菲法的评价结果,分别赋予人均地区生产总值(人均 GDP)、研发投入和科学技术支出 0.024、0.025、0.024 的权重(见表 3-2)。

3. 政策要素

"三螺旋"和"四螺旋"等创新理论认为,政府是区域创新系统的重要主体之一,在区域创新体系中发挥引领作用(张艺等,2020)[②]。"大科学"时代,科技创新的产出更需要政府的组织引领、环境营造和资金投入。然而,政策要素难以定量测度,本章借鉴方创琳等(2014)的做法,通过科学技术支出占公共财政支出比重表征政府创新资源配置水平,从而间接表征当地政府对科技创

---

① 席强敏、李国平、孙瑜康、吕爽:《京津冀科技合作网络的演变特征及影响因素》,《地理学报》2022 年第 6 期。
② 张艺、陈凯华:《官产学三螺旋创新的国际研究:起源、进展与展望》,《科学学与科学技术管理》2020 年第 5 期。

新的重视程度和支持力度。

二、区域性创新高地建设评价体系建构

区域性创新高地突出技术转移转化和市场化应用,强调地方性的创新驱动能力,与综合性国家科学中心相互协同,共同构成国家创新体系的有机组成部分(王帮娟等,2022)①。作为一个复杂的区域创新系统,区域性创新高地和综合性国家科学中心具有系统结构上的相似性,是一个具开放性和引领性、多尺度互嵌的空间实体。区别在于区域性创新高地的主要职能为应用型技术的研发和生产,具有较高的区域创新势能和关联带动效应(王涛等,2022)。

因此,顺承综合性国家科学中心的评价体系,区域性创新高地的建设基础评价同样从主体、客体和环境三个维度着手(见图3-2)。其中,企业是区域

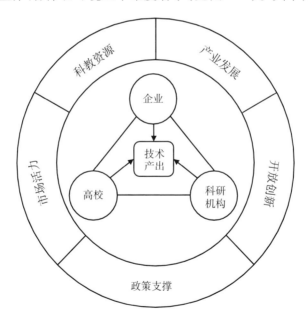

图 3-2　区域性创新高地的评价指标框架

资料来源:笔者自绘。

---

① 王帮娟、王涛、刘承良:《综合性国家科学中心和区域性创新高地协同发展的理论框架》,《地理教育》2022 年第 8 期。

性创新高地进行技术生产、转化和应用的核心主体,企业技术成果是评价其创新能力的关键客体指标,科教资源、市场活力、政策支撑等环境要素则是其孕育壮大的创新"土壤"。根据德尔菲法的专家赋分结果,分别给予区域性创新高地的主体、客体和环境维度 0.451、0.323、0.226 的权重(见表3-3)。

表3-3　区域性创新高地评价指标体系

指标类别	一级指标	二级指标	权重
主体	技术研发主体	企业序列	0.222
		科研机构序列	0.041
		高校序列	0.047
	技术应用主体	上市高新技术企业数量	0.141
客体	技术生产	专利授权数量	0.323
环境	科教资源	普通高等学校数量	0.011
		学生规模	0.007
		SCI 论文数量	0.012
	产业发展	工业总产值	0.023
		工业利润率	0.021
		研发投入	0.029
	市场活力	知识产权服务机构数量	0.022
		商标申请量	0.015
		社会消费品零售总额	0.014
	开放创新	城际技术转移数量	0.015
		城际技术合作数量	0.011
		外商直接投资金额	0.008
	政策支撑	省级及以上开发园区数量	0.014
		城市行政等级	0.012
		科学技术支出占公共财政支出比重	0.012

资料来源:笔者根据专家赋分结果绘制。

（一）主体发展评价

相较于综合性国家科学中心的"科学"属性,区域性创新高地强调技术生产、成果转化和产业创新。它以高科技企业及企业研发中心为支撑,通过高效的产学研网络不断吸收、转化来自本地或外部科学中心的新知识技术,辐射带动区域协调发展,是新知识的转化地、新技术的研发地、新产品的生产地和新产业的集聚地(张赤东等,2022)①。从"知识—技术—产品"创新链过程来看,区域性创新高地的关键在于"创新"二字,即强调知识和技术的转移、转化和应用,通过培育产业创新链促进区域高质量发展。因此,区域性创新高地的主体主要包括技术研发主体和技术应用主体两种:技术研发主体负责技术的开发,处于创新链的中游;技术应用主体负责技术向产品的转化,处于创新链的下游。现实中,技术研发主体和应用主体往往重合度较高,但对于区域性创新高地而言,其职能的发挥更为强调知识的向外溢出,即技术研发主体与应用主体的分离,因而有待将技术研发主体和应用主体分别评价。

1. 技术研发主体

企业是创新的主体,是应用型技术生产的主力军(毛熙彦和贺灿飞,2019)②,因而区域性创新高地的核心主体通常为具有较强自主创新能力的企业。当下,具有较强创新能力的企业往往倾向于成立技术中心或研发机构,以增强自身创新能力和应对外部市场需求。近年来,国家根据创新驱动发展要求和经济结构调整需要,对具有显著的竞争优势、领先的创新水平、良好的创新机制、较高的研发投入的企业技术中心予以认定为国家企业技术中心,并给予政策支持,鼓励引导行业骨干企业带动产业技术进步和创新能力提高(国

---

①　张赤东、贾璨、李雨珈:《"区域科技创新中心"政策概念的界定分析》,《科技中国》2022年第4期。

②　毛熙彦、贺灿飞:《区域发展的"全球—地方"互动机制研究》,《地理科学进展》2019年第10期。

家发展和改革委员会,2016①;徐扬等,2022②)。

与此同时,部分科研机构和高校承担着区域性创新高地的技术研发和生产职能,主要以其为依托的国家工程研究中心为代表。国家工程研究中心是指国家发展和改革委员会组织具有较强研究开发和综合实力的企业、科研单位、高等院校等建设的研究开发实体(国家发展和改革委员会,2020)③,属于技术创新与成果转化类国家科技创新基地,主要依托于具有较强技术创新能力的科研院所、大学和企业而设立(汪樟发等,2010)④。

因此,区域性创新高地的技术研发主体指标筛选标准为:(1)企业序列:拥有国家级企业技术中心的企业,历年进入过全球研发1000强且本身或主要子公司拥有省级以上企业技术中心的企业,以及数字经济100强榜单的企业;(2)科研机构序列:国家工程研究中心、国家工程技术研究中心所依托的国家科研机构;(3)高校序列:国家工程技术研究中心所依托的高校。根据专家赋分结果,分别赋予企业序列、科研机构序列、高校序列0.222、0.041、0.047的权重(见表3-3)。

2. 技术应用主体

技术应用处于创新链的末端,是创新成果转化的最终实现形式,也是区域性创新高地的主要职能之一。高新技术企业一般是指以国家重点支持的高新技术领域为主导,持续进行研究开发和技术成果转化,形成企业核心自主知识产权,并以此为基础开展经营活动的居民企业,是知识技术密集型的经济实体(科技部等,2016)⑤。相较于企业技术中心、科研机构和高校,高新技术企业

---

① 国家发展和改革委员会官网,2016年,见 https://www.ndrc.gov.cn/。
② 徐扬、陶锋、韦东明:《资质认定型创新政策能否促进企业技术创新"增量提质"——来自国家认定企业技术中心政策的证据》,《南方经济》2022年第8期。
③ 国家发展和改革委员会官网,2020年,见 https://www.ndrc.gov.cn/。
④ 汪樟发、汪涛、王毅:《国家工程研究中心政策的历史演进及协调状况研究》,《科学学研究》2010年第5期。
⑤ 科技部官网,2016年,见 https://www.most.gov.cn/index.html。

以技术研发、转化及商业化生产为主导功能,代表了某一国家或区域具有技术应用需求和技术创新能力的核心主体,其数量基本表征了区域性创新高地的技术应用主体发育程度(刘冬梅等,2022)[①]。

(二) 客体发展评价

从创新链组织过程来看,科技创新过程主要包括知识生产、技术生产(知识转化)和产品生产(知识应用)三个环节。区域性创新高地主要支撑创新链中下游的知识转化和应用,其成果往往通过专利的形式记载。专利是技术创新的主要记载形式,是衡量区域技术生产能力的重要指标(刘承良等,2018)[②]。根据世界知识产权组织统计报告,全球约90%—95%的发明创造及科研成果通过专利文献进行记载和公布。专利具有时效性高、公开性强、内容翔实且与产业联系密切的特点,与区域创新活动具有高度的相关性,是探讨城市创新活动的重要信息源(Tang 等,2022)[③]。专利主要包含发明专利、外观专利、实用新型专利等类别,其中发明专利最具创造性,常作为创新能力评价的主要指标。同时,与专利申请相比,专利授权经过严格的审查,数据的质量更高,更能反映某一主体或区域的技术生产能力。

(三) 环境发展评价

与综合性国家科学中心的生长机制不同,区域性创新高地往往表现为区域创新系统自下而上地组织发展,因而其支撑环境具有更高的多样性。结合

---

① 刘冬梅、陈钰、玄兆辉:《新时期区域科技创新中心的选取与相关建议》,《中国科技论坛》2022 年第 7 期。

② 刘承良、管明明、段德忠:《中国城际技术转移网络的空间格局及影响因素》,《地理学报》2018 年第 8 期。

③ Tang C., Qiu P., Dou J., "The Impact of Borders and Distance on Knowledge Spillovers-Evidence from Cross-Regional Scientific and Technological Collaboration", *Technology in Society*, Vol.70, 2022.

创新型城市、科技创新中心等相关概念内涵,其赖以发展的创新环境通常包括人才资源、经济市场、科技服务、基础设施、制度政策等方面(王宏伟,2021①;张文忠,2022;赵天宇和孙巍,2022②)。其中,科教资源、产业发展、市场活力、开放创新、政策支撑最为重要:科教资源为区域性创新高地提供人才资源和知识供给;产业发展为区域性创新高地提供创新载体和需求动力;市场活力为创新创业营造氛围和创造需求;开放创新是区域性创新高地实现路径突破和带动区域发展的重要途径;政策支撑则提供政策支持和机制保障,对城市的创新定位、资源获取等具有重要的指向作用(罗锋等,2022)③。五者共同构成区域性创新高地发展的核心支撑环境,根据专家打分的结果,分别赋予 0.030、0.073、0.051、0.034、0.038 的权重(见表3-3)。

1. 科教资源

高等学校和科研院所等科教资源为区域性创新高地的建设提供知识、技术、人才等方面的支持(杜德林等,2020)④。其中,高等学校不仅是知识和技术生产的关键主体,同时也为区域创新发展培养科技人才和营造创新文化。本专科学生是区域性创新高地重要的人力资源储备,代表了某一区域知识劳动力的丰富程度。SCI 论文数量是衡量区域知识产出的常用指标,能够从侧面反映出区域科教资源的丰富程度和科学研究水平。因此,普通高等学校数量、学生规模和 SCI 论文数量可作为评价区域性创新高地科教资源的有效指标之一。根据德尔菲法的评价结果,分别赋予三者 0.011、0.007、0.012 的权重(见表3-3)。

---

① 王宏伟、马茹、张慧慧、陈晨:《我国区域创新环境分析研究》,《技术经济》2021 年第9 期。

② 赵天宇、孙巍:《政府支持、创新环境与工业企业研发》,《经济问题》2022 年第 3 期。

③ 罗锋、杨丹丹、梁新怡:《区域创新政策如何影响企业创新绩效?——基于珠三角地区的实证分析》,《科学学与科学技术管理》2022 年第 2 期。

④ 杜德林、王姣娥、焦敬娟、杜方叶:《珠三角地区产业与创新协同发展研究》,《经济地理》2020 年第 10 期。

2. 产业发展

产业化是科技创新的最终目标,为科技研发及转化提供方向和反馈。区域性创新高地的建设需要考虑区域的产业基础,包括"质"和"量"两个方面。工业是技术创新的基底,构成了社会经济发展的核心支撑力(杜志威等,2016)[①],工业领域的技术研发成果占据了全行业的绝大部分。工业总产值反映了某一区域的工业体量,表征了某一区域建设区域性创新高地的产业基础和技术产业化需求。工业利润率(工业利润总额/工业总产值)则代表了工业的高级化水平:一般而言,利润率越高,工业领域的全要素生产率越高,科技创新水平也相应更高(龚斌磊,2022)[②]。此外,研发投入是衡量区域产业创新投入的重要指标,是区域产业创新支撑力度的重要体现。因此,综合考虑工业总产值、工业利润率、研发投入作为区域产业发展环境的评价指标,并根据专家评分结果分别赋予上述指标 0.023、0.021、0.029 的权重(见表3-3)。

3. 市场活力

市场需求是区域性创新高地产业发展的拉力和技术创新的动力源(孔令文等,2022[③];张永安和关永娟,2021[④])。社会消费品零售总额代表了区域的商业繁荣程度和社会购买力水平,侧面反映了区域的经济活力(张妮和赵晓冬,2022[⑤];陶爱萍和刘秉东,2022[⑥])。专业化的技术服务机构为知识产权的

---

① 杜志威、吕拉昌、黄茹:《中国地级以上城市工业创新效率空间格局研究》,《地理科学》2016 年第 3 期。

② 龚斌磊:《中国农业技术扩散与生产率区域差距》,《经济研究》2022 年第 11 期。

③ 孔令文、徐长生、易鸣:《市场竞争程度、需求规模与企业技术创新——基于中国工业企业微观数据的研究》,《管理评论》2022 年第 1 期。

④ 张永安、关永娟:《市场需求、创新政策组合与企业创新绩效——企业生命周期视角》,《科技进步与对策》2021 年第 1 期。

⑤ 张妮、赵晓冬:《区域创新生态系统可持续运行建设路径研究》,《科技进步与对策》2022 年第 6 期。

⑥ 陶爱萍、刘秉东:《互联网发展对城市创新的影响研究——基于中国 283 个城市面板数据的实证检验》,《经济与管理评论》2022 年第 6 期。

生产、转移、转化提供催化作用(刘志迎等,2018)①,其规模代表了区域技术产品创新的活力。商标申请属于"软创新"的范畴,体现了区域商品生产创新的活力(邵同尧和潘彦,2011)②。因此,选取社会消费品零售总额、知识产权服务机构数量、商标申请量作为市场活力的重要评价指标,分别赋予 0.014、0.022、0.015 的权重(见表 3-3)。

4. 开放创新

区域性创新高地强调技术的生产、转移和扩散,因而区域间技术转移和合作成为表征区域与外部创新关联的重要指标(马海涛,2020)③。其中,对外技术输出强度体现了区域性创新高地对其他地区的引领作用,技术引入水平则体现其吸收外部创新成果的能力(刘承良等,2018;段德忠等,2018④)。同时,技术合作亦是区域对外产生技术联系的主要形式之一,其强度表明了区域之间协同创新的能力(周锐波等,2021⑤;焦美琪等,2021⑥)。此外,外商直接投资(FDI)能够表征区域对外商业联系程度、外部技术引入强度和区域创新发展潜力(邹志明和陈迅,2021)⑦。因此,城际技术转移数量、城际技术合作数量、外商直接投资金额作为区域开放创新的关键评价指标,分别赋予 0.015、0.011、0.008 的权重(见表 3-3)。

---

① 刘志迎、沈磊、韦周雪:《企业开放式创新动力源的实证研究》,《科学学研究》2018 年第 4 期。

② 邵同尧、潘彦:《风险投资、研发投入与区域创新——基于商标的省级面板研究》,《科学学研究》2011 年第 5 期。

③ 马海涛:《知识流动空间的城市关系建构与创新网络模拟》,《地理学报》2020 年第 4 期。

④ 段德忠、杜德斌、谌颖、管明明:《中国城市创新技术转移格局与影响因素》,《地理学报》2018 年第 4 期。

⑤ 周锐波、邱奕锋、胡耀宗:《中国城市创新网络演化特征及多维邻近性机制》,《经济地理》2021 年第 5 期。

⑥ 焦美琪、杜德斌、桂钦昌、侯纯光:《"一带一路"视角下城市技术合作网络演化特征与影响因素研究》,《地理研究》2021 年第 4 期。

⑦ 邹志明、陈迅:《双循环背景下中国双向 FDI 协调发展水平及其影响因素研究——基于 PVAR 模型的测度和动态面板模型的实证分析》,《经济问题探索》2021 年第 8 期。

5. 政策支撑

政府是区域性创新高地建设的重要主体之一,其通过政策引领、财政支持、设施建设、文化创造、法规规制等方式形成的"政府力"是引领科技创新的核心力量之一(李梅芳等,2016①;张艺等,2020)。作为一种政策工具,区域性创新高地布局和建设离不开自上而下多级政府的政策支撑。与综合性国家科学中心类似,科学技术支出占公共财政支出比重是当地政府对创新支持的重要表征之一,体现了地方政府对科技创新的重视程度(张妮和赵晓冬,2022)。同时,高新技术开发区作为高新技术产业集群,是区域性创新高地的核心承载区域(胡森林等,2021)②。省级及以上高新技术开发园区的评选,不仅体现了当地技术创新集群发育水平,也反映了自上而下进行创新型城市建设的政府支撑力。此外,城市的行政等级决定了其能够获取创新资源的多寡(戴靓等,2022③;曹湛等,2022④;范斐等,2022⑤)。因此,综合选取省级及以上开发园区数量、城市行政等级、科学技术支出占公共财政支出比重作为区域性创新高地的政策支撑表征指标。根据既往研究,城市的行政等级划分为直辖市、省会城市、副省级城市、普通地级市 4 个等级,分别赋予 4、3、2、1 的分值。根据专家评价赋分结果,分别赋予上述三项指标 0.014、0.012、0.012 的权重(见表 3-3)。

---

①　李梅芳、王俊、王彦彪、王梦婷、赵永翔:《大学—产业—政府三螺旋体系与区域创业——关联及区域差异》,《科学学研究》2016 年第 8 期。

②　胡森林、曾刚、刘海猛、庄良:《中国省级以上开发区产业集聚的多尺度分析》,《地理科学》2021 年第 3 期。

③　戴靓、纪宇凡、王嵩、朱青、丁子军:《中国城市知识创新网络的演化特征及其邻近性机制》,《资源科学》2022 年第 7 期。

④　曹湛、戴靓、杨宇、彭震伟:《基于"蜂鸣—管道"模型的中国城市知识合作模式及其对知识产出的影响》,《地理学报》2022 年第 4 期。

⑤　范斐、戴尚泽、于海潮、刘承良:《城市层级对中国城市创新绩效的影响研究》,《中国软科学》2022 年第 1 期。

第二节　综合性国家科学中心和区域性
创新高地的空间格局

一、综合性国家科学中心建设基础的空间格局

基于综合性国家科学中心指标体系,分维度定量评价综合性国家科学中心的建设基础条件,研判已有综合性国家科学中心的优势与劣势,并识别潜在综合性国家科学中心,从而为综合性国家科学中心的空间布局优化提供基础支撑。

（一）主体空间格局

1. 战略创新平台的空间格局

从大科学装置的空间分布看,大科学装置具有高度空间异质性,呈现极化和碎片化并存的空间分布规律。整体上高度点状集聚于少数国家中心城市,呈显著首位分布律,北京和上海两大综合性国家科学中心的大科学装置数量遥遥领先。一方面,大科学装置的全域分布碎片化趋势明显,主要零散分布于"胡焕庸线"以东南地区,中西部的西安、成都等省会城市拥有中等数量的大科学装置群,且未有显著的协同集聚布局趋势。另一方面,大科学装置的局域分布相对成片,块状集中于东南沿海三大创新型城市群地区:长三角城市群(上海、南京、合肥等)、珠三角城市群(广州、东莞等),以及京津冀城市群(北京、天津等)(见表3-4),经济发达、科教雄厚、人才集聚的城市群或大都市区成为大科学装置布局的主要空间载体(李源等,2023)①。

---

① 李源、刘承良、毛炜圣、谢永顺:《全球数据中心扩张的空间特征与区位选择》,《地理学报》2023 年第 8 期。

表 3-4　大科学装置规模的空间分布（前 30 位，2023 年）

城市	大科学装置	排名	城市	大科学装置	排名
北京	1.000	1	天津	0.067	16
上海	0.933	2	长沙	0.067	16
南京	0.600	3	重庆	0.067	16
成都	0.600	3	青岛	0.067	16
深圳	0.533	5	苏州	0.067	16
合肥	0.533	5	长春	0.067	16
西安	0.467	7	沈阳	0.067	16
广州	0.267	8	大连	0.067	16
东莞	0.200	9	昆明	0.067	16
武汉	0.133	10	无锡	0.067	16
杭州	0.133	10	太原	0.067	16
郑州	0.133	10	哈尔滨	0.067	16
济南	0.133	10	江门	0.067	16
兰州	0.133	10	承德	0.067	16
惠州	0.133	10	黔南州	0.067	16

注：全书因数据可获得性，研究范围仅限中国大陆，不包括香港特别行政区、澳门特别行政区和台湾地区。
资料来源：笔者收集整理。

　　此外，现有批准建设的综合性国家科学中心与大科学装置布局存在较大的空间同配性和一定的异配性：已获批的综合性国家科学中心（北京、上海、合肥、粤港澳大湾区、西安）拥有较多的大科学装置，体现出明显的政策科学性。与美国旧金山—圣何塞、日本筑波、法国格勒诺布尔等典型科学中心相比，北京、上海、合肥、粤港澳大湾区、西安在大科学装置数量上已扭转落后局面，开始出现领先优势。但在大科学装置布局合理性、主体集聚性方面，我国上述城市（地区）仍具有优化和提升空间，体现在与区域内其他创新主体的空间共聚态势和领域交叉相融不强，亟须加强与其他主体的空间协同布局。此外，成都、武汉等中西部城市同样拥有较多的大科学装置配置，具有较优质的创新资源和科研设施，有待于政策倾斜和前瞻布局。

从大科学装置的类型和学科领域来看:(1)以高能物理、光学、力学为代表的物理学领域大科学装置占据最大的比例,集中分布于东南沿海的北京、上海、合肥、南京等创新型城市,以及西部的成都、西安等省会城市。(2)生物医学领域大科学装置的数量比例位列其次,高度集中于北京、上海、广州、深圳四大国家中心城市和国家科学中心。(3)以超算中心、数据中心为代表的计算机基础设施规模同样较大,主要分布于以南京、上海为代表的国家中心城市,相对集中于长三角地区(李源等,2023)。(4)材料领域大科学装置以北京、深圳居多。(5)天文、地球科学领域大科学装置呈单核分布,分别以南京、北京为核心,其他便于进行科学实验或天文观测的地区有零散布局(见表3-5)。

表3-5　主要大科学装置的空间布局(2023年)

设施名称	城市	设施名称	城市	设施名称	城市	设施名称	城市
全超导托卡马克核聚变实验装置	合肥	海洋深水试验池	上海	加速器驱动嬗变系统	惠州	开源软件供应链平台	南京
兰州重离子加速器	兰州	高速列车动模型平台	北京	航空轮胎大科学中心	广州	决策智能与计算创新平台	南京
神光Ⅱ高功率激光实验装置	上海	风洞循环水槽	上海	南方光源研究测试平台	东莞	空间天文探测与运控实验设施	南京
上海同步辐射光源(上海光源)	上海	网络智能重大科技基础设施(鹏城云脑)	深圳	人类细胞谱系大科学研究设施	广州	电磁推进地面超高速试验设施	济南
中国西南野生生物种质资源库	昆明	海底科学观测网	上海	先进阿秒激光设施	东莞	国家超级计算西安中心	西安
稳态强磁场实验装置	合肥	空间环境地面模拟装置	哈尔滨	冷泉生态系统研究装置	广州	国家分子医学转化科学中心	西安
BPL/BPM长短波授时系统	西安	强流重离子加速器	兰州	先进表征综合粒子设施	深圳	电磁驱动聚变	西安
中国散裂中子源	东莞	高海拔宇宙线观测站	甘孜藏族自治州	脑解析与脑模拟设施	深圳	先进阿秒激光大科学装置	西安
大天区面积多目标光纤光谱天文望远镜(郭守敬望远镜)	承德	中国南极天文台	南京	合成生物研究设施	深圳	高精度地基授时系统	西安

设施名称	城市	设施名称	城市	设施名称	城市	设施名称	城市
500 米口径球面射电望远镜(中国天眼)	黔南布依族苗族自治州	综合极端条件实验装置	北京	精准医学影像设施	深圳	空间太阳能电站地面验证系统	西安
复现高超声速飞行条件激波风洞	北京	北京高能同步辐射光源	北京	材料基因组大科学装置平台	深圳	国家超级计算天津中心	天津
65 米射电望远镜(天马望远镜)	上海	转化医学国家重大科技基础设施(上海)	上海	特殊环境材料科学与应用研究设施	深圳	国家超级计算济南中心	济南
国家超级计算长沙中心	长沙	高效低碳燃气轮机实验装置	南京	国家超级计算深圳中心	深圳	国家超级计算无锡中心	无锡
未来网络试验设施(合肥分中心)	合肥	精密重力测量研究设施	武汉	多模态跨尺度生物医学成像设施	北京	国家超级计算郑州中心	郑州
东半球空间环境地基综合监测子午链(子午工程一期)	北京	上海光源线站工程	上海	行星际闪烁监测望远镜(子午工程二期)	北京	国家超级计算昆山中心	苏州
国家蛋白质科学研究(北京)设施	北京	模式动物表型与遗传研究设施	北京	地球系统数值模拟装置	北京	国家超级计算成都中心	成都
国家蛋白质科学研究(上海)设施	上海	地球系统数值模拟器	北京	重大工程材料服役安全研究评价设施	北京	综合极端条件实验装置	长春
脉冲强磁场实验装置	武汉	超短超强激光实验装置	郑州	多态耦合轨道交通动模试验平台	成都	超大型深部工程灾害物理模拟设施	沈阳
北京放射性核束装置	北京	硬 X 射线自由电子激光装置项目	上海	跨尺度矢量光场时空调控验证装置	成都	作物表型组学研究(神农)设施	武汉
国家汽车整车风洞中心(上海)	上海	合肥同步辐射光源	合肥	电磁驱动聚变装置	成都	深部岩土工程扰动模拟	武汉
国家超级计算广州中心	广州	超瞬态实验装置	重庆	柔性基底微纳结构成像系统研究装置	成都	武汉先进光源研究中心(一期)	武汉
北京正负电子对撞机	北京	吸气式发动机关键部件热物理实验装置	青岛	强光磁实验装置	合肥	转化医学国家重大科技基础设施(北京)	北京

续表

设施名称	城市	设施名称	城市	设施名称	城市	设施名称	城市
基于可调极紫外相干光源的综合实验研究装置(大连光源)	大连	聚变堆主机关键系统综合研究设施	合肥	引力波探测大型地基观测装置	太原	转化医学国家重大科技基础设施(西安)	西安
转化医学国家重大科技基础设施(四川)	成都	雷电防护试验设施	合肥	超重力离心模拟与实验装置	杭州	转化医学国家重大科技基础设施(解放军总医院)	北京
多功能振动台实验室	上海	聚变能紧凑燃烧等离子体装置	合肥	超高灵敏极弱磁场和惯性测量装置	杭州	大型地震工程模拟研究设施	天津
上海交大多功能船模拖曳水池	上海	强流重离子加速器	惠州	南京质子源	南京	大飞机地面动力学重大科技基础设施	长沙
合肥同步辐射装置	合肥	中微子实验站	江门	信息高铁综合试验基础设施	南京	极端环境电能变换重大科技基础设施	长沙
超强超短激光实验装置	上海	未来网络试验设施(南京分中心)	南京	百兆瓦级压缩空气储能技术研发与集成验证平台	南京	高效低碳燃气轮机试验装置	上海

资料来源:笔者收集整理。

以大科学装置为代表的战略创新平台布局的影响因素可归纳为社会经济环境和自然环境两方面。从社会经济环境因素来看,经济发展水平、科技创新能力、公共基础设施等因素决定了我国宏观科技创新水平的地带性梯度差异,是影响重大科技基础设施分布的主导因素,导致我国重大科技基础设施高度集中分布于东部沿海地区,广大中西部和东北地区数量明显较少。京津冀城市群、长三角城市群和粤港澳大湾区城市群科研基础设施雄厚,高素质人才集聚,高科技产业基础良好,对大科学装置需求较大,促使重大科技基础设施呈集群化布局。此外,科研资源和产业基础区位高度同构,也促进了具有"互补性"的平台型与专用型重大科技基础设施趋向于协同布局,如各类先进光源和中子源、纳米和材料研究中心,以及数据计算中心等。从自然环境因素来看,降水、海拔、土地利用/覆被类型、大气环境等自然因素也会对特定领域的重大科技基础设施布局产生较大影响,如高海拔宇宙线观测站(LHAASO)、中国天眼(FAST)及中国西南野生生物种质资源库等区位选址需要与之相匹配的自然条件,往往布局于自然条件适宜的西部地区(见表3-5)。

2. 战略科技力量的空间格局

战略科技力量空间格局高度不均衡,呈现梯度地带性分布和斑块状镶嵌格局,明显形成从沿海到内陆、从中心城市到外围腹地的复合型核心——边缘结构(见表3-6)。

表3-6　战略科技力量的空间分布(2023年,前30位)

城市	国家实验室	国家科研机构	"双一流"高校	科技领军企业	总评	排名
北京	1.000	1.000	1.000	1.000	1.000	1
上海	0.340	0.395	0.476	0.274	0.382	2
南京	0.196	0.132	0.571	0.123	0.285	3
武汉	0.237	0.132	0.286	0.104	0.198	4
西安	0.134	0.079	0.333	0.057	0.168	5
成都	0.113	0.079	0.333	0.057	0.163	6
广州	0.144	0.132	0.238	0.066	0.154	7
天津	0.113	0.026	0.286	0.113	0.148	8
长沙	0.072	0.026	0.190	0.104	0.106	9
沈阳	0.041	0.132	0.095	0.094	0.092	10
青岛	0.031	0.053	0.095	0.151	0.084	11
长春	0.103	0.105	0.095	0.019	0.082	12
哈尔滨	0.052	0.000	0.190	0.038	0.081	13
合肥	0.052	0.026	0.143	0.066	0.078	14
重庆	0.072	0.026	0.095	0.094	0.074	15
昆明	0.062	0.079	0.048	0.047	0.058	16
杭州	0.124	0.000	0.048	0.066	0.056	17
兰州	0.093	0.079	0.048	0.009	0.056	18

续表

城市	国家实验室	国家科研机构	"双一流"高校	科技领军企业	总评	排名
大连	0.052	0.026	0.095	0.019	0.052	19
乌鲁木齐	0.021	0.079	0.048	0.009	0.041	20
贵阳	0.031	0.026	0.048	0.047	0.039	21
厦门	0.041	0.026	0.048	0.028	0.037	22
太原	0.031	0.026	0.048	0.019	0.033	23
济南	0.021	0.000	0.048	0.057	0.032	24
西宁	0.010	0.053	0.048	0.009	0.032	25
苏州	0.000	0.053	0.048	0.019	0.032	26
郑州	0.021	0.000	0.048	0.047	0.030	27
深圳	0.021	0.026	0.000	0.085	0.030	28
福州	0.031	0.026	0.048	0.000	0.028	29
无锡	0.010	0.000	0.048	0.047	0.028	30

资料来源:笔者收集整理。

从大区分布来看,国家实验室、国家科研机构、"双一流"高校、科技领军企业四类战略科技力量分布高度集中于东部沿海地带,相对集聚成群于京津冀、长三角、粤港澳大湾区三大创新型城市群(罗雪等,2022[①];刘承良,2023[②]),广大中西部地区和东北地区成为边缘地带,与全国经济格局的地带性分布类似,战略科技力量能级的地域分布也发育出典型的梯度地带性分异。

从省域分布来看,北京、广东、湖北、山东、江苏和上海等省(直辖市)经济较发达、科研基础较雄厚、人才资源较丰富,广泛集聚较大规模的战略性科技力量;而东北三省(黑龙江、吉林、辽宁)、西南地区(四川、云南、贵州、广西及

---

① 罗雪、王杰、刘承良:《国家战略科技力量的基本内涵和空间分布格局》,《地理教育》2022年第10期。

② 刘承良:《中国战略科技力量的时空配置与布局优化》,《人民论坛·学术前沿》2023年第9期。

西藏)、西北地区(陕西、甘肃、新疆及内蒙古),以及东部个别省份(浙江、福建、海南)及山西、江西等中部省份基本地处战略科技力量的冷点区域。随着中部崛起、西部大开发和东北振兴战略的深入实施,中西部及东北地区战略科技力量出现一定程度增长,但其国家创新体系的边缘地位仍未得到实质性的改变。

从市域分布来看,战略性科技力量布局受城市行政等级影响显著,具有鲜明的国家中心城市和省会城市指向性,呈块状连片集聚于"3+3"创新型城市群,并点状镶嵌散布于中西部省会城市。一是,高度集聚展布于京津冀城市群(以北京和天津为主导)、长三角城市群(以上海、南京、杭州和合肥为主导)、粤港澳大湾区城市群(以广州和深圳为主导);三者拥有国家一半以上的战略科技力量,多已布局建设综合性国家科学中心。与美国旧金山—圣何塞、英国伦敦、日本东京等典型科学中心形成的多类型战略科技力量协同集聚态势相比,我国上述地区除北京和上海外,大多数城市尽管拥有较丰富的战略科技力量总量,但其战略科技力量协同共聚存在不足,对区域之间产学研合作和创新链协同产生掣肘。二是,相对集中分布在长江中游城市群、成渝双城经济圈和哈大城市带的中心城市,以武汉、长沙为主导的长江中游城市群(两大核心城市的战略科技力量数量分居全国第4位和第8位)、以成都和重庆为主导的成渝双城经济圈(排名全国第10位和第15位)、以哈尔滨—长春—沈阳—大连为主导的哈大城市带(全部位列全国前20),具备成长为综合性国家科学中心的潜力。三是,少数中西部省会城市(西安、昆明、兰州和郑州)及东部个别副省级城市(青岛、苏州等)也吸引较多战略科技力量集聚,成为区域级科学中心,个别具有国家级科学中心建设潜力。

3. 关键创新主体的总体格局

总体来看,综合性国家科学中心的主体分布呈现显著的空间异质性:高度的不均衡性、等级层次性和集聚性。从区域层面来看,综合性国家科学中心主体分布与区域经济水平和科研实力在空间上同构,呈现从沿海向内陆递减的趋势,高度集中于京津冀、长三角、珠三角等经济发达、科教繁荣的城市群地区。从城域尺度来看,综合性国家科学中心主体分布遵循等级层级性,发育典型的首位分布规律;北京和上海两大综合性国家科学中心能级处于遥遥领先的地位,集中了1/3的关键性创新主体,而南京、成都、合肥、西安、深圳、广州、武汉则位列第二层级,与两者差距较显著。

此外,不同类型创新主体在空间分布上大致同构,但仍有一定程度的错位。尽管北京、上海、南京等城市的大科学装置、国家实验室、国家科研机构、"双一流"高校和科技领军企业的整体比例大致均衡,但部分城市仍然面临结构失衡,突出表现在:成都的国家科研机构和科技领军企业数量较少,合肥的大科学装置较为富余(见表3-7)。

表3-7 综合性国家科学中心的创新主体评价(2023年,前30位)

城市	重大科技基础设施	国家实验室	国家科研机构	"双一流"高校	科技领军企业	总评	排名
北京	1.000	1.000	1.000	1.000	1.000	1.000	1
上海	0.933	0.340	0.395	0.476	0.274	0.720	2
南京	0.600	0.196	0.132	0.571	0.123	0.478	3
成都	0.600	0.113	0.079	0.333	0.057	0.431	4
合肥	0.533	0.052	0.026	0.143	0.066	0.357	5
西安	0.467	0.134	0.079	0.333	0.057	0.351	6
深圳	0.533	0.021	0.026	0.000	0.085	0.338	7
广州	0.267	0.144	0.132	0.238	0.066	0.223	8
武汉	0.133	0.237	0.132	0.286	0.104	0.158	9
东莞	0.200	0.000	0.000	0.000	0.019	0.124	10
杭州	0.133	0.124	0.000	0.048	0.066	0.104	11
兰州	0.133	0.093	0.079	0.048	0.009	0.103	12
天津	0.067	0.113	0.026	0.286	0.113	0.098	13
济南	0.133	0.021	0.000	0.048	0.057	0.094	14
郑州	0.133	0.021	0.000	0.048	0.047	0.093	15
长沙	0.067	0.072	0.026	0.190	0.104	0.082	16

城市	重大科技基础设施	国家实验室	国家科研机构	"双一流"高校	科技领军企业	总评	排名
惠州	0.133	0.000	0.000	0.000	0.000	0.082	16
沈阳	0.067	0.041	0.132	0.095	0.094	0.077	18
青岛	0.067	0.031	0.053	0.095	0.151	0.073	19
长春	0.067	0.103	0.105	0.095	0.019	0.073	19
哈尔滨	0.067	0.052	0.000	0.190	0.038	0.072	21
重庆	0.067	0.072	0.026	0.095	0.094	0.069	22
昆明	0.067	0.062	0.079	0.048	0.047	0.063	23
大连	0.067	0.052	0.026	0.095	0.019	0.061	24
太原	0.067	0.031	0.026	0.048	0.019	0.053	25
苏州	0.067	0.000	0.053	0.048	0.019	0.053	25
无锡	0.067	0.010	0.000	0.048	0.047	0.052	27
江门	0.067	0.000	0.000	0.000	0.000	0.041	28
承德	0.067	0.000	0.000	0.000	0.000	0.041	28
黔南州	0.067	0.000	0.000	0.000	0.000	0.041	28

资料来源:笔者收集整理。

(二)客体空间格局

1. 知识生产的空间格局

（1）总体格局。与创新主体格局类似,知识生产的空间异质性凸显,知识生产中心辐射带动作用增强,极化形成不同层级知识创新枢纽体系。北京成为全国性的科学中心,全国涌现出多个区域性科学中心和地方知识生产中心。基本形成以上海、南京和杭州为主导的长三角城市群、以北京和天津为主导的京津冀城市群、以武汉为核心的长江中游城市群、以广州为核心的粤港澳大湾区城市群,以及以长春、沈阳、大连为主导的哈大城市带等多个国家级知识创新集群(见表3-8)。其中,北京成长为具全球引领力的国家级科学中心,且知识成果产出数量已超越旧金山—圣何塞、华盛顿、伦敦、巴黎、东京等典型全球科学中心,跃居世界第一位。上海、南京、广州等城市也在知识成果产出方面表现突出,在全球占据领先地位。

表 3-8 知识生产规模的空间格局(2019 年,前 40 位)

城市	知识生产	排名	城市	知识生产	排名
北京	1.000	1	苏州	0.070	21
上海	0.495	2	抚州	0.069	22
南京	0.387	3	福州	0.065	23
广州	0.326	4	南昌	0.063	24
武汉	0.291	5	厦门	0.062	25
成都	0.224	6	昆明	0.061	26
杭州	0.217	7	太原	0.059	27
天津	0.177	8	中山	0.050	28
长沙	0.174	9	徐州	0.045	29
深圳	0.151	10	宁波	0.043	30
青岛	0.146	11	镇江	0.041	31
合肥	0.137	12	南宁	0.037	32
重庆	0.133	13	无锡	0.036	33
吉林	0.124	14	石家庄	0.032	34
长春	0.118	15	贵阳	0.032	35
沈阳	0.102	16	温州	0.031	36
郑州	0.096	17	乌鲁木齐	0.027	37
大连	0.092	18	扬州	0.025	38
西安	0.077	19	南阳	0.025	39
兰州	0.074	20	桂林	0.024	40

资料来源:笔者收集整理。

(2)领域格局。既有综合性国家科学中心的优势领域集中于物理学、数学、生物医学、农学、计算机与通信、化学、工程学、地球科学、材料学等自然科学领域。各学科领域的知识生产空间结构大致相同,在全域上呈现显著的空间极化和集群化特征。整体上,各类学科领域的知识生产分布具有明显的空间共性,主要分布在"胡焕庸线"以东南的沿海地带。宏观上,形成沿海知识生产带和长江流域知识生产带;中观上,高度集聚成片,呈现京津、长三角、珠三角等三大知识创新型城市群;微观上,具有典型的高行政等级城市指向性。然而,不同学科领域的知识生产空间分布呈现不同的极化特征,高度极化的学科领域包括地球科学、计算机与通信、物理学、生物医学、工程学、农学、数学等,且高度集中分布在少数的经济发达城市;而化学和材料学分布则相对分散,散布于全国主要省会城市和沿海经济发达城市。此外,不同学科知识呈现一定的协同共聚分布特征,其中数学和工程学的空间分布较为趋同,有利于进一步交叉融合(见表3-9)。

表 3-9　知识生产领域的空间分布(2019 年,前 40 位)

地名	物理学	数学	生物医学	农学	计算机与通信	化学	工程学	地球科学	材料学	总和	排名
北京	178937	30941	185028	15617	112255	173353	246428	145138	140902	1228599	1
上海	78865	16399	199561	3746	36639	106559	117341	35191	87312	681613	2
南京	53084	14577	88326	7536	47901	73026	98836	61719	50004	495009	3
武汉	39266	8259	91444	5483	25801	48691	77650	47296	38302	382192	4
西安	52844	8145	46206	484	33008	35558	80005	18231	47395	321876	5
广州	25880	7561	98969	3844	16095	48386	47331	27705	35128	310899	6
成都	29716	6507	53260	941	21792	34177	53733	17313	35549	252988	7
杭州	22307	3667	55940	2848	15801	31823	42117	11897	22193	208593	8
天津	24651	6582	33754	1090	10368	40605	44340	8743	25364	195497	9
长春	22416	3048	27112	888	4520	55205	20475	8823	34623	177110	10
哈尔滨	24180	4825	13565	3040	16480	22074	47274	10080	25100	166618	11
长沙	21884	5654	19329	922	17289	23840	36884	7973	19831	153606	12
合肥	31568	4670	11487	603	13134	31679	29187	6935	22760	152023	13
大连	14836	4349	6616	477	10208	34429	38069	5815	17572	132371	14
重庆	13221	4048	14234	1199	7832	16476	29764	6318	14377	107469	15
济南	13986	3407	34490	486	5490	17547	14644	3589	11983	105622	16
兰州	12698	2257	13264	1480	1045	20324	10511	12154	11566	85299	17

续表

地名	物理学	数学	生物医学	农学	计算机与通信	化学	工程学	地球科学	材料学	总和	排名
沈阳	16443	1720	3593	659	10278	10599	15725	3948	18353	81318	18
厦门	6014	2583	14825	732	3298	15480	9425	7126	7895	67378	19
青岛	3302	1153	16037	2477	1973	10142	12568	13414	4765	65831	20
苏州	6356	1405	20386	161	2200	15019	5879	590	12553	64549	21
郑州	4034	1255	20522	173	1677	10475	6338	1319	6521	52314	22
无锡	2570	684	11754	1778	2243	12037	13007	861	5347	50281	23
福州	6359	985	2029	87	2205	17254	7005	1189	6587	43700	24
太原	5383	778	632	89	871	9997	8774	1290	6848	34662	25
咸阳	494	275	12782	3746	406	2950	3879	7321	853	32706	26
宁波	5029	641	4750	597	1205	6339	5089	945	6938	31533	27
昆明	1880	1213	13675	561	913	6792	1497	2533	957	30021	28
南昌	2870	902	11345	484	1083	4880	4074	953	2863	29454	29
南宁	2236	662	4281	964	808	3414	4044	1225	2628	20262	30
乌鲁木齐	2384	1327	2084	360	870	3362	2632	5549	1610	20178	31
贵阳	1736	631	2560	391	781	2861	3350	5991	1373	19674	32
开封	1652	692	4149	170	603	3950	1531	1252	2308	16307	33
雅安	153	45	7258	1762	150	1074	1157	1364	382	13345	34
深圳	877	181	1744	12	2243	1578	2157	265	1556	10613	35
徐州	857	282	193	14	564	347	4707	2213	534	9711	36
海口	402	269	2097	405	544	1555	1311	508	922	8013	37
西宁	534	47	2077	316	128	1415	791	1263	526	7097	38
呼和浩特	745	532	1218	127	588	1181	840	698	631	6560	39
石河子	242	55	2645	343	104	1303	799	525	457	6473	40

资料来源:笔者收集整理。

2. 技术生产的空间格局

(1)总体格局。关键核心技术生产整体呈地带性分异和点状集聚分布的耦合规律。从大区分布上看,以"胡焕庸线"为分水岭,东南地区具有较高的技术创新能力和较丰富的技术库,而"胡焕庸线"以西北广大地区地处"洼地"。整体上发育呈典型的地带性分异,关键核心技术规模呈现东部(1079016)>中部(165154)>西部(141347)〉东北(54208)的梯度位序。从城域分布上看,关键核心技术高值区集聚于东南沿海地带,呈条带状伸展,由北向南通过区域化集聚形成京津冀、长三角和珠三角三大技术创新聚集区;中西部地区的技术创新集聚性较弱,相对集中地形成成渝双城经济圈、哈大城市带、山东半岛城市群、粤闽浙沿海城市群等渐成规模的技术创新型城市群,西安、长沙、南昌等中西部省会城市也具有一定的技术创新活力。

因城镇体系结构差异,长三角、珠三角、京津冀等三大创新型城市群的技术创新空间组织存在一定的地域分异。长三角城市群依托骨干高速干道,呈现雁阵型连绵技术创新带,包括上海—苏州—无锡—常州—镇江—南京—合肥的北向技术创新走廊和上海—嘉兴—杭州—宁波—绍兴的南向创新走廊。其技术研发主体呈现较显著的层级结构分布:以上海为第一层级,南京、苏州、杭州、合肥等城市为第二层级,宁波、无锡、常州等其他区域性创新高地地处第三层级。珠三角城市群形成典型的广州—深圳双核驱动格局,呈现以广州、深圳为轴心的轴—辐式技术创新网络,通过广州和深圳辐射带动周边创新型城市和工业城市协同发展。其核心技术研发主体相对集聚在少数区域性创新高地城市,首位分布度较高,整体呈现较显著的核心——边缘结构。而京津冀城市群则发育以北京为技术增长极的单核结构,空间极化显著,周边地区因北京、天津"虹吸效应"而地处"创新阴影区",成为"创新厌恶"地。

综合性国家科学中心高度集中于三大城市群的创新增长极,北京、深圳、上海、广州、苏州、南京、杭州成为全国关键核心技术的集聚中心和研发高地,是全球创新网络和国家创新体系的核心枢纽。因市场竞争机制,上述国家科学中心形成了一定的地域分工:北京在所有关键技术领域独占鳌头;而深圳凭借开放包容的创新氛围,不断涌现战略性新兴产业领域的民营企业,在新一代信息技术和数字创意技术领域一枝独秀;上海则在高端装备制造、新材料、生物医药、新能源汽车和新能源等领域名列前茅(见表3-10)。对比旧金山—圣何塞、伦敦、东京、巴黎等全球科学中心,我国上述三大城市的关键核心技术增长速度较快,但技术存量积累上仍然处于落后位势(刘向杰,2023)①。

表 3-10　关键核心技术生产的空间格局(**2019** 年,前 **40** 位)

城市	关键核心技术	排名	城市	关键核心技术	排名
北京	1.000	1	哈尔滨	0.063	21
深圳	0.521	2	沈阳	0.059	22
上海	0.352	3	珠海	0.058	23
广州	0.308	4	福州	0.056	24
杭州	0.283	5	温州	0.054	25
南京	0.260	6	厦门	0.053	26
武汉	0.252	7	长春	0.050	27
东莞	0.227	8	无锡	0.049	28
西安	0.201	9	大连	0.044	29
成都	0.178	10	常州	0.040	30
苏州	0.130	11	徐州	0.036	31
青岛	0.121	12	昆明	0.035	32
合肥	0.111	13	台州	0.035	33
长沙	0.107	14	绍兴	0.035	34
重庆	0.102	15	金华	0.034	35
济南	0.086	16	嘉兴	0.034	35
天津	0.081	17	太原	0.033	37
佛山	0.070	18	镇江	0.032	38
郑州	0.069	19	南通	0.029	39
宁波	0.067	20	烟台	0.027	40

资料来源:刘向杰:《中国新兴产业关键核心技术的空间演化研究》,华东师范大学 2023 年硕士学位论文。

(2)领域格局。关键核心技术在不同技术领域和空间尺度的规模分布均

---

①　刘向杰、王敏、刘承良:《创业空间的微区位模式及影响因素——以广州市为例》,《世界地理研究》2023 年第 8 期。

存在显著差异。省域尺度上,广东、北京、江苏、浙江和上海头部五省(直辖市)集中了全国 34 个省级行政区总量 2/3 的关键技术生产量。其中,新一代信息技术产业和数字创意产业成为主导,二者占到全国的 75%—80%,且高度集中于广东和北京(新一代信息技术产业与数字创意产业在两个区域的占比分别达到 54.5% 和 59.8%);但其他技术领域比重相对偏低,生物产业技术占比更是不足五成,空间分布相对均衡。城市尺度上,也呈现与省域类似的"帕累托分布",但集聚程度较高,北京、深圳、上海、杭州和广州头部五市拥有全国 660 多个城市总量 43.6% 的关键核心技术,仍然以新一代信息技术产业和数字创意产业为主,二者占比接近 2/3,主要由北京和深圳承载(占比高达 45.2% 和 49.4%),而头部五市在其他领域占比基本在三成左右。县域尺度上,关键核心技术领域的空间集聚性和极化程度更加明显,北京海淀、深圳南山、深圳龙岗、北京朝阳和上海浦东新区头部五区集中了全国 2800 多个县域单元总量的近 1/4,新一代信息技术产业和数字创意产业均占全国的 40% 左右,其他领域占比均低于一成半(刘向杰,2023)。

3. 创新客体的总体格局

综合性国家科学中心知识和技术客体的总体格局具有显著的空间集聚性,高度集中分布于以国家中心城市为代表的经济发达城市,发育典型的等级层次性规律(见表3-11)。其中,北京是全国前沿知识创造和关键核心技术生产的引领者,占据绝对的领先地位。上海、南京、广州、武汉、深圳与北京差距明显,为第二等级的基础知识和关键核心技术生产中心,其他中西部省会城市和沿海副省级城市科技创新能级较低,地处第三等级和边缘地位。总体来看,以京津冀、长三角和珠三角三大创新型城市群为代表的东南沿海经济发达地区是我国知识和技术生产的高地。

表 3-11 综合性国家科学中心客体发展评价(前 40 位)

城市	前沿知识	关键核心技术	客体总评	排名	城市	前沿知识	关键核心技术	客体总评	排名
北京	1.000	1.000	1.000	1	大连	0.092	0.044	0.076	21
上海	0.495	0.352	0.450	2	福州	0.065	0.056	0.062	22
南京	0.387	0.260	0.347	3	厦门	0.062	0.053	0.059	23
广州	0.326	0.308	0.320	4	兰州	0.074	0.016	0.055	24
武汉	0.291	0.252	0.279	5	昆明	0.061	0.035	0.053	25
深圳	0.151	0.521	0.269	6	宁波	0.043	0.067	0.051	26
杭州	0.217	0.283	0.238	7	南昌	0.063	0.024	0.050	27
成都	0.224	0.178	0.209	8	太原	0.059	0.033	0.050	28
长沙	0.174	0.107	0.153	9	抚州	0.069	0.004	0.048	29
天津	0.177	0.081	0.146	10	徐州	0.045	0.036	0.042	30
青岛	0.146	0.121	0.138	11	无锡	0.036	0.049	0.040	31
合肥	0.137	0.111	0.129	12	温州	0.031	0.054	0.039	32
重庆	0.133	0.102	0.123	13	中山	0.050	0.014	0.038	33
西安	0.077	0.201	0.117	14	镇江	0.041	0.032	0.038	34
长春	0.118	0.050	0.096	15	南宁	0.037	0.021	0.032	35
苏州	0.070	0.130	0.089	16	佛山	0.012	0.070	0.031	36
沈阳	0.102	0.059	0.088	17	珠海	0.017	0.058	0.030	37
郑州	0.096	0.069	0.087	18	石家庄	0.032	0.022	0.029	38
吉林	0.124	0.004	0.086	19	常州	0.022	0.040	0.028	39
东莞	0.017	0.227	0.084	20	济南	0.000	0.086	0.028	40

资料来源:笔者收集整理。

科学中心城市的前沿知识和关键核心技术生产在空间上大致同构,但亦存在一定程度的空间错配(Spatial Mismatch)。其中,北京和上海等具有国际影响力的国家科学中心城市呈现高知识—强技术的空间同配性,而南京、成都等区域级科学中心城市偏重科学研究和知识生产,深圳和杭州等创新型城市则偏向于关键核心技术生产,因市场竞争机制和科教比较优势而呈现一定程度的科技职能分工和创新专业化布局(见表 3-11)。

（三）环境建设格局

1. 人才环境的空间格局

从全国尺度来看,综合性国家科学中心的人才环境高值区零散分布在"胡焕庸线"以东南沿海地区,广大西北半壁分布稀少,高端人才呈现"孔雀东南飞"态势。得益于发达的经济水平和良好的创新环境,长三角、京津冀和粤港澳大湾区三大城市群聚集了大量高素质科研人才,呈区域连片布局。上海、南京、北京、广州等科学中心城市拥有丰富的科教资源、发达的科研设施、开放的创新文化和良好的产业基础,成为三大创新型城市群的人才高地(见表3-12)。

表 3-12　综合性国家科学中心的人才环境评价(前 40 位)

城市	人才环境	排名	城市	人才环境	排名
北京	1.000	1	石家庄	0.154	21
上海	0.566	2	南昌	0.147	22
广州	0.446	3	福州	0.143	23
武汉	0.388	4	大连	0.137	24
南京	0.381	5	昆明	0.135	25
成都	0.352	6	宁波	0.110	26
西安	0.329	7	太原	0.108	27
重庆	0.308	8	贵阳	0.107	28
天津	0.306	9	无锡	0.106	29
深圳	0.289	10	南宁	0.106	30
郑州	0.286	11	厦门	0.101	31
杭州	0.281	12	兰州	0.099	32
长沙	0.262	13	佛山	0.093	33
济南	0.248	14	东莞	0.089	34
合肥	0.216	15	烟台	0.080	35
苏州	0.190	16	徐州	0.078	36
哈尔滨	0.188	17	常州	0.076	37
长春	0.177	18	潍坊	0.072	38
青岛	0.176	19	温州	0.071	39
沈阳	0.165	20	保定	0.068	40

资料来源:笔者收集整理。

此外,东北地区、华北地区、中部地区及西部成渝地区均呈现高值区连片展布特征,形成多个以城市群为骨架的次级人才集聚区。其中,东北地区科教资源雄厚,主要集中于哈大城市带,哈尔滨、大连、长春、吉林、沈阳等省会城市及副省级城市具有良好的人才培育基础,但面临"人才外流"困境;华北地区则集中于京津冀和山东半岛城市群,北京、天津和济南是科技创新人才培育的高地;中部地区以中原城市群和长江中游城市群最为典型,以郑州、武汉、长沙为区域性人才高地;西部地区人才环境水平较差,高值区域仅成渝双城经济圈地区相对连片,其他地区则以省会城市为中心呈点状镶嵌,西南地区的贵阳、昆明,西北地区的兰州、乌鲁木齐及呼和浩特等,均具备建设区域级科学中心的人才基础。

由此可见,综合性国家科学中心所需的科研人才库高度集中于北京、上海、广州、南京、武汉等典型科教大市,人才环境发育具有显著的高行政等级城市指向性,相对集中于直辖市、东部省会及副省级城市,以及中西部省会城市。同时,相较于旧金山—圣何塞、伦敦、东京等全球性科学中心,北京、上海等综合性国家科学中心的人才数量已呈现领先态势,但在顶级科技人才(如诺贝尔奖获得者、高被引科学家等)引育上,仍有较大的提升空间。

2. 经济环境的空间格局

与人才环境格局类似,综合性国家科学中心城市的经济环境水平空间分布较均衡,相对集中连片分布于"胡焕庸线"以东南地区。综合性国家科学中心的经济环境与城市经济发展水平具有高度空间同构性。具体来看,以北京为核心的京津冀城市群,以上海为核心的长三角城市群,以广州和深圳为核心的粤港澳大湾区城市群,以成都和重庆为核心的成渝双城经济圈,是我国经济环境优越的城市区域。以青岛为核心的山东半岛城市群,以郑州为核心的中原城市群,以武汉、长沙为核心的长江中游城市群同样具有较高的经济发展水平,成为适宜布局建设综合性国家科学中心的优质区位(见表3-13)。但是相较于世界典型科学中心,如旧金山—圣何塞、伦敦、东京等,我国经济环境优势地区的基础研究投入比例仍不高,一定程度造成原始创新的乏力。

表 3-13　综合性国家科学中心的经济环境评价(前 40 位)

城市	经济环境	排名	城市	经济环境	排名
北京	0.849	1	常州	0.245	21
深圳	0.810	2	克拉玛依	0.233	22
上海	0.760	3	厦门	0.219	23
苏州	0.489	4	重庆	0.214	24
广州	0.472	5	大连	0.210	25
杭州	0.377	6	郑州	0.203	26
天津	0.364	7	烟台	0.200	27
武汉	0.364	8	济南	0.199	28
无锡	0.322	9	镇江	0.195	29
鄂尔多斯	0.321	10	中山	0.195	30
南京	0.313	11	包头	0.194	31
佛山	0.311	12	南通	0.194	32
宁波	0.307	13	西安	0.192	33
合肥	0.286	14	威海	0.186	34
东营	0.281	15	绍兴	0.184	35
长沙	0.272	16	福州	0.181	36
成都	0.268	17	嘉兴	0.174	37
青岛	0.261	18	大庆	0.172	38
珠海	0.261	19	淄博	0.167	39
东莞	0.249	20	扬州	0.163	40

资料来源:笔者收集整理。

3. 政策环境的空间格局

科学技术支出占公共财政支出的比重表征了当地政府对城市创新发展的政策支持力度。整体来看,地方政府的创新支持力度空间差异显著。与经济环境类似,"胡焕庸线"以东南沿海省份(山东、江苏、上海、浙江、福建、广东等)及中部地区省份(河南、安徽、江西、湖北、湖南等)整体创新政策环境较好。得益于发达的经济实力,长三角城市群、粤港澳大湾区城市群和京津冀城市群政策环境水平的空间分布呈连片集群态势,东北的哈大城市带及西南的成渝双城经济圈也呈现较好的政策环境(见表3-14)。

表3-14 综合性国家科学中心的政策环境评价(前40位)

城市	政策环境	排名	城市	政策环境	排名
合肥	1.000	1	上海	0.357	21
芜湖	0.800	2	嘉兴	0.340	22
佛山	0.722	3	绍兴	0.328	23
苏州	0.681	4	福州	0.324	24
深圳	0.574	5	马鞍山	0.324	25
株洲	0.552	6	宣城	0.318	26
珠海	0.542	7	南昌	0.317	27
广州	0.541	8	厦门	0.301	28
三亚	0.537	9	东莞	0.290	29
杭州	0.497	10	无锡	0.287	30
宁波	0.461	11	湖州	0.287	31
中山	0.454	12	郑州	0.286	32
武汉	0.452	13	洛阳	0.281	33
湘潭	0.421	14	鹰潭	0.279	34
北京	0.412	15	宜春	0.277	35
南京	0.410	16	惠州	0.275	36
铜陵	0.403	17	南通	0.271	37
蚌埠	0.385	18	贵阳	0.270	38
太原	0.384	19	江门	0.270	39
成都	0.362	20	天津	0.267	40

资料来源:笔者收集整理。

4. 创新环境的总体格局

综合性国家科学中心城市的整体建设环境水平空间分布较均衡,高值区集中分布在"胡焕庸线"以东南部,与我国经济发展水平格局高度重构,形成较显著的层级性。北京和上海作为第一梯队,拥有最完善的国家科学中心建设环境,具备建成具有全球影响力的国际级科学中心条件。长三角城市群(苏州、南京、合肥、杭州)、粤港澳大湾区城市群(广州、深圳、香港)、成渝双城经济圈(成都、重庆)和长江中游城市群(武汉、长沙)的中心城市处于第二等级,具备建成国家级科学中心的创新环境(见表3-15)。

表3-15 综合性国家科学中心的整体创新环境评价

城市	环境总评	排名	城市	环境总评	排名
北京	0.834	1	珠海	0.222	21
上海	0.607	2	青岛	0.216	22
深圳	0.550	3	福州	0.191	23
广州	0.473	4	东莞	0.189	24
苏州	0.398	5	厦门	0.184	25
武汉	0.390	6	南昌	0.179	26
合肥	0.385	7	中山	0.178	27
南京	0.359	8	大连	0.171	28
杭州	0.358	9	常州	0.169	29
天津	0.323	10	太原	0.166	30
成都	0.320	11	沈阳	0.160	31
佛山	0.293	12	株洲	0.159	32
长沙	0.266	13	烟台	0.159	33
郑州	0.253	14	绍兴	0.157	34
宁波	0.252	15	南通	0.155	35
西安	0.237	16	嘉兴	0.153	36
重庆	0.236	17	长春	0.153	37
芜湖	0.228	18	鄂尔多斯	0.147	38
无锡	0.225	19	东营	0.145	39
济南	0.223	20	镇江	0.144	40

资料来源:笔者收集整理。

然而不同城市在其创新环境构成要素上呈现显著结构性差异,具有较大的优势互补性。这意味着某些城市在某些创新环境维度上具有显著优势,而某些城市在某些环境维度则存在明显不足。其中,深圳、苏州等城市因高等教育资源的缺乏,人才环境较为弱势,但在经济环境上仍具有显著优势。同时,部分城市仍未将自身的某项优势转化为全面优势,例如合肥拥有最为优良的政策环境,但仍有待将政策优势转化为人才和经济环境优势(见表 3-16)。

表 3-16　综合性国家科学中心的建设环境评价(前 40 位)

城市	人才环境	经济环境	政策环境	环境总评	排名
北京	1.000	0.849	0.412	0.834	1
上海	0.566	0.760	0.357	0.607	2
深圳	0.289	0.810	0.574	0.550	3
广州	0.446	0.472	0.541	0.473	4
苏州	0.190	0.489	0.681	0.398	5
武汉	0.388	0.364	0.452	0.390	6
合肥	0.216	0.286	1.000	0.385	7
南京	0.381	0.313	0.410	0.359	8
杭州	0.281	0.377	0.497	0.358	9
天津	0.306	0.364	0.267	0.323	10
成都	0.352	0.268	0.362	0.320	11
佛山	0.093	0.311	0.722	0.293	12
长沙	0.262	0.272	0.263	0.266	13
郑州	0.286	0.203	0.286	0.253	14
宁波	0.110	0.307	0.461	0.252	15
西安	0.329	0.192	0.123	0.237	16
重庆	0.308	0.214	0.121	0.236	17
芜湖	0.051	0.157	0.800	0.228	18
无锡	0.106	0.322	0.287	0.225	19
济南	0.248	0.199	0.219	0.223	20
珠海	0.047	0.261	0.542	0.222	21
青岛	0.176	0.261	0.211	0.216	22
福州	0.143	0.181	0.324	0.191	23

续表

城市	人才环境	经济环境	政策环境	环境总评	排名
东莞	0.089	0.249	0.290	0.189	24
厦门	0.101	0.219	0.301	0.184	25
南昌	0.147	0.152	0.317	0.179	26
中山	0.044	0.195	0.454	0.178	27
大连	0.137	0.210	0.164	0.171	28
常州	0.076	0.245	0.215	0.169	29
太原	0.108	0.131	0.384	0.166	30
沈阳	0.165	0.159	0.150	0.160	31
株洲	0.032	0.116	0.552	0.159	32
烟台	0.080	0.200	0.252	0.159	33
绍兴	0.057	0.184	0.328	0.157	34
南通	0.068	0.194	0.271	0.155	35
嘉兴	0.053	0.174	0.340	0.153	36
长春	0.177	0.143	0.122	0.153	37
鄂尔多斯	0.009	0.321	0.076	0.147	38
东营	0.020	0.281	0.133	0.145	39
镇江	0.056	0.195	0.236	0.144	40

资料来源:笔者收集整理。

(四)综合评价格局

综上所述,综合性国家科学中心建设的基础条件空间异质性显著,具有典型的空间不均性、集聚性及层级性。从全国层面看,综合性国家科学中心建设基础的空间极化特征明显,呈现"热点孤立""大分散、小集中"的空间分布规律。仅有少数中心城市具有建设综合性国家科学中心的良好基础条件,点状散布于经济发达的国家中心城市和少数省会城市。从区域差异看,东部沿海地区的建设条件明显优于中西部地区和东北地区,高值区高度集中于长三角和粤港澳大湾区城市群,形成连片集群分布,中西部和东北地区的部分省会城市拥有较优越的建设基础条件,具备建成区域性科学中心的潜力（见表 3-17）。

表 3-17　综合性国家科学中心建设基础总评前 30 名城市

城市	主体总评	客体总评	环境总评	总评
北京	1.000	1.000	0.834	0.970
上海	0.720	0.450	0.607	0.618
南京	0.478	0.347	0.359	0.417
深圳	0.338	0.269	0.550	0.355
成都	0.431	0.209	0.320	0.344
广州	0.223	0.320	0.473	0.297
合肥	0.357	0.129	0.385	0.293
西安	0.351	0.117	0.237	0.260
武汉	0.158	0.279	0.390	0.236
杭州	0.104	0.238	0.358	0.190
天津	0.098	0.146	0.323	0.153
长沙	0.082	0.153	0.266	0.137
苏州	0.053	0.089	0.398	0.126
东莞	0.124	0.084	0.189	0.124
郑州	0.093	0.087	0.253	0.120
青岛	0.073	0.138	0.216	0.119
重庆	0.069	0.123	0.236	0.116
济南	0.094	0.028	0.223	0.097
沈阳	0.077	0.088	0.160	0.095
长春	0.073	0.096	0.153	0.094
兰州	0.103	0.055	0.099	0.088
大连	0.061	0.076	0.171	0.086
无锡	0.052	0.040	0.225	0.079
太原	0.053	0.050	0.166	0.073
昆明	0.063	0.053	0.124	0.071

续表

城市	主体总评	客体总评	环境总评	总评
哈尔滨	0.072	0.021	0.135	0.068
惠州	0.082	0.006	0.124	0.067
宁波	0.009	0.051	0.252	0.065
佛山	0.000	0.031	0.293	0.062
福州	0.011	0.062	0.191	0.059

资料来源:笔者收集整理。

1. 建设潜力分析

(1)北京、上海、粤港澳大湾区具备建设世界级科学中心的基础条件

北京、上海、粤港澳大湾区拥有高度集聚的创新主体,具有国内顶级的知识生产和技术创新能力,以及优越的人才、经济、市场、政策资源,同时具备高度的国际化程度和对外交流水平(刘冬梅和赵成伟,2023)[1],宜在现有基础上不断扩大影响力,建成世界级的科学中心城市,成为国家建设世界主要科学中心的知识创新枢纽。

北京、上海、粤港澳大湾区在全球科学研究领域均处于较高位势,已经具备良好的基础条件,未来在建设世界级科学中心的过程中应在"增量"的同时更加注重"提质"。结合华东师范大学全球创新与发展研究院发布的《全球科技创新中心 100 强(2023)》报告来看,在"科学研究全球引领力"指标(包含世界一流高校数量、世界一流研究机构数量、国际权威论文发表量、高被引论文发表量、国际权威论文国际引用量、科学论文国际合作量、高被引论文国际引用量等指标)中,北京、上海、广州、深圳在全球城市榜单中分列第 1、12、23、31位。可见,基于数量评估,北京、上海、广州、深圳四大国家科学中心已初步成为全球性的科学中心。

---

① 刘冬梅、赵成伟:《科技创新中心建设的内涵、实践与政策走向》,《中国科技论坛》2023年第 5 期。

与其他世界级科学中心相比,在科研主体方面,北京的优势较为突出,上海、深圳、广州等城市则比较缺乏具有顶级竞争力的科研主体。北京的优势在于极为富集的世界一流高校和世界一流研究机构,拥有 10 所世界一流高校(以 2022 软科世界大学学术排名前 300 名统计)和 8 家世界一流研究机构(以 Nature Index 发布的世界研究机构百强统计),其总数在全球知名科学中心排行榜中位列第 1。而上海拥有 0 家世界一流科研机构,5 家世界一流高校,广州、深圳在科研主体方面更为缺乏。因此,与世界典型科学中心相比,粤港澳大湾区的劣势在于较少数量的一流高校和科研机构,而上海的劣势在于缺乏世界一流科研机构。近年来,上海、粤港澳大湾区等地在高校和科研机构建设上不断发力,但建设世界级科学中心更要求具有引领性的科研主体,因而打造具有全球引领作用的科研主体成为重中之重。

从客体产出来看,北京、上海、广州、深圳在全球均处于领先位置。结合国际权威论文(发表在 Nature、Science 和 Cell 学术期刊上的论文)发表量和高被引论文(发表于 Web of Science 核心库中的高被引论文)发表量,北京拥有全球最多的国际权威论文发表量,而上海仅次于波士顿和纽约位列第 4,广州、深圳在全球的领先位势不突出,但在亚洲具有较显著优势。从科研论文的国际影响力来看,北京、上海、广州、深圳在全球的领先位势不突出。通过国际权威论文引用量、科学论文国际合作量和高被引论文国际引用量等 3 个指标来衡量城市的国际科技合作水平,发现上述四个城市在亚洲范围内具有明显的数量优势,但显著落后于旧金山—圣何塞、纽约、伦敦等其他欧美科学中心。因此,打造世界级的科学中心,北京、上海、粤港澳大湾区需不断扩展对外合作深度、强度和广度,扩大自身的国际影响力。

(2)合肥和西安适宜打造国家级科学中心,南京、成都、武汉等城市具有潜力成长为国家级科学中心

现有的合肥、西安综合性国家科学中心具有良好的建设基础,适宜打造成为国家级科学中心。但与北京、上海及粤港澳大湾区相比,合肥和西安的国家

科学中心建设水平存在明显的不足:从主体集聚来看,合肥和西安均设有较多的大科学装置,但合肥在高水平大学、国家科研机构及科技领军企业等战略科技力量建设方面较为缺乏,西安则在国家实验室、国家科研机构及科技领军企业方面规模不足。从客体生产来看,与其他城市相比,合肥和西安在前沿知识产出和关键技术攻关方面创新竞争力不够。从环境建设来看,合肥的市场环境,西安的经济和政策环境较为不足。

南京、成都、武汉等省会城市在创新主体、客体、环境各维度及综合评价方面均有较高的得分,具有建设综合性国家科学中心良好的基础条件。其中,南京适宜突出比较优势,协同上海、合肥共建长三角世界级综合性国家科学中心集群。武汉设立综合性国家科学中心,有利于充分利用其雄厚的科研资源和设施,发挥其"九省通衢"的区位优势,建成中部具有引领性和集散性的科学创新引擎。成都同样具有良好的科学中心建设条件,建立综合性国家科学中心有利于西南地区创新协同发展。此外,山东半岛、东北地区等部分中心城市地理邻近、集聚成群、科教资源雄厚,宜复制粤港澳大湾区模式,协同打造综合性国家科学中心。

2. 建设问题诊断

(1)多主体分布错位。多个创新主体与客体及环境发展的空间格局相互错位。从城市来看,国家实验室、国家科研机构和"双一流"高校受历史和行政影响大,高度集中于直辖市和省会城市,与现有经济和科技发展格局不匹配,如深圳、苏州等创新型城市缺乏其经济发展所需要的基础科教资源,给城市的创新发展带来掣肘,而中西部部分城市拥有丰富的科教资源,但不具备良好的经济发展水平,造成多主体的集聚和协同创新能力不足,高科技人才等创新资源逐渐向东部地区外流。

此外,多主体之间的空间分布相互错位,并未形成有效的协同聚集。不同创新主体及平台未形成有效联动,大科学装置的集散带动能力不足,多主体未形成基于大科学装置的空间集聚态势。科技领军企业受经济因素主导,集中分布于东中部的经济发达城市，难以充分实现与西部大科学装置、国家实验室、国家科研机构和"双一流"高校的协同发展。

（2）功能结构不完善。综合性国家科学中心的功能分工不够明确，前沿科学研究领域有所重复，学科交叉特性有待增强。现有或潜在综合性国家科学中心的主体类型及其研究领域集中于高能物理、生物医学、计算机等学科领域，其功能定位不突出，未形成有效的地域分工。不同学科领域内未产生较强的主体关联集聚，未形成良好的学科交叉，亟须结合现有基础，制定自上而下、多能级多功能联动的科学中心分工体系。

（3）环境支撑存在短板。已获批或潜在的综合性国家科学中心城市的部分环境存在明显短板。综合性国家科学中心所依赖的领军人才聚集于经济发达的北京、上海、南京、武汉、广州等国家中心城市。作为重要科技创新中心的深圳仍然面临高等教育资源和研究机构不足问题，已获批的合肥和西安国家科学中心因经济发展水平相对不足，导致综合性国家科学中心建设所需的人才集聚、经济发展、市场活力和政策支撑等创新环境存在不足，亟待在"锻长板"的同时"补短板"，着力解决某一创新资源缺失形成的发展掣肘（见表3-17）。

（4）布局体系有待优化。一是，目前的综合性国家科学中心数量较少，国内优质创新资源未得到充分利用。既有获批建设的综合性国家中心仅有北京怀柔、上海张江、安徽合肥、粤港澳大湾区和陕西西安五家，数量较少，未形成以点带面的联动格局。二是，综合性国家科学中心的区域布局亦不够合理，高度集中于东部沿海地区。三是，综合性国家科学中心的多层级体系尚未形成。目前国家明确了五家国家级科学中心和成渝区域级科学中心定位，但区域级科学中心数量较少，等级体系尚不完善，需强调多学科领域分工协作，形成梯次联动的区域级、国家级、全球级等不同等级和功能定位的科学中心体系。

二、区域性创新高地建设基础的空间格局

根据区域性创新高地建设评价指标体系,从主体、客体和环境三个维度评估区域性创新高地建设基础条件,科学评估各城市建设区域性创新高地的综合潜力,并解析区域性创新高地空间布局和功能定位存在的主要问题,从而为区域性创新高地的布局优化提供参考。

(一)主体空间格局

1. 技术研发主体的空间格局

与综合性国家科学中心主体格局类似,区域性创新高地的企业序列主体主要分布在"胡焕庸线"以东南地区,沿东部沿海连绵带状伸展,沿长江经济带断续块状分布,形成京津冀城市群、长三角城市群、粤港澳大湾区城市群、山东半岛城市群等多个区域性创新高地集群,部分高科技企业集聚区呈点状镶嵌于中西部省会城市或直辖市。

相较企业主体,区域性创新高地的科研机构及高校序列主体空间分布高度集聚,呈点状结构,以创新增长极形式,高度集中于东南沿海的直辖市、省会城市、计划单列市等高行政等级城市。其中,科研机构序列的空间集聚程度相较高校更为显著,高度集中于国家政治中心——北京,上海位列其次,但与北京差距明显。得益于"强省会"战略,南京、武汉、西安、成都、沈阳、长春、广州、昆明等省会城市的科研机构规模占据一定优势,但并不突出。高校序列布局与科研机构存在一定程度的空间同配性(Spatial Assortativity),但相较科研机构分布均衡。北京仍是"双一流"高校集聚地,上海和南京紧随其后。哈尔滨、武汉、长沙、西安、成都、广州等省会城市也拥有相对较多的高校主体。

整体来看,技术研发主体分布较为集中的城市主要分布在"胡焕庸线"以东南地区,集聚成片散布于京津都市圈、山东半岛城市群、长三角城市群、粤港澳大湾区城市群和成渝双城经济圈,发育呈较明显的等级层次性。北

京和上海位于第一层级,天津、青岛、南京、合肥、杭州、武汉、西安、成都、重庆、广州、深圳位于第二层级,上述城市归因于新中国成立后的高校及科研机构重组布局(罗雪,2022;刘承良,2023),拥有最为集中的技术研发主体(见表3-18)。

表3-18　区域性创新高地技术研发主体评价(2023年,前40位)

城市	企业	科研机构	高校	技术研发主体	排名	城市	企业	科研机构	高校	技术研发主体	排名
北京	1.000	1.000	1.000	1.000	1	无锡	0.140	0.000	0.048	0.108	21
上海	0.876	0.395	0.476	0.751	2	佛山	0.140	0.000	0.000	0.100	22
天津	0.463	0.026	0.286	0.378	3	太原	0.124	0.026	0.048	0.099	23
成都	0.347	0.079	0.333	0.309	4	烟台	0.132	0.026	0.000	0.098	24
武汉	0.314	0.132	0.286	0.285	5	大连	0.099	0.026	0.095	0.089	25
合肥	0.347	0.026	0.143	0.273	6	台州	0.124	0.000	0.000	0.089	26
杭州	0.339	0.000	0.048	0.249	7	洛阳	0.124	0.000	0.000	0.089	27
广州	0.273	0.132	0.238	0.249	8	贵阳	0.107	0.026	0.048	0.087	28
重庆	0.298	0.026	0.095	0.231	9	昆明	0.091	0.079	0.048	0.083	29
南京	0.174	0.132	0.571	0.229	10	潍坊	0.116	0.000	0.000	0.083	30
青岛	0.289	0.053	0.095	0.228	11	福州	0.099	0.026	0.048	0.082	31
深圳	0.306	0.026	0.000	0.222	12	芜湖	0.107	0.000	0.000	0.077	32
西安	0.207	0.079	0.333	0.209	13	哈尔滨	0.066	0.000	0.190	0.076	33
长沙	0.198	0.026	0.190	0.174	14	石家庄	0.099	0.026	0.000	0.074	34
苏州	0.215	0.053	0.048	0.168	15	乌鲁木齐	0.074	0.079	0.048	0.071	35
济南	0.215	0.000	0.048	0.161	16	襄阳	0.099	0.000	0.000	0.071	36
宁波	0.207	0.026	0.048	0.158	17	绍兴	0.091	0.000	0.000	0.065	37
厦门	0.207	0.026	0.048	0.158	18	淄博	0.091	0.000	0.000	0.065	38
郑州	0.165	0.000	0.048	0.125	19	株洲	0.091	0.000	0.000	0.065	39
沈阳	0.116	0.132	0.095	0.115	20	长春	0.050	0.105	0.095	0.064	40

资料来源:笔者收集整理。

2. 技术应用主体的空间格局

技术应用主体(上市高新技术企业)与技术研发主体的空间分布存在一定程度的同构,但分布更为极化和集聚。整体来看,技术应用主体高度集中在京津冀城市群、长三角城市群、粤港澳大湾区城市群及山东半岛城市群,同时在东北地区和中西部地区的省会城市或经济强市相对集中(见表3-19)。

表 3-19　区域性创新高地技术应用主体评价(2023 年,前 40 位)

城市	技术应用主体	排名	城市	技术应用主体	排名	城市	技术应用主体	排名	城市	技术应用主体	排名
北京	1.000	1	佛山	0.092	11	南通	0.055	21	石家庄	0.036	31
深圳	0.520	2	宁波	0.090	12	西安	0.054	22	中山	0.036	32
上海	0.464	3	成都	0.083	13	福州	0.049	23	保定	0.035	33
杭州	0.223	4	绍兴	0.079	14	汕头	0.046	24	东莞	0.032	34
广州	0.182	5	青岛	0.075	15	南昌	0.044	25	大连	0.031	35
南京	0.169	6	厦门	0.074	16	常州	0.043	26	洛阳	0.031	36
苏州	0.161	7	无锡	0.074	17	郑州	0.041	27	烟台	0.030	37
武汉	0.116	8	台州	0.071	18	哈尔滨	0.039	28	沈阳	0.030	38
长沙	0.098	9	合肥	0.070	19	贵阳	0.039	29	嘉兴	0.029	39
天津	0.096	10	珠海	0.062	20	金华	0.038	30	长春	0.028	40

资料来源:笔者收集整理。

从城域分布来看,技术应用主体具有显著的经济指向性,高度集中在经济和科技发达的北京、上海、深圳三大国际科技创新中心,南京、苏州、杭州、广州等区域性创新高地凭借雄厚的产业基础和良好的区位条件,也聚集了大量的上市高新技术企业。

3. 创新主体的总体格局

总的来看,区域性创新高地的核心主体主要分布于沿海经济带和长江经济带。两大经济带沿线创新经济发达和行政等级较高的中心城市是技术创新主体集聚的热点城市,相应集聚形成京津都市圈、山东半岛城市群、长三角城市群、粤港澳大湾区城市群等四大国家级创新高地集群。这些城市的技术创新主体规模差异较显著,发育呈典型的层级性:北京和上海汇集了大量的技术研发力量和技术应用主体,位于第一层级;天津、青岛、苏州、南京、合肥、杭州、武汉、长沙、西安、成都、重庆、广州、深圳位列第二层级,是所在城市群的创新主体集聚枢纽和人才高地。

比较来看,技术研发主体和技术应用主体的空间分布大致同构,但存在一定程度的空间错位(Spatial Disassortativity)。与技术研发主体相比,技术应用主体区位布局具有典型的经济指向性,与区域经济发展水平密切相关,其空间分布更加偏向东部沿海地区,尤其是京津都市圈、长三角城市群和粤港澳大湾区城市群三大国家经济增长引擎。技术研发主体与技术应用主体的分布错位是历史因素、行政因素和经济因素叠加的结果,在一定程度上加宽了全国层面技术研发与技术应用之间的鸿沟。

尽管不同类型的创新主体在空间分布上大致趋于同构,但不同城市的主体类型结构存在较大不同。与旧金山—圣何塞、东京、伦敦等城市区域对比发现,上述世界典型创新高地的创新主体丰富度较高、种类较全、创新链条较完善,而我国除北京、上海等创新主体富集的创新高地外,大多具有成为区域性创新高地潜力的城市均在多类型创新主体上呈现不均衡的特征。深圳、苏州、杭州等区域性创新高地在以企业为主导的技术型创新主体方面具有巨大优势,但十分缺乏科研机构、研究型大学等科教型创新主体;天津、合肥、青岛等创新型城市拥有较多的技术研发主体,却较为缺乏技术应用主体。不同类型的主体发挥不同的功能,单一主体的缺失可能制约区域性创新高地的创新效能(见表3-20)。未来在区域性创新高地布局建设时,需加强多类型创新主体协同布局,同时推进跨区域协同创新网络的建构和发展。

表 3-20　区域性创新高地的主体总评前 30 位城市（2023 年）

城市	企业	科研机构	高校	技术研发主体	技术应用主体	主体总评
北京	1.000	1.000	1.000	1.000	1.000	1.000
上海	0.876	0.395	0.476	0.751	0.464	0.661
深圳	0.306	0.026	0.000	0.222	0.520	0.315
天津	0.463	0.026	0.286	0.378	0.096	0.290
杭州	0.339	0.000	0.048	0.249	0.223	0.241
成都	0.347	0.079	0.333	0.309	0.083	0.239
武汉	0.314	0.132	0.286	0.285	0.116	0.233
广州	0.273	0.132	0.238	0.249	0.182	0.228
南京	0.174	0.132	0.571	0.229	0.169	0.210
合肥	0.347	0.026	0.143	0.273	0.070	0.210
青岛	0.289	0.053	0.095	0.228	0.075	0.180
重庆	0.298	0.026	0.095	0.231	0.027	0.167
苏州	0.215	0.053	0.048	0.168	0.161	0.166
西安	0.207	0.079	0.333	0.209	0.054	0.161
长沙	0.198	0.026	0.190	0.174	0.098	0.151
宁波	0.207	0.026	0.048	0.158	0.090	0.137
厦门	0.207	0.026	0.048	0.158	0.074	0.132
济南	0.215	0.000	0.048	0.161	0.024	0.118
郑州	0.165	0.000	0.048	0.125	0.041	0.099
佛山	0.140	0.000	0.000	0.100	0.092	0.098
无锡	0.140	0.000	0.048	0.108	0.074	0.097
沈阳	0.116	0.132	0.095	0.115	0.030	0.088
台州	0.124	0.000	0.000	0.089	0.071	0.083
烟台	0.132	0.026	0.000	0.098	0.030	0.077
太原	0.124	0.026	0.048	0.099	0.015	0.073
贵阳	0.107	0.026	0.048	0.087	0.039	0.072
福州	0.099	0.026	0.048	0.082	0.049	0.071
大连	0.099	0.026	0.095	0.089	0.031	0.071
洛阳	0.124	0.000	0.000	0.089	0.031	0.071
绍兴	0.091	0.000	0.000	0.065	0.079	0.069

资料来源：笔者收集整理。

（二）客体空间格局

1. 技术规模的空间格局

技术生产空间高度集中于东部沿海地区的发达城市,以京津冀城市群、山东半岛城市群、长三角城市群和粤港澳大湾区城市群为聚集区,形成面状分布,在中西部的高行政等级或经济发达城市则呈点状分布。区域性创新高地城市体系呈现显著的等级层次性特征,北京、上海、深圳位居我国技术生产的第一等级,是全国性的创新高地;南京、苏州、无锡、杭州、合肥、武汉、长沙、西安、广州、东莞、成都、重庆位列第二等级,属于区域级的创新高地(见表3-21)。通过数据统计发现,北京、上海、深圳等城市已在全球专利合作条约的专利申请量、授权量上与旧金山—圣何塞、东京、伦敦、巴黎等世界典型创新高地形成竞争态势。

表 3-21　区域性创新高地的技术生产评价（2019 年,前 50 位）

城市	专利数量	排名	城市	专利数量	排名
北京	1.000	1	福州	0.059	26
上海	0.480	2	大连	0.059	27
深圳	0.463	3	温州	0.056	28
苏州	0.260	4	芜湖	0.055	29
重庆	0.247	5	南通	0.053	30
南京	0.229	6	长春	0.052	31
杭州	0.223	7	绍兴	0.048	32
广州	0.202	8	厦门	0.048	33
成都	0.174	9	珠海	0.047	34
武汉	0.172	10	泉州	0.044	35
西安	0.170	11	湖州	0.043	36
青岛	0.135	12	台州	0.042	37
天津	0.130	13	昆明	0.040	38
宁波	0.125	14	太原	0.039	39
无锡	0.124	15	嘉兴	0.038	40

续表

城市	专利数量	排名	城市	专利数量	排名
济南	0.115	16	洛阳	0.037	41
长沙	0.109	17	徐州	0.036	42
合肥	0.104	18	南宁	0.035	43
东莞	0.100	19	潍坊	0.032	44
哈尔滨	0.089	20	中山	0.031	45
佛山	0.082	21	烟台	0.030	46
沈阳	0.071	22	石家庄	0.030	47
常州	0.065	23	金华	0.028	48
镇江	0.062	24	惠州	0.028	49
郑州	0.060	25	淄博	0.027	50

资料来源:笔者收集整理。

2. 技术领域的空间格局

全域尺度上,不同门类专利技术的空间分布呈显著同构性:大致呈现由东部向中西部梯度递减特征;空间极化明显,高度集中于东部沿海地区和中西部地区的国家中心城市和若干省会城市,相对集聚形成京津冀、长三角、粤港澳大湾区和成渝四大创新型城市群(见表3—22)。

表3—22 区域性创新高地的专利生产类型格局(2019年,前30位)

地名	A	B	C	D	E	F	G	H	总和
北京	1819	5549	6766	178	2050	2250	19927	14593	53132
深圳	1001	2081	1121	50	328	765	8327	12402	26075
上海	1397	3216	3189	322	956	1202	5965	6487	22734
南京	696	1593	1998	76	506	651	4033	2836	12389
广州	1366	1741	2236	142	362	514	3115	2753	12229
武汉	563	1735	1963	93	604	621	3674	2502	11755
杭州	904	1668	1612	193	444	731	3321	2878	11751
成都	711	1009	1357	35	622	329	2828	2302	9193

地名	A	B	C	D	E	F	G	H	总和
西安	318	1132	1197	66	422	560	3221	2117	9033
苏州	643	1993	1158	198	201	462	1678	1996	8329
东莞	187	1155	579	66	72	292	2145	3510	8006
青岛	628	1020	946	376	412	1557	1738	1025	7702
重庆	722	2089	741	41	443	568	1365	1019	6988
合肥	286	1335	630	36	292	714	1414	1280	5987
长沙	367	997	1105	46	297	340	1298	782	5232
宁波	433	1536	638	125	222	621	683	819	5077
天津	329	863	1053	52	309	316	1310	790	5022
济南	496	690	1147	50	275	234	1342	616	4850
佛山	546	867	467	130	177	1236	468	693	4584
无锡	238	838	1083	401	110	286	631	720	4307
温州	576	1274	284	76	419	375	343	541	3888
哈尔滨	283	637	533	21	83	254	1131	488	3430
福州	320	520	752	48	117	120	857	654	3388
沈阳	183	680	800	6	120	263	881	420	3353
珠海	161	318	129	67	43	1095	760	749	3322
绍兴	440	1041	362	180	296	449	240	289	3297
台州	404	1120	347	173	194	362	221	253	3074
郑州	306	467	629	31	222	179	650	414	2898
大连	143	596	596	40	76	163	836	360	2810
厦门	169	357	455	31	77	117	902	561	2669

注:A.人类生活必需品;B.作业、运输;C.化学、冶金;D.纺织、造纸;E.固定建筑物;F.机械工程、照明、加热、武器、爆破;G.物理;H.电学。

资料来源:笔者收集整理。

局域尺度上,不同技术门类专利布局存在一定差异性和地域分工:北京、上海等少部分"领头羊"城市发育为复合型区域性创新高地,在多个技术门类具有垄断性和引领性地位;大部分城市只在个别技术生产门类拥有特定的比较优势,形成较高专业化地域分工。不同技术门类区位选择多取决于城市的创新环境水平,与城市的科研基础设施及创新资源的独特性相关。如,光、声、电等测量及计算装置专利高度集中在少数一线城市和若干拥有较多物理类高校、科研机构或大科学装置的地区(见表3-22)。具体来看:

(1)A类专利为人类生活必需品,主要包括农林牧渔、服装鞋帽、医药卫生等领域。以北京、上海、广州为国家级创新高地,主要集中分布于东部沿海地区,形成京津都市圈—山东半岛城市群—长三角城市群高度连绵的技术创新高地集群;而中西部的武汉、成都等省会城市在此领域的产业基础较好,已成长为区域级的创新高地。

(2)B类专利为作业运输,主要包括机床加工、交通运输等领域。以北京、重庆、武汉、长三角城市群、粤港澳大湾区城市群为国家级创新高地。其中,北京独占第一层级,长三角地区的上海、苏州、南京、杭州、宁波,粤港澳大湾区的广州、深圳、香港,以及中西部的武汉、成都,位列第二层级,是我国作业运输领域技术生产高地。

(3)C类专利为化学冶金,主要包括各类化工产品制备。相较于前两者,该领域的专利生产空间极化现象更为突出,高度集中于国家中心城市。以北京为第一层级,上海、南京、武汉、广州为第二层级,其他城市专利生产量相对较少,地处边缘地位。

(4)D类为纺织造纸,包括相关制造设备和制造工艺。其专利生产形成显著的东西地带性差异,在东部沿海地区形成连绵片状展布,相对集中于京津冀城市群、山东半岛城市群、长三角城市群,以及福建和广东部分沿海地区,而广大中西部和东北地区成为此领域技术创新洼地。与此同时,该领域专利规模也发育出典型的层级性,涌现少数具有引领地位的国家级创新高地。其中,青岛、上海、无锡地处第一层级,北京、南通、苏州、嘉兴、绍兴、杭州、宁波、台州、广州、佛山位列第二层级。

(5)E类为固定建筑物,以土木工程为主。其专利生产规模以北京为第一层级,青岛、徐州、南京、上海、杭州、温州、武汉、西安、成都、重庆为第二等级。相对集中分布于京津都市圈、山东半岛城市群、长三角城市群,呈较高程度的连绵分布。

(6)F类为机械工程,主要包括照明、加热、武器、爆破等各类机械设备。以北京、青岛、上海、佛山为第一等级,苏州、南京、合肥、宁波、绍兴、杭州、武汉、西安、重庆、广州、深圳为第二等级。长三角城市群形成垄断地位,呈现连片集群分布特征;京津冀城市群、山东半岛城市群、粤港澳大湾区城市群和中西部若干省会城市也具有较大规模,形成比较优势。

(7)G类为物理,主要包含光、声、电等的测量、计算装置。空间极化现象最为突出,高度集中于经济发达的国家中心城市,以北京为第一层级,以上海、深圳为第二层级,南京、杭州、广州、深圳、西安、成都等若干城市位居第三层级。

(8)H类为电学,主要包含各类电路元器件等。仍以东部沿海地区为主体,形成京津冀城市群—山东半岛城市群—长三角城市群—粤闽浙沿海城市群—粤港澳大湾区城市群的集成电路技术创新带。该创新带包括北京、深圳等第一层级枢纽,以及上海、苏州、南京、杭州、武汉、西安、成都、广州、东莞等第二层级枢纽。

(三) 环境建设格局

1. 科教资源环境的空间格局

区域性创新高地的科教资源环境水平空间分布不均,高值区锁定于"胡焕庸线"以东南地区,培育出少数具有良好科技资源条件的创新增长极。作为科教资源主体,高校和科研机构布局受行政因素影响较大,高度集中于直辖市和省会城市等高行政等级城市。其中,首都北京集中了全国最丰富的科教资源,在数量和质量上遥遥领先于其他城市。南京、上海、武汉、广州等中心城市也拥有较雄厚的科研资源和设施。这种不均衡分布特征赋予了北京、上海、南京、武汉、广州等城市源源不断的创新发展动力,也造成了苏州、深圳等新兴城市科教资源不足的困境(柳卸林等,2021)①(见表3-23)。近年来,苏州、深圳等新兴城市在科教资源建设上不断发力,通过培育本地高校、引入外地高校等方式,快速推动科教资源环境的建设。

表 3-23　区域性创新高地的科教资源环境评价(前 30 位)

城市	科教资源总评	排名	城市	科教资源总评	排名
北京	1.000	1	郑州	0.140	16
上海	0.453	2	大连	0.121	17
南京	0.363	3	南昌	0.110	18
武汉	0.329	4	昆明	0.109	19
广州	0.287	5	深圳	0.107	20
天津	0.231	6	哈尔滨	0.103	21
杭州	0.229	7	太原	0.086	22
成都	0.221	8	兰州	0.084	23
长沙	0.211	9	贵阳	0.084	24
重庆	0.184	10	济南	0.083	25
沈阳	0.167	11	福州	0.066	26
青岛	0.158	12	苏州	0.064	27
西安	0.148	13	石家庄	0.062	28
合肥	0.145	14	烟台	0.056	29
长春	0.144	15	厦门	0.055	30

资料来源:笔者收集整理。

2. 产业发展环境的空间格局

与科教资源环境格局类同,区域性创新高地产业发展环境水平空间分布也不均衡,高值区仍然集中于东部沿海地区,并零散分布于中西部和东北地区的主要省会城市。与全国经济发展水平同构,区域性创新高地产业发展环境较优城市相对集聚成群,高度集中于京津冀城市群、山东半岛城市群、长三角城市群、

① 柳卸林、杨博旭、肖楠:《我国区域创新能力变化的新特征、新趋势》,《中国科学院院刊》2021 年第 1 期。

粤港澳大湾区城市群等东部沿海地带,西部的成渝双城经济圈和东部的粤闽浙沿海城市群,整体也具有较好的产业基础,成为区域级创新高地(见表3-24)。

表3-24　区域性创新高地的产业发展环境评价(前30位)

城市	产业发展总评	排名	城市	产业发展总评	排名
上海	0.782	1	南通	0.293	16
深圳	0.664	2	成都	0.286	17
北京	0.651	3	郑州	0.285	18
东莞	0.648	4	南京	0.277	19
苏州	0.593	5	徐州	0.262	20
天津	0.557	6	潍坊	0.261	21
重庆	0.480	7	常州	0.261	22
佛山	0.406	8	长沙	0.253	23
广州	0.403	9	东营	0.245	24
青岛	0.343	10	泰州	0.239	25
烟台	0.323	11	淄博	0.235	26
无锡	0.311	12	泉州	0.234	27
杭州	0.303	13	合肥	0.225	28
武汉	0.303	14	临沂	0.208	29
宁波	0.302	15	石家庄	0.203	30

资料来源:笔者收集整理。

区域性创新高地所在城市产业基础呈位序——规模分布,具有典型的层级性。北京、天津、上海、苏州、深圳、东莞、重庆属于第一等级,具有支撑区域性创新高地建设的优越产业发展条件。长三角城市群和粤港澳大湾区城市群的其他核心城市,山东半岛城市群的青岛和烟台,中部地区的郑州、武汉、长沙等省会城市,西部地区的成都,位列第二等级,也具有夯实的产业基础和较高的研发投入。

放眼全球,完备的产业链条和雄厚的工业基础是我国参与全球分工的巨大优势,也是我国区域性创新高地参与国际科技和产业竞争的坚实基底。相较于旧金山—圣何塞、纽约、伦敦等世界级传统创新高地不断去工业化所导致的"空心化"现状,北京、上海、广州、深圳等区域性创新高地城市,其自身或周边地区拥有全球领先的工业发展基础,是其建设世界级创新高地、参与全球科技竞争的有利条件。

3. 市场活力环境的空间格局

区域性创新高地市场活力环境的空间差异显著,高值区主要分布在京津冀城市群、山东半岛城市群、长三角城市群及粤港澳大湾区城市群等东部沿海地区,上述区域市场化程度高,工商业基础雄厚,创新创业氛围浓郁,仍是我国市场竞争力最高的产业集聚区,广泛培育了具有市场竞争力的区域性创新高地。其中,北京、上海、广州、深圳在全国处于领先位置,天津、苏州、杭州、宁波、厦门、成都、重庆等省会城市和直辖市紧随其后,为区域性创新高地建设提供了良好的市场环境(见表3-25)。

表3-25 区域性创新高地的市场活力环境评价(前30位)

城市	市场活力总评	排名	城市	市场活力总评	排名
北京	0.994	1	佛山	0.156	16
上海	0.615	2	宁波	0.154	17
广州	0.515	3	温州	0.152	18
深圳	0.443	4	金华	0.148	19
重庆	0.274	5	西安	0.148	20
成都	0.271	6	东莞	0.146	21
杭州	0.270	7	济南	0.144	22
苏州	0.213	8	福州	0.139	23
武汉	0.196	9	无锡	0.122	24
南京	0.194	10	哈尔滨	0.121	25
天津	0.183	11	沈阳	0.117	26
郑州	0.178	12	合肥	0.116	27
泉州	0.168	13	石家庄	0.107	28
青岛	0.160	14	厦门	0.102	29
长沙	0.160	15	大连	0.101	30

资料来源:笔者收集整理。

与世界其他地区相比,我国巨大的人口规模和消费潜力,为区域性创新高地造就了良好的市场条件。特别是北京、上海、广州、深圳等国家中心城市,及其所处的城市群地区,均是我国产业较为发达、人口较为集中的地区,市场活跃,是其参与全球创新高地竞争的优势所在。

4. 开放创新环境的空间格局

我国城市开放创新环境水平空间分布高度不均,高值区仍然集聚于东南部沿海地区,尤其是长三角城市群、京津都市圈、粤港澳大湾区城市群及粤闽浙沿海城市群,与城市的产业创新能力和对外开放程度高度相关。其中,北京、上海、广州、深圳具有最高的对外创新联系,开放程度较高,在融入全球创新网络和驱动国家创新体系中均扮演着核心枢纽的作用(刘承良和闫姗姗,2022;王帮娟等,2023①)。此外,天津、青岛、徐州、南通、苏州、南京、绍兴、嘉兴、杭州、泉州、东莞、佛山等沿海创新型城市,以及合肥、武汉、成都、重庆等内陆中心城市也具有较高的开放创新度(见表3-26)。

表3-26 区域性创新高地的开放创新环境评价(前30位)

城市	开放创新总评	排名	城市	开放创新总评	排名
北京	0.915	1	武汉	0.159	16
深圳	0.548	2	合肥	0.158	17
广州	0.545	3	东莞	0.155	18
上海	0.481	4	徐州	0.151	19
重庆	0.278	5	嘉兴	0.148	20
南京	0.255	6	台州	0.143	21
天津	0.242	7	湖州	0.134	22
苏州	0.210	8	宁波	0.127	23
南通	0.209	9	泰州	0.126	24
成都	0.203	10	中山	0.122	25

---

① 王帮娟、王涛、刘承良:《中国技术转移枢纽及其网络腹地的时空演化》,《地理学报》2023年第2期。

城市	开放创新总评	排名	城市	开放创新总评	排名
绍兴	0.199	11	长沙	0.121	26
佛山	0.198	12	温州	0.109	27
杭州	0.182	13	南昌	0.108	28
泉州	0.172	14	无锡	0.101	29
青岛	0.167	15	蚌埠	0.099	30

资料来源:笔者收集整理。

综合技术合作、技术转移、专利引用等数据发现,北京、上海、广州、深圳等区域性创新高地的开放创新和辐射带动作用主要面向国内城市,与纽约、伦敦、东京、巴黎等世界典型创新高地相比,其融入全球创新网络的程度仍然不高。

5. 政策支撑环境的空间格局

随着创新驱动发展战略的深入推进,各地政府均不断努力优化本地创新环境和提升本地创新能力,因而建设区域性创新高地的政策支撑环境普遍向好。宏观上,政策支撑力度较大的城市基本位于"胡焕庸线"以东南沿海发达地区,高度集中于京津冀、长三角、粤港澳大湾区等东部沿海城市群,以及西部的成渝双城经济圈。微观上,经济发达或行政等级较高的城市拥有较优的政策支撑条件,北京、天津、上海、南京、杭州、广州、深圳、合肥、武汉、西安、成都、重庆等直辖市和省会城市具有良好的政策支撑条件,在科技研发投入、高新技术开发区建设等方面均处于领先位势(见表3-27)。

表3-27　区域性创新高地的政策支撑环境评价(前30位)

城市	政策支撑总评	排名	城市	政策支撑总评	排名
上海	0.799024	1	苏州	0.428756	16
重庆	0.711758	2	福州	0.407834	17
北京	0.652232	3	太原	0.394002	18

城市	政策支撑总评	排名	城市	政策支撑总评	排名
天津	0.648078	4	沈阳	0.377447	19
广州	0.605029	5	哈尔滨	0.375925	20
武汉	0.589183	6	长春	0.368667	21
杭州	0.538803	7	珠海	0.359186	22
深圳	0.492145	8	厦门	0.357742	23
宁波	0.491118	9	大连	0.356632	24
合肥	0.475336	10	长沙	0.351684	25
芜湖	0.473447	11	中山	0.342515	26
南京	0.469975	12	济南	0.338361	27
成都	0.467438	13	嘉兴	0.328669	28
西安	0.45333	14	绍兴	0.324581	29
青岛	0.436024	15	贵阳	0.313481	30

资料来源:笔者收集整理。

6. 总体环境建设的空间格局

总体来看,我国区域性创新高地的建设环境水平空间差异显著,高值区基本位于东部沿海地区,京津冀城市群、长三角城市群和粤港澳大湾区城市群等城市区域具备优越的区域性创新高地建设条件。合肥、武汉、长沙、重庆、成都等内陆省会城市整体创新环境较为良好,具有成长为区域性创新高地的良好潜力(见表3-28)。

表3-28　区域性创新高地的创新环境综合评价(前30位)

城市	科教资源	产业发展	市场活力	开放创新	政策支撑	环境总评	排名
北京	1.000	0.651	0.994	0.915	0.652	0.792	1
上海	0.453	0.782	0.615	0.481	0.799	0.611	2
深圳	0.107	0.664	0.443	0.548	0.492	0.450	3
广州	0.287	0.403	0.515	0.545	0.605	0.440	4
重庆	0.184	0.480	0.274	0.278	0.712	0.366	5
天津	0.231	0.557	0.183	0.242	0.648	0.355	6

城市	科教资源	产业发展	市场活力	开放创新	政策支撑	环境总评	排名
苏州	0.064	0.593	0.213	0.210	0.429	0.300	7
杭州	0.229	0.303	0.270	0.182	0.539	0.295	8
武汉	0.329	0.303	0.196	0.159	0.589	0.292	9
东莞	0.019	0.648	0.146	0.155	0.246	0.286	10
南京	0.363	0.277	0.194	0.255	0.470	0.285	11
成都	0.221	0.286	0.271	0.203	0.467	0.278	12
青岛	0.158	0.343	0.160	0.167	0.436	0.243	13
宁波	0.030	0.302	0.154	0.127	0.491	0.221	14
佛山	0.011	0.406	0.156	0.198	0.312	0.220	15
合肥	0.145	0.225	0.116	0.158	0.475	0.210	16
长沙	0.211	0.253	0.160	0.121	0.352	0.209	17
西安	0.148	0.175	0.148	0.099	0.453	0.199	18
郑州	0.140	0.285	0.178	0.091	0.273	0.194	19
南通	0.019	0.293	0.093	0.209	0.304	0.184	20
无锡	0.054	0.311	0.122	0.101	0.249	0.174	21
福州	0.066	0.183	0.139	0.073	0.408	0.171	22
长春	0.144	0.187	0.084	0.087	0.369	0.169	23
泉州	0.021	0.234	0.168	0.172	0.205	0.164	24
济南	0.083	0.147	0.144	0.076	0.338	0.161	25
徐州	0.049	0.262	0.091	0.152	0.236	0.160	26
烟台	0.056	0.323	0.091	0.046	0.239	0.158	27
沈阳	0.167	0.128	0.117	0.042	0.377	0.158	28
绍兴	0.014	0.198	0.068	0.199	0.325	0.156	29
大连	0.121	0.148	0.101	0.087	0.357	0.155	30

资料来源:笔者收集整理。

大部分城市在不同维度创新环境方面出现空间异配性,既存在长板,也面临短板。北京在科教资源、市场活力和开放创新等创新环境维度领先上海,但产业发展环境方面呈现劣势。同时,苏州、深圳等创新型城市在产业发展环境方面具有领先优势和垄断地位,但仍存在科教资源缺乏、基础研究不足的短板。因此,在区域性创新高地选育过程中,各城市需要发挥当地的特色优势,同时通过补齐短板或跨区域资源整合的方式形成区域协同创新发展格局。

（四）综合评价格局

从全域尺度看,区域性创新高地建设基础呈现东部沿海地区的块状集聚和中西部地区的点状镶嵌格局。东部沿海地区发育形成京津冀城市群、山东半岛城市群、长三角城市群、粤港澳大湾区城市群等块状连片的创新高地聚集区,区域内的创新主体、客体规模和环境条件均处于较高层级和较大潜力。中西部和东北地区部分省会城市和国家中心城市具备良好的创新环境,成为不同区域的创新增长极,导致整个地区形成以"强省会"为牵引的核心——边缘式格局。从局域来看,区域性创新高地城市的建设基础差异悬殊,发育出典型的层级性:北京和上海锁定在第一层级,深圳和广州次之,是第二方阵的"领头羊";东部的天津、杭州、苏州、南京,以及中西部地区的武汉、成都、重庆,具有较高的区域性创新高地建设潜力。针对建设基础的空间异质性,有待根据不同城市的地理位置、功能定位、网络关联等设立不同层级的区域性创新高地体系(马海涛和胡夏青,2022)①(见表 3-29)。

表 3-29　区域性创新高地的建设基础条件综合排名(前 30 位)

城市	主体总评	客体总评	环境总评	总评	排名
北京	1.000	1.000	0.792	0.958	1
上海	0.661	0.480	0.611	0.602	2
深圳	0.315	0.463	0.450	0.403	3
广州	0.228	0.202	0.440	0.274	4
天津	0.290	0.130	0.355	0.263	5
杭州	0.241	0.223	0.295	0.250	6
重庆	0.167	0.247	0.366	0.246	7

① 马海涛、胡夏青:《城市网络视角下的中国科技创新功能区划研究》,《地理学报》2022 年第 12 期。

续表

城市	主体总评	客体总评	环境总评	总评	排名
苏州	0.166	0.260	0.300	0.238	8
南京	0.210	0.229	0.285	0.236	9
武汉	0.233	0.172	0.292	0.230	10
成都	0.239	0.174	0.278	0.230	11
青岛	0.180	0.135	0.243	0.185	12
合肥	0.210	0.104	0.210	0.178	13
西安	0.161	0.170	0.199	0.173	14
宁波	0.137	0.125	0.221	0.156	15
长沙	0.151	0.109	0.209	0.154	16
无锡	0.097	0.124	0.174	0.127	17
佛山	0.098	0.082	0.220	0.127	18
济南	0.118	0.115	0.161	0.126	19
东莞	0.034	0.100	0.286	0.118	20
郑州	0.099	0.060	0.194	0.112	21
厦门	0.132	0.048	0.143	0.108	22
沈阳	0.088	0.071	0.158	0.099	23
福州	0.071	0.059	0.171	0.092	24
哈尔滨	0.065	0.089	0.144	0.091	25
大连	0.071	0.059	0.155	0.087	26
南通	0.054	0.053	0.184	0.087	27
烟台	0.077	0.030	0.158	0.085	28
绍兴	0.069	0.048	0.156	0.084	29
常州	0.054	0.065	0.149	0.082	30

资料来源：笔者收集整理。

1. 建设潜力分析

（1）北京、上海、深圳和广州具备建设世界级创新高地的基础条件

北京、上海、深圳、广州具有高水平对外开放度和发达的经济基础,具备建

设区域性创新高地的优越条件和独特优势,宜立足自身经济、科技、政策、人才等创新环境综合优势,扩大影响范围,建立世界级区域性创新高地,发挥国际科技创新中心的引领作用,打造成为中国融入全球创新网络和驱动国家创新体系的关键枢纽,以充分集聚和利用全球创新资源,实现科技创新的"双循环"(杨中楷等,2021)①。

北京、上海、深圳、广州在全球科学研究领域均处于较高位势,北京、深圳在全球技术创新策源方面具有显著优势,上海、深圳同时具有较大的提升空间和较好的基础条件。以上四个城市同样是综合性国家科学中心布局建设的核心城市,但相较于其科学研究全球引领力的位势而言,上述城市的技术创新策源力位势相对靠后,亟须不断提升自身的全球技术创新影响力。结合华东师范大学全球创新与发展研究院发布的《全球科技创新中心100强(2023)》报告来看,在"技术创新策源力"指标(包含全球知名研发企业数量、最具创新性企业数量、专利合作条约专利公布量、技术出口、知识产权贸易、科技企业贸易额、专利合作条约专利国际合作指标)中,北京、上海、深圳、广州在全球城市榜单中分列第4、14、7、32位,与美国主要区域性创新高地差距较明显。

对标其他世界级创新高地,在创新引擎企业方面,北京的优势较为突出,上海、深圳、广州等城市则比较缺乏具有顶级竞争力的创新引擎企业。通过统计全球各城市知名研发企业数量(采用欧盟执行委员会2021年发布的《欧盟产业研发投入记分牌》排名前300强数据)和最具创新性企业数量(采用波士顿咨询公司发布的2022年全球最具创新力企业榜单),发现北京处于全球第2的位置,但引擎企业数量远低于旧金山—圣何塞,在全球技术创新的位势有待进一步提升;上海只有上海汽车集团股份有限公司一家企业进入全球百强研发企业榜单,因此培育创新引擎企业成为上海推进国际科技创新中心建设的发力重点;深圳、广州则未有企业出现在上述榜单中,核心企业培育成为两

① 杨中楷、高继平、梁永霞:《构建科技创新"双循环"新发展格局》,《中国科学院院刊》2021年第5期。

个城市发展的重点方向。

在前沿科技产出方面,北京、上海、深圳、广州的优势仍不突出。综合考量城市专利合作条约的专利授权量(2021 年 WIPO 网站中的 Patentscope 数据库)、技术出口(通过专利合作条约占全国的比例乘以国家技术出口进行折算)、知识产权贸易(通过论文占全国的比例乘以国家知识产权贸易进行折算)、科技企业贸易额(欧盟产业研发投入记分牌 2500 强企业的销售额数据),发现北京、上海、深圳、广州在全球科技创新中心体系中的领先地位并不突出,分别位列第 5、第 10、第 15 和第 27,与一些欧美世界级创新高地还存在差距。在国际技术合作方面,通过观察城市专利合作条约的专利国际合作量,发现深圳位居全球第 2,北京位于第 9,上海排名第 18,广州也位于前 30 名内。因此,对标其他世界级区域性创新高地,北京、上海、深圳、广州在创新引擎企业培育、前沿科技产出和国际技术合作方面均有较大的提升空间。

(2)天津、南京、杭州、武汉、成都等国家中心城市适宜建设国家级创新高地,区域级创新高地应因地制宜结合区域均衡原则综合选育

天津、南京、杭州、武汉、成都等国家中心城市,是京津冀城市群、长三角城市群、长江中游城市群及成渝双城经济圈的核心枢纽,在创新主体、客体和环境方面均具有良好的发展水平,具备建成国家级创新高地的基础条件和比较优势,其选育有利于带动我国全域创新联动格局的形成。

东部地区的合肥、青岛、宁波、佛山、济南、无锡、东莞、厦门、潍坊、常州、绍兴、福州、南通等城市具有良好的产业基础、市场活力和开放程度,适宜布局建设区域级创新高地。但不同的城市在不同发展维度存在明显短板。因此,应按照优中选优、趋于均衡的原则在东部合理选育区域级创新高地,重点补齐创新发展短板。同时,中部地区的长沙、郑州、南昌等省会城市,西部地区的重庆、西安等中心城市,东北地区的长春、沈阳等省会城市得益于强省会战略,适宜作为其所属地区的区域级创新高地进行培育,以发挥其创新驱动发展效应。

2. 建设问题诊断

(1)主体空间分布失衡。区域性创新高地的技术研发主体与技术应用主体倾向于集中分布在东部沿海地区,中西部和东北地区在创新主体方面较为缺乏,区域性创新高地建设的主体条件不足。同时,尽管我国城市的经济和科技发展水平与直辖市、省会城市呈现显著的空间同构,但仍有苏州、深圳、青岛等新兴城市缺乏与之科技创新需求相匹配的创新主体资源,从而限制了人才资源的集聚和科技成果的溢出。此外,技术研发主体与技术应用主体的空间分布不匹配,技术研发主体在东部、中部、西部分布较为均匀,而技术应用主体则高度集中于京津冀城市群、长三角城市群和粤港澳大湾区城市群的中心城市。

(2)功能定位不清晰。区域性创新高地技术特色不明显,区域发展定位不明晰,亟须优化战略科技力量功能定位和区域分工,坚持差异化发展路径。当前区域性创新高地的发展前沿领域有所重复,对于时下热点领域存在"一拥而上"的现象,未形成基于功能定位和地方特色的差异化布局,造成创新资源的浪费。从城市群尺度来看,基于地理邻近性形成的城市群内部往往缺乏有效的功能协同,各创新型城市在城市群内的定位不明确(马海涛等,2023)①。

(3)环境建设不充分。一方面,区域性创新高地建设环境条件的地带性差异较大。较适宜建设区域多集中在东部沿海地区,呈现显著的区域集聚特征。而中西部和东北地区科教资源、产业发展、市场活力、开放创新环境相对落后,难以支撑前沿科技创新发展和区域协同创新。

另一方面,不同城市在不同建设环境维度存在短板。整体来看,我国创新资源发展仍不够充分,创新环境仍有待优化,不少地区在不同维度创新环境方面存在明显短板。区域性创新高地建设所需的科教资源支撑受历史和行政影

---

① 马海涛、徐楦钫、江凯乐:《中国城市群技术知识多中心性演化特征及创新效应》,《地理学报》2023 年第 2 期。

响因素较大,集中分布于直辖市和省会城市,导致苏州、东莞、深圳、青岛等新兴创新型城市科教资源不足,创新发展受到一定程度掣肘。因此,未来亟须加强创新环境短板的建设,或通过区域协同布局的方式取长补短(见表3-29)。

(4)布局体系不完善。当下,我国区域性创新高地布局建设仍处于起步阶段,空间规划体系和运行体制尚未正式确立,亟须完成区域性创新高地布局体系的科学研究,前瞻制定梯次联动、功能协同的战略布局。与综合性国家科学中心布局建设相比,区域性创新高地的基本内涵及区位选择原理尚不清晰,布局建设政策体系尚未形成。

总之,本章以城市为单元,建立综合性国家科学中心和区域性创新高地的主体、客体、环境三维度评价指标体系,全面评估了各城市布局建立综合性国家科学中心和区域性创新高地的基础条件:

第一,综合性国家科学中心建设基础条件的城际差异显著,空间分布高度极化,相关创新资源集中分布于沿海发达城市和中西部若干高行政等级城市。从主体分布来看,综合性国家科学中心的核心主体主要集中在以北京为极核的京津冀城市群,以上海、南京、合肥为核心的长三角城市群,以广州、东莞等为支撑的粤港澳大湾区城市群,以及以西安、成都等为代表的西部地区中心城市。不同类型的创新主体在空间分布上大体同构,存在一定错位。从客体分布来看,综合性国家科学中心的创新产出高度集中于以国家中心城市为代表的经济发达城市,北京是全国的基础科学研究和关键核心技术生产的引领者,以京津都市圈、长三角城市群和粤港澳大湾区城市群为代表的沿海发达地区是我国知识技术生产的创新增长带。从建设环境来看,相较创新主体和客体布局而言,综合性国家科学中心建设环境水平的空间异质性较低,但高值区仍然集中分布在"胡焕庸线"以东南地区,与我国经济发展水平和科技创新能力的空间格局高度同构。不同城市在其创新环境建设上存在显著空间分异,潜在的综合性国家科学中心建设城市在不同环境维度上存在特定的优势或劣势,亟待实施补短板或强整合战略。

第二,根据综合性国家科学中心建设基础评价结果,适宜进行综合性国家科学中心体系的梯次联动布局,着力解决综合性国家科学中心建设中存在的多主体分布错位、功能结构不完善、环境支撑存短板、布局体系待优化等问题。从建设潜力来看,不同城市建设基础条件的等级层次性明显。一是,应着力提升北京、上海、粤港澳大湾区综合性国家科学中心的影响力,打造成为世界级科学中心,建成融入全球创新网络和引领国家创新体系的核心枢纽。二是,需提升西安和合肥综合性国家科学中心的创新竞争力,打造具有全国影响力的国家级综合性科学中心。三是,南京、成都、武汉等国家中心城市的创新潜力较高,适宜培育成为新的综合性国家科学中心,从而形成兼顾效率和均衡的国家科学中心枢纽体系。从建设问题来看,不同主体与客体、环境发展格局相错位,等级体系、空间组织及功能定位亟待优化。一是,多个创新主体布局存在空间异配性,并未形成有效的协同聚集。二是,综合性国家科学中心功能分工不够明确,已获批或潜在的国家科学中心部分环境发展水平存在明显短板。三是,综合性国家科学中心数量较少,未充分利用国内创新资源,地区分布不够合理,亟待基于区域创新网络关联组织打造综合性国家科学中心的多层级联动布局体系。

第三,区域性创新高地建设所需的主体、客体、环境要素大致呈现"东部地区带状伸展和块状集聚,中西部和东北地区点状镶嵌分布"的格局。区域性创新高地集中分布于东部沿海地带,形成京津冀城市群、山东半岛城市群、长三角城市群、粤港澳大湾区城市群四大块状聚集区,区域内的创新主体、客体和环境条件均处于较高层级。而中西部和东北地区整体基础较弱,高值区高度分散,以省会城市为代表呈点状镶嵌,全域形成以强省会为创新增长极的核心——边缘结构。具体而言,区域性创新高地的核心主体主要分布于沿海经济带和长江经济带的沿线中心城市,区位分布具有经济指向性和行政等级指向性,发育典型的空间集聚性,在京津冀城市群、山东半岛城市群、长三角城市群及粤港澳大湾区城市群形成四大具有全球影响力的创新集群。区域性创新高地的技术生产高度集中于沿海发达地区,与经济规模和产业基础高度同构;不同技术门类的专利生产也呈现整体的空间同配性和局域的空间异配性复合特征。区域性创新高地的建设环境水平以东部沿海地区最为优越,归因于历史基础和产业转移,合肥、武汉、长沙、重庆、成都等内陆核心城市具有较好的建设基础。与综合性国家科学中心建设类似,大部分城市在不同维度创新环境方面出现空间异配性,既存在长板,也面临短板,在区域性创新高地选育过程中,应结合城市自身的创新优势和区域整体的协同创新进行布局。

第四,区域性创新高地布局建设既要发挥不同城市的基础优势及发展潜力,打造不同层级和梯次联动的创新高地枢纽体系,也要依据区域均衡原则进行选育,辐射带动区域协同发展。同时,着力解决主体空间分布失衡与错位、客体功能结构不完善、多维度环境支撑不足和布局体系不合理等方面的建设问题。从建设潜力来看,北京、上海、广州、深圳四大国际科技创新中心具备建成世界级创新高地的基础条件,与世界典型创新高地相比既存在优势,也具有短板,需实现多元创新主体的协同布局优化。天津、杭州、成都、苏州、南京、武汉、重庆等中心城市适宜建成为国家级区域性创新高地。同时,中西部地区的郑州、长沙、西安等省会城市具有较好基础,可选育为区域级区域性创新高地。从建设问题来看,区域性创新高地布局建设面临:主体分布过于集中,以少数高等级城市为主导;部分城市创新主体不足,与其创新需求不相匹配;技术研发和应用主体空间错配;潜在城市技术创新特色不显,功能定位不明;建设环境条件的空间差异较大,多个城市存在短板;布局体系和运行体制尚未确立等突出问题。

第四章　综合性国家科学中心和区域性创新高地的空间布局优化

综合性国家科学中心和区域性创新高地的空间有序发展和高效配置,对优化国家创新体系布局、建设科技自立自强的创新型国家、加快建成世界科学中心和创新高地具有重要战略意义。根据空间优化原则,综合性国家科学中心和区域性创新高地宜打造为点—轴—面、枢纽—网络式空间联动格局,形成不同等级、功能和形态的创新枢纽有序分工和协作体系。

一是壮大创新增长极,建设"8+10+N"的综合性国家科学中心和区域性创新高地枢纽体系。重点建设北京、上海、粤港澳大湾区三个全球级的综合性国家科学中心,打造合肥、西安、南京、成都、武汉五个国家级的综合性国家科学中心,培育天津、杭州、长沙、重庆、济南、郑州、哈尔滨等多个功能互补、特色鲜明的区域级综合性国家科学中心。建设北京、上海、深圳三个全球级的区域性创新高地,培育广州、天津、成都、南京、苏州、武汉、杭州七个引领不同区域的国家级区域性创新高地,孵化重庆、西安、青岛、合肥、长沙、宁波、郑州、济南、泉州、昆明、沈阳、厦门、大连、哈尔滨、乌鲁木齐等多个区域级区域性创新高地。

二是打造创新发展轴,构建四大创新发展带,充分发挥交通基础设施的集散效应,依托交通经济带建设沿海创新发展带、沿江创新发展带、京港澳高铁沿线创新发展带及西昆高铁沿线创新发展带,形成国家创新体系的全国性骨架。加强产学研一体化,孵化 G60 科技创新走廊、广深科技创新走廊等多个跨地域的区域性创新走廊,建成具有区域辐射带动力的产业创新经济带,成为国家创新体系的区域性动脉。

三是培育创新集聚区,重点构建十五大创新都市圈,由三个重点建设的全球级创新都市圈、七个稳步建设的国家级创新都市圈和五个引导培育的区域级创新都市圈组成,充分发挥创新驱动发展效能,建成国家创新体系的关键支点。

第一节　综合性国家科学中心的空间布局优化

一、优化原则

(一)服务国家原则

综合性国家科学中心主要体现国家意志、实现国家使命、代表国家水平和聚焦国家战略,以满足国家重大需求和维护国家发展安全为历史使命,承担国家层面赋予的前沿基础科学引领和重大科技成果产出的任务,代表国家参与国际科技竞争和合作。

因此,综合性国家科学中心布局是面向国家战略需求和国内外形势变化,以满足国家重大科技需求为目标,以保障国家科技主权、安全、发展利益为使命,以基础科学原始创新和关键核心技术突破为导向的战略谋划和顶层设计,主要遵循两大国家使命导向:

一方面,基于"国家所有—国家运营—国家负责"模式打造综合性国家科学中心(刘庆龄等,2022),以强有力方式合理调配资源,将主体力量集中于事关国家发展安全的关键科技领域,并创造更多积极条件促进跨区域科研机构协同联动,建立布局合理的综合性国家科学中心体系(白光祖和曹晓阳,2021)[①]。完整

[①] 白光祖、曹晓阳:《关于强化国家战略科技力量体系化布局的思考》,《中国科学院院刊》2021年第5期。

准确贯彻中央关于建设国家战略科技力量的总体性部署,合理调动当前地方参与建设国家战略科技力量的积极性,遵循"全国一盘棋"原则,促进中央与地方协同布局与协助建设综合性国家科学中心,从顶层设计上全面优化综合性国家科学中心布局。

另一方面,面向基础前沿科学领域、关键核心技术领域,以及产业经济重大应用需求,优化综合性国家科学中心布局。国家科学中心以重大科技基础设施为基础,汇聚了高端科研团队和科技人才,具有集聚高水平创新要素、引领全球地方创新网络的独特优势,肩负重大基础科学原始创新和关键核心技术突破的使命。综合性国家科学中心布局优化迫切需要围绕产业创新体系化建设,前瞻探索未来产业技术"无人区",催生变革型的原始创新,突破关键核心技术、前沿交叉和共性技术的研发瓶颈,自上而下绘制"卡脖子"技术相关基础研究及应用基础研究科学问题清单,打通"行业需求""区域需求""产业需求"与"国家需求"相互转化的路径(见图4-1)。

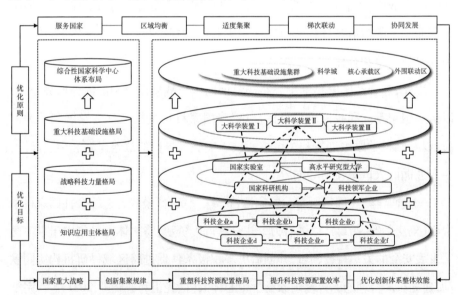

图4-1 综合性国家科学中心空间布局优化框架

资料来源:刘承良、毛炜圣:《综合性国家科学中心体系布局优化:框架体系与实践策略》,《城市观察》2023年第3期。

（二）区域均衡原则

由于科学发展的固有规律,高端创新要素区域分布的"马太效应"显著（毛炜圣和刘承良,2022）,区域间科技资源的差距态势不断扩大,京津冀、长三角、粤港澳大湾区等经济发达的城市群集聚了主要的重大科技基础设施、国家战略科技力量、产业创新转化平台、高水平科技人才队伍、创新创业服务机构,而中西部和东北地区的创新资源持续向东部流入,在布局优化中亟待考量我国区域发展不平衡、不充分的问题,结合国家战略腹地建设,适当向内陆腹地倾斜。

区域均衡包含区域发展能力和发展机会的空间均衡。其不仅仅指利用空间政策对创新要素进行重新分配,在京津冀城市群、长三角城市群、粤港澳大湾区等优势区域以外布局创建综合性国家科学中心,更多的是以空间要素作为调控工具之一,优化综合性国家科学中心空间结构,避免综合性国家科学中心建设过程中科技资源"极化"布局产生新的发展机会不平等。

因此,综合性国家科学中心布局需要兼顾区域效率和均衡,围绕国家重大区域发展战略和区域协调发展战略,高水平打造特色优势突出、辐射带动明显、东中西联动的创新枢纽体系,加快形成国内大循环战略支点与国际大循环重要节点的梯次联动和纵深布局,以完善国家创新体系空间组织（邓祥征等,2021）[①]（见图4-1）。

（三）适度集聚原则

集聚是规模经济形成的前提条件,也是综合性国家科学中心布局优化的主要内容之一。科技资源是重要的战略资源,也是极度稀缺的创新要素,其空间布局必须遵循创新要素的区域高度集聚规律。在一定区域范围内适度集聚

---

① 邓祥征、梁立、吴锋、王振波、何书金:《发展地理学视角下中国区域均衡发展》,《地理学报》2021年第2期。

是中国新型举国体制、"集中力量办大事"的重要途径,也是加快建成世界主要科学中心的必由之路。集聚能形成规模经济和外部网络效应,从而节省科技投入,节约科研资源消耗和提高创新资源配置效率。更为重要的是,通过集聚形成的"创新增长极",对周边地区产生强大的辐射力,从而驱动区域经济社会发展。

一方面,综合性国家科学中心投资巨大、运行成本高、建设周期长。宏观维度上适度集聚在少数城市(群),坚持"少而精"原则,重点推进具备优势资源的核心都市圈"极化"布局,可避免地方重复申报、重复投资和重复建设(刘承良和毛炜圣,2023)。

另一方面,微观维度上适度集聚科技基础设施,以科学城为综合性国家科学中心的核心承载区。综合性国家科学中心要求在一定空间范围内集聚更多科研主体,不低于三个重大科技基础设施是建设综合性国家科学中心的必备条件,以使科研活动保持高强度协同创新(王贻芳和白云翔,2020)。科学城是高水平科研成果的"孵化器"、高层次科技人才的"蓄水池"、高技术产业持续发展的"动力源"。因此,综合性国家科学中心布局需要充分发挥既有科学城或科学园的创新集群优势。此外,综合性国家科学中心建设运行所需的科研设施构成复杂、体系庞大,需要相对充足的土地资源,要求外部运行环境扰动小(朱东等,2020)①。因此,需要在与城市中心区保持一定距离的区域,建设具有基本城市功能和形态、促进原始创新策源的空间载体,形成相互协作的产学研创新生态系统(见图4-1)。

(四)梯次联动原则

一方面,综合性国家科学中心的布局优化应遵循逐级分区的思路,从全球级、国家级到区域级等不同能级,针对性地提出不同侧重点和详略程度的决策

---

① 朱东、杨春、张朝晖:《科学与城的有机融合——怀柔科学城的规划探索与思考》,《城市发展研究》2020年第1期。

建议,推动不同等级的综合性国家科学中心枢纽体系形成协同发展格局。另一方面,促进战略科技力量、基础科技力量、区域科技力量、产业科技力量在协同合作中充分发挥自身优势,打造空间分布合理、功能体系完整的科技基础设施集群和国家科技创新体系,在提升整体效能中推动国家科技创新动态循环发展(刘承良和毛炜圣,2023)(见图4-1)。

（五）协同发展原则

一方面,微观尺度上,综合性国家科学中心作为一个区域创新生态系统,具有内部协同和区域协同效应,政府、高校及科研机构、企业和创新服务机构等系统内部不同创新主体,在官产学研合作和科技共同体建设过程中,基于地理邻近性形成区域协同发展格局。另一方面,宏观尺度上,综合性国家科学中心通过人才、科研、技术、产业等方面的交流协作互动,形成了以人才流动、科研合作、技术扩散、科技贸易和技术投资等为载体的全球地方创新网络(刘通和刘承良,2023),进一步塑造了基于不同领域和不同功能的集群网络协同创新格局(见图4-1)。

二、优化目标

（一）总体目标

1. 综合性国家科学中心等级结构更趋合理,形成梯次联动的组织格局

到2035年,综合性国家科学中心数量由2023年的5个增加到8个。其中,代表国家参与全球科技竞争合作的全球级综合性国家科学中心达到3个,国家级综合性国家科学中心达到5个,多个区域级综合性国家科学中心不断涌现,综合性国家科学中心的等级结构更加完善,辐射带动作用更加突出,形成金字塔型等级—规模结构。

2. 综合性国家科学中心空间结构更趋优化,形成枢纽—网络的空间格局

到2035年,综合性国家科学中心形成点—线—网一体的空间组织格局,

发育多个创新增长极、创新增长带、创新集群等不同尺度和能级的创新枢纽，东部、中部、西部和东北地区科技均衡发展格局逐步形成，枢纽—腹地联系交织成网，形成多个不同等级、全球地方互嵌的创新网络，国家创新体系布局呈现枢纽—网络式的创新功能区格局。

3. 潜在综合性国家科学中心培育更趋完善，形成内生循环的战略格局

到 2035 年，综合性国家科学中心建设步入成熟阶段，以自然形成为主，国家扶持为辅。伴随着建设路径的成熟和完善，越来越多的区域自发集聚优化科技创新资源配置，以获得国家扶持和政策倾斜。国家实验室和国家创新平台建设取得突破，科学研究体系和技术创新体系布局持续优化，战略科技力量建设成效日益显著。企业科技创新主体地位更加突出，创新型企业蓬勃发展，世界级科技领军企业不断涌现。国家扶持和自然发育形成双轮驱动，部分区域由于国家创新战略规划直接获批建设，而一些区域由于自身发展条件优越而获得国家认可，潜在综合性国家科学中心的培育遴选更趋完善，科学中心枢纽体系的建设发展不断更新迭代，逐步形成竞争循环机制。

（二）具体重点

1. 推进国家重大科技基础设施优化布局

重大科技基础设施是世界上最为复杂和先进的科学和技术集合体，是建设综合性国家科学中心的基础条件。推进国家重大科技基础设施集群布局是综合性国家科学中心体系优化的关键内容。

（1）形成重大科技基础设施的顶层设计与全国"一盘棋"，避免国家重大科技基础设施重复布局。在国家层面对领域、地域进行整体布局。发挥"集中力量办大事"的制度优势，在充分考虑学科领域均衡发展的同时，做好发展战略选择和优势学科布局。制定大科学装置群发展路线图，实时精准掌握全国大科学装置拟建和建设情况，鼓励中央与地方联合共建，试点区域内邻近城市联合共建，防止低水平重复建设和无序竞争。

（2）形成重大科技基础设施全生命周期的可持续利用格局。合理的投入是实现发展目标的基本保障，要在继续加强对基础科学研究投入的同时，合理平衡不同学科领域，重点突破有影响力的关键基础科学领域。重视对大科学装置的可持续管理，根据国家战略目标和全球重大挑战的变化，支持战略性新兴产业领域相关设施的升级改造，提前做好设施退役再利用预案。解决重建设、轻应用的问题，提升现有大科学装置的运行效能和使用水平，提高大科学装置设施服务科研人员和企业研发的质量，扩大其知识溢出效应及经济社会效益。

（3）形成重大科技基础设施的预研和前瞻性布局，加强引领型、独创型和独有型设施布局。围绕重大科学问题和关键核心技术，加强大科学装置预研的多主体联合攻关，纳入中长期重大科技设施建设规划。由于大科学装置设施的原理性探索、概念性设计或关键部件的研制，可能难以预设明确的"交账"目标，往往不易获得支持。需要在国家有关部门支持预研项目的基础上，加强部门联动，完善不同类型预研的投入机制，在可能发生革命性突破的方向，加强原理性探索、概念性设计或关键部件研制等预研工作。

（4）形成适应重大科技基础设施特点和发展规律的建设管理制度体系。国家重大科技基础设施的设计和建造有许多研究试验和技术攻关的内容，具有鲜明的工程和科研双重性，应充分考虑这种类型科研工作的特点和需求。针对大科学装置的不同性质，探索更为多元的管理模式，包括但不限于企业化管理、委托合同管理、院地合作管理等模式，通过体制机制创新焕发重大科技基础设施的活力和效能（张士运等，2018）①。

2. 推进国家战略科技力量协同发展

（1）加强顶层设计，全局谋划战略科技力量布局方案。成立战略科技力量建设咨询委员会，围绕国家安全、战略领域、区域发展、前沿探索等方面，强化战

---

① 张士运、王健、庞立艳、姚常乐：《科技创新中心的功能与评价研究》，《世界科技研究与发展》，2018年第1期。

略科技力量规划体系建设。基于"宏观谋划—中观研判—微观落实"模式打造战略科技力量规划布局体系,围绕军事安全、核安全、粮食安全、生物安全、太空安全、深海安全等涉及国家安全发展全局的重大领域布局建制化战略科技力量(吴福象和王泽芸,2022)[1],通过国家总体布局与地方发展方向的双重定位,兼顾区域发展的公平和效率,优化战略科技力量的时空配置(刘承良,2023)。

(2)优化资源配置,系统完善战略科技力量空间体系。构建战略科技力量"一带三区多点"的空间梯次联动布局,着力推进战略科技力量体系化建设。厘清各类国家战略科技力量间相互作用,发挥京津冀、长三角和粤港澳大湾区等国家级科学中心的辐射引领作用,强化打造武汉、西安、成都分别成为中部地区、西北地区、西南地区的全国性战略科技力量集群,培育天津、郑州、长沙、兰州、重庆、昆明和青岛等城市群中心城市建成区域性战略科技力量增长极,依托东北地区哈尔滨—长春—沈阳—大连城市带打造战略科技力量集聚带(罗雪等,2022;刘承良,2023)。

(3)形成多元合力,统筹完善战略科技力量功能布局。建立战略科技力量协同发展机制,搭建战略科技共享平台,增进国家实验室、国家工程中心、科技领军企业、高水平研究型大学及国家科研机构等战略科技力量与战略科技平台间的耦合协同,激发创新驱动经济发展的倍增效应,统筹保障战略性科技攻关和一般科技研发间的发展一致性(徐示波等,2022)。在运行机制方面,科技管理部门应加强战略科技力量主体建设,与已有战略科技力量、创新平台进行协调布局,错落有致,形成跨领域、高效率、强协同的战略科技力量网络(刘承良,2024)[2]。

3. 推进科学城载体功能优化布局

(1)推动科学城"科学"与"城"的双重功能优化,重视科研—产业—城市

---

① 吴福象、王泽芸:《份额偏离分析视角下制造业国家战略科技力量布局研究》,《湘潭大学学报(哲学社会科学版)》2022年第6期。

② 刘承良:《优化国家战略科技力量布局》,《学习时报》2024年7月15日。

的融合发展。科学城不仅需要满足科研需求,也应与城市属性相契合。在空间需求上,应注重结合城市地块大小和城市预留空间综合考虑占地需求。应充分考虑科学城与其他科研要素邻近的特殊需求。在空间品质上,应选址在交通便利的地区,强化与市中心的交通连通性。在区位偏好上,应结合城市服务属性布局,若采用远郊布局也应尽可能保证服务的完善性和便利性(李梦芸,2022)①。

(2)推进科学城依托产业链和创新链布局,适度考虑产业基础和企业发展水平。如光明科学城位于深圳市光明区,该区域在通信、汽车电子、计算机领域拥有完备的制造业产业链,并且也正在战略性新兴产业和未来产业等领域实施强链和补链措施。以广州科学城为例,它已经集聚了 100 多家世界500 强企业、300 多家国家和省市级企业以及跨国企业,还有 1000 多家高新技术企业(张颖莉和杨海波,2023)②,具备良好的产学研网络体系。

三、全域优化方案

(一)空间布局优化方法

1. 熵权 Topsis 评价模型

由于各评价指标单位不同,为使各指标可以比较或汇总,需要先对指标进行标准化处理,其表达式为:

$$M_i = \frac{D_i - \min(D_i)}{\max(D_i) - \min(D_i)} \tag{4.1}$$

式(4.1)中:M_i 为第 i 个指标的标准化数值,D_i 为第 i 个指标的原始数值,$\max(D_i)$ 为第 i 个指标中的最大值,$\min(D_i)$ 为第 i 个指标中的最小值。

---

① 李梦芸:《科学城大科学设施空间布局研究——以张江科学城为例》,《城市观察》2022年第 3 期。
② 张颖莉、杨海波:《世界科学城的演变历程及对粤港澳大湾区的启示》,《中国科技论坛》2023 年第 1 期。

选择熵权 Topsis 计算综合性国家科学中心空间布局系数。Topsis 法也叫优劣解距离法,是一种较为常用和客观的组内综合评价方法,而熵权 Topsis 评价模型通过熵值法确定评价指标权重,在此基础上利用 Topsis 模型对评价对象进行综合排序和评价(何艳冰等,2017)[①]。因此,基于熵权法改进的 Topsis 模型能很好地消除主观赋权对分析结果的影响。在具体计算时,首先对原始指标属性值进行标准化处理,构造加权规范矩阵,然后利用熵值法计算指标权重,进而确定评价目标的最优方案和最劣方案,最终计算求得各评价对象与最优方案的贴近度:

$$C_i = \frac{D_i^-}{D_i^+ + D_i^-} \tag{4.2}$$

式(4.2)中: D_i^+、D_i^- 分别为评价对象 i 与最优方案和最劣方案的加权欧氏距离。C_i 表示与综合性国家科学中心空间布局系数最大值的贴近度($0 \leqslant C_i \leqslant 1$)。$C_i$ 越接近 1,则评价对象 i 越贴近理想综合性国家科学中心空间布局方案。根据 C_i 大小,对综合性国家科学中心空间布局系数进行排序和评价。

2. 空间区划模型

采用最小跨度树聚类进行空间聚类。最小跨度树的构建和分割是社会经济区划的常用手段,其本质上是一种空间约束下的层次聚类过程,将相似性高且相互毗邻的地区进行合并,以形成一定数量的均质性连续区域。本章依据既有研究对不同构建方式进行分析比较,结合数据自身特点,选取全序平均连接法(Full-Order-ALK)构建最小跨度树(马海涛和胡夏青,2022)。

首先,以地级行政区为区划的空间对象,依照对象的空间邻接关系构造空间连通图,作为单元两两合并的基础空间骨架。空间连通图由节点和边构成,每个节点代表一个空间对象,边代表空间对象的邻接关系,只有地域上毗邻的

---

① 何艳冰、黄晓军、杨新军:《快速城市化背景下城市边缘区失地农民适应性研究:以西安市为例》,《地理研究》2017 年第 2 期。

城市单元才会被边连接。在全序(Full-Order)的空间邻接约束方式下,空间邻接约束条件会随空间对象的合并而不断更新,从而保证聚类搜索范围的最大化。

其次,在满足空间邻接约束的前提下,依据综合性国家科学中心空间布局系数对城市单元进行层次聚类,生成汇总城市间实际联系和空间关系的最小跨度树。具体而言,聚类初始阶段,每个城市单元为一个独立的组。通过一次添加一条边,将组间联系强度最大且满足空间邻接约束条件的两个组合并为一个新组,并不断重复这一合并过程,直至所有城市单元都被归至一个组为止。在平均连接(Average Linkage,ALK)的聚类方式下,组间联系强度被定义为分属两组的所有城市之间联系强度的平均值,计算公式为:

$$d_{ALK}(L,M) = \frac{1}{|L||M|} \sum_{u \in L} \sum_{v \in M} d_{uv} \tag{4.3}$$

式(4.3)中:L 和 M 为两个不同的城市组;$|L|$ 和 $|M|$ 代表两组各自包含的城市单元数量;u 和 v 分别表示两组中的特定城市单元;d_{uv} 表示城市单元之间的空间布局系数。

通过层次聚类得到的最小跨度树是一幅无环路的树状结构图,由 n 个节点和 $n-1$ 条边构成,移除最小跨度树中的任意一条边都将形成两个独立区域。因此,对最小跨度树进行多次分割,其结果映射于实际地域空间,即为一定数量的地表连续区域,进而形成综合性国家科学中心空间区划的初步划分结果。在分割过程中,通过设定分区中包含的城市空间布局系数大于0.1,用于衡量所得分区内部对象的联系紧密程度,控制空间区划的规模大小。在定量区划结果的基础上,对计量结果进行精细化手工校正,尽量保证区划内省市行政单元的完整性,以便于综合性国家科学中心策略实施落地。

3. Ripley's K 函数

Ripley's K 函数是分析不同尺度下时间点数据的空间模式工具,可对一定距离范围内的要素数量进行汇总,表示现实情况下在距离 d 范围内的样本点平均数和区域内样本点密度的比值(申庆喜等,2018)[1]。该方法通常需要设置距离范围和距离阈值,用于研究不同距离和空间比例内要素聚类或要素扩散的空间模式。本章使用该方法分析城市内部不同距离尺度下主体要素集聚或者分散的空间模式,为后续的密度聚类提供先验基础。计算公式为:

$$K(t) = A \sum_{i=1}^{n} \sum_{j=1}^{n} W_{ij}(t) / n^2 \tag{4.4}$$

$$L(t) = \sqrt{K(t) / \pi} - t \tag{4.5}$$

式(4.4)和式(4.5)中,n 为样本点总数;$W_{ij}(t)$ 为距离 t 范围内点 i 与点 j 之间的距离;A 为研究区面积。随机分布状况下,$L(t)$ 期望值为 0,$L(t)$ 与距离 t 的关系可以验证不同距离 t 范围内,主体要素的空间分布格局。为判断其显著性,采用 Monte-Carlo 模拟来估计 $L(t)$ 统计量一个大致的置信区间(Besag,1977)[2]。置信区间的上下限即包络线,若 L 函数曲线位于包络线上方,则表示主体分布在空间上为显著集聚分布。在此基础上,可进一步判断主体集聚程度与空间尺度之间的关系,若在一定空间尺度范围内,$L(t)$ 曲线逐渐远离包络线,则表示集聚程度不断增强;而随着空间尺度的增大,$L(t)$ 曲线逐步趋近包络线,则表示集聚程度逐渐减弱,由此说明主体空间集聚具有尺度效应(徐维祥等,2019)[3]。

4. 核密度分析

核密度估计法(Kernel Density Estimation,KDE)能够利用数据样本本身的空间属性研究空间数据分布特征,此方法应用地理学第一定律进行分级。在

---

① 申庆喜、李诚固、刘仲仪、胡述聚、刘倩:《长春市公共服务设施空间与居住空间格局特征》,《地理研究》2018 年第 11 期。

② Besag J.,"Comments on Ripley's Paper",*Journal of the Royal Statistical Society*(*Series B*),Vol.39,1977.

③ 徐维祥、张筱娟、刘程军:《长三角制造业企业空间分布特征及其影响机制研究:尺度效应与动态演进》,《地理研究》2019 年第 5 期。

计算过程中,假设在每个矢量点的上方有一个平滑的曲面,在点所在位置处表面值最高,与点的距离变大则该值减小,在与点的距离等于搜索半径(即带宽 h)的位置处表面值为零(汤国安,2006)[①]。核密度函数的一般形式可表示为:

$$\lambda(s) = \sum_{l=1}^{n} \frac{1}{\pi r^2} \varphi(d_{ls}/r) \tag{4.6}$$

式(4.6)中, $\lambda(s)$ 是地点 s 处的核密度估计, r 为带宽,即核密度函数的搜索半径, n 为样本数, φ 是城市 l 与 s 之间距离 d_{ls} 的权重。

5. 具有噪声的分层次密度空间聚类算法

具有噪声的分层次密度空间聚类(Hierarchical Density Based Spatial Clustering of Applications with Noise,HDBSCAN)是坎佩洛(Campello)等人合作开发的一种分层聚类算法(Campello 等,2013)[②]。与传统的基于密度聚类的 DBSCAN 不同,HDBSCAN 可对不同的 ε 值执行密度聚类,然后在聚类中找出稳定的结果输出。对于密度不一的城市数据集,分层次的密度聚类方法将更加适用。HDBSCAN 在初始时可以设置很多参数,但是影响聚类结果最主要也最直观的参数是 $min\_cluster\_size(mcls)$ ——最小团簇大小,相比于 DBSCAN 中的 ε 和 $MinPts$ 简化了寻找最佳参数的工作。算法的基本流程如下:

(1)空间转换。计算相互可达距离来稀释低密度区域,提高算法对噪声点的鲁棒性。相互可达距离的定义如下:

$$d_{mreach-k}(a,b) = \max\{core_k(a), core_k(b), d(a,b)\} \tag{4.7}$$

式(4.7)中,HDBSCAN 将样本点与第 k 个最邻近样本点的距离称为核心距离。其中, $core_k(a)$, $core_k(b)$ 分别代表 a 点和 b 点的核心距离, $d(a,b)$ 代

① 汤国安:《ArcGIS 地理信息系统空间分析实验教程》,科学出版社 2006 年版,第 175—201 页。

② Campello R. J. Manlavi D., Sander J., "Density-Based Clustering Based on Hierarchical Density Estimates", in Pei J., Tseng V. S., Cao L., Motoda H., Xu G. (eds) *PAKDD：Advances in Knowledge Discovery and Data Mining*,Berlin：Springer,2013.

表 a 点和 b 点之间的欧式距离。根据该公式的换算,致密区域的样本距离不变,而稀疏区域的样本点与其他样本点之间的距离增大。因为致密区域的核心距离相对较小,相互可达距离就是两点之间的欧几里得距离。而在稀疏区域,设定的核心距离大于欧几里得距离,则样本点间的相互可达距离就变成了更大的核心距离。

(2)构建最小生成树。将数据视为加权图,数据点作为顶点,任意两个顶点之间的边的权重等于两点之间的相互可达距离。设定一个阈值,在从高到低逐步减小阈值的同时,删除权重大于阈值的边进行图像分割。

(3)构建聚类层次结构。将最小生成树中所有的边递增排序,依次访问每条边,将该边所连接的两个子簇进行合并。

(4)压缩聚类树。引入最小团簇 $mcls$ 的概念,将庞大而复杂的聚类层次结构压缩成一个较小的树。遍历层次结构,在每个拆分节点判断两个子簇的聚类点数是否大于 $mcls$,如果子簇的聚类点数小于 $mcls$,则删除该子簇,对于大于 $mcls$ 的子簇则继续向下分裂。

(5)提取聚类。估计每个聚类的稳定性,并提取出具有更高稳定性的聚类结果。HDBSCAN 关于稳定性做了以下定义:

$$\sum p \in cluster(\lambda_p - \lambda_{birth}) \tag{4.8}$$

式(4.8)中,λ 为距离的倒数,$\lambda = 1/distance$,λ_{birth} 和 λ_{death} 为节点产生和分裂的 λ 值,λ_p 为样本点 p 从团簇中分离出去时对应的 λ 值。简言之,留存树状图中面积最大的聚类结果,也就是在更多密度范围内都存在的聚类结果。

6. 网络腹地划分模型

在全球化和信息化背景下,城市空间联系形成流空间组织形式(Castells,1996[①];Maskell,2014[②]),城市的经济特征从基于周边腹地(Hinterland)的地方

---

① Castells M., *The Rise of the Network Society*, Oxford, UK: Blackwell, 1996.

② Maskell P., "Accessing Remote Knowledge: The Roles of Trade Fairs, Pipelines, Crowdsourcing and Listening Posts", *Journal of Economic Geography*, Vol.14, No.5, 2014.

联系发展为基于网络腹地(Hinterworld)的复杂非地方联系。网络腹地可以用来表示城市在网络中的影响范围(Talor,2001)[①],这种影响可以通过知识密集型要素在大范围内的重叠性流动范围来衡量(Hall 和 Pain,2006)[②]。与中心地理论中的传统腹地(Hinterland)相比,两种腹地都具有关联性特征,即腹地与中心是对应存在的,两者紧密联系并且相互影响(彭建等,2016)。区别在于传统腹地与中心城市之间存在典型的距离衰减规律以及等级传递性,而网络腹地具有空间重叠性、每个城市都有自身网络腹地以及不受地理边界约束的特征。与传统腹地不同,枢纽—网络组织下的腹地是一个范围更广、空间距离限制性较弱的网络腹地。本章运用技术转移网络关联中的联系强度来划分枢纽城市的网络腹地(王帮娟等,2023):

$$V_{pq} = a + bN_q + R_{pq}(q = 1,2,\cdots,n,p \neq q) \tag{4.9}$$

式(4.9)中,V_{pq} 表示节点 q 城市与其他城市 p($p = 1,2,\cdots$)的技术转移强度,N_q 表示总技术转移强度。将 V_{pq} 与 N_q 进行回归分析,用残差 R_{pq} 分析城市 q 的连通性。若残差 R_{pq} 大于 0,则城市 p 与城市 q 是强关联的技术转移联系;若残差 R_{pq} 小于 0,则城市 p 与城市 q 的技术转移是弱关联。其中,将强关联的城市定义为核心腹地,弱关联城市定义为外围腹地(王帮娟等,2023)。

(二) 空间布局优化潜力

根据布局优化原则,本章构建面向国家战略的综合性国家科学中心空间布局指标体系,准则层包括基础研究、知识生产、知识应用、知识枢纽、区域均衡五个维度,要素层为准则层的具体指标(见表4-1)。

---

① Talor P.J.,"Urban Hinterworlds:Georaphies of Corporate Service Provision under Conditions of Contemporary Globalization",*Geography*,Vol.86,No.1,2001.

② Hall P.,Pain K.,*The Polycentric Metropolis:Learning from Mega-city Regions in Europe*,London:Routledge,2006.

表 4-1　综合性国家科学中心空间布局系数指标

准则	指标名称	指标计算	权重（％）
基础研究	重大科技基础设施	2022 年重大科技基础设施数量	20.04
知识生产	国家实验室	2022 年国家实验室数量	12.13
	国家科研机构	2022 年中国科学院科研院所数量	12.58
	高水平研究型大学	2022 年"双一流"大学数量	17.10
	科技领军企业	2022 年国家重点实验室依托的企业数量及企业国家重点实验室数量	11.52
知识应用	科技基础企业	2020 年、2021 年、2022 年认定高新技术企业数量	12.80
知识枢纽	知识合作中心度	2015—2018 年技术合作网络中介中心度	12.17
区域均衡	地理分区虚拟变量	华东地区、西南地区、西北地区、华中地区、华南地区、东北地区、华北地区七大板块分别赋值 0.25、0.75、0.5、0.75、0.25、0.75、0.25	1.65

资料来源：笔者自制。

　　通过指标权重分析（见表 4-1），对综合性国家科学中心空间布局影响较大的因素是重大科技基础设施（20.04%）、高水平研究型大学（17.10%）、科技基础企业（12.80%）、国家科研机构（12.58%）、知识合作中心度（12.17%）、国家实验室（12.13%），表明综合性国家科学中心空间布局体系主要受到基础研究条件、国家战略科技力量和知识合作网络特征综合影响。

　　根据熵权 *Topsis* 方法，计算得出 336 个节点城市的综合性国家科学中心空间布局系数，以此综合考察各城市的综合性国家科学中心布局潜力。各城市的空间布局系数差距较大，呈现出明显的位序——规模递减趋势，空间布局系数超过 0.5 的城市仅有 2 个，占总数的 0.6%，数量较少（见图 4-2）。综合性国家科学中心空间布局系数呈帕累托分布，少数城市主导着综合性国家科学中心空间布局系数的整体分布态势。因此，使用 *Ht-Index* 等级划分法对综合性国家科学中心空间布局系数进行等级层次性划分具有较好的适用性，据此可将各节点城市划分为高潜力城市、中高潜力城市、中低潜力城市和低潜力城市四种类型(见表4-2)。

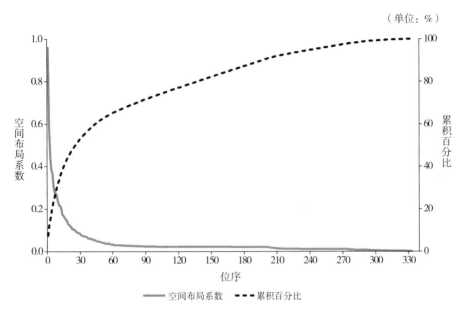

（单位：%）

图4-2　综合性国家科学中心城市的空间布局系数分布

资料来源:笔者自绘。

表4-2　综合性国家科学中心城市布局系数的等级体系

层级	数量	比重 （%）	空间布局系数	城市
高潜力城市	4	1.19	0.360—0.959	北京、上海、南京、深圳
中高潜力城市	9	2.68	0.154—0.311	西安、武汉、成都、合肥、广州、天津、杭州、长沙、东莞
中低潜力城市	34	10.12	0.034—0.139	苏州、佛山、青岛、重庆、济南、哈尔滨、郑州、沈阳、大连、宁波、长春、惠州、兰州、无锡、昆明、厦门、温州、嘉兴、福州、石家庄、江门、太原、贵阳、常州、绍兴、中山、烟台、黔南布依族苗族自治州、甘孜藏族自治州、珠海、南宁、南昌、洛阳、金华
低潜力城市	289	86.01	0.001—0.032	乌鲁木齐、潍坊、黔南、甘孜、洛阳、临沂、保定、蚌埠、承德、开封、拉萨等

资料来源:笔者自制。

分析表4-2可知：

（1）综合性国家科学中心的城域布局潜力具有明显的等级层次性，与创新资源的区域高度集聚规律契合。高潜力城市锁定于北京、上海、南京和深圳四大中心城市，其空间布局系数介于0.360—0.959，远高于其他城市，处于国家创新体系的核心地位，具备先行先试建设成为高等级综合性国家科学中心的潜力。中高潜力城市包括西安、武汉、成都、合肥、广州、天津、杭州、长沙、东莞等11个城市，数量较少，以省会城市为主，具备成长为国家级或区域级综合性国家科学中心。中低潜力城市包括苏州、佛山、青岛、重庆、济南、哈尔滨、郑州、沈阳、大连、宁波、长春、惠州、兰州等34个城市，以东部地区的副省级城市、东北和中西部地区的省会城市居多，其中部分城市具备条件培育成区域级和地方级综合性国家科学中心。低潜力城市包括乌鲁木齐、潍坊、黔南、甘孜、洛阳等289个城市，以中西部地区为主，创新主体规模相对较少，创新枢纽能级较低，处于国家创新体系的边缘，发展定位于地方级或区域级综合性国家科学中心的功能配套区。四种类型枢纽城市的数量比例为1∶2.25∶8.5∶72.25，且各类型城市的空间布局系数均值依次迅速降低，整体上呈现明显的"图钉状"层级结构特征。

（2）综合性国家科学中心布局潜力具有高度空间异质性，大区之间、省域之间及城市之间均存在明显的内部差异，空间布局潜力较高的城市主要分布在东部沿海地区，高度集中在经济发达城市群的核心城市。初步集聚于以北京和天津为核心的京津冀城市群，以上海和南京为核心的长三角城市群，以及以深圳和广州为核心的粤港澳大湾区城市群，呈"三足鼎立"的空间格局。与此同时，其他经济快速增长地区不断孕育和集聚科技创新资源，以武汉、长沙为核心的长江中游城市群，以成都、重庆为核心的成渝双城经济圈，以西安为核心的关中平原城市群具有一定的布局潜力，随着研发资本积累和创新环境改善，有可能发育成为国家级或区域级综合性国家科学中心。

（3）部分城市群形成两个城市均具备较高空间布局系数的双核格局。以京津冀城市群(北京和天津)、成渝双城经济圈(成都和重庆)、长三角城市群(上海和南京)、粤港澳大湾区城市群(广州和深圳)、长江中游城市群(武汉和长沙)最具代表性。因地理区位较邻近、社会经济联系较紧密、经济基础较雄厚和科教资源较丰富等优势,可参考粤港澳大湾区发展模式,协同打造综合性国家科学中心,实现双核的创新优势互补和功能有序分工。

(三)空间布局优化过程

空间布局系数旨在通过计算综合性国家科学中心布局潜力并识别潜在选育对象,没有考虑区域异质性和地方根植性。因此,综合性国家科学中心布局并不能完全依据布局系数来确定。既有布局系数高的城市高度集聚于东部沿海地区,显然完全按此排名确定综合性国家科学中心的数量和布局,会造成地区间的不平衡和重复建设。由于各城市创新主体、科技基础设施等方面存在较大差异,综合性国家科学中心布局优化的比选不仅要考量空间布局系数,还应考虑以下条件:

(1)综合性国家科学中心数量不宜太多。过多综合性国家科学中心布局会造成重大科技资源浪费和创新集聚不经济。从图4-2可知,当综合性国家科学中心数量达到17时,其整体布局系数增长率下降到6%,若继续增加综合性国家科学中心数量,单位综合性国家科学中心布局带来的目标值增长空间非常有限。

(2)空间布局系数不能太小。综合性国家科学中心空间布局系数小于0.1的城市无论是重大科技基础设施、国家战略科技力量还是经济社会发展水平均不能满足支撑综合性国家科学中心发展的条件。因此,仅对空间布局系数大于0.1的20个中心城市进行选育和比较。

(3)单项评价指标排名不能太靠后。综合性国家科学中心所在城市须具备较好的科技基础和较丰的创新资源。重大科技基础设施是综合性国家科学中心建设的基石,不低于3个重大科技基础设施是建设综合性国家科学中心的必备条件(王贻芳和白云翔,2020)。

(4)空间布局兼顾区域均衡性和一体化。一方面,中心城市往往发挥着枢纽和门户的作用,在辐射带动整个区域科技创新可持续和高质量发展中扮演着重要角色。综合性国家科学中心空间优化应保证在七大地理分区内至少有一个对应的区域级国家科学中心城市,以发挥"以点带面、以面载点"的增长极效应。另一方面,城市之间的科技创新联系存在一定的空间模式,部分地区出现了一定范围内合作密切的"科技创新联盟",地理空间邻近、科技创新联系密切的城市具备联合组建综合性国家科学中心的潜力。

综上条件,本章选取等级较高的高潜力和中高潜力城市,并补充第三等级中空间布局系数大于0.1的部分中心城市作为综合性国家科学中心空间布局优化对象(见表4-3),结合国家已先行批复的五个综合性国家科学中心,进一步进行综合比选研判。

表4-3 综合性国家科学中心城市布局优化对象

位序	城市	空间布局系数	布局潜力	备注
1	北京	0.959	高潜力城市	已批复
2	上海	0.579	高潜力城市	已批复
3	南京	0.436	高潜力城市	
4	深圳	0.382	高潜力城市	已批复(粤港澳大湾区)
5	西安	0.369	高潜力城市	已批复
6	武汉	0.306	中高潜力城市	
7	成都	0.277	中高潜力城市	
8	合肥	0.274	中高潜力城市	已批复
9	广州	0.261	中高潜力城市	已批复(粤港澳大湾区)
10	天津	0.235	中高潜力城市	重大科技基础设施不足3个
11	杭州	0.217	中高潜力城市	重大科技基础设施不足3个
12	长沙	0.215	中高潜力城市	重大科技基础设施不足3个

续表

位序	城市	空间布局系数	布局潜力	备注
13	东莞	0.202	中高潜力城市	已批复(粤港澳大湾区)
14	苏州	0.173	中低潜力城市	重大科技基础设施不足3个
15	佛山	0.169	中低潜力城市	已批复(粤港澳大湾区)
16	青岛	0.159	中低潜力城市	重大科技基础设施不足3个
17	重庆	0.15	中低潜力城市	重大科技基础设施不足3个
18	济南	0.147	中低潜力城市	重大科技基础设施不足3个
19	哈尔滨	0.13	中低潜力城市	重大科技基础设施不足3个
20	郑州	0.125	中低潜力城市	重大科技基础设施不足3个

资料来源:笔者自制。

根据国家政策和现实情况,北京、上海、粤港澳大湾区地处全球创新网络的枢纽地位,宜定位为全球级综合性国家科学中心,以支撑具有全球影响力的国际科技创新中心战略。合肥和西安已经获批综合性国家科学中心布局,南京、成都、武汉三个城市与其相比,布局系数和科技实力接近,可共同定位为国家级综合性国家科学中心。天津、杭州、长沙、重庆、济南、郑州、哈尔滨等直辖市和部分省会城市具有较大发展潜力,定位为区域级综合性国家科学中心。剔除中高潜力城市绍兴(重大科技基础设施为0),将中高潜力城市中重大科技基础设施不足3个的天津(2)、杭州(2)、苏州(1)也定位为区域级综合性国家科学中心(见表4-4和表4-5)。

表4-4　综合性国家科学中心节点层级

节点层级	具体城市(地区)(15个)
全球级节点	北京、上海、粤港澳大湾区(3个)
国家级节点	合肥、西安、南京、成都、武汉(5个)
区域级节点	天津、杭州、长沙、重庆、济南、郑州、哈尔滨(7个)

资料来源:笔者自制。

表4-5　综合性国家科学中心城市空间布局

地理分区	布局省份	布局数量	具体城市（地区）
东北地区	黑龙江	1	哈尔滨
华北地区	北京、天津	2	北京、天津
华南地区	广东	1	粤港澳大湾区
华东地区	上海、安徽、江苏、浙江、山东	5	上海、合肥、南京、杭州、济南
华中地区	湖北、湖南、河南	3	武汉、长沙、郑州
西南地区	四川、重庆	2	成都、重庆
西北地区	陕西	1	西安

资料来源:笔者自制。

　　上述综合性国家科学中心等级体系划分是基于全局考量的结果,尤其是国家级的综合性科学中心布局需要充分考虑一定的空间均衡性。例如,作为直辖市,无论是科技设施和创新资源条件,还是经济发展水平,天津都具备发展成为国家级综合性国家科学中心的条件。但由于紧邻北京,除部分领域具有比较优势外,大部分科技创新功能均与北京类同且差距较大。因此,更宜作为区域级综合性国家科学中心,加强与北京的协同创新和功能分工。

　　为避免综合性国家科学中心的恶性竞争,区域级综合性国家科学中心还应充分考虑等级差异性和创新联动性。如济南和青岛,单从空间布局系数看,青岛要略高于济南,得益于青岛的海洋学科优势和副省级城市地位,而济南在大科学装置规模、省会城市地位和科教人力资源等方面优势明显。因此,济南宜作为华东地区的区域级综合性国家科学中心培育,未来可将青岛纳入统筹规划,发挥比较优势,作为济南的有益补充。此外,苏州和无锡不断吸引和承接上海的创新要素扩散和产业转移,与上海建立密切的产业联系和科技合作,发育成为高度一体化的科技共同体。因此,宜将苏州、无锡统筹纳入上海综合性国家科学中心建设规划,既避免重复建设和恶性竞争,又促进优势互补和创新协同。

（四）科学中心的空间区划

综合性国家科学中心空间区划是根据国家科学中心发展潜力的地域差异性和相似性,将中国综合性国家科学中心枢纽—网络系统进行量化归类和划分关联区域的过程。基于综合性国家科学中心赖以支撑的创新主体及客体的集聚性规律,综合考量综合性国家科学中心及其腹地的枢纽——网络空间组织特性,本章将国家创新体系科学划定为5个一级大区和20个二级功能辐射区(见表4-6)。

表4-6　中国综合性国家科学中心空间区划方案

一级区划	地域范围	布局数量	核心枢纽	二级区划
北方辐射区	北京、天津、内蒙古、河北、山西、黑龙江、吉林、辽宁	3	全球级:北京;国家级:天津;区域级:哈尔滨	京津腹地区、辽宁—蒙东辐射区、黑吉辐射区、蒙西辐射区
东部辐射区	上海、江苏、浙江、安徽、福建、江西、山东	5	全球级:上海;国家级:合肥、南京;区域级:杭州、济南	福建辐射区、江西辐射区、浙江辐射区、苏沪辐射区、安徽辐射区、山东辐射区
中南辐射区	河南、湖北、湖南、广东、广西、海南、香港、澳门	4	全球级:粤港澳大湾区;国家级:武汉;区域级:长沙、郑州	珠三角腹地区、广西辐射区、湖北辐射区、河南辐射区
西南辐射区	四川、重庆、贵州、云南、西藏	2	国家级:成都;区域级:重庆	成渝腹地区、贵州辐射区、云南辐射区
西北辐射区	陕西、甘肃、青海、宁夏、新疆	1	国家级:西安	兰西腹地区、陕西辐射区、新疆辐射区

资料来源:笔者自制。

中国综合性国家科学中心空间区划由北方辐射区、东部辐射区、中南辐射区、西南辐射区和西北辐射区五个大区组成(见表4-6)。(1)北方辐射大区涵盖了北京、天津、内蒙古、河北、山西、黑龙江、吉林、辽宁等省级行政区,相应划分为京津腹地区、辽宁—蒙东辐射区、黑吉辐射区、蒙西辐射区4个二级功能辐射区。(2)东部辐射大区集中了上海、江苏、浙江、安徽、福建、江西、山东等经济较发达省域,相应划分为福建辐射区、江西辐射区、浙江辐射区、苏沪辐射区、安徽辐射区、山东辐射区6个二级功能辐射区。(3)中南辐射大区包括了河南、湖北、湖南、广东、广西、海南,以及香港、澳门8个省级行政区,划分为珠三角腹地区、广西辐射区、湖北辐射区、河南辐射区4个二级功能辐射区。(4)西南辐射大区由四川、重庆、贵州、云南、西藏等省级行政单元构成,划分为成渝腹地区、贵州辐射区、云南辐射区3个二级功能辐射区。(5)西北辐射大区囊括了陕西、甘肃、青海、宁夏、新疆等省域,划分为兰西腹地区、陕西辐射区、新疆辐射区3个二级功能辐射区。

四、局域优化方案

(一)科学中心的城域集聚特征

综合性国家科学中心主体空间分布基本保持稳定的空间集聚性特征,判断综合性国家科学中心主体在不同尺度上的空间集聚程度,是后续进行主体集聚形态和空间聚类分析的重要前提,进而为识别综合性国家科学中心的空间承载区提供技术支撑。借助地理空间分析软件 Crimestat 实现 *Ripley's K* 函数分析,结果显示99%置信度水平下,综合性国家科学中心主体的 $L(t)$ 曲线整体大于上包络线(见图4-3),表明其具有明显的空间集聚特征。

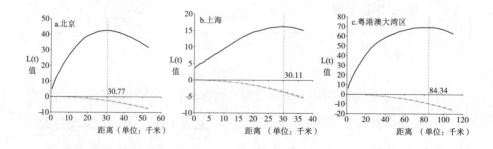

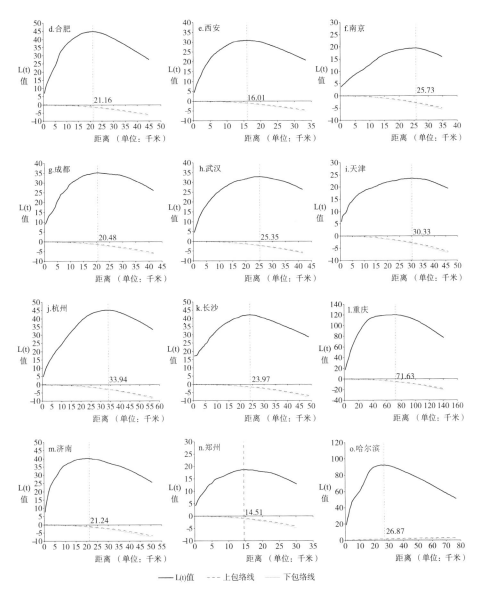

图 4-3　综合性国家科学中心城市（区域）的 Ripley's K 函数分析

资料来源：笔者自绘。

从空间集散情况来看，15 个综合性国家科学中心城市（区域）主体的 $L(t)$ 曲线均一直处于 0 值以上，曲线先升后降，表现为倒"U"型结构。表明这些城市(区域)的创新主体规模随着距离增加保持显著的空间集聚态势;随着集聚程度达到峰值,集聚程度逐渐减弱,但仍拒绝空间分散。15 个综合性国家科学中心城市(区域)的平均集聚门槛值为 31.77 千米,即在 0—31.77 千米范围内 $L(t)$ 曲线逐渐远离包络线,空间集聚程度不断增强,在 31.77 千米处平均集聚程度达到最大值,平均最大 $L(t)$ 值为 44.87 千米,随后 $L(t)$ 曲线趋近包络线,集聚程度逐渐减弱。

从空间集聚规模来看,不同城市(区域)的最大集聚空间尺度存在差异。其中,在 11—20 千米内出现最大集聚状态的城市,包括西安、郑州等;在 21—30 千米内出现最大集聚状态的城市,包括成都、合肥、济南、长沙、武汉、南京、哈尔滨等;在 31—40 千米内出现最大集聚状态的城市以上海、天津、杭州、北京为代表;在 40 千米以外出现最大集聚状态,包括重庆(71.63 千米)、粤港澳大湾区(84.34 千米)等城市或城市区域。总体来看,综合性国家科学中心城市(区域)的创新主体最大集聚范围基本在 20—30 千米。粤港澳大湾区城市群和重庆因国土面积过大,最大集聚门槛超过 70 千米,需要适度集聚创新主体,以降低科技创新联系成本;西安和郑州的最大集聚门槛低于 20 千米,宜制定创新主体扩张型政策,提升整体空间布局效能。

(二)科学中心的主体集聚形态

核密度估计法可计算研究对象在不同空间位置的分布概率,常用于研究点要素的空间分布特征。以 100 米作为栅格尺度,3 千米为搜索半径,采用自然断裂点(Natural Breaks)分级方法,设置战略科技力量权重为 100,高新技术企业权重为 1,利用核密度方法分析创新主体分布的局部集聚特征,结果表明:

综合性国家科学中心创新主体空间分布未呈现出圈层式空间结构,而是更多发育出多核、多中心、网络化的空间组织形态:(1)"双一流"大学、国家科研机构等战略科技力量主导了综合性国家科学中心创新主体的集聚特征,即以一流大学及科研院所等为核心,形成综合性国家科学中心创新主体及知识密集区;(2)与城市产业园区基本空间同构,重要的高新技术产业园、软件园、经济技术开发区等创新集群多是综合性国家科学中心创新主体集聚的高值区;(3)综合性国家科学中心的创新主体在城市近郊和外围形成点状集聚,与城市的自然地理、行政区划分割密切相关。

不同城市(区域)的创新主体集聚分布与其自然条件、社会经济政策等创新环境密切相关,表现出显著的空间多样性和异质性,遵循一定的空间集聚共性,呈现向心集聚(创新街区)、边缘崛起(城郊大学城)、廊道扩散(创新走廊)等规律(段德忠等,2015①;刘承良,2023),具体而言:

(1)北京:综合性国家科学中心创新主体呈现出空间极化特征,基本集中在"六环"内的中心城区,尤其是以北京大学和清华大学为核心的海淀区,发育较典型的核心—边缘结构。局域层面出现了比较明显的圈层状和轴带状复合结构:在海淀区外围形成北二环至北五环的高值圈层,向南呈带状延伸至丰台总部基地、亦庄科技园等高科技园区,向东带状伸展至望京科技园等科技领军企业密集区。

(2)上海:创新主体主要分布在外环内,浦东与浦西分布极不均衡,形成"一主两副"的多中心格局:以张江科学城为核心区,以黄浦区和杨浦区为次级热点集聚区,其他热点区和次级创新中心主要分布在静安寺、徐家汇、漕河泾、淮海中路、人民广场、陆家嘴等街道及紫竹高新科技园区,在主城至嘉定工业区及嘉定新城北部方向具有空间延续趋势。

(3)粤港澳大湾区:广州—深圳"多中心带状组团"的城市空间结构对创新主体的核密度分布产生了重要影响,行政和自然分割也是重要影响因素。整体而言,创新主体核密度分布表现出环珠江的带状格局,在广州和深圳两市核心区形成了最大的集聚核心,涵盖了广州的越秀—天河片区,深圳的前海—

---

① 段德忠、杜德斌、刘承良:《上海和北京城市创新空间结构的时空演化模式》,《地理学报》2015 年第 12 期。

福田片区。此外,广州的知识城片区、荔湾—海珠—大学城片区,以及深圳的福田—罗湖—龙岗片区形成组团式高值区,东莞和珠海两市也形成了一定程度的集聚性热点区。

(4)合肥:主要形成"单核双中心"的空间组织,表现出以合肥高新技术产业开发区、中国科学技术大学先进技术研究院为核心枢纽,以科学大道和"科大硅谷"为两大次级核心的整体骨架。总体呈现长江西路—长江东路的科技创新主轴与以中国科学技术大学为核心的创新组团协同联动格局。

(5)西安:宏观上呈现"核心集聚、边缘分散"的多中心格局。发育三大创新主体集聚中心:以南院门、柏树林街道为主的老城创新街区(Innovation District);以小寨街道、大雁塔街道、曲江街道为主的曲江新区创新街区;以郭杜街道、电子城街道为主的大学城创新街区。空间分布的向心力明显,集聚程度较高,且南部高于北部,总体呈东北—西南方向展布。

(6)南京:中心城区形成新街口、湖南路—山西路片区为核心的创新主体集聚区,外围则形成了建邺河西中央商务区、新城科技园、雨花软件谷、南京生物科技谷、未来科技城等块状创新组团。

(7)成都:创新主体形成"轴—辐"式空间组织,以四川大学和成都高新技术产业开发区为"双核"结构,分别向南辐射至天府软件园,向西北的郫都区和东北的龙潭总部经济城呈轴带式延伸,并在外围形成了金马街道、中和街道、兴隆街道、新都街道等多个创新主体集聚区,整体呈环状分布。

(8)武汉:发育武汉大学—华中师范大学、华中科技大学—东湖新技术开发区("光谷")两大高密度的创新组团,形成了明显的创新走廊发展格局。一是,高密度区沿长江向南北延伸成带状创新高地,呈现跨江联系趋势;二是,东湖新技术开发区的高密度核心片区沿关山大道向南带状延伸。

(9)天津:以天津大学—南开大学、大学城两处高值区为创新主体集聚核,沿空港经济区、滨海新区经济技术开发区形成了三处次级创新主体集聚区,其余集聚区呈散点状、中低密度分布,较大范围的创新主体集群分布在津南区大学城和武清城区。

（10）杭州：由西湖区这一高值区向余杭区、滨江区延伸，形成两大核心、两大半环状次中心的多中心结构，包括西湖、余杭、临平及西兴等街道所辖的创新主体集聚区。城东下沙到城西科技创新大走廊形成了连绵带状热点区，最远辐射至临安和桐庐。

（11）长沙：呈现"倒三角"状的多中心格局，以岳麓山大学城和长沙经济技术开发区为两大主核心，以中南林业科技大学、湖南省农业科学院、长沙高新技术产业开发区三处次热点区为次级核心，创新主体高度集聚在科教集中、政策优惠和环境优越的中心城区。

（12）重庆：创新主体高度集中在主城区，核心片区包括南岸区、沙坪坝大学城、九龙坡区的二郎科技园区，渝中半岛—两江新区初步连绵成片。由于地形限制，外围呈纵向串珠状零星散布格局。

（13）济南：创新主体集聚发育成"一核一心"格局，以齐鲁软件园为主核心，其外围圈层则以山东大学为次级热点区，受南部山地和北部黄河影响，向西部延伸至长青大学城。

（14）郑州：总体集聚于北部沿东西拓展，呈"倒三角"状格局，形成两大创新主体集聚区：以郑州高新技术产业开发区为中心的核心集聚区，以文化路、龙子湖大学城为中心的次级集聚区。在南三环、郑州大学等区域则呈散点状、中低密度分布。

（15）哈尔滨：创新主体集聚区总体呈西北—东南方向分布。形成了以哈尔滨工业大学和黑龙江图书馆为中心的核心集聚区，向外梯次延伸出中高和中低值集聚区，在松花江北岸哈尔滨新区和香坊区经济开发区等局域形成次级热点集聚区。

（三）科学中心的典型集群识别

基于 Matlab 软件使用自调整（HDBSCAN）算法对 15 个综合性国家科学

中心城市(区域)主体要素进行空间聚类。城市(区域)间的主体数量、分布密度、集聚尺度差异较大,因此不同城市(区域)采用不同的参数设置。为保证聚类系数满足算法最优和现实情况,本章利用迭代实验法,选取不同的 *MinPts* 值对各城市(区域)的创新主体规模进行多次迭代实验,共获得 105 个聚类集群(见表4-7)。通过对比发现,集聚簇基本与核密度分析结果呈现相同的空间分布特征,进一步说明聚类算法的参数选择与实际分布相吻合。

表4-7 综合性国家科学中心城市(区域)的密度聚类指标选择及结果

（单位:个）

序号	城市(区域)	密度阈值	最小主体规模	噪声点
1	北京	380	9	11774
2	上海	450	7	15364
3	粤港澳大湾区	800	11	37257
4	合肥	120	6	3378
5	西安	180	8	5011
6	南京	150	8	3181
7	成都	200	6	4600
8	武汉	220	6	5897
9	天津	200	7	1636
10	杭州	180	9	6599
11	长沙	200	5	3249
12	重庆	150	6	3206
13	济南	100	6	6297
14	郑州	140	6	2648
15	哈尔滨	70	5	1114

资料来源:笔者自制。

整体上,基于空间聚类的综合性国家科学中心城市(区域)的创新集群分布呈现以下特征:(1)创新主体集聚簇(或集群)规模呈现出明显的等级层次性特征。在城市(区域)全部集聚簇中,以某一两个高等级集聚簇相对规模较大,其余规模较小,符合"金字塔"型等级结构特征。(2)创新主体集聚簇呈现功能区内部聚集和跨越功能区聚集并存。绝大部分集聚簇依托"双一流"高校、国家科研机构及科技领军企业等,在一定城市功能区内发育集聚。部分集聚簇跨越中央商务区、高新科技园区、大学城等地域边界,即创新主体在某一功能区内不断聚集,当达到一定规模后向功能区外围有创新基础条件、科学研究需求强烈的区域接触式扩散。(3)创新主体的噪点分布零散、相对孤立,局部出现了创新主体聚集的潜力区域。总体上噪点零星分布,但局部出现了噪声点相对聚集的现象。如粤港澳大湾区城市群的南沙科学城、西安的曲江大学城等均出现了噪点相对聚集的区域,这些相对聚集的噪点未来会向两个方向发展:或者与距离邻近的创新集聚簇融为一体,或者单独发展成为新的创新集群,从而成为创新主体生长具有潜力的区域。

局域上,不同综合性国家科学中心城市或区域的创新主体集聚程度不一,形成了各具特色的创新集聚区和空间组织模式:

(1)北京:创新主体的空间聚类存在 9 个集聚簇,规模高度集中于海淀区。数量最多的海淀 8 号集群(海淀区东南部的中关村、海淀、紫竹院、北下关、北太平庄、学院路、花园路、清华园、燕园等街道),拥有超过 3000 个创新主体。其代表性主体为模式识别国家重点实验室、软件工程国家工程研究中心、国家科技资源共享服务工程技术研究中心、生物冶金国家工程实验室、中国科学院数学与系统科学研究院、中国农业科学院作物科学研究所、北京交通大学、北京市太阳能研究所集团有限公司、北京海同科技有限公司等。位于丰台的 6 号集群(丰台、新村、花乡街道部分地区),拥有 1522 个创新主体;海淀中部 9 号集群(上地、清河、西三旗等街道),涵盖了 1454 个创新主体;亦庄 3 号集群(北京经济技术开发区大部分地区及台湖镇、马驹桥镇部分地区),集中了 1101 个创新主体;怀柔—密云 1 号集群(怀柔区的龙山街道、泉河街道、北房镇、雁栖经济开发区;密云区的密云经济开发区、鼓楼街道、果园街道等),拥有超过 700 个创新主体;望京 7 号集群(望京、酒仙桥等街道),包括 696 个创新主体;首都机场 2 号集群(空港街道、南法信镇、泉旺街道、仁和镇、胜利街道大部分地区),集中了 682 个创新主体;昌平 4 号集群(城北街道大部、沙河镇北部),拥有 531 个创新主体;石景山 5 号集群(苹果园街道大部、金顶街街道、古城街道、八角街道部分地区),囊括了 504 个创新主体,也具有相当数量和质量的创新主体。

(2)上海:创新主体空间聚类存在 7 个集聚簇,分布相对集中。数量最多的为张江 2 号集群(张江高科技园区),包含近 2500 个创新主体,以新药研究国家重点实验室、电子商务与电子支付国家工程研究中心、国家光刻设备工程技术研究中心、中药标准化技术国家工程实验室、中国科学院上海药物研究所、上海科技大学、上海奥威科技开发有限公司、上海海越安全工程设备有限公司等为代表。其次分别为 5 号集群(虹口区大部分地区)、3 号集群(莘庄镇、梅陇镇、吴泾镇、颛桥镇等)、6 号集群(漕河泾街道、徐家汇街道、长宁街道大部分地区)、7 号集群(宝山工业园区)、1 号集群(嘉定工业园区)、4 号集群(松江工业园区),分别集中了 1665、1430、1312、615、564 和 515 个创新主体,主体集聚规模与北京相当。

(3)粤港澳大湾区:创新主体空间聚类存在 11 个集聚簇,但分布相对分散,呈多核心格局。数量最多的为 11 号集群(深圳前海深港现代服务业合作区),拥有 6000 多个创新主体,包括国家农业机械工程技术研究中心南方分中心、国家宽带无线接入网工程技术研究中心、塑料改性与加工国家工程实验室、华为技术有限公司、禾昆智能科技(上海)有限公司等。其次分别为 5 号集群(广州越秀、荔湾、天河区大部分地区)、10 号集群(深圳宝安区)、8 号集群(深圳龙华区、龙岗区西部)、3 号集群(佛山顺德区)、4 号集群(东莞松山湖高新技术产业开发区)、7 号集群(深圳龙岗区东北部)、1 号集群(珠海香洲区)、9 号集群(深圳福田区)、2 号集群(江门市蓬江区、江海区)、6 号集群(佛山市禅城区),分别囊括了 5674、4434、3391、2019、1428、1122、1051、973、932和 851 个创新主体,其创新主体的整体规模远远超过北京和上海,但其集聚程度小于前两者。

（4）合肥：创新主体空间聚类存在 6 个集聚簇，但其规模分布均衡。数量最多的为 4 号集群（合肥高新技术开发区中部），包括 1200 多个主体，代表性主体为省部共建茶树生物学与资源利用国家重点实验室、国家压力容器与管道安全工程技术研究中心、中国科学技术大学、安徽省三联交通应用技术股份有限公司、安徽爱观视觉科技有限公司等。其次分别为 5 号集群（合肥高新技术开发区东部）、3 号集群（骆岗街道）、2 号集群（庐阳工业区）、6 号集群（桃花镇）、1 号集群（巢湖城区），分别拥有 1017、316、184、171 和 127 个创新主体，其创新主体规模与北京、上海及粤港澳大湾区等国家级科技创新中心差距明显。

（5）西安：创新主体空间聚类存在 8 个集聚簇，分布相对集中。数量最多的为 5 号集群（西安高新技术产业开发区丈八沟街道），涵盖了 2000 多个创新主体，拥有稀有金属材料加工国家工程研究中心、西安热工研究院有限公司、西安罗格石油仪器有限公司等战略科技力量。其次分别为 1 号集群（西安经济技术开发区）、7 号集群（丈八沟街道东南部）、2 号集群（韦曲街道中北部）、4 号集群（鱼化寨街道南部）、6 号集群（丈八沟街道西南部）、3 号集群（雁塔鱼化工业园）、8 号集群（电子城街道），分别包括 767、599、453、344、313、233 和 227 个创新主体，整体集聚规模与合肥相差无几。

（6）南京：创新主体空间聚类存在 8 个集聚簇，分布比较零散。数量最多的为 8 号集群（建邺新城科技园、河西中央商务区、南京软件谷、江宁大学城等地区），囊括了 1000 多个创新主体，以内生金属矿床成矿机制研究国家重点实验室、江苏先声药业有限公司、南京慧智灵杰信息技术有限公司等为代表。其次分别为 4 号集群（江北区高新技术开发区）、5 号集群（南京经济技术开发区、仙林大学城等地区）、7 号集群（玄武区核心区）、6 号集群（光华路、麒麟街道）、3 号集群（江浦街道）、2 号集群（溧水区核心区）、1 号集群（高淳区核心区），分别集中了 691、598、358、312、261、233 和 226 个创新主体，其主体集聚程度与合肥、西安等综合性国家科学中心接近。

（7）成都：创新主体空间聚类存在 6 个集聚簇，分布相对均衡。数量最多的为 5 号集群(成都高新技术产业开发区桂溪街道北部),涵盖了 1300 多个创新主体,以省部共建西南特色中药资源国家重点实验室、中蓝晨光化工研究设计院有限公司、四川拓及轨道交通设备股份有限公司等为代表。其次分别为 6 号集群(桂溪街道南部、华阳镇街道北部)、4 号集群(武侯区东北部)、1 号集群(温江区城区)、2 号集群(合作街道)、3 号集群(武侯区簇锦街道),分别包含 1055、569、350、288 和 283 个创新主体,集聚程度与合肥、西安等两个综合性国家科学中心差距较小。

(8)武汉:创新主体空间聚类存在 6 个集聚簇,但分布高度集中,呈单核结构。数量最多的为 6 号集群("光谷"),集中了近 4000 个创新主体,以材料复合新技术国家重点实验室、制造装备数字化国家工程研究中心、华中科技大学、长江水利委员会长江勘测规划设计研究院、中冶南方工程技术有限公司、武汉尚码生物科技有限公司等为代表。其次分别为 5 号集群(珞南街道、洪山街道)、1 号集群(蔡甸区经济开发区)、3 号集群(豹澥街道)、4 号集群(江汉区核心区)、2 号集群(东西湖区核心区),分别包括 783、670、553、348 和 324 个创新主体,与合肥、西安等综合性国家科学中心城市集聚程度类似。

(9)天津:创新主体空间聚类存在 7 个集聚簇,分布较均匀。数量最多的为 2 号集群(天津滨海高新技术产业开发区中心区),总计近 1400 个创新主体,代表性主体为省部共建电工装备可靠性与智能化国家重点实验室、新型电源国家工程研究中心、曙光信息产业股份有限公司、天津市双威精密模具股份有限公司等。其次分别为 6 号集群(天津高新技术产业开发区华苑街道)、7 号集群(天津高新技术产业开发区滨海科技园区)、5 号集群(空港经济区)、1 号集群(武清经济开发区)、4 号集群(津南经济开发区)、3 号集群(北闸口镇),分别拥有 1063、614、571、350、288 和 206 个创新主体,规模差异较大,与合肥、成都等城市创新主体格局类似。

(10)杭州:创新主体空间聚类存在 9 个集聚簇,分布相对集中,呈单核结构。数量最多的为 5 号集群(滨江区),总计 2000 多个创新主体,代表性主体为国家木质资源综合利用工程技术研究中心、浙江大学、杭州大泉泵业科技有限公司等。其次分别为6号集群(杭州未来科技城)、8号集群(西湖区)、2号集群(临平区)、4号集群(下沙区高教园区)、7号集群(紫金港北部、三墩镇)、9号集群(杭州北部软件园)、1号集群(桐庐县城区)、3号集群(余杭区仁和街道),分别包括895、870、745、593、309、272、204和184个创新主体,与首位5号集群差距显著,规模较小,与武汉等城市创新主体格局类同。

(11)长沙:创新主体空间聚类存在5个集聚簇,高度集中于单个创新集群。数量最多的为5号集群(长沙县城区),包括2200多个主体,以畜禽养殖污染控制与资源化技术国家工程实验室、中联重科股份有限公司、湖南凯上电子科技有限公司等为代表。其次分别为4号集群(芙蓉区、天心区、雨花区核心区)、1号集群(宁乡市核心区)、3号集群(天心区核心区)、2号集群(望城经济技术开发区),分别集中了465、270、227和206个创新主体,与首位创新集群差距悬殊。

(12)重庆:创新主体空间聚类存在6个集聚簇,规模分布不均,呈单核结构。数量最多的为5号集群(渝中区核心区),涵盖了2160个主体,代表性主体为癌基因与相关基因国家重点实验室、煤矿安全技术国家工程研究中心、西南大学、重庆材料研究院、重庆綦铝科技有限公司等。其次分别为6号集群(璧山区核心区)、1号集群(万州区核心区)、3号集群(永川区核心区)、2号集群(长寿区核心区)、4号集群(铜梁区核心区),分别拥有223、213、185、164和150个创新主体,整体规模过小,密度较低,分布零散,不利于区内集体学习和区际创新联动。

(13)济南:创新主体空间聚类存在6个集聚簇,高度集中于首位创新集群。5号集群(历下区、市中区核心区)成为主导,集中了3000多个创新主体,代表性主体为生物基材料与绿色造纸国家重点实验室、大型煤气化及煤基新材料国家工程研究中心、山东大学、浪潮集团有限公司、山东阅航环保科技有限公司等。其他集群(如莱芜核心区1号集群(363)、经十路6号集群(266)、济阳核心区 2 号集群(152)、桑梓店街道 4 号集群(148)、章丘区核心区 3 号集群(146))与之差距显著,数量和质量均较低。

(14)郑州:创新主体空间聚类存在 6 个集聚簇,分布零散,集聚程度较低。数量最多的为 3 号集群(金水区核心区),该集群集聚了 526 个创新主体,远远小于其他城市,代表性主体以国家铝冶炼工程技术研究中心、小麦和玉米深加工国家工程实验室、郑州名泰医疗器械有限公司、河南方和信息科技股份有限公司等为主。郑州高新技术产业开发区 5 号集群(388)、郑州东站 2 号集群(356)、梧桐街 6 号集群(294)、石佛镇 1 号集群(244)和郑州电子信息产业园 4 号集群(187)等其他创新集群主体规模较小,多样性偏低,分布较零散,不利于打造学习型区域(Miao 等,2007)[①]。

(15)哈尔滨:创新主体空间聚类存在 5 个集聚簇,但整体分布零散。数量最多的 1 号集群(松北区中心商务区)仅有 383 个主体,以发电设备国家工程研究中心、哈电发电设备国家工程研究中心有限公司、哈尔滨通能电气股份有限公司等为主导,其他创新集群的主体数量基本介于 100—300 个之间。功能较单一,规模过小,多样性低,已成为哈尔滨建设科学中心的主要掣肘之一。

第二节　区域性创新高地的空间布局优化

一、优化原则

(一)创新驱动原则

区域性创新高地服务创新驱动发展战略的关键是,推动产学研协同发展和搭建区域创新体系平台,强化基础研究、应用开发和技术产业化的统筹布

---

① Miao,C.,Wei Y.D.,Ma H.,"Technological Learning and Innovation in China in the Context of Globaligation",*Eurasian Geography and Economics*,Vol.48,No.6,2007.

局,破解技术转化中的"达尔文死海"(技术研发与市场生产脱节)难题,提高创新成果转移转化率,打造具有强关联带动性的区域创新网络。

在此基础上,充分发挥局部区域科技创新资源优势和区域创新增长极作用,形成高科技企业集群和战略性新兴产业集群,带动周边区域技术进步和产业创新发展,优化区域性创新高地空间布局,加快形成科技创新发展新格局至关重要(郑江淮和许冰,2022)①。

在科技强国战略的支撑下,区域性创新高地的布局建设需要以国家高新技术开发区、国家知识产权示范城市和国家创新型城市等区域创新政策为抓手,依托创新型企业、企业研发中心及高校和科研机构等创新主体,重点搭建创新链、产业链、人才链一体化的技术创新体系,以区域创新网络为基础充分吸收和转化综合性国家科学中心的创新外溢,推动各类创新要素的深度融合,从而赋能区域技术创新和产业升级,助推区域高质量发展(林剑铬和刘承良,2022)。

(二) 重点突破原则

区域性创新高地布局建设应发挥新型举国体制优势,在关键领域和重点方向上突出战略支撑引领作用,重点发挥企业的创新主体地位和战略科技力量的引领作用,促进产学研协同和大中小企业融通发展,打好关键核心技术攻坚战,突破光刻机、芯片、操作系统等"卡脖子"技术,补齐科技创新短板,增强自主创新能力,摆脱关键材料、核心技术和高端装备的进口依赖,突破限制高质量发展的创新瓶颈。

区域创新网络具有地方根植性,因历史、地理、经济等条件差异性,由此形成各具特色的优势创新领域。因此,发展区域性创新高地不能千篇一律地发展趋同产业,而是应该聚焦区域优势领域,错位发展、功能协同,避免无序竞争、重复建设,明确发展规划方向,抓住重点突破领域,发展特色新兴产业集群,加快

---

① 郑江淮、许冰:《驱动创新增长的区域发展体制:内涵、逻辑与路径》,《兰州大学学报(社会科学版)》2022年第6期。

构建新一代信息技术、人工智能、生物技术、新能源、新材料、高端装备等产业领域的区域创新增长极,形成区域创新发展的"长板效应"和"集聚效应"。

(三)开放创新原则

科技全球化时代,开放是创新的最佳滋养(陆娅楠,2021)[①]。通过高水平对外开放推动创新发展,加强国家科技创新体系与全球创新网络的联动,建立开放式的全球地方创新网络,实施更加开放包容、互惠共享的国际科技合作战略,巩固、拓展和深化国际科技交流合作,推动高等院校、科研机构、科技企业等创新主体加强全球开放交流,可助推中国科技自立自强。

区域性创新高地是国家构建"双循环"新发展格局和融入全球创新网络的关键枢纽,也是国家参与全球科技竞争合作、驱动区域高质量发展的核心支点。其布局建设应选择全球地方创新网络的关键性枢纽,重点加强国内外人才、资本、技术等创新资源的流动和交换,充分集聚利用全球创新资源,强化技术转移转化,提升国家整体创新能力(李源和刘承良,2022)[②]。

二、优化目标

(一)总体优化目标

1. 创新平台提能造峰

加大基础研究投入,加快科技创新平台建设,尤其是重大科技创新平台,着力打造国家实验室、国家工程实验室、国家级及省部级重点实验室等国家科技创新平台,同时建设一批具有前沿性、战略性的重大科技基础设施集群,推动大型国有企业和领军民营企业等市场化主体积极打造研发创新平台,为科技创新注入强大动能,推动区域创新平台高质量发展,支撑区域性创新高地建

---

① 陆娅楠:《开放是创新的最佳滋养》,《人民日报》2021 年 8 月 4 日。
② 李源、刘承良:《争创综合性国家科学中心的挑战与对策》,《地理教育》2022 年第 10 期。

设,助力产业转型升级(见图4-4)。

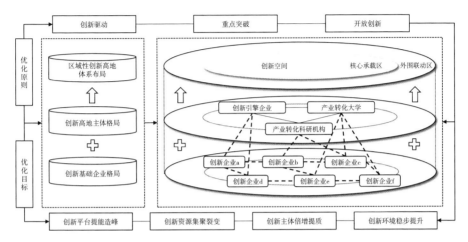

图4-4 区域性创新高地的空间布局优化框架

资料来源:刘承良:《中国战略科技力量的时空配置与布局优化》,《人民论坛·学术前沿》2023年第9期。

2. 创新资源集散裂变

放大区域性创新高地的创新资源"集聚效应",避免在全国范围内"四处开花",有规划有重点地集中布局优化配置创新资源,以创新资源集聚示范片区为抓手,发挥区位优势和集聚效应,提高创新资源的集聚力和辐射力,实现创新资源集散的质变,催生创新发展动能,引领辐射区域科技创新发展和产业升级。

3. 创新主体倍增提质

加快培育科技型企业及企业研发机构等创新主体,强化企业引领创新的主体地位,重点培育科技领军企业,加快建设一批世界一流的高科技企业,大力扶植中小微创新型企业发展,塑造大中小微科技企业协同高效发展的创新联合体格局,着力提升企业自主创新能力。建设科技企业主导的产学研深度融合体系,支持企业成为基础应用型研究主体,鼓励其参与国家重大项目、重大科技基础设施和科技创新平台建设,不断激发科技企业的创新主体活力,加快实现高水平科技自立自强。

4. 创新环境稳步提升

加快转变政府科技治理职能,营造良好创新环境,培育有利于科技型中小微企业成长的创新"土壤",创造有利于科技创新的人才集聚生态,培育开放、统一、公平、竞争的市场环境,推动各类创新主体公平高效地获取创新资源,深化科研领域"放管服"改革和科技评价体制机制创新,增加科技领域的财政投入,为各类创新主体减负减压,引导更多资本流向科技创新领域,为科技创新活动提供强有力的金融支持,为深入推进创新驱动发展战略提供坚实保障。

(二)重点优化目标

1. 提升创新要素集散效应

以城市创新空间为主要载体,全面提升城市创新环境建设水平,放大区域性创新高地的"集聚效应",高度集聚创新要素,推动产业链、人才链、创新链集中化布局,深度构建产学研一体的协同创新体系,促进产业集聚布局、企业集群发展、资源集约利用,明显提升区域性创新高地的科技创新水平,打造成为国家科技创新体系和区域创新网络的重要枢纽。

在实现创新要素"集聚效应"的前提下,充分发挥区域性创新高地的"扩散效应",不断扩大创新溢出辐射半径,促进创新要素充分高效流动,推动知识、技术、人才和资金等创新要素向中小城市辐射,带动周边城市产业创新发展,拓展创新发展空间,从而提升创新要素的空间配置效率,构建创新集聚与创新溢出相统一的区域创新协调发展格局。

2. 优化创新创业生态环境

建成良好的创新创业生态环境,释放区域创新持久动能。实现区域内部创新主体联动,建成"国家政策—科研机构—转化中心—市场主体"高效协同的区域创新创业生态系统;实现区域间创新资源整合、创新链条协同,形成信息互通、资源共享、优势互补、合作共赢的区域一体化效应。

优化创新创业生态,重点在于提高地方政府的积极性,鼓励创新创业,完善创新创业政策体系,有效发挥政府资金引导作用,激发创新主体活力,科学谋划产业空间布局,全力落实产业和人才政策,全面实施环境优化工程,从而营造优越的创新创业环境,促进产业、资本、人才、科技等各类创新创业要素相互耦合,打造创新源、产业集群、服务机构、孵化器和加速器等集聚的全链条生态系统,全面培育科技创新平台和创新文化,推动区域创新高质量发展。

3. 形成全域协同创新格局

以全域创新驱动高质量发展为指引,整体谋划、统筹推进,激活各类创新主体,形成全社会创新氛围,整合区域内创新资源和创新要素,构建"研发—孵化—产业化"的全流程产业链体系,建成全方面自主创新、全部门协同创新和全方位开放创新的全域创新格局,实现全部门、全层级、全行业、全社会学习创新、鼓励创新、投身创新、善于创新的新局面,从而形成强大的创新策源力、创新驱动力、创新辐射力、创新引擎力和创新支撑力。

形成全域协同创新发展新格局的核心在于全要素联动、全行业融合、全部门协同、全地域覆盖和全社会参与。区域内全要素整合联动,产学研高质量一体化发展;创新链、产业链、资金链和人才链不断深度融合,实现全产业、全链条和全环节的协同发展;全域范围内各个职能部门以科技创新作为战略目标和基本职能,协调统一开发、建设和管理;不同创新主体和平台实现跨区域高效流动和全地域有效覆盖,形成网络化和层级化联动格局;全社会共同塑造一个多元、开放和包容的浓郁创新文化环境,不断激发全民创新活力。

三、全域优化方案

(一)空间布局优化潜力

根据布局优化原则,本章构建区域性创新高地空间布局指标体系,准则层包括技术研发、知识生产、技术应用、技术枢纽、区域均衡五个维度,要素层为准则层的具体指标(见表4-8)。

表 4-8　区域性创新高地空间布局系数指标

准则	指标名称	指标计算	权重（%）
技术研发	创新引擎企业	2022 年国家企业技术中心、研发 1000 强企业和福布斯中国数字经济 100 强企业数量	25.05
知识生产	技术转化型研究机构	2022 年国家工程研究中心、国家工程技术研究中心所依托的研究机构数量	17.18
知识生产	技术转化型高校	2022 年国家工程研究中心、国家工程技术研究中心所依托的高校数量	17.15
技术应用	科技型基础企业	2020—2022 年认定高新技术中小型企业数量	16.33
技术枢纽	技术转移中心度	2015—2018 年技术转移网络中介中心度	21.92
区域均衡	地理分区虚拟变量	华东地区、西南地区、西北地区、华中地区、华南地区、东北地区、华北地区七大板块分别赋值 0.25、0.5、0.5、0.5、0.25、0.75、0.25	2.36

资料来源:笔者自制。

根据熵权 Topsis 方法,计算得出 336 个节点城市的区域性创新高地空间布局系数,以此综合考察各城市的区域性创新高地布局潜力(见图 4-5)。由

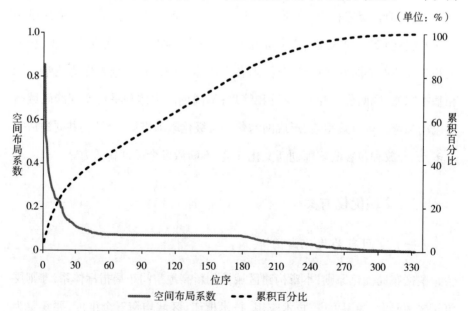

图 4-5　区域性创新高地城市的空间布局系数分布

资料来源:笔者自绘。

结果可知,区域性创新高地布局系数存在显著的极化效应,呈现出明显的指数递减趋势,空间布局系数超过 0.5 的城市仅有 2 个,不足总数的 1%。进而将各节点城市划分为高潜力城市、中高潜力城市、中低潜力城市和低潜力城市等 4 种层级类型(见表 4-9),其空间格局特征主要表现在以下几个方面:

表 4-9　区域性创新高地城市布局系数的等级体系

层级	数量	比重 (%)	空间布局系数范围	城市
高潜力城市	3	0.89	0.360—0.959	北京、上海、深圳
中高潜力城市	7	2.08	0.154—0.311	广州、天津、成都、南京、苏州、武汉、杭州
中低潜力城市	22	6.55	0.034—0.139	重庆、西安、青岛、合肥、绍兴、长沙、宁波、郑州、济南、无锡、泉州、东莞、温州、佛山、昆明、沈阳、南通、厦门、大连、哈尔滨、台州、徐州
低潜力城市	304	90.48	0.00—0.032	泰州、乌鲁木齐、福州、烟台、贵阳、常州、绵阳、海口、长春、南昌、兰州等

资料来源:笔者自制。

(1)相比综合性国家科学中心城市体系,区域性创新高地的城域布局潜力具有更加明显的等级层次性。主要划分为四大层级,枢纽城市数量比例为 1∶2.33∶7.36∶101.66,呈典型的"图钉状"等级规模结构。一是,以北京、上海、深圳三城为"领头羊",其他东部沿海城市为追随者(见表 4-9)。与综合性国家科学中心的空间布局潜力格局类似,高潜力区域性创新高地城市锁定于北京、上海和深圳,其空间布局系数在 0.360—0.959,具备较高的建设全球级区域性创新高地潜力。主要归因于三大国际科技创新中心拥有密集的创新引擎企业、发达的高科技产业基础和良好的创新生态环境,在诸多技术领域具备全球性比较优势。二是,中高潜力城市包括广州、天津、成都、南京、苏州、武汉、杭州 7 个城市,是全国创新创业活跃的地方,具备建成国家级区域性创新高地的潜力。三是,中低潜力城市包括重庆、西安、青岛、合肥、绍兴、长沙、宁波、郑州、济南、无锡、泉州、东莞、温州、佛山、昆明、沈阳、南通、厦门、大连、哈尔滨、台州、徐州22个城市,可培育为区域级区域性创新高地;这些城市在特定产业和技术领域兼具比较优势和一定缺陷。四是,低潜力城市包括泰州、乌鲁木齐、福州、烟台、贵阳、常州、绵阳、海口、长春、南昌、兰州等304个城市,主要受制于创新引擎企业匮乏、产学研联动不足、创新创业氛围不浓等因素,在国家科技创新体系和区域创新网络中处于边缘位势,部分城市可孵化成为地方级区域性创新高地。

(2)区域性创新高地布局潜力具有高度空间异质性,空间极化和地带分异性显著(见表4-9)。高潜力城市的空间分布不均衡,区位指向于少数经济发达城市区域。高潜力和中高潜力城市集中在东部沿海地区,呈条带状伸展,由北向南集聚形成京津冀城市群、长三角城市群和粤港澳大湾区城市群三大高值聚集区。长三角城市群和粤港澳大湾区城市群创新主体最为密集,高度集中于城市群的中心城市,成为全国创新最为活跃的地方。中低潜力城市相对集聚成群,主要在成渝双城经济圈、哈大城市带、山东半岛城市群、粤闽浙沿海城市群等创新型城市群渐成规模,部分零星点状散布于中西部和东北地区的省会城市,以西安、重庆、长沙、郑州、济南、沈阳、哈尔滨等为代表。低潜力城市广泛散布锁定在"胡焕庸线"以西北地区。

(二)创新枢纽网络组织

区域性创新高地以新技术研发、新产品生产和新兴产业发展为核心功能,具有显著的区域性关联带动作用。考虑技术市场要素的分割作用,区域性创新高地通过知识交换、技术转移、创新扩散等方式组织区域创新网络、实现技术空间溢出,从而驱动其周边地区或城市高质量协同发展。因此,在区域性创新高地遴选过程中,识别其城市网络腹地,减少腹地重叠的竞争效应,是区域性创新高地空间布局优化的重要内容。研究表明:

(1)北京、上海、深圳、广州四大全球级和国家级区域性创新高地的网络腹地范围扩展迅猛,其核心腹地扩张速度超过外围腹地(王帮娟等,2023)(见图4-6)。①北京由技术引进主导型向技术集散均衡型演替。初期,技术引进腹地规模显著大于技术转出,技术集聚能力明显高于扩散能力,通过产业转移及总部—分支组织(2013年以来,北京总部企业数量在4000家上下波动,位居全国第一),大量创新型城市成为北京的技术供应地。至末期,北京技术扩散能力迅速增强,技术转出的核心腹地范围超过技术引进,成为国家科技创新体系的创新增长极和全球级区域性创新高地(见表4-10)。②上海始终呈技术转出主导型,但核心腹地明显收缩。2004—2018年,上海技术转出的网络腹地规模始终明显超过技术引进,是全国重要的技术输出高地。近年,北京和深圳技术生产能力和网络腹地范围扩大显著,导致上海的核心网络腹地范围迅速缩小,技术转出的外围腹地也明显收缩。③深圳基本呈技术引进主导型,对外技术吸收能力强。2004—2013年,深圳技术创新能力不断提升,对外技术溢出效应明显,由技术引进主导型向技术集散均衡型转变。但2014—2018年,深圳产业转型升级明显加快,技术吸收转化能力显著扩大,对外技术需求持续增强,且大型企业研发中心跨区域布局加速,分支机构技术回流加快,导

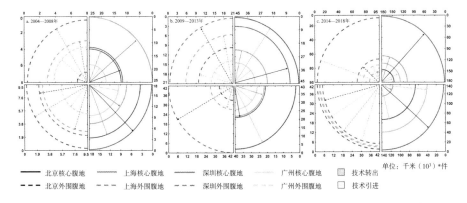

图4-6 基于技术流的四大区域性创新高地网络腹地规模演化(2004—2018年)

资料来源:王帮娟、王涛、刘承良:《中国技术转移枢纽及其网络腹地的空间演化》,《地理学报》2023年第2期。

致城市由技术集散均衡型向技术引进主导型转变。④广州近年迅速崛起为国家级区域性创新高地,呈技术引进主导型。近 5 年来,广州技术市场化水平发展迅猛,其网络腹地扩展迅速,凭借制造业发展优势,以技术引进为主,直接腹地规模逼近北京,外围腹地甚至超过前者。

表 4-10　基于技术流的四大区域性创新高地前 20 大网络腹地

类型	2004—2008 年	2009—2013 年	2014—2018 年
北京	深圳、天津、盘锦、洛阳、双鸭山、新余、咸阳、廊坊、郑州、黄山、潍坊、鹤壁、唐山、通辽、四平、西安、沧州、酒泉、北海、承德	上海、石家庄、天津、郑州、福州、保定、洛阳、廊坊、太原、沈阳、淄博、济南、泰州、乌兰察布、邯郸、哈尔滨、许昌、乐山、泉州、兰州	天津、乌鲁木齐、廊坊、珠海、沈阳、上海、大连、无锡、唐山、南京、广州、成都、石家庄、郑州、常州、长沙、营口、保定、太原、泰州
上海	温州、北京、苏州、西安、汕头、宁波、台州、南昌、无锡、郑州、东莞、福州、嘉兴、沧州、濮阳、泰州、南京、娄底、秦皇岛、大兴安岭地区	温州、苏州、北京、宁波、台州、无锡、嘉兴、镇江、铜陵、南通、佛山、绍兴、南阳、宣城、湖州、肇庆、咸阳、宿迁、周口、金华	苏州、嘉兴、南通、湖州、北京、天津、杭州、常州、深圳、无锡、南京、盐城、淮安、马鞍山、宁波、宣城、滁州、芜湖、铜陵、连云港
广州	佛山、深圳、中山、贵阳、新余、东莞、天津、合肥、长沙、大庆、梅州、茂名、武汉、宁波、马鞍山、上海、株洲、十堰、汕头、湛江	佛山、深圳、东莞、中山、成都、北京、珠海、潮州、南昌、清远、云浮、岳阳、肇庆、昆明、宜春、梅州、益阳、保山、淄博、汕头	佛山、重庆、江门、中山、珠海、徐州、东莞、肇庆、南阳、清远、哈尔滨、海口、云浮、汕头、青岛、阳江、泰州、河源、岳阳、梧州
深圳	北京、东莞、南京、惠州、江门、昆明、邵阳、宜宾、内江、开封、运城、韶关、包头、合肥、齐齐哈尔、巴中、崇左、吉安、郴州、泰安	北京、东莞、青岛、邵阳、苏州、成都、南充、广州、天津、金华、衡阳、惠州、重庆、秦皇岛、梅州、河源、汕头、九江、永州、湛江	东莞、惠州、南京、南宁、天津、河源、赣州、宜昌、南昌、永州、宜宾、汕头、武汉、秦皇岛、北海、常州、荆门、晋城、六盘水、拉萨

资料来源:笔者自制。

　　(2)科技创新体系形成以三大全球级区域性创新高地为枢纽的"轴—辐式"网络组织架构,多中心网络腹地的空间异质性特征明显,形成一定的地域分工。科技创新体系形成北京、上海、深圳"三足鼎立"的格局,呈现以三大区域性创新高地为枢纽的"轴—辐"式多中心网络组织结构。中国区域性创新高地高度集中于东部沿海的京津冀、长三角和粤港澳大湾区三大创新型城市群,通过技术集散作用和网络"马太"机制孕育出北京、上海、深圳三大创新增长极,不断强化国家创新体系的多中心"轴—辐式"网络组织格局。北京、上海、深圳的网络腹地基本重叠,且高度集中于"胡焕庸线"以东南地区,与全国人口和经济空间格局同构,呈现技术中心与经济中心趋同态势。

(3)相邻城市的核心腹地保持明显的同构性,网络腹地相互嵌入,空间竞争加剧。高等级区域性创新高地的核心腹地变动较小,基本稳定和相对集中于其周边地区,地理距离仍具有一定的约束性,导致技术集散遵循地理邻近性机制。如广州和深圳具有相似产业和技术结构,其核心网络腹地高度集中于粤港澳大湾区等邻近区域的中心城市,两市网络腹地高度重叠,内部竞争愈演愈烈。北京部分核心腹地(如东北、河南、山东、江苏等)和外围腹地(西北、西南和华南等)范围面临"挤压"或"袭夺"。长三角城市群中心城市(上海、南京、无锡、苏州、温州、台州等)的核心腹地均高度集中于长三角地区,并向长江中上游地区扩展。随着产业梯度转移和产业转型升级,近年一些西部区域性创新高地(如成都、重庆、西安、昆明、贵阳、乌鲁木齐等)不断崛起,东部地区创新型城市的网络腹地不断向西北、西南跳跃式扩展。

(三)空间布局优化过程

从空间布局系数分布来看,创新发展潜力高的城市多分布在东部沿海地区且比较集中,与综合性国家科学中心格局类同。如果完全按布局系数排名确定区域性创新高地的数量和布局,会造成区域不平衡和重复建设。因此,区域性创新高地的布局优化还应考虑以下条件:

(1)区域性创新高地数量遵循网络腹地有序组织。城际技术流网络腹地显示,长三角城市群、京津冀城市群、粤港澳大湾区城市群、哈大城市走廊等技术创新密集区域的网络腹地交叉重叠,内部竞争愈演愈烈。因此,一定空间范围内区域性创新高地数量不宜密集布局。

(2)区域性创新高地空间布局系数不宜过小。空间布局系数较大城市具有较高的区域性创新高地培育潜力。空间布局系数小于0.1的城市无论是科技创新资源规模,还是技术市场化应用前景,均不能满足条件。因此,仅对空间布局系数大于0.1的36个城市进行选育。

(3)区域性创新高地建设指标不能出现明显短板。区域性创新高地所在城市须具备较丰富的科技创新资源,在一定空间范围内形成较发达的创新链。创新引擎企业是链条上关键一环,不低于一定数量创新引擎企业是建设区域性创新高地的必备条件。

(4)区域性创新高地空间布局体现均衡性。一方面,中心城市是区域创新网络的枢纽,通过集散效应促进整个区域科技创新高质量发展。为实现国土空间相对均衡发展,区域性创新高地宜在不同地理分区内扮演核心枢纽作用,以实现"以点带面"的创新驱动发展模式。另一方面,城际创新要素流动和技术创新联系仍然面临一定程度空间约束,因地理邻近性部分区域形成一定范围内合作密切的"科技创新联盟"或科技创新共同体,因而地理邻近、科技联系密切、创新优势互补的城市区域或城市群具备联合组建区域性创新高地的潜力。

综合以上条件,本章选取前两个层级的高潜力和中高潜力城市,适当补充中西部和东北地区第三等级中空间布局系数大于0.1的中心城市,共同作为区域性创新高地空间布局优化对象(见表4-11),进一步开展综合比选研判。

表4-11 区域性创新高地布局优化对象

位序	城市	空间布局系数	布局潜力	规划方向
1	北京	0.854	高潜力城市	全球级
2	上海	0.527	高潜力城市	全球级
3	深圳	0.491	高潜力城市	全球级
4	广州	0.401	中高潜力城市	国家级,与深圳联动
5	天津	0.361	中高潜力城市	国家级,与北京联动

位序	城市	空间布局系数	布局潜力	规划方向
6	成都	0.338	中高潜力城市	国家级
7	南京	0.308	中高潜力城市	国家级
8	苏州	0.288	中高潜力城市	国家级,与上海联动
9	武汉	0.277	中高潜力城市	国家级
10	杭州	0.268	中高潜力城市	国家级
11	重庆	0.244	中低潜力城市	区域级,与成都联动
12	西安	0.236	中低潜力城市	区域级
13	青岛	0.235	中低潜力城市	区域级,与济南联动
14	合肥	0.231	中低潜力城市	区域级
15	绍兴	0.228	中低潜力城市	地方级,融入杭州
16	长沙	0.220	中低潜力城市	区域级
17	宁波	0.198	中低潜力城市	区域级,融入杭州
18	郑州	0.196	中低潜力城市	区域级
19	济南	0.173	中低潜力城市	区域级,与青岛联动
20	无锡	0.159	中低潜力城市	地方级,融入南京
21	泉州	0.152	中低潜力城市	区域级,与厦门联动
22	东莞	0.146	中低潜力城市	地方级,融入穗深
23	温州	0.140	中低潜力城市	地方级,融入杭州
24	佛山	0.140	中低潜力城市	地方级,融入广州
25	昆明	0.132	中低潜力城市	区域级
26	沈阳	0.132	中低潜力城市	区域级
27	南通	0.128	中低潜力城市	地方级,融入上海
28	厦门	0.124	中低潜力城市	区域级,与泉州联动
29	大连	0.117	中低潜力城市	区域级,融入沈阳
30	哈尔滨	0.114	中低潜力城市	区域级,与沈阳联动
31	台州	0.109	中低潜力城市	区域级,融入杭州
32	徐州	0.108	中低潜力城市	地方级,融入长三角
33	泰州	0.104	中低潜力城市	地方级,融入沪宁
34	乌鲁木齐	0.103	中低潜力城市	区域级

位序	城市	空间布局系数	布局潜力	规划方向
35	福州	0.101	中低潜力城市	地方级,融入厦泉
36	烟台	0.100	中低潜力城市	地方级,融入青岛

资料来源:笔者自制。

根据国家政策和现实情况,北京、上海、深圳三市拟建设成具有全球影响力的国际科技创新中心,拥有众多且高度集聚、具有全球竞争力的科技领军企业及其跨国公司研发机构,宜定位为全球级区域性创新高地;广州、天津、南京、苏州、杭州五市邻近三大全球级区域性创新高地,成都和武汉地处长江中上游核心枢纽地位,拥有较发达的产业基础和丰富的科技资源,宜定位为国家级区域性创新高地;重庆、西安、青岛、合肥等15市(见表4-12),则定位为区域级区域性创新高地;将中低潜力城市中创新引擎企业不足10家、与同一省份存在高度网络腹地重叠且排名靠后的中心城市纳入地方级区域性创新高地方阵予以培育(见表4-11、表4-12)。

表4-12　区域性创新高地节点层级

节点层级	具体城市(25个)
全球级节点	北京、上海、深圳(3个)
国家级节点	广州、天津、成都、南京、苏州、武汉、杭州(7个)
区域级节点	重庆、西安、青岛、合肥、长沙、宁波、郑州、济南、泉州、昆明、沈阳、厦门、大连、哈尔滨、乌鲁木齐(15个)

资料来源:笔者自制。

（四）创新高地的空间区划

区域性创新高地的空间区划兼顾创新效率和区域均衡,是根据区域性创新高地布局潜力的地理相似性和差异性特征综合划定的过程。基于创新主体规模及能级的空间布局特征,综合考量区域性创新高地的枢纽——网络空间组织格局,全国区域性创新高地枢纽—网络系统可以划分为 7 个一级辐射区和 30 个二级辐射区(见表 4-13)。

(1)东北创新区。涵盖了黑龙江、吉林、辽宁、内蒙古东部等范围,细分为:辽东南城市群辐射区(辽宁及内蒙古通辽)、哈尔滨都市圈辐射区(黑龙江及内蒙古呼伦贝尔)、长春都市圈辐射区(吉林及内蒙古兴安盟)3 个二级创新功能集散区。

(2)华北创新区。包括了北京、天津、河北、山西、内蒙古西部等范围,细分为京津冀城市群辐射区(北京、天津、河北、内蒙古锡林郭勒盟和赤峰、山西大同)、呼包鄂城市群辐射区(内蒙古的呼和浩特、包头、乌兰察布、鄂尔多斯、巴彦淖尔、阿拉善盟)、晋中城市群辐射区(除大同外山西其他地区)3 个二级创新功能集散区。

(3)华东创新区。涵盖了上海、江苏、浙江、安徽、福建、江西、山东等省域,细分为:山东半岛城市群辐射区(山东全部)、徐州都市圈辐射区[江苏北部及安徽北部 5 市(阜阳、亳州、宿州、淮北、蚌埠)]、沪宁都市带辐射区[上海、江苏南部和中部,以及安徽东部 4 市(马鞍山、滁州、芜湖、宣城)]、杭州都市圈辐射区(除温州外的浙江其他地区)、合肥都市圈辐射区(除上述安徽 9 市外的安徽其他地区)、粤闽浙城市群辐射区[福建、广东 3 市(汕头、潮州、揭阳)、浙江温州]、环鄱阳湖城市群辐射区(除赣州外的江西其他地区)等 7 个二级创新功能集散区。

(4)华中创新区。包括河南和湖北 2 个省份,集中了武汉城市圈辐射区(湖北全境)、中原城市群辐射区(河南全境)等 2 个二级创新功能集散区。

(5)华南创新区。囊括了湖南、广东、广西、海南、香港、澳门等省级行政地区,细分为长株潭城市群辐射区(湖南全境)、粤港澳大湾区辐射区[广东大部分、广西 3 市(桂林、贺州、梧州)、江西赣州及香港、澳门特别行政区]、北部湾城市群辐射区(广西大部分及广东湛江)、海口都市圈辐射区(海南全境)4 个二级创新功能集散区。

(6)西南创新区。涵盖了四川、重庆、贵州、云南、西藏等省域,细分为黔中城市群辐射区(贵州全部)、滇中城市群辐射区(云南全部)、成都都市圈辐射区(除达州和广安外的四川其他地区)、重庆都市圈辐射区(重庆、四川达州和广安)、拉萨城镇圈辐射区(西藏全部)5个二级创新功能集散区。

(7)西北创新区。包括陕西、甘肃、青海、宁夏、新疆等省域,细分为关中平原城市群辐射区[陕西及甘肃4市(庆阳、平凉、天水、陇南市)]、河西走廊辐射区(除上述甘肃4市外的甘肃大部分地区)、宁夏沿黄辐射区(宁夏全部)、西宁都市圈辐射区(青海全部)、天山北坡城市群辐射区(新疆北部)、天山南坡辐射区(新疆南部)6个二级创新功能集散区(见表4-13)。

表4-13 区域性创新高地的空间区划方案

一级区划	地域范围	布局数量	核心枢纽	二级区划
东北创新区	黑龙江、吉林、辽宁、内蒙古东部	3	哈尔滨、沈阳、大连	辽东南城市群辐射区、哈尔滨都市圈辐射区、长春都市圈辐射区
华北创新区	北京、天津、河北、山西、内蒙古西部	2	北京、天津	京津冀城市群辐射区、呼包鄂城市群辐射区、晋中城市群辐射区
华东创新区	上海、江苏、浙江、安徽、福建、江西、山东	10	上海、合肥、南京、苏州、杭州、宁波、济南、青岛、泉州、厦门	山东半岛城市群辐射区、徐州都市圈辐射区、沪宁都市带辐射区、杭州都市圈辐射区、合肥都市圈辐射区、粤闽浙沿海城市群辐射区、环鄱阳湖城市群辐射区
华中创新区	河南、湖北	2	武汉、郑州	武汉城市圈辐射区、中原城市群辐射区
华南创新区	湖南、广东、广西、海南、香港、澳门	3	深圳、广州、长沙	长株潭城市群辐射区、粤港澳大湾区辐射区、北部湾城市群辐射区、海口都市圈辐射区
西南创新区	四川、重庆、贵州、云南、西藏	3	成都、重庆、昆明	黔中城市群辐射区、滇中城市群辐射区、成都都市圈辐射区、重庆都市圈辐射区、拉萨城镇圈辐射区

续表

一级区划	地域范围	布局数量	核心枢纽	二级区划
西北创新区	陕西、甘肃、青海、宁夏、新疆	2	西安、乌鲁木齐	关中平原城市群辐射区、河西走廊辐射区、宁夏沿黄辐射区、西宁都市圈辐射区、天山北坡城市群辐射区、天山南坡辐射区

资料来源:笔者自制。

四、局域优化方案

(一)创新高地的城域集聚特征

使用 Crimestat 3.3 软件对区域性创新高地城市创新主体的集聚程度和规模进行 Ripley's K 函数统计分析,得到不同距离尺度下区域性创新高地的创新主体空间集聚性格局(见图 4-6)。

从集聚门槛来看,25 个候选区域性创新高地城市的创新主体 $L(t)$ 曲线在任意空间距离范围都位于上包络线之上,曲线先升后降,表现为"单峰"特征,表明这些城市的创新主体随着距离的增加保持集聚态势,而在城市内部边缘地区则更倾向于随机分布,整体呈现"核心—边缘"结构。25 个区域性创新高地城市的平均集聚门槛值为 23.35 千米,集聚范围在 20—30 千米,平均最大 $L(t)$ 值为 35.28 千米,随后 $L(t)$ 曲线趋近包络线,集聚程度逐渐减弱。究其原因,与城市面积和创新主体密度密切相关。

从集聚规模来看,不同城市的最大集聚空间尺度存在差异。其中,在 0—10 千米内出现最大集聚状态的城市,包括深圳、厦门、乌鲁木齐等不同能级的创新增长极;在 11—20 千米内出现最大集聚状态的城市,包括合肥、长沙、成都、宁波、昆明、郑州、西安等具有区域性影响力的创新型城市;在 21—30 千米内出现最大集聚状态的城市,包括天津、上海、北京、泉州、青岛、苏州、哈尔滨、广州、武汉、南京、沈阳、济南等区域性创新高地;在31—40千米内出现最大集聚状态的城市,包括大连、杭州等少数创新型城市;超过40千米集聚门槛的城市迅速锐减,仅有重庆在60千米处出现最大集聚状态,源于其超大城市面积及较分散的产业经济布局。

　　总体来看,区域性创新高地所在城市的创新主体最大集聚尺度基本在20—30千米(见图4-7)。重庆、大连、杭州受土地面积、形状、地形条件及产业布局综合影响,最大集聚门槛明显超过其他城市,需要适度集聚创新主体。部分城市最大集聚门槛低于10千米,存在过度集聚不经济风险。深圳和厦门归因于规划调控和开发优势,创新主体不断涌现且高度集聚于少数功能区,而乌鲁木齐受限于自然条件和产业规模等因素,导致创新主体规模较小和高度集中,三者创新主体布局尺度仍有较大的提升空间。

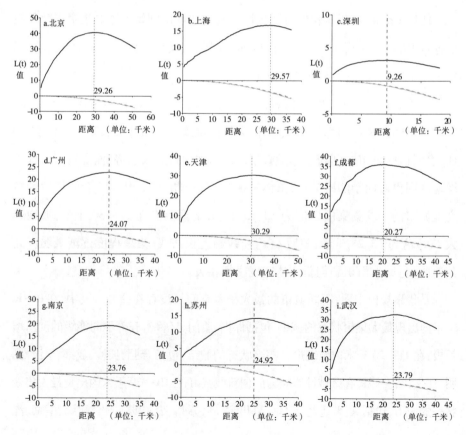

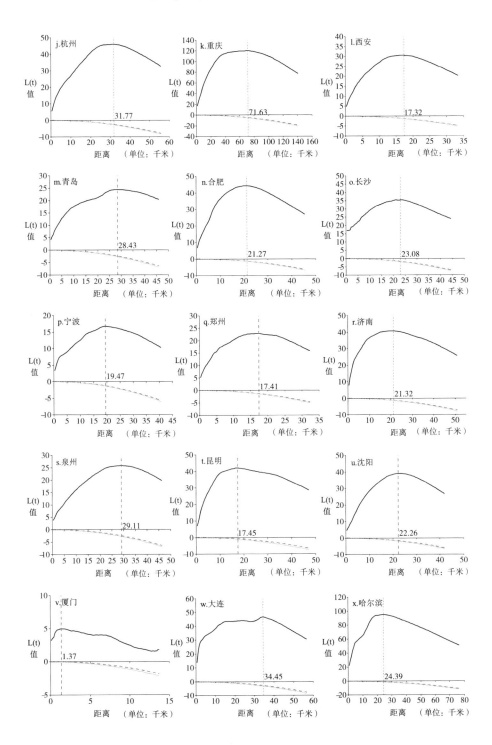

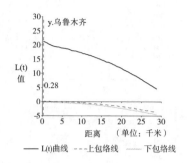

图 4-7　区域性创新高地城市的 Ripley's K 函数分析

资料来源:笔者自绘。

(二)创新高地的主体集聚形态

实证研究表明,3 千米是创新主体及载体存在空间关联的最大地理边界(陈清怡等,2022)①。因此,利用核密度方法,以 100 米作为栅格尺度,3 千米为搜索半径,采用自然断裂点(Natural Breaks)分级方法,设置科技领军企业、高水平科研院所权重为 100,中小型科技企业权重为 1,分析区域性创新高地主体的局部空间集聚特征(见表 4-14、表 4-15、表 4-16)发现:

表 4-14　北京中关村科技园主要技术产业领域(2021 年)

产业领域大类	合计	电子与信息	生物工程和新医药	新材料及应用技术	先进制造技术	新能源与高效节能技术	环境保护技术
企业总数(家)	24055	15823	1668	952	1979	1123	1011
期末从业人员(人)	2849075	1627742	182605	106913	268349	192180	85629
工业总产值(亿元)	15369.1	3111.2	3893.3	859.9	4748.0	1969.4	362.6
总收入(亿元)	84402.3	42936.5	4937.0	4907.2	9216.0	6986.7	1667.0
技术收入(亿元)	20419.4	14566.3	335.3	114.5	574.5	867.1	391.2

---

① 陈清怡、千庆兰、姚作林:《城市创新空间格局与地域组织模式——以北京、深圳与上海为例》,《城市规划》2022 年第 10 期。

产业领域大类	合计	电子与信息	生物工程和新医药	新材料及应用技术	先进制造技术	新能源与高效节能技术	环境保护技术
产品销售收入（亿元）	23524.5	7615.3	3732.0	1301.8	5605.7	2616.0	718.2
进出口总额（亿元）	9520.9	3204.1	1526.1	720.1	2286.2	1351.8	86.9
出口总额（亿元）	3893.8	1637.6	1114.6	136.8	452.9	214.2	76.9
实缴税费总额（亿元）	3169.8	1070.9	394.6	114.0	836.7	300.8	69.0
利润总额（亿元）	7725.3	2848.3	2155.4	315.6	865.3	595.5	63.1
资产总计（亿元）	170177.3	82112.9	6813.0	6958.8	13808.2	18349.3	6117.6
研究开发人员（人）	978381	685646	46011	29531	70925	48562	23793
研究开发经费合计（亿元）	4600.2	3151.9	301.1	127.0	320.5	221.8	77.4

资料来源：中关村科技园官网（http://zgcgw.beijing.gov.cn/）。

表4-15　上海张江国家自主创新示范区主要技术产业领域（2019年和2021年）

产业门类＼主要指标	营业收入	收入占比（%）	规模以上企业（家）	企业占比（%）	主要分布
生物医药大类	1030.3	—	221	62.2	张江科学城（占26.8%）、闵行园（占16.9%）；金桥园、漕河泾园、嘉定园、金山园分布较多
化学药品	523.4	50.8	56	25.3	
医疗器械	181.0	17.6	77	34.8	
生物药品	133.1	12.9	47	21.2	
中药制造	86.6	8.4	20	9.0	
其他	106.2	10.3	21	9.5	
集成电路大类	2424.2	94.0	271	—	张江科学城（56.3%），漕河泾园、金桥园分布较多
IC设计	1213.6	50.1	—	—	
芯片制造	614.1	25.3	—	—	
封装测试	382.8	15.8	—	—	
设备材料	213.8	8.8	—	—	

续表

产业门类 \ 主要指标	营业收入	收入占比（%）	规模以上企业（家）	企业占比（%）	主要分布
人工智能大类	2840.2	92.1	288	77.4	杨浦园（24.2%），张江科学城、静安园和漕河泾园分布较多

备注：企业数量及集成电路和人工智能收入数据为2021年。

资料来源：张江国家自主创新示范区年度发展报告（2019年、2021年）（https://kcb.sh.gov.cn/）。

表 4-16　深圳南山区主要技术产业领域（2021年）

产业领域大类	合计	电子信息	数字与时尚	高端装备制造	绿色低碳	海洋经济	新材料	生物医药与健康
产业增加值（亿元）	4087.6	1008.7	2145.6	105.9	161.7	431.8	17.1	216.9
年增长率（%）	12.8	8.8	14.8	14.3	9.2	8.9	9.3	21.1

资料来源：深圳南山区统计年鉴（2022年）（http://www.szns.gov.cn/）。

（1）北京：创新主体高度集聚于主城区（东城区、西城区、朝阳区、海淀区、丰台区、石景山区），总体上形成"一主两副"的多中心格局和"中心—次中心—边缘"的圈层布局（陈清怡等，2022）。以中关村科技园为极核，外围散布多个不同规模的次级中心或集聚热点。这里云集了北京大学、清华大学、中国科学院、中国工程院等众多高水平研究型大学（40多所）及研究机构（200多所），拥有雄厚的国家实验室体系及科技创新平台（200多个），发育了互联网、信息通信、生物健康、节能环保及轨道交通等具有国际影响力的高新技术产业集群（见表4-13），孵化出京东方、百度、联想、小米、京东等大量上市公司（全国第一）和瞪羚企业（2021年共5600多家），形成高度的产学研协同创新和创新链—产业链融合格局。

（2）上海：创新主体核心区高度集中于张江国家自主创新示范区，尤其是张江科学城，这里集聚了大科学装置群（14家）、国家实验室体系、高校及科研院所,以及跨国企业研发中心,汇聚了中芯国际(中芯国际集成电路制造有限公司的简称)、上海兆芯(上海兆芯集成电路股份有限公司的简称)、罗氏制药(上海罗氏制药有限公司的简称)等上市企业(2021年占全市约64%)、高新技术企业(2021年占全市约58%)及独角兽企业(2021年占全市约82%),拥有大量集成电路、生物医药(占全市62.2%)、人工智能(占全市77.4%)等新兴产业和未来产业集群(见表4-15),以及国家级创新创业孵化器(占全市4/5左右);其余次级集聚区呈散点状、中低密度分布,相对集中于黄浦、杨浦、虹口、静安、普陀、长宁、徐汇等中心城区。

(3)深圳:创新主体高度集中于南山区,这里拥有全市约80%的高等院校和研发机构(如深圳大学、南方科技大学等),吸引了超过全市3/4的风险投资和创业投资机构(2021年),集聚了腾讯(深圳市腾讯计算机系统有限公司的简称)、华为(华为技术有限公司的简称)、中兴(中兴通讯股份有限公司的简称)、大疆(深圳市大疆创新科技有限公司的简称)等大批上市企业(全国第二)、国家级高新技术企业(2021年占全市近20%)和独角兽企业(2021年占全市约90%,占全国1/12左右),发育形成以战略性新兴产业和未来产业为主导的高新技术产业基地(见表4-16),其中24个细分产业领域具有国际竞争力。

(4)广州:创新主体高度集聚,总体呈现"一主(黄埔区广州科学城)两副(天河区和南沙区)"的多中心格局。广州科学城集聚了大量电子信息、生物健康、新能源及新材料等战略性新兴产业领域创新集群,集中了全市四成的世界500强企业。核密度值较高的次热点集中于天河区和南沙区,天河区汇集了华南理工大学、华南师范大学、暨南大学、华南农业大学等多所著名高等学府,且科技企业众多,而南沙区是南沙科学城的所在地,科研机构集聚,是广州和中国科学院共同建设的创新资源集聚高地。

(5)天津:以天津大学—南开大学至大学城一带形成带状高值集聚核心区,云集了天津大学、南开大学、天津工业大学、天津师范大学、天津理工大学等高水平高校,科教资源丰富,并且沿空港经济区和滨海高新技术产业开发区形成了2处次级创新主体集聚区,集中了较大规模的生物制造、生命健康、新能源和新材料等新兴产业领域的高科技企业。

(6)成都:以四川大学为中心形成高值集聚核心区,分布有四川大学华西和望江两个校区,以及四川大学华西医学中心。同时在成都高新技术开发区形成次级核心集聚区,汇聚了软件信息技术、生物技术、高端装备制造等新兴产业领域创新集群,并向西北的郫都区呈带状延伸分布,在核心聚集区外围呈环状集聚分布着多个中低密度创新主体集聚区。

(7)南京:在新城科技园—雨花软件谷—南京生物科技谷一带形成创新主体集聚热点区,集聚了软件信息技术、信息通信、生物工程等多个高新技术产业领域创新集群。中心城区形成以新街口、湖南路—山西路片区为核心的次级创新主体集聚区,外围则形成了江宁区未来科技城、浦口区南京智能制造产业园—南京大学等创新组团。

(8)苏州:创新主体核心集聚区主要分布于苏州大学—苏州工业园创新组团,集聚分布着许多科研机构及新一代信息技术、高端装备制造、生物医药等新兴产业领域高科技企业。在东部的虎丘区、吴中区及北部的相城区、常熟市等形成次级创新主体集聚区,总体上呈现多个核心聚集区间隔分布的"组团状"格局。

(9)武汉:创新主体集聚分布在华中科技大学—东湖高新技术开发区("光谷")一带,这里集聚了武汉大学、华中科技大学等众多高等院校及科研院所,是中国三大智力密集区之一,形成光电子信息、生物健康、智能制造等多个高新技术产业集群,沿关山大道向南延伸呈带状分布,形成明显的创新走廊发展格局。在核心聚集区周围,中低密度区沿西北—东南走向延伸至汉口区和鄂州市,具备打造区域性创新走廊,实现空间联动组织。

(10)杭州:创新主体基本分布在东北部的主城区,高值集聚核心区位于滨江区,这里是杭州高新技术产业开发区所在地,数字经济产业高度密集,占全市生产总值比重接近80%(2022年)。沿钱塘江东岸形成带状核密度高值区,同时分别形成西湖、余杭、临平及滨江四大创新主体集聚区。

（11）重庆:创新主体集聚在主城区及其外围,云集了重庆大学、西南大学、西南政法大学等高校及科研机构,拥有重庆市高新技术开发区,核心片区包括南岸区、沙坪坝大学城、九龙坡区二郎科技园区,集中了汽车制造、电子信息、智能装备等新兴产业领域创新集群,同时因为"山城"的地形原因,外围区域创新主体呈现纵向"散点状"布局分布。

（12）西安:创新主体主要集聚在主城区,呈现为"双核型"空间格局。两大高值集聚核心区分别为高校集聚的老城和产学研一体化的高新技术开发区—大学城,这里集聚了西安交通大学等高水平大学及科研机构,形成了一定规模的高端装备制造、汽车制造、电路制造和机械制造等先进制造业创新集群。同时,在曲江新区、西安北郊大学城、西安经济技术开发区等周边地区,形成了中值密度的创新主体集聚区。

（13）青岛:创新主体形成三个高值集聚核心区,包括市南区—市北区、崂山区及城阳区。三个核心区集聚了中国海洋大学、青岛大学、青岛理工大学等高校及国家高新技术产业开发区,集中了软件信息、医疗医药、智能制造及新材料等新兴产业领域高科技产业集群;同时,黄岛区[分布有中国石油大学（华东）、山东科技大学和青岛理工大学等高校]和即墨区[山东大学（青岛）所在地]都形成了中低密度集聚区。

（14）合肥:创新主体分布呈现"块状布局",高度集聚于中心城区（包河区、蜀山区、瑶海区和庐阳区）。高值集聚核心区表现为"一核双中心"格局:以中国科学技术大学为核心,以合肥高新技术产业开发区的中国科学技术大学先进技术研究院和"科大硅谷"为两大次级中心,总体形成长江西路—长江东路的科技创新主轴,集聚形成智能家电、汽车及配套、新一代信息技术、新能源、生物医药、节能环保等高新技术产业集群。

（15）长沙:创新主体在主城区形成"倒三角"形格局,集聚布局于"岳麓大道—三一大道"工业发展轴。该工业轴密集分布了长沙高新技术产业开发区、长沙经济技术开发区、隆平高科技园等高科技园区,智能制造、电子信息、生物医药、新材料及新能源等先进制造业和战略性新兴产业集群效应明显。

（16）宁波:创新主体在鄞州区的宁波高新技术产业开发区形成高值集聚核心区。这里集聚了中国科学院宁波材料研究所、北方材料科学与工程研究院、中国科学院宁波人工智能研究院等一批重点研发机构,培育了一批优势新材料产业集群;此外,在海曙区、奉化区、江北区、镇海区、宁海县、余姚市等区域形成多个中低密度的创新主体集聚区。

（17）郑州:创新主体主要集聚在郑州主城区（中原区、二七区、管城回族区、金水区和惠济区）,高值集聚核心区位于中原区的高新技术产业开发区,沿着科学大道向东西走向延伸,拥有郑州大学、解放军信息工程大学等知名学府及科研机构,密集分布物联网、电子信息、信息通信和新材料等高科技产业集群。此外,在二七区、管城回族区、金水区和惠济区等市区形成多个创新主体中低密度集聚区。

（18）济南:创新主体在齐鲁软件园形成高值集聚核心区,这里依托山东大学软件园校区,形成了高端软件、大数据、人工智能及集成电路产业集群,注册企业达数万家,产业集聚效应显著。同时,在山东大学其他校区形成次级热点区,受南部山地和北部黄河影响,向东延伸至章丘大学城,向西蔓延至长清大学城。

（19）泉州:创新主体基本集聚在泉州东南部的主城区、洛江区、晋江市、石狮市、惠安县、泉港区等,这里临近出海口,民营经济发达,高科技产业聚集。同时,在泉州师范学院、泉州市高新技术产业园区、泉州南翼国家高新技术产业开发区、品牌大道等地形成多个点状创新主体集聚区。

（20）昆明:创新主体在五华区形成集聚中心,高度集中于云南大学、云南财经大学、昆明理工大学等高校和科研机构。在呈贡大学城—昆明高新技术产业开发区一带和官渡区的昆明经济技术开发区形成中低密度的创新主体聚集区,初步培育了以生物医药、新一代信息技术及先进装备制造为主导产业的创新集群。

(21)沈阳:创新主体主要集聚在主城区,在沈阳经济技术开发区形成集聚热点区,这里形成了装备制造、医药化工、汽车及零部件等产业为主导的创新集群。在浑河北岸的和平区和沈河区形成次级热点集聚区,沿沈北大学城方向向北延伸;在沈阳高新技术产业开发区形成另一个次级热点集聚区,且沿浑南大学城向南延伸。

(22)厦门:创新主体形成"多核心+组团状"格局,分布在厦门岛内和岛外沿海地带。在湖里区和翔安区的厦门火炬高技术产业开发区形成主要集聚热点区,发育形成光电、计算机及通信软件、生物医药、新材料及新能源等产业集群。同时,在思明区软件园、集美区软件园和海沧生物医药产业园形成三大次级创新主体集聚区。

(23)大连:创新主体分布呈现东北—西南走向的"双组团"格局。其中一个核心集聚区位于大连高新技术产业园区东部,这里汇聚了软件、新一代信息技术、清洁能源及智能制造等高新技术产业领域的创新集群,且分别沿着大连理工大学、大连海事大学向北和沿着东北财经大学、大连海洋大学向东延伸形成两个中密度创新主体聚集区。另一个核心集聚区则分布在大连金州经济开发区,形成以汽车制造、船舶制造及智能制造等先进制造业为主导的产业集群。

(24)哈尔滨:创新主体分布呈现"一主三副"组团状格局。高值集聚区位于中心城区,以哈尔滨高新技术产业开发区为核心载体,依托哈尔滨工业大学科研优势,集聚了航天产业、空间技术、高端装备制造等新兴产业集群。中值集聚区包括哈尔滨工业大学—黑龙江图书馆、香坊经济开发区、道里区洪湖路三个片区,发育较高能级的创新集群。

(25)乌鲁木齐:创新主体呈现"散点状"布局,散布于中心城区,集聚效应不足。相对集中于乌鲁木齐高新技术产业开发区,逐步形成了以新一代信息技术、新材料、生物医药及大健康、临空经济服务业为支柱的产业集群。此外,在达坂城区也形成点状中低密度创新主体聚集区,以清洁能源、建筑材料等工业领域企业居多。

(三)创新高地的典型集群识别

对 25 个候选城市的创新主体进行空间聚类,分析发现:(1)不同城市的聚类集群规模存在明显差异,但空间布局均呈现出"中心城区化"的态势(刘承良,2023)。从集群的数量和规模来看,南京和北京分别以 11 个和 10 个集群领先于其他城市,表明二者的创新主体具有"大分散、小集中"的分布特征。武汉的集群规模约为噪声点的 1.16 倍,而上海的集群数量却仅为噪声点的一半左右,这体现了武汉创新主体具有高度空间集聚性,而上海则体现出明显的"小集聚、大分散"的态势。(2)噪声点数量远超过集群点规模,表明存在大量创新主体呈分散态势的城市。一方面,由于城市自然地理条件(如地形、河流、海岸线等因素)所限,导致部分创新主体空间分布相较离散,以重庆和青岛等城市为代表;另一方面,由于城市经济多中心布局及历史和政策因素驱使,导致创新主体呈多中心组团布局,包括济南、天津等城市(见表4-17)。具体而言:

表 4-17　区域性创新高地城市的密度聚类指标选择及结果　(单位:个)

序号	城市	集群数量	最小集群规模	噪点
1	北京	10	280	7398
2	上海	8	280	10534
3	深圳	8	280	4913
4	广州	7	150	6283
5	天津	9	180	6326
6	成都	7	180	4564
7	南京	11	260	5629
8	苏州	10	260	8783
9	武汉	6	160	3930

续表

序号	城市	集群数量	最小集群规模	噪点
10	杭州	7	160	4300
11	重庆	6	80	1725
12	西安	9	230	4542
13	青岛	8	180	3424
14	合肥	6	160	4329
15	长沙	6	150	3360
16	宁波	7	140	3068
17	郑州	7	160	3262
18	济南	7	120	1926
19	泉州	6	35	422
20	昆明	2	45	376
21	沈阳	5	100	2274
22	厦门	4	100	427
23	大连	5	100	1003
24	哈尔滨	4	100	545
25	乌鲁木齐	2	30	5

资料来源:笔者自制。

（1）北京:创新主体形成 10 个集聚簇,空间分布相当均衡,呈"一核三中心"组团式格局。创新主体数量最多的为 9 号集群（海淀学院路、中关村、花园路等街道）,拥有近 2500 个创新主体,以北京大学、网络安全应急技术国家工程研究中心、北京屹海互动信息技术有限公司等为代表,发育良好的产学研协同创新格局。10 号集群（上地、清河、西三旗等街道）、7 号集群（丰台看丹、新村街道）和 4 号集群（亦庄街道）的创新主体规模相当,分别包含 1262、1054 及 894 个创新主体,具备较高的创新主体多样性。而 8 号集群（望京街道、酒仙桥街道大部分）、5 号集群（沙河、城北、城南等街道）、6 号集群（苹果园、八角等街道）、1 号集群（泉河街道、龙山街道、雁栖镇、密云经济开发区）、2 号集群（良乡镇、拱辰街道等地区）和 3 号集群（首都机场北部地区）整体规模较小,分别包含 459、444、437、310、294 及 294 个创新主体,创新主体集聚程度不够。

(2)上海:创新主体聚类存在 8 个集聚簇,与城市空间结构类似,形成"三中心"联动式协同组织。数量最多的为 8 号集群(虹口区大部分地区、静安区北部地区),超过 1600 个创新主体,代表性主体为同济大学、上海家化联合股份有限公司、中铁二十四局集团有限公司、上海自动化仪表有限公司、上海蓝盟网络技术有限公司等。其次分别为 3 号集群(张江高科技园区)、7 号集群(漕河泾、徐家汇、长宁等街道部分地区)、5 号集群(莘庄镇、吴泾镇、江川路街道等地)、2 号集群(大场镇、南翔镇等地)、4 号集群(张江、唐镇街道部分地区)、1 号集群(嘉定工业园区)、6 号集群(奉贤南桥镇),分别集中了 1269、1088、603、442、396、364 及 292 个创新主体。

(3)深圳:创新主体聚类存在 8 个集聚簇,形成"双核多中心"组团式格局。数量最多的是 3 号集群(龙华、坂田、民治、观澜等街道),超过 4700 个创新主体,代表性主体为华为技术有限公司、华润三九医药股份有限公司、深圳拓邦股份有限公司、深圳市汇川技术股份有限公司、深圳顺络电子股份有限公司等高科技企业。其次分别为 4 号集群(宝安区北部的松岗、沙井、新桥等街道)、1 号集群(龙岗区的宝龙、龙城等街道)、7 号集群(南山区南部地区)、2 号集群(福田、华强北等街道)、5 号集群(南山区的西乡街道)、6 号集群(前海深港现代服务业合作区)、8 号集群(南山区的新安街道),分别包含 4567、2656、1912、1484、1404、601 和 479 个创新主体,创新主体集群规模差异较大。

(4)广州:创新主体聚类存在 7 个集聚簇,发育"三中心"组团式分散布局。数量最多的为 5 号集群(天河区新塘街道),拥有 2257 个创新主体,代表性主体为国家农业机械工程技术研究中心南方分中心、华南理工大学、中山大学、广州无线电集团有限公司、广州汽车集团股份有限公司等。其次分别为 6 号集群(新塘街道、联合街道)、1 号集群(南沙街道)、4 号集群(番禺区石楼镇)、7 号集群(云埔街道)、2 号集群(新华街道、新雅街道)、3 号集群(嘉禾街道、鹤龙街道),分别包含 1269、1088、603、442、396、364 及 292 个创新主体。

（5）天津：创新主体聚类存在 9 个集聚簇，呈现多组团式联动格局。数量最多的为 8 号集群（西青大学城），包括 897 个创新主体，代表性主体为新型电源国家工程研究中心、天津赛象科技股份有限公司、天津凯发电气股份有限公司、天津津能易安泰科技有限公司、天津赛普特科技股份有限公司等。其次分别为 6 号集群（滨海新区空港经济区大部分）、9 号集群（西青经济技术开发区）、1 号集群（武清经济开发区）、3 号集群（滨海新区核心区）、5 号集群（中新天津生态城）、7 号集群（东丽经济开发区）、4 号集群（北塘经济区）、2 号集群（滨海新区中央商务区），分别拥有 617、512、347、290、263、210、187 及 182 个创新主体。

（6）成都：创新主体聚类存在 7 个集聚簇，发育"双中心"协同并立格局。数量最多的为 7 号集群（成都高新技术产业开发区科技工业园），集中了 1198 个创新主体，代表性主体为中国成达工程有限公司、成都维特联科技有限公司、成都福马智行科技有限公司、成都云位信息技术有限公司、成都英萨传感技术研究有限公司等。其次分别为 6 号集群（天府软件园）、5 号集群（武侯区东北部）、1 号集群（温江区城区）、4 号集群（合作街道）、3 号集群（郫都区城区）、2 号集群（龙泉街道、大面街道），分别拥有 1165、447、349、328、252 及 222 个创新主体。

（7）南京：创新主体聚类存在 11 个集聚簇，分布较分散，形成多组团式格局。数量最多的为 6 号集群（南京经济技术开发区、仙林大学城等），拥有 1059 个主体，代表性主体为南京康尼机电股份有限公司、南京天加环境科技有限公司、南京博思纵横软件科技有限公司、南京尚雅网络科技有限公司、江苏智呼云信息科技有限公司等。其次分别为 9 号集群（建邺新城科技园、南京软件谷）、8 号集群（新街口、五老村、朝天宫等街道）、4 号集群（南京高新技术产业开发区）、5 号集群（江浦街道）、10 号集群（江宁区秣陵街道）、1 号集群（高淳区核心区）、7 号集群（光华路街道）、3 号集群（六合区核心区）、11 号集群（江宁大学城）、2 号集群（溧水区核心区），分别包含 1052、831、773、657、542、540、531、417、332 及 330 个创新主体。

（8）苏州：创新主体聚类存在 10 个集聚簇，发育"一核三中心"式格局。数量最多的为 5 号集群（虎丘区核心区、吴中区胥口镇、木渎镇），包含 2413 个创新主体，代表性主体为苏州金宏气体股份有限公司、江苏天艾美自动化科技有限公司、国盈环境科学技术研究（江苏）有限公司、苏州勤联塑胶制品有限公司、苏州超联物流有限公司等。其次分别为昆山经济技术开发区的 3 号集群（1551 个创新主体）、相城区核心区的 7 号集群（874 个创新主体）、苏州工业园区独墅湖科教创新区的 10 号集群（721 个创新主体）、吴中区盛泽镇的 1 号集群（443 个创新主体）、虎丘区苏州科技城的 4 号集群（434 个创新主体）、吴江经济技术开发区的 2 号集群（421 个创新主体）、苏州工业园区核心区的 8 号集群（393 个创新主体）、姑苏区斜塘街道的 9 号集群（388 个创新主体）、姑苏区唯亭街道的 6 号集群（336 个创新主体）。

（9）武汉：创新主体聚类存在 6 个集聚簇，形成"单核"极化式布局。数量最多的为 5 号集群（武汉"光谷"），超过 2500 个创新主体，代表性主体为华中科技大学、长飞光纤光缆股份有限公司、中冶南方工程技术有限公司、武汉光迅科技股份有限公司、武汉高德红外股份有限公司等。其次分别为 4 号集群（珞南街道、洪山街道等）、1 号集群（蔡甸经济开发区）、2 号集群（江夏区豹澥街道）、3 号集群（江汉区核心区）、6 号集群（江夏区经济开发区），分别囊括 497、469、469、425 及 179 个创新主体。

（10）杭州：创新主体聚类存在 7 个集聚簇，发育单中心结构。数量最多的为 3 号集群（滨江区大部分），集聚了 1863 个创新主体，代表性主体为阿里巴巴（中国）网络技术有限公司、浙江吉利控股集团有限公司、浙江大华技术股份有限公司、杭州海康威视数字技术股份有限公司、网易（杭州）网络有限公司等。其次分别为 2 号集群（下沙高教园区）、4 号集群（杭州未来科技城）、5 号集群（西湖区东北部）、1 号集群（临平区城区）、6 号集群（三墩镇）、7 号集群（祥符街道），分别包含 608、602、594、319、196、和 175 个创新主体。

（11）重庆：创新主体聚类存在 6 个集聚簇，形成多点式分散布局。数量最多的为 4 号集群(巴南区核心区),仅有 463 个创新主体,代表性主体为宗申产业集团有限公司、重庆创冠通信工程有限公司、重庆双时扬科技有限公司、重庆钰岑菲科技有限公司、中博(重庆)智慧科技有限公司等。其次分别为 2 号集群(璧山区核心区)、6 号集群(渝北区重庆软件园)、1 号集群(綦江区核心区)、3 号集群(巴南区界石镇)、5 号集群(渝中区、九龙坡区核心区),分别包含 204、135、123、101 及 81 个创新主体。

(12)西安:创新主体聚类存在 9 个集聚簇,呈现"一核双心"式格局。数量最多的为 7 号集群(丈八沟街道北部),集中了 2086 个创新主体,代表性主体为中国西电集团有限公司、西安陕鼓动力股份有限公司、陕西迈克高新科技实业集团有限公司、西安美钛物联科技有限公司、西安时距图像信息科技有限公司等。其次分别为 3 号集群(西安经济技术开发区)、9 号集群(丈八沟街道东南部)、2 号集群(韦曲街道)、4 号集群(三桥街道)、5 号集群(鱼化工业园)、6 号集群(鱼化寨街道南部)、8 号集群(丈八沟街道西南部)、1 号集群(阎良区城区),分别包括 1035、948、488、447、407、342、312 及 269 个创新主体。

(13)青岛:创新主体聚类存在 8 个集聚簇,分布较均衡,呈多组团式格局。数量最多的为 5 号集群(城阳区棘洪滩街道、上马街道等),包含 806 个创新主体,代表性主体为软控股份有限公司、青岛宝佳自动化设备有限公司、青岛乾运高科新材料股份有限公司、青岛国恩科技股份有限公司、青岛欣欣向荣智能设备有限公司等。其次分别为黄岛区核心区的 2 号集群(536 个创新主体)、市南区的 6 号集群(501 个创新主体)、流亭机场的 4 号集群(474 个创新主体)、胶州市核心区的 1 号集群(452 个创新主体)、黄岛区珠海街道的 3 号集群(251 个创新主体)、崂山区中韩街道北部的 8 号集群(243 个创新主体)、崂山区海尔路的 7 号集群(206 个创新主体)。

(14)合肥:创新主体聚类存在 6 个集聚簇,发育较典型的"双中心"联动式格局。数量最多的为 4 号集群(合肥高新技术产业开发区中部),拥有 1428 个创新主体,代表性主体为科大讯飞股份有限公司、科大国创软件股份有限公司、东华工程科技股份有限公司、合肥美亚光电技术股份有限公司、安徽安科生物工程(集团)股份有限公司等。其次分别为 6 号集群(合肥高新技术产业开发区东部)、5 号集群(桃花镇)、2 号集群(骆岗街道)、3 号集群(庐阳经济技术开发区)、1 号集群(巢湖城区),分别集中了 1173、396、314、230 及 195 个创新主体。

(15)长沙:创新主体聚类存在 5 个集聚簇,形成单中心格局。数量最多的为 5 号集群(长沙县核心区),涵盖了 1563 个创新主体,代表性主体为中国铁建重工集团股份有限公司、华自科技股份有限公司、三诺生物传感股份有限公司、长沙景嘉微电子股份有限公司、湖南双菱电子科技有限公司等。其次分别为 4 号集群(芙蓉区、天心区、雨花区核心区)、1 号集群(宁乡市核心区)、3 号集群(雨花经济开发区)、2 号集群(望城区产业园),分别包含 566、290、273 及 224 个创新主体。

(16)宁波:创新主体聚类存在 7 个集聚簇,发育较明显的多点式分散布局。数量最多的为 7 号集群(梅墟街道),仅包含 740 个创新主体,代表性主体为中石化宁波工程有限公司、宁波激智科技股份有限公司、赛尔富电子有限公司、宁波永新光学股份有限公司、宁波锦融电子有限公司等。其次分别为 3 号集群(余姚城区)、6 号集群(鄞州区南部商务区)、4 号集群(北仑区城区)、2 号集群(宁海县城区)、1 号集群(象山县城区)、5 号集群(江北区洪塘街道),分别包含 595、346、251、236、167 及 150 个创新主体。

(17)郑州:创新主体聚类存在 7 个集聚簇,形成较典型的多点式分散布局。数量最多的为 6 号集群(郑州高新技术产业开发区),拥有 815 个创新主体,代表性主体为恒天重工股份有限公司、汉威科技集团股份有限公司、河南汇益佳实验室设备有限公司、河南金禾智能装备有限公司、郑州智控自动化设备有限公司等,其次分别为金水区核心区的 3 号集群(735 个创新主体)、郑州东站的 2 号集群(515 个创新主体)、梧桐街的 7 号集群(462 个创新主体)、石佛镇的 4 号集群(444 个创新主体)、杨金路街道的 1 号集群(226 个创新主体)、郑州电子电器产业园的 5 号集群(189 个创新主体)。

(18)济南:创新主体聚类存在 7 个集聚簇,发育典型的"单核"极化空间格局。数量最多的为 7 号集群(历下区大部分),超过 3900 个创新主体,代表性主体为小麦玉米国家工程研究中心、山东大学、济南二机床集团有限公司、济南试金集团有限公司、中国重型汽车集团有限公司等。其次分别为莱芜区核心区的 1 号集群(461 个创新主体)、世纪大道的 6 号集群(376 个创新主体)、章丘区核心区的 3 号集群(205 个创新主体)、济阳区核心区的 2 号集群(202 个创新主体)、桑梓店街道的 4 号集群(181 个创新主体)、济南西站的 5 号集群(124 个创新主体),与 7 号集群的创新主体数量相差甚远。

(19)泉州:创新主体聚类存在 6 个集聚簇,形成一定程度的单中心极化格局。数量最多的为 5 号集群(鲤城区、晋江市核心区),集中了 942 个创新主体,代表性主体为福建恒安集团有限公司、安踏(中国)有限公司、兴业皮革科技股份有限公司、南威软件股份有限公司、信泰(福建)科技有限公司等,其次分别为永春县城区的 1 号集群(120 个创新主体)、南安市美林街道的 4 号集群(116 个创新主体)、德化县城区的 2 号集群(77 个创新主体)、惠安县惠南工业区 6 号集群(68 个创新主体)、惠安县城南工业区的 3 号集群(67 个创新主体),与首位创新集群规模相差悬殊。

(20)昆明:创新主体聚类存在 2 个集聚簇,呈现一定程度单中心格局。数量最多的为 1 号集群(五华区、西山区、官渡区核心区),拥有 527 个创新主体,代表性主体为昆明理工大学、昆明船舶设备集团有限公司、云南铜业股份有限公司、云南南天电子信息产业股份有限公司、云南沃森生物技术股份有限公司等,其次为呈贡新区的 2 号集群(85 个创新主体),尚未形成规模效应。

(21)沈阳:创新主体聚类存在 5 个集聚簇,分布离散,发育多点式分散格局。数量最多的为 2 号集群(沈河区、皇姑区、和平区核心区),但仅拥有 317 个创新主体,代表性主体为大连石页科技有限公司、辽宁新奇特农业科技有限公司、沈阳云奕科技有限公司、沈阳千日千月科技有限公司、辽宁省景行科技有限公司等。其次分别为 5 号集群(浑南科学城)、4 号集群(和平区三好街)、3 号集群(浑南区白塔街道东部)、1 号集群(沈北新区南部),分别包含201、164、141 及 126 个创新主体,与首位创新集群主体规模相当。

(22)厦门:创新主体聚类存在 4 个集聚簇,分布零散,发育多点式分散格局。数量最多的为 2 号集群(集美区核心区),但仅有 290 个创新主体,代表性主体为福建新天建设发展有限公司、厦门厦华科技有限公司、厦门宏发电声股份有限公司、罗普特科技集团股份有限公司、厦门泓庚航海科技有限公司等。其他分别为思明区莲前街道的 4 号集群(187 个创新主体)、湖里区国家火炬高技术产业开发区的 3 号集群(166 个创新主体)、翔安区马巷镇火炬高新区的 1 号集群(142 个创新主体),其创新主体规模与首位创新集群接近。

(23)大连:创新主体聚类存在 5 个集聚簇,形成较明显的"双中心"式格局。数量最多的为 5 号集群(甘井子区凌水街道),包括 1245 个创新主体,代表性主体为中国华录集团有限公司、大连中天工程设计有限公司、大连义信科技发展有限公司、大连海蓝达科技有限公司、大连世衡普惠供热技术有限公司等。其次分别为金州区核心区的 2 号集群(956 个创新主体)、西岗区城区的4 号集群(291 个创新主体)、瓦房店区城区的 1 号集群(176 个创新主体)、周水子机场的 3 号集群(135 个创新主体)。

(24)哈尔滨:创新主体聚类存在 4 个集聚簇,分布相对集中,呈一定程度的单中心格局。数量最多的为 2 号集群(南岗区、香坊区核心区),超过 800个创新主体,代表性主体为动物用生物制品国家工程研究中心、哈尔滨工业大学、东北农业大学、哈尔滨达城绿色建筑股份有限公司、哈尔滨纽微电机控制技术有限公司等,其次分别为松北区核心区的 3 号集群、松北软件园的 4 号集群、哈尔滨平房机场的 1 号集群,分别包含 443、195 及 191 个创新主体。

(25)乌鲁木齐:创新主体聚类存在 2 个集聚簇,规模较小,呈双节点组合格局。数量最多的为 2 号集群(新市区、沙依巴克区、天山区、水磨沟区核心区),仅有 207 个创新主体,代表性主体为国家棉花工程技术研究中心、国家荒漠—绿洲生态建设工程技术研究中心、新疆国统管道股份有限公司、新特能源股份有限公司、新疆阜丰生物科技有限公司等。其次为乌鲁木齐县的 1 号集群,包含 158 个创新主体。

第三节　综合性国家科学中心和区域性创新高地的梯次联动布局

一、梯次联动布局原则

(一)空间等级梯次有序

在区域经济演化动力机制下,区域逐渐发育出逻辑结构严密、空间分工明确的空间组织形态(王铮等,2014)①。区域空间组织路径一般为:城市—城市群—以城市群带动的区域板块,城市在空间组织链中始终扮演着重要角色。在单一的中心—外围模式下,空间差异表现为城市与外围的差异;在高层级的空间尺度下,由于存在多个城市,区域空间组织不再是单一的中心—外围式结构,各城市均是相对独立的集聚中心,由此构成多中心—外围式复合结构。根据城市规模的差异,小城市往往处于周边更大城市的外围位置,因而形成了中心—次中心—外围的分层结构。在更大空间范围中,大量城市作为集聚中心并存,依据各个城市对外围的吸引力和辐射力,其在城市群里影响力不同,从而促使城市群内部呈现出层级分化格局,各个城市位处不同发展层级,此时的空间差异主要表现为城市层级的差异。区域内的综合性国家科学中心城市与区域性创新高地城市处于不同发展层级,构建合理的综合性国家科学中心和区域性创新高地层级结构,有助于形成区域空间结构梯次有序格局,促进国家

---

① 王铮、孙翊、顾春香:《枢纽—网络结构:区域发展的新组织模式》,《中国科学院院刊》2014 年第 3 期。

科技创新体系的协调发展。

（二）创新驱动区域发展

科技创新具有内在的空间转移规律（马海涛和胡夏青，2022）。技术、知识等创新要素在同等级的城市之间传递、交换，实现城市科技创新活动的动态更新与科技创新要素的大范围流动；同时，高等级城市的科技创新要素也在势差作用下向其周边低等级城市转移、扩散，形成以高等级城市为中心的枢纽—网络式空间组织。区域科技创新中心城市得以辐射带动整个区域科技创新高质量发展。综合性国家科学中心和区域性创新高地的梯次联动布局应保证各级区域内至少有一个对应的综合性国家科学中心或区域性创新高地城市，以实现"以点带面、以面载点"的枢纽—网络式发展。

（三）行政区界基本完整

目前形成了"国家科技部—省级科技厅—市县级科技局"的行政管理等级体系，各级行政区内的科技活动均由对应的科技行政系统管辖（马海涛和胡夏青，2022）。因此，综合性国家科学中心和区域性创新高地梯次联动布局应当充分考虑既有的行政区划，以适应当前的科技管理体制。具体而言，以城市所在的地级行政单元为综合性国家科学中心和区域性创新高地梯次联动布局方案的最小地域组织单位，使布局结果切实发挥政府科技治理效能；在合并和划分空间单元并形成具有一定规模的区域时，应适当考虑分区结果与省级行政区划的吻合性，对各分区的具体界线进行相应的微调。

（四）枢纽网络组织嵌套

即以枢纽—网络组织协同模式推动综合性国家科学中心和区域性创新高地的梯次联动布局。在区域经济一体化条件下，枢纽—网络结构包括枢纽、节点和网络等空间组织单元。枢纽之间相互连通，节点选择归属某个或某些枢纽,并与其归属枢纽连接后形成枢纽单元,最终多个枢纽单元协同发展、共同组成网络(王铮等,2014)。在这种空间组织中,枢纽不再居于绝对中心地位,而是实现某种协调分工。如深圳,在行政体系的枢纽—网络结构中,为广州枢纽下的一个节点城市,然而在国家科技创新体系的枢纽—网络组织中,深圳扮演着与广州类似的枢纽地位。

枢纽连通性来源于枢纽的专业化分工。枢纽既服务覆盖全区域的所有其他枢纽和节点,同时也需要接收其他知识生产、产业转化枢纽提供的产品和服务,频繁的枢纽科技交流和巨大的区际创新联系必然要求枢纽之间有效联通。这种连通性更多地表现在枢纽地位的多元化。一个城市可能在综合性国家科学中心功能体系中具有枢纽地位,其知识溢出影响全国,但是在区域性创新高地功能组织中,它可能仅仅是一个普通节点,接受技术转移和辐射。因此,选择若干城市建立综合性国家科学中心和区域性创新高地枢纽城市,必须统筹枢纽的专业性和多样性,强化枢纽、节点和网络之间的连通性和集散性,才能有效促进知识扩散和市场溢出。

二、梯次联动布局方案

为增强国家创新体系效能,支撑科技强国建设,需要以重大区域发展战略引领战略科技力量布局,积极谋划综合性国家科学中心和区域性创新高地布局及其优化。为此,提出以创新增长极、创新发展轴、创新枢纽集群为关键支撑的"点—轴—面"互嵌总体布局,以加快实现国家创新体系空间布局整体优化、功能结构持续完善、发展能级不断提升。

面向 2035 年,综合性国家科学中心和区域性创新高地布局优化按照"成熟一个、启动一个"的原则,强化全球级和国家级综合性科学中心和区域性创新高地的联动布局和功能协同,形成"8(8 个全球级及国家级综合性国家科学中心)+10(10 个全球级及国家级区域性创新高地)+N(多个区域级及地方级综合性国家科学中心和区域性创新高地)"梯次联动的雁阵格局(见图4-8、图4-9)。

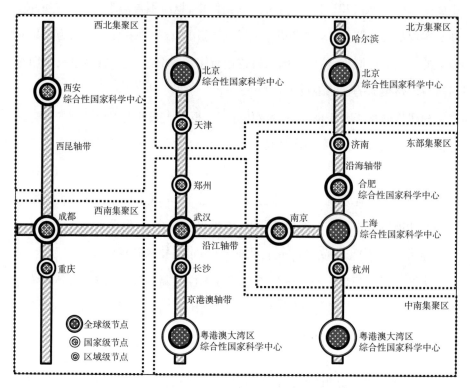

图4-8 综合性国家科学中心的梯次联动布局方案

资料来源:笔者自绘。

（一）培育"3+5+7"知识创新增长极

依据综合性国家科学中心要素规模、空间区位、发展现状及适度超前进行综合比选评判,国家主导的综合性国家科学中心拟从全球级、国家级和区域级三大层级进行布局建设(见图4-8),广大地方级科学园及科学城等创新空间突出自身特色和优势成为专业化后备力量。

1. 全球级综合性国家科学中心(3个)

包括北京、上海、粤港澳大湾区3个综合性国家科学中心,其功能定位为世界级原始创新策源地,依托中国科学院研究机构、一流高校、科技领军企业、

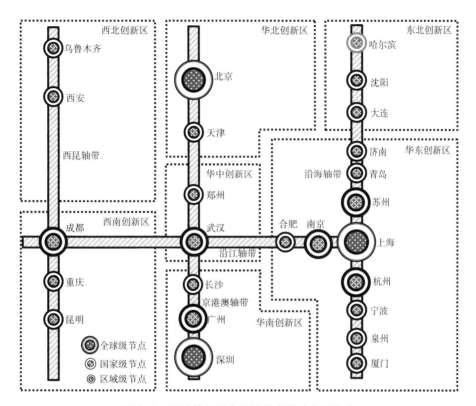

图 4-9 区域性创新高地的梯次联动布局方案

资料来源:笔者自绘。

顶尖人才的集聚优势,发挥大科学装置群及重大科技创新平台的集聚效应,建设国际人才枢纽,大力吸引海内外高层次人才推进国家科学中心国际合作联盟建设,具体而言:

(1)北京怀柔综合性国家科学中心:以怀柔科学城为核心空间载体,强化物质基础、能源和生命科学等学科发展方向引领,深化院市合作,加快建成重大科技基础设施集群,营造开放共享、融合共生的创新生态系统,努力打造成为世界级原始创新承载区,聚力建设"百年科学城"。加快推进现有重大科技基础设施和交叉研究平台建设,针对战略必争和补短板领域,预研和规划一批新的重大科技基础设施。推进一批符合定位的中国科学院研究机构整建制搬迁,支持雁栖湖应用数学研究院等新型研发机构发展。推动国家科学中心国际合作联盟建设。打造城市客厅、雁栖小镇、国际人才社区、创新小镇、生命与健康科学小镇等重要区域节点,为入驻怀柔科学城的高端创新主体提供高质量服务供给和良好创新环境。打造怀柔科学城产业转化示范区,重点培育高端仪器和传感器、新能源及新材料、细胞及数字生物等战略性新兴产业和未来产业。推动"三城一区"内的科技领军企业、高校院所和新型研发机构积极参与国家实验室建设。

(2)上海张江综合性国家科学中心:以张江科学城为核心空间载体,推进创新资源要素优先向科学城集聚,形成具有全球引领力的重要创新增长极,加快集聚全球高端创新主体,培育一批掌握关键核心技术的科技领军企业,打造全球先进技术首发地。坚持开放创新理念,提升张江科学城的影响力和辐射力,支持张江科学城内各类创新主体在资源共享、平台共建、项目共担等方面与长三角生态绿色一体化发展示范区的创新联动,开展科技联合攻关,实现产业协同发展,加快形成张江面向长三角、联动全国的开放创新内循环。探索推进张江科学城重大科技基础设施面向全球开放,支持与国际顶尖科研机构共同开展大科学计划和大科学工程,加快形成张江面向全球的开放创新外循环。积极推进中国(上海)自由贸易试验区与张江国家自主创新示范区的"双自联动、融合发展",促进投资贸易便利与科技创新的深度叠加和有效融合。

(3)粤港澳大湾区综合性国家科学中心:以深圳光明科学城、广州南沙科学城和东莞松山湖科学城为核心功能载体,构建以广深港科技创新走廊、广珠澳科技创新走廊为主轴,其他城市协同支撑的创新格局。发挥广州和深圳"双城联动"核心引擎功能和作用,推动广深科技创新优势互补,共建实验室等重大科技创新平台,引导和支持两地科研力量组建创新共同体,共同参与国家重大科技项目,形成一批自主可控、具有国际竞争优势的重大科技产品和高端装备。推进广州创新合作区建设,优化广州人工智能与数字经济试验区、南沙科学城、中新广州知识城、广州科学城等"一区三城"布局,完善穗港澳联合创新机制,打通粤港澳科技创新流堵点。依托广州科学城、光明科学城、松山湖科学城、西丽湖国际科教城等重点创新集群,建设"广深港"科技创新走廊,创新广深港科技合作机制和模式。加快推进南沙粤港澳全面合作示范区、南沙科学城、珠海西部生态新区、中山翠亨新区等重点创新集群建设,形成"广珠澳"科技创新走廊,集聚共享高端创新资源,深化粤澳科技合作机制。

2. 国家级综合性国家科学中心(5个)

除已批复的合肥、西安两个综合性国家科学中心外,加快推进南京、成都、武汉三个城市创建综合性国家科学中心。依托科技创新资源集聚优势,打造科技攻坚主阵地、成果转化新高地、产业创新动力源,建成国家级原始创新承载区,具体而言:

(1)合肥综合性国家科学中心:以滨湖科学城为核心空间载体,高水平建设大科学装置集中区、国家实验室核心区等一批科技创新空间载体,推动大科学装置集中区建设"中国科学院科技成果合肥转化基地",谋划布局先进超导动力研究院、太赫兹产业集群等一批交叉前沿研究平台和产业创新转化平台。推动建立综合性国家科学中心(科学城)联盟,共建长三角科技创新共同体。加快建设滨湖国际科学交流中心,加强与国际会展中心等协同联动,依托量子、先进核能、新一代信息技术等学科领域优势,创设一批国际知名科学品牌活动和权威性论坛。依托大科学装置的定向性、建制化优势,构建"装置平台—基础研究—关键技术"相互支撑牵引和相互带动赋能的结构化、一体化科研体系,在量子科技、战略能源、先进环境技术等领域产出原创性、引领性、颠覆性重大成果。

(2)西安综合性国家科学中心:以丝路科学城为核心空间载体,吸引众多国家战略科技力量集中布局,打造多类型、多层次、协作支撑的国家重大科技基础设施集群。建成运行国家超算(西安)中心,推动建成高精度地基授时系统、国家分子医学转化科学中心,优先布局建设先进阿秒光源、电磁驱动聚变项目等重大科技基础设施。创建国家实验室,参与陕西实验室建设和全省国家重点实验室体系重组,建设集突破型、引领型、平台型于一体的大型综合性实验室体系。支持高校院所联合行业龙头企业建设联合实验室,面向青年科学家建设新型实验室、未来研究中心、交叉研究中心等,吸引全球顶尖科学家建设诺贝尔奖实验室。围绕重大科技创新平台探索央企和省部共建新模式,深化与军工院所合作。注重加强人工智能、生物科技、先进计算等领域的交叉研究任务攻关,培育一批高水平研究机构。探索新型科研组织形式,形成关键核心技术攻关新型举国体制的"西安路径"。

(3)南京综合性国家科学中心:以麒麟科学城为核心空间载体,强化高能级创新平台资源集聚效应,实施基础研究重大平台和科技产业创新平台建设工程,培育一批国家战略科技力量后备军,为争创综合性国家科学中心提供基础支撑。支持麒麟科技城高效集聚中国科学院高端创新资源,吸引更多国家重点实验室、国家重大科技基础设施项目落地。支持紫金山科技城聚焦应用基础研究建设技术创新集聚区,推动紫金山实验室、未来网络试验设施产出更多前沿科技成果。强化科技园区与高等院校、科研院所之间的合作伙伴关系,推进麒麟科技城、紫金山科技城、仙林大学城、江宁大学城联动发展,全面提升基础研究和应用基础研究源头供给能力。

(4)武汉综合性国家科学中心:以东湖科学城为核心空间载体,建设东湖科学城创新极核,夯实综合性国家科学中心物质技术基础,强化东湖科学城建制化国家战略科技力量,全方位推动东湖科学城科教深度融合发展,把东湖科学城建成科学特征凸显、创新要素集聚、策源能力突出、科创活力迸发的具有核心竞争力的世界一流科学城,成为创建综合性国家科学中心的主体区和国家自主创新示范区的核心承载区,打造成为国家高水平科技自立自强的战略支点,武汉城市圈高质量发展的强力引擎,协同引领中部地区和长江中游城市群创新发展。按照"聚焦区域建设、聚集创新要素,提高集中度和显示度"要求,统筹产业链、创新链、人才链,强化以国家战略科技力量为核心的区域创新发展引擎功能,构建"弓箭型区域创新发展"功能布局,重点建设特色突出、分工有序的七大功能区:大设施集聚区、实验室集聚区、科教融合园区三大功能区聚焦科学价值和技术价值创造;光电信息产业集聚区、生命健康产业集聚区、数字化创新发展服务示范区三大功能区聚焦经济价值和社会价值创造;创新创业示范区聚焦科学、技术、经济和社会价值融合创造,强调价值创造的增值循环。

(5)成都综合性国家科学中心:以西部科学城(成都)为核心空间载体,以"一城多园"模式合作共建西部科学城,以西部科学城(成都)、重庆两江协同创新区、西部科学城(重庆)、中国科技城(绵阳)作为先行启动区,加快形成连片发展态势和集聚发展效应,有力带动成渝双城经济圈协同创新发展,形成定位清晰、优势互补、分工明确的协同创新网络,逐步构建"核心带动、多点支撑、整体协同"的发展态势。构建高水平实验室体系,强化兴隆湖周边等重点区域创新布局,联合中国科学院成都分院、四川大学、电子科技大学等高水平科研院所推进国家实验室建设。支持优势科技力量参与国家实验室"核心+基地+网络"建设,做好服务保障工作。聚焦重点优势领域,支持在西部科学城新建一批国家实验室,支持川渝共建联合实验室,谋划建设一批省级实验室。集中布局重大科技基础设施集群,推动跨尺度矢量光场时空调控验证装置、电磁驱动聚变装置等大科学设施加快落地,培育超瞬态实验装置储备项目。加强大规模分布孔径深空探测雷达、空间太阳能电站关键系统综合研究设施、多态耦合轨道交通动模试验平台、柔性基底微纳结构成像系统研究装置等探索预研。筹备建设论证汽车软件虚拟孪生开发云、健康医疗大数据中心等创新平台。强化一流高校科研院所和新型研发机构协作。依托区域一流高校和优势学科加强数学、电子科学与技术、临床医学、水利与土木工程等学科基础研究和原始创新能力,培育建设一批基础学科拔尖人才培养基地、基础学科研究中心、前沿科学中心。瞄准成渝地区优势产业,与科技企业合作开展基础前沿技术研究。支持中国科学院大学重庆学院、成都学院加大急需紧缺专业人才培养力度,支持中国科学院驻成渝地区科研机构高质量发展。支持国家科研机构、高水平研究型大学、中央企业在西部科学城设立分院、研究院或新型研发机构等。

3. 区域级综合性国家科学中心(7个)

包含天津、杭州、长沙、重庆、济南、郑州、哈尔滨7个中心城市,这些城市虽然科研基础较为深厚,具有一定经济实力和良好的创新环境,然而受限于城市发展过程中的历史因素和政策因素,战略科技力量不具备数量优势,重大科技基础设施组团尚未发育成型,数量不足3个,有待发挥大科学装置群的科技力量集聚效应、基础科学集成效应和关键技术溢出效应。

(二)打造"3+7+15"技术创新增长极

依据区域性创新高地要素规模、发展潜力、网络腹地等指标,兼顾适度超前及均衡布局,进行综合比选评判,区域性创新高地体系重点发展定位分为全球级、国家级及区域级三大层级(见图4-9),而广大地方级创新空间(创新功能区、创新街区及社区、创新城区、创新型城市及创新型城市群等不同尺度)不断彰显产业优势和强化技术溢出,扮演其后备梯队。

1. 全球级区域性创新高地(3个)

包括北京、上海和深圳三家,在若干重要科技创新领域成为世界领跑者,具备攻克关键共性技术、前沿引领技术、现代工程技术、颠覆性技术的能力,具有全球引领地位,具体而言:

(1)北京区域性创新高地:一是,加强中关村科学城、怀柔科学城、未来科学城、北京经济技术开发区等"三城一区"协同联动和引领带动。支持北京经济技术开发区积极承接中关村科学城、怀柔科学城、未来科学城(三城)重大科技成果转化落地,推动"三城一区"原始创新成果向其他地区辐射和扩散,有序引导各区根据禀赋和优势有选择、有重点地吸收"三城一区"外溢科技成果,形成配合良好、统筹协同的差异化发展格局。二是,东城区聚焦数字经济、健康产业、文化科技等领域,建设文化科技融合示范基地,通过物联网、云计算等新技术应用推进传统商圈转型升级。三是,西城区以促进金融与科技融合创新为重点,强化与中关村科学城对接联动,打造国家级金融科技示范区。四是,朝阳区聚焦人工智能、数字消费科技等领域,发挥国际高端创新资源集聚优势,推动数字经济核心区建设,打造现代化国际创新城区。五是,丰台区聚焦轨道交通、航空航天等领域,强化创新研发功能,打造全国轨道交通创新中心。六是,石景山区聚焦工业互联网、虚拟现实等领域,依托新首钢高端产业综合服务区建设,推进科幻产业发展,打造国家级绿色转型发展示范区。七是,大兴区聚焦高端制造和医药健康领域,依托大兴国际机场临空经济区,利用自由贸易试验区和综合保税区政策叠加优势,建设国际生命健康产业园,打造南部"先进智造"主阵地。八是,门头沟区开展矿山、农业、园林等生态修复先进技术试验示范,与新首钢高端产业综合服务区协同发展,推动高精尖产业创新示范基地建设。九是,房山区聚焦智能装备、新能源智能网联汽车、无人机、石墨烯、新型显示材料等新兴产业领域,打造"先进智造"创新成果转化基地。十是,平谷区发挥现代农业技术领先优势,引领现代农业科技发展。十一是,延庆区推动无人机与 5G 技术融合,拓展无人机运行场景与低空经济发展,推动体育科技前沿技术创新中心建设,大力发展体育科技产业。

(2)上海区域性创新高地:聚焦张江科学城、自由贸易试验区临港新片区、闵行紫竹高新技术产业开发区,以及杨浦、徐汇、嘉定、松江等创新型城区,持续夯实科技创新中心重要承载区的功能优势,加快建设特色产业园区和在线新经济生态园,构建兼具空间布局承载、重大项目承接、重点产业引领、创新服务示范、创新要素集聚的区域科技创新体系。一是,围绕张江科学城,构建"政产学研金服用"系统集成创新的最佳实践区,打造成国家级自主创新示范区。二是,推进临港新片区建设具有国际市场竞争力的产业集群,构建全球创新网络的重要节点。聚焦长三角科技创新共同体建设,建成开放创新发展的重要引擎。三是,继续推进青浦区长三角生态绿色一体化发展示范区、嘉定区新兴产业示范区建设,加快布局金山区科技创新"一带一湾一港",培育集成电路、新能源汽车、通信、导航、新材料等优势产业集群。四是,加快推动科技创新赋能区域高质量发展,推进杨浦区打造创新创业示范标杆,徐汇区建设科技服务示范区,静安区建设新兴产业创新发展先导区和应用融合示范区,普陀区打造"一带一路"国际创新合作承载地,虹口区建设"一心三区一平台"国际创新港升级版,宝山区立足南大地区、吴淞街道等重点地区建设科技创新中心主阵地,奉贤区依托"东方美谷"打造生命健康产业创新高地。五是,鼓励其他区域进一步用好创新资源禀赋和特色产业优势,以重大科技项目、平台为重点,加快集聚创新要素、培育创新主体、优化创新生态。推进闵行区打造上海南部科技创新中心核心区,建设科技成果转移转化示范区和高端产业制造基地。支持松江区联动长三角城市群,推动长三角G60科技创新走廊建设成为驱动长三角更高质量一体化发展的引擎和骨架。

(3)深圳区域性创新高地:充分发挥深圳国家高新技术产业开发区和国家自主创新示范区的引领作用,高举高新技术产业发展旗帜,坚持"发展高科技、实现产业化"两大方向,建设"区位相邻、集中连片、产业互补、联合发展"的十一大创新集群区:深圳湾创新集群区、坪山园区创新集群区、坂雪岗—观澜创新集群区、九龙山—福民创新集群区、宝龙科技城—大运创新集群区、宝安园区创新集群区、前海(宝安)深港创新集群区、玉塘—马田—燕罗创新集群区、梅林—笋岗—清水河创新集群区、东部滨海国际生物谷创新集群区、深汕智造城创新集群区等,前瞻布局发展战略性新兴产业和未来产业,着力突破关键新技术,推进产业向全球产业链、价值链高端迈进,抢占未来科技和产业发展制高点。

2. 国家级区域性创新高地(7个)

包括广州、天津、成都、南京、苏州、武汉、杭州7个创新增长极,围绕国家重大科技创新战略需求,提升关键创新链环节韧性,打造具有国际竞争力的未来产业创新高地,走出一条以创新驱动内涵增长、引领支撑经济高质量发展的路径,成为引领国家创新驱动发展的标杆,具体而言:

(1)广州区域性创新高地:一是,推动广州高新技术产业开发区建设世界一流高科技园区。深化广州高新技术产业开发区"一区五园"协同创新机制，形成良性错位、协同发展格局。支持广州高新技术产业开发区扩容提质，加快重要科研机构、交叉科学研究平台布局落地，高标准建设"黄埔实验室"，助力黄埔硬科技创新先行区建设。加强关键核心技术创新和成果转移转化，做大做强特色主导产业，打造若干创新型产业集群，打造为代表国家科技发展最高水平、全面参与全球科技竞争的先锋园。二是，推动省级高新区创建国家高新技术产业开发区。以国家高新技术产业开发区标准，着力将广州天河高新技术产业开发区、广州花都高新技术产业开发区、广州琶洲高新技术产业开发区打造成为高质量创新发展示范区。依托优势资源，突出发展特色，构建软件与信息服务、新一代通信技术、数字创意、新能源汽车等领域特色创新型产业集群。积极建设重大科技创新平台，推动孵化育成体系提质增效，全面提升高新技术产业开发区创新驱动能力。三是，打造省级高新技术产业开发区"预备队"。以建设省级高新技术产业开发区为契机，强化"以申促建"，有效激发优质园区创新发展活力，形成区域经济发展新的增长极。支持白鹅潭产业金融服务创新区、广州科教城片区、南沙慧谷片区、广州白云工业园区、万博长隆—广州大学城片区等基础条件较好的园区或街区申报创建省级高新技术产业开发区，打造成为区域创新的重要节点和产业高端化发展的关键基地。

（2）天津区域性创新高地：依托各区创新资源禀赋基础，着力打造一批科技要素富集、创新浓度丰厚、创新引领力和带动力强劲的创新聚集区。依托南开区与天津大学、南开大学合力打造启航创新产业区。依托东丽区国家双创示范基地建设，打造研发产业聚集区和科技成果转移转化示范区。深化海河教育园区体制机制创新，加快产学研用深度融合，打造"天津智谷"。围绕科教资源基础和技术创新优势，推动红桥、西青、北辰、宝坻等区域打造各具特色的创新聚集区。围绕国家战略和重点产业发展需求，依托各区、功能区，建立"创新平台+企业孵化+产业园区"一体化协同发展模式，营造优良的产业创新生态，打造一批具有区域带动力的创新标志区。

（3）成都区域性创新高地：坚持主体集中、区域集中、资源集中，构建"1+4+N"创新空间布局。其中，"1"指"一核"，即西部（成都）科学城；"4"为"四区"，包括新经济活力区、生命科学创新区、成都未来科技城、新一代信息技术创新基地四大创新集聚区。"N"则包括产业链主要承载地、协同发展地、创新创业空间、环高校知识经济圈，以及德阳、眉山、资阳高新技术产业开发区等成都都市圈范围内的重要创新节点。强化西部（成都）科学城的极核引领，协同四大创新集聚区，联动众多创新节点区域，形成"核心驱动、协同承载、全域联动"的高质量发展格局。

（4）南京区域性创新高地：按照"全域创新、协同联动、产城融合"的布局理念，以"一核三极"重点功能区为枢纽，构建面向未来的"两区一廊多组团"全域创新格局。"两区"即重点打造江北新区"自主创新先导区"（包括国家级江北新区、中国（江苏）自由贸易试验区南京片区、苏南国家自主创新示范区）和南部片区"产业创新引领区"（包括南京临空经济示范区、江宁经济技术开发区、南部新城）。"一廊"即做大做强前沿引领、协同发展的紫东科技创新大走廊（紫金山科技城—麒麟科技城）。"多组团"即联动推进南京高新技术产业开发区 15 个分园（江北新区、江宁国家高新园、新港国家高新园、玄武园、秦淮园、高淳园、麒麟园、建邺园、鼓楼园、栖霞园、雨花台园、江宁园、浦口园、六合园、溧水园等）间的协同创新，创造创新资源高度集聚、全产业链条深度融通的创新集群效应。

（5）苏州区域性创新高地：强化高端创新资源集聚，支持苏州大学优化空间布局、学术布局、创新资源布局，建设具有中国特色的世界一流高水平研究型大学；支持南京大学苏州校区以新工科为主要方向，打造成为高水平人才集聚地、国际化办学主阵地；支持中国中医科学院大学苏州校区、西北工业大学太仓校区等加快建设；支持苏州科技大学、常熟理工学院、西交利物浦大学等本地高校发展壮大，构建共生共赢的新型城校关系。进一步深化与北京大学等国内外顶尖高校合作，深化与中国科学院等国内外一流科研院所多层次、全方位的科技合作。着力提升中国科学院苏州纳米技术与纳米仿生研究所、中国科学院苏州生物医学工程技术研究所、国家先进功能纤维创新中心、纳米真空互联实验站、国家超级计算昆山中心、语言计算人工智能开放创新平台、长三角量子科技产业创新中心、苏州·声谷、苏州深时数字地球研究中心等重大科技平台建设水平。深度参与长三角科技创新共同体建设，抢抓机遇对接服务上海，大力强化沪苏同城科技合作，更宽领域推动创新要素跨区域自由流动和高效配置。充分发挥市场化运营服务的平台型机构作用，逐步建立政府、市场、社会共同参与的跨区域创新合作体系。积极吸引海外知名大学、研发机构、跨国公司在苏设立全球性或区域性研发中心，引导龙头企业带动上下游企业"结伴出海"，深度参与全球创新网络。

（6）武汉区域性创新高地：完善梯次联动的区域创新和产业布局，加快科技创新、产业发展、城市功能有机融合，增强武汉关键核心技术的攻关能力和高端创新要素的集聚能力。打造光谷科技创新大走廊、车谷产业创新大走廊、航空港经济综合试验区、长江新区等四大组团发展先行区。以"大武昌＋长江新区"为核心集聚区，持续推进东湖科学城、光谷科学岛、洪山大学城等重点功能区建设，培育发展长江新区科教城，承载区域性创新高地功能。充分发挥各区创新基础、区位条件和资源禀赋，构建全城覆盖、全域创新的自主创新格局。以东湖高新技术开发区为依托，瞄准科技前沿，建设高端科技人才、高质量创新要素、高科技产业汇聚的创新发展核心承载区，加强基础研究和应用基础研究，提升创新链整体效能。以武汉经济技术开发区、临空港经济技术开发区两大国家级经济开发区为依托，聚焦重点优势产业、战略性新兴产业和未来产业，打造产业应用技术创新区、产学研协同创新先行区和大企业融通创新示范区。以江汉、江岸、武昌、汉阳、洪山等中心城区为依托，谋划建设一批创新街区、创新园区、创新楼宇，强化科技金融、研发设计、创业孵化等科技服务功能。以江夏、黄陂、蔡甸、新洲等新城区为依托，全面提升人民科学素养，推进新技术落地转化，打造产业技术落地转化示范区。

（7）杭州区域性创新高地：以建成"面向世界、引领未来、服务全国、带动全省"的创新策源地为目标，探索推进平台集聚、人才集聚、要素集聚、政策集聚机制创新。强化重大科技基础设施、新型实验室体系和新型研发机构等高能级技术创新平台建设，推进杭州城西科技创新大走廊建设，支持杭州高新技术产业开发区（滨江）、富阳经济技术开发区等区联动发展。深入推进杭州国家自主创新示范区建设，健全推进国家自主创新示范区建设的组织管理体制与市域创新发展协同机制，引领全域协同创新发展。落实国家、省市关于促进高新技术产业开发区高质量发展和各类开发区整合提升的指导意见，大力推进杭州高新技术产业开发区（滨江）和萧山临江高新技术产业开发区两个国家级高新技术开发区创建一流创新创业园区；支持推动萧山、余杭、青山湖、建德等省级高新技术产业开发区，上城、拱墅、富阳等在建省级高新技术产业开发区，以及钱塘江国际创新带、三江汇未来城市先行实践区等创新功能区，围绕产业链部署创新链，集聚高端创新资源和人才，建设和提升一批特色产业创新服务综合体和公共技术创新服务平台，推动实现高新技术企业和科技型中小企业"两倍增"，高新技术产业投资和研发投入"两提升"，高新技术产业和区域经济"两贡献"等发展目标，充分发挥高新技术产业开发区（园区）在建设区域性创新高地中的战略支撑作用。

3. 区域级区域性创新高地（15 个）

包含重庆、西安、青岛、合肥、长沙、宁波、郑州、济南、泉州、昆明、沈阳、厦门、大连、哈尔滨、乌鲁木齐 15 个城市。虽然其科研基础较为深厚、具有一定经济实力和良好的创新环境，然而受限于城市发展过程中的历史因素和政策因素，创新引擎企业不具备先发优势，创新空间组团尚未发育成形。

（三）构建 4 大创新发展轴

综合性国家科学中心和区域性创新高地高度集中呈带状伸展形成沿海、长江、京港澳和西昆 4 大创新经济带，表现为依托重要的现状快速交通干线束连接若干个创新型节点城市而形成的科技创新要素相对密集的带状区域。有待依托沿线城市进一步聚集战略科技力量和重大科技基础设施,通过"以线串点,以点带面"的布局战略优化国家创新体系布局。

1. 沿海创新经济带

沿海创新经济带是京津冀创新型城市群连接长三角城市群和粤港澳大湾区城市群之间的发展轴带,自北向南依次串联北京、天津、济南、青岛、南京、上海、杭州、广州、深圳、香港等不同等级和功能的科技创新中心。沿海创新经济带以京沪高速铁路和京沪穗空中快线为主要干线,串联沿海经济发达城市,整体创新基础雄厚,交通条件优越,新型基础设施建设布局密集,是当前建设水平最高、发展潜力较大的创新大动脉。未来应主要推动该轴带进一步提高东部沿海对外开放水平,强化东部沿海地区的南北科技创新联系和辐射内陆创新能力,促进各种科技创新资源的优化整合。

2. 长江创新经济带

长江创新经济带即长三角创新型城市群连接长江中游城市群、成渝双城经济圈之间的发展轴带,当前已经形成了合肥、武汉、成都和重庆等国家级和区域级科技创新中心,但沿江中上游战略科技力量培育仍然有待进一步提升。该轴带是长江经济带发展的重要支撑,依托沿江高速铁路、高速公路、长江内河航运及城际航空运输,已发育较成熟的交通经济带,有助于促进华东沿海地区与中西部沿江内陆地区协调发展。未来上海可进一步向西沿长江经济带加强与武汉、重庆、成都等长江沿线若干创新型枢纽城市合作,合力构建东西联动、各展所长的更高质量创新一体化发展格局。

3. 京港澳创新经济带

京港澳创新经济带即京津冀创新型城市群与长江中游城市群、粤港澳大湾区城市群等区域性创新高地集聚区之间协同创新的发展轴带,当前已形成了郑州、武汉、长沙等区域性科技创新中心,但面临着"中部塌陷"的压力。该轴带是中国南北联动发展的主轴,以京港澳高速铁路和公路为主动脉,辅助空中干线,贯穿了京津冀城市群、黄河流域、长江经济带、粤港澳大湾区四大国家重大战略区域,有助于促进南北创新联系和区域协调发展。

4. 西昆创新经济带

西昆创新经济带即关中平原创新型城市群和兰西创新型城市群连接成渝双城经济圈、滇中城市群等创新活力区之间的发展轴带,该轴带以西昆高速铁路干线为骨架,辅助高速公路和航空运输,贯穿国家科技创新体系边缘地区,是发育最为薄弱的创新增长轴带。未来应注重与长江创新经济带协作,强化与"一带一路"创新之路的协同发展,提升其战略地位。

(四)壮大15大创新都市圈

在以国内大循环为主体、国内国际双循环相互促进的新发展格局下,都市圈业已成为产业链、创新链、人才链、供应链组织的基本单元,通过综合性国家科学中心和区域性创新高地的等级体系、空间区划、主体集群等分析,结合国家城市群战略、主体功能区战略、区域协调发展战略、创新驱动发展战略,最终形成中国创新型都市圈梯次联动的空间组织构想(见表4-18、表4-19)。

表4-18　创新都市圈政策分类和布局方案

政策分类	创新都市圈名称	综合性国家科学中心	区域性创新高地	空间范围	城市数量
重点建设的全球级创新都市圈	北京创新都市圈	北京、天津	北京、天津	北京、天津、承德、保定、廊坊、沧州、石家庄、唐山、张家口	9
	上海创新都市圈	上海、苏州	上海、苏州	上海、苏州、无锡、常州、湖州、嘉兴、南通、泰州	8
	粤港澳创新都市圈	粤港澳大湾区	广州、深圳	广州、东莞、佛山、河源、惠州、江门、清远、韶关、深圳、云浮、肇庆、中山、珠海、澳门、香港	15

续表

政策分类	创新都市圈名称	综合性国家科学中心	区域性创新高地	空间范围	城市数量
稳步建设的国家级创新都市圈	南京创新都市圈	南京	南京	南京、扬州、镇江、宿迁、盐城、淮安、连云港、徐州、马鞍山、滁州	10
	成渝创新都市圈	成都、重庆	成都、重庆	成都、重庆、贵阳、德阳、广安、眉山、绵阳、内江、遂宁、宜宾、资阳、自贡、遵义、阿坝	14
	武汉创新都市圈	武汉	武汉	武汉、鄂州、黄冈、荆门、荆州、潜江、天门、仙桃、十堰、咸宁、襄阳、孝感、宜昌	13
	合肥创新都市圈	合肥	合肥	合肥、蚌埠、芜湖、安庆、亳州、阜阳、淮南、六安、宿州、铜陵	10
	西安创新都市圈	西安	西安	西安、咸阳、安康、宝鸡、铜川、渭南、榆林、延安、三门峡	9
	杭州创新都市圈	杭州	杭州、宁波	杭州、宁波、温州、金华、丽水、衢州、绍兴、台州、舟山	9
	济青创新都市圈	济南	青岛、济南	济南、青岛、日照、聊城、临沂、滨州、德州、东营、泰安、威海、潍坊、烟台、淄博、济宁	14
引导培育的区域级创新都市圈	沈大创新都市圈	—	沈阳、大连	沈阳、大连、锦州、抚顺、大连、本溪、鞍山、朝阳、铁岭、辽阳	10
	哈尔滨创新都市圈	哈尔滨	哈尔滨	哈尔滨、大庆、齐齐哈尔、绥化	4
	郑州创新都市圈	郑州	郑州	郑州、洛阳、开封、鹤壁、济源、焦作、漯河、南阳、平顶山、商丘、新乡、许昌、驻马店	13
	长沙创新都市圈	长沙	长沙	长沙、株洲、常德、郴州、衡阳、怀化、娄底、邵阳、湘潭、益阳、岳阳、宜春	12
	厦泉创新都市圈	—	厦门、泉州	厦门、泉州、福州、龙岩、宁德、莆田、漳州、三明	8

资料来源:笔者自制。

表 4-19　15 大创新都市圈在国家创新体系中的地位

序号	创新都市圈名称	重大科技基础设施占全国比例（%）	科学中心主体占全国比例（%）	创新高地主体占全国比例（%）	科技型企业占全国比例（%）
1	北京创新都市圈	18.02	32.44	16.16	19.02
2	上海创新都市圈	14.41	9.10	11.55	26.88
3	粤港澳创新都市圈	16.22	5.51	7.04	31.66
4	南京创新都市圈	8.11	4.82	3.87	11.71
5	成渝创新都市圈	6.31	5.94	7.49	9.38
6	武汉创新都市圈	4.50	4.39	3.92	9.95
7	合肥创新都市圈	7.21	2.25	4.02	6.73
8	西安创新都市圈	7.21	3.43	2.08	7.17
9	杭州创新都市圈	1.80	2.62	6.74	15.16
10	济青创新都市圈	2.70	6.91	10.06	15.11
11	沈大创新都市圈	2.70	4.23	2.93	6.60
12	哈尔滨创新都市圈	0.90	1.66	1.04	1.57
13	郑州创新都市圈	1.80	2.30	4.16	6.33
14	长沙创新都市圈	2.70	3.48	3.37	8.13
15	厦泉创新都市圈	0.00	1.39	3.72	4.52

资料来源:笔者自制。

15 大创新都市圈由 3 个重点建设的全球级创新都市圈(北京创新都市圈 I_1、上海创新都市圈 I_2、粤港澳创新都市圈 I_3)、7 个稳步建设的国家级创新都市圈(南京创新都市圈 II_1、成渝创新都市圈 II_2、武汉创新都市圈 II_3、合肥创新都市圈 II_4、西安创新都市圈 II_5、杭州创新都市圈 II_6、济青创新都市圈 II_7)和 5 个引导培育的区域级创新都市圈(沈大创新都市圈 III_1、哈尔滨创新都市圈 III_2、郑州创新都市圈 III_3、长沙创新都市圈 III_4、厦泉创新都市圈 III_5)组成。

15 个创新都市圈包括了全国 156 个大中小城市,占全国城市总数的 45% 左右。15 个创新都市圈的重大科技基础设施、综合性国家科学中心主体、区域性创新高地主体和科技型企业占全国比例分别达到 94.59%、90.47%、

88.15%、89.93%,以不到全国一半的城市集中了全国约90%—95%的科技创新要素,业已成长为国家科技创新体系发展最为重要的技术创新增长极。通过培育15大创新都市圈重塑集合城市,充分利用其空间网络优势,发挥跨区域资源要素集聚等能力(孙久文等,2022)①,推动综合性国家科学中心和区域性创新高地城市联动布局,依托4大创新发展轴,促进综合性国家科学中心5大枢纽集群与区域性创新高地7大创新区协同联动,对促进科技创新要素在更大范围、更高层次、更广空间有序流动和合理配置具有关键作用。

1. 北京创新都市圈

包括北京,天津,河北的承德、保定、廊坊、沧州、石家庄、唐山、张家口9个城市,占全国城市总量的2.61%。北京创新都市圈是我国科教资源最密集、大科学装置最集中、创新策源能力最强劲的地区之一。其中,北京是综合性国家科学中心,天津规划为重要的国家级区域性创新高地、区域级综合性国家科学中心,石家庄是重要的创新型城市之一,承德布局有重大科技基础设施,唐山、保定、廊坊等城市也是高新技术产业高地。北京创新都市圈的重大科技基础设施、综合性国家科学中心主体、区域性创新高地主体和科技型企业占全国的比例分别达到18.02%、32.44%、16.16%、19.02%。未来加强与河北雄安新区的协同创新,优化京津冀城市群创新链和产业链布局,立足首都国际交往中心优势,深化国际科技创新中心协同合作,加强与上海、粤港澳大湾区等地合作开展基础研究、应用基础研究及关键核心技术攻关,强化全球创新资源配置,积极融入和引领全球创新网络。

2. 上海创新都市圈

包括上海,江苏的苏州、无锡、常州、湖州、嘉兴、南通、泰州8个城市。上海创新都市圈是我国技术创新能力最强、开放程度最高的都市圈之一。其中,上海是综合性国家科学中心,苏州是区域性创新高地体系的国家级节点,无

---

① 孙久文、张皓、王邹:《区域发展重大战略功能平台的联动发展研究》,《特区实践与理论》2022年第5期。

锡、常州也是重要的创新型城市、产业创新中心。上海创新都市圈的重大科技基础设施、综合性国家科学中心主体、区域性创新高地主体和科技型企业占全国的比例分别达到 14.41%、9.10%、11.55%、26.88%。未来需优化联合研究布局,打造若干"精品"国际联合实验室、"优质"技术转移中心。以集成电路、人工智能、量子信息、生物医药、先进制造、物联网、互联网等高端高新技术产业为重点,充分发挥区位优势,瞄准世界科技前沿、关键核心技术和产业制高点,率先发展成为全国高质量创新发展的动力源,提升上海创新都市圈的全球竞争力。远景规划可将上海创新都市圈、南京创新都市圈和合肥创新都市圈整合建成为长三角创新型城市群,成为国家综合竞争力最强的世界级区域性创新高地(集群)。

3. 粤港澳创新都市圈

涵盖广州、东莞、佛山、河源、惠州、江门、清远、韶关、深圳、云浮、肇庆、中山、珠海 13 个城市和香港、澳门 2 个特别行政区。粤港澳创新都市圈包含已批复的粤港澳大湾区综合性国家科学中心的 9 市 2 区,其重大科技基础设施、综合性国家科学中心主体、区域性创新高地主体和科技型企业占全国的比例分别达到 16.22%、5.51%、7.04%、31.66%。未来亟须提升广深两地"强核心"辐射带动作用,延伸产业链和创新链协同布局;促进广州、深圳、珠江口西岸科技创新一体化发展,支持东莞、佛山迈入国家创新型城市先进行列,强化东莞松山湖、佛山三龙湾创新功能,支持珠海打造区域级科技创新中心,引导江门、惠州等其他城市积极创建区域性科技创新中心。未来形成高效成熟的国际化区域创新体系,建成具有全球影响力的科技和产业创新高地,成为引领我国进入创新型国家前列的战略科技力量集聚地。

4. 南京创新都市圈

包括南京、扬州、镇江、宿迁、盐城、淮安、连云港、徐州,安徽的马鞍山、滁州 10 个城市,是国家重要的先进制造业基地。其重大科技基础设施、综合性国家科学中心主体、区域性创新高地主体和科技型企业占全国的比例分别达到 8.11%、4.82%、3.87%、11.71%。未来宜充分发挥南京科学技术研究和各城市产业化优势,构建基础研究、技术开发、成果转化和产业化一体的全流程创新链。支持南京建设具有全球影响力的综合性国家科学中心和区域性创新高地,深化与中国科学院战略合作,依托麒麟科学城,争取国家级科技基础设施和科技创新平台布局。建设高水平产业创新载体,推进扬州产业科创名城、淮安智慧谷、滁州高教科创城等创新空间建设,探索建立"研发在南京,生产在周边"的合作机制。强化与上海创新都市圈互动,促进与苏锡常都市圈分工合作,强化与合肥创新都市圈、杭州创新都市圈协同,联动沪宁产业创新带与 G60 科技创新走廊,促进更高水平开放合作。

5. 成渝创新都市圈

涵盖四川的成都、德阳、广安、眉山、绵阳、内江、遂宁、宜宾、资阳、自贡、阿坝,重庆,贵州的贵阳、遵义 14 个城市,占全国城市总量的 4.1%。重大科技基础设施、综合性国家科学中心主体、区域性创新高地主体和科技型企业占全国的比例分别达到 6.31%、5.94%、7.49%、9.38%。未来有待整合成渝双城经济圈创新资源,培育创建成渝综合性国家科学中心和区域性创新高地,建设建成一批国家产业创新中心、国家工程研究中心、国家技术创新中心等国家级创新平台。建设成渝中线科技创新走廊,联合开展产业共性技术攻关,布局建设制造业创新中心,支持建设国家技术转移成渝中心,未来进一步拓展至贵阳。

6. 武汉创新都市圈

包括武汉、鄂州、黄冈、荆门、荆州、潜江、天门、仙桃、十堰、咸宁、襄阳、孝感、宜昌 13 个城市。其重大科技基础设施、综合性国家科学中心主体、区域性创新高地主体和科技型企业占全国的比例分别达到 4.50%、4.39%、3.92%、9.95%。未来宜支持武汉建设综合性国家科学中心,推进荆门、黄冈、孝感、黄石、荆州等创建国家创新型城市,支持潜江、天门、仙桃等创新型县级市建设。推进打造"长江中游协同创新共同体",立足中部地区和长江中游城市群高质量发展需求,联动长沙创新都市圈,打开鄂湘赣科技创新合作新局面。加快形成科技创新的战略牵引能力、要素集聚能力、资源配置能力、区域辐射能力,强化武汉创新都市圈在国家战略科技力量布局中的支撑地位,着力提升湖北在中部地区崛起中的科技创新支点地位和全球创新网络中的重要链接功能。

7. 合肥创新都市圈

囊括合肥、蚌埠、芜湖、安庆、亳州、阜阳、淮南、六安、宿州、铜陵 10 个城市,其重大科技基础设施、综合性国家科学中心主体、区域性创新高地主体和科技型企业占全国的比例分别达到 7.21%、2.25%、4.02%、6.73%。规划构建以合肥为核心、芜湖和蚌埠为两翼、各市多点支撑的"一核两翼多点"创新布局。建设具有全球影响力的合肥综合性国家科学中心,聚力建设合肥滨湖科学城,提升合芜蚌国家自主创新示范区能级,支持合肥、芜湖、蚌埠争取高新技术产业开发区适度扩区,与省内其他高新技术产业开发区、创新型产业集聚区等合作共建园区。深化合肥、上海张江综合性国家科学中心"两心"同创,共建世界一流的重大科技基础设施集群。建立长三角实验室联动机制,共建长三角国家技术创新中心,推进科学数据中心建设。未来区域创新能力保持全国第一方阵并争先进位,初步建成全国具有重要影响力的科技创新策源地。

8. 西安创新都市圈

包括西安、咸阳、安康、宝鸡、铜川、渭南、榆林、延安,河南的三门峡等 9 个城市。其中,西安是综合性国家科学中心。九市重大科技基础设施、综合性国家科学中心主体、区域性创新高地主体和科技型企业占全国的比例分别达到 7.21%、3.43%、2.08%、7.17%。未来宜围绕创新链布局产业链,重点建设西部科技创新港、中国科学院西安科学园、泾河湾院士科技创新区等园区,充分发挥高校、科研院所等原始创新优势,建成面向多领域产业技术研发和开放共享基地,推动重大技术成果加速转化,培育新产品、新服务、新产业。依托中国科学院西安科学园、西部科技创新港建设西安综合性国家科学中心核心区。打造以西安为中心的关中协同创新走廊,建设国家(西部)科技创新中心,辐射带动西北地区及丝绸之路经济带协同创新发展。发挥西安龙头作用,推动城市间共同设计创新议题、互联互通创新要素、联合组织技术攻关,实现科技创新、项目孵化、产业推广等服务平台及资源共建共享,打造关中协同创新走廊。引导各市加强与西安协作配合,开展产业合作、共建园区,探索采取"总部+基地""研发+税收"分成等"创新飞地"经济模式,实现产业共建合作,全面提升关中地区综合实力和核心竞争力。

9. 杭州创新都市圈

涵盖杭州、宁波、温州、金华、丽水、衢州、绍兴、台州、舟山 9 个城市。其重大科技基础设施、综合性国家科学中心主体、区域性创新高地主体和科技型企业占全国的比例分别达到 1.80%、2.62%、6.74%、15.16%。未来聚焦创建综合性国家科学中心,依托杭州、宁波双核心,加快完善重大科研设施布局,推进科技与产业创新双联动,集中力量建设杭州城西科技创新大走廊。深度融入长江经济带和长三角区域一体化发展,加快建设 G60 科技创新走廊(浙江段),支持宁波甬江科技创新大走廊、温州环大罗山科技创新走廊、浙中科技创新大走廊等打造各具特色的区域性创新高地。推动杭州、宁波进入国家创新型城市前列,提升湖州、嘉兴、绍兴、金华等国家创新型城市能级。

10. 济青创新都市圈

包括济南、青岛、日照、聊城、临沂、滨州、德州、东营、泰安、威海、潍坊、烟台、淄博、济宁 14 个城市。其重大科技基础设施、综合性国家科学中心主体、区域性创新高地主体和科技型企业占全国的比例分别达到 2.70%、6.91%、10.06%、15.11%。规划依托济南、青岛两城,加快提升综合性国家科学中心和区域性创新高地能级,促进高端资源向济青创新都市圈聚集。依托中国科学院海洋大科学研究中心、中国科学院济南科技创新城等创新平台,鼓励和引导多元化投资建设大科学装置。建设以济南、青岛、烟台为核心,以潍坊、淄博、威海、日照等城市为支点的山东半岛科技创新带,支持各级科技园区加强与北京创新都市圈、郑州创新都市圈、西安创新都市圈等国家自主创新示范区、高新技术产业开发区对接合作,联合打造黄河流域科技创新大走廊,强化与京津冀、长三角创新型城市群南北联动,建成引领黄河中下游一体化发展的科技创新策源地,打造以陆海统筹为鲜明特色、具有全国影响力的区域级科技创新中心。

11. 沈大创新都市圈

包括沈阳、大连、锦州、抚顺、大连、本溪、鞍山、朝阳、铁岭、辽阳 10 个城市。其重大科技基础设施、综合性国家科学中心主体、区域性创新高地主体和科技型企业占全国的比例分别达到 2.70%、4.23%、2.93%、6.60%。未来宜建设浑南科技城,推动沈阳提升科技创新功能,推进沈阳材料科学国家研究中心、师昌绪先进材料创新中心、中国科学院机器人与智能制造创新研究院、国家机器人创新中心、沈阳燃气轮机技术创新中心等国家级科技创新平台建设,完善重大科技创新平台布局。全面提升大连英歌石科学城能级,加快建设中国科学院洁净能源创新研究院,布局建设重大科技基础设施集群,积极培育沈阳—大连综合性国家科学中心。深入推进沈阳、大连、营口等国家创新型城市建设,推动盘锦等城市创建国家创新型城市,促使沈大创新都市圈建成区域级综合性国家科学中心和区域性创新高地。

12. 哈尔滨创新都市圈

包括哈尔滨、大庆、齐齐哈尔、绥化 4 个城市。其重大科技基础设施、综合性国家科学中心主体、区域性创新高地主体和科技型企业占全国的比例分别达到 0.90%、1.66%、1.04%、1.57%。通过实施区域协调发展战略,积极融入和协同打造东北地区协同创新带,加快建设哈尔滨区域级区域性创新高地,打造以哈尔滨高新技术产业开发区为头雁引领,大庆高新技术产业开发区、齐齐哈尔高新技术产业开发区齐头并进的"雁阵"式发展格局,以自主创新示范区和高新技术产业开发区为重点打造区域性创新高地,有力支撑创新型都市圈建设。

13. 郑州创新都市圈

涵盖郑州、洛阳、开封、鹤壁、济源、焦作、漯河、南阳、平顶山、商丘、新乡、许昌、驻马店 13 个城市。其重大科技基础设施、综合性国家科学中心主体、区域性创新高地主体和科技型企业占全国的比例分别达到 1.80%、2.30%、

4.16%、6.33%。未来重点构建以郑州、洛阳、新乡为核心引擎,区域中心城市多极支撑的区域协同创新新格局,建设郑开科技创新走廊,高标准建设中原科技城,支持郑州大学、河南大学强化国家战略科技力量建设,打造环高校知识经济圈。加快推进洛阳、南阳副中心城市和国家创新型城市建设步伐,增强创新资源集聚承载能力,培育建设郑州、洛阳成为辐射黄河流域和中部地区的国家级和区域级科技创新中心。

14. 长沙创新都市圈

包括长沙、株洲、常德、郴州、衡阳、怀化、娄底、邵阳、湘潭、益阳、岳阳,江西的宜春12个城市。其重大科技基础设施、综合性国家科学中心主体、区域性创新高地主体和科技型企业占全国的比例分别达到2.70%、3.48%、3.37%、8.13%。未来宜以长沙、株洲、湘潭为核心,发挥长沙的"领头雁"作用,夯实"两山两区"(岳麓山大学科技城、马栏山视频文创园;长株潭国家自主创新示范区、国家新一代人工智能创新发展试验区)在长株潭区域一体化中的创新引擎作用,加强长株潭区域协同创新、技术转移和产业配套合作,支持资金、信息、技术、人才等创新创业要素跨区域流动。加快建设河西科技创新走廊,建设河东制造业走廊,积极推动湘江两岸科技创新走廊建设成为长株潭城市群的"硅谷地带"和推动"三高四新"(国家先进制造业高地、科技创新高地、内陆地区改革开放高地;在推动高质量发展上闯出新路子、构建新发展格局中展现新作为、推动中部地区崛起和长江经济带中彰显新担当)战略实施的强大引擎。积极对接粤港澳大湾区、长三角地区等地科技创新资源,加快"粤港澳科技创新园"建设,打造内陆城市与粤港澳深度合作示范区。

15. 厦泉创新都市圈

包括厦门、泉州、福州、龙岩、宁德、莆田、漳州、三明8个城市。重大科技基础设施、综合性国家科学中心主体、区域性创新高地主体和科技型企业占全国的比例分别达到0.00%、1.39%、3.72%、4.52%。重点支持福州、厦门、泉州建设中国东南(福建)科学城、厦门科学城、泉州时空科技创新基地等科学城,推进中国科学院海西创新研究院、机械科学研究总院海西(福建)分院等重点研发机构创新发展,着力打造具有全国影响力的区域科技创新中心和高质量发展超越的标志性工程。以福州、厦门、泉州 3 个国家创新型城市为主体,以建设福厦泉科学城为核心,沿福厦高铁线打造福厦泉科技创新走廊,积极探索海峡两岸科技创新融合发展新模式。

三、梯次联动布局对策

(一)强化顶层设计,系统谋划科技创新中心特色化空间配置

成立综合性国家科学中心和区域性创新高地建设顾问委员会,围绕国家重大需求、重大战略,总体设计综合性国家科学中心和区域性创新高地发展战略规划体系。制定规划目标,研制布局方案,实施动态管理,论证建设责任主体、运行治理机制、任务组织模式、评价考核导向、总体建设进度和支撑保障政策等可行性。

建立战略规划决策和实施咨询机制,制定特色化、差异化的综合性国家科学中心和区域性创新高地空间配置战略,避免综合性国家科学中心和区域性创新高地的低水平重复布局。优化政府扶持型、市场导向型和自我成长型等不同类型综合性国家科学中心和区域性创新高地的培育体系(王帮娟等,2022;王涛等,2022),建立自上而下为主、自下而上为辅的遴选机制,组织战略科技力量凝练综合性国家科学中心亟待解决的重大科学问题和关键技术突破问题,厘清区域性创新高地驱动区域发展的关键瓶颈,组织战略科学家研讨潜在不同等级综合性国家科学中心和区域性创新高地的功能定位和空间布局,探讨符合国家国情和地方发展的特色化、差异化的综合性国家科学中心—区域性创新高地空间协同配置战略。

(二)注重多方合力,统筹推进国家战略科技力量体系化布局

推进战略科技力量"国家队+地方队"协同发展,在研究方向、技术领域和

项目布置方面,打造既高度体现国家意志、国家目标又鲜明彰显区域特色的战略科技力量体系。构建以政府支持为主、企业和其他机构资助为辅的支撑体系,保证研究方向的一致性和研究经费的稳定性。

　　加强各类国家战略科技力量之间的分工协作,形成跨领域、大协作、高强度的创新合作网络。优化整合现有国家重点实验室,强化实体化运行,做好与高校、科研机构及企业的衔接。适度在科学城集聚"中国科学院系"和"中国工程院系"研发机构,加强与高水平研究型大学及大型企业研发平台的合作,依托战略科技任务与大学及科研院所开展合作研究及人才联合培养,加强与科技领军企业合作,共同开展产业共性关键技术研发、科技成果转化及产业化(樊继达,2023)①。

(三)聚焦硬件投入,重点完善重大科技基础设施群共建共享

　　着力建设重大科技基础设施集群,加快构建区域重大科技基础设施网络,合力推进大科学装置共建共享。在北京、上海、粤港澳大湾区优先布局基础科学专用装置,加快推进现有重大科技基础设施和交叉研究平台建设,适度超前预研和规划重大科技基础设施集群,实现自由电子激光、超重力离心技术、极弱磁场、信息安全、量子精密测量等前沿技术方向突破。在合肥、西安、成都、武汉等发展条件较好的城市适当布局应用型公共平台,推动同步辐射与自由电子激光装置、散裂中子源等适度向中西部科技创新中心倾斜。在昆明、兰州等具有战略纵深、自然条件较好的城市布局公益性服务设施(如授时台、卫星地面站等)及数据和计算平台等软设施,以支撑区域平衡发展。

　　建立央地合作新模式,国家对重大科技基础设施统一部署投资和选址,鼓励有条件的地方政府,结合既有学科基础积极发展重大科技基础设施,并给予配套资金政策倾斜。科技创新引领型城市谋划国际大科学计划和大科学工

---

　　①　樊继达:《以科技自立自强支撑全面建设社会主义现代化国家》,《理论探索》2023 年第2 期。

程,培育国际全面领先的科学研究领域和项目(袁晓辉和刘合林,2013)。推进重大科技基础设施向全球科学家和科研机构开放,提升全球创新资源和创新人才的聚合能力,努力打造成为世界级原始创新承载区和全球性高端人才高地。科技创新后发型城市,在科学城建设上应找准定位,基于自身产业基础优势,在一些前沿科学领域和关键核心技术领域上集中优势力量攻关。

(四)科学规划布局,汇聚特色创新主体建设世界一流科学城

以科学城为核心空间载体,打造强劲有力的区域科技创新中心引擎。依托科学城汇聚大科学装置、交叉研究平台、研究机构(大学、实验室)、科技转化企业及中介机构等多类型的创新主体,形成以重大科技基础设施集群为核心、以创新功能为主导的综合性创新城区。顺应都市圈空间组织规律,兼顾创新成本、城市核心区服务、外围产业组团联系,推动地理相邻、功能相近城市按照"一城多园"模式合作共建科学城。成立科学城联盟,协调科学城各建设主体定位,实现专业化和差异化发展。在政府主导下强化投资市场与技术市场对接,通过举办国际会议来塑造科学城形象,组建专业化技术联盟、行业协会等交流平台,通过文化艺术中心、会展中心等活动强化非正式交流和集体学习效应(胡艳和张安伟,2022)①。

以产学研融合发展为重点,建设世界一流科学城。一方面,构建多层次创新创业孵化体系,健全"创新创业学院—孵化器/众创空间—加速器—创新创业产业园"的创新链条,促进创新创业孵化载体集聚式发展。另一方面,高标准打造创新创业服务平台,建设检验检测认证等公共服务平台,为企业提供集检验检测、认证测试、计量校准、技术咨询、人员培训等专业化检验检测公共服务。

---

① 胡艳、张安伟:《新发展格局下大科学装置共建共享路径研究》,《区域经济评论》2022年第2期。

（五）补齐创新要素，推进科技企业与科技创新中心互联互动

进一步确立激励科技成果产出的政策导向，大力奖补发明专利，尤其是重奖产生显著经济社会效益的发明专利。大力扶持一批科技领军企业和独角兽公司发展，精心构筑一大批带动性大、创新性强的综合性领先机构和组织，并以此为基础培育和发展凸显全球水平的智能制造业创新研发平台。基于国家目标和战略需求导向，全方位建设颠覆既有技术范式的创新基地。全力构建大量高水平的科技创新平台，促进新一轮科技创新向战略性新兴产业和未来产业领域的全方位应用，积极推动国内外高等院校、高水平科研机构、高新技术企业的集聚和融合，进一步形成政产学研协同创新、梯次联动的创新生态系统，建立资源共享机制和创新要素互动平台（张燕和韩江波，2022）。

促进高新技术企业的转型升级，高质量引领大型骨干企业成立研发中心或研发机构，并依靠增加研发投入、推进科技成果转化等方式，不断强化重大科技自主创新水平。大力支持差异化类型的智能企业成立试验基地和技术联盟等新型创新平台，依靠项目共建、科研攻关、技术顾问等方式，积极与高等院校、科研机构搭建密切的科技合作网络。科学梳理、制定可能率先获得突破的关键核心技术，构建紧密的产学研合作网络。梳理和制定引领颠覆性技术进展的关键项目规划，合理提炼可在中短期内实现突破的事关全局性、前瞻性、带动性的关键共性技术，并在提高突破性技术创新效率的基础上，逐步实现产业核心技术和关键配套技术的市场化应用，打造技术服务贯穿产业创新全过程的智能化创新—产业复合链。

（六）重视软件保障，稳步探索科技创新大平台管理运行机制

探索与科研范式变革相适应的综合性国家科学中心管理方式，建立"科学特区"，完善长周期评价、职称晋升、考核奖励、服务保障等体制机制，赋予科研机构在科研布局、队伍组织和资源配置等方面更大的自主权，保障科研人

员全时研究创新自主性,激发各类主体的创新活力。目标明确的重大战略任务,可以分阶段"揭榜挂帅",让有战略科学家潜质的"帅才"领衔担纲,促进战略科技人才持续涌现。

探索科研监管制度和研究机构管理模式创新,释放科技产业和研发机构的创新活力。一方面,开展新经济市场准入和监管改革,建立更加弹性包容的新技术、新设备、新产品监管制度。另一方面,创新研究机构管理模式。通过理事会、科学政策委员会和财政委员会等管理架构,形成市场化、契约式、弹性化的科技管理模式(谭慧芳和谢来风,2022)。

(七)促进成果转化,打通科学中心与创新高地深度融合通道

大力支持商业银行等金融机构成立科技分支行,并以此为基础促进高质量的天使基金、创投基金和产业投资基金的发展。持续加强科技成果转移转化机制建设,提高科技成果信息的供给和共享能力。逐步完善科技中介服务机构的相关法律体系,以此为基础打造公平公正和健康发展的创新创业环境。合理选择优质的股份制和合伙制中介组织,通过成果拍卖和成果转让等方式促进科技成果的创新、扩散和应用,推动科技成果商品化和产业化。

科学构建集申请、评估、审批、交易、投资、融资等功能于一体的科技成果转化信息服务平台,以促进各方信息共享,推进产业与应用的良性互动,增强平台的辐射和带动作用。在进行综合能力和信用评级的前提下,合理选择支持科技成果产业化的潜在合作方,大力推进高水平科技成果商业化应用。通过引进、吸收和再创新,高强度汇聚国际优质技术、人才和资本,将基础研究成果快速转化为新质生产力,构建完整一体化的创新链和产业链,培育并形成一批具有全球竞争优势的高科技领军企业。

总之,在知识经济时代,科技创新成为百年变局中的一个关键变量,全球城市的地位和功能已从经济中心转向科技创新中心。在此背景下,综合性国家科学中心和区域性创新高地以服务国家重大需求和战略为导向,成为推进

战略科技任务的关键地域单元。系统优化综合性国家科学中心和区域性创新高地的空间配置,是支撑国家创新驱动发展战略实施的关键议题,也是优化科技创新资源配置和国家科技创新体系组织的重要抓手。为此,本章科学定量评估综合性国家科学中心和区域性创新高地的布局建设潜力,前瞻性地擘画了综合性国家科学中心和区域性创新高地的全域空间区划、局域集群组织和梯次联动布局方案,主要研究发现:

第一,综合性国家科学中心的空间布局优化应遵循服务国家原则、区域均衡原则、适度集聚原则、梯次联动原则及协同发展原则,稳步构建点—轴—网协同的枢纽——网络空间格局,重点推进国家重大科技基础设施、国家战略科技力量、科技创新集群的协同布局,打造不同等级功能的综合性国家科学中心内生循环、梯次联动的战略格局。区域性创新高地的空间布局优化应遵循创新驱动原则、重点突破原则和开放创新原则,以创新平台提能造峰、创新资源集聚裂变、创新主体倍增提质、创新环境稳步提升为总体目标,重点促进创新增长极、创新都市圈、创新发展轴联动有序集散,从而实现创新要素集聚效应不断显现、创新创业生态大幅优化、全域创新格局初步形成。

第二,综合性国家科学中心和区域性创新高地的布局潜力具有高度空间异质性,大区之间、省域之间及城市之间均存在明显的空间差异。空间布局潜力较高的城市主要分布在东部沿海地区,高度集中在京津冀城市群、长三角城市群和粤港澳大湾区城市群等区域经济发达的、副省级以上的中心城市,具有明显的经济指向性和行政等级指向性。基于空间布局潜力、行政区划完整、枢纽—腹地网络组织原则,中国综合性国家科学中心体系可划分为北方辐射区、东部辐射区、中南辐射区、西南辐射区及西北辐射区5个一级创新功能区,进一步可细分为20个二级创新辐射区。中国区域性创新高地体系则区划为东北创新区、华北创新区、华东创新区、华中创新区、华南创新区、西南创新区、西北创新区7个一级创新功能区,以及30个二级创新辐射区。

第三,综合性国家科学中心和区域性创新高地选育城市的创新主体具有高度空间集聚性,最大集聚门槛值基本在 20—30 千米。粤港澳大湾区、重庆、大连、杭州因国土面积和地形地貌等自然环境影响,导致最大集聚空间尺度显著高于其他城市,需要适度集聚创新主体。综合性国家科学中心和区域性创新高地的创新主体高度集聚,以"双一流"大学、国家科研机构、高科技领军企业等创新主体为引领,空间形态多呈现出多核、多中心、网络化的组团式结构,高科技产业园、大学城或科学城等创新集群主导了创新主体集聚分布格局,城市地形地貌、行政区划等分割及工业、行政服务等郊区化,导致创新主体在城市近郊和外围形成了点状集聚区域。综合性国家科学中心和区域性创新高地的创新主体空间聚类呈现出明显的非均衡性和社区性结构特征,形成多个不同等级和规模的创新主体集簇,但首位度普遍较高,以 1—3 个高等级创新集群为主导,相对规模较大,整体形成金字塔型等级分布。同时,创新主体集聚呈现功能区内部聚集和跨功能区聚集并存格局。绝大部分集聚簇依托高校、科研院所、科技领军企业等在一定城市功能区内集聚发育,部分集聚簇得益于行政区划改革跨越了 CBD 核心区、高新科技园区、大学城、科学园区等功能区边界。此外,噪点分布零散且互相孤立,局部区域出现创新主体聚集的潜力区。

第四,以主体规模和要素流动为基础,按照点—轴—面构型和枢纽—网络组织原则,综合性国家科学中心和区域性创新高地枢纽体系的梯次联动布局方案可以概括为"343"空间体系:三大层级的创新增长极、四大走廊式的创新发展带和三维度的创新都市圈。一是,以城市或区域为基本抓手,通过系列政策工具重点培育和打造全球级、国家级和区域级综合性国家科学中心和区域性创新高地的创新枢纽体系,充分发挥科技创新要素空间集聚效应,通过市场机制引导地方级综合性国家科学中心和区域性创新高地发展壮大。(1)全球级创新枢纽:包括北京、上海、粤港澳大湾区 3 个全球级综合性国家科学中心、国际科技创新中心,以及北京、上海、深圳 3 个区域性创新高地全球级节点。(2)国家级创新枢纽:包括合肥、西安、南京、成都、武汉 5 个国家级综合性国家科学中心,以及广州、天津、成都、南京、苏州、武汉、杭州 7 个区域性创新高地国家级节点。(3)区域级创新枢纽:包括天津、杭州、长沙、重庆、济南、郑州、哈尔滨 7 个区域级综合性国家科学中心,以及重庆、西安、青岛、合肥、长沙、宁波、郑州、济南、泉州、昆明、沈阳、厦门、大连、哈尔滨、乌鲁木齐 15 个区域级区域性创新高地。二是,以交通经济带为骨架,加快区际创新要素高速度、宽范围和大规模流动,"以点育轴,以轴带面",重点沿海、沿江和沿交通干线打造 4 大创新发展带,包括东南沿海创新发展带、长江流域创新发展带、京港澳沿线创新发展带及西昆高铁沿线创新发展带。构筑地域轴式科技创新共同体,充分发挥创新经济带的辐射带动效应。三是,充分发挥综合性国家科学中心和区域性创新高地城市的集散效应,强化产学研共同体,打造区域创新网络,兼顾区域均衡和创新效率,重点培育 15 个以创新功能为主导、等级梯次有序的创新型都市圈,推进创新型国家建设。(1)重点布局全球级:集中力量重点建设北京创新都市圈 I_1、上海创新都市圈 I_2、粤港澳创新都市圈 I_3 三个全球级的创新都市圈,将其建成国家融入全球创新网络和驱动国家创新体系的核心枢纽,形成双循环创新新格局。(2)稳步推进国家级:因地制宜地稳步建设南京创新都市圈 II_1、成渝创新都市圈 II_2、武汉创新都市圈 II_3、合肥创新都市圈 II_4、西安创新都市圈 II_5、杭州创新都市圈 II_6、济青创新都市圈 II_7 7 个国家级创新都市圈,将其打造成为国家创新体系的关键节点和区域创新网络的核心枢纽。(3)规划引导区域级:兼顾均衡地引导沈大创新都市圈 III_1、哈尔滨创新都市圈 III_2、郑州创新都市圈 III_3、长沙创新都市圈 III_4、厦泉创新都市圈 III_5 5 个区域级创新都市圈,着力推进国家创新体系的均衡发展。

第五,实现综合性国家科学中心和区域性创新高地梯次联动布局的关键是:强化政策的顶层设计,系统谋划综合性国家科学中心和区域性创新高地特色化空间配置方略;注重多方主体协作,统筹推进国家战略科技力量体系化布局;加大硬件设施投入,不断完善重大科技基础设施群共建共享;科学规划功能布局,汇聚特色创新主体,建设世界一流科学城;补齐科技创新短板,推进科技企业与科技创新中心互联互动;优化创新管理机制,稳步探索科技创新大平台管理运行机制;促进科技成果转移转化,打通综合性国家科学中心与区域性创新高地深度融合通道。

第五章　综合性国家科学中心和区域性创新高地的功能定位优化

　　厘清综合性国家科学中心和区域性创新高地的功能定位,是实现产业升级和创新发展的重要基础。通过知识图谱和技术复杂性计算,可科学测度综合性国家科学中心和区域性创新高地选育城市的学科结构、使能技术(Enabling Technology)及其耦合组态类型。

　　一是,学科知识空间集聚成群且分异显著,与城市体系等级层次和产业重点发展方向高度同构。知识的共性发展表现为资源环境和生命科学的综合应用,交叉发展表现为医学和自然科学的技术突破及人文社会科学的跨学科组合,而前沿发展则表现在基础性研究的内生演化。据此,战略科技力量角色可分为"科学导向研究者""应用导向研究者""跨界融合研究者"和"平台生态跟随者"。

　　二是,关键使能行业集中于高新技术制造业和服务业,制造业实现节点式自主突破,生产性服务业的均衡性有待提高。战略性新兴产业优势门类集中在新材料、生命科学和数字经济产业,高精尖技术核心竞争力仍显不足。城市间的技术分工差异显著,形成信息技术软硬件、新能源与新能源汽车、新材料与高端装备三大产业发展重心。创新引擎企业角色可相应划分为"科技引领者""标准化生产厂商""基础设备供应商"和"集成应用服务商"。

三是,根据学科知识和使能技术组合差异,综合性国家科学中心和区域性创新高地的耦合组态包括整合能力突出的创新都市圈、创新生态优越的区域创新增长极、战略性新兴产业引领的东南沿海科技创新中心、制造业主导的中西部科技创新中心、产业发育成熟的科技创新中心、内外联动的重要区域创新节点、高度外向化的工业创新型城市、以重工业为根基的创新型城市。

第一节　综合性国家科学中心的功能定位优化

一、优化原则

(一)遵循科学技术的内在逻辑

科学技术发展的内在规律决定了科研活动具有高度的复杂性。大学、科研院所、企业、政府等多方创新主体呈螺旋式互动耦合结构,协同从事基础研究、技术开发和成果转化,共同推动高科技成果的产业化(Leydesdorff 和 Etzkowitz,1997)。这种多主体螺旋嵌入创新链各个环节,形成了相互渗透、互相反哺的非线性互动关系,相关主体功能也由无序向有序方向协同演化。在科学技术内在逻辑规制下,科学规划综合性国家科学中心的功能定位,关键在于构建能够表征科研主体与其创新能力之间复杂性信息的方法论。

(二)明确创新主体和载体的职能分工

国家(重点)实验室、国家科研机构、高水平研究型大学和科技领军企业等国家战略科技力量是国家科技创新体系的核心主体,肩负战略性基础科学研究和原始创新,以及共性、前沿、交叉技术突破的重大使命,在国家创新网络中处于"塔尖"位置。综合性国家科学中心是承载这些创新主体的战略性空间支点,主要以科学城或科学园为核心空间载体。综合性国家科学中心功能合理定位既要厘清不同创新主体的特色和角色,也要明确依托空间载体的学科优势和发展方向。

(三)实现源头创新与成果应用的融通

创新驱动发展战略要求突破重大前沿科学理论瓶颈,实现关键核心技术成果的有效产业化。重点在于:一是基础学科的原始创新;二是战略性新兴产业技术的市场化应用。因此,战略科技力量只有兼顾理论和实践,瞄准国民经济重大或关键应用领域,开展尖端技术成果源头探索、技术研发、成果应用和产业化等全创新链条协同创新,方能摆脱科技与经济"两张皮"的现象,跨越科技创新的"死亡之谷"。

二、优化目标

(一)探清科技产出差异

综合性国家科学中心应各有侧重地推进具有前沿性且本地优势的知识领域创新突破。因此,通过构建"战略科技力量—知识领域"二维网络模型和知识相对优势指数,定量科学测度综合性国家科学中心选育城市(或区域)的基础科学研究态势,挖掘其总体优势的等级层次律与位序——规模律,以识别各自拥有比较优势的学科领域。

(二)追踪科学知识前沿

利用主客体复杂互动信息,精准识别综合性国家科学中心城市(区域)不同创新主体的知识图谱结构特性,科学把握其热点知识领域及其竞争力,根据其创新主体的基础学科优势和发展方向,从而针对性研判其共性、交叉、前沿的知识领域。

(三)明晰科学研究职能

基于新巴斯德象限框架,利用主客体数据库构建战略科技力量角色定位模型,分析战略科技力量的制度属性与角色定位属性之间的关系,剖析不同类型创新主体的知识领域差异性,解构不同类型主体角色的根本任务,以提出不同战略科技力量特色凸显、分工有序的职能定位。

三、优化方法

(一)科研主客体数据库构建

1. 科研主体

国家实验室、国家科研机构、高水平研究型大学、科技领军企业是国家战略科技力量的重要组成,也是综合性国家科学中心的核心主体。包含四个序列:实验室序列(含国家重点实验室、国家研究中心、国家实验室、省部共建国家重点实验室)、科研机构序列(含中国科学院直属科研院所、中国科学院地区分院及科研院所、省部共建科研院所)、高校序列("双一流"大学)、企业序列(国家工程研究中心、国家工程技术研究中心和国家企业重点实验室所依托的企业),有效科研主体样本数为958家。

2. 科研客体

学术论文发表和发明专利授权不仅是知识生产最直接的体现形式,也是衡量国家创新能力的关键指标,被各类研究报告、学术文献广泛应用。由于论文和专利中有详细的地址信息、学科/技术类别信息等,对表征区域创新发展水平和区域优势技术领域有良好的效果(桂钦昌,2021)①。因此,本章选取学术论文和发明专利两方面作为国家战略科技力量知识生产的研究对象。

(1)高质量论文数据。来源于科睿唯安的 Web of Science 数据库,因其具有学科类别广泛、可检索文献数量多、收录期刊质量高等优势,具有广泛而深远的国际影响力(罗雪,2022)。检索作者单位来自中国,时间跨度选择

---

① 桂钦昌、杜德斌、刘承良、徐伟、侯纯光、焦美琪、翟晨阳、卢函:《全球城市知识流动网络的结构特征与影响因素》,《地理研究》2021年第5期。

2008—2020 年,获得论文发表的时间、地址、学科类别等信息。经过对战略科技力量与其发表论文的清晰匹配,建立面向原始知识创新的科研主体—客体空间数据库。

采用毛炜圣等(2023)建立的知识领域—学科种类—学科大类映射表(见表 5-1),对论文的学科分类及其分级进行界定。第一,Web of Science 核心合集根据期刊和图书的属性将一篇论文划分到一个或多个研究领域,总计 254 个类别学科,是较为细分的研究领域,本章将之定义为"知识领域"。第二,在知名教育信息咨询公司——软科的世界一流学科分类(54 个学科)基础上,加入人文艺术类 9 个学科,合计 63 个学科分类,作为粒度比"知识领域"更大的"学科种类"。第三,将全球教育机构概览大全项目(GIPP)的"自然科学、工程技术、生命科学、临床健康、社会科学、人文艺术"6 个学科大类作为粒度最大的学科类别,定义为"学科大类"。在统计战略科技力量发表论文的所属知识领域数据时,采用了文章计数法,即一篇文章会根据发表单位分别独立计数,统计的知识领域论文总量会远超实际发文量。将知识领域论文总量按映射表加总为相应的学科种类和学科大类论文总量。

表 5-1　知识领域—学科种类—学科大类映射表示例

学科大类	学科种类	知识领域
自然科学	物理学	光学、核物理学、量子科学与技术、热力学、声学、天文学和天体物理学、物理学跨学科、冷凝物质、粒子和场、数理物理学、液体和等离子体、应用物理学、原子能、分子能和化学

资料来源:毛炜圣、刘承良、李源、王涛:《全球学术会议交流的时空演化及其影响因素》,《地理学报》2023 年第 10 期。

(2)关键核心专利数据。由于申请的发明专利最终获得授权的比率低(不到 50%),且从申请到授权需经过 3—5 年的审查周期,因此发明专利授权相较其他专利类型质量更可靠。战略性新兴产业是以重大技术突破和重大发展需求为基础,对经济社会全局和长远发展具有重大引领带动作用,是知识技术密集、物质资源消耗少、成长潜力大、综合效益好的产业（刘向杰，2023）。国家知识产权局制定的《战略性新兴产业分类与国际专利分类参照关系表2021（试行）》，针对新一代信息技术产业、高端装备制造产业、新材料产业、生物产业、新能源汽车产业、新能源产业、节能环保产业、数字创意产业等新兴产业领域，建立了与国际专利分类法（IPC）的对照关系。在这一对照表的基础上，本章尝试将战略性新兴产业划分为三级，然后对 IPC 大组进行汇总，得到战略性新兴产业各级和 IPC 大组的映射表（见表5-2）。

表 5-2　战略性新兴产业三级分类和 IPC 大组映射表示例

战略性新兴产业（一级）	战略性新兴产业（二级）	战略性新兴产业细分领域	IPC 大组
新一代信息技术产业	电子核心产业	集成电路和光刻机、刻蚀机等设备制造	H01J25、H01L21、H01L23、H01L25、H01L29、H01L33、H01L51、H03C1、H03C3、H03C5、H03C7、H03C99、H03G1、H03G3、H03G5、H03G7、H03G9、H03G11、H03G99、H03K3、H03K4、H03K5、H03K6、H03K7、H03K9、H03K11、H03K12、H03K17、H03K19、H03K21、H03K23、H03K25、H03K27、H03K29、H03K99、H03M1、H03M3、H03M5、H03M7、H03M9、H03M11、H03M13、H03M99、H05K1、H05K3

资料来源：刘向杰：《中国新兴产业关键核心技术的空间演化研究》，华东师范大学 2023 年硕士学位论文。

专利数据来源于 IncoPat 专利数据库。通过高级检索选取全球所有国家（地区）的官方知识产权机构发明专利授权数据，检索专利申请时间为 2008—2020 年，以战略性新兴产业分类分别选取八大战略性新兴产业领域，设定专利合享价值度大于 8，包括专利申请日、公开日、IPC 分类号、发明人数量、申请人地址、申请人国别和地址等字段，从而获取战略性新兴产业技术数据集。经过对战略科技力量与获授权专利的清晰匹配，构建面向关键技术突破的科研主体—客体数据库，战略科技力量共涉及 3783 个关键核心技术门类（IPC 大组）。

3. 相对知识优势

选用相对知识优势指数（RKA）和相对技术优势指数（RTA）分别测度科研主体的科研论文和发明专利产出相对优势程度，即相对于全体创新主体，在特定的知识或技术门类上的优势程度，其主要计算流程如图5-1所示。相对知识优势和相对技术优势指数与"区位商"类似，后者基于地理尺度计算，而前者关注组织尺度，公式如下：

$$RKA_{m,k} = \left(PAPERS_{m,k} / \sum_k PAPERS_{m,k} \right) / \left(\sum_m PAPERS_{m,k} / \right.$$

$$\left. \sum_m \sum_k PAPERS_{m,k} \right) \tag{5.1}$$

$$RTA_{m,t} = \left(PATENTS_{m,t} / \sum_t PATENTS_{m,t} \right) / \left(\sum_m PATENTS_{m,t} / \right.$$

$$\left. \sum_m \sum_t PATENTS_{m,t} \right) \tag{5.2}$$

式（5.1）和式（5.2）中，$RKA_{m,k}$ 是主体 m 在知识 k 上的相对知识优势，$RTA_{m,t}$ 是主体 m 在技术 t 上的相对技术优势，$PAPERS_{m,k}$ 指主体 m 在知识 k 上的发表论文数，$PATENTS_{m,t}$ 是主体 m 在技术 t 上的授权专利数。

由相对知识优势指数得到相对优势矩阵 Mk，它由战略科技力量（行）与知识领域（列）组成。同理，由相对技术优势指数得到相对优势矩阵 Mt，它由战略科技力量（行）与 IPC 大组（列）组成。

$$Mk = \begin{bmatrix} M_{1,1} & \cdots & M_{1,254} \\ \vdots & \vdots & \vdots \\ M_{958,1} & \cdots & M_{958,254} \end{bmatrix} \tag{5.3}$$

$$Mt = \begin{bmatrix} M_{1,1} & \cdots & M_{1,3783} \\ \vdots & \vdots & \vdots \\ M_{958,1} & \cdots & M_{958,3783} \end{bmatrix} \tag{5.4}$$

$$M_{m,k} = \begin{cases} 1, RKA_{m,k} > 0 \\ 0, RKA_{m,k} \leqslant 0 \end{cases} \tag{5.5}$$

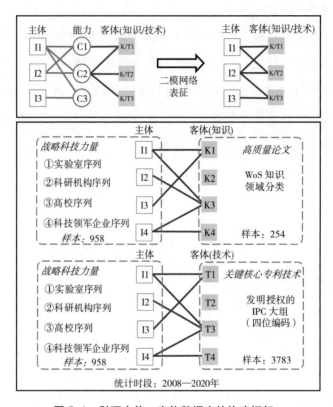

图5-1　科研主体—客体数据库的构建框架

资料来源:笔者自绘。

$$M_{m,t} = \begin{cases} 1, RTA_{m,t} > 0 \\ 0, RTA_{m,,t} \leqslant 0 \end{cases} \qquad (5.6)$$

式(5.5)和式(5.6)中,相对优势 $M_{m,k}$ 和 $M_{m,t}$ 是后续表征知识承载量和分析热点技术的基础指标,也是后续分析知识创新体系角色定位的核心指标。

(二) 知识承载量计算

对相对知识优势指数按主体加总得到 $DIVERSITY_m$,此指标表示主体 m 拥有相对优势的知识领域总数,即主体的知识承载量。将知识领域匹配归总到学科种类和学科大类,得到主体的分学科种类、分学科大类的知识承载量,具体计算公式如下：

$$DIVERSITY_m = \sum_k M_{m,k} \tag{5.7}$$

$$DIVERSITY_{m,p} = \sum_{k \in p} M_{m,k} \tag{5.8}$$

$$DIVERSITY_{m,q} = \sum_{k \in q} M_{m,k} \tag{5.9}$$

根据战略科技力量的地理位置，将知识承载量按属于同一城市的主体进行汇总，由以下公式表达：

$$KNOWLEDGE_c = \sum_{m \in c} DIVERSITY_m \tag{5.10}$$

式（5.10）中，$KNOWLEDGE_c$ 是城市 c 的知识承载总量。

同理，将特定知识领域、学科种类、学科大类的知识承载量按属于同一城市的主体汇总。

$$KNOWLEDGE_{c,k} = \sum_{m \in c} M_{m,k} \tag{5.11}$$

$$KNOWLEDGE_{c,p} = \sum_{m \in c} DIVERSITY_{m,p} \tag{5.12}$$

$$KNOWLEDGE_{c,q} = \sum_{m \in c} DIVERSITY_{m,q} \tag{5.13}$$

式（5.11）、式（5.12）和式（5.13）中，$KNOWLEDGE_{c,k}$ 是城市 c 在知识领域 k 的知识承载量，$KNOWLEDGE_{c,p}$ 是城市 c 在学科种类 p 的知识承载量，$KNOWLEDGE_{c,q}$ 是城市 c 在学科大类 q 的知识承载量。

在分析综合性国家科学中心选育城市的基础优势时，以某一城市各学科种类的知识承载量作降序排列，视累计承载量占比超过 45% 的所有学科种类为该城市重点发展学科，称为"支柱学科"；进一步，选取每个支柱学科之下累计知识承载量排名前列的知识领域，作为对应支柱学科下的"重点领域"。知识领域的区位商表示其承载量在全国中的地位，若区位商大于 1，表示其发展程度领先于全国平均水平，是综合性国家科学中心城市科技创新活动的优势领域，代表该城市科学研究的主导方向。

（三）热点知识判别

以共性学科、交叉学科和前沿学科作为热点知识评价的三个维度。共性学科指参与构筑其他学科的知识基础程度高的学科。研究表明，某学科与其他学科有更多的共同载荷主体，则表明它倾向于成为科学研究体系中的基础成分，科研主体很可能需要拥有该学科的知识，方才形成其独特的科学研究能力，发展与其能力相匹配的学科知识。交叉学科指对科研主体能力组合需求程度高的学科。普遍认为，某学科成为更多异质性主体的公约研究领域，则表明它倾向于成为科学研究体系中的"中介"或"桥梁"，只有对异质性的科研资源和能力进行集成，方才促进自身的发展。前沿学科结合了共性学科和交叉学科的概念，其发展受内部科学学逻辑约束，也受外部经济利益相关行动者的影响。在科学研究体系中，前沿学科既是基础成分，体现基础性，也充当枢纽作用，体现综合性。

在实证计量操作时，将 Mk 转为表征学科间关系的一模网络（One-Mode Network），使用社会网络分析中的加权度数中心度（Weighted Degree Centrality），以衡量知识领域的共性程度。加权度数中心性在一模网络中表示学科连接其他学科的强度，在 Mk 中则表示与之有共同载荷主体的数量，其公式如下：

$$WDC_{k1} = \sum_{k2,k1 \neq k2} NUM_{k1,k2} \tag{5.14}$$

式（5.14）中，WDC_{k1} 为知识领域 k_1 的加权度数中心度，表征学科的基础性；$NUM_{k1,k2}$ 表示领域 k_1 和领域 k_2 共同的载荷主体数量。

使用介数中心度（Betweenness Centrality）衡量知识领域的交叉程度。介数中心度在一模网络中表示学科出现在学科关联网络中其他学科节点之间的最短路径上的频率，在 Mk 中表示对异质性主体组合的控制力，由以下公式表达：

$$BC_{k1} = \sum_{k2,k3,k1 \neq k2 \neq k3} PNUM_{k1,k2,k3} / NUM_{k2,k3} \tag{5.15}$$

式(5.15)中,BC_{k1} 为知识领域 k_1 的介数中心度,$NUM_{k2,k3}$ 表示领域 k_2 和领域 k_3 之间的最短路径条数;$PNUM_{k1,k2,k3}$ 表示领域 k_2 和领域 k_3 之间的最短路径中经过领域 k_1 的条数。

对知识领域的度数中心度和介数中心度进行统计后,取度数中心度排名前25%的知识领域,界定为共性知识领域;对介数中心度排名前25%的知识领域,界定为交叉知识领域。其中共性知识领域和交叉知识领域的交集,归并为前沿知识领域(见图5-2)。

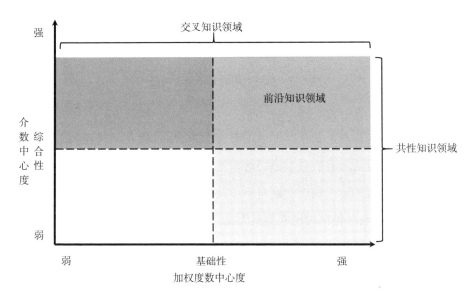

图5-2 基于基础性与综合性的热点知识领域分类

资料来源:笔者自绘。

(四)科研角色分类

司托克斯(Stokes)在《基础科学与技术创新:巴斯德象限》中,提出了科学研究二维象限模型(司托克斯,1999①)(见图5-3)。该模型中,基础研究与应

————————

① [美]D.E.司托克斯:《基础科学与技术创新:巴斯德象限》,周春彦、谷春立译,科学出版社1999年版,第99—103页。

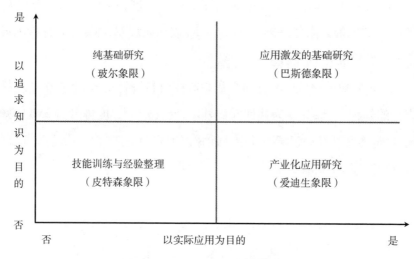

图 5-3 司托克斯的二维象限模型

资料来源:笔者自绘。

用研究之间的关系并不是非此即彼的对立关系,而是存在某种交错关系。第Ⅰ象限的研究活动为自然科学家们的纯基础理论研究,该类研究活动与以玻尔(Bohr)为代表的原子物理学家对原子结构的探索活动非常相似,故被称为玻尔象限;第Ⅱ象限被称为巴斯德象限,该象限的研究活动实现了应用目标与科学认知目标的结合,是由应用需求而激发的基础研究。如微生物学家巴斯德为解决酿酒业关于酿造、发酵的难题,同时也为了满足自己多年来对微生物知识的好奇,发明了"巴斯德杀菌法",奠定了现代微生物学的基础;第Ⅲ象限包含仅追求应用目标而不寻求全面解释科学现象或理论的研究,该类研究与爱迪生从事的研究相吻合,故被称为爱迪生象限;第Ⅳ象限包含了既不考虑一般解释目的、也不考虑其结果的实际社会应用研究,特指那些系统地探索特殊现象的研究,被称为皮特森象限,其命名来源于皮特森的《北美鸟类指南》(吴卫和银路,2016)①。

———————————

① 吴卫、银路:《巴斯德象限取向模型与新型研发机构功能定位》,《技术经济》2016 年第 8 期。

巴斯德象限广受关注,因其不仅存在应用需求引起的基础研究,还存在直接源于理论背景开展具有明确应用目标的应用研究(刘则渊和陈悦,2007;毛炜圣等,2023)。学者进一步将科研目的具象化为研究形态,司托克斯的"追求知识—实际应用"的二维模型被优化为"科研活动—技术开发活动"(刘则渊和陈悦,2007)①和"知识和应用活动—产业转化活动"(吴卫和银路,2016),这种兼顾源头创新和具体应用研究的活动,被称为"新巴斯德象限"(刘则渊和陈悦,2007)。

本章尝试结合吴卫和银路(2016)对新兴研发机构的类型划分,以及刘则渊和陈悦(2007)有关科学活动性质的划分方法,构建了战略科技力量的角色分类模型(见图5-4)。其核心维度是"原始知识突破"和"关键技术攻坚",前者由创新主体发表的高质量论文数量计算而得到的知识承载量[式(5.7)]表征,后者由创新主体获授权的关键核心专利数量计算而得到的技术承载量[式(5.16)]

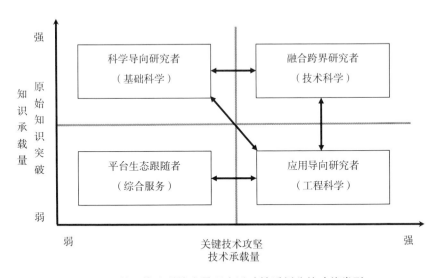

图5-4　基于战略科技力量研究活动性质划分的功能类型

资料来源:刘则渊、陈悦:《新巴斯德象限:高科技政策的新范式》,《管理学报》2007年第3期。吴卫、银路:《巴斯德象限取向模型与新型研发机构功能定位》,《技术经济》2016年第8期。

①　刘则渊、陈悦:《新巴斯德象限:高科技政策的新范式》,《管理学报》2007年第3期。

进行评价,两个指标均以平均数作为分界点。其中,技术承载量公式为:

$$TECHDIVERSITY_m = \sum_t M_{m,t} \qquad (5.16)$$

式(5.16)中,$M_{m,t}$指示为单个发明专利数量,与$M_{m,k}$表示的单个科研论文数量内涵类似。

四、优化方案

(一)基础优势:支柱学科和主导领域

1. 知识承载总量空间集聚成群,与国家科学中心城市层级基本吻合

从优势学科计算而得到的知识承载量城域分布具有显著的空间异质性。各个城市的知识承载量差距较大,空间分布不均衡(见表5-3)。拥有优势学科和关键技术的城市,往往具备较发达的科技基础设施和较富集的科研资源,高度集中于高端人才汇聚的综合性国家科学中心城市。具体而言,知识承载量的高值区集中分布在南京、粤港澳大湾区、武汉和西安,极高值区则锁定于北京和上海,这6个城市(或区域)的优势学科承载量占全国总量的近60%,具有建成国际影响力的综合性国家科学中心潜质。知识承载量高的城市相对集聚成群,以长江经济带沿线最为显著,形成三个区域化的优势学科高地:长三角城市群(以上海和南京为代表)、长江中游城市群(以武汉为代表)、成渝双城经济圈(以重庆和成都为代表),初步发育成为中国知识创新体系的发展轴。北方的优势学科承载量以北京最突出,相对集聚于京津冀城市群,而南方则以粤港澳大湾区城市群为代表,共同组成了中国科学研究体系的"一轴两翼"宏观格局。

表5-3 综合性国家科学中心城市(区域)的知识承载量及其比重

城市	知识承载量	承载量占全国比重(%)	城市	知识承载量	承载量占全国比重(%)
北京	5248	24.25	西宁	152	0.70

续表

城市	知识承载量	承载量占全国比重(%)	城市	知识承载量	承载量占全国比重(%)
上海	2114	9.77	咸阳	141	0.65
南京	1448	6.69	郑州	126	0.58
广州	1202	5.56	太原	120	0.55
武汉	1192	5.51	深圳	119	0.55
西安	931	4.30	南宁	114	0.53
成都	770	3.56	宁波	107	0.49
天津	607	2.81	烟台	101	0.47
长沙	533	2.46	无锡	98	0.45
长春	460	2.13	开封	90	0.42
重庆	456	2.11	石河子	89	0.41
杭州	441	2.04	南昌	86	0.40
沈阳	397	1.83	海口	83	0.38
合肥	375	1.73	银川	83	0.38
兰州	342	1.58	延边	79	0.37
青岛	331	1.53	福州	77	0.36
哈尔滨	329	1.52	株洲	72	0.33
大连	266	1.23	呼和浩特	69	0.32
昆明	255	1.18	拉萨	67	0.31
厦门	254	1.17	雅安	60	0.28
乌鲁木齐	184	0.85	徐州	59	0.27
济南	180	0.83	连云港	48	0.22
贵阳	157	0.73	石家庄	48	0.22
苏州	154	0.71	洛阳	43	0.20

资料来源:笔者自制。

此外,各个城市的知识承载量呈较显著的首位分布,发育较典型的等级层次性规律,遵循"帕累托"分布规律(见图5-5)。具体而言,北京"独占鳌头",呈遥遥领先态势,作为战略科技力量最重要的汇集地,其知识承载量超过5200个,约占全国总量的1/4。上海、南京、粤港澳大湾区、武汉、西安、成都等国家级创新型城市(区域)比较突出,处于第二梯队。第一、第二梯队囊括了综合性国家科学中心的全球级节点和发展态势领先的国家级节点。天津、长沙、长春、重庆、杭州、合肥、哈尔滨等区域级创新型城市处于第三梯队,以综合性国家科学中心的区域级节点为主。总体而言,知识承载量的位序——规模分布较显著,发育典型的首位分布律,头部城市的优势学科存量较多且高度集中,前20位城市集中了全国知识承载总量的85%以上,大量中小创新型城市地处边缘、知识创新能力有限。

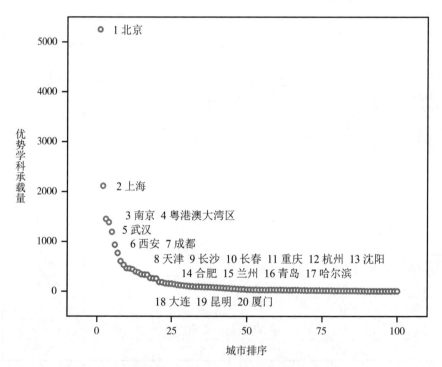

图 5-5 综合性国家科学中心城市(区域)知识承载量的位序——规模分布
资料来源:笔者自绘。

2. 知识承载学科空间差异显著,与产业重点发展方向高度同构

从学科类型结构来看,临床医学、物理学、生物学、化学、计算机科学与工程、材料科学与工程是各城市(区域)高频出现的支柱学科,表明综合性国家科学中心城市(区域)在自然科学和工程技术学科领域具有国际引领性地位。

结合 2023 年自然指数年度报告数据,在高质量自然科学研究领域,中国的知识贡献超越欧美(美国、加拿大、德国、英国、法国、瑞士)和东亚(日本、韩国)等科研大国,成为全球引领者。主要份额由高度集中于北京、上海、南京、广州、武汉、天津等少数综合性国家科学中心城市的科研主体贡献。其中,中国科学院、中国科学院大学、中国科学技术大学、南京大学、北京大学和清华大学等跻身十强,且形成了一定的优势学科分工。

从学科大类分布来看,不同城市(区域)主导的学科大类具有较明显的区域差异,形成了一定的区域特色。北京、上海、南京三市在自然科学、生命科学、社会科学、人文艺术、临床健康、工程技术的优势学科承载量中名列前茅,呈全面发展态势。粤港澳大湾区城市群则在自然科学、生命科学、社会科学、人文艺术、临床健康等学科领域位列前四,但在工程技术学科领域排名较靠后,其工程技术应用优势尚未充分发挥"市场化反哺"效应。武汉和西安的学科发展均衡,在工程技术学科领域优势相对突出,但在生命健康学科领域稍稍落后。成都和天津的学科发展紧随其后,也相较均衡,但在人文艺术学科领域稍显薄弱。长沙、重庆、杭州和合肥整体学科发展较滞后,但在个别学科占据一定优势,长沙的工程技术和人文艺术、重庆的工程技术、杭州的临床健康和人文艺术、合肥的自然科学是其各自擅长的学科领域。哈尔滨、济南和郑州三市的学科整体水平较为薄弱,缺乏具明显优势的学科(见表 5-4)。

表 5-4　综合性国家科学中心城市(区域)的学科大类知识承载量排名

城市/区域	自然科学	生命科学	临床健康	工程技术	社会科学	人文艺术
北京	1	1	1	1	1	1
上海	2	2	2	2	2	2
南京	3	3	4	3	3	3
粤港澳大湾区	4	4	3	6	4	4
武汉	5	5	6	4	5	5
西安	6	8	5	5	6	6

城市/区域	自然科学	生命科学	临床健康	工程技术	社会科学	人文艺术
成都	7	7	7	7	8	9
天津	8	6	8	10	7	12
长沙	10	9	10	8	9	8
重庆	11	10	11	9	12	11
杭州	13	11	9	13	10	7
合肥	9	13	15	12	11	10
哈尔滨	12	12	14	11	14	14
济南	14	15	12	14	13	13
郑州	15	14	13	15	15	15

资料来源:笔者自制。

从学科领域分布来看,因自身科教资源基础的差异性,不同城市(区域)的优势分支学科领域也具有较显著的不同,从而呈现一定的错位和互补发展格局,具体而言:

(1)北京支柱学科分散,但以生物学为引领,侧重生物化学和遗传学分支学科领域。北京高水平创新主体集聚,创新实力雄厚,科研资源丰富,在众多学科具有累积优势,支柱学科和重点领域相对分散,且主导方向有力支撑了产业发展重点。其支柱学科以生物学(包括生物化学研究方法、生物学理论、生物化学和分子生物学、遗传学和遗传性等)、临床医学(包括老年病学和老年医学、内分泌学和新陈代谢、血液学等)、物理学[以物理学跨学科、应用物理学、数理物理学、物理学(原子能、分子能和化学)等为主]、计算机科学与工程(包括信息系统、计算机科学、跨学科应用、软件工程等)、化学(以光谱学、化学工程学、物理化学为主)、农学(以农业跨学科、植物学为主)、基础医学(寄生物学)为主体,其知识承载量约占全市总量的1/2,其中生物学大类占据了整个北京支柱学科的主体,其知识承载量贡献了支柱学科总量的1/4强(见表5-5)。这些优势学科基础强有力地支撑了北京新一代信息技术(人工智能、先进通信网络、产业互联网、超高清视频和新型显示、虚拟现实等产业领域）、医药健康（创新药、新器械等）等高精尖产业发展。

表5-5　北京支柱学科及其重点领域的承载量统计

支柱学科			重点领域		
学科种类	数量	占比（％）	知识领域	数量	是否主导
生物学	660	12.97	生物化学研究方法	59	是
			生物学理论	52	是
			生物化学和分子生物学	48	否
			遗传学和遗传性	46	是
临床医学	462	9.08	老年病学和老年医学	31	是
			内分泌学和新陈代谢	31	是
			血液学	23	是
物理学	407	8.00	物理学跨学科	53	是
			应用物理学	43	是
			数理物理学	37	是
			原子能、分子能和化学	37	是
计算机科学与工程	267	5.25	信息系统	47	是
			计算机科学跨学科应用	42	是
			软件工程	39	是
化学	265	5.21	光谱学	46	否
			化学工程学	38	否
			物理化学	33	否
农学	228	4.48	农学	35	是
			农业跨学科	35	是
			植物学	34	否
基础医学	188	3.60	寄生物学	34	是

资料来源：笔者自制。

（2）上海支柱学科较分散，以临床医学和生物学两大学科为主导。上海集聚众多一流高等院校和科研机构，科教资源丰富，创新环境优越，在较多学科领域具有积累优势，支柱学科较分散，重点领域较丰富。与北京类同，其支柱学科的主导方向与产业重点领域高度契合。支柱学科以临床医学、生物学、化学、物理学、基础医学为主体，合计占总量的近1/2。其中，临床医学贡献了超过30%的支柱学科知识承载量，以血液学、肿瘤学、内分泌学和新陈代谢为重点领域，且都是主导性知识领域。而生物物理学、生物化学和分子生物学、生物化学研究方法等生物学领域则承载了27%的支柱学科主导性知识。此外，多学科化学、物理化学、有机化学等化学重点领域，应用物理学、冷凝物质、光学等物理学重点领域，以及基础医学研究和实验领域均在全国处于引领地位（见表5-6）。总之，上海的创新链上游环节（知识生产）与产业链融合程度较大，其支柱学科及重点领域与"十四五"支柱产业及重点产业结构契合程度较高（以集成电路、生物医药、人工智能及电子信息、新能源汽车、高端装备制造、先进材料和新兴数字产业为支柱或重点）。

表5-6　上海支柱学科及其重点领域的承载量统计

支柱学科			重点领域		
学科种类	数量	占比（%）	知识领域	数量	是否主导
临床医学	311	14.71	血液学	18	是
			肿瘤学	16	是
			内分泌学和新陈代谢	15	是
生物学	273	12.91	生物物理学	32	是
			生物化学和分子生物学	26	是
			生物化学研究方法	24	是
化学	179	8.47	化学跨学科	26	是
			物理化学	22	是
			有机化学	21	是

续表

支柱学科			重点领域		
学科种类	数量	占比（%）	知识领域	数量	是否主导
物理学	151	7.14	应用物理学	18	是
			冷凝物质	17	是
			光学	17	是
基础医学	102	4.82	研究和实验	20	是

资料来源:笔者自制。

　　(3)粤港澳大湾区城市群支柱学科较分散,但知识承载量高度集中于临床医学和生物学两大一级学科。与北京和上海类似,粤港澳大湾区城市群也拥有规模庞大的一流高等院校和科研机构,科研实力强大,市场环境开放,支柱学科较分散,重点领域较多,主导方向与产业发展重点一致。其中,支柱学科以临床医学、生物学、化学、基础医学、公共卫生、材料科学与工程等一级学科为主,合计占总量的近1/2。尤其是临床医学(重点领域包括内分泌学和新陈代谢、血液学、肿瘤学)和生物学(重点领域包括生物化学研究方法、生物化学和分子生物学、遗传学和遗传性),集中了整个城市群支柱学科约58%的知识承载量,在全国处于领先地位。此外,应用化学和分析化学等化学分支领域,免疫学、公共事业、环境和职业健康、生物材料科学等重点领域,皆显著领先于全国平均水平(见表5-7)。这些优势学科可为粤港澳大湾区城市群生物科技和医疗健康等战略性新兴产业集群发展提供知识基础和相关人才支撑。

表5-7　粤港澳大湾区支柱学科及其重点领域的承载量统计

学科种类			知识领域		
学科种类	数量	占比（%）	知识领域	数量	是否主导
临床医学	208	15.03	内分泌学和新陈代谢	12	是
			血液学	11	是
			肿瘤学	10	是

学科种类			知识领域		
学科种类	数量	占比（%）	知识领域	数量	是否主导
生物学	178	12.86	生物化学研究方法	16	是
			生物化学和分子生物学	15	是
			遗传学和遗传性	13	是
化学	96	6.94	应用化学	14	是
			分析化学	13	是
基础医学	66	4.77	医学研究和实验	12	是
			免疫学	12	是
公共卫生	61	4.41	公共事业、环境和职业健康	13	是
材料科学与工程	59	4.26	生物材料科学	10	是

注:因数据可获得性,未计入香港和澳门特别行政区。

资料来源:笔者自制。

(4)合肥支柱学科集中于自然科学领域,以物理学和化学为主导,得益于相关科研院所的多学科基础。合肥拥有中国科学技术大学、合肥工业大学、中国科学院合肥物质科学研究院等一流大学及科研院所,在物理学和化学等自然科学领域具有显著优势,主导学科优势突出,且与产业发展重点方向契合。其支柱学科包括物理学、化学、计算机科学与工程、材料科学与工程、生物学等,合计略超过整个城市总量的一半,但与北京市、上海市、粤港澳大湾区城市群三大国际科技创新中心存在差距。其中,物理学(重点领域包括物理学跨学科、应用物理学、液体和等离子体)和化学(包括电化学和分析化学等重点领域),是其主导性知识领域,贡献了合肥知识承载总量的58.5%,在全国处于优势地位。此外,计算机科学与工程的控制论和信息系统、材料科学与工程的涂料和薄膜、生物学的生物化学研究方法均为主导领域,其知识承载量领先于全国平均水平(见表5-8)。这些特色学科领域对合肥平板显示及电子信息、光伏及新能源、汽车及装备制造、家用电器等主导产业发展具有良好的支撑作用。

表 5-8　合肥支柱学科及其重点领域的承载量统计

支柱学科			重点领域		
学科种类	数量	占比（%）	知识领域	数量	是否主导
物理学	62	16.53	物理学跨学科	7	是
			应用物理学	7	是
			液体和等离子体	6	是
化学	48	12.80	电化学	7	是
			分析化学	6	否
计算机科学与工程	28	7.47	控制论	4	是
			信息系统	4	是
材料科学与工程	26	6.93	涂料和薄膜	6	是
生物学	24	6.40	生物化学研究方法	5	是

资料来源：笔者自制。

（5）西安支柱学科较分散，以临床医学为引领，其学科主导方向与产业发展重点出现一定程度的错配。西安拥有西安交通大学、西北工业大学、中国科学院西安光学精密机械研究所等多所"双一流"高校和国家科研机构，支柱学科分布较分散，主导方向较突出，但与产业发展重点方向存在一定错位现象。支柱学科包括临床医学、物理学、生物学、材料科学与工程、化学、计算机科学与工程、公共卫生等一级学科，合计占全市知识承载总量的45%左右，但与北京市、上海市、粤港澳大湾区城市群等国际科技创新中心差距显著。其中，临床医学重点领域包括皮肤医学、外科学、听力学和语言病理学，均是主导性知识领域，贡献份额占全市1/4强，在全国具有较明显优势。物理学包括应用物理学、冷凝物质、物理学跨学科等重点主导性知识领域，承载知识量占全市支柱学科总量的近1/5，处于全国比较优势地位。生物学包括生物学、遗传学和遗传性、生理学等重点分支领域，其知识承载量占支柱学科总量比重接近14%,但落后于全国平均水平,不具备主导性优势。材料科学与工程包括材料科学跨学科、陶瓷学、鉴定和检测等重点主导性领域,在全国范围内具有优势。化学的物理化学、计算机科学与工程的人工智能、公共卫生的公共事业、环境和职业健康均为主导性知识领域,领先于全国平均水平(见表5-9)。这些学科优势与西安重点发展的汽车制造、电子信息、智能制造、生物医药、新能源及新材料等支柱产业保持较高匹配性,但仍存在一定的异配性。

表5-9 西安支柱学科及其重点领域的承载量统计

支柱学科			重点领域		
学科种类	数量	占比(%)	知识领域	数量	是否主导
临床医学	111	11.92	皮肤医学	6	是
			外科学	5	是
			听力学和语言病理学	5	是
物理学	84	9.02	应用物理学	11	是
			冷凝物质	11	是
			物理学跨学科	10	是
生物学	58	6.23	生物学	5	否
			遗传学和遗传性	5	否
			生理学	5	否
材料科学与工程	57	6.12	材料科学跨学科	13	是
			陶瓷学	10	是
			鉴定和检测	10	是
化学	38	4.08	光谱学	7	否
			物理化学	7	是
计算机科学与工程	38	4.08	人工智能	9	是
公共卫生	36	3.87	公共事业、环境和职业健康	7	是

资料来源:笔者自制。

（6）南京支柱学科较分散，以生物学为引领，主导方向与产业发展重点存在错配性。南京拥有南京大学、东南大学、中国科学院南京天文光学技术研究所等多所高水平高等院校和科研机构，科研实力较强，支柱学科较多，重点领域较丰富，主导方向突出，但与其产业发展重点存在一定错位现象。以生物学、临床医学、物理学、化学、农学、计算机科学与工程等为支柱学科（其承载量占全市总量的 45.30%），生物学总论、进化生物学、生物物理学等生物学分支领域是具有引领性的主导知识领域，占据整个支柱学科总量的 1/4 以上。临床医学包括内分泌学和新陈代谢、神经病学、结合和补充医学等主导性重点知识领域，在全国处于优势地位。物理学及化学部分重点领域（应用物理学、光谱学、化学跨学科等），发展程度偏低，在全国不具比较优势。农学重点领域（包括土壤科学、植物学、农业跨学科）、计算机科学与工程重点领域（包括计算机科学跨学科应用、计算机科学和信息系统、计算机科学理论和方法）均为主导性知识领域，在全国处于领先地位（见表 5-10）。不难看出，南京既有学科优势与其支柱产业体系（电子信息、石化新材料、钢铁制造、汽车制造等）存在较明显的错配，但为南京新一代信息技术、生物医药和医疗器材等新兴产业发展提供了较充分的支撑。

表 5-10　南京支柱学科及其重点领域的承载量统计

支柱学科			重点领域		
学科种类	数量	占比（%）	知识领域	数量	是否主导
生物学	172	11.88	生物学总论	13	否
			进化生物学	13	是
			生物物理学	13	是
临床医学	142	9.81	内分泌学和新陈代谢	9	是
			神经病学	7	是
			结合和补充医学	7	是

支柱学科			重点领域		
学科种类	数量	占比(%)	知识领域	数量	是否主导
物理学	96	6.63	应用物理学	11	否
			冷凝物质	11	是
			量子科学和技术	10	是
化学	92	6.35	光谱学	12	否
			化学跨学科	12	否
			有机化学	12	是
农学	81	5.59	土壤科学	13	是
			植物学	12	是
			农业跨学科	11	是
计算机科学与工程	73	5.04	计算机科学跨学科应用	14	是
			信息系统	12	是
			计算机科学理论和方法	12	是

资料来源:笔者自制。

(7)成都以临床医学为引领,其学科主导方向与产业发展重点存在一定程度错配。成都坐拥四川大学、电子科技大学、中国科学院光电技术研究所等多所高水平高等院校和科研机构,在较多一级学科和重点领域具有积累优势,主导方向较突出,但与其产业发展重点存在一定错位现象。其支柱学科包括临床医学、生物学、化学、物理学、材料科学与工程、公共卫生等一级学科,知识承载量合计占整个城市总量的47.79%。以临床医学为主导,其重点领域包括结合和补充医学、热带医学、全科和内科等主导性知识领域,其知识承载量占整个一级学科的28.80%,在全国处于引领地位,与成都生物医药支柱产业发展地位高度适配。生物学位居其次,重点领域包括生物化学、分子生物学、生理学、微生物学等,但生物化学、分子生物学、微生物学发展程度偏低,在一定程度上制约了成都的生物科技产业发展。而化学(包括化学跨学科、应用化学、高分子化学)、物理学(包括冷凝物质、量子科学和技术、数理物理学)、材料科学与工程(包括公共事业、材料科学跨学科、涂料和薄膜、鉴定和检测)及公共卫生(包括环境和职业健康、卫生保健科学和服务)的重点领域均为主导性知识领域,在全国处于优势地位,对成都电子信息、装备制造、汽车制造等支柱产业发展具有较高效的支撑作用(见表5-11)。

表5-11　成都支柱学科及其重点领域的承载量统计

支柱学科			重点领域		
学科种类	数量	占比(%)	知识领域	数量	是否主导
临床医学	106	13.77	结合和补充医学	6	是
			热带医学	5	是
			全科和内科	5	是
生物学	64	8.31	生物化学和分子生物学	6	否
			生理学	5	是
			微生物学	5	否
化学	56	7.27	化学跨学科	8	是
			应用化学	8	是
			高分子化学	7	是
物理学	54	7.01	冷凝物质	10	是
			量子科学和技术	7	是
			数理物理学	5	是
材料科学与工程	54	7.01	材料科学跨学科	10	是
			涂料和薄膜	9	是
			鉴定和检测	9	是
公共卫生	34	4.42	公共事业、环境和职业健康	6	是
			卫生保健科学和服务	4	是

资料来源:笔者自制。

(8)武汉以生物学为引领,产业发展重点与其学科主导方向存在一定程度的不匹配。武汉拥有武汉大学、华中科技大学、中国科学院武汉病毒研究所等众多高校和科研院所,科研设施雄厚,科技人才汇聚,拥有较多优势学科和重点领域,主导方向突出,但与其产业发展重点存在一定错位。支柱学科以生物学、临床医学、化学、农学、物理学、计算机科学与工程、材料科学与工程等一级学科为主体,其知识承载量约占总量的45.30%,但以湖沼学、生物学、生物化学研究方法等生物学主导性知识领域为主导(约占支柱学科总量的30.38%)。临床医学位列其次,重点领域包括热带医学、内分泌学和新陈代谢、麻醉学,在全国处于优势地位,较好地支撑了武汉生物技术和医疗健康等新兴产业发展。此外,农学(包括农业工程、渔业学、土壤科学等重点领域)、计算机科学与工程(包括计算机科学跨学科应用)、材料科学与工程的鉴定和检测等重点领域均是主导性知识领域,具有全国性比较优势(见表5-12)。然而化学(包括电化学、多学科化学、分析化学)及物理学(应用物理学、热力学、天文学和天体物理学)的知识承载量均落后于全国平均水平,发展程度偏低,在一定程度上制约了武汉高端装备制造、汽车制造、新一代信息技术等支柱产业高质量发展。

表5-12　武汉支柱学科及其重点领域的承载量统计

支柱学科			重点领域		
学科种类	数量	占比(%)	知识领域	数量	是否主导
生物学	164	13.76	湖沼学	14	是
			生物学	13	是
			生物化学研究方法	12	是
临床医学	95	7.97	热带医学	10	是
			内分泌学和新陈代谢	7	是
			麻醉学	5	是

续表

支柱学科			重点领域		
学科种类	数量	占比(%)	知识领域	数量	是否主导
化学	63	5.29	电化学	10	否
			化学跨学科	9	否
			分析化学	9	否
农学	60	5.03	农业工程	9	是
			渔业学	9	是
			土壤科学	8	是
物理学	59	4.95	应用物理学	8	否
			热力学	7	否
			天文学和天体物理学	6	是
计算机科学与工程	50	4.19	计算机科学跨学科应用	15	是
材料科学与工程	49	4.11	鉴定和检测	12	是

资料来源:笔者自制。

(9)天津分支学科较分散,以临床医学、生物学和化学等多个学科为主导。天津拥有南开大学、天津大学、中国科学院天津工业生物技术研究所等较多高水平高校及科研院所,学科积累较深厚,拥有较多支柱学科和重点领域,学科主导方向相对突出,但与产业发展重点不完全匹配。天津形成临床医学、生物学、化学、物理学、材料科学与工程等支柱学科。这些学科承载了全市总量47.12%的知识供给,但与南京、成都和武汉的差距较显著。相对集中于临床医学(重点领域包括康复、末梢血管病、血液学)、生物学(重点领域包括生物化学研究方法、生物化学和分子生物学、生物物理学)和化学(重点领域包括应用化学、光谱学、物理化学)三大一级学科(三者合计占总量的近80%)(见表5-13),以主导性知识领域为主体,在全国处于优势地位,较好地支撑了石油石化及生物医药等优势产业发展。而材料科学与工程及其重点领域的知识承载量明显落后于全国平均水平,无法较好地支撑航空航天和高端装备制造产业发展要求。

表 5-13　天津支柱学科及其重点领域的承载量统计

支柱学科			重点领域		
学科种类	数量	占比(%)	知识领域	数量	是否主导
临床医学	85	14.00	康复	5	是
			末梢血管病	5	是
			血液学	5	是
生物学	75	12.36	生物化学研究方法	9	是
			生物化学和分子生物学	9	是
			生物物理学	7	是
化学	64	10.54	应用化学	10	是
			光谱学	8	是
			物理化学	8	是
物理学	34	5.60	声学	4	是
材料科学与工程	28	4.61	材料科学跨学科	6	否

资料来源:笔者自制。

(10)杭州以临床医学和生物学为主导,学科主导方向与产业发展重点高度契合。杭州集聚了浙江大学、中国科学院杭州医学研究所等多所高水平大学及科研院所,产学研协同创新较发达,在较多一级学科及其重点领域具有科研优势,主导方向较突出,且与城市产业发展重点保持一致。其支柱学科包括临床医学、生物学、化学、计算机科学与工程、物理学、材料科学与工程、公共卫生等七个一级学科,合计占全市总量的 47.18%,相对集中于临床医学和生物学两大学科领域(二者承载了七个学科总量的近 1/2),但与其他综合性国家科学中心城市尚存在差距。这些学科重点领域均属于主导性知识领域,在全国处于优势地位,得益于浙江大学等"双一流"高校及国家科研机构的学科积淀,与杭州生命健康、高端装备制造、人工智能、新一代信息技术等优先发展产业所需知识基础高度契合(见表5-14)。

表5-14 杭州支柱学科及其重点领域的承载量统计

支柱学科			重点领域		
学科种类	数量	占比(%)	知识领域	数量	是否主导
临床医学	53	12.02	急救医学	3	是
			危机护理医学	3	是
			听力学和语言病理学	3	是
生物学	47	10.66	生物化学研究方法	5	是
化学	29	6.58	电化学	4	是
计算机科学与工程	24	5.44	软件工程	5	是
			计算机科学和信息系统	4	是
			计算机科学跨学科应用	4	是
物理学	20	4.54	热力学	4	是
材料科学与工程	19	4.31	生物材料科学	4	是
公共卫生	16	3.63	传染疾病	3	是

资料来源:笔者自制。

(11)长沙分支学科较分散,以生物学和临床医学为主体,学科主导方向与产业发展重点高度统一。长沙拥有国防科技大学、湖南大学、中南大学等较多研究型高校和科研机构,在较多一级学科和重点领域具有良好科研基础优势,主导方向突出,与主导产业发展重点保持高度一致。支柱学科涵盖了生物学、临床医学、材料科学与工程、物理学、化学、计算机科学与工程、农学等七个一级学科和九个重点领域,合计占总量的47.29%,均是主导性知识领域,具有全国比较优势,有利于支撑长沙生物医药、电子信息及工程机械等支柱产业高质量发展。其中,生物学(包括数学和计算生物学、生殖生物学、生理学)和临床医学(内分泌学和新陈代谢)两大学科相对成熟,贡献了40.07%的知识承载量,与杭州学科发展水平相当(见表5-15)。

表5-15　长沙支柱学科及其重点领域的承载量统计

支柱学科			重点领域		
学科种类	数量	占比(%)	知识领域	数量	是否主导
生物学	52	9.76	数学和计算生物学	5	是
			生殖生物学	4	是
			生理学	4	是
临床医学	49	9.19	内分泌学和新陈代谢	4	是
材料科学与工程	35	6.57	材料科学跨学科	8	是
物理学	34	6.38	声学	6	是
化学	31	5.82	电化学	6	是
计算机科学与工程	29	5.44	计算机科学跨学科应用	7	是
农学	22	4.13	农业工程	4	是

资料来源:笔者自制。

　　(12)重庆支柱学科以生物学(生理学、遗传学和遗传性、生物物理学)较具特色,主导方向与产业发展重点基本契合。重庆拥有重庆大学、西南大学等多所高等院校和科研机构,科研实力较强,支柱学科较分散,重点领域较丰富,主导方向较突出,与支柱产业发展重点基本契合。包括生物学、临床医学、材料科学与工程、化学、物理学、计算机科学与工程、农学等七个一级支柱学科(合计占总承载量的47.37%),以生物学重点领域(生理学、遗传学和遗传性、生物物理学)所占份额最大(接近一级学科总量的1/4)(见表5-16)。绝大部分重点领域是主导性知识领域,在全国处于比较优势地位,基本涵盖了重庆汽车摩托车制造、电子信息、化学医药、装备制造等支柱产业所需知识基础。

表5-16 重庆支柱学科及其重点领域的承载量统计

支柱学科			重点领域		
学科种类	数量	占比(%)	知识领域	数量	是否主导
生物学	53	11.62	生理学	4	是
			遗传学和遗传性	4	是
			生物物理学	4	是
临床医学	39	8.55	听力学和语言病理学	3	是
材料科学与工程	30	6.58	材料科学鉴定和检测	6	是
化学	29	6.36	电化学	6	是
物理学	27	5.92	热力学	5	是
计算机科学与工程	21	4.61	人工智能	5	是
农学	17	3.73	植物学	3	否

资料来源:笔者自制。

(13)济南的临床医学优势突出,支柱学科主导方向与支柱产业发展重点吻合。济南坐拥山东大学等较多高水平大学及科研院所,在多个一级学科和重点领域具有一定比较优势,主导方向突出且与产业重点领域高度契合。支柱学科包括临床医学、物理学、生物学、公共卫生、化学等,其知识承载量合计占总量的48.32%,但与其他综合性国家科学中心选育城市差距较大(见表5-17)。老年学、外科学、危机护理医学等临床医学重点领域均属主导性知识领域,承载了整个城市支柱学科总量的一半以上;物理学的光学、生物学的生物物理学、公共卫生的医学伦理学、化学的结晶学也均是主导性知识领域,在全国处于一定优势地位,并且与济南新一代信息技术、高端装备与智能制造、精品钢与先进材料及生物医药健康等支柱产业匹配度较高。

表 5-17　济南支柱学科及其重点领域的承载量统计

支柱学科			重点领域		
学科种类	数量	占比（%）	知识领域	数量	是否主导
临床医学	44	24.44	老年学	2	是
			外科学	2	是
			危机护理医学	2	是
物理学	15	8.33	光学	2	是
生物学	11	6.11	生物物理学	2	是
公共卫生	9	5.00	医学伦理学	1	是
化学	8	4.44	结晶学	2	是

资料来源:笔者自制。

（14）郑州以临床医学为核心引领,重点学科领域与产业发展重点匹配程度不佳。郑州集聚了郑州大学等一定规模高水平高校和科研机构,在部分学科和重点领域具备一定积累,与产业发展重点方向契合。支柱学科包括临床医学、化学、生物学,知识承载量合计占总量的 45.24%,但与其他综合性国家科学中心选育城市差距明显。相对而言,神经病学、急救医学、耳鼻喉学等临床医学领域优势较突出,知识承载量贡献了整个城市支柱学科总量的一半;化学的结晶学、生物学的生理学是其主导性知识领域,在全国处于优势地位,较好地契合了郑州生物工程及制药产业发展需求,但对装备制造、电子信息、新材料、食品制造、铝及铝精深加工制造等主导产业的支撑程度不够(见表 5-18)。

表 5-18　郑州支柱学科及其重点领域的承载量统计

支柱学科			重点领域		
学科种类	数量	占比（%）	知识领域	数量	是否主导
临床医学	29	23.02	神经病学	2	是
			急救医学	1	是
			耳鼻喉学	1	是

续表

支柱学科			重点领域		
学科种类	数量	占比（%）	知识领域	数量	是否主导
化学	15	11.90	结晶学	2	是
生物学	13	10.32	生理学	2	是

资料来源：笔者自制。

（15）哈尔滨以生物学为引领，学科主导方向与城市产业发展重点吻合。哈尔滨拥有哈尔滨工业大学等众多高水平高校和科研机构，在较多学科和重点领域拥有良好科研基础，学科主导方向突出，重点领域与产业发展重点基本契合。以生物学、物理学、材料科学与工程、化学、农学、计算机科学与工程为支柱学科（合计承载了总量的50.15%），整体规模与重庆相当。生物学的动物学、病毒学、遗传学和遗传性，物理学的光学，材料科学与工程的鉴定和检测，化学的电化学，农学的农业工程，计算机科学与工程的人工智能等重点领域均是其主导性知识领域，在全国处于优势地位，且与哈尔滨的绿色农产品、先进装备制造、生物医药等主导产业方向基本吻合（见表5-19）。

表5-19　哈尔滨支柱学科及其重点领域的承载量统计

支柱学科			重点领域		
学科种类	数量	占比（%）	知识领域	数量	是否主导
生物学	40	12.16	动物学	3	是
			病毒学	3	是
			遗传学和遗传性	3	是
物理学	28	8.51	光学	5	是
材料科学与工程	28	8.51	鉴定和检测	6	是
化学	27	8.21	电化学	5	是
农学	24	7.29	农业工程	4	是

支柱学科			重点领域		
学科种类	数量	占比（%）	知识领域	数量	是否主导
计算机科学与工程	18	5.47	人工智能	3	是

资料来源：笔者自制。

（二）发展方向：热点知识及其区域分异

1. 热点知识的领域识别

根据知识的交叉和共性程度，热点知识可以从共性、交叉和前沿三个学科知识领域进行甄别：共性学科知识领域表现为资源环境和生命健康等基础学科的应用化和综合化趋势；交叉学科知识领域则表现为医学健康研究的技术集成，自然科学研究的高技术手段融合，以及基于现实问题情景的人文社会科学跨学科解决方案；前沿学科知识领域发展关键在于基础研究的内生性动力，以及源于产业升级转型的前瞻性指向和国民社会经济发展的基础性需求所致的外源性动力。根据交叉程度和共性程度，三者的整体知识图谱特征见图5-6。

（1）共性知识领域：集中于生物学（生物化学研究方法和生物物理学）、化学（应用化学、分析化学、光谱学）、基础医学（免疫学、医学研究和实验等）、药学（药理学和药剂学、毒理学）、临床医学（内分泌学和新陈代谢）等具有广泛应用场景的生命—健康学科集群领域，少数分布在工程技术领域，如绿色可持续科学技术、环境工程学、计算机科学跨学科应用、生物医学工程等，但也与生命—健康学科集群有着密切联系。学科的共性发展，表现为基础学科的应用化和综合化趋势，大量新兴知识和先进技术涌现于与资源、生态、环境等紧密联系的自然科学学科，以及围绕生理学、遗传学、毒理学及公共事业、环境和职业健康等领域开展应用基础研究的生命—健康科学，这些科学领域为其他学科的科学研究进展提供了理论基石（见表5-20）。

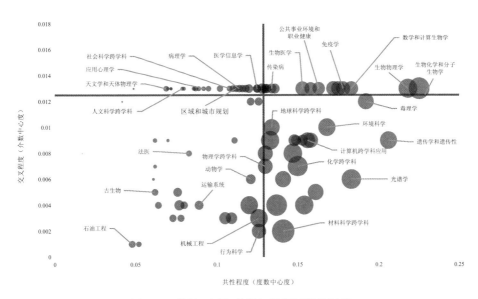

图 5-6 共性、交叉、前沿知识领域整体图谱

资料来源：笔者自绘。

表 5-20 基于加权度中心度的共性知识领域及其学科类别（前 25 位）

共性领域	所属学科种类	所属学科大类	加权度中心度（归一化）
生物学	生物学	生命科学	0.236
生物化学和分子生物学	生物学	生命科学	0.225
生物物理学	生物学	生命科学	0.218
生物化学研究方法	生物学	生命科学	0.216
生物工艺学和应用微生物学	生物工程	生命科学	0.212
遗传学和遗传性	生物学	生命科学	0.206
毒理学	药学	生命科学	0.192
绿色可持续科学技术	土木工程	工程技术	0.184
数学和计算生物学	生物学	生命科学	0.183
生理学	生物学	生命科学	0.183
光谱学	化学	自然科学	0.183
化学和分析化学	化学	自然科学	0.178
免疫学	基础医学	临床健康	0.178
细胞生物学	生物学	生命科学	0.175

共性领域	所属学科种类	所属学科大类	加权度中心度（归一化）
药理学和药剂学	药学	临床健康	0.172
环境科学	环境科学与工程	生命科学	0.168
化学和应用化学	化学	自然科学	0.165
内分泌学和新陈代谢	临床医学	临床健康	0.165
微生物学	生物学	生命科学	0.165
发育生物学	生物学	生命科学	0.164
公共事业、环境和职业健康	公共卫生	临床健康	0.163
工程学和环境工程学	环境科学与工程	工程技术	0.161
数学跨学科应用	数学	自然科学	0.161
生态学	生态学	生命科学	0.158
进化生物学	生物学	生命科学	0.158
医学研究和实验	基础医学	临床健康	0.158
计算机科学跨学科应用	计算机科学与工程	工程技术	0.156
电化学	化学	自然科学	0.154
解剖学和形态学	基础医学	临床健康	0.153
工程学和生物医学工程	生物医学工程	工程技术	0.153

资料来源：笔者自制。

（2）交叉知识领域：几乎不涉及工程技术，主要包括临床医学和公共卫生（敏感症、心脏和心血管系统、临床神经学、皮肤医学、血液学、老年病学和老年医学、卫生保健科学和服务等）、自然科学（环境研究、天文学和天体物理学、自然地理学等）、人文社会科学（考古学、区域和城市规划、亚洲研究、商学、人口统计学、经济学、教育学等）等三大类。学科交叉化发展表现为三大特征：①医学—健康科学的综合技术集成；②自然科学的高技术手段支撑和应用化导向；③人文社会科学面向社会需求的跨学科集成和综合应用。尖端科技成果和战略性新兴产业所需的原始创新主要源于交叉领域的新知识，而交叉学科知识发展的过程中，需要科研主体的资源共享、能力互补、协同攻坚，以及现实市场信息的实时反馈（见表5-21）。

表 5-21 基于介数中心度的交叉知识领域及其学科类别(前 25 位)

交叉领域	所属学科种类	所属学科大类	介数中心度(归一化)
敏感症	临床医学	临床健康	0.013
考古学	考古学	社会科学	0.013
区域和城市规划	地理学	社会科学	0.013
亚洲研究	民族学与文化学	人文艺术	0.013
天文学和天体物理学	物理学	自然科学	0.013
生物化学和分子生物学	生物学	生命科学	0.013
生物学	生物学	生命科学	0.013
生物物理学	生物学	生命科学	0.013
商学	工商管理	社会科学	0.013
金融学	金融学	社会科学	0.013
心脏和心血管系统	临床医学	临床健康	0.013
细胞生物学	生物学	生命科学	0.013
临床神经学	临床医学	临床健康	0.013
通信科学	新闻传播学	社会科学	0.013
人口统计学	社会学	社会科学	0.013
皮肤医学	临床医学	临床健康	0.013
发展学	管理学	社会科学	0.013
发育生物学	生物学	生命科学	0.013
经济学	经济学	社会科学	0.013
教育学	教育学	社会科学	0.013
内分泌学和新陈代谢	临床医学	临床健康	0.013
工程学和生物医学工程	生物医学工程	工程技术	0.013
环境研究	生态学	自然科学	0.013
伦理学	社会学	社会科学	0.013
自然地理学	地理学	自然科学	0.013
老年病学和老年医学	临床医学	临床健康	0.013
卫生保健科学和服务	公共卫生	临床健康	0.013
血液学	临床医学	临床健康	0.013
人文科学跨学科	民族学与文化学	人文艺术	0.013
免疫学	基础医学	临床健康	0.013

资料来源:笔者自制。

(3)前沿知识领域:其成长关键源于基础科学研究的内生动力,以及产业结构升级转型和国民经济社会需求的外源动力。主要集中于以下四大学科集群:①跨学科集成应用的生物科学学科(生物化学和分子生物学、生物物理学、细胞生物学、发育生物学、数学和计算生物学等);②综合性的医学—健康科学学科(包括老年病学和老年医学、内分泌学和新陈代谢、传染疾病、肿瘤学等临床医学,以及公共事业、环境和职业健康等公共卫生学科);③面向可持续发展方案解决的自然科学学科(生态学、自然地理学、应用数学等);④与生命—健康科学学科集群有密切联系的工程技术学科(生物医学工程、生物材料科学等)(见表5-22)。

表5-22 基于加权度中心度和介数中心度的前沿知识领域及其学科类别

前沿领域	所属学科种类	所属学科大类
生物化学和分子生物学	生物学	生命科学
生物学	生物学	生命科学
生物物理学	生物学	生命科学
细胞生物学	生物学	生命科学
发育生物学	生物学	生命科学
教育学	教育学	社会科学
内分泌学和新陈代谢	临床医学	临床健康
工程学和生物医学工程	生物医学工程	工程技术
环境研究	生态学	自然科学
自然地理学	地理学	自然科学
老年病学和老年医学	临床医学	临床健康
免疫学	基础医学	临床健康
传染疾病	公共卫生	临床健康
生物材料科学	材料科学与工程	工程技术
数学和计算生物学	生物学	生命科学
应用数学	数学	自然科学
全科和内科医学	临床医学	临床健康
医学研究和实验	基础医学	临床健康
肿瘤学	临床医学	临床健康

前沿领域	所属学科种类	所属学科大类
药理学和药剂学	药学	临床健康
生理学	生物学	生命科学
神经病学	临床医学	临床健康
公共事业、环境和职业健康	公共卫生	临床健康

资料来源：笔者自制。

2. 热点知识的区域基础

在综合性国家科学中心城市（区域）的知识生产中，共性、交叉、前沿领域的地位至关重要。各城市（区域）的支柱学科有力支撑了共性领域的发展，且主导领域与共性领域具有一定重合度，凸显了共性知识的基础和引领作用。交叉领域和前沿领域与支柱学科及其重点知识领域的关联度较低，基于本地基础的共性知识和前沿知识的演化路径尚不明确，尤其体现在区域级和部分国家级的综合性国家科学中心节点城市，具体而言：

（1）北京：北京的共性知识领域（15.01%）、交叉知识领域（7.85%）、前沿知识领域（7.63%）均在其知识生产中占据重要地位（见表5-23）。支柱学科为共性知识领域贡献了重要的动力，如生物学、物理学、计算机科学与工程、农学、化学等；主导学科领域与共性知识领域存在一定重合度，如生物学（生物化学研究方法、遗传学和遗传性）、物理学（物理学跨学科）、计算机科学（计算机科学和信息系统、计算机科学跨学科应用）、农业（农业跨学科）等，这些学科绝大多数是北京所在世界一流大学建设高校（如北京大学、清华大学、中国人民大学、北京航空航天大学、北京师范大学、北京理工大学、中国农业大学等）的一流学科，基本与教育部第五轮学科评估A+学科方阵一致。支柱学科和重点学科领域对交叉知识领域的贡献度较低，限于生物学和临床医学等学科种类，以及血液学等重点领域。但支柱学科为前沿知识领域提供了重要支撑作用，如生物学和临床医学等；其主导学科领域与前沿知识领域也具有较高吻合度,如生物学理论、生物化学和分子生物学、老年病学和老年医学、内分泌学和新陈代谢等分支学科。

表 5-23　北京热点知识领域的承载量统计(前 20 位)

共性领域		交叉领域		前沿领域	
知识领域	数量	知识领域	数量	知识领域	数量
生物化学研究方法	59	病毒学	28	生物学理论	52
物理学跨学科	53	考古学	23	生物化学和分子生物学	48
绿色可持续科学技术	47	经济学	23	数学和计算生物学	43
计算机科学和信息系统	46	血液学	23	生物物理学	42
生态学	46	医学信息学	22	细胞生物学	41
遗传学和遗传性	46	区域和城市规划	21	自然地理学	39
光谱学	46	社会科学跨学科	21	发育生物学	37
生物工艺学和应用微生物学	45	天文学和天体物理学	20	环境研究	35
进化生物学	45	临床神经学	20	公共事业、环境和职业健康	34
地球科学跨学科	45	信息学和图书馆学	20	工程学和生物医学工程	32
能源和燃料	44	热带医学	20	内分泌学和新陈代谢	31
环境科学	44	卫生保健科学和服务	19	老年病学和老年医学	31
计算机科学跨学科应用	41	管理学	18	免疫学	31
设备和仪器	41	末梢血管病	18	生理学	29
环境工程学	39	数学	17	医学研究和实验	28
材料科学跨学科	39	医学化验技术	17	教育学	24
纳米科学和纳米技术	38	商学	16	传染疾病	24
生物多样性保护	36	心脏和心血管系统	16	药理学和药剂学	24
冷凝物质	36	城市研究	16	生物材料科学	23
农业跨学科	35	通信科学	15	应用数学	22
承载量之和	1430	承载量之和	748	承载量之和	727

续表

共性领域		交叉领域		前沿领域	
知识领域	数量	知识领域	数量	知识领域	数量
承载量之和/区域总数	15.01%	承载量之和/区域总数	7.85%	承载量之和/区域总数	7.63%

注:"承载量之和"指区域中所有属于共性/交叉/前沿领域的知识领域的承载量总数(不限于表格列出的领域),本小节其余表格同。

资料来源:笔者自制。

（2）上海:上海的三类知识承载量结构与北京类同,其中共性知识领域（14.23%）、交叉知识领域（8.71%）、前沿知识领域（8.50%）均在其知识生产中占据重要地位（见表5-24）。其支柱学科高效支撑了共性知识领域发展,以生物学、化学、物理学、基础医学等学科最具典型,基本属于上海所在顶尖高校的一流学科和A+学科;主导学科领域与共性知识领域部分重合,集中于生物化学研究方法、化学跨学科、物理化学、有机化学、物理学（冷凝物质）等自然科学领域。与北京类似,上海的支柱学科和主导学科领域对交叉知识领域的贡献度较低,且同样集中于生物学和临床医学及血液学等重点领域。上海的生物学（如生物物理学、生物化学和分子生物学）和临床医学（如肿瘤学）等支柱学科及其主导领域为前沿知识领域提供了重要的支撑,其主导学科领域与前沿知识领域具有较高的重合性。

表5-24　上海热点知识领域的承载量统计（前20位）

共性领域		交叉领域		前沿领域	
知识领域	数量	知识领域	数量	知识领域	数量
化学跨学科	26	血液学	18	生物物理学	32
生物化学研究方法	24	病理学	14	生物化学和分子生物学	26
纳米科学和纳米技术	23	病毒学	13	生物学	21
物理化学	22	心脏和心血管系统	12	细胞生物学	20

续表

共性领域		交叉领域		前沿领域	
知识领域	数量	知识领域	数量	知识领域	数量
材料科学跨学科	22	末梢血管病	12	医学研究和实验	20
生物工艺学和应用微生物学	21	敏感症	11	工程学和生物医学工程	19
有机化学	21	皮肤医学	11	药理学和药剂学	19
分析化学	20	医学信息学	11	免疫学	18
应用化学	20	医学化验技术	11	生物材料科学	18
电化学	19	呼吸系统	11	发育生物学	17
涂料和薄膜	18	临床神经学	10	肿瘤学	16
微生物学	18	产科医学和妇科医学	10	内分泌学和新陈代谢	15
细胞和组织工程学	17	热带医学	10	数学和计算生物学	14
医用化学	17	商学	9	生理学	14
冷凝物质	17	眼科学	9	医学全科和内科	13
设备和仪器	16	管理学	8	老年病学和老年医学	12
物理学跨学科	16	泌尿学和肾脏病	8	传染疾病	12
毒理学	16	经济学	7	教育学	11
遗传学和遗传性	15	小儿科	7	神经病学	9
进化生物学	14	考古学	6	环境研究	7
承载量之和	585	承载量之和	358	承载量之和	351
承载量之和/区域总数	14.23%	承载量之和/区域总数	8.71%	承载量之和/区域总数	8.50%

资料来源:笔者自制。

(3)粤港澳大湾区:粤港澳大湾区城市群的共性知识领域(13.71%)、交叉知识领域(9.95%)、前沿知识领域(8.43%)均在其知识生产中占据重要地位(见表5-25)。但其支柱学科和重点领域对共性知识领域和交叉知识领域的贡献度均较低,仅限于生物学、临床医学和化学等学科大类,以生物化学研究方法、遗传学和遗传性、应用化学、分析化学、血液学等学科领域贡献较大,主要得益于中山大学、华南理工大学等一流高校的相关一流学科支撑。与北京和上海相似的是,生物学和临床医学等一级学科也是前沿知识领域的核心支柱,其生物化学和分子生物学、肿瘤学、免疫学、生物材料科学等主导学科领域与前沿知识领域匹配度较高。

表5-25　粤港澳大湾区城市群热点知识领域的承载量统计(前20位)

共性领域		交叉领域		前沿领域	
知识领域	数量	知识领域	数量	知识领域	数量
生物工艺学和应用微生物学	17	卫生保健科学和服务	11	生物化学和分子生物学	15
生物化学研究方法	16	血液学	11	生物学	13
应用化学	14	医学信息学	10	生物物理学	13
分析化学	13	末梢血管病	9	药理学和药剂学	13
能源和燃料	13	病毒学	9	公共事业、环境和职业健康	13
遗传学和遗传性	13	敏感症	8	内分泌学和新陈代谢	12
化学跨学科	12	临床神经学	8	免疫学	12
光谱学	12	管理学	8	医学研究和实验	12
毒理学	12	热带医学	8	生理学	12
医用化学	11	心脏和心血管系统	7	细胞生物学	11
有机化学	11	产科医学和妇科医学	7	发育生物学	11
环境工程学	11	病理学	7	自然地理学	10
环境科学	11	区域和城市规划	7	传染疾病	10
食品科学和技术	10	外科学	7	生物材料科学	10
地球科学跨学科	10	城市研究	7	肿瘤学	10
绿色可持续科学技术	10	皮肤医学	6	工程学和生物医学工程	9
微生物学	10	医学化验技术	6	老年病学和老年医学	9
植物学	10	小儿科	5	医学全科和内科	8
农业跨学科	9	呼吸系统	5	数学和计算生物学	6

续表

共性领域		交叉领域		前沿领域	
知识领域	数量	知识领域	数量	知识领域	数量
解剖学和形态学	9	移植学	5	神经病学	6
承载量之和	369	承载量之和	257	承载量之和	227
承载量之和/总数	13.71%	承载量之和/总数	9.95%	承载量之和/总数	8.43%

注:因数据可获得性,未计入香港和澳门特别行政区。
资料来源:笔者自制。

(4)合肥:与北京、上海和粤港澳大湾区城市群略不同,合肥知识生产以共性知识领域(21.67%)为主导,其占比远远超过交叉知识领域(6.90%)和前沿知识领域(3.28%)(见表5-26)。其中,物理学、化学、计算机科学与工程、生物学等支柱学科是其共性知识领域最主要的贡献者,主要由中国科学技术大学和中国科学院合肥物质科学研究院等战略科技力量承载;其物理学跨学科、电化学、计算机科学和信息系统、生物化学研究方法等主导学科领域与共性知识领域具有较高重合度,而支柱学科及其主导学科领域与交叉知识领域、前沿知识领域的关联度和支撑度则较低。

表5-26 合肥热点知识领域的承载量统计(前20位)

共性领域		交叉领域		前沿领域	
知识领域	数量	知识领域	数量	知识领域	数量
电化学	7	考古学	3	生物物理学	4
设备和仪器	7	信息学和图书馆学	3	生物化学和分子生物学	3
物理学跨学科	7	社会科学跨学科	3	生物材料科学	3
分析化学	6	统计学和概率	3	生物学	2
物理化学	6	天文学和天体物理学	2	数学和计算生物学	2
涂料和薄膜	6	商学	2	应用数学	2
材料科学跨学科	6	管理学	2	教育学	1

续表

共性领域		交叉领域		前沿领域	
知识领域	数量	知识领域	数量	知识领域	数量
冷凝物质	6	数学	2	内分泌学和新陈代谢	1
光谱学	6	医学信息学	2	自然地理学	1
生物化学研究方法	5	鸟类学	2	药理学和药剂学	1
化学跨学科	5	应用心理学	2		
能源和燃料	5	公共管理/行政	2		
显微镜学	5	亚洲研究	1		
纳米科学和纳米技术	5	通信科学	1		
应用化学	4	经济学	1		
计算机科学和信息系统	4	人文科学跨学科	1		
计算机科学跨学科应用	4	劳动和劳资关系	1		
营养和饮食学	4	国际关系	1		
环境工程学	3	逻辑学	1		
食品科学和技术	3	医学伦理学	1		
承载量之和	132	承载量之和	42	承载量之和	20
承载量之和/区域总数	21.67%	承载量之和/区域总数	6.90%	承载量之和/区域总数	3.28%

资料来源:笔者自制。

（5）西安:西安的共性知识领域(13.53%)、交叉知识领域(9.7%)、前沿知识领域(6.42%)相对平衡,均占据重要地位(见表5-27)。其中,物理学、材料科学与工程、化学等支柱学科所依托的战略科技力量基本来源于西安交通大学、西北工业大学等少数一流高校。它们成为西安共性知识领域重要的策源地,其物理学跨学科、冷凝物质、材料科学跨学科、物理化学等主导学科领域与共性知识领域基本契合。而其支柱学科和主导学科领域对交叉知识和前沿知识领域的贡献程度有限,关联程度较低,仅临床医学及其皮肤医学、外科学等知识领域与交叉知识领域具有较明显的重合度。

表 5-27 西安热点知识领域的承载量统计（前 20 位）

共性领域		交叉领域		前沿领域	
知识领域	数量	知识领域	数量	知识领域	数量
材料科学跨学科	13	皮肤医学	6	工程学和生物医学工程	8
设备和仪器	12	考古学	5	教育学	7
冷凝物质	11	商学	5	自然地理学	7
涂料和薄膜	10	外科学	5	公共事业、环境和职业健康	7
机械学	10	心脏和心血管系统	4	生物学	5
物理学跨学科	10	临床神经学	4	肿瘤学	5
数学跨学科应用	8	经济学	4	生理学	5
纳米科学和纳米技术	8	管理学	4	细胞生物学	4
物理化学	7	医学信息学	4	内分泌学和新陈代谢	4
能源和燃料	7	产科医学和妇科医学	4	环境研究	4
地球科学跨学科	7	眼科学	4	老年病学和老年医学	4
显微镜学	7	病理学	4	免疫学	4
光谱学	7	小儿科	4	传染疾病	4
水资源	7	末梢血管病	4	生物材料科学	4
分析化学	6	应用心理学	4	数学和计算生物学	4
计算机科学和信息系统	6	社会科学跨学科	4	应用数学	4
计算机科学跨学科应用	6	社会学	4	医学全科和内科	4
环境工程学	6	移植学	4	医学研究和实验	4
绿色可持续科学技术	6	泌尿学和肾脏病	4	神经病学	4
生物多样性保护	5	敏感症	3	生物化学和分子生物学	3

续表

共性领域		交叉领域		前沿领域	
知识领域	数量	知识领域	数量	知识领域	数量
承载量之和	219	承载量之和	157	承载量之和	104
承载量之和/区域总数	13.53%	承载量之和/区域总数	9.70%	承载量之和/区域总数	6.42%

资料来源:笔者自制。

（6）南京:与北京类似,南京知识生产以共性知识领域(15.72%)为主,交叉知识领域(7.58%)和前沿知识领域(7.62%)也占据相对重要地位(见表5-28)。生物学、化学、农学、计算机科学与工程等支柱学科成为南京共性知识生产的主要来源,主要归因于南京大学等一流高校的优势学科支撑;其主导学科领域与共性知识领域基本重合,以进化生物学、有机化学、农业跨学科、计算机科学和信息系统等分支领域为代表。此外,生物学和临床医学等支柱学科也贡献了较重要的前沿知识,尤其是生物物理学、内分泌学和新陈代谢、神经病学等主导学科领域,与共性知识领域具有较高的关联度和重合度。而南京的支柱学科及其主导学科领域对交叉知识生产的贡献度则较低。

表5-28　南京热点知识领域的承载量统计(前20位)

共性领域		交叉领域		前沿领域	
知识领域	数量	知识领域	数量	知识领域	数量
生物工艺学和应用微生物学	18	数学	8	生物学	13
生态学	16	医学化验技术	8	生物物理学	13
生物多样性保护	14	区域和城市规划	8	生物化学和分子生物学	12
计算机科学跨学科应用	14	城市研究	7	自然地理学	11
环境科学	14	历史学和哲学	7	免疫学	11
地球科学跨学科	14	考古学	6	应用数学	11

续表

共性领域		交叉领域		前沿领域	
知识领域	数量	知识领域	数量	知识领域	数量
绿色可持续科学技术	14	临床神经学	6	药理学和药剂学	11
毒理学	14	发展学	6	工程学和生物医学工程	10
进化生物学	13	血液学	6	公共事业、环境和职业健康	10
化学跨学科	12	信息学和图书馆学	6	细胞生物学	9
有机化学	12	末梢血管病	6	内分泌学和新陈代谢	9
计算机科学和信息系统	12	天文学和天体物理学	5	数学和计算生物学	9
食品科学和技术	12	皮肤医学	5	环境研究	8
植物学	12	伦理学	5	生物材料科学	8
光谱学	12	劳动和劳资关系	5	医学研究和实验	8
农业跨学科	11	逻辑学	5	生理学	8
生物化学研究方法	11	呼吸系统	5	发育生物学	7
环境工程学	11	统计学和概率	5	教育学	7
遗传学和遗传性	11	泌尿学和肾脏病	5	肿瘤学	7
纳米科学和纳米技术	11	敏感症	4	神经病学	7
承载量之和	423	承载量之和	204	承载量之和	205
承载量之和/总数	15.72%	承载量之和/总数	7.58%	承载量之和/总数	7.62%

资料来源:笔者自制。

(7)成都:成都的共性知识领域(15.74%)具有较突出的比较优势,而交叉知识领域(6.96%)和前沿知识领域(7.73%)也在知识生产中占据较重要的地位,其知识结构与南京类同(见表5-29)。其中,化学、物理学等自然科学,以及以之为基础的材料科学与工程是成都共性知识领域生产的主导者,以应用化学、化学跨学科、冷凝物质、材料科学跨学科等主导学科领域最典型。而临床医学和公共卫生等学科大类及其热带医学、卫生保健科学和服务、生理学、公共事业、环境和职业健康等主导学科领域也贡献了较多的交叉知识和前沿知识。

表 5-29　成都热点知识领域的承载量统计（前 20 位）

共性领域		交叉领域		前沿领域	
知识领域	数量	知识领域	数量	知识领域	数量
材料科学跨学科	10	热带医学	5	工程学和生物医学工程	8
冷凝物质	10	临床神经学	4	生物材料科学	7
涂料和薄膜	9	卫生保健科学和服务	4	生物化学和分子生物学	6
应用化学	8	医学信息学	4	自然地理学	6
化学跨学科	8	眼科学	4	药理学和药剂学	6
计算机科学跨学科应用	8	耳鼻喉学	4	公共事业、环境和职业健康	6
数学跨学科应用	8	敏感症	3	生物学	5
地球科学跨学科	7	皮肤医学	3	教育学	5
绿色可持续科学技术	7	医学化验技术	3	传染疾病	5
生物工艺学和应用微生物学	6	产科医学和妇科医学	3	医学全科和内科	5
医用化学	6	病理学	3	肿瘤学	5
有机化学	6	末梢血管病	3	生理学	5
物理化学	6	呼吸系统	3	生物物理学	4
电化学	6	外科学	3	细胞生物学	4
环境工程学	6	心脏和心血管系统	2	发育生物学	4
设备和仪器	6	通信科学	2	内分泌学和新陈代谢	4
机械学	6	血液学	2	免疫学	4
纳米科学和纳米技术	6	人文科学跨学科	2	数学和计算生物学	4
光谱学	6	劳动和劳资关系	2	应用数学	4
水资源	6	逻辑学	2	医学研究和实验	4
承载量之和	224	承载量之和	99	承载量之和	110

续表

共性领域		交叉领域		前沿领域	
知识领域	数量	知识领域	数量	知识领域	数量
承载量之和/区域总数	15.74%	承载量之和/区域总数	6.96%	承载量之和/区域总数	7.73%

资料来源:笔者自制。

(8)武汉:与南京和成都接近,武汉的知识生产也以共性知识领域(15.65%)居多,以交叉知识领域(8.47%)和前沿知识领域(7.00%)为补充,呈现较典型的"共性知识为主、交叉前沿为辅"特征(见表5-30)。武汉以生物学、化学、物理学、计算机科学与工程等一级学科为支柱,在生物化学研究方法、计算机科学跨学科应用等学科领域生产了较丰富的共性知识。此外,其临床医学和物理学等支柱学科及其热带医学、天文学和天体物理学等主导学科领域则在交叉知识领域存在一定贡献,但对前沿知识领域的贡献度和关联度较低,仅限于生物学、内分泌学和新陈代谢等少数学科领域。

表5-30　武汉热点知识领域的承载量统计(前20位)

共性领域		交叉领域		前沿领域	
知识领域	数量	知识领域	数量	知识领域	数量
环境科学	16	热带医学	10	生物学	13
计算机科学跨学科应用	15	病毒学	8	生物化学和分子生物学	11
环境工程学	14	考古学	7	自然地理学	11
水资源	14	城市研究	7	生理学	10
地球科学跨学科	13	天文学和天体物理学	6	公共事业、环境和职业健康	10
设备和仪器	13	商学	6	生物物理学	9
生物化学研究方法	12	信息学和图书馆学	6	发育生物学	8
能源和燃料	11	劳动和劳资关系	5	免疫学	8

续表

共性领域		交叉领域		前沿领域	
知识领域	数量	知识领域	数量	知识领域	数量
绿色可持续科学技术	11	管理学	5	传染疾病	8
毒理学	11	区域和城市规划	5	细胞生物学	7
生物工艺学和应用微生物学	10	社会学	5	内分泌学和新陈代谢	7
生态学	10	通信科学	4	数学和计算生物学	7
电化学	10	发展学	4	教育学	6
显微镜学	10	经济学	4	生物材料科学	5
分析化学	9	伦理学	4	医学研究和实验	5
化学跨学科	9	鸟类学	4	药理学和药剂学	5
进化生物学	9	病理学	4	神经病学	5
遗传学和遗传性	9	应用心理学	4	环境研究	4
机械学	9	社会心理学	4	医学全科和内科	4
微生物学	9	社会科学跨学科	4	工程学和生物医学工程	3
承载量之和	340	承载量之和	184	承载量之和	152
承载量之和/区域总数	15.65%	承载量之和/区域总数	8.47%	承载量之和/区域总数	7.00%

资料来源:笔者自制。

（9）天津:天津交叉知识领域(7.46%)和前沿知识领域(8.13%)的知识生产规模相当,而共性知识领域(17.27%)具有较突出的主体地位,呈现典型的"共性知识主导、交叉前沿辅助"结构(见表5-31)。生物学、化学、材料科学与工程等支柱学科成为共性知识生产的最主要贡献源;其生物化学研究方法、应用化学、物理化学、材料科学跨学科等主导学科领域与共性知识领域具有较高重合度。但其支柱学科及其主导学科领域对交叉知识和前沿知识领域的贡献度较低,仅限于临床医学(血液学等)、生物学(生物化学和分子生物学、生物物理学等)等少数学科及其主导领域。

表 5-31　天津热点知识领域的承载量统计(前 20 位)

共性领域		交叉领域		前沿领域	
知识领域	数量	知识领域	数量	知识领域	数量
应用化学	10	血液学	5	生物化学和分子生物学	9
生物化学研究方法	9	末梢血管病	5	生物物理学	7
化学跨学科	8	心脏和心血管系统	4	细胞生物学	6
物理化学	8	移植学	4	工程学和生物医学工程	6
光谱学	8	临床神经学	3	生物学	5
生物工艺学和应用微生物学	7	管理学	3	教育学	5
医用化学	7	医学信息学	3	内分泌学和新陈代谢	5
环境工程学	7	医学化验技术	3	数学和计算生物学	5
有机化学	6	病理学	3	医学研究和实验	5
能源和燃料	6	呼吸系统	3	药理学和药剂学	5
遗传学和遗传性	6	泌尿学和肾脏病	3	老年病学和老年医学	4
绿色可持续科学技术	6	病毒学	3	免疫学	4
材料科学跨学科	6	敏感症	2	生物材料科学	4
数学跨学科应用	6	金融学	2	全科和内科医学	4
纳米科学和纳米技术	6	人口统计学	2	肿瘤学	4
水资源	6	皮肤医学	2	生理学	4
农业跨学科	5	经济学	2	发育生物学	3
细胞和组织工程学	5	卫生保健科学和服务	2	神经病学	3
分析化学	5	信息学和图书馆学	2	自然地理学	2
电化学	5	数学	2	传染疾病	2
承载量之和	206	承载量之和	89	承载量之和	97
承载量之和/区域总数	17.27%	承载量之和/区域总数	7.46%	承载量之和/区域总数	8.13%

资料来源:笔者自制。

414

（10）杭州：与其他综合性国家科学中心选育城市类同，杭州的知识生产也呈现"一主两辅"结构：以共性知识领域（15.01%）为主导，以交叉知识领域（8.40%）和前沿知识领域（6.87%）为补充（见表5-32）。其中，共性知识基本来源于生物学、化学、计算机科学与工程等支柱学科，这主要得益于浙江大学等一流大学的学科贡献。主导领域与共性领域有一定重合度，如生物化学研究方法、电化学、计算机科学（信息系统、跨学科应用）等。其支柱学科及主导领域与交叉领域、前沿领域的关联度低。

表5-32 杭州热点知识领域的承载量统计（前20位）

共性领域		交叉领域		前沿领域	
知识领域	数量	知识领域	数量	知识领域	数量
生物化学研究方法	5	病毒学	3	生物学	4
解剖学和形态学	4	皮肤医学	2	生物医学	4
生物工艺学和应用微生物学	4	卫生保健科学和服务	2	生物材料科学	4
分析化学	4	血液学	2	生物化学和分子生物学	3
化学跨学科	4	医学化验技术	2	生物物理学	3
计算机科学和信息系统	4	产科医学和妇科医学	2	细胞生物学	3
计算机科学跨学科应用	4	耳鼻喉学	2	传染疾病	3
电化学	4	病理学	2	数学和计算生物学	3
能源和燃料	4	小儿科	2	生理学	3
设备和仪器	4	心理学跨学科	2	发育生物学	2
材料科学跨学科	4	呼吸系统	2	内分泌学和新陈代谢	2
机械学	4	外科学	2	老年病学和老年医学	2
微生物学	4	移植学	2	免疫学	2
显微镜学	4	泌尿学和肾脏病	2	医学全科和内科	2

共性领域		交叉领域		前沿领域	
知识领域	数量	知识领域	数量	知识领域	数量
纳米科学和纳米技术	4	敏感症	1	医学研究和实验	2
细胞和组织工程学	3	考古学	1	肿瘤学	2
应用化学	3	亚洲研究	1	药理学和药剂学	2
物理化学	3	商学	1	神经病学	2
生态学	3	金融学	1	公共事业、环境和职业健康	2
环境工程学	3	心脏和心血管系统	1	教育学	1
承载量之和	118	承载量之和	66	承载量之和	54
承载量之和/区域总数	15.01%	承载量之和/区域总数	8.40%	承载量之和/区域总数	6.87%

资料来源:笔者自制。

(11)长沙:与其他城市类似,长沙战略科技力量的知识生产主要以共性知识领域(15.40%)为主,但其交叉知识领域(7.6%)和前沿知识领域(7.18%)规模较小、比重较低(见表5-33)。其材料科学与工程、化学、计算机科学与工程等支柱学科主要由中南大学、湖南大学等少数一流高校支撑,成为全市共性知识生产的主要来源;以材料科学跨学科、电化学、计算机科学跨学科应用等分支学科领域为主导,与共性知识领域具有较高重合度。而支柱学科和主导领域与交叉知识、前沿知识领域的关联度低、支撑度小,导致全市前沿交叉知识的规模明显小于南京和武汉等综合性国家科学中心选育城市。

表5-33　长沙热点知识领域的承载量统计(前20位)

共性领域		交叉领域		前沿领域	
知识领域	数量	知识领域	数量	知识领域	数量
材料科学跨学科	8	医学信息学	4	生物材料科学	5
计算机科学跨学科应用	7	统计学和概率	3	数学和计算生物学	5

续表

共性领域		交叉领域		前沿领域	
知识领域	数量	知识领域	数量	知识领域	数量
生物工艺学和应用微生物学	6	商学	2	生物学	4
电化学	6	经济学	2	生物物理学	4
设备和仪器	6	伦理学	2	细胞生物学	4
涂料和薄膜	6	国际关系	2	内分泌学和新陈代谢	4
数学跨学科应用	6	数学	2	工程学和生物医学工程	4
机械学	6	医学化验技术	2	生理学	4
分析化学	5	产科医学和妇科医学	2	生物化学和分子生物学	3
物理化学	5	耳鼻喉学	2	发育生物学	3
计算机科学和信息系统	5	小儿科	2	自然地理学	3
环境工程学	5	末梢血管病	2	免疫学	3
食品科学和技术	5	哲学	2	应用数学	3
绿色可持续科学技术	5	临床心理学	2	公共事业、环境和职业健康	3
纳米科学和纳米技术	5	心理学跨学科	2	教育学	2
农业跨学科	4	区域和城市规划	2	环境研究	2
生物化学研究方法	4	宗教学	2	老年病学和老年医学	2
应用化学	4	社会科学跨学科	2	传染疾病	2
能源和燃料	4	社会学	2	医学研究和实验	2
遗传学和遗传性	4	热带医学	2	肿瘤学	2
承载量之和	148	承载量之和	73	承载量之和	69
承载量之和/区域总数	15.40%	承载量之和/区域总数	7.60%	承载量之和/区域总数	7.18%

资料来源:笔者自制。

　　(12)重庆:重庆战略科技力量的知识生产仍以共性知识领域(17.10%)为主导,以交叉知识领域(5.78%)和前沿知识领域(7.78%)为辅助(见表

5-34)。相较合肥,重庆的共性知识生产规模较小,但交叉和前沿知识生产比重较大。与其他城市不同的是,重庆的支柱学科和主导领域对共性、交叉和前沿知识生产的贡献度均较低。仅限于化学等学科及其电化学等领域与共性知识领域关联度较大,生物学等学科及生物物理学等领域对前沿知识领域具有一定的支撑度。

表 5-34　重庆热点知识领域的承载量统计(前 20 位)

共性领域		交叉领域		前沿领域	
知识领域	数量	知识领域	数量	知识领域	数量
能源和燃料	7	病理学	3	工程学和生物医学工程	6
绿色可持续科学技术	7	病毒学	3	生物化学和分子生物学	4
设备和仪器	7	临床神经学	2	生物学	4
电化学	6	皮肤医学	2	生物物理学	4
机械学	6	发展学	2	生物材料科学	4
生物工艺学和应用微生物学	5	血液学	2	生理学	4
分析化学	5	数学	2	细胞生物学	3
计算机科学和信息系统	5	医学化验技术	2	发育生物学	3
环境工程学	5	政治学	2	免疫学	3
涂料和薄膜	5	区域和城市规划	2	传染疾病	3
生物化学研究方法	4	呼吸系统	2	数学和计算生物学	3
化学跨学科	4	统计学和概率	2	医学研究和实验	3
计算机科学跨学科应用	4	城市研究	2	肿瘤学	3
遗传学和遗传性	4	亚洲研究	1	药理学和药剂学	3
材料科学跨学科	4	金融学	1	教育学	2
数学跨学科应用	4	心脏和心血管系统	1	内分泌学和新陈代谢	2
显微镜学	4	通信科学	1	环境研究	2
纳米科学和纳米技术	4	人文科学跨学科	1	老年病学和老年医学	2

续表

共性领域		交叉领域		前沿领域	
知识领域	数量	知识领域	数量	知识领域	数量
冷凝物质	4	法学	1	应用数学	2
光谱学	4	逻辑学	1	全科和内科医学	2
承载量之和	145	承载量之和	49	承载量之和	66
承载量之和/区域总数	17.10%	承载量之和/区域总数	5.78%	承载量之和/区域总数	7.78%

资料来源:笔者自制。

（13）济南:与重庆略不同,济南三类知识发展较均衡:共性知识领域（10.12%）、交叉知识领域（12.12%）和前沿知识领域（8.38%）比重相当,均占据重要地位（见表5-35）。支柱学科和主导领域与共性、交叉和前沿知识的关联度较低,战略科技力量的学科优势没有充分发挥,仅在生物物理学领域具有较大贡献。

表5-35　济南热点知识领域的承载量统计（前20位）

共性领域		交叉领域		前沿领域	
知识领域	数量	知识领域	数量	知识领域	数量
能源和燃料	3	心脏和心血管系统	2	医学研究和实验	3
医用化学	2	临床神经学	2	生物化学和分子生物学	2
物理化学	2	皮肤医学	2	生物物理学	2
环境工程学	2	血液学	2	内分泌学和新陈代谢	2
材料科学跨学科	2	医学化验技术	2	工程学和生物医学工程	2
神经科学	2	末梢血管病	2	老年病学和老年医学	2
冷凝物质	2	临床心理学	2	全科和内科医学	2
解剖学和形态学	1	外科学	2	肿瘤学	2

共性领域		交叉领域		前沿领域	
知识领域	数量	知识领域	数量	知识领域	数量
生物工艺学和应用微生物学	1	泌尿学和肾脏病	2	药理学和药剂学	2
细胞和组织工程学	1	敏感症	1	生物学	1
化学跨学科	1	考古学	1	细胞生物学	1
计算机科学跨学科应用	1	天文学和天体物理学	1	发育生物学	1
生态学	1	伦理学	1	教育学	1
电化学	1	卫生保健科学和服务	1	免疫学	1
环境科学	1	人文科学跨学科	1	传染疾病	1
遗传学和遗传性	1	劳动和劳资关系	1	应用数学	1
地球科学跨学科	1	法学	1	生理学	1
绿色可持续科学技术	1	国际关系	1	神经病学	1
设备和仪器	1	数学	1	公共事业、环境和职业健康	1
涂料和薄膜	1	医学伦理学	1		
承载量之和	35	承载量之和	44	承载量之和	29
承载量之和/区域总数	10.12%	承载量之和/区域总数	12.72%	承载量之和/区域总数	8.38%

资料来源:笔者自制。

　　(14)郑州:郑州的知识生产结构也相对均衡,共性知识领域(13.89%)、交叉知识领域(8.73%)和前沿知识领域(9.13%)的知识生产规模和比重相当,均占据重要地位(见表5-36)。但整个城市的支柱学科和主导领域与三者的关联程度较低,仅少数学科发挥支撑作用,基本锁定于生理学等学科领域,主要由郑州大学所贡献。

表 5-36　郑州热点知识领域的承载量统计(前 20 位)

共性领域		交叉领域		前沿领域	
知识领域	数量	知识领域	数量	知识领域	数量
生物工艺学和应用微生物学	2	敏感症	1	生物化学和分子生物学	2
分析化学	2	考古学	1	工程学和生物医学工程	2
应用化学	2	心脏和心血管系统	1	生理学	2
物理化学	2	临床神经学	1	神经病学	2
电化学	2	卫生保健科学和服务	1	生物学	1
遗传学和遗传性	2	血液学	1	生物物理学	1
农业跨学科	1	医学信息学	1	细胞生物学	1
生物化学研究方法	1	医学化验技术	1	发育生物学	1
细胞和组织工程学	1	产科医学和妇科医学	1	内分泌学和新陈代谢	1
医用化学	1	眼科学	1	老年病学和老年医学	1
化学跨学科	1	耳鼻喉学	1	免疫学	1
有机化学	1	病理学	1	传染疾病	1
计算机科学跨学科应用	1	小儿科	1	生物材料科学	1
生态学	1	末梢血管病	1	应用数学	1
能源和燃料	1	临床心理学	1	医学全科和内科	1
环境工程学	1	心理学跨学科	1	医学研究和实验	1
环境科学	1	呼吸系统	1	肿瘤学	1
食品科学和技术	1	社会工作	1	药理学和药剂学	1
绿色可持续科学技术	1	外科学	1	公共事业、环境和职业健康	1
设备和仪器	1	移植学	1		
承载量之和	35	承载量之和	22	承载量之和	23
承载量之和/区域总数	13.89%	承载量之和/区域总数	8.73%	承载量之和/区域总数	9.13%

资料来源:笔者自制。

（15）哈尔滨：与合肥类似，哈尔滨的知识生产以共性知识领域（20.04%）为引领；略微不同的是，哈尔滨的前沿知识领域（6.15%）占据重要地位，其交叉知识领域（3.69%）仍有待发展（见表5-37）。与重庆、济南、郑州三市一样，哈尔滨的支柱学科和主导领域对三大知识领域生产的贡献度均较低，其一流学科优势无法高效支撑城市热点知识生产。

表5-37　哈尔滨热点知识领域的承载量统计（前20位）

共性领域		交叉领域		前沿领域	
知识领域	数量	知识领域	数量	知识领域	数量
涂料和薄膜	6	病毒学	3	生物化学和分子生物学	3
机械学	6	信息学和图书馆学	2	生物学	3
电化学	5	数学	2	生物物理学	3
能源和燃料	5	医学信息学	2	细胞生物学	2
材料科学跨学科	5	热带医学	2	发育生物学	2
生物工艺学和应用微生物学	4	敏感症	1	工程学和生物医学工程	2
分析化学	4	商学	1	免疫学	2
应用化学	4	伦理学	1	传染疾病	2
物理化学	4	卫生保健科学和服务	1	数学和计算生物学	2
绿色可持续科学技术	4	管理学	1	应用数学	2
数学跨学科应用	4	鸟类学	1	药理学和药剂学	2
纳米科学和纳米技术	4	呼吸系统	1	生理学	2
光谱学	4	社会科学跨学科	1	公共事业、环境和职业健康	2
毒理学	4	外科学	1	教育学	1
农业跨学科	3	城市研究	1	内分泌学和新陈代谢	1
生物化学研究方法	3			环境研究	1
信息系统	3			自然地理学	1

续表

共性领域		交叉领域		前沿领域	
知识领域	数量	知识领域	数量	知识领域	数量
计算机科学跨学科应用	3			生物材料科学	1
环境工程学	3			医学研究和实验	1
环境科学	3				
承载量之和	114	承载量之和	21	承载量之和	35
承载量之和/区域总数	20.04%	承载量之和/区域总数	3.69%	承载量之和/区域总数	6.15%

资料来源:笔者自制。

(三) 核心功能:科学研究体系中的角色定位

根据知识承载量和技术承载量比例关系,战略科技力量在科学研究体系中的主体角色存在明显差异,相应可以划分为科学导向研究者、应用导向研究者、跨界融合研究者、平台生态跟随者四种类型(见图5-7)。

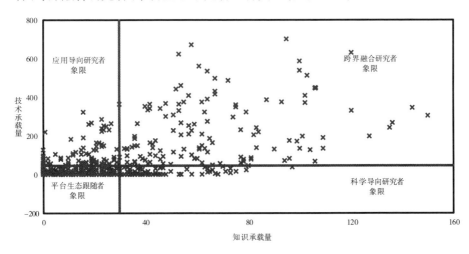

图 5-7　基于知识承载量和技术承载量的战略科技力量角色定位

资料来源:笔者自绘。

　　从角色类型分布来看(见图5-8a),战略科技力量的角色地位以科学导向研究者和平台生态追随者为主导,二者规模合计占总数的近八成,而应用导向研究者和跨界融合研究者数量较少,表明国家在原始知识创新和综合公共服务两端力量投入较强,而将科技成果转化为产业经济发展绩效的主体规模略显不足,亟须打通"科技"和"经济"之间的"藩篱"。

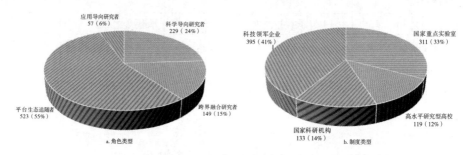

图5-8　战略科技力量角色类型和制度类型数量分布

资料来源:笔者自绘。

　　从制度类型分布来看(见图5-8b),战略科技力量以科技领军企业和国家重点实验室为主体,二者数量合计占总数的74%,而国家科研机构和高水平研究型高校占比较少,进一步说明战略科技力量在链接市场需求与前沿科学的中间地带分布较为稀疏,无法高效支撑产学研高度一体化,实现创新链与产业链深度融合。

　　从主体角色分布来看,科技领军企业角色定位以平台生态追随者为主,以应用导向研究者为辅,聚焦前沿关键技术突破和技术转移转化环节。高水平研究型高校主要扮演跨界融合研究者角色,基本承担原始创新和关键核心技术突破。国家重点实验室兼具平台生态追随者和科学导向研究者双重角色,聚焦基础科学研究和关键核心技术突破。而国家研究机构的角色定位多样,涉及科学导向研究者、跨界融合研究者和平台生态追随者等多重角色,主要面向国家战略、市场需求和学科前沿,致力于基础研究和应用基础研究(见图5-9)。

图5-9　战略科技力量角色类型和制度类型的数量对应关系

资料来源:笔者自绘。

1. 科学导向研究者

科学导向研究者以原始创新突破为主,由国家重点实验室引领,集中于前沿基础的生命—临床科学和多学科交叉的自然科学领域。主要位于图5-7的第四象限内,是以科学知识创造为导向的研究者,拥有较多的优势知识领域和较大的知识承载量,但形成关键技术优势的能力相对较弱。

科学导向研究者主要聚焦自然规律一般性的推导或归纳,以揭示新现象或建立新理论的科学研究为首要目标,一般不直接参与具体产业化应用工作(刘则渊,2018)①。科学导向研究者深耕重大科技成果所依托的基础学科和共性学科,为市场竞争前的技术研究工作提供纯科学的理论支撑,同时为科研界和产业界培养高层次科学人才,为后续科技成果产业化应用提供知识和人员储备。

科学导向研究者的主体半数以上是国家重点实验室,其次是国家科研机

————————————

① 刘则渊:《技术科学与国家创新驱动发展战略——学习钱学森的技术科学思想》,《钱学森研究》2018年第2期。

构,"双一流"高校和科技领军企业占比较低(见图5-9)。以纯科学研究为主旨的高水平研究型高校数量较少,大量高校还承担了技术转移转化与产业化方面工作,开始"转战"产学研协同创新场域。

科研导向研究者的学科领域相对集中,主要布局生命科学和医学健康学科,其承载量排名前20位的知识领域有16个属于生命科学。生物学、生物工程、生态学、药学、农学是其重点优势学科,涉及生物化学、分子生物学、生物工艺学、应用微生物学、遗传学、进化生物学、细胞学、毒理学、植物学等具体知识领域(见表5-38)。其次是以环境科学、地球科学跨学科等为代表的自然科学,而工程技术、社会科学和人文艺术科学等学科处于边缘地位,其核心知识领域具有典型的多学科交叉性,表明科学导向研究者需要集合异质性学科知识。

表5-38 科学导向研究者的知识领域分布及代表性战略科技力量

知识领域	学科种类	知识承载量	代表性战略科技力量
生物化学和分子生物学	生物学	118	分子生物学国家重点实验室、生物大分子国家重点实验室、蛋白质与植物基因研究国家重点实验室等
生物学	生物学	118	中国科学院古脊椎动物与古人类研究所、中国科学院北京生命科学研究院、中国科学院分子细胞科学卓越创新中心等
生物化学研究方法	生物学	110	蛋白质组学国家重点实验室、博奥生物集团有限公司、扬子江药业集团有限公司等
生物工艺学和应用微生物学	生物工程	109	中国科学院天津工业生物技术研究所、微生物技术国家重点实验室、生物反应器工程国家重点实验室等
遗传学和遗传性	生物学	105	遗传资源与进化国家重点实验室、中国科学院北京基因组研究所、作物遗传与种质创新国家重点实验室等
微生物学	生物学	97	微生物资源前期开发国家重点实验室、微生物技术国家重点实验室、中国科学院微生物研究所等
生物物理学	生物学	95	中国科学院生物物理研究所、脑与认知科学国家重点实验室、膜生物学国家重点实验室等

知识领域	学科种类	知识承载量	代表性战略科技力量
进化生物学	生物学	95	系统与进化植物学国家重点实验室、遗传资源与进化国家重点实验室、中国科学院昆明动物研究所等
细胞生物学	生物学	91	细胞生物学国家重点实验室、干细胞与生殖生物学国家重点实验室、医学分子生物学国家重点实验室等
生态学	生态学	89	植被与环境变化国家重点实验室、中国科学院西双版纳热带植物园、草地农业生态系统国家重点实验室等
毒理学	药学	85	有机地球化学国家重点实验室、安徽省皖北煤电集团有限责任公司、生殖医学国家重点实验室等
植物学	农学	85	杂交水稻国家重点实验室、作物生物学国家重点实验室、旱区作物逆境生物学国家重点实验室等
免疫学	基础医学	84	中国科学院上海巴斯德研究所、病原微生物生物安全国家重点实验室、传染病预防控制国家重点实验室等
农业跨学科	农学	83	茶树生物学与资源利用国家重点实验室、植物病虫害生物学国家重点实验室、中国科学院亚热带农业生态研究所等
环境科学	环境科学与工程	80	中国科学院科技战略咨询研究院、中国科学院地理科学与资源研究所、地表过程与资源生态国家重点实验室等
药理学和药剂学	药学	79	江苏恒瑞医药股份有限公司、天然药物活性物质与功能国家重点实验室、天士力医药集团股份有限公司等
地球科学跨学科	地球科学	78	黄土与第四纪地质国家重点实验室、生物地质与环境地质国家重点实验室、地质灾害防治与地质环境保护国家重点实验室等
生物多样性保护	生态学	76	水利部中国科学院、水工程生态研究所、中国科学院华南植物园、中国科学院动物研究所等
内分泌学和新陈代谢	临床医学	76	医学基因组学国家重点实验室、肾脏疾病国家重点实验室、心血管疾病国家重点实验室等
发育生物学	生物学	75	神经科学国家重点实验室、分子发育生物学国家重点实验室、农业生物技术国家重点实验室等

注:取知识承载量排名前20位的知识领域,本小节其余表同。

资料来源:笔者自制。

2. 应用导向研究者

应用导向研究者以关键技术攻坚为主,主体为科技领军企业和技术导向型科研院所,由工程应用牵引和自然科学推动,基本位于图 5-7 第二象限内。是以技术的市场化应用为导向的研究者,负载较强大的关键技术专业优势,但产出理论知识的能力相对较弱。应用导向研究者瞄准具体的市场需求,直接解决现实生产力问题,一般不直接参与基础学科研究,而是赋予前沿知识高度的工程实用性和专业性,将其发展为技术学问、诀窍知识和行业标准(刘则渊,2018)。其典型成果是具有高度产业化前景的先进工艺技术、工程设计和创新产品,专用性手段以专利产权、商业机密为主。

应用导向研究者传达实际应用需求,推动科研人员顺利实现原始科技成果的转移转化,其主体全部为企业和科研机构,不包含高校实验室(见图5-10)。主要面向战略性新兴技术市场化应用,由自主研发实力强大的科技领军企业所主导,由承接关键核心技术攻坚任务的科研院所支撑。

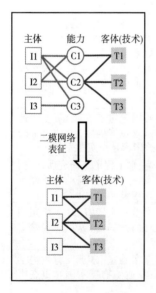 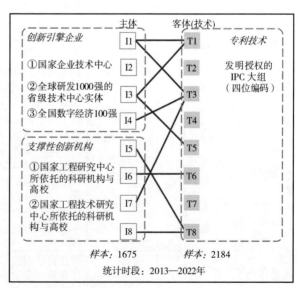

图 5-10 创新主体—客体数据库构建框架

资料来源:笔者自绘。

应用导向研究者的学科领域具有鲜明的应用性,主要集中于工程技术和自然科学类,表现出工程应用牵引和自然科学推动的双重性质,而其余四种学科大类知识承载量都很少(见表5-39)。承载量排名前20位的知识领域中,各类工程技术研发和物理、化学等自然学科研究共同组成了应用导向研究者的基本研究场域。一方面,其部分知识领域高度依赖在实践中进行的工程试验、设计和建造活动,以满足研究主体对人工自然进行设计和改造的需求,如材料科学跨学科、能源和燃料、电气和电子、设备和仪器、纳米科学和纳米技术、机械工程学、计算机科学和信息系统等分支学科领域。另一方面,部分知识领域高度依赖基础学科的科学实验、公理系统、演绎推理等手段,以总结人工自然过程的一般机制和原理,以物理化学、化学跨学科、冷凝物质、光学、原子能、分子能和化学等分支领域为代表。

表5-39　应用导向研究者的知识领域分布及代表性战略科技力量

知识领域	学科种类	知识承载量	代表性战略科技力量
材料科学跨学科	材料科学与工程	25	大连华锐重工集团股份有限公司、中国科学院金属研究所、东方电气集团东方汽轮机有限公司等
能源和燃料	能源科学与工程	20	中国科学院广州能源研究所、珠海格力电器股份有限公司、潍柴动力股份有限公司等
电气和电子	电力电子工程	20	株洲中车时代电气股份有限公司、安徽华东光电技术研究所有限公司、许继集团有限公司等
应用物理学	物理学	20	中国科学院上海技术物理研究所、中国科学院半导体研究所、中国科学院物理研究所等
设备和仪器	仪器科学	19	海信集团有限公司、武汉船用机械有限责任公司、中国科学院近代物理研究所等
物理化学	化学	18	中国科学院山西煤炭化学研究所、国家纳米科学中心、中国科学院化学研究所等
化学跨学科	化学	17	中国科学院上海有机化学研究所、中国科学院化学研究所、中国科学院广州化学有限公司等
纳米科学和纳米技术	纳米科学与技术	17	国家纳米科学中心、中国科学院苏州纳米技术与纳米仿生研究所、中国科学院微电子研究所等

续表

知识领域	学科种类	知识承载量	代表性战略科技力量
机械工程学	工程学	15	奇瑞汽车股份有限公司、中联重科股份有限公司、海尔集团公司等
计算机科学和信息系统	计算机科学与工程	14	华为技术有限公司、北京奇虎科技有限公司、东软集团股份有限公司等
电化学	化学	14	潍柴动力股份有限公司、中国科学院上海硅酸盐研究所、深圳迈瑞生物医疗电子股份有限公司等
冶金和冶金工程学	冶金工程	14	中国科学院金属研究所、东方电气集团东方汽轮机有限公司、中冶长天国际工程有限责任公司等
冷凝物质	物理学	14	中车齐齐哈尔车辆有限公司、中国科学院物理研究所、中国科学院微电子研究所等
光学	物理学	14	中国科学院上海光学精密机械研究所、中国科学院光电技术研究所、中兴通讯股份有限公司等
涂料和薄膜	材料科学与工程	13	大连华锐重工集团股份有限公司、中国科学院广州化学有限公司、东方电气集团东方汽轮机有限公司等
物理学跨学科	物理学	13	中国科学院物理研究所、中国科学院近代物理研究所、中国科学院高能物理研究所等
热力学	物理学	12	中国科学院工程热物理研究所、珠海格力电器股份有限公司、航天东方红卫星有限公司等
制造工程学	机械工程	12	中联重科股份有限公司、武汉船用机械有限责任公司、四川九洲电器集团有限责任公司等
原子能、分子能和化学	物理学	12	中国科学院近代物理研究所、中国科学院化学研究所、中国科学院高能物理研究所等
结晶学	化学	12	中国科学院福建物质结构研究所、中国科学院苏州纳米技术与纳米仿生研究所、中国科学院上海硅酸盐研究所等

资料来源:笔者自制。

3. 跨界融合研究者

跨界融合研究者注重原始知识突破和关键技术攻坚并重,以综合性强的高水平研究型高校和国家科研机构为中坚,通过自然科学应用化、工程技术原理化、跨学科集成化来主导学科图谱和知识生产,位于图5-8的第一象限内。

跨界融合研究者不仅进入较多的知识领域,还拥有较大的关键技术规模。其功能概念来源于斯托克斯的"巴斯德"象限与钱学森提出的"技术科学"概念,是自然科学与工程技术各自向对方延伸、渗透、交织形成的特定研究形态(刘则渊,1997)[①]。既有明确的应用目的,也有基本的认识职能,呈现"应用导向的基础研究和基础理论背景的应用研究密切结合,科学的技术化和技术的科学化同步发展"特征(刘则渊和陈悦,2007)。

负载跨界融合功能的研究者是科技创新"双循环"的主要"桥梁"和"中介",通过连通基础科学的策源功效与工程技术的产业绩效,从而释放战略科技力量的创新动能。一方面,基于自然科学等基础学科知识的积淀,集成多学科的研究方法和思想,发展关于特定人工自然过程的设计或建造理念;另一方面,围绕关键核心技术的产业化目标开展应用性开发,集合跨学科的交叉组合能力满足产业界对新技术的需求,将理论形态的成果扩展为技术原理、实验装置、产品模型等。

跨界融合研究者最可能成为综合科研平台的建立者或运营方。虽然在新巴斯德象限的高科技活动取得发明成果的可能性大,但是并不能自发地实现高科技成果的转化。从事高科技研究、开发和成果转化的大学、科研院所及产业界,只有在政府的政策引导下紧密地联合起来,才能真正实现高科技成果的转化、创新和产业化(刘则渊和陈悦,2007)。

跨界融合研究者的组织高度依赖产学研协同创新网络,高校和科研机构成为跨领域、跨产业、跨组织科研的两大中坚力量,各自形成独特的螺旋演化路径。一方面,基础研究的具体问题导向愈加凸显技术跨学科性、知识弥散性、社会责任广泛性(Bozeman 等,2016)[②],导致研究型大学在内部学

---

① 刘则渊:《论科学技术与发展》,大连理工大学出版社 1997 年版,第 32—37 页。

② Bozeman B., Gaughan M., Youtie J., Slade C. P., Rimes H., "Research Collaboration Experiences, Good and Bad: Dispatches from the Front Lines", *Science & Public Policy*, Vol.43, No.2, 2016.

术逻辑和外部相关利益的驱动下逐渐向跨学科协同的模式推进(胡德鑫和纪璇,2022)[①];另一方面,工程技术实践中的经验、技术和知识需要上升到理论形态,形成科学路径促进工程技术实践发展(钱学森,1957)[②],即形成"揭示某类技术原理的辩证哲学"——"技术科学"(刘则渊,2018),促使新型研发机构和科研院所在发展模式、管理体制、运作机制方面不断革新,以市场需求为导向,实现创新链和产业链的高度一体化,如中国科学院深圳先进技术研究院构建了以科研为主,集教育、产业、资本于一体的微型协同创新生态系统(张守华,2017)[③]。

跨界融合研究者涉足的知识领域较广泛,学科大类较平衡(见表5-40)。排名前20知识领域中,跨界融合研究者的高承载量知识领域形成了三大学科发展脉络:自然科学迈向应用型学科、工程技术回归基础科学、跨学科系统集成(方岱宁等,2023)[④]。第一,自然科学学科向应用方向的拓展,以数学、化学、物理学和生物学最典型。具体而言,数学学科以应用数学和跨学科应用为主导,化学学科向应用化学和分析化学拓展,物理学以冷凝物质分支学科载荷较大知识量,生物学则以生物物理学为主体。第二,某类具体应用的工程技术学科向基础共性科学发展,集中于材料科学与技术、计算机科学与技术、环境工程技术三个大类,主要典型代表包括由涂料与薄膜技术深化发展至材料科学、由计算机实践上升到计算机科学理论和方法、由环境工程技术拓展至环境科学理论、由仪器设备技术拓展为仪器科学、由绿色建筑技术演进为土木工程理论等。第三,跨学科综合集成衍生新兴技术和原创理论,相对集中于战略性

---

① 胡德鑫、纪璇:《知识生产模式的现代转型与研究型大学跨学科组织的建构》,《高教探索》2022年第3期。

② 钱学森:《论技术科学》,《科学通报》1957年第3期。

③ 张守华:《基于巴斯德象限的我国科研机构技术创新模式研究》,《科技进步与对策》2017年第20期。

④ 方岱宁、刘彬、裴永茂、陈明继、张一慧、陈浩森、高汝鑫:《对钱学森技术科学思想的再认识》,《科学通报》2023年第10期。

新兴产业强支撑学科领域,主要包括数学的跨学科应用,计算机科学的信息系统、人工智能的跨学科应用,生物学的信息生物、生物化学等交叉学科,这是当前突破"卡脖子"技术困局的利器。

表5-40　跨界融合研究者的知识领域分布及代表性战略科技力量

知识领域	学科种类	知识承载量	代表性战略科技力量
数学跨学科应用	数学	78	中国科学院武汉岩土力学研究所、中国科学院沈阳自动化研究所、北京交通大学、中车株洲电力机车有限公司等
绿色可持续科学技术	土木工程	73	国网湖南省电力有限公司、华北电力大学、南京林业大学、金川集团股份有限公司等
光谱学	化学	73	中国科学院长春光学精密机械与物理研究所、中国科学院合肥物质科学研究院、中国科学院重庆绿色智能技术研究院、新疆大学等
电化学	化学	71	中国科学院长春应用化学研究所、中国科学院宁波材料技术与工程研究所、北京化工大学、中国科学院青岛生物能源与过程研究所等
涂料和薄膜	材料科学与工程	68	中国科学院兰州化学物理研究所、太原理工大学、北京科技大学、中车青岛四方机车车辆股份有限公司等
分析化学	化学	67	广东东阳光药业有限公司、中国药科大学、中国科学院大连化学物理研究所、西南大学等
计算机科学跨学科应用	计算机科学与工程	67	京东方科技集团股份有限公司、中国科学院计算技术研究所、中国商用飞机有限责任公司、湖南大学等
设备和仪器	仪器科学	66	中国科学院沈阳自动化研究所、中国科学院声学研究所、国防科技大学、北京航空航天大学等
数学和计算生物学	生物学	66	中国科学院苏州生物医学工程技术研究所、中国科学院深圳先进技术研究院、华中师范大学、内蒙古大学等
应用化学	化学	64	江南大学、中国科学院大连化学物理研究所、中国农业大学、华南理工大学等
应用数学	数学	64	南开大学、北京师范大学、华东师范大学、华南师范大学等

续表

知识领域	学科种类	知识承载量	代表性战略科技力量
计算机科学和信息系统	计算机科学与工程	63	中国科学院计算技术研究所、北京邮电大学、中车长春轨道客车股份有限公司、西安电子科技大学等
冷凝物质	物理学	63	中车青岛四方机车车辆股份有限公司、中国科学院电工研究所、河北工业大学、中国科学院上海微系统与信息技术研究所等
人工智能	计算机科学与工程	63	中国科学院自动化研究所、中国科学院计算技术研究所、中国科学院西安光学精密机械研究所、电子科技大学等
生物化学研究方法	生物学	63	广东东阳光药业有限公司、中国科学院苏州生物医学工程技术研究所、中国科学院新疆理化技术研究所、华中农业大学等
生物学	生物学	63	中国科学院成都生物研究所、四川农业大学、中国科学院广州生物医药与健康研究院、第四军医大学等
生物物理学	生物学	61	中国科学院广州生物医药与健康研究院、复旦大学、第二军医大学、西南大学等
环境工程学	环境科学与工程	60	中国科学院生态环境研究中心、中国矿业大学(北京)、同济大学、中煤科工集团重庆研究院有限公司等
计算机科学理论和方法	计算机科学与工程	60	中国科学院计算技术研究所、中国科学院深圳先进技术研究院、北京邮电大学、中国地质大学(武汉)等
化学跨学科	化学	59	中国科学院理化技术研究所、南开大学、华东理工大学、吉林大学等

资料来源:笔者自制。

4. 平台生态追随者

平台生态追随者的知识和技术多样化程度较低,创新能力较弱,以基础学科重点实验室和专业性创新型企业为主体,工程技术的市场领域细分和基础学科的共性技术演化是其两大动力,位于图5-7的第三象限内。平台生态追随者在战略科技力量创新生态中一般处于"寄生"或"附生"的地位,自主的论文和专利等知识产权生产规模较小,优势领域较少。平台生态追随者是高技术产品或服务价值链中的基础性科技力量,主要为成果转移转化创建良好的创新生态环境和市场信息匹配机制,其功能主要包括:在科学研究场域,面向基础学科突破任务,成为专有科研软硬件设施配套的场所或组织;在技术开发场域,面向关键技术攻坚需求,扮演提供互补性技术的专业性技术开发商;在市场应用领域,面向复杂产品系统总成的上下游厂商,主攻高技术产品原型试产与质控评估;在公共服务领域,是政府或公共机构主导的各类协同创新服务平台,为技术产业化活动提供创业服务、技能培训、科技中介、科技咨询、知识产权服务等。其主要表现形式为创投基金、企业孵化器、众创空间、科技园区、技术转移机构等。

平台生态追随者的主体主要包括企业重点实验室和创新型企业(包括设立的研发机构),很少涉及科研机构和高等学校(见图5-10)。重点实验室和专业型科技企业形成功能良性互补和有序分工:重点实验室面向基础学科前沿,聚焦原始创新突破;专业型科技企业,面向技术产业化需求,负责开发互补技术、投产高技术产品和调控供应链质量。

平台生态追随者的知识承载量主要由工程技术和自然科学(物理和化学主导)学科贡献,它们共同决定了平台生态跟随者的核心研究范畴(见表5-41)。材料科学跨学科、能源和燃料、电气和电子、设备和仪器、纳米科学和纳米技术、机械工程学等工程技术领域涉及较长的价值链,具有多边和多向的产品或技术互补性,从而催生了不同细分领域的科技型企业崛起。其中,国有企业的衍生研究型企业和高科技民营企业是其主力。而物理和化学等基础学科则呈现跨学科集成化和应用型发展趋势,进而产生较丰富的共性知识和技术。

表5-41　平台生态跟随者的知识领域分布及代表性战略科技力量

知识领域	学科种类	知识承载量	代表性战略科技力量
材料科学跨学科	材料科学与工程	112	江西赛维LDK太阳能高科技有限公司、山东南山铝业股份有限公司、湖南博云新材料股份有限公司等

续表

知识领域	学科种类	知识承载量	代表性战略科技力量
物理化学	化学	100	阳光凯迪新能源集团有限公司、催化基础国家重点实验室、荆门市格林美新材料有限公司等
能源和燃料	能源科学与工程	89	哈电发电设备国家工程研究中心有限公司、中联煤层气国家工程研究中心有限责任公司、天合光能股份有限公司等
纳米科学和纳米技术	纳米科学与技术	89	天华化工机械及自动化研究设计院有限公司、红外物理国家重点实验室、半导体超晶格国家重点实验室等
应用物理学	物理学	87	威海广泰空港设备股份有限公司、北京市太阳能研究所有限公司、北京国科世纪激光技术有限公司等
化学跨学科	化学	84	云南磷化集团有限公司、金属有机化学国家重点实验室、生命有机化学国家重点实验室等
冶金和冶金工程学	冶金工程	78	二重(德阳)重型装备有限公司、中国机械总院集团沈阳铸造研究所有限公司、钢铁冶金新技术国家重点实验室等
涂料和薄膜	材料科学与工程	74	四川东材科技集团股份有限公司、天津膜天膜科技股份有限公司、固体润滑国家重点实验室等
化学工程学	化学工程	73	化学工程联合国家重点实验室、杭州水处理技术研究开发中心有限公司、赣州工业投资控股集团有限公司等
电化学	化学	72	天津力神电池股份有限公司、上海张江生物技术有限公司、电分析化学国家重点实验室等
电气和电子	电力电子工程	67	广州电子技术有限公司、新奥集团股份有限公司、毫米波国家重点实验室、移动通信国家重点实验室等
机械工程学	机械工程	64	中钢集团邢台机械轧辊有限公司、洛阳LYC轴承有限公司、牵引动力国家重点实验室等
冷凝物质	物理学	63	包头稀土研究院、人工微结构和介观物理国家重点实验室、北京市凝聚态物理国家研究中心等
应用化学	化学	62	中国皮革制鞋研究院有限公司、合肥美亚光电技术股份有限公司、食品科学与技术国家重点实验室等

续表

知识领域	学科种类	知识承载量	代表性战略科技力量
原子能、分子能和化学	物理学	59	分子反应动力学国家重点实验室、精密光谱科学与技术国家重点实验室、新疆天业(集团)有限公司等
物理学跨学科	物理学	58	量子光学与光量子器件国家重点实验室、声场声信息国家重点实验室、青岛海信网络科技股份有限公司等
光谱学	化学	56	泸州老窖股份有限公司、应用光学国家重点实验室、精密测试技术及仪器国家重点实验室等
设备和仪器	仪器科学	55	中石油江汉机械研究所有限公司、中国有色桂林矿产地质研究院有限公司、核探测与核电子学国家重点实验室等
光学	物理学	54	北京国科世纪激光技术有限公司、强场激光物理国家重点实验室、区域光纤通信网与新型光通信系统国家重点实验室等
环境工程学	环境科学与工程	53	污染控制与资源化研究国家重点实验室、中国一拖集团有限公司、国能神东煤炭集团有限责任公司等

资料来源:笔者自制。

第二节　区域性创新高地的功能定位优化

一、优化原则

(一)遵循产业技术的演进逻辑

随着新一轮科技革命和产业变革加速孕育,产业技术结构面临重大调整,普遍呈现从低端粗放到高端精良的一般演进规律,遵循技术、市场和治理三重演进逻辑(陈强,2023)①。源于区域的独特性,不同区域产业技术的演进也具

---

① 陈强:《激发科创"核爆点"的三重逻辑》,《文汇报》2023年7月30日。

有典型的区域差异性。一方面,不同产业的底层技术属性特征及演进规律不一样(陈强,2023),其市场需求及应用场景存在差异性和多样性,相应的要素配置和条件支撑等治理要求也各不相同。另一方面,同一产业的不同领域技术的突破、成熟和迭代路径也存在差别(Chesbrough,2003)①,面临的市场价格、供求及竞争机制也大相径庭,亟须实施差异化的治理模式。因此,不断深化产业技术演进逻辑的整体性认识,是科学把握不同区域性创新高地功能定位的关键基础。

(二)明确创新空间的功能分工

创新主体及其活动遵循强烈的地方根植性,往往高度集聚形成以创新集群为主体的创新空间。这些创新主体包括科技型企业,以及科研院所、大学及公共服务机构等,主要开展知识生产、成果转化、技术研发、产品应用及产业化等高密度创新活动。而区域性创新高地是承载这些创新主体及其创新集群的核心空间载体,是这些主体紧密连接而成的区域创新网络的关键节点。厘清区域性创新高地功能的关键是明晰不同创新主体的具体角色定位,明确不同创新活动类型、行业动态、技术禀赋、技术分工和发展方向。

(三)保持创新链条的互通共融

创新链模式的核心理念在于创新要素的开放性、整体运作的协同性和价值创造的增值性(史璐璐和江旭,2020)②。实现创新要素流动畅通、创新人才交流顺通、创新环节协同互通等创新链条融通工程,建设产学研用一体化的创新共同体,是推动科技创新网络化,进而实现科技创新驱动区域发展的重要引擎。只有在开放和协同基础上,创新链各个环节才能产生价值并最终实现整

---

① Chesbrough H. W. , *Open Innovation: The New Imperative for Creating and Profiting from Technology* , Boston: Harvard Business Press, 2003.

② 史璐璐、江旭:《创新链:基于过程性视角的整合性分析框架》,《科研管理》2020 年第 6 期。

体价值的提升(Roper 等,2008)①。因此,区域性创新高地的功能建设,关键是发挥不同创新区域和不同创新主体的比较优势,促进不同创新环节的优势互补和协同创新,从而确保创新链和产业链的精准对接。

二、优化目标

(一)刻画产业技术动态

区域性创新高地功能布局的关键是尊重区域独特性,因地制宜、各有侧重推进不同区域产业技术领域的研发、应用及产业化。在"创新能动组织—技术门类"二模网络模型基础上,构建知识技术优势指数算法,定量评估区域性创新高地不同产业技术的基础优势,科学刻画不同行业领域、技术门类和技术领域的知识技术承载量区域差异性,以准确研判区域性创新高地产业技术的发展动态和重点方向。

(二)探析区域核心功能

充分挖掘区域性创新高地城市的创新主客体复杂互动信息,定量识别其产业技术图谱中的模块/一体化技术和简单/复杂技术。进而根据"成本—收益"思想改造区域技术"精明专业化"分析框架,科学甄别不同区域性创新高地城市的产业技术优势和潜在发展机会,以定量剖析区域性创新高地城市的技术分工、主导功能和发展方向。

(三)明晰产业技术分工

基于技术复杂性计量和混合部门划分思想,利用创新主客体数据库构建区域性创新高地的创新引擎企业角色定位模型。一方面,定量解析不同科技

---

① Roper S., Roper S., Du J., Love J. H., "Modeling the Innovation Value Chain", *Research Policy*, Vol.37, No.6-7, 2008.

引擎企业的行业属性和角色定位间的耦合关系,以精准识别区域性创新高地的优势行业及其企业主导角色;另一方面,比较剖析区域性创新高地不同类型企业角色参与的技术门类差异性,科学解构不同类型角色的根本任务和主要职能,从而建立核心企业分工有序、角色互补的协同创新体系。

三、优化方法

(一)创新主客体数据库构建

1. 创新主体

区域性创新高地的创新主体主要开展产业技术研发、成果应用化及产业化,以创新空间的能动组织为主,主要包括科研机构、研发机构、高技术制造和服务企业(林剑铬和刘承良,2022)。科技型企业在国家创新体系支持下处于技术研发的前沿,同时是技术信息和市场信息互通的核心组织(黄少坚,2014)[①]。因此,技术创新和科技成果商业化最重要的运营者是创新型企业,尤其是科技领军企业。

本章将其界定为"创新引擎企业",主要包括:一是截至 2022 年年底被国家政府部门授予"企业技术中心"的企业;二是欧盟创新记分牌研发投入 1000 强企业;三是数字经济 100 强企业。此外,从创新链协同角度,区域性创新高地建设需要具备一定的知识原创能力,以支撑和辐射产业技术发展;从创新体系组织角度,区域性创新高地高度依赖科学研究机构、技术研发机构、协同创新服务机构等创新主体,为成果转移转化营造产业化创新环境和市场信息匹配机制。因此,本章采用国家工程研究中心和国家工程技术研究中心所依托的科研机构和高等学校作为"创新引擎企业"的支撑性机构。

(1)创新引擎企业。主要包括两大类:①国家企业技术中心所依托企业。

---

① 黄少坚:《国家创新体系与企业研发中心建设模式研究》,中国人民大学出版社 2014 年版,第 109 页。

国家企业技术中心是政府认定的高等级高新技术制造与服务企业。由国家发展和改革委员会牵头,对国民经济主要产业中技术创新能力较强、创新业绩较显著、具有重要示范作用的企业技术中心予以认定,并给予相应的优惠政策,推动企业根据市场竞争需要设立相应技术研发与创新服务机构,负责制定企业技术创新规划、开展产业技术研发、创造运用知识产权、建立技术标准体系、凝聚培养创新人才、构建协同创新网络、推进技术创新全过程实施等工作。

被认定为国家企业技术中心的企业基本代表了践行区域性创新高地职能的能动组织,主要因为:第一,国家企业技术中心具有较强的技术实力和较好的经济效益,在国民经济各主要行业中具有显著的规模优势和竞争优势;第二,国家企业技术中心具备较完善的研究、开发、试验条件,具有较强的创新能力和较高的研发投入,拥有一定自主知识产权和国际竞争力,其研发规模和创新水平在同行业中处于领先地位;第三,国家企业技术中心将较为前沿的科学知识成果转化为技术产业化应用,推动区域产业结构升级和转型,是驱动区域创新发展的重要引擎。本章将国家发展和改革委员会官网认定的国家企业技术中心名单中的1601家企业纳入创新主体—客体数据库。

②国际行业巨擘的技术创新实体和数字经济独角兽。国际行业巨擘代表顶尖的国际市场竞争者,数字经济独角兽企业则是新兴数字经济业态的推进者,两者都是区域性创新高地建设不可或缺的中坚力量。本章基于欧盟创新记分牌研发投入世界1000强中的中国大陆企业(2004—2021年曾进入世界研发1000强榜单的中国大陆企业)和中国数字经济100强企业(由中国科学院主管的权威媒体《互联网周刊》、eNet研究院、德本咨询于2022年12月联合公布),对创新主体进行补充并剔除重复计入的样本机构。具体而言,以激励政策资质作为筛选条件,研判研发投入世界1000强企业的技术创新实体和数字经济独角兽是否属于本章所需的"创新主体"。根据其本身是否为省级技术中心,以及其关联企业(基于公司股权关系所作的定义,一般指全资子公司或以之为最大股东的子公司)是否为国家或省级技术中心,作以下处理:一

是,本身作为省级企业技术中心,补充进创新主体名单;二是,其关联企业作为国家企业技术中心,认为其与名单中的既有主体重合;三是,其关联企业作为省级企业技术中心,补充进创新主体名单。通过以上筛选,共245家国际行业巨擘的技术创新实体企业、68家数字经济独角兽企业纳入创新主体—客体数据库。

（2）支撑性机构

采用国家工程研究中心和国家工程技术研究中心所依托的科研机构和高等院校作为支撑性机构,共计209家。国家工程研究中心是主要面向国家重大战略任务和重点工程建设需求,开展关键技术攻关和试验研究、重大装备研制、重大科技成果转化的工程化实验平台。国家工程技术研究中心则主要依托于行业领域科技实力雄厚的重点科研机构、科技型企业或研究型大学,是拥有较完备的工程技术综合配套试验条件,能够提供多种综合性服务的研究开发实体。

2. 创新客体

专利技术作为衡量技术创新的重要计量手段,涉及专利申请、专利授权、专利引用、专利权转让等指标,被广泛运用于创新地理学(Liu,2023)①。其中,专利授权活动由国家知识产权部门严格审核把控,具有较高质量,能够更好衡量不同主体的技术创新能力。

本章以 IncoPat 全球专利数据库作为"专利授权"数据源,首先,利用"专利权申请人""申请日期"字段进行筛选,通过分析功能模块导出由申请人(行)与国际专利分类(IPC)大组(列)组成的关系表,统计各创新主体(即专利申请人)在对应技术类别(即 IPC 大组,四位编码,由专利条目信息提供)所获得授权的专利数目。然后,校验名单并清洗数据:(1)将机构名称标准化(曾用名时期申请的专利条目合并到现用名下);(2)删除系统中因检索不清

---

① Liu C.L.,*Geography of Technology Transfer in China : A Glocal Network Approach* , Singapore : World Scientific , 2023.

晰而导致的无关机构;(3)删除在 2013—2022 年时间段内没有申请且最终获得授权的机构主体。最终,提取有效创新主体样本数 1674 家、技术类别 2191 个(具体数据处理流程见图 5-10)。

3. 相对技术优势

计算创新主体在创新客体上的相对技术优势指数(RTA),即某一创新主体相对于全体创新主体,在特定技术门类上的优势程度。相对技术优势与"区位商"公式类似,其公式表达如下:

$$RTA_{i,t} = \left(PATENTS_{i,t} / \sum_t PATENTS_{i,t} \right) / \left(\sum_i PATENTS_{i,t} / \right.$$

$$\left. \sum_i \sum_t PATENTS_{i,t} \right) \tag{5.17}$$

式(5.17)中, $RTA_{i,t}$ 是创新主体 i 在技术类别 t 上的相对技术优势, $PATENTS_{i,t}$ 是创新主体 i 在技术类别 t 上的授权专利数量。

由相对技术优势指数得到相对优势矩阵 Mt_1,它由创新主体(专利申请人)与技术类别(IPC 大组)组成:

$$Mt\_1 = \begin{bmatrix} M_{1,1} & \cdots & M_{1,2191} \\ \vdots & \vdots & \vdots \\ M_{1674,1} & \cdots & M_{1674,2191} \end{bmatrix} \tag{5.18}$$

$$M_{i,t} = \begin{cases} 1, RTA_{i,t} > 0 \\ 0, RTA_{i,t} \leqslant 0 \end{cases} \tag{5.19}$$

式(5.19)中,相对优势 $M_{i,t}$ 是后续分析技术门类的技术承载量,以及计算技术关联度和复杂度等指标的基础。

(二) 优势领域识别

1. 行业门类

行业归属根据企业工商注册的行业信息和实际经营信息综合判定。工商注册的行业信息来源于国家企业信用信息公示系统,实际经营信息以人工方式查阅企业官网、企查查等网站关于主营产品的信息并判定,最后结合行业报告、证券软件信息等进行交叉验证。根据创新引擎企业在各国民经济行业中分布差异性,评估区域性创新高地城市(区域)的不同行业基础优势和劣势。

2. 技术门类

技术门类主要由国际专利分类(IPC)指代。国际专利分类编码代表了专利蕴含的技术所在门类。任何一项专利在官方专利机构登记时,都被指定此专利的国际专利分类编码。技术门类数量是创新主体在国际专利分类大组上获得授权的发明专利数量,申请日在 2013—2022 年时间段内。值得注意的是,技术门类优势分析只保留创新引擎企业的专利技术国际专利分类大组,而剔除了支撑性机构。这是因为科研院所、高等学校等支撑性机构虽然参与创新链活动,但其专利技术的产业化率低(国家知识产权局知识产权发展研究中心,2022)[1],不宜作为践行区域性创新高地核心功能的主要行动者。而由创新引擎企业产出具有较高商业化应用程度的技术,被定义为创新"使能技术"(Enabling Technology)。

区域性创新高地整体技术领域的基础优势和劣势,主要通过战略性新兴产业不同技术领域(合计 1007 个国际专利分类大组)在不同产业领域中的分布差异进行考量。第一,不考虑权重,只对战略性新兴产业类别数量进行统计,判别不同等级和类型战略性新兴产业在区域性创新高地城市(区域)的技术生产指向。第二,运用主客体互动关系属性,对以上不加权产业技术类别分布情况进行修正,计算区域性创新高地城市(区域)的不同技术承载量。根据相对优势 $M_{i,t}$,计算技术门类的遍在度 $UBIQUITY_t$,即在创新主体中的技术承载量大小,其公式表达式为:

$$UBIQUITY_t = \sum_i M_{i,t} \tag{5.20}$$

---

① 国家知识产权局知识产权发展研究中心《2022 年中国知识产权发展状况评价报告》,2022 年,见 https://www.cnipa.gov.cn/art/2022/12/28/art_88_181042.html。

式(5.20)中,某项技术的遍在度越大,则该项技术拥有相对优势的主体数量越多。实际技术承载占比与类别分布占比很可能不一致,其差值反映了技术门类的承载能力。正值代表承载量大于理论份额,负值代表承载量小于理论份额。

(三) 技术复杂性测度

经济复杂性被广泛用以表征某一国家或区域生产产品或技术所需能力的复杂程度(Balland 等,2022)[①]。其指标构建准则是:发达国家或地区有能力提供且需要更多种类的知识才能生成多样性的产品或服务,即形成更具复杂依存性的产品或技术空间(Space of Product or Technology)(Sciarra 等,2020)[②]。构建过程更多是利用"经济活动—位置"的网络关系,普适性强,形式简洁(吴真如,2019)。主要包括两类解法:一类是回溯式反射法(Method of Reflections)(Hidalgo 和 Hausmann,2009)[③],由一国或地区出口产品或技术的经济复杂性平均值表征,较广泛用于反映基于地区间联系的区域创新能力和技术异质性(Balland 和 Rigby,2017)[④]。另一类是适应度—复杂度算法(Fitness and Complexity Algorithm),由出口矩阵计算一国或地区产品或技术复杂性的总和表征(Sciarra 等,2020)。

本书将巴兰(Balland)和里格比(Rigby)(2017)的技术复杂性计量法拓展到组织维度,构建了基于组织间联系的创新主体能力和技术异质性的计量法。主体 i 生产特定技术门类 t 的信息组织构成一个维数为 1674×2191 的矩阵,

①　Balland P.A.,Broekel T.,Diodato D.,Giuliani E.,Hausmann R.,O'Clery N.,Rigby D.,"The New Paradigm of Economic Complexity",*Research Policy*,Vol.51,No.8,2022.

②　Sciarra C.,Chiarotti G.,Ridolfi L.,Laio F.,"Reconciling Contrasting Views on Economic Complexity",*Nature Communications*,No.11,2020.

③　Hidalgo C.A.,Hausmann R.,"The Building Blocks of Economic Complexity",*Proceedings of the National Academy of Sciences*,Vol.106,No.26,2009.

④　Balland P.A.,Rigby D.,"The Geography of Complex Knowledge",*Economic Geography*,Vol.93,No.1,2017.

$M_{i,t}$ 表征了创新主体—客体复杂互动的基础信息,迭代计算式如下:

$$CI_{i,0} = DIVERSITY_i = \sum_t M_{i,t} \qquad\qquad (5.21)$$

$$CI_{t,0} = UBIQUITY_t = \sum_i M_{i,t} \qquad\qquad (5.22)$$

$$CI_{i,n} = \sum_t M_{i,t} \, CI_{t,n-1} / CI_{i,0} \qquad\qquad (5.23)$$

$$CI_{t,n} = \sum_i M_{i,t} \, CI_{i,n-1} / CI_{t,0} \qquad\qquad (5.24)$$

$CI_{i,0}$ 表征创新主体的多样性(拥有相对优势的技术类别数量), $CI_{t,0}$ 表征创新客体的遍在性(拥有该项技术相对优势的主体数量),称为技术承载量。随着迭代次数增长,奇数迭代和偶数迭代结果趋于呈正相关关系。为了确保创新主体的多样性和创新客体的遍在性二维信息的清晰性,取 $CI_{i,1}$ 与 $CI_{i,2}$ 、 $CI_{t,1}$ 与 $CI_{t,2}$ 两对迭代结果,既保持反比关系,也能最大限度获取复杂互动的属性。

(四)区域"精明专业化"测算

欧洲演化经济地理学派构建了针对"精明专业化"(Smart Specialization)政策的量化框架,即利用现有产业技术的优势,识别隐藏的区域发展机会,创造基于地区现有产业联系的新产业平台,在高增值活动中建立区域的竞争优势(Balland 等,2019)[①]。

其中,"关联性"和"复杂性"是其主要维度。关联性表征了发展一项技术的成本和风险,测度了获取具有相对优势新技术的难易程度。关联程度越高,即新技术与区域本地技术库密切相关,越容易进入或开发该产业技术领域。复杂度表明了发展一项技术的收益和前景,表征了区域获得新技术后驱动自身技术增长的提升程度。复杂程度越高,发展该技术的门槛越高,但技术或知

[①] Balland P.A., Boschma R., Crespo J., Rigby D., "Smart Specialization Policy in the European Union: Relatedness, Knowledge Complexity and Regional Diversification", *Regional Studies*, Vol.53, No.9, 2019.

识资产价值越大,一旦进入该产业技术领域,会形成垄断性收益。

根据关联度—复杂度的组合关系,区域多样化政策可以界定为四种模式:基于机会产业/技术的"光明道路"政策(低风险和高收益)、基于低风险—低收益技术的"慢速道路"政策、基于高风险—低收益技术的"死胡同"政策和基于高风险—高收益技术的"道路摸索"政策(马双等,2020)[①]。此外,本章进一步引入技术发展维度,以技术承载量($CI_{t,0}$)表征当前产业技术的发展程度,其数值越大,表明越可能作为当前产业或技术发展重心;反之,则处于待进入状态(见图5-11)。

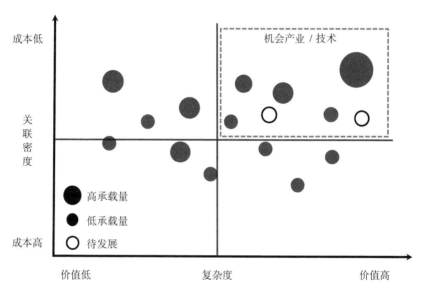

图5-11　区域的机会产业/技术识别框架

资料来源:Balland P. A., Boschma R., Crespo J., Rigby D., "Smart Specialization Policy in the European Union: Relatedness, Knowledge Complexity and Regional Diversification", *Regional Studies*, Vol.53,No.9,2019.

Balland P. A.,Brokel T.,Diodato D.,Giuliani E.,Hausmann R.,O'Clery N., Rigby D.,"The New Paradigm of Economic Complexity", *Research Policy*,Vol.51,No.3,2022.

---

① 马双、曾刚、张翼鸥:《技术关联性、复杂性与区域多样化——来自中国地级市的证据》,《地理研究》2020年第4期。

伊达尔戈等(Hidalgo 等,2007)[①]对产品的"关联"关系进行了定义:如果两个产品相关,则它们需要类似的生产机构、基础设施、市场关系和技术组合,因此往往会由相同的国家生产,而不相关商品的生产国重叠度不高。根据"产品对"共现在一个国家的条件概率,可以得到产品两两之间的关联度,继而测算对于一个国家围绕一项产品进行生产的关联密度,从而从能力基础角度刻画了一个国家生产这项产品的可能性。博施马等(Boschma 等,2015)[②]和巴兰(Balland 等,2019)将这种关联概念延伸到技术空间。本章对之进行修订,基于相对优势矩阵 Mt,计算两种创新使能技术的承载主体分布上的杰卡德相似性(Jaccard Similarity),以定义它们的关联度:

$$\emptyset_{i,j} = JACCARD_{i,j} = (Set_i \cap Set_j) / (Set_i \cup Set_j) \tag{5.25}$$

式(5.25)中,$\emptyset_{i,j}$ 是技术 i 和技术 j 之间的关联度,Set_i 和 Set_j 分别表示技术 i 和技术 j 在创新引擎企业中分布的集合,取值范围是 $[0,1]$。

对于某一项技术,一个城市围绕它进行生产的关联密度由该项技术与所有其他技术之间的关联度加权相加而得,权重为各项其他技术在该城市的技术承载量(分布在这个城市的所有创新引擎企业的承载量总和)。

$$REL\_DENSITY_{c,i} = \sum_{i \neq j} \emptyset_{i,j} \times V_{c,j} \tag{5.26}$$

式(5.26)中,$REL\_DENSITY_{c,i}$ 是城市 c 围绕技术 i 进行生产的关联密度,$V_{c,j}$ 是技术 j 在城市 c 的承载量。技术的复杂度采用式(5.23)的最终迭代结果。技术关联密度、复杂度和承载量均以平均数作为分界标准,当一项产业技术同时为高关联密度(低风险)和高复杂度(高收益),则是机会产业或技术(Opportunity Industry or Technology);在某一项技术是机会技术的前提下,若

---

① Hidalgo C.A.,Winger B.,Barabási A.L.,Hausmann R.,"The Product Space Conditions the Development of Nations",*Science*,Vol.317,No.5937,2007.

② Boschma R.,Balland P.A.,Kogler D.F.,"Relatedness and Technological Change in Cities:The Rise and Fall of Technological Knowledge in US Metropolitan Areas from 1981 to 2010",*Industrial and Corporate Change*,Vol.24,No.1,2015.

其承载量较大,则是当前产业发展重点,反之则是未来发展方向。参照战略性新兴产业三个等级与国际专利分类(IPC)大组对照表,从细分技术(战略性新兴三级产业)和产业领域(战略性新兴二级产业)耦合视角定量分析和甄别区域性创新高地城市的机会产业和技术。

(五)产业技术体系分类

从创新主体和客体两个视角,利用技术复杂性计量识别创新引擎企业在区域性创新高地产业技术体系中的主要角色,进而明晰区域性创新高地的核心功能定位。

1. 主体角色

卡斯泰拉奇(Castellacci,2008)[①]发现制造业和服务部门之间存在日益增长的相互依赖关系,据此将信息通信技术和先进服务业引入产业技术分类体系中,从而更新了帕维特(Pavitt,1984)[②]的制造业核心部门"4S"分法,即包括基于科学的(Science Based)、专业供应商的(Specialised Suppliers)、规模经济导向的(Scale Intensive)、供应商主导的(Supplier Dominated)四类部门。基于此,结合技术复杂性计量方法,根据价值链—技术能力组合关系,本章得到产业技术体系中创新引擎企业的角色分类图谱(见图5-12):标准化生产厂商(Standardized Manufacturers)、集成应用服务商(Application Providers)、基础设备供应商(Infrastructure Suppliers)和科技引领者(Technology Leaders)。

图5-12中,$CI_{i,1}$指示了价值链的位置,$CI_{i,1}$数值越大,表明主体i所生产技术的平均遍在程度越高,即对这些技术进行商业化应用时,更容易获得外界提供的互补资产或能力。因此,主体i倾向于使自身的优势技术进入市场,

---

① Castellacci F., "Technological Paradigms, Regimes and Trajectories: Manufacturing and Service Industries in a New Taxonomy of Sectoral Patterns of Innovation", *Research Policy*, Vol. 37, No.6-7,2008.

② Pavitt K., "Sectoral Patterns of Technical Change: Touards A Taxonomy and A Theory", *Research Policy*, Vol.3,1984.

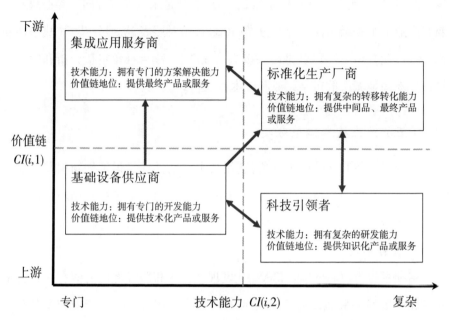

图5-12 基于技术能力与价值链特性的创新引擎企业角色分类

资料来源:笔者自绘。

提供下游的产品和服务(Teece,1986[①]、2006[②])。$CI_{i,2}$ 指示了技术能力的复杂程度, $CI_{i,2}$ 数值越大,表明与主体 i 生产相同技术的主体平均多样性程度较高,因而在同一产业技术体系中,主体 i 也拥有相对复杂的技术研发或商业化能力。

(1)标准化生产厂商:位于图5-12的第一象限内。与标准化生产厂商位于同一产业技术体系的企业技术多样性较强,其本身拥有复杂的技术成果转移和转化能力,且商业化应用的互补方较多。因此,标准化生产厂商更容易获取互补资产,倾向于将自身的优势技术投入市场,更可能提供中间的

————————————

① Teece D. J., "Profiting from Technological Innovation: Implications for Integration, Collaboration,Licensing and Public Policy",*Research Policy*,Vol.15,No.6,1986.

② Teece D.J., "Reflections on 'Profiting from Innovation'", *Research Policy*, Vol.35, No.8, 2006.

或最终的产品和服务,前向承接理论研究和应用研究,后续通过模块整合的生产组织形式,直接进行定制或福特式的量产、质量测试、市场营销等技术产业化。

(2)集成应用服务商:位于图 5-12 的第二象限内。与集成应用服务商位于同一产业技术体系的企业技术多样性较弱,其技术研发能力呈现专门化趋势,但商业化应用的互补方较多。因此,集成应用服务商更容易获取互补性资产,倾向于推动自身的优势技术进入市场,更可能提供最终的产品和服务,在承接标准化的生产流程和成品的同时,直面消费者的多元化需求进行产品功能的柔性化和精准化集成,完成跨链协同,并与信息监视、质量测试、市场营销等环节紧密结合。

(3)基础设备供应商:位于图 5-12 的第三象限内。与基础设备供应商位于同一产业技术体系的企业技术多样性较弱,其技术研发能力呈现专门化趋势,然而商业化应用的互补方较少。因此,基础设备供应商的优势技术较难直接进入最终消费市场,更可能提供技术化的产品或服务,如产品与流程创新构想、原型开发、生产价值评估、工程设计等,前向承接理论研究,后续通过一系列垂直整合或横向转包的加工生产、质控、营销等活动才能完成市场化过程。

(4)科技引领者:位于图 5-12 的第四象限内。与科技引领者位于同一产业技术体系的企业技术多样性较强,其本身拥有复杂的技术研发能力,而商业化应用的互补方多边性较低。因此,科技引领者的优势技术较难直接进入最终消费市场,它更可能提供知识化的产品或服务(如科学原理、发明、新发现)、科学现象的基础测量和分析、可行的产品模型等,后续需要通过一系列垂直整合或横向转包的试验、开发、试产、量产、营销等活动才能完成市场化过程。

2. 客体类型

一个国家或区域核心技术能力是创新制度安排的基础支撑,也是核心竞争力的关键所在。从产品架构理论出发,国家(或区域)的技术能力结构化可以划分为一体化和模块化架构两类(青木昌彦和安藤晴彦,2003)[1]。模块化架构指产品构件之间的界面被标准化、产品构件与产品功能之间具有简单一一对应关系的设计结构(黄群慧和贺俊,2015)[2];而一体化架构指产品构件之间的界面未被清晰界定、产品构件与功能之间不存在简单的一一对应关系的设计结构。此外,产品本身复杂程度也是国家或区域技术能力定义的重要维度,例如组装产品、零部件、产品系统的复杂性依次递进,需要的知识和能力要素组合趋于复杂和独特。

基于此,结合技术复杂性计量模型,本章根据技术复杂度和一体化程度关系,构建了产业技术体系中创新使能技术类型分类图谱:复杂一体化技术、复杂模块技术、简单模块技术和简单一体化技术(见图5-13)。图5-13中,$CI_{t,1}$ 指示了技术 t 以垂直一体化方式进入市场的倾向,$CI_{t,1}$ 数值越大,表明生产技术 t 的主体平均多样性程度越高,相比模块化运作,它更可能被企业纳入一体化的生产模式(Teece,1986、2006)。$CI_{t,2}$ 指示了技术 t 的复杂程度,$CI_{t,2}$ 数值越大,表明与技术 t 有共同生产主体的其他技术平均遍在程度较高。因此,技术 t 的互补性技术容易被掌握,技术 t 进入市场的复杂程度较低。

(1)复杂一体化技术:位于图5-13的第一象限内。与其位于同一产业技术体系的互补技术遍在度较低。因此,复杂一体化技术进入市场的复杂程度较高,拥有复杂一体化技术的创新主体具有多样的技术优势。相比模块化运作,它更可能被企业纳入一体化的生产模式,形成产品或服务进入市场。

(2)复杂模块技术:位于图5-13的第二象限内。与其位于同一产业技术

---

① [日]青木昌彦、安藤晴彦:《模块时代:新产业结构的本质》,周国荣译,上海远东出版社2003年版,第25—37页。

② 黄群慧、贺俊:《中国制造业的核心能力,功能定位与发展战略——兼评〈中国制造2025〉》,《中国工业经济》2015年第6期。

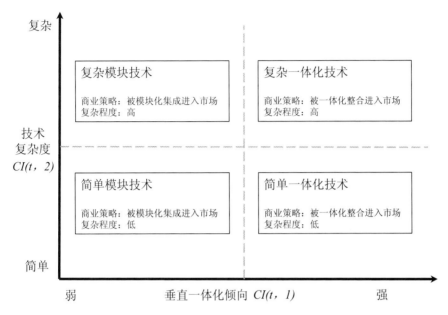

图5-13 基于垂直一体化倾向与复杂度的创新使能技术分类

资料来源:笔者自绘。

体系的互补技术遍在度较低。复杂模块技术进入市场的复杂程度较高,拥有复杂模块技术的创新主体技术优势较少。因此,相比一体化整合方式,它更可能被企业装嵌为模块,与跨组织的模块提供者互补提供最终产品或服务。

(3)简单模块技术:位于图5-13的第三象限内。与其位于同一产业技术体系的互补技术遍在度较高,即容易被市场接受和竞争者掌握。因此,简单模块技术进入市场的复杂程度较低,拥有简单模块技术的创新主体技术优势较少,缺少竞争力,相比一体化整合方式,更可能被企业装嵌为模块,与跨组织的模块提供者互补,从而形成最终产品或服务。

(4)简单一体化技术:位于图5-13的第四象限内。与其位于同一产业技术体系的互补技术遍在度较高,容易被市场掌握。因此,简单一体化技术进入市场的复杂程度较低,拥有其技术的创新主体具有多样性技术优势,相比模块运作,更可能被企业纳入一体化的生产模式,形成产品或服务进入市场。

四、优化方案

(一)基础优势:主体行业和技术门类

1. 行业基础

结果表明,区域性创新高地城市关键使能行业集中于高新技术制造业和服务业,在锂电池、半导体、航天器等高端行业实现核心技术的节点突破,其生物医药、医疗器械、绿色技术、汽车核心部件等产业技术处于起步阶段,生产性服务存在"重信息技术集成而轻精尖技术供给、重流程管理而轻科技中介、重应用研究而轻基础研究"的趋向。

区域性创新高地城市的创新引擎企业广泛分布,涉及 206 个行业类别,但规模相对集中于科学研究和技术服务相关行业。这些相关行业包括 32 个行业部门,其创新引擎企业数量均超过 15 个(超过总数的 1%)。以"工程和技术研究及试验发展"(3.5%)、"信息系统集成和物联网技术服务"(3.3%)、"工业与专业设计及其他专业技术服务"(2.4%)为主(见图 5-14),反映出创新引擎企业高度锁定于高新技术研发、信息技术服务与数字经济相关行业领域,具体而言:

(1)关键使能行业领域以高新技术制造业和科技服务业为主导,价值链"微笑曲线"的头尾两端成为整个产业技术创新的核心竞争力。其中,高新技术制造业以医药、电气机械和器材、电子设备(计算机、通信和其他电子设备)、专用设备、通用设备、运输设备、化学原料和制品、汽车等新兴产业领域为主体,成为区域性创新高地城市技术革新的主导场域,引领了产业界新产品的开发和新业态的演变。一方面,承接学研机构和专业科技型企业的知识溢出,另一方面以市场竞争需求倒逼自主技术能力的提升。科学研究和技术服务业是区域性创新高地城市的重要策源领域,主要依托专门化的科技和研发公司引进原始创新成果,衔接基础研究、应用研究、中试开发和科技推广等创新环节。它以通信与信息技术、软件、互联网为代表,通过构建平台生态式的价值创造方式,开拓基于新经济的细分市场,从而推动传统产业迈向新经济组织形态。

从国民经济行业门类来看,创新引擎企业的行业分布呈现"一主两辅"的结构:高度集中于制造业(69.5%),以先进制造业为主导,以科学研究和技术服务业(10.4%),信息传输、软件和信息技术服务业(8.7%)为辅助。这三个行业门类的创新引擎企业规模占总体近90%,建筑业、采矿业、能源供应、金融业、农业等传统行业处于边缘地位。

从国民经济行业大类来看,创新引擎企业相对集中于医药(8.2%),电气机械和器材(7.4%),通用设备(6.7%),计算机、通信和其他电子设备(6.5%),专用设备(6.3%),运输设备(5.1%),化学原料和制成品(5.0%),汽车(4.7%)等市场规模大、应用范围广的先进制造业领域。这些产业基本属于战略性新兴产业,承载了核心创新主体规模的一半以上,是区域性创新高地制造业的支柱。金属和非金属矿物加工制造、橡胶和塑料、纺织和化纤加工、皮革鞋帽、食品加工和精制品等工业基材和日常用品则作为支撑社会经济的重要部分。科学研究和技术服务业也涌现出较多的创新引擎企业,主要包括专业技术服务(5.6%)、研究和试验发展(4.8%)两大领域。前者主要承包技术创新的关键环节或提供基于技术或组织创新的集成方案,后者主要进行未来产业发现、前沿知识生产和先进技术研发。此外,软件和信息技术服务(7.6%)则在信息传输、软件和信息技术服务业中扮演主导角色(见图5-14)。

(2)部分高端设备的关键核心技术正在创新引擎企业的引领下实现节点式突破,锂离子电池、半导体材料及专用加工机械、航天器等相关行业已占据重要地位。一是,输配电及控制设备、家电、电线电缆等电气机械和器材生产成为主流的常用设备行业。二是,在"碳达峰碳中和"战略和能源变革推动下,锂离子电池成为电池制造的绝对性主体,巨大的储能需求驱动电池制造厂商进入庞大的新能源行业分工体系。三是,电子器件、通信设备仍是计算机、

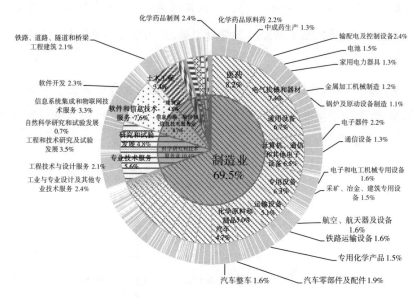

图5-14 创新引擎企业的行业分布（2013—2022年）

资料来源：笔者自绘。

通信和其他电子设备的传统强项,得益于集成电路战略性新兴产业迅猛发展。四是,航空、航天器及相关设备超过铁路运输设备、船舶等其他交通运输设备,其技术国产化进程已步入正轨。五是,电子和电工机械专用设备制造跃居专用设备行业龙头,半导体和其他电子机械等精密电子元件的高端装备技术处于快速追赶态势(见图5-14)。

（3）部分战略性新兴产业处于起步阶段,生物技术药物、医疗器械、环保绿色技术、电动汽车的核心部件和燃油汽车的发动机等高技术产业领域,有待培育大批创新引擎企业,加快关键核心技术突破。一是,化学药品制剂和原料药仍是医药产业的主体部分,依赖生命科学突破的生物医药领域仍处于次要地位。二是,金属加工机械制造、锅炉及原动设备制造、通用零部件制造、物料搬运等通用设备制造业发展较为均衡,但医疗仪器设备及器械制造、环保器械等精密设备制造业领军企业规模较小,比例较低,提升空间巨大。三是,机械、化工、建筑等重工业和纺织、服装、食品等轻工业领域呈均衡发展态势,但仪器仪表加工业的核心部件国产化仍面临科技力量不足的难题。四是,汽车行业的新能源转型加速推进,但仍处在传统燃油车主导的惯性格局之中(见图5-14)。

(4)面向信息技术集成和工程流程管理的方案解决厂商众多,但仍面临精尖技术资源不足、自然科学和医学基础研究力量偏弱、科技中介主体缺位严重等难题。一是,创新引擎企业高度集中于工业与专业设计及其他专业技术服务(2.4%)、工程技术与设计服务(2.1%)领域,主要提供面向技术流程和面向工程管理的专门化专业技术服务。但地质勘查、空间技术、地理测绘、环境生态监测等技术服务在市场规模和盈利能力方面处于弱势,缺少引领性的创新型企业支撑。二是,工程和技术研究及试验发展(3.5%)在研究和试验发展行业占据主流地位,而作为连接科学界和产业界的重要主体,从事自然科学和医学研发的科技领军企业发育不足。三是,信息系统集成和物联网技术服务(3.3%)、软件开发(2.3%)占据了软件和信息技术服务业的绝大部分,而基础软件、支撑软件等领域的研发力量缺位,导致集成电路设计面临动力不足的困局(见图5-14)。

2. 技术基础

区域性创新高地城市战略性新兴产业门类高度集中于新材料和生命科学领域,凸显较明显的技术共性;以新一代信息技术、数字创意和相关服务业为代表的数字经济产业具有较强的技术承载能力,但节能环保、高端装备、新材料、生物制造等产业的技术遍在程度较低。高精尖技术存在"重软件而轻硬件、重应用而轻基础、重系统集成而轻核心部件"的情况。

(1)新材料和生物技术成为区域性创新高地城市的主要技术门类,通过共性技术驱动其产业发展(见图5-15)。新材料行业主要提供专用材料或应用性"诀窍知识",刺激交叉领域的技术进步,以关键电子元件及其专业加工设备、新型电池模块及系统、智能装备的关键部件、轨道交通配套型材、节能设备及总成系统等分支部门为主导。生物行业则针对人体健康、动植物生理、可持续发展等需求庞大的市场,供应生物制药、医疗器械、新型疗法、特殊培育、

污染治理等基础性技术,具体而言:

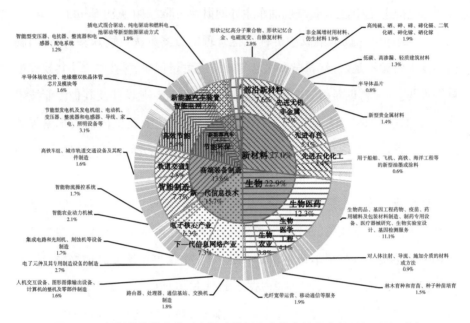

图 5-15　创新使能技术类别在战略性新兴产业中的分布(2013—2022 年)
资料来源:笔者自绘。

从产业大类来看,创新引擎企业相对集中在新材料产业(27.0%)和生物产业(22.9%)领域,两者合计约占战略性新兴产业总量的一半。新一代信息技术产业(15.7%)和高端装备制造产业(13.6%)紧随其后。节能环保产业(7.7%)、新能源产业(6.2%)、新能源汽车产业(4.5%)方面的技术供给偏少(见图 5-15)。

从产业种类来看,新材料产业领域的创新引擎企业基本分布于前沿新材料(7.6%)、先进无机非金属(7.5%)、先进有色金属(5.1%)和先进石化化工(3.4%)等行业领域。生物产业领域的创新引擎企业以生物医药(12.3%)、生物医学工程(4.1%)、生物农业(3.8%)为主。新一代信息技术行业领域的创新引擎企业集中于下一代信息网络产业(7.3%)和电子核心产业(6.3%),高端装备制造产业则以智能制造装备(7.7%)和轨道交通装备(2.8%)领域的创新引擎企业为支撑(见图5-15)。

从产业小类来看,创新引擎企业的优势领域分布频次符合幂律分布。采用 *Ht-Index* 方法(经过两次均值计算后得到头部产业占比在1.18%以上)计算后可知,高度集中于以下细分领域(见图5-15):

①生物产业领域:以生物药品、基因工程药物、疫苗、药用辅料及包装材料制造、制药专用设备制造、医疗器械研究、生物实验室设计、基因检测服务等(11.1%),以及林木育种和育苗、种子种苗培育(1.5%)为代表。

②新材料产业领域:包括形状记忆高分子聚合物、形状记忆合金、电磁流变、自修复材料(2.8%),高纯硫、硒、砷、碲、碲化镉、二氧化硒、砷化镓、硒化镓(1.9%),非金属增材用材料、仿生材料(1.9%),新型贵金属材料(1.4%),以及低碳、高渗漏、轻质建筑材料(1.3%)等。

③高端装备制造产业领域:包括智能农业动力机械(2.1%),智能物流操控系统(1.7%),高铁车组、城市轨道交通设备及其配件制造(1.6%)等。

④新一代信息技术产业领域:涵盖电子元件及其专用制造设备的制造(2.7%),光纤宽带运营、移动通信等服务(1.9%),路由器、处理器、通信基站、交换机制造(1.8%),集成电路和光刻机、刻蚀机等设备制造(1.7%),人机交互设备、图形图像输出设备、计算机的整机及零部件制造(1.6%)等。

⑤新能源及节能环保产业领域:以节能型发电机及发电机组、电动机、变压器、整流器和电感器、导线、家电、照明设备等(3.1%),插电式混合驱动、纯电驱动和燃料电池驱动等新型能源驱动方式(1.8%),半导体场效应管、绝缘栅双极晶体管芯片及模块等电力电子元器件制造(1.6%),智能型变压器、电抗器、整流器和电感器、配电系统(1.2%)等领域为代表。

(2)新一代信息技术产业、数字创意产业及相关服务业的技术承载量大于理论份额,具有较大的市场增长潜力,但高端装备制造产业、节能环保产业、新材料产业、生物产业的技术承载能力较弱。

一是,新一代信息技术产业类目分布较多,涉及通信网络、互联网和云计

算、集成电路及新型显示、高端软件及软件服务等细分领域,具有较强的商业
开拓和市场驱动作用;数字创意产业和相关服务业的产业类目较少,但创新引
擎企业的创新活力较强,实际技术承载量较大,带动性广泛,横跨多个国民经
济领域。作为数字化和信息化转向的新经济代表,此类产业技术共性趋势大,
与其他产业的融合度高,对区域社会经济驱动作用较强,成为区域性创新高地
国民经济的战略性新兴产业(见图 5-16)。

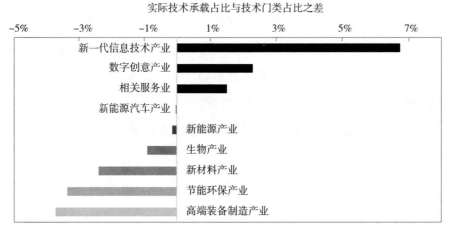

图 5-16　战略性新兴产业大类的技术承载能力评估(2013—2022 年)

资料来源:笔者自绘。

　　二是,高端装备制造产业、节能环保产业、新材料产业、生物产业面临较高
市场应用门槛,技术商业化程度较低。相较其他产业领域,新材料产业和生物
产业技术遍在度普遍较低,节能环保产业和高端装备制造产业的技术承载主
体范围也呈现狭窄化态势。这侧面反映了上述四种产业有一定的市场应用门
槛,源于其技术商用化对知识创新、技术开发、市场管理等专业性要求比较高,
高度依赖一体化的、相对封闭的创新流程,从而导致其数字化和智能化转型进
程较缓慢(见图 5-16)。

　　三是,软件、互联网和云计算等新一代信息技术产业应用范围广,但是电
子核心产业技术辐射能力却因承载主体较少而受限,尤其是集成电路和光刻

机及刻蚀机等设备制造,以及电子元件及其专用设备制造领域。而新技术和创新创业服务、数字文化创意活动的市场化应用较广。有色金属和前沿材料等新材料产业领域技术承载能力较弱,而钢铁材料领域相对较强。半导体晶片、人造金刚石、激光晶体等电子专用材料领域存在弱势,导致电子产品芯片行业面临"卡脖子"困境。生物医学工程技术等生物产业领域技术承载能力较弱,但生物质能领域较强。轨道交通装备、航空和海洋工程等高端装备制造产业专业性较强,但其承载主体数量较少。节能型发电机、电动机、电气部件、终端设备等节能环保产业领域具有较高市场准入门槛,半导体场效应管、绝缘栅双极晶体管芯片及模块等电力电子元器件制造是较难突破的关键技术,导致技术创新主体密度偏低;得益于良好市场应用前景,环保技术研发和环保工程设计方面的创新资源投入较多。新能源汽车装置和配件领域技术载体较少,但新能源汽车配套设施的创新载体数量高于理论值(见图 5-17、图 5-18)。

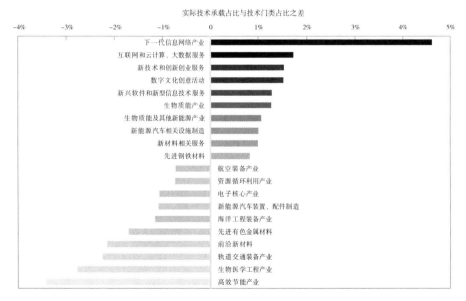

图 5-17 战略性新兴产业种类的技术承载能力评估(2013—2022 年)

注:根据实际技术承载占比与技术门类占比的差值的上下四分位数筛选差值绝对值较大的产业。
资料来源:笔者自绘。

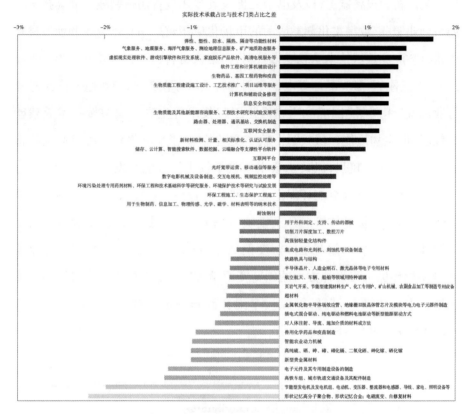

图 5-18 战略性新兴产业小类的技术承载能力评估（2013—2022 年）

注:据实际技术承载占比与门类占比的差值排序,筛选差值绝对值较大的产业门类(前 20 位和后 20 位)。

资料来源:笔者自绘。

(二)发展方向:技术分工和技术机会

1. 技术分工特征

创新使能技术以可代替性较高的技术为主,模块化优势凸显,可划分为四种类型。其中,复杂一体化技术适配于生产流程一体化程度高的产业;侧重生产工艺的复杂模块技术集中于现有市场内发展程度较为成熟的行业领域,而具有产品架构倾向的复杂模块技术则嵌入民营企业分工体系和国家主导的科技创新平台;简单一体化技术围绕重大设施需求形成新兴产业集群和技术共同体;简单模块技术主要基于产业配套优势催生产业生态,城市间的技术分工差异化发展态势显现。

(1)技术类型

通过垂直一体化倾向和技术复杂度界定产业技术体系中的客体类型,据此创新使能技术可分为四种类型:简单一体化技术、复杂一体化技术、简单模块技术和复杂模块技术(见图5-19)。

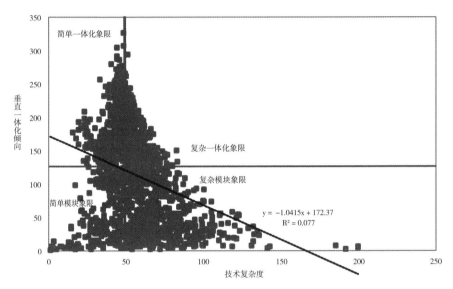

图5-19　基于垂直一体化与复杂度指数分布的创新使能技术的分类

资料来源:笔者自绘。

由汇总计算四种类型技术的 $CI_{t,0}$ 可知,简单模块技术占据创新使能技术承载量的绝大多数,超过 3/4(约占 77%);简单一体化技术位居次位,约占 14%;复杂模块和复杂一体化技术比例较低,分别占 6% 和 3% 左右(见图 5-20b)。首先,简单技术(包括简单模块和简单一体化技术)规模远超复杂技术(复杂模块和复杂一体化技术),表明区域性创新高地的高精尖技术复杂关联生态尚未成形,创新使能技术仍以可替性较高、易被模仿的简单技术为主。其次,简单模块技术数量远超过简单一体化,复杂模块技术数量也是复杂一体化技术承载量的近两倍,进一步说明我国区域性创新高地的产品和技术模块化优势凸显,但一体化技术流程和产品架构能力缺乏(黄群慧,2015)①,具体而言:

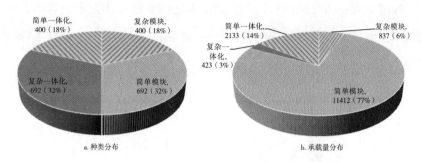

图 5-20　创新使能技术种类及承载量分布(2013—2022 年)

资料来源:笔者自绘。

　　①复杂一体化技术:区域性创新高地的复杂一体化技术类别较多,但承载主体数量较少,产业覆盖面窄,且集中度高,主要适配于生产流程一体化程度高的产业化应用,而产品架构一体化的产业化发展进程相对滞后,需要协同攻坚的“卡脖子”技术尚待突破。

　　具体而言,区域性创新高地的复杂一体化技术以一体化生产流程技术为主体,集中指向化学原料制备、医学化学品和日用化学品制备、石油化工产品生产、生物技术食品加工等技术门类。已在化学原料、化学品制备、石化产品生产、生物技术等技术领域实现了较高程度的工艺一体化,平台企业决定技术门槛,市场需求集中而稳定。其产业分布高度集中于生物药品、生物食品、生物医学工程、智能农机、新型材料等战略性新兴产业应用领域(见表 5-42)。生产流程一体化主导的产业往往具有完熟的技术路线和行业标准,厂商在市场竞争中遵循已有的主导设计或技术标准,进行标准化和大规模的生产以获取市场优势,技术进步主要具有累积性,市场创新和品牌竞争是重点。

————————

　　①　黄群慧:《东北地区制造业战略转型与管理创新》,《经济纵横》2015 年第 7 期。

表 5-42　复杂一体化技术的门类分布(技术承载量前 20 位)

IPC 大类			战略性新兴产业(二级)		
IPC 大类名称	承载量	占比(%)	战略性新兴产业名称	承载量	占比(%)
有机化学	85	12.28	生物医药产业	65	9.39
农业;林业;畜牧业;狩猎;诱捕;捕鱼	63	9.10	前沿新材料产业	46	6.65
有机高分子化合物;其制备或化学加工;以其为基料的组合物	48	6.94	生物医学工程产业	28	4.05
石油、煤气及炼焦工业;含一氧化碳的工业气体;燃料;润滑剂;泥煤	47	6.79	智能制造装备产业	27	3.90
医学或兽医学;卫生学	46	6.65	电子核心产业	20	2.89
其他类不包含的食品或食材;及其处理	32	4.62	先进无机非金属材料	20	2.89
测量;测试	21	3.03	其他生物产业	17	2.46
一般的物理或化学的方法或装置	18	2.60	生物农业及相关产业	14	2.02
冶金;黑色或有色金属合金;合金或有色金属的处理	17	2.46	先进石化化工新材料产业	13	1.88
基本电气元件	15	2.17	高效节能产业	9	1.30
染料;涂料;抛光剂;天然树脂;黏合剂;其他类目不包含的组合物;其他类目不包含的材料的应用	14	2.02	高性能纤维及制品和复合材料产业	9	1.30
输送;包装;贮存;搬运薄的或细丝状材料	12	1.73	先进有色金属材料产业	7	1.01
天然或化学的线或纤维;纺纱或纺丝	12	1.73	航空装备产业	5	0.72
无机化学	12	1.73	资源循环利用产业	4	0.58
肥料;肥料制造	11	1.59	先进环保产业	3	0.43
生物化学;啤酒;烈性酒;果汁酒;醋;微生物学;酶学;突变或遗传工程	10	1.45	核电产业	2	0.29
造纸;纤维素的生产	10	1.45	生物质能及其他新能源产业	2	0.29

IPC 大类			战略性新兴产业（二级）		
IPC 大类名称	承载量	占比（%）	战略性新兴产业名称	承载量	占比（%）
炸药；火柴	10	1.45	先进钢铁材料产业	2	0.29
织物等的处理；洗涤；其他类不包括的柔性材料	10	1.45	互联网和云计算、大数据服务产业	1	0.14
塑料的加工；一般处于塑性状态物质的加工	9	1.30	人工智能产业	1	0.14

资料来源：笔者自制。

而用于架构一体化产品（如电气元件、机械零部件等）的技术门类数量较少，集成电路、智能制造装备的核心工艺和零部件及设计软件等关键核心技术领域对外依赖程度高，国产化率较低，产业发展基础较薄弱。产品架构一体化的产业应用化进程相对滞后，这与架构创新的集成创新者缺位和创新动机受限有关。这些行业"主导设计"（指比较普遍的产品生产理念或模式）大多已经形成，高价值产业链活动不再集中于原始技术创新而是转向工艺改进。因此行业竞争者首要考虑的是如何结合市场信息和技术机会，而不是整合创新资源和提升创新能力进行技术突破。机器人、高端智能机床、航空设备核心部件、电子专用器件等新兴产业技术具备高端定制特征，已形成开放环境下跨国公司垄断性竞争市场结构，原因主要是国内技术市场需求分散，易受外部因素冲击，且缺乏正向而有效激励本土企业进行一体化研发的制度安排。

②复杂模块技术：区域性创新高地的复杂模块技术门类较少，且创新主体数量不多，产业覆盖面较低，行业领域集中度较高。生产工艺方面的复杂模块技术高度集中在市场饱和、技术成熟的行业领域，产品架构方面的复杂模块技术则嵌入民营企业竞争的分工体系和国有企业主导的集成平台两大组织模式。

具体而言，生产工艺的复杂模块技术主要涵盖纺织的原料、型材、处理工艺及专用设备,其战略性新兴产业应用集中于新型材料领域(见表5-43)。偏重生产工艺的复杂模块技术多出现在市场开拓早、市场规模大、技术较成熟的产品领域,生物制品类技术则发展较慢。

表5-43　复杂模块技术的门类分布(技术承载量前20位)

IPC 大类			战略性新兴产业(二级)		
IPC 大类	承载量	占比(%)	战略性新兴产业	承载量	占比(%)
制冷或冷却;加热和制冷的联合系统;热泵系统;冰的制造或储存;气体的液化或固化	21	5.25	高效节能产业	17	4.25
织物等的处理;洗涤;其他类不包括的柔性材料	20	5.00	先进有色金属材料产业	13	3.25
石油、煤气及炼焦工业;含一氧化碳的工业气体;燃料;润滑剂;泥煤	17	4.25	智能制造装备产业	10	2.50
一般车辆	17	4.25	生物医药产业	9	2.25
燃烧发动机;热气或燃烧生成物的发动机装置	15	3.75	先进无机非金属材料产业	9	2.25
输送;包装;贮存;搬运薄的或细丝状材料	13	3.25	新能源汽车装置、配件制造产业	8	2.00
缝纫;绣花;簇绒	12	3.00	前沿新材料产业	6	1.50
天然或化学的线或纤维;纺纱或纺丝	11	2.75	下一代信息技术产业	5	1.25
一般机器或发动机;一般的发动机装置;蒸汽机	11	2.75	高性能纤维及制品和复合材料产业	3	0.75
有机高分子化合物;其制备或化学加工;以其为基料的组合物	11	2.75	轨道交通装备产业	3	0.75
有机化学	11	2.75	其他生物产业	3	0.75
工程元件或部件;为产生和保持机器或设备的有效运行的一般措施;一般绝热	10	2.50	生物农业及相关产业	3	0.75
供热;炉灶;通风	10	2.50	生物医学工程产业	2	0.50
一般的物理或化学的方法或装置	10	2.50	太阳能产业	2	0.50
道路、铁路或桥梁的建筑	9	2.25	先进环保产业	2	0.50

续表

IPC 大类			战略性新兴产业（二级）		
IPC 大类	承载量	占比（%）	战略性新兴产业	承载量	占比（%）
织造	9	2.25	先进石化化工新材料产业	2	0.50
家具;家庭用的物品或设备;咖啡磨;香料磨;一般吸尘器	8	2.00	新能源汽车整车制造产业	2	0.50
农业;林业;畜牧业;狩猎;诱捕;捕鱼	7	1.75	资源循环利用产业	2	0.50
用液体或用风力摇床或风力跳汰机分离固体物料;从固体物料或流体中分离固体物料的磁或静电分离;高压电场分离	7	1.75	电子核心产业	1	0.25
机床;其他类目中不包括的金属加工	6	1.50	互联网和云计算、大数据服务产业	1	0.25

资料来源:笔者自制。

产品架构的复杂模块技术嵌入于家电热力装置、汽车发动机、电力能源和交通建筑等大型复杂装备工程所需部件领域,其战略性新兴产业应用集中于电能汽车驱动和高效节能技术领域。而偏重产品架构的技术模块分工组织主要有两类:民营企业市场竞争引起的产品模块化分工体系和国有企业主导的国家大科学装置集成平台。前者经历由技术单点突破至创新生态搭建的阶段,具有广阔的国际市场竞争前景,后者一般具有较大研发难度和较长投资回报周期,面向国民重大生产需求和国家重大安全需求。

③简单一体化技术:区域性创新高地的简单一体化技术门类较少,且技术承载主体数量较小,产业覆盖面较高,产业集中度较低。形成内循环主导的两大产业技术发展轨迹:一是围绕国家重大战略和民生基础设施需求,由国有企业主导的成熟产品竞争,形成数字化和绿色化增值的产业集群;二是围绕新兴产业技术共同体,由民营企业主导的新兴技术竞争,目的在于拓展多样化的研发组织、商业模式和市场机会(见表5-44)。

表 5-44　简单一体化技术的门类分布(技术承载量前 20 位)

PC 大类			战略性新兴产业		
IPC 大类	承载量	占比(%)	战略性新兴产业(二级)	承载量	占比(%)
测量;测试	48	12.00	生物医药产业	26	6.50
有机化学	32	8.00	先进无机非金属材料产业	23	5.75
医学或兽医学;卫生学	28	7.00	电子核心产业	20	5.00
有机高分子化合物;其制备或化学加工;以其为基料的组合物	27	6.75	下一代信息技术产业	17	4.25
基本电气元件	22	5.50	先进石化化工新材料产业	17	4.25
发电、变电或配电	20	5.00	前沿新材料产业	15	3.75
计算;推算或计数	17	4.25	智能电网产业	15	3.75
农业;林业;畜牧业;狩猎;诱捕;捕鱼	15	3.75	智能制造装备产业	11	2.75
一般的物理或化学的方法或装置	13	3.25	高效节能产业	9	2.25
电通信技术	12	3.00	生物医学工程产业	9	2.25
染料;涂料;抛光剂;天然树脂;黏合剂;其他类目不包含的组合物;其他类目不包含的材料的应用	10	2.50	生物农业及相关产业	8	2.00
无机化学	9	2.25	先进有色金属材料产业	8	2.00
生物化学;啤酒;烈性酒;果汁酒;醋;微生物学;酶学;突变或遗传工程	8	2.00	海洋工程装备产业	7	1.75
水泥;混凝土;人造石;陶瓷;耐火材料	8	2.00	数字文化创意活动产业	6	1.50
船舶或其他水上船只;与船有关的设备	6	1.50	太阳能产业	5	1.25
水利工程;基础;疏浚	6	1.50	先进环保产业	5	1.25
土层或岩石的钻进;采矿	6	1.50	互联网和云计算、大数据服务产业	4	1.00
冶金;黑色或有色金属合金;合金或有色金属的处理	6	1.50	新能源汽车装置、配件制造产业	4	1.00

续表

IPC 大类	承载量	占比（%）	战略性新兴产业（二级）	承载量	占比（%）
PC 大类			战略性新兴产业		
对金属材料的镀覆；用金属材料对材料的镀覆；表面化学处理；金属材料的扩散处理；真空蒸发法、溅射法、离子注入法或化学气相沉积法的一般镀覆；金属材料腐蚀或积垢的一般抑制	5	1.25	其他生物产业	3	0.75
工程元件或部件；为产生和保持机器或设备的有效运行的一般措施；一般绝热	5	1.25	人工智能产业	3	0.75

资料来源：笔者自制。

一方面，以国有企业为创新主体，简单一体化技术集中在石化和电气等传统产业领域。国有创新引擎企业保持架构技术的主导权和独立自主的技术学习路径。石化等涉及国家产业安全的关键技术，应用场景广泛，产业配套齐全，产业链条较长，在全产业链上形成"试验场"。重点智能电网、节能环保等架构设计显现共性技术突破的端倪，电力能源等以政府采购需求为主导的核心技术，推动了特高压、输配电设备的共性开发，促进电力数字化、低碳化的产业创新集群孕育。

另一方面，得益于民营科技力量的技术竞争，化学、医学、信息技术系统集成、软件开发等高应用前景的简单一体化技术，受地区间竞争所驱动成为大规模创新投资的主要汇集领域。生物医药及新材料等新兴产业领域是简单一体化技术应用的主阵地，部分下一代信息技术（集成电路、半导体晶片、光电子精密零件、计算机硬件等）和高端装备（自动化机床、工业控制系统等）也出现简单一体化技术应用化特征。

④简单模块技术：区域性创新高地的简单模块技术门类较多，承载主体数量较大，产业覆盖程度较高。主要基于产业配套优势，催生并构建产业创新生

态。基本覆盖多数制造业行业,主要包括由模块化发展的传统汽车制造,电气元件、电通信、光通信等装备制造,通用或专用机械部件制造,高端运输设备制造,以及电子计算机、通信、数字互联网等新兴核心电子产业领域(见表5-45)。在制造业转型升级驱动下,地方政府持续加大先进制造业的投资和政策扶持,民营企业不断从激烈的市场竞争中获利,形成了庞大的模块产品分工体系和创新生态系统,从而促进了改进型的产品架构创新,甚至是部分关键模块技术的突破。围绕通信设备和高速铁路等研发投入高、投资回报周期长的复杂产品系统,区域性创新高地城市基于地方创新环境和产业发展优势,催生基站设备、新型材料、金属零件加工、整机集成、输配电系统、信息传输设备、互联网、移动通信等一系列供应链产业集群。围绕电子消费品和汽车等标准化架构产品,区域性创新高地城市在特殊导体材料、自动产线、新能源驱动、智能视讯和智能控制等智能化和自动化技术场景,形成了价值链上下游协同的创新生态系统。

表5-45 简单模块技术的门类分布(技术承载量前20位)

IPC 大类			战略性新兴产业(二级)		
IPC 大类	承载量	占比(%)	战略性新兴产业	承载量	占比(%)
电通信技术	55	7.95	下一代信息技术产业	51	7.37
基本电气元件	31	4.48	智能制造装备产业	30	4.34
计算;推算或计数	31	4.48	生物医药产业	24	3.47
一般车辆	30	4.34	先进无机非金属材料产业	24	3.47
测量;测试	27	3.90	先进有色金属材料产业	24	3.47
基本上无切削的金属机械加工;金属冲压	25	3.61	轨道交通装备产业	23	3.32
土层或岩石的钻进;采矿	24	3.47	电子核心产业	22	3.18
工程元件或部件;为产生和保持机器或设备的有效运行的一般措施;一般绝热	23	3.32	新能源汽车装置、配件制造产业	21	3.03

续表

IPC 大类			战略性新兴产业（二级）		
IPC 大类	承载量	占比（%）	战略性新兴产业	承载量	占比（%）
机床；其他类目中不包括的金属加工	22	3.18	智能电网产业	21	3.03
输送；包装；贮存；搬运薄的或细丝状材料	22	3.18	高效节能产业	19	2.75
铁路	20	2.89	生物农业及相关产业	13	1.88
发电、变电或配电	19	2.75	海洋工程装备产业	10	1.45
医学或兽医学；卫生学	18	2.60	前沿新材料产业	10	1.45
农业；林业；畜牧业；狩猎；诱捕；捕鱼	16	2.31	先进钢铁材料产业	8	1.16
水利工程；基础；疏浚	15	2.17	航空装备产业	6	0.87
道路、铁路或桥梁的建筑	13	1.88	数字文化创意活动产业	5	0.72
有机高分子化合物；其制备或化学加工；以其为基料的组合物	13	1.88	风能产业	4	0.58
卷扬；提升；牵引	12	1.73	互联网和云计算、大数据服务产业	4	0.58
燃烧发动机；热气或燃烧生成物发动机装置	10	1.45	人工智能产业	4	0.58
有机化学	10	1.45	资源循环利用产业	4	0.58

资料来源：笔者自制。

(2)城市分工

基于技术类型占比的区位商分析，不同区域性创新高地城市在某些技术领域具有比较优势，集聚相当规模的创新引擎企业，形成相对有序的技术地域分工体系：

①北京：以简单一体化和简单模块技术为主，聚焦信息通信技术和高端装备基础材料的共性技术，以此为基础发展高端架构产品的模块化供应链，有力支撑了北京智能制造和装备、集成电路、汽车制造等特色产业发展。其简单一体化技术主要囊括物理测量与测试、计算与数据处理方法、电通信、一般物理

和化学方法、有机高分子、无机建筑材料、控制或调节系统、声学等领域。简单模块技术则包括电通信、测量与测试、计算与数据处理、控制系统、车辆零部件及整车制造、岩层采掘装备、建筑、有机高分子、基本电器元件、生物工程食品、废液处理、乐器等领域。

②上海：以简单模块技术为主，以信息通信技术为主体，蓄力发展信息通信技术与高端制造通用技术的新兴产业应用化，构筑关键模块化供应的竞争力。其简单模块技术主要涵盖测量与测试、计算与数据处理方法、电通信、发配电、电气元件、机床、控制与调节、升降装置、光电摄影技术、车辆制造、液压或非燃烧动力发动机等领域。在上海汽车制造、人工智能、集成电路等新兴产业领域具有广阔的应用前景。

③深圳：以简单模块和简单一体化技术为主，深耕信息通信技术软硬件领域，聚力于数字信息与通信领域的关键技术和尖端医学、光学等新兴技术，以此为基础发展电学与光学通信器件的模块化供应链，有力支撑了深圳集成电路、人工智能、生物医药等战略性新兴产业发展。其简单一体化技术主要包括物理测量与测试、计算与数据处理方法、电通信、信号装置、电气元件、光学、医学、有机高分子等领域。而简单模块技术则高度集中于电通信、计算与数据处理方法、测量与测试、电气元件、控制系统、专用电磁技术等领域。

④广州：以简单模块技术为主导，主攻电子信息、通信、工业控制、汽车和化学品的产业链关键模块化开发。其简单模块技术集中于计算与数据处理方法、电通信、配变电、控制系统、车辆、高分子化合物等领域，在人工智能、汽车制造等特色产业领域具备较大市场化应用场景。

⑤天津：以简单一体化和简单模块技术为主，具有基础设施工程建设和建材等一体化技术开发能力。其简单一体化技术主要包括测量与测试、水利工程技术、计算与数据处理方法、一般物理或化学方法与装置、磨削与抛光、水泥等无机建筑材料、工程运行元件等领域。简单模块技术则以测量与测试、计算与数据处理方法、水利基建与疏浚技术、岩层钻进、合金冶炼、建筑物、电气元

件、污液处理、水泥等领域为代表。这些优势技术领域较好地支撑了天津电子信息、建筑及环保、钢铁冶金等支柱产业发展。

⑥成都：以简单一体化和简单模块技术为主，聚焦先进制造、生命健康、新一代信息技术、新材料等优势一体化技术领域，培育软件开发、医疗器械、高端装备等模块化供应链。其简单一体化技术主要包括医学或卫生学、有机化学、无机建筑装饰材料、水利工程、计算与数据处理方法等领域。简单模块技术基本涉及测量与测试、计算与数据处理方法、电子通信、道路基础设施、建筑、水利工程、采矿、医学或卫生学等领域。这些优势技术在成都生物医药、装备制造、电子信息、汽车制造等支柱产业领域具有良好应用前景。

⑦南京：以复杂一体化和简单模块技术为主，重点发展以有机化学为代表的一体化技术，同时占据测控与计算等相关模块技术的重要分工地位。其复杂一体化技术集中在有机高分子化合物及其组合物制备技术、有机化学类等方面。而简单模块技术集中在计算与数据处理方法、金属材料处理、物理测量与测试技术、物理控制系统等领域。这些优势技术能较好地支撑南京石油化工、电子信息、汽车制造等支柱产业转型升级。

⑧苏州：产业技术发展由复杂一体化主导，且集中在有机高分子、化纤织物等领域，电气元件技术发展较快，有力支撑了苏州电子信息、纺织服装等主导产业高质量发展。其复杂一体化技术集中在化学纤维的纺织物、纺织物处理和洗涤、有机高分子化合物，少数技术涉及基本电气元件等领域。

⑨武汉：以简单模块技术为主，主攻电子信息、通信、工业控制、汽车和化学品的产业链关键模块化开发，与武汉电子信息、智能装备制造、汽车制造、生物技术等重点产业布局方向高度一致。其简单模块技术主要包括测量与测试、计算与数据处理方法、光电子、路桥工程、水利工程、采矿、金属切割、升降装置、液压与气动技术、医学等领域。

⑩杭州：以简单模块技术为主，聚焦下一代网络信息技术的产业链关键模块开发。杭州简单模块技术高度集中于计算与数据处理方法、电通信、控制系

统、车辆、有机化学等领域,对数字经济和高技术产业发展具有重要支撑作用。

⑪重庆:以复杂模块和简单模块技术为主,基于汽车行业优势制定模块化产业集群路线,不断延展至智能制造、基础材料、通用或专用设备、发动机等业务,较好地契合了重庆汽车摩托车制造、高端装备制造等支柱产业技术需求。其复杂模块技术主要包括燃烧发动机装置、一般车辆、一般发动机、制冷系统等领域。简单模块技术则集中分布于物理测量与测试、计算与数据处理方法、控制或调节系统、冶金与合金制品、车辆、机床、机械搬运设备、一般机器运行措施等方向。

⑫西安:以复杂一体化和简单模块技术为主,重点发展以原油提炼为代表的一体化技术,同时深度参与金属加工、高端机械、大型设备的产业链模块化分工。其复杂一体化技术集中在原油的液气副产品提炼,主要支撑纺织类行业发展。简单模块技术高度集中在机床、机械手等搬运器具、水利工程、冶金、计算与数据处理方法等制造业领域,基本以计算与数据处理方法、电通信、物理测量与测试技术等技术领域为支撑。

⑬青岛:以复杂模块和复杂一体化技术为主,侧重于热力系统、专用设备、织物处理等复杂模块技术,与相关的材料、供热等复杂一体化技术突破相辅相成。其复杂模块技术包括制冷动力、供热与调温系统、金属加工、织物处理等领域,而复杂一体化技术则集中在农业、结构材料、供热等方向,巩固了青岛市家电电子、纺织服装、机械制造等支柱产业优势地位。

⑭合肥:以简单一体化和简单模块技术为主,聚焦电气和光电技术,发展智能设备软硬件,培养关键器材与零件的模块化供应能力,强化自身电子信息、机械设备制造、建筑材料等传统产业优势。其简单一体化技术主要包括测量与测试、变电与配电、基本电气元件、黏合剂和涂料、有机高分子等领域。简单模块技术则基本涵盖测量与测试、计算与数据处理方法、变电与配电、基本电气元件、电子通信、金属加工专用设备、包装或搬运器材、车辆部件、控制系统、高分子化合物等领域。

⑮长沙：以简单模块技术为主，主攻电子信息、工业控制、机械设备的产业链关键模块化开发。其简单模块技术主要分布于测量与测试、计算与数据处理方法、控制系统、液压与气动技术、输送包装材料、岩层掘进等领域，有利于巩固长沙工程机械和汽车及零部件制造业的龙头地位。

⑯宁波：以复杂模块和简单一体化技术为主，侧重于家用器具、热力系统等复杂模块技术开发，与金属材料、化学工艺等简单一体化技术应用相互补充。其复杂模块技术主要分布于家用金属和非金属器具、供热与调温系统、铸造、照明等领域。简单一体化技术则集中于粉末冶金铸造、金属或有色金属合金处理、无机化学、金属冲压加工等领域。这些优势技术与宁波汽车及零部件、石油化工、电工电器等先进制造业发展密不可分。

⑰郑州：以复杂模块和简单模块技术为主，侧重于工业自动化系统及其材料等复杂模块技术，与自动化技术、高端装备等简单模块技术协同发展。其复杂模块技术主要包括包装搬运器材、合金冶炼、固料分拣、铸造等领域，而简单模块技术则主要分布于物理测量与测试、计算与数据处理方法、机床、岩层采掘装备、水利工程等领域。这些优势技术广泛应用于郑州机械制造、冶金加工、建筑材料等传统优势产业部门。

⑱济南：其复杂模块和复杂一体化技术占据主导，侧重于家具、专用设备、发动机等复杂模块技术，与合成材料、化学、热力学等共性学科知识紧密结合。其复杂模块技术基本涉及家具、机床、一般的发动装置等领域，而复杂一体化技术则涵盖化纤、高分子、热交换等技术场景。这些优势技术与济南重点发展的主导产业方向（智能装备制造、先进材料等）基本吻合。

⑲泉州：技术组成比较多元，由层状材料与化纤制品的复杂一体化技术出发，一方面形成高分子化合物制备供应能力，另一方面形成成衣编织的模块化分工，主要归因于泉州纺织服装业的强大产业牵引。其复杂一体化技术集中在层状材料及其合成方法、化纤制造方法等领域，而简单一体化技术以有机高分子化合物及组合物为主，简单模块技术则集中在装饰用编织与针织、毛皮、

鞋类、纺织物处理等领域,与泉州纺织服装产业技术需求高度一致。

⑳昆明:以简单一体化技术为主,专精于电能供配、计算与数据处理方法、医学等技术门类,立足于生物医药、装备制造、电子信息等新兴产业发展。

㉑沈阳:以简单模块技术为主,主攻金属器械自动化的产业链关键模块化开发,主要集中于金属加工机械、测量与测试、计算与数据处理方法、控制系统等领域,得益于沈阳机械装备制造业的支柱地位。

㉒厦门:以复杂一体化和简单模块技术为主,前者高度集中于纺织类,后者主要分布于计算与数据处理方法、电子通信、物理测量与测试技术等领域,得益于厦门电子信息和纺织服装业快速发展,但无法高效支撑厦门生物医药与健康、新材料与新能源两大新兴主导产业发展需求。

㉓大连:以简单模块技术为主,侧重于机械重工、运输设备的产业链关键模块化开发,主要集中于测量与测试、计算与数据处理方法、控制系统、液压与气动技术等领域,与城市装备制造、船舶运输、电子信息等支柱产业发展相得益彰。

㉔哈尔滨:以简单模块技术为主,围绕原动设备、飞机工业、化学药品等优势领域不断开发拓展关键模块,高度集中于测量与测试、计算与数据处理方法、控制系统、工业控制、高分子化合物等领域,归因于哈尔滨机械制造和石油化工等支柱产业升级转型的技术需求牵引。

㉕乌鲁木齐:以简单模块技术为主,主要从事土木建筑和电力生产、医药、金属冶炼、开采与加工等关键模块开发,集中于测量与测试、路桥工程、高分子化合物、金属或有色金属合金处理等领域,一定程度为乌鲁木齐能源化工、钢铁和有色金属、建筑材料等制造业转型升级提供了技术支撑。

㉖石家庄:技术类型较多样,但优势领域相对集中于有机化学,依托有机化学技术,一方面形成以染涂、黏合材料为主的辅助材料供应能力,另一方面承担制造模块化分工,整体与石家庄生物制药、钢铁冶金、能源化工等重点发展产业契合度不够。

㉗福州：以复杂一体化和复杂模块技术为主，以结构材料的复杂一体化技术提升上游矿物与下游零件的复杂模块化供应能力。其复杂一体化技术主要体现在层状材料及其合成方法、天然或化学纤维等领域，而复杂模块技术集中于无机矿物加工、一般车辆部件等领域。这些技术优势在福州轻纺化纤、化工新材料等引领性产业领域具有较大应用前景。

㉘长春：以简单一体化和简单模块技术为主，秉承交通、电气、化学工程技术优势，深度参与汽车、铁路系统等关键部件或总成工程的模块化供应，主要归因于汽车制造、机械制造、石油化工等支柱产业升级和转型。其简单一体化技术主要包括测量与测试、基本电气元件、有机化学等领域，简单模块技术则基本涉及车辆零部件和整车、燃烧发动机、金属切割和冲压、工程运行基础措施与部件、铁路轨道系统等领域。

㉙无锡：以复杂模块技术为主，高度集中于织物处理领域，基于纺织科学与工程基础研究优势和高端纺织制造业升级驱动，在高档纺织及服装加工产业领域形成专门化技术比较优势。

㉚珠海：以复杂模块技术为主，主要集中于供热与调温系统、制冷系统、织物处理等领域，广泛应用于电力能源、家电电器、轻工纺织等主导产业部门。

㉛潍坊：以复杂模块和复杂一体化技术为主，主要包括燃烧发动机、一般发动机、制冷等复杂模块技术，以及造纸、纺纱、有机化学等复杂一体化技术，成为潍坊高端装备、食品加工、纺织服装等支柱产业的关键支撑。

㉜佛山：以复杂模块技术为主，集中于供热与调温系统、制冷、热交换、家具等领域，为佛山家电家具等传统优势产业竞争力提升提供了较适配的技术支撑。

㉝台州：以复杂模块技术为主，集中于缝纫技术，较好地促进了台州纺织服装、缝制设备等支柱产业转型升级。

㉞烟台：技术类型较多样，包括有机高分子化合物制备加工、织造、热力系统等复杂一体化技术，以有机化学品制备、一般物理或化学加工等为主的简单

一体化技术,以及以织造、有机高分子化合物或其基料、门锁等金属日用品等为主的复杂模块技术。这些优势技术与烟台石化新材料和装备制造等龙头产业发展密切相关、相互支撑。

2. 技术机会识别

根据"低成本—高收益"的区域多样化逻辑,不同区域性创新高地的共性热点技术,主要包括软件工程与计算机辅助设计、支撑性平台软件、新能源发电、输配电设备等领域。基本形成了信息技术软硬件(互联网与数字创意服务、互联网安全、自然语言处理、移动通信等领域)、新能源或新能源汽车(新能源发电、输配电设备、节能仪器、装备与材料等)、新材料或高端装备(高性能合金、航空铝合金、集装箱起重机、自动化加工搬运设备等)三大高新技术产业发展重心。数字视频设备、数字化影视广播服务、互联网消费金融、互联网运营、新能源汽车及电动动力技术、核电工程、光热发电系统、航天通信系统、计量服务、医疗健康数据等产业技术领域是其主要发展方向。

(1)细分技术

区域性创新高地城市基本围绕"低成本(风险)—高收益"的区域多样化逻辑演进,高承载量技术主要集中在"强关联(度)—高复杂(度)"的第一象限,备受青睐的热点技术主要集中于信息安全与监测、软件工程与计算机辅助设计、支撑性平台软件、新能源发电、输配电设备等前沿领域。但不同区域性创新高地城市的核心技术领域因其自身产业优势和发展方向不同而存在差异。以信息通信技术产业为主导的城市,大多将互联网与数字创意服务、互联网安全、自然语言处理、移动通信、游戏与娱乐、人机交互设备等技术领域作为发展重心。致力于新能源或新能源汽车产业发展的城市,大多将新能源发电、输配电设备、风电场建设、节能仪器、装备与材料等技术领域作为发展方向。聚焦新材料或高端装备制造业发展的城市,大多将高性能合金、航空铝合金、集装箱起重机、自动化加工搬运设备、智能焊接和热处理等技术领域作为发展关键。大多数国家级和区域级区域性创新高地城市,在"强关联—低复杂"象限拥有高承载量技术,主要集中在生物、化学、材料、环境等门类,如农业育种、生物质能工程技术、有机高分子聚合物、环保材料工程技术、改性建筑材料、金属增材、增强复合材料、电子专用合金等领域,这些技术基本属于低风险和低收益技术,有待提高技术复杂程度以实现产业技术升级转型。处于"强关联—高复杂"(低风险和高收益的"机会技术")但承载量较低的核心技术,是区域性创新高地城市产业高质量发展的潜在方向,主要涉及数字视频设备、数字化影视广播服务、互联网消费金融、互联网运营、新能源汽车及电动动力技术、核电工程、光热发电系统、航天通信系统、计量服务、医疗健康数据等前沿技术领域。

(2)产业领域

区域性创新高地城市的重心方向一般与细分技术情况相契合,在新型信息技术、数字技术设备、新能源、先进材料、新能源汽车相关设施、智能电网等行业领域拥有较丰富的技术积累,形成特定产业优势,呈现三大战略性产业发展方向。一是,面向智能制造业,在电子核心产业、智能制造装备、轨道交通装备、卫星及应用产业等产业技术领域涌现大量创新引擎企业;二是,面向新能源汽车制造业,在装置和配件制造、整车制造、相关服务等产业技术领域具有丰富积累;三是,面向数字经济产业,在下一代信息网络、人工智能、电子信息、数字创意与融合服务、新技术与创新创业服务等产业技术领域取得明显的突破。而生物医药、绿色环保、海洋工程、风能等战略性新兴产业领域,受限于资源禀赋劣势、科学技术短板,较难成为当前区域性创新高地城市的主要突破口。亟待加强交叉研究和融合发展,降低市场进入成本,提高技术复杂程度,避免低端锁定和"重复造轮子",进而驱动新兴产业和未来产业高质量发展。

(3)产业分工

因地方社会、经济、政治和文化等创新环境差异性,区域性创新高地城市的细分技术和重点方向存在明显空间分异,遵循较显著的地域分工和优势互补,形成较鲜明的"机会技术"和优势产业领域,具体而言:

①北京：优势技术领域高度集中于"强关联—高复杂"的"机会技术"，主要包括信息安全与监测、软件工程与计算机辅助设计、支撑性平台软件、互联网与数字创意服务、数字化影视广播服务、互联网安全等方向。其发展重心高度贴合北京既有技术基础和产业发展方向，且处于复杂程度高、经济回报高的技术前沿，具有较强的市场垄断性。亟待发展互联网生产服务、新型能源驱动方式、混合动力汽车、大规模电网系统、光热发电系统、设备与元件等"机会技术"领域，促进创新链与产业链深度融合，以便更好支撑北京高精尖产业发展，推动北京制造业向智能化、高端化和集群化转型（见图5-21）。

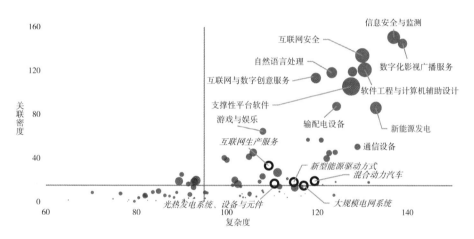

图5-21　北京战略性新兴产业技术的发展重心

资料来源：笔者自绘。

注：圆大小表示技术承载量，空心圆表示机会技术中承载量低于全体平均值的技术，本小节其余图同。

与细分技术分布相契合，北京在数字信息、互联网、专业商业与技术服务、人工智能、生物质能等产业领域具有先发优势，占据新兴技术制高点，涌现高丰度和大密度的创新型企业，是当前高新技术产业发展重点；此外，新能源汽车相关服务和新能源汽车装置、配件制造产业领域也拥有较丰富的创新引擎企业，是北京未来重要的主导产业，但有待进一步强化新能源驱动、混合动力、电网系统等"机会技术"（见表5-46）。

表5-46 北京战略性新兴产业的发展重心和拓展方向

战略性新兴产业（二级）	平均复杂度	平均关联密度	平均承载量	当前发展重心	未来拓展方向
数字创意技术设备制造产业	127.66	119.09	11.67	√	
数字创意与融合服务产业	119.62	113.32	14.00	√	
新兴软件和新型信息技术服务产业	119.32	80.62	17.67	√	
数字文化创意活动产业	114.31	66.75	6.00	√	
下一代信息网络产业	123.68	51.36	4.78	√	
互联网和云计算、大数据服务产业	108.45	45.30	7.80	√	
其他相关服务产业	122.57	44.80	4.50	√	
新技术与创新创业服务产业	102.14	41.01	6.33	√	
新能源汽车相关设备制造产业	113.70	39.89	3.25	√	
卫星及应用产业	100.04	38.42	4.00	√	
人工智能产业	105.04	29.01	2.63	√	
新能源汽车相关服务产业	122.69	18.67	0.50		√
生物质能及其他新能源产业	98.46	16.54	3.17	√	
新能源汽车装置、配件制造产业	115.66	15.76	1.00		√
电子核心产业	104.08	10.99		√	

资料来源：笔者自绘。

②上海：与北京类似，上海细分优势技术领域聚焦"强关联—高复杂"的"机会技术"，主要包括信息安全与监测、支撑性平台软件、互联网与数字创意服务、新能源发电、输配电设备等方向（见图5-22）。其技术发展重心高度贴合上海既有产业基础，在信息技术、数字创意、大数据与人工智能、新能源、电子核心等产业技术领域具有先发优势，有力支撑了信息通信、新能源汽车、人工智能、装备制造等重点产业发展方向（见表5-47）。为进一步助力人工智能、信息通信、数字产业、生物医药等先导产业发展，上海亟待发展互联网生产服务平台、移动通信、人机交互设备、智能焊接和热处理生产线、智能机器人、

车辆电动动力等新兴"机会技术"。尽管上海优势技术基本属于强关联性、高复杂性和不易复制性,但仍然有部分技术位于"弱关联—低复杂"象限(如人造长丝、核燃料、数字通信测试等技术)。这些技术承载量较大,但潜在技术容易被模仿,远离本地技术库,具有高风险、高成本和低收益特征,市场垄断性和产业带动性能力明显不足,谓之"死胡同"技术,有待逐步退出市场(马双等,2020)。

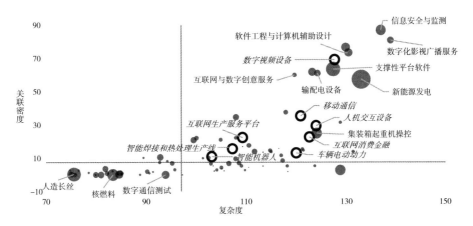

图 5-22　上海战略性新兴产业技术的发展重心

资料来源:笔者自绘。

表 5-47　上海战略性新兴产业的发展重心和拓展方向

战略性新兴产业(二级)	平均复杂度	平均关联密度	平均承载量	当前发展重心	未来拓展方向
数字创意技术设备制造产业	127.66	69.19	4.33	√	
数字创意与融合服务产业	119.62	60.00	7.00	√	
新兴软件和新型信息技术服务产业	119.32	48.92	11.33	√	
数字文化创意活动产业	114.31	36.15	3.45	√	
下一代信息网络产业	123.68	31.87	2.88	√	
新能源汽车相关设备制造产业	113.70	31.13	1.50	√	
互联网和云计算、大数据服务产业	108.45	25.76	3.50	√	

续表

战略性新兴产业(二级)	平均复杂度	平均关联密度	平均承载量	当前发展重心	未来拓展方向
其他相关服务产业	122.57	22.71	1.50	√	
卫星及应用产业	100.04	22.11	2.00	√	
新技术与创新创业服务产业	102.14	20.90	2.33	√	
人工智能产业	105.04	16.67	2.13	√	
新能源汽车相关服务产业	122.69	15.54	2.00	√	
新能源汽车装置、配件制造产业	115.66	13.49	1.33	√	
生物质能及其他新能源产业	98.46	10.47	5.67	√	
风能产业	119.44	9.00	2.20	√	
新能源汽车整车制造产业	111.94	8.55	0.17		√
电子核心产业	104.08	8.25	1.16	√	

资料来源:笔者自制。

③深圳:战略性新兴产业发展迅猛,基本围绕"强关联—高复杂"的"机会技术"布局,主要包括支撑性平台软件、信息安全与监测、软件工程与计算机辅助设计、互联网与数字创意服务、数字化影视广播服务、输配电设备、移动通信、游戏与娱乐、人机交互设备等前沿技术领域(见图5-23),其发展重心高度贴合深圳既有技术基础和未来产业发展方向,在下一代信息技术、数字创意、新能源及新能源汽车配件、电子核心、大数据与人工智能等技术方向,具有先发优势大、复杂程度高、经济回报多、市场垄断强等特征,是深圳信息通信、数字经济、文化创意等新兴产业和未来产业的重要支撑(见表5-48)。为进一步支撑深圳新能源汽车、人工智能、物流业等支柱产业发展,一些"机会技术"领域(包括电子元件专用设备、车辆电动力装置安装、车辆电动动力、电机制造与维修专用方法、自动化加工、搬运系统等)亟待完善本地创新生态环境,增加企业研发投入,强化技术转移转化,以提升"机会技术"的复杂度(提高收益)和关联性(降低风险)。

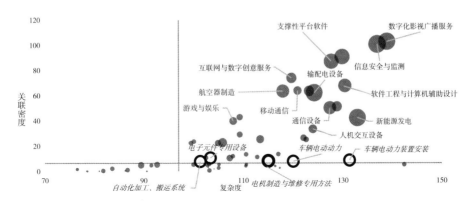

图 5-23　深圳战略性新兴产业技术的发展重心

资料来源:笔者自绘。

表 5-48　深圳战略性新兴产业的发展重心和拓展方向

战略性新兴产业(二级)	平均复杂度	平均关联密度	平均承载量	当前发展重心	未来拓展方向
数字创意技术设备制造产业	127.66	87.02	10.67	√	
数字创意与融合服务产业	119.62	73.89	5.00	√	
下一代信息网络产业	123.68	47.53	3.93	√	
新兴软件和新型信息技术服务产业	119.32	45.22	5.67	√	
数字文化创意活动产业	114.31	42.48	3.64	√	
互联网与云计算、大数据服务产业	108.45	27.19	2.40	√	
其他相关服务产业	122.57	25.11	1.50	√	
新能源汽车相关设备制造产业	113.70	23.61	3.50	√	
卫星及应用产业	100.04	23.57	1.00	√	
新技术与创新创业服务产业	102.14	19.22	2.67	√	
人工智能产业	105.04	17.37	1.63	√	
电子核心产业	104.08	11.12	0.83	√	
航空装备产业	107.26	9.95	1.25	√	
新能源汽车相关服务产业	122.69	7.97	0.00		√

资料来源:笔者自制。

　　④广州:以"强关联—高复杂"的"机会技术"为主体,基本集中于信息安全与监测、支撑性平台软件、数字视频设备、数字化影视广播服务、新能源发电

等复杂程度高、经济回报高的前沿领域(见图 5-24),在信息技术、数字创意融合、新能源汽车、专业服务等产业领域占据技术前沿阵地(见表 5-49)。技术发展重心高度贴合广州原有技术基础,与其数字经济、高端装备制造等重点支柱产业关联程度高。但互联网生产服务平台、互联网消费金融、计量服务、节能检测设备、医疗健康数据处理等"机会技术"承载量较小、复杂度较低、关联性较弱,无法高效支撑生物医药与健康、智能网联、电子核心、高端装备等新兴产业高质量发展,是其未来重要的技术突破口。

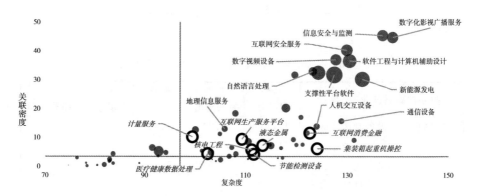

图 5-24 广州战略性新兴产业技术的发展重心

资料来源:笔者自绘。

表 5-49 广州战略性新兴产业的发展重心和拓展方向

战略性新兴产业(二级)	平均复杂度	平均关联密度	平均承载量	当前发展重心	未来拓展方向
数字创意技术设备制造产业	127.66	36.94	5.00	√	
数字创意与融合服务产业	119.62	31.64	2.00	√	
新兴软件和新型信息技术服务产业	119.32	24.34	5.00	√	
数字文化创意活动产业	114.31	19.35	1.82	√	
新能源汽车相关设备制造产业	113.70	16.18	2.50	√	
下一代信息网络产业	123.68	15.55	1.34	√	
互联网与云计算、大数据服务产业	108.45	12.70	1.60	√	

续表

战略性新兴产业（二级）	平均复杂度	平均关联密度	平均承载量	当前发展重心	未来拓展方向
卫星及应用产业	100.04	12.61	2.00	√	
其他相关服务产业	122.57	11.51	0.00		√
新技术与创新创业服务产业	102.14	10.61	1.00	√	
人工智能产业	105.04	7.92	0.63	√	
新能源汽车相关服务产业	122.69	7.51	0.50	√	
新能源汽车装置、配件制造产业	115.66	6.94	0.73	√	
生物质能及其他新能源产业	98.46	5.41	1.50	√	
新能源汽车整车制造产业	111.94	5.08	1.17	√	
智能电网产业	114.65	3.64	0.26		√
电子核心产业	104.08	3.44	0.24		√

资料来源：笔者自制。

⑤天津：以"强关联—高复杂"的"机会技术"为主，主要包括软件工程与计算机辅助设计、核电工程、新能源发电、改性高分子材料、数字视频设备以及节能仪器、装备与材料等领域（见图5-25），在数字创意技术设备、先进钢铁材料、海洋工程装备、智能制造等新兴产业领域具有传统优势（见表5-50）。这些具有比较优势的"机会技术"基本与天津自身原有技术基础和产业结构高度相关，较好契合天津新能源、新材料、电子信息等新兴产业技术需求。但输配电设备、互联网与数字创意服务、航空器制造、智能焊接和热处理生产线等"机会技术"承载量较低、复杂性较小、关联性较弱，亟待加强技术攻关，以高效支撑天津航空航天、电子信息、装备制造、新材料等战略性支柱产业发展。此外，检验检测服务、环保材料及技术、生物质能工程技术等低复杂度和高互倚性技术承载量较大，具有较显著市场化优势。数字创意与融合服务、新能源汽车装置、配件制造、人工智能等新兴产业领域复杂度高、投资回报大、关联性强、研发成本低，应成为其未来重要的发展方向。

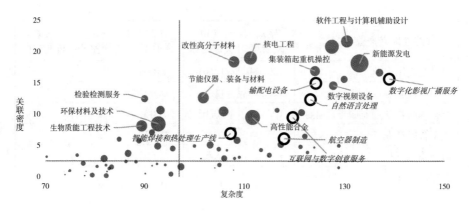

图 5-25　天津战略性新兴产业技术的发展重心

资料来源:笔者自绘。

表 5-50　天津战略性新兴产业的发展重心和拓展方向

战略性新兴产业(二级)	平均复杂度	平均关联密度	平均承载量	当前发展重心	未来拓展方向
数字创意技术设备制造产业	127.66	14.57	3.00	√	
新兴软件和新型信息技术服务产业	119.32	14.43	4.00	√	
新技术与创新创业服务产业	102.14	9.69	3.00	√	
数字创意与融合服务产业	119.62	9.45	0.00		√
新能源汽车相关设备制造产业	113.70	9.34	1.25	√	
数字文化创意活动产业	114.31	7.67	0.55	√	
互联网与云计算、大数据服务产业	108.45	5.52	1.30	√	
下一代信息网络产业	123.68	5.32	0.50	√	
风能产业	119.44	4.97	0.80	√	
卫星及应用产业	100.04	4.90	0.50	√	
先进钢铁材料产业	105.51	4.77	1.38	√	
新能源汽车相关服务产业	122.69	4.73	1.00	√	
生物质能及其他新能源产业	98.46	4.32	2.67	√	
其他相关服务产业	122.57	3.88	0.50	√	
海洋工程装备产业	101.80	3.48	0.88	√	

续表

战略性新兴产业（二级）	平均复杂度	平均关联密度	平均承载量	当前发展重心	未来拓展方向
核电产业	104.27	3.31	1.17	√	
新能源汽车装置、配件制造产业	115.66	3.00	0.09		√
新能源汽车整车制造产业	111.94	2.66	0.33	√	
人工智能产业	105.04	2.63	0.00		√
智能制造装备产业	96.52	2.40	0.54	√	

资料来源：笔者自制。

　　⑥成都：以"强关联—高复杂"的"光明道路技术"为主，以"强关联—弱复杂"的"慢速道路技术"为辅。一方面，"光明道路"技术发展重心高度贴合成都原有技术基础，复杂程度高、经济回报大，关联程度强、研发风险低，主要集中于软件工程与计算机辅助设计、支撑性平台软件、改性高分子材料、新能源发电及节能仪器、装备与材料等技术领域。但输配电设备、互联网与数字创意服务、自然语言处理、移动通信、互联网平台等"机会技术"承载量较小，市场效益没有充分激发，有待强化技术转移转化和市场化应用。另一方面，一些"慢速道路"技术，如生物和基因工程药物、环保工程、生物质能工程技术、生物基因技术服务等领域，尽管研发成本较低、投资风险较小，但其驱动区域技术发展、实现技术路径突破难度较大，亟待强化技术突破式创新，提高技术复杂程度，丰富本地产业技术体系（见图5-26）。

　　得益于相关技术比较优势，成都在新兴软件和新兴信息技术服务、新技术和创新创业服务、数字创意与融合服务、卫星及应用产业等产业领域技术承载量大、复杂度高、关联性强，应是其当前产业转型升级的发展重点；新能源汽车相关设备制造、新能源汽车相关服务等产业领域具有较大的比较优势和发展前景，应是其未来发展的重要抓手（见表5-51）。

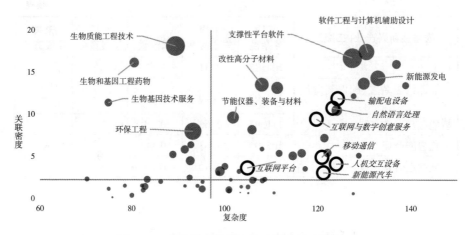

图 5-26 成都战略性新兴产业技术的发展重心

资料来源:笔者自绘。

表 5-51 成都战略性新兴产业的发展重心和拓展方向

战略性新兴产业（二级）	平均复杂度	平均关联密度	平均承载量	当前发展重心	未来拓展方向
数字创意技术设备制造产业	127.66	12.16	0.67	√	
新兴软件和新型信息技术服务产业	119.32	11.60	3.67	√	
数字创意与融合服务产业	119.62	9.42	0.00		√
新能源汽车相关设备制造产业	113.70	6.94	0.00		√
新技术与创新创业服务产业	102.14	6.87	1.17	√	
数字文化创意活动产业	114.31	6.09	0.45	√	
下一代信息网络产业	123.68	5.16	0.58	√	
互联网与云计算、大数据服务产业	108.45	4.64	1.00	√	
卫星及应用产业	100.04	3.81	1.00	√	
其他相关服务产业	122.57	3.49	0.00		√
风能产业	119.44	3.34	0.60	√	
生物质能及其他新能源产业	98.46	3.32	1.17	√	
新能源汽车相关服务产业	122.69	3.11	0.00		√

资料来源:笔者自制。

⑦南京:技术开发保持较高精明化发展态势,以"低风险—高收益"的"机会技术"为主,主要包括信息安全与监测、支撑性平台软件、自然语言处理、新能源发电、软件工程与计算机辅助设计等"光明道路"技术领域,其发展重心高度贴合南京既有技术基础和优势产业领域,处于复杂程度高、经济回报高的前沿技术。此外,航天器通信系统、地理信息服务、光热发电系统、数字化影视广播服务、航空器制造等"机会技术"承载量较大,但关联性和复杂性较低,存在一定风险和较低收益,有待强化技术转移转化和增强市场化应用水平(见图5-27)。

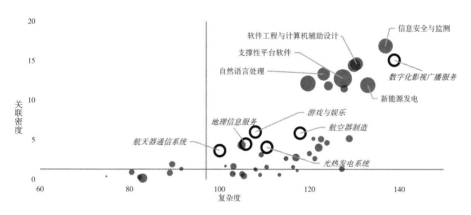

图5-27 南京战略性新兴产业技术的发展重心

资料来源:笔者自绘。

南京在信息技术、数字技术、新能源汽车、大数据与人工智能等行业领域拥有众多低成本和高收益"机会技术"支撑,具有较大的技术竞争力和市场占有度,是当前发展的重点产业方向,成为南京汽车、电子信息、智能装备等先进制造业的核心支柱,而数字文化创意活动、卫星及应用、新技术与创新创业服务等行业领域也具备较好的技术基础和发展前景,是南京未来重要的发展方向(见表5-52)。

表 5-52　南京战略性新兴产业的发展重心和拓展方向

战略性新兴产业（二级）	平均复杂度	平均关联密度	平均承载量	当前发展重心	未来拓展方向
数字创意与融合服务产业	119.62	12.17	3.00	√	
数字创意技术设备制造产业	127.66	11.50	0.67	√	
新兴软件和新型信息技术服务产业	119.32	9.76	1.33	√	
数字文化创意活动活动	114.31	6.37	0.09		√
新能源汽车相关设备制造产业	113.70	6.30	0.75	√	
下一代信息网络产业	123.68	5.14	0.54	√	
其他相关服务产业	122.57	5.12	0.50	√	
互联网与云计算、大数据服务产业	108.45	4.85	1.00	√	
卫星及应用产业	100.04	3.67	0.00		√
新技术与创新创业服务产业	102.14	3.54	0.00		√
新能源汽车相关服务产业	122.69	2.99	0.50	√	
人工智能产业	105.04	2.93	0.25	√	
新能源汽车装置、配件制造产业	115.66	2.53	0.21	√	
生物质能及其他新能源产业	98.46	2.18	0.50	√	
智能电网产业	114.65	1.91	0.34	√	
新能源汽车整车制造产业	111.94	1.61	0.17	√	
电子核心产业	104.08	1.24	0.17	√	

资料来源：笔者自制。

⑧苏州：关键核心技术聚焦于"强关联性—高复杂度"的第一象限，即研发风险低、复杂程度高、经济回报大的"机会技术"。这些新兴产业技术主要包括软件工程与计算机辅助设计、信息安全与监测、数字化影视广播服务、新能源发电等类别（见图5-28），其发展重心高度契合苏州既有产业技术基础，有利于苏州新一代电子信息、高端装备制造、新能源等新兴产业快速发展。然而，输配电设备、支撑性平台软件、互联网平台、智能配电器件、车辆电动动力、集成电路及其专用设备等"机会技术"知识承载量较小、研发成本较高、市场回报率较低，无法有效支持苏州装备制造、新能源及电子信息等新兴产业高质

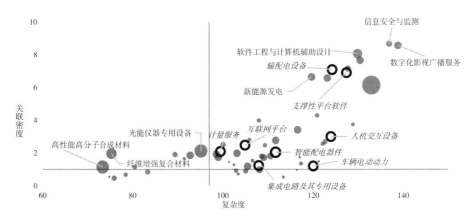

图 5-28 苏州战略性新兴产业技术的发展重心

资料来源:笔者自绘。

量发展。高性能高分子合成材料、光能仪器专用设备、纤维增强复合材料等"强关联性—低复杂性"的"慢速道路"技术市场化收益不高,垄断性不强,亟须开展关键核心技术突破,提高技术复杂性,以推动新材料和高端装备制造等产业技术体系升级。

从产业发展方向来看,苏州在新兴信息技术、先进材料、创新创业服务、数字文化创意、新能源等行业领域占据了"机会技术"制高点,理应成为当前新兴产业发展重点,而新能源汽车装置、配件制造、新能源汽车相关服务等新能源汽车行业也具有较明显的技术比较优势,是其未来产业转型升级的主要方向(见表5-53)。

表 5-53 苏州战略性新兴产业的发展重心和拓展方向

战略性新兴产业(二级)	平均复杂度	平均关联密度	平均承载量	当前发展重心	未来拓展方向
数字创意技术设备制造产业	127.66	7.15	0.67	√	
数字创意与融合服务产业	119.62	6.63	1.00	√	
新兴软件和新型信息技术服务产业	119.32	5.10	0.67	√	
数字文化创意活动产业	114.31	4.08	0.36	√	

续表

战略性新兴产业（二级）	平均复杂度	平均关联密度	平均承载量	当前发展重心	未来拓展方向
新能源汽车相关设备制造产业	113.70	3.87	0.25	√	
下一代信息网络产业	123.68	3.59	0.28	√	
互联网与云计算、大数据服务产业	108.45	2.92	0.20	√	
其他相关服务产业	122.57	2.67	0.50	√	
卫星及应用产业	100.04	2.50	0.50	√	
新技术与创新创业服务产业	102.14	2.28	0.17	√	
人工智能产业	105.04	1.95	0.25	√	
新能源汽车相关服务产业	122.69	1.55	0.00		√
先进钢铁材料产业	105.51	1.54	0.38	√	
智能电网产业	114.65	1.43	0.29	√	
生物质能及其他新能源产业	98.46	1.14	1.00	√	
新能源汽车装置、配件制造产业	115.66	1.04	0.00		√
电子核心产业	104.08	1.03	0.19	√	
新能源汽车整车制造产业	111.94	0.95	0.67	√	

资料来源：笔者自制。

⑨武汉：基本以低风险和高收益的"机会技术"为主导，主要以集装箱起重机操控、风电场建设施工、新能源发电、支撑性平台软件、软件工程与计算机辅助设计、船舶导航和移动装置、核电工程等领域为代表。这些技术领域基本处于高端装备制造和新能源产业领域，发展重心与武汉既有新兴产业发展方向（集成电路、新型显示器件、下一代信息网络和生物医学等）契合程度不高。而航天器通信系统、高性能合金、新型能源驱动方式、互联网运营服务、自然语言处理等相关基础技术仍然处于技术承载量较低、商业化收益不高、市场风险较大的发展状态，亟待嵌入全球创新网络、强化关键核心技术突破，以提升产业技术复杂度（见图5-29）。

与其"机会技术"类似，武汉在新兴软件和新型信息技术服务、先进钢铁材料、智能制造装备、轨道交通装备等产业方向占据技术垄断性优势，孕育较

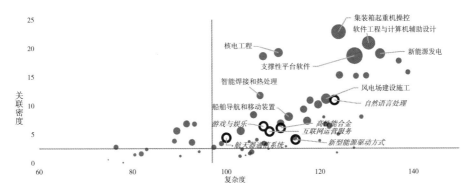

图 5-29　武汉战略性新兴产业技术的发展重心

资料来源:笔者自绘。

多科技领军企业,是武汉当前产业发展重点,也与其中长期(2035 年)新兴产业发展方向("光芯屏端网"新一代信息技术、新能源和汽车制造、生物技术和大健康、高端装备和先进材料等)基本保持一致;与之相比,数字创意与融合服务、卫星及应用、人工智能、新能源汽车装置、配件制造等新兴产业领域也具备较高商业化收益和较低研发风险,是武汉未来产业技术提质增效的重要抓手(见表 5-54)。

表 5-54　武汉战略性新兴产业的发展重心和拓展方向

战略性新兴产业(二级)	平均复杂度	平均关联密度	平均承载量	当前发展重心	未来拓展方向
数字创意技术设备制造产业	127.66	15.14	1.33	√	
新兴软件和新型信息技术服务产业	119.32	13.93	4.67	√	
新能源汽车相关设备制造产业	113.70	11.89	2.50	√	
数字创意与融合服务产业	119.62	10.18	0.00		√
下一代信息网络产业	123.68	7.30	0.68	√	
数字文化创意活动产业	114.31	6.71	0.36	√	
新能源汽车相关服务产业	122.69	6.63	0.50	√	
新技术与创新创业服务产业	102.14	6.43	1.33	√	
风能产业	119.44	5.46	1.60	√	
互联网与云计算、大数据服务产业	108.45	5.08	1.20	√	

续表

战略性新兴产业(二级)	平均复杂度	平均关联密度	平均承载量	当前发展重心	未来拓展方向
卫星及应用产业	100.04	4.38	0.00		√
生物质能及其他新能源产业	98.46	3.95	0.67	√	
先进钢铁材料产业	105.51	3.88	0.62	√	
新能源汽车装置、配件制造产业	115.66	3.80	0.18		√
海洋工程装备产业	101.80	3.79	1.00	√	
核电产业	104.27	3.68	0.50	√	
其他相关服务产业	122.57	3.44	0.00		√
新能源汽车整车制造产业	111.94	3.11	0.83	√	
智能制造装备产业	96.52	2.89	0.85	√	
轨道交通装备产业	123.40	2.87	0.43	√	
人工智能产业	105.04	2.30	0.00		√

资料来源:笔者自制。

⑩杭州:聚焦"强关联—高复杂"的"机会技术"领域,以数字化影视广播服务、信息安全与监测、互联网安全服务、数字视频设备、新能源发电、互联网生产服务平台、互联网消费金融等细分技术为代表,发展重心高度贴合杭州当前产业技术基础,较好地支撑了杭州数字经济产业发展,具有研发风险小、经济回报高的发展前景。但航天器通信系统、医疗健康数据处理、计量服务、车辆电动动力等"机会技术"领域承载量较小,复杂性不高,关联性较弱,存在一定的研发风险和较低的商业化效益(见图5-30)。

得益于大量低风险和高收益的相关"机会技术"涌现,杭州在下一代信息网络、数字创意与融合服务、云计算和大数据、新能源等战略性新兴产业领域具有较明显的技术优势和较大的市场化空间,是当前杭州新兴产业发展的重点,而电子核心产业、卫星及应用、新能源汽车装置、配件制造等产业领域的技术承载量较大、市场化风险较低、商业化收益较大,有望成为其未来产业发展的关键支撑(见表5-55)。

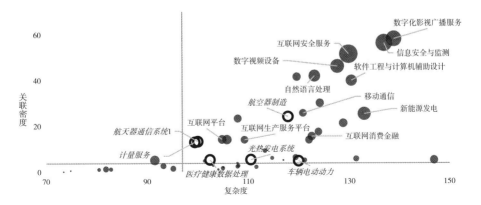

图 5-30　杭州战略性新兴产业技术的发展重心

资料来源:笔者自制。

表 5-55　杭州战略性新兴产业的发展重心和拓展方向

战略性新兴产业（二级）	平均复杂度	平均关联密度	平均承载量	当前发展重心	未来拓展方向
数字创意技术设备制造产业	127.66	46.06	5.33	√	
数字创意与融合服务产业	119.62	41.48	2.00	√	
新兴软件和新型信息技术服务产业	119.32	26.56	2.33	√	
数字文化创意活动产业	114.31	24.77	2.27	√	
下一代信息网络产业	123.68	21.02	1.99	√	
互联网与云计算、大数据服务产业	108.45	15.99	1.80	√	
其他相关服务产业	122.57	15.44	2.00	√	
卫星及应用产业	100.04	13.19	0.00		√
新能源汽车相关设备制造产业	113.70	12.45	0.50	√	
新技术与创新创业服务产业	102.14	11.77	1.67	√	
人工智能产业	105.04	9.81	0.63	√	
新能源汽车相关服务产业	122.69	5.86	0.50	√	
新能源汽车装置、配件制造产业	115.66	5.17	0.42		√
生物质能及其他新能源产业	98.46	4.39	0.83	√	
电子核心产业	104.08	4.23	0.35		√

资料来源:笔者自制。

⑪重庆:主要产出"高度关联—高度复杂"的"机会技术",集中于软件工程与计算机辅助设计、新能源发电、支撑性平台软件、混合动力汽车、耐蚀钢材、新型航空铝合金等低成本和高收益技术领域。与之相比,智能焊接和热处理、数字视频设备、集装箱起重机操控、自动半自动金属加工设备、卫星、运载火箭制造等"机会技术"规模较小、风险较高、收益较低,有待进一步丰富本地技术库,增强内外技术关联性,进而提升技术复杂性。此外,重庆在环保工程、生物质能工程技术等低成本和低收益技术领域具有较丰富的积淀,但面临较大的外部技术市场冲击,有待增强自主创新能力,提高本地技术库的多样性和复杂性,以快速推动产业技术体系升级和转型(见图5-31)。

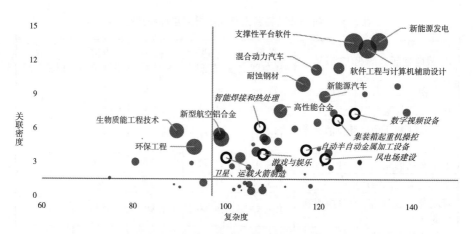

图5-31　重庆战略性新兴产业技术的发展重心

资料来源:笔者自绘。

归因于相关技术发展优势,重庆在新兴软件和新型信息技术、先进钢铁材料、新能源汽车、智能制造装备等新兴产业领域具有明显的比较优势和市场竞争力,是当前城市战略性支柱产业发展重点。另外,数字创意技术设备、新技术与创新创业服务、风能、人工智能等产业领域也具备较大发展潜力,理应成为重庆新兴产业演进的发展方向之一(见表5-56)。

表 5-56　重庆机会产业的发展重心和拓展方向

战略性新兴产业（二级）	平均复杂度	平均关联密度	平均承载量	当前发展重心	未来拓展方向
新能源汽车相关设备制造产业	113.70	9.89	2.00	√	
新兴软件和新型信息技术服务产业	119.32	8.73	3.67	√	
数字创意技术设备制造产业	127.66	7.33	0.00		√
新能源汽车相关服务产业	122.69	6.67	0.50	√	
数字创意与融合服务产业	119.62	6.54	1.00	√	
新能源汽车装置、配件制造产业	115.66	5.81	0.88	√	
新能源汽车整车制造产业	111.94	4.85	1.00	√	
先进钢铁材料产业	105.51	4.36	1.46	√	
新技术与创新创业服务产业	102.14	3.82	0.17		√
数字文化创意活动产业	114.31	3.73	0.27	√	
互联网与云计算、大数据服务产业	108.45	3.41	0.90	√	
卫星及应用产业	100.04	3.40	0.00		√
下一代信息网络产业	123.68	3.24	0.34	√	
生物质能及其他新能源产业	98.46	2.83	0.83	√	
其他相关服务产业	122.57	2.55	0.50	√	
风能产业	119.44	1.87	0.20		√
智能制造装备产业	96.52	1.70	0.38	√	
人工智能产业	105.04	1.70	0.13		√

资料来源：笔者自制。

⑫西安：优势技术领域以低成本—高收益的"光明道路"技术为主，以低风险—低收益的"慢速道路"技术为辅。其中，具有光明发展前景的"机会技术"主要包括软件工程与计算机辅助设计、支撑性平台软件、新能源发电、增材制造装备、耐蚀钢材、新型航空铝合金等分支领域（见图5-32），发展重心高度贴合西安既有产业技术基础，具有研发成本低、复杂程度高、经济回报高的特征。这些技术高度支撑的新能源汽车相关设备制造、先进有色金属材料、风能、核电等产业部门具有明显比较优势，是西安当前新兴产业发展的重点，而

新能源汽车相关服务、下一代信息网络、数字文化创意活动、新技术与创新创业服务等技术领域也具有一定比较优势,将是西安未来重要的产业技术发展方向(见表5-57)。然而,信息安全与监测、混合动力汽车、数字视频设备、输配电设备、自动化搬运及加工装置等"机会技术"仍然存在较大提升空间,有待规避市场化风险,提升商业化收益。处于缓慢发展空间的"慢速道路"技术基本处于金属增材用材料、环保工程、高纯非金属矿物、生物质燃料等新材料、新能源和节能环保产业方向,有待强化技术复杂性以获取垄断性收益。

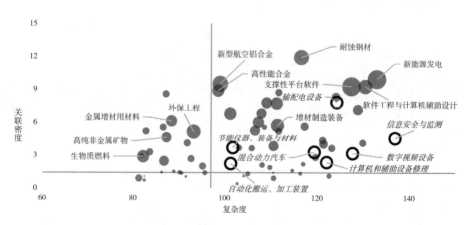

图 5-32　西安战略性新兴产业技术的发展重心

资料来源:笔者自绘。

表 5-57　西安战略性新兴产业的发展重心和拓展方向

战略性新兴产业(二级)	平均复杂度	平均关联密度	平均承载量	当前发展重心	未来拓展方向
新能源汽车相关设备制造产业	113.70	7.58	2.25	√	
新兴软件和新型信息技术服务产业	119.32	6.16	2.67	√	
先进钢铁材料产业	105.51	5.39	1.54	√	
新能源汽车相关服务产业	122.69	3.61	0.00		√
数字创意技术设备制造产业	127.66	3.16	0.00		√
新技术与创新创业服务产业	102.14	2.90	0.50	√	
数字创意与融合服务产业	119.62	2.81	1.00	√	
先进有色金属材料产业	105.07	2.77	0.67	√	

续表

战略性新兴产业（二级）	平均复杂度	平均关联密度	平均承载量	当前发展重心	未来拓展方向
生物质能及其他新能源产业	98.46	2.58	1.83	√	
风能产业	119.44	2.22	0.60	√	
智能制造装备产业	96.52	2.12	0.49	√	
新能源汽车装置、配件制造产业	115.66	2.05	0.03		√
新能源汽车整车制造产业	111.94	1.88	0.50	√	
互联网与云计算、大数据服务产业	108.45	1.86	0.70	√	
数字文化创意活动产业	114.31	1.64	0.00		√
智能电网产业	114.65	1.57	0.26	√	
卫星及应用产业	100.04	1.56	0.00		√
下一代信息网络产业	123.68	1.45	0.01		√
核电产业	104.27	1.38	0.50	√	
海洋工程装备产业	101.80	1.29	0.18		√

资料来源：笔者自制。

⑬青岛：优势技术领域以"光明道路"技术为主，以"慢速道路"技术为辅。其中，"光明道路"技术发展重心高度贴合青岛既有产业技术基础，以新能源发电等细分技术为主（见图5-33）。输配电设备，集装箱起重机远程操控，互联网与数字创意服务，卫星、运载火箭制造等"机会技术"承载量较小，是青岛未来产业发展的重点方向。而处于低风险成本和少收益回报的"慢速道路"技术则集中于农业育种、生物质能技术、环保工程、改性建筑材料等生物技术和节能环保产业方向，亟须提高这些技术的复杂性，以增强相关产业技术的市场竞争力。

得益于自身"机会技术"的高效转移转化，青岛的信息技术、装备制造和新能源汽车产业（如新兴软件和新型信息技术服务、轨道交通装备、新能源汽车相关设备制造和相关服务、数字创意技术设备等）具有较明显的市场优势，是当前城市具有支柱作用的新兴产业，而数字创意与融合服务、新技术与创新创业服务、互联网与云计算和大数据服务、新能源汽车装置、配件制造等产业门类也具有较丰富的基础技术支撑,是城市未来重要产业发展方向(见表5-58)。

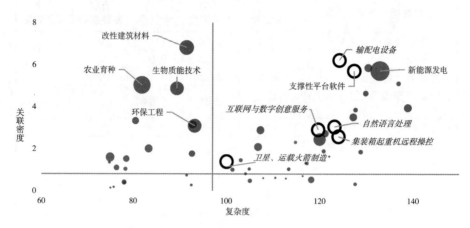

图5-33 青岛战略性新兴产业技术的发展重心

资料来源:笔者自绘。

表5-58 青岛战略性新兴产业的发展重心和拓展方向

战略性新兴产业(二级)	平均复杂度	平均关联密度	平均承载量	当前发展重心	未来拓展方向
新能源汽车相关设备制造产业	113.70	4.21	0.75	√	
新兴软件和新型信息技术服务产业	119.32	3.91	0.67	√	
数字创意技术设备制造产业	127.66	3.86	0.33	√	
新能源汽车相关服务产业	122.69	3.05	2.00	√	
数字创意与融合服务产业	119.62	2.91	0.00		√
轨道交通装备产业	123.40	2.24	0.54	√	
新能源汽车装置、配件制造产业	115.66	2.17	0.12		√
新技术与创新创业服务产业	102.14	1.91	0.00		√
下一代信息网络产业	123.68	1.81	0.18	√	
数字文化创意活动产业	114.31	1.66	0.09		√
互联网与云计算、大数据服务产业	108.45	1.47	0.10		√
卫星及应用产业	100.04	1.38	0.00		√
生物质能及其他新能源产业	98.46	1.25	1.00	√	
新能源汽车整车制造产业	111.94	1.11	0.00		√

续表

战略性新兴产业（二级）	平均复杂度	平均关联密度	平均承载量	当前发展重心	未来拓展方向
其他相关服务产业	122.57	1.06	0.00		√

资料来源:笔者自制。

⑭合肥:与青岛类似,合肥的优势技术基本锁定于"高关联—高复杂"的"机会技术",部分散布于"高关联—低复杂"的"慢速道路"技术区间。"机会技术"发展重心高度贴合合肥既有技术基础,并且处于复杂程度高、经济回报大的前沿领域,主要包括软件工程与计算机辅助设计、数字化影视广播服务等分支。待发展的"机会技术"包括输配电设备、集装箱起重机操控、互联网与数字创意服务、航空器制造、混合动力汽车等领域。处于"高度关联—低度复杂"象限的"慢速道路"技术需要提高复杂程度以实现产业技术体系的升级,如改性建筑材料、生物质能工程技术、环保工程等技术领域(见图5-34)。

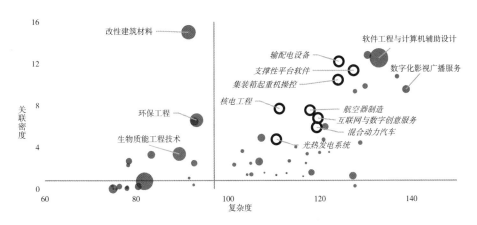

图5-34　合肥战略性新兴产业技术的发展重心

资料来源:笔者自绘。

就产业发展方向而言,下一代信息网络、风能、生物质能及其他新能源、新能源汽车相关设备制造和相关服务、数字创意技术设备等新兴产业具有明显优势,是当前城市发展重点;数字创意与融合服务、新技术与创新创业服务、互联网与云计算和大数据服务、人工智能、智能制造装备、新能源汽车装置、配件制造等产业则是未来发展重要的抓手(见表5-59)。

表5-59　合肥战略性新兴产业的发展重心和拓展方向

战略性新兴产业(二级)	平均复杂度	平均关联密度	平均承载量	当前发展重心	未来拓展方向
数字创意技术设备制造产业	127.66	9.34	0.33	√	
新能源汽车相关设备制造产业	113.70	8.54	0.75	√	
新兴软件和新型信息技术服务产业	119.32	8.53	0.67	√	
数字创意与融合服务产业	119.62	6.77	0.00		√
新能源汽车相关服务产业	122.69	6.72	2.00	√	
下一代信息网络产业	123.68	4.22	0.18	√	
数字文化创意活动产业	114.31	4.08	0.09		√
新技术与创新创业服务产业	102.14	3.88	0.00		√
新能源汽车装置、配件制造产业	115.66	3.85	0.12		√
卫星及应用产业	100.04	3.41	0.00		√
互联网与云计算、大数据服务产业	108.45	3.21	0.10		√
新能源汽车整车制造产业	111.94	3.18	0.00		√
风能产业	119.44	2.92	0.40	√	
生物质能及其他新能源产业	98.46	2.62	1.00	√	
其他相关服务产业	122.57	2.27	0.00		√
先进钢铁材料产业	105.51	2.08	0.00		√
智能制造装备产业	96.52	1.66	0.15		√
人工智能产业	105.04	1.63	0.00		√

资料来源:笔者自制。

⑮长沙:优势技术高度集中于强关联、低成本、高收益的"光明道路技术",主要包括软件工程与计算机辅助设计、新能源发电、支撑性平台软件、输配电设备、智能焊接和热处理等细分领域,基本位于装备制造、新能源和电子信息等新兴产业领域。部分"光明道路技术"的知识承载量小,缺乏累积优势

和比较优势,经济回报较低,开发成本较高,如高性能合金、航空器制造、自然语言处理、互联网与数字创意服务、混合动力汽车等门类,亟待强化产学研一体化,以有力支撑长沙装备制造、新能源汽车等新兴支柱产业蓬勃发展。新材料专业服务等小部分"慢速道路"技术具有较低开发成本和商业风险,但其技术门槛较低,需要依托本地知识基础不断提高技术多样性和复杂度,以促进新材料产业不断分化。此外,个别"道路探索"技术,如钻井作业自动控制,缺乏较好的知识基础,具有较大的失败风险,但其商业化收益较大,有待实现路径突破,形成较明显的垄断性和累积性优势(见图5-35)。

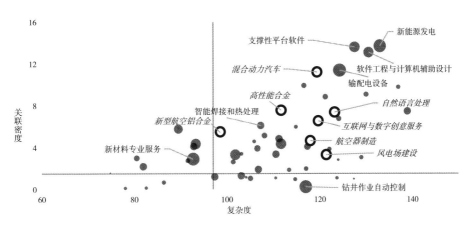

图5-35 长沙战略性新兴产业技术的发展重心

资料来源:笔者自绘。

总的来看,长沙技术商业化模式具有强路径依赖性,其发展重心高度贴合既有产业技术基础。新兴软件和新型信息技术服务、先进钢铁材料、新能源汽车相关设备制造和相关服务、智能制造装备等新兴产业拥有明显技术优势,是当前城市产业发展重点,而数字创意技术设备、风能产业、卫星及应用、人工智能等产业领域也具有较好的知识基础和应用前景,理应是未来重要的发展方向(见表5-60)。

表 5-60 长沙战略性新兴产业的发展重心和拓展方向

战略性新兴产业(二级)	平均复杂度	平均关联密度	平均承载量	当前发展重心	未来拓展方向
新能源汽车相关设备制造产业	113.70	9.89	1.25	√	
新兴软件和新型信息技术服务产业	119.32	8.73	1.33	√	
数字创意技术设备制造产业	127.66	7.33	0.00		√
新能源汽车相关服务产业	122.69	6.67	1.00	√	
数字创意与融合服务产业	119.62	6.54	0.00		√
新能源汽车装置、配件制造产业	115.66	5.81	0.18	√	
新能源汽车整车制造产业	111.94	4.85	0.50	√	
先进钢铁材料产业	105.51	4.36	0.38	√	
新技术与创新创业服务产业	102.14	3.82	0.17	√	
数字文化创意活动产业	114.31	3.73	0.09		√
互联网与云计算、大数据服务产业	108.45	3.41	0.20	√	
卫星及应用产业	100.04	3.40	0.00		√
下一代信息网络产业	123.68	3.24	0.19	√	
生物质能及其他新能源产业	98.46	2.83	0.50	√	
其他相关服务产业	122.57	2.55	0.00		√
风能产业	119.44	1.87	0.00		√
智能制造装备产业	96.52	1.70	0.32	√	
人工智能产业	105.04	1.70	0.00		√

资料来源:笔者自制。

⑯宁波:其核心技术根植于本地知识基础,具有典型的路径依赖性,以保障产业技术演进的成功率。主要包括低风险—高收益的 DA 型产业技术(路径依赖且技术复杂度提高型)和低风险—低收益的 DB 型产业技术(路径依赖且技术复杂度降低型)(Balland 等,2019)两类。前者主要包括高性能耐蚀合金、新型航空铝合金等细分技术,具有良好的产业技术基础和较大的市场经济收益。后者以金属增材用粉末和纳米材料、高性能铜合金、金属增材用材料、电子专用合金材料等新材料细分技术为代表,也具备较好的累积基础优势,但缺乏比较优势,且收益较低(见图 5-36)。此外,一些具有良好知识基础和市

场前景的"机会技术",如支撑性平台软件、集装箱起重机操控、电机制造与维修方法或设备、新能源汽车、信息安全与监测等领域(见图5-36),缺乏研发投入和政策扶持,有待培育创新生态环境,壮大创新引擎企业,实现产业技术体系升级。归因于城市技术演进的强路径依赖性,宁波的新兴产业发展基本由传统制造业不断升级转型而衍生,新兴软件和新型信息技术、新能源汽车相关设备制造和相关服务、智能电网、先进金属材料等产业领域具有明显的比较优势,是当前产业发展的重点,而数字创意技术设备、新技术与创新创业服务、数字创意与融合服务、数字创意技术设备制造等数字产业领域也具有较好的知识基础和产业前景,是其未来产业发展的重要方向(见表5-61)。

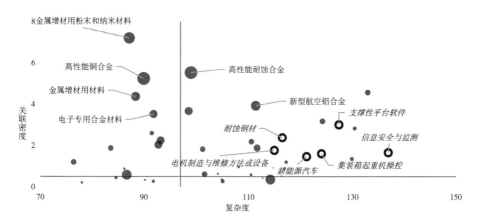

图5-36　宁波战略性新兴产业技术的发展重心

资料来源:笔者自绘。

表5-61　宁波战略性新兴产业的发展重心和拓展方向

战略性新兴产业(二级)	平均复杂度	平均关联密度	平均承载量	当前发展重心	未来拓展方向
新能源汽车相关设备制造产业	113.70	2.49	0.25	√	
新兴软件和新型信息技术服务产业	119.32	1.89	0.33	√	
数字创意技术设备制造产业	127.66	1.31	0.00		√
新能源汽车相关服务产业	122.69	1.20	0.50	√	

续表

战略性新兴产业（二级）	平均复杂度	平均关联密度	平均承载量	当前发展重心	未来拓展方向
先进钢铁材料产业	105.51	1.10	0.00		√
先进有色金属材料产业	105.07	1.00	0.42	√	
新技术与创新创业服务产业	102.14	0.99	0.00		√
新能源汽车装置、配件制造产业	115.66	0.92	0.03	√	√
新能源汽车整车制造产业	111.94	0.90	0.17	√	
生物质能及其他新能源产业	98.46	0.89	0.17	√	
数字创意与融合服务产业	119.62	0.80	0.00		√
智能电网产业	114.65	0.65	0.16	√	
卫星及应用产业	100.04	0.58	0.00		√
互联网与云计算、大数据服务产业	108.45	0.57	0.10	√	
智能制造装备产业	96.52	0.57	0.26	√	
下一代信息网络产业	123.68	0.56	0.00		√
数字文化创意活动产业	114.31	0.53	0.00		√
高效节能产业	100.19	0.51	0.07		√

资料来源：笔者自制。

⑰郑州：核心技术以低风险—高收益的"机会技术"为主，主要包括新能源发电、核电工程、改性高分子材料等细分领域，与本地知识基础高度相关，具有较大产业化成功率、较低市场化成本及较高商业化收益，属于路径依赖且技术复杂度提升型技术。然而，软件工程与计算机辅助设计、信息安全与监测、混合动力汽车、互联网安全服务、新型航空铝合金等"机会技术"承载量较小（见图5-37），亟待加大研发投入和技术攻关，以高效支撑汽车及装备制造、电子信息等新兴主导产业发展。此外，郑州在生物质能工程技术、农业育种等强关联度—低复杂度技术领域也具有一定比较优势（见图5-37），需要依托本地知识基础，不断加强核心技术攻关，通过分支式扩张（Branching）提高技术复杂性，以实现传统产业升级和区域创新发展。总体而言，郑州的技术多样化基本遵循路径依赖，高度依赖传统制造业和技术基础，在先进有色金属材料、新能源

汽车装置、配件和相关设备制造、核电、智能制造装备等汽车及装备制造、新材料及新能源产业领域具有显著优势,在新能源汽车整车制造、下一代信息网络、数字文化创意活动、新技术与创新创业服务等新能源汽车及数字经济领域也具有较强发展潜力,是城市战略性新兴产业发展的重点方向(见表5-62)。

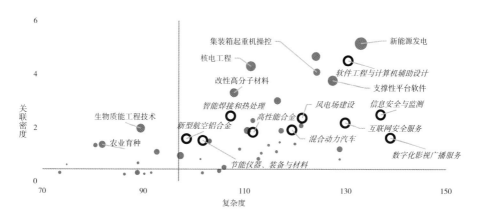

图5-37　郑州战略性新兴产业技术的发展重心

资料来源:笔者自绘。

表5-62　郑州战略性新兴产业的发展重心和拓展方向

战略性新兴产业(二级)	平均复杂度	平均关联密度	平均承载量	当前发展重心	未来拓展方向
新能源汽车相关设备制造产业	113.70	3.53	1.50	√	
新兴软件和新型信息技术服务产业	119.32	3.01	0.00		√
数字创意技术设备制造产业	127.66	1.96	0.00		√
新能源汽车相关服务产业	122.69	1.93	0.00		√
先进钢铁材料产业	105.51	1.31	0.23	√	
新能源汽车装置、配件制造产业	115.66	1.28	0.09	√	
数字创意与融合服务产业	119.62	1.24	0.00		√
新技术与创新创业服务产业	102.14	1.21	0.00		√
风能产业	119.44	1.17	0.00		√
生物质能及其他新能源产业	98.46	1.11	0.67	√	
智能电网产业	114.65	1.05	0.11	√	
新能源汽车整车制造产业	111.94	1.03	0.00		√

续表

战略性新兴产业（二级）	平均复杂度	平均关联密度	平均承载量	当前发展重心	未来拓展方向
卫星及应用产业	100.04	0.93	0.00		√
核电产业	104.27	0.83	0.33	√	
数字文化创意活动产业	114.31	0.81	0.00		√
下一代信息网络产业	123.68	0.81	0.03		√
互联网与云计算、大数据服务产业	108.45	0.74	0.20	√	
智能制造装备产业	96.52	0.71	0.24	√	
先进有色金属材料产业	105.07	0.66	0.19	√	
海洋工程装备产业	101.80	0.57	0.06		√

资料来源：笔者自制。

⑱济南：与其他城市类同，济南基本追求低风险和强关联的技术分支式开发模式，依托本地技术库，发展高关联性的新兴技术，以"强关联性—高复杂性"的"机会技术"和"强关联性—低复杂性"的"显性技术"为主，其发展重心遵循强路径依赖，高度贴合济南既有的产业技术基础。前者处于复杂程度高、经济回报高的前沿技术领域，主要包括新能源发电、支撑性平台软件、高性能合金、智能焊接和热处理等分支领域，具有较大的市场竞争优势（见图5-38）。后者以生物质能工程技术、环保材料及技术、改性建筑材料等分支领域为代表，具有累积优势，但容易复制和扩散，难以保持长期竞争优势，有待优化区域创新网络，强化关键核心技术攻关，以提升技术多样性和复杂性（见图5-38）。此外，济南在自然语言处理、互联网与数字创意服务、移动通信、航空器制造等"机会技术"领域承载量较小，缺乏研发投入和技术积累，亟待培育相关创新型企业，加快技术转移转化和商业化应用（见图5-38）。得益于其技术的累积优势和垄断优势，济南在新兴软件和新型信息技术服务、数字创意技术设备制造、互联网与云计算和大数据、先进钢材等信息技术和先进制造产业领域具有显著垄断优势，在数字创意与融合服务、人工智能、新能源汽车相关服务和装置、配件制造等新兴产业领域具备一定的累积优势，这些产业领域应是其重点发展的方向（见表5-63）。

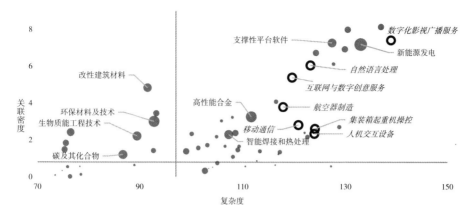

图 5-38 济南战略性新兴产业技术的发展重心

资料来源:笔者自绘。

表 5-63 济南战略性新兴产业的发展重心和拓展方向

战略性新兴产业(二级)	平均复杂度	平均关联密度	平均承载量	当前发展重心	未来拓展方向
数字创意技术设备制造产业	127.66	6.12	0.33	√	
数字创意与融合服务产业	119.62	5.39	0.00		√
新兴软件和新型信息技术服务产业	119.32	5.33	0.67	√	
新能源汽车相关设备制造产业	113.70	3.80	0.25	√	
数字文化创意活动产业	114.31	3.34	0.18	√	
下一代信息网络产业	123.68	2.71	0.23	√	
新技术与创新创业服务产业	102.14	2.54	0.17	√	
互联网与云计算、大数据服务产业	108.45	2.53	0.50	√	
卫星及应用产业	100.04	2.33	0.50	√	
其他相关服务产业	122.57	2.17	0.50	√	
新能源汽车相关服务产业	122.69	1.88	0.00		√
先进钢铁材料产业	105.51	1.82	0.54	√	
人工智能产业	105.04	1.44	0.00		√
生物质能及其他新能源产业	98.46	1.38	0.67	√	
新能源汽车装置、配件制造产业	115.66	1.10	0.00		√
新能源汽车整车制造产业	111.94	1.04	0.33	√	

资料来源:笔者自制。

⑲泉州:核心优势技术相对单一,具有一定的累积优势和垄断优势,以"高关联性—高复杂度"的"机会技术"居多,除高性能耐蚀合金、新型航空铝合金等领域具备一定的比较优势外(见图 5-39),其他"机会技术"(包括支撑性平台软件、自然语言处理、互联网安全服务、数字化影视广播服务等领域)知识承载量较少、主体规模较小,技术的垄断性优势无法充分激发。存在较多的低风险和低收益的 DB 型技术,如改性建筑材料、有机聚合物、非金属矿物制品等领域(见图 5-39),虽具有一定累积基础,但缺乏垄断竞争优势,容易陷入"多样化困境",亟须强化技术突破式创新,提高复杂技术的衍生能力。尽管泉州优势技术相对单一,不够丰富,但其发展重心高度贴合城市本地产业优势和技术基础,不断衍生新兴软件和新型信息技术服务、数字创意技术设备制造、生物质能及其他新能源、下一代信息网络等"机会产业",在互联网与云计算和大数据服务、人工智能、数字文化创意活动、新能源汽车相关设备制造等新兴产业领域也具有区域性比较优势(见表 5-64)。

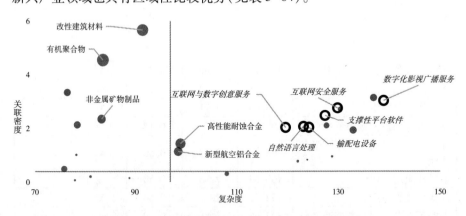

图 5-39　泉州战略性新兴产业技术的发展重心

资料来源:笔者自绘。

表 5-64　泉州战略性新兴产业的发展重心和拓展方向

战略性新兴产业(二级)	平均复杂度	平均关联密度	平均承载量	当前发展重心	未来拓展方向
数字创意技术设备制造产业	127.66	2.10	0.67	√	

战略性新兴产业（二级）	平均复杂度	平均关联密度	平均承载量	当前发展重心	未来拓展方向
新兴软件和新型信息技术服务产业	119.32	1.81	0.33	√	
生物质能及其他新能源产业	98.46	0.49	0.17	√	
下一代信息网络产业	123.68	0.92	0.11	√	
互联网与云计算、大数据服务产业	108.45	0.79	0.00		√
其他相关服务产业	122.57	0.70	0.00		√
人工智能产业	105.04	0.40	0.00		√
数字创意与融合服务产业	119.62	2.03	0.00		√
数字文化创意活动产业	114.31	1.05	0.00		√
卫星及应用产业	100.04	0.57	0.00		√
新技术与创新创业服务产业	102.14	0.82	0.00		√
新能源汽车相关服务产业	122.69	0.60	0.00		√
新能源汽车相关设备制造产业	113.70	1.04	0.00		√

资料来源：笔者自制。

⑳昆明：与其他城市相比，昆明知识基础较弱，新兴产业化水平较低，缺少"强关联性—高复杂性"的"机会技术"，技术开发缺乏垄断优势。仅信息安全与监测、新能源发电、高性能耐蚀合金等细分领域具有一定的竞争优势，而支撑性平台软件、自然语言处理、互联网与数字创意服务、大规模电网系统等众多"机会技术"缺乏产业基础（见图5-40）。改性建筑材料、有机聚合物等部分技术缺少雄厚的产业技术基础，开发成功率较低，缺乏市场垄断性，商业化风险较大，制约了昆明新材料等相关新兴产业发展。综合累积优势和垄断优势，昆明在新兴软件和新型信息技术服务、数字创意技术设备制造、生物质能及其他新能源、下一代信息网络等新兴产业领域具有较好技术基础，在云计算和大数据、人工智能、数字文创等数字经济领域则具有较大增长潜力，应是当前和未来产业发展的重点方向（见表5-65）。

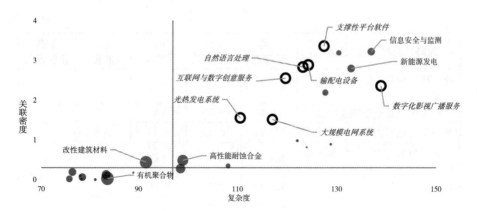

图 5-40　昆明战略性新兴产业技术的发展重心

资料来源:笔者自绘。

表 5-65　昆明战略性新兴产业的发展重心和拓展方向

战略性新兴产业(二级)	平均复杂度	平均关联密度	平均承载量	当前发展重心	未来拓展方向
数字创意与融合服务产业	119.62	2.55	0.00		√
数字创意技术设备制造产业	127.66	2.19	0.67	√	
新兴软件和新型信息技术服务产业	119.32	2.13	0.33	√	
新能源汽车相关设备制造产业	113.70	1.86	0.00		√
新技术与创新创业服务产业	102.14	1.34	0.00		√
数字文化创意活动产业	114.31	1.25	0.00		√
智能电网产业	114.65	1.14	0.00		√
互联网与云计算、大数据服务产业	108.45	1.07	0.00		√
其他相关服务产业	122.57	1.06	0.00		√
下一代信息网络产业	123.68	0.92	0.11	√	
卫星及应用产业	100.04	0.88	0.00		√
人工智能产业	105.04	0.60	0.00		√
生物质能及其他新能源产业	98.46	0.59	0.17	√	

资料来源:笔者自制。

㉑沈阳:与昆明类似,沈阳的核心优势技术不够突出,尽管存在较多"高关联性—高复杂性"的"机会技术",但大部分技术承载量较小,缺乏明显的技

术积淀和规模效应。除了信息安全与监测、新能源发电、新型航空铝合金、高性能耐蚀合金等领域具有一定比较优势外,其他"机会技术",如输配电设备、集装箱起重机操控、互联网安全服务、智能节能仪器等技术领域,因较高复杂度和较弱本地技术基础,无法实现产业规模化的累积效应(见图5-41)。此外,改性建筑材料、有机聚合物等部分技术与昆明相似,也缺少雄厚的产业积累和技术支撑,存在较大的商业化风险(见图5-42)。基于本地产业技术基础,沈阳在新兴软件和新型信息技术服务、数字创意技术设备制造、新能源汽车整车制造、先进有色金属材料、智能电网等新兴产业领域具有比较优势,在数字创意与融合服务、新技术与创新创业服务、互联网与云计算和大数据服务、人工智能、新能源汽车装置、配件制造等领域存在突破空间(见表5-66)。

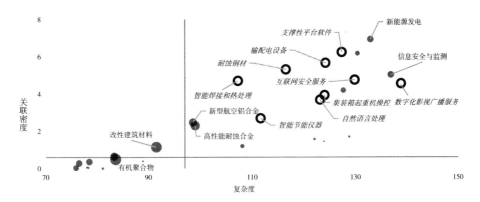

图5-41　沈阳战略性新兴产业技术的发展重心

资料来源:笔者自绘。

表5-66　沈阳战略性新兴产业的发展重心和拓展方向

战略性新兴产业(二级)	平均复杂度	平均关联密度	平均承载量	当前发展重心	未来拓展方向
新能源汽车相关设备制造产业	113.70	4.35	0.00		√
数字创意技术设备制造产业	127.66	4.19	0.67	√	
新兴软件和新型信息技术服务产业	119.32	4.11	0.33	√	
数字创意与融合服务产业	119.62	3.12	0.00		√

战略性新兴产业（二级）	平均复杂度	平均关联密度	平均承载量	当前发展重心	未来拓展方向
数字文化创意活动产业	114.31	2.12	0.00		√
先进钢铁材料产业	105.51	2.04	0.00		√
新能源汽车相关服务产业	122.69	1.89	0.00		√
卫星及应用产业	100.04	1.81	0.00		√
新技术与创新创业服务产业	102.14	1.78	0.00		√
互联网与云计算、大数据服务产业	108.45	1.70	0.00		√
下一代信息网络产业	123.68	1.65	0.11	√	
生物质能及其他新能源产业	98.46	1.36	0.17	√	
人工智能产业	105.04	1.34	0.00		√
其他相关服务产业	122.57	1.33	0.00		√
智能制造装备产业	96.52	1.21	0.00		√
新能源汽车装置、配件制造产业	115.66	1.11	0.00		√
新能源汽车整车制造产业	111.94	1.07	0.33	√	
先进有色金属材料产业	105.07	1.00	0.10	√	
智能电网产业	114.65	0.75	0.00	√	√

资料来源:笔者自制。

㉒厦门:与沿海其他区域性创新高地城市相比,厦门战略性新兴产业的技术竞争力不够强,有待突破本地技术困境,提升"机会技术"规模。一方面,厦门具有比较优势的"强关联性—高复杂度"的"机会技术"较少,仅限信息安全与监测、高性能耐蚀合金等细分领域,且技术承载量不高,输配电设备、数字化影视广播服务、自然语言处理等新兴技术亟待强化复杂技术攻关能力和技术转移转化能力(见图5-42)。另一方面,改性建筑材料、有机聚合物等新兴产业技术承载量较大,具有累积优势,但技术复杂度低、关联性较弱,城市缺乏衍生复杂技术的创新能力(见图5-42)。整体而言,厦门新兴产业技术发展遵循较强的路径依赖,发展重心与既有技术基础密切相关,尤其是新兴软件和新型信息技术服务、数字创意技术设备制造、下一代信息网络等产业领域具有技术

比较优势,是当前城市产业发展的重点。此外,数字创意与融合服务、新技术与创新创业服务、互联网与云计算和大数据服务、人工智能、新能源汽车相关设备制造和相关服务等产业领域也具备一定的复杂技术衍生能力,是其未来产业发展的关键领域(见表5-67)。

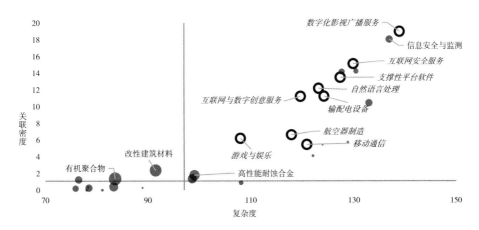

图5-42　厦门战略性新兴产业技术的发展重心

资料来源:笔者自绘。

表5-67　厦门战略性新兴产业的发展重心和拓展方向

战略性新兴产业(二级)	平均复杂度	平均关联密度	平均承载量	当前发展重心	未来拓展方向
数字创意技术设备制造产业	127.66	14.15	0.67	√	
数字创意与融合服务产业	119.62	11.21	0.00		√
新兴软件和新型信息技术服务产业	119.32	9.48	0.33	√	
数字文化创意活动产业	114.31	6.85	0.00		√
下一代信息网络产业	123.68	5.58	0.11	√	
互联网与云计算、大数据服务产业	108.45	4.75	0.00		√
新能源汽车相关设备制造产业	113.70	4.43	0.00		√
其他相关服务产业	122.57	3.89	0.00		√
新技术与创新创业服务产业	102.14	3.82	0.00		√
卫星及应用产业	100.04	3.59	0.00		√
人工智能产业	105.04	2.69	0.00		√

续表

战略性新兴产业(二级)	平均复杂度	平均关联密度	平均承载量	当前发展重心	未来拓展方向
电子核心产业	104.08	1.96	0.00		√
新能源汽车相关服务产业	122.69	1.85	0.00		√
生物质能及其他新能源产业	98.46	1.84	0.17	√	
新能源汽车装置、配件制造产业	115.66	1.20	0.00		√

资料来源:笔者自制。

㉓大连:主要技术领域基本位于"强关联性—高复杂度"的"光明道路"技术区间,但相对单一,主要包括输配电设备、新能源发电、智能机器人、高性能合金等分支领域,耐蚀钢材、集装箱起重机操控、航空器制造、电机制造修理的方法或设备等细分技术领域缺乏研发投入或攻关能力,技术承载量较小,且复杂程度较高,有待丰富本地技术库和完善区域创新生态,不断提升复杂技术的协同攻关能力(见图5-43)。得益于相关技术累积效应和垄断优势,大连在先进钢铁材料、新能源汽车整车制造和相关设备制造、智能电网、航空装备等新兴产业领域具有比较优势,是当前产业技术摆脱"多样化困境"的重点方向,而数字创意技

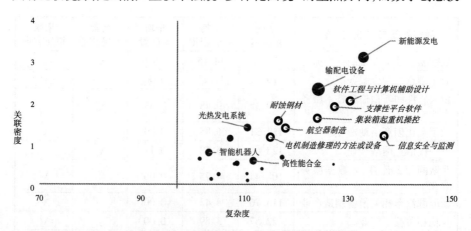

图5-43 大连战略性新兴产业技术的发展重心

资料来源:笔者自绘。

术设备制造、卫星及应用、互联网与云计算和大数据服务、人工智能、新能源汽车装置、配件制造等新兴产业领域技术复杂性较高,具有较大的市场发展前景,是城市未来提升新兴产业竞争力的关键领域(见表5-68)。

表5-68　大连战略性新兴产业的发展重心和拓展方向

战略性新兴产业(二级)	平均复杂度	平均关联密度	平均承载量	当前发展重心	未来拓展方向
新能源汽车相关设备制造产业	113.70	1.73	0.75	√	
新兴软件和新型信息技术服务产业	119.32	1.40	0.00		√
数字创意技术设备制造产业	127.66	1.00	0.00		√
新能源汽车相关服务产业	122.69	0.90	0.00		√
卫星及应用产业	100.04	0.75	0.00		√
先进钢铁材料产业	105.51	0.59	0.15	√	
生物质能及其他新能源产业	98.46	0.57	0.33	√	
新能源汽车装置、配件制造产业	115.66	0.55	0.00		√
新能源汽车整车制造产业	111.94	0.55	0.17	√	
数字创意与融合服务产业	119.62	0.49	0.00		√
新技术与创新创业服务产业	102.14	0.48	0.00		√
下一代信息网络产业	123.68	0.47	0.00		√
智能电网产业	114.65	0.47	0.05	√	
轨道交通装备产业	123.40	0.43	0.07	√	
智能制造装备产业	96.52	0.39	0.21	√	
风能产业	119.44	0.38	0.00		√
互联网与云计算、大数据服务产业	108.45	0.37	0.00		√
数字文化创意活动产业	114.31	0.34	0.00		√
航空装备产业	107.26	0.26	0.08	√	

资料来源:笔者自制。

㉔哈尔滨:核心优势技术基本属于复杂程度高、研发风险小、经济回报大的"机会技术",以输配电设备、新能源发电、智能机器人、光热发电系统、高性

能合金等细分技术最具累积优势(见图5-44)。而高性能耐蚀合金、混合动力汽车、航空航天铸件、新型航空铝合金等部分"机会技术"具备一定的技术垄断性和产业化成功率(见图5-44),但创新主体规模较小,技术市场化水平较低。哈尔滨技术发展重心高度贴合已有技术基础,具有较大产业分蘖化(Branching)生长潜力,在先进钢铁材料、新能源汽车整车制造和相关设备制造、智能电网、智能制造装备等新兴产业领域具有良好基础,是当前城市高质量发展的主导产业,而在下一代信息网络、卫星及应用、风能、人工智能、新能源汽车装置、配件制造等新兴产业领域具备垄断优势,是未来重要的产业发展领域和路径突破方向(见表5-69)。

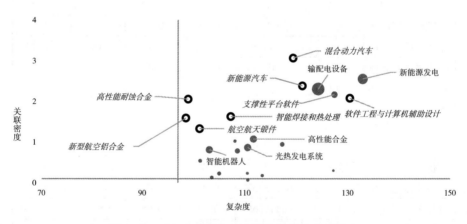

图5-44 哈尔滨战略性新兴产业技术的发展重心

资料来源:笔者自绘。

表5-69 哈尔滨战略性新兴产业的发展重心和拓展方向

战略性新兴产业(二级)	平均复杂度	平均关联密度	平均承载量	当前发展重心	未来拓展方向
新能源汽车相关设备制造产业	113.70	2.36	0.75	√	
新能源汽车相关服务产业	122.69	1.91	0.00		√
新能源汽车装置、配件制造产业	115.66	1.53	0.00		√
新兴软件和新型信息技术服务产业	119.32	1.39	0.00		√

战略性新兴产业（二级）	平均复杂度	平均关联密度	平均承载量	当前发展重心	未来拓展方向
新能源汽车整车制造产业	111.94	0.96	0.17	√	
先进钢铁材料产业	105.51	0.87	0.15	√	
数字创意技术设备制造产业	127.66	0.78	0.00		√
数字创意与融合服务产业	119.62	0.50	0.00		√
新技术与创新创业服务产业	102.14	0.47	0.00		√
生物质能及其他新能源产业	98.46	0.47	0.33	√	
卫星及应用产业	100.04	0.42	0.00		√
智能制造装备产业	96.52	0.38	0.21	√	
互联网与云计算、大数据服务产业	108.45	0.37	0.00		√
下一代信息网络产业	123.68	0.36	0.00		√
先进有色金属材料产业	105.07	0.35	0.00		√
风能产业	119.44	0.33	0.00		√
数字文化创意活动产业	114.31	0.30	0.00		√
智能电网产业	114.65	0.29	0.05	√	

资料来源：笔者自制。

㉕乌鲁木齐：核心技术演化遵循典型的路径依赖性，基本取决于城市产业技术基础优势，包括大部分的"强关联性—高复杂度"的低风险—高收益技术和"高关联性—低复杂度"的低风险—低收益技术。

前者发展重心高度贴合乌鲁木齐既有技术基础，是复杂程度高、经济回报强、垄断优势大的前沿技术，主要包括新能源发电、智能设备与系统、风能发电机组、光热发电系统、新型航空铝合金等分支门类（见图5-45）。后者技术研发与本地知识基础高度相关，但受限于本地较弱的创新能力，而集中于较低复杂度的技术领域，经济收益较低、竞争优势较小，以生物质能工程技术、农业育种、环保工程等生物技术为主体（见图5-46）。因而，乌鲁木齐新兴产业发展重点应聚焦于风能、生物质能及其他新能源、先进钢铁材料、智能电网、高效节能等具有累积优势的新兴产业技术方向，以及数字信息技术软硬件、新能源汽

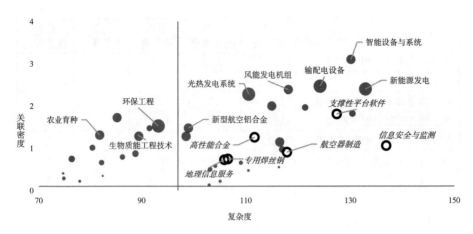

图 5-45 乌鲁木齐战略性新兴产业技术的发展重心

资料来源:笔者自绘。

车相关设备制造、新技术与创新创业服务等具有垄断优势的未来产业技术领域(见表5-70)。

表 5-70 乌鲁木齐战略性新兴产业的发展重心和拓展方向

战略性新兴产业(二级)	平均复杂度	平均关联密度	平均承载量	当前发展重心	未来拓展方向
风能产业	119.44	2.22	0.80	√	
新能源汽车相关设备制造产业	113.70	1.58	0.50	√	
新兴软件和新型信息技术服务产业	119.32	1.21	0.33	√	
数字创意技术设备制造产业	127.66	0.74	0.00		√
先进钢铁材料产业	105.51	0.66	0.15	√	
智能电网产业	114.65	0.64	0.18	√	
新技术与创新创业服务产业	102.14	0.59	0.00		√
新能源汽车相关服务产业	122.69	0.55	0.00		√
生物质能及其他新能源产业	98.46	0.54	0.33	√	
数字创意与融合服务产业	119.62	0.49	0.00		√
高效节能产业	100.19	0.49	0.13	√	
新能源汽车装置、配件制造产业	115.66	0.46	0.03		√

续表

战略性新兴产业（二级）	平均复杂度	平均关联密度	平均承载量	当前发展重心	未来拓展方向
先进有色金属材料产业	105.07	0.39	0.13	√	
卫星及应用产业	100.04	0.36	0.00		√
下一代信息网络产业	123.68	0.36	0.00		√
新能源汽车整车制造产业	111.94	0.35	0.00		√

资料来源：笔者自制。

（三）核心功能：产业技术体系中的角色定位

通过价值链位置和技术能力两大指标，可界定创新引擎企业在区域性创新高地城市产业技术体系中的主体角色，据此创新引擎企业可分为科技引领者、标准化生产厂商、基础设备供应商、集成应用服务商四种角色（见图5-46）。

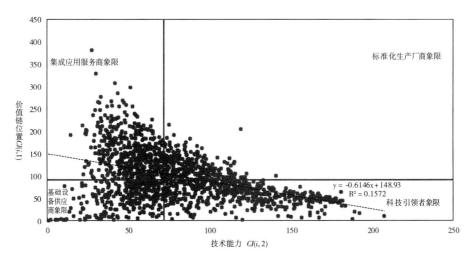

图5-46　基于技术能力与价值链位置的创新引擎企业角色定位

资料来源：笔者自绘。

在战略性新兴产业体系中，四种角色对应的创新引擎企业规模分布不均，高度集中于集成应用服务商方向(519,35%)(见图 5-47),其占比超过 1/3,科技引领者(379,26%)和基础设备供应商(307,21%)居次,标准化生产厂商最少(272,18%)。整体来说,区域性创新高地的复杂技术研发能力存在明显局限,而面向功能架构集成的市场组织和商业模式较为成熟。既有研究表明,在相同行业中的企业从事特定的经济活动,具有相似的知识创造动态和经济绩效(Pavitt,1984)。因此,可结合具体行业动态分析四种角色的发展特征。

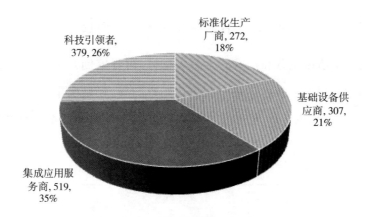

图 5-47　创新引擎企业角色数量分布(2013—2022 年)

资料来源:笔者自绘。

1. 科技引领者

科技引领者指技术库复杂,位于产业价值链上游(研发环节),以高技术服务与高端制造业为主导的企业,集中于以下两类行业:

第一类是高技术服务型行业,以专业承包或产学研联合的方式进行基础与应用研究、技术开发、成果中试、转化与推广等技术服务,高度嵌入生物医药、化学、材料和电子工程等行业领域的高端产品开发和应用。医药制造业、研究及试验发展、化学原料和化学制品制造业、电子设备制造业和专业技术服务业等高技术服务行业的研发资金和人力投入强度高,开设内部研发机构比重大,采取以获取发明专利授权为主的知识产权保护手段,专利技术外溢作用明显(张佳锃等,2023)①。其具体经营产品或服务高度集中于工程和技术研究及试验发展(4.5%)、工程技术与设计服务(2.4%)、专用化学产品制造(4.0%)、合成材料制造(2.4%)、电子元件及电子专用材料制造(1.8%)、工业与专业设计及其他专业技术服务(1.6%)等行业领域。虽然自然科学研究和试验发展行业的创新引擎企业数量较少(仅占总量的1.1%),但其集中了该行业约40%的技术承载量,证明科技引领者具有较强的基础研究功能(见表5-71)。这些产业领域需要长周期的知识积累和研发投入,要求创新主体自主地或通过外部合作方式进行原始性和突破性科学研究,及时将共性前沿技术与市场应用前景紧密结合起来。

表5-71　科技引领者的行业分布(企业数量前20)及代表性企业

行业	企业数量	占比(%)	代表性企业
研究及试验发展—工程和技术研究及试验发展	17	4.5	维沃移动通信有限公司、北京地平线机器人技术研发有限公司、四创电子股份有限公司等
化学原料和化学制品制造业—专用化学产品制造	15	4.0	中昊晨光化工研究院有限公司、龙佰集团股份有限公司、上海华谊三爱富新材料有限公司等
医药制造业—化学药品原料药制造	11	2.9	江苏恒瑞医药股份有限公司、成都天台山制药有限公司、浙江新和成股份有限公司等
医药制造业—化学药品制剂制造	10	2.6	万华化学集团股份有限公司、扬子江药业集团有限公司、正大天晴药业集团股份有限公司等
专业技术服务业—工程技术与设计服务	9	2.4	中国铁路设计集团有限公司、中冶焦耐工程技术有限公司、西南化工研究设计院有限公司等
化学原料和化学制品制造业—合成材料制造	9	2.4	金发科技股份有限公司、合肥乐凯科技产业有限公司、中材科技股份有限公司等

---

① 张佳锃、夏丽丽、林剑铬、安琳、蔡润林:《行业知识基础视角下城际创新网络模拟与邻近机制——以长三角城市群为例》,《热带地理》2022年第11期。

续表

行业	企业数量	占比（%）	代表性企业
橡胶和塑料制品业—塑料制品业	8	2.1	新疆天业(集团)有限公司、深圳力合科创股份有限公司、会通新材料股份有限公司等
电气机械和器材制造业—电线、电缆、光缆及电工器材制造	8	2.1	深圳特发信息股份有限公司、湖南华菱线缆股份有限公司、长飞光纤光缆股份有限公司等
化学原料和化学制品制造业—基础化学原料制造	8	2.1	湖北三江航天江河化工科技有限公司、中国石化集团南京化学工业有限公司等
电气机械和器材制造业—输配电及控制设备制造	7	1.8	京东方科技集团股份有限公司、晶科能源股份有限公司、阳光电源股份有限公司等
土木工程建筑业—铁路、道路、隧道和桥梁工程建筑	7	1.8	中铁十八局集团有限公司、中铁八局集团有限公司、柳州欧维姆机械股份有限公司等
电气机械和器材制造业—电池制造	7	1.8	惠州亿纬锂能股份有限公司、巴斯夫杉杉电池材料有限公司、浙江天能动力能源有限公司等
计算机、通信和其他电子设备制造业—电子元件及电子专用材料制造	7	1.8	深圳汇顶科技股份有限公司、宁波江丰电子材料股份有限公司等
化学原料和化学制品制造业—农药制造	7	1.8	江苏扬农化工集团有限公司等
农副食品加工业—其他农副食品加工	7	1.8	宁夏伊品生物科技股份有限公司等
专业技术服务业—工业与专业设计及其他专业技术服务	6	1.6	达闼机器人股份有限公司、武汉光迅科技股份有限公司、天津水泥工业设计研究院有限公司等
计算机、通信和其他电子设备制造业—电子器件制造	6	1.6	厦门天马微电子有限公司、上海华力微电子有限公司等
汽车制造业—汽车零部件及配件制造	6	1.6	中国第一汽车股份有限公司等
专用设备制造业—电子和电工机械专用设备制造	6	1.6	北方华创科技集团股份有限公司等
有色金属冶炼和压延加工业—有色金属压延加工	6	1.6	宝钛集团有限公司等

资料来源:笔者自制。

第二类是高技术专用设备制造行业,一般是产业战略联盟的领头企业和研发平台的组织者,以产品创新为主要目标,主要涉及新能源、装备制造等行业部门,以电气机械和器材制造业、专用设备制造业、橡胶和塑料制品业、土木工程建筑业等产业领域为主体(见表5-71)。研发投入与产出较为均衡,常开设内部研发机构,申请实用新型专利是其主要的知识专用性手段,市场盈利规模突出。具体经营产品或服务集中在电线、电缆、光缆及电工器材制造(2.1%),塑料制品业(2.1%),输配电及控制设备制造(1.8%),电池制造(1.8%),电子和电工机械专用设备制造(1.6%)等领域(见表5-71)。进一步表明我国制造业在基础零件、器械、耗材及增材方面具有高度模块化优势,基本实现科学研究、技术开发与商业实践经验的良性互动。

2. 标准化生产厂商

标准化生产厂商指技术库复杂,位于价值链下游,具有规模经济导向,以新型产品开发和成熟产品大批量定制为主导的企业,包括两类行业:

第一类是基于科学的高技术产业,围绕"主导设计"(广泛采纳或接受的产品设计或标准)领域进行激烈竞争,积极拓展生物医药、基础与专用化学用品、工业方案集成设计等技术演进方向。以医药制造业为主,辐射到研究和试验发展、专业技术服务业、化学原料和化学制品制造业、软件和信息技术服务业、电子设备制造业等其他新兴产业,这类标准化生产厂商的研发人力投入和资金投入均较高,开设内部研发机构占比较大,其采取的知识产权保护手段主要用于获取发明专利的授权,具有明显的专利技术外溢作用。其具体经营产品或服务相对集中在化学药品制剂制造(7.4%)、化学药品原料药制造(6.6%)、中成药生产(4.4%)、信息系统集成和物联网技术服务(4.0%)、生物药品制品制造(3.7%)、工程技术与设计服务(3.3%)、工程和技术研究及试验发展(2.6%)、专用化学产品制造(2.2%)、电子器件制造(1.8%)等产业领域(见表5-72)。因知识产权制度的刚性约束较小,内需市场规模较大,这些产业领域存在"弯道超车"的可能性,需要企业稳定而长期的研发投入。

表 5-72　标准化生产厂商的行业分布（企业数量前 20）及代表性企业

行业	企业数量	数量占比（%）	代表性企业
医药制造业—化学药品制剂制造	20	7.4	天津红日药业股份有限公司、通化东宝药业股份有限公司、贝达药业股份有限公司等
医药制造业—化学药品原料药制造	18	6.6	四川科伦药业股份有限公司、重庆华森制药股份有限公司、重庆华邦制药有限公司等
医药制造业—中成药生产	12	4.4	九芝堂股份有限公司、广西梧州制药（集团）股份有限公司、株洲千金药业股份有限公司等
软件和信息技术服务业—信息系统集成和物联网技术服务	11	4.0	深圳力维智联技术有限公司、中译语通科技股份有限公司、汉王科技股份有限公司等
医药制造业—生物药品制品制造	10	3.7	云南沃森生物技术股份有限公司、郑州安图生物工程股份有限公司等
专业技术服务业—工程技术与设计服务	9	3.3	国网电力科学研究院武汉南瑞有限责任公司、中冶京诚工程技术有限公司等
研究和试验发展—工程和技术研究及试验发展	7	2.6	江苏俊知技术有限公司、珠海冠宇电池股份有限公司、武汉铁锚焊接材料股份有限公司等
化学原料和化学制品制造业—专用化学产品制造	6	2.2	广东光华科技股份有限公司、科迈化工股份有限公司等
电气机械和器材制造业—输配电及控制设备制造	6	2.2	国网智能科技股份有限公司、南通海星电子股份有限公司、特变电工股份有限公司等
电气机械和器材制造业—电池制造	6	2.2	贝特瑞新材料集团股份有限公司等
专用设备制造业—电子和电工机械专用设备制造	6	2.2	埃夫特智能装备股份有限公司等
医药制造业—兽用药品制造	6	2.2	天康生物制药有限公司等
计算机、通信和其他电子设备制造业—电子器件制造	5	1.8	TCL科技集团股份有限公司等
食品制造业—酒的制造	5	1.8	青岛啤酒股份有限公司等
铁路、船舶、航空航天和其他运输设备制造业—航空、航天器及设备制造	5	1.8	成都飞机工业（集团）有限责任公司等

行业	企业数量	数量占比（%）	代表性企业
化学原料和化学制品制造业—合成材料制造	4	1.5	江西蓝星星火有机硅有限公司等
橡胶和塑料制品业—塑料制品业	4	1.5	厦门建霖健康家居股份有限公司等
铁路、船舶、航空航天和其他运输设备制造业—铁路、道路、隧道和桥梁工程建筑	4	1.5	中铁电气化局集团有限公司等
专业技术服务业—工业与专业设计及其他专业技术服务	4	1.5	武汉高德红外股份有限公司等
专业技术服务业—地质勘查	4	1.5	中国电建集团贵阳勘测设计研究院有限公司等

资料来源:笔者自制。

第二类是后福特式模块化定制厂商,遵循成熟的"主导设计"和行业标准,以流程创新为主要目标,主要涉及能源基础设施产品架构、高端装备、食品工程、交通工程等领域。具体而言,电气机械和器材制造业、专用设备制造业、运输设备制造业、食品制造业等技术领域,内部研发强度相对薄弱,从组织外部引进技术的需求明显,申请实用新型专利和生成"诀窍知识"是其主要的知识专用性手段,往往注重品牌效应的构建,拥有突出的市场盈利规模。其具体经营产品或服务集中在输配电及控制设备制造(2.2%),电池制造(2.2%),电子和电工机械专用设备制造(2.2%),航空、航天器及设备制造(1.8%),酒的制造(1.8%),铁路、道路、隧道和桥梁工程建筑(1.5%)等行业领域(见表5-72)。在这些产业领域,行业标准化生产厂商往往具有成熟的技术路线,在市场竞争中遵循已有的"主导设计"或技术标准,进行标准化和大规模的零部件生产,占据较高市场率。

3. 基础设备供应商

基础设备供应商指具有技术专门化,位于价值链上游,主攻耐用消费品和复杂基础设施的专用设备和上游型材的企业主要集中于两部分:

一部分是耐用消费品行业中市场带动能力强的龙头企业,具有完备的产业配套,涉及汽车和电器产业等行业领域;另一部分是国民经济支柱产业中的基础设备和材料提供者,具有公共采购优势,涉及土木建筑、交通工程、高端装备等行业领域。基础设备供应商以通用设备制造业、运输设备制造业、汽车制造业、电气机械和器材制造业、专用设备制造业、金属制品业、黑色金属冶炼和压延加工业、土木工程建筑业等行业为代表,研发投入和产出较为均衡,产学研合作研发强度高,申请实用新型专利、工艺流程、商业机密等是其主要的知识专用性手段,市场盈利规模突出。以"工程和技术研究及试验发展"类为主导,其创新引擎企业数量达到 13(排名第一),说明基础设备供应商的理论和应用研究活跃度相当高。其具体经营产品或服务集中在炼钢(3.6%),家用电力器具制造(3.6%),采矿、冶金、建筑专用设备制造(3.6%),铁路、道路、隧道和桥梁工程建筑(3.3%),铁路运输设备制造(3.3%),航空、航天器及设备制造(2.9%),汽车整车制造(2.9%),物料搬运设备制造(2.9%),汽车零部件及配件制造(2.6%),结构性金属制品制造(2.6%),锅炉及原动设备制造(2.3%)等产业小类(见表 5-73)。进一步说明,我国汽车和电器产业链的基础配套日益完备,民营企业和国有企业共同参与激烈的市场竞争,促使产品模块分工体系更加完善;土木建筑、交通工程、高铁、航空航天等复杂产品系统的上游专用设备和基础性型材领域已经实现较高程度的工艺一体化,市场需求集中而稳定,大型平台型企业主导技术信息和市场信息。

表 5-73　基础设备供应商的行业分布(企业数量前 20)及代表性企业

行业	企业数量	数量占比(%)	代表性企业
研究和试验发展—工程和技术研究及试验发展	13	4.2	中国重型机械研究院股份公司、广州小鹏汽车科技有限公司、杭州涂鸦信息技术有限公司等

续表

行业	企业数量	数量占比（%）	代表性企业
黑色金属冶炼和压延加工业—炼钢	11	3.6	宝山钢铁股份有限公司、马鞍山钢铁股份有限公司、永兴特种材料科技股份有限公司等
电气机械和器材制造业—家用电力器具制造	11	3.6	珠海格力电器股份有限公司、海尔集团公司、许继集团有限公司等
专用设备制造业—采矿、冶金、建筑专用设备制造	11	3.6	中铁工程装备集团有限公司、中国铁建重工集团股份有限公司、山推工程机械股份有限公司等
土木工程建筑业—铁路、道路、隧道和桥梁工程建筑	10	3.3	中铁大桥局集团有限公司、中国铁建大桥工程局集团有限公司、中铁一局集团有限公司等
铁路、船舶、航空航天和其他运输设备制造业—铁路运输设备制造	10	3.3	中车株洲电力机车有限公司、中车青岛四方机车车辆股份有限公司、中车齐齐哈尔车辆有限公司等
铁路、船舶、航空航天和其他运输设备制造业—航空、航天器及设备制造	9	2.9	中国航发动力股份有限公司、沈阳飞机工业（集团）有限公司、中国航发南方工业有限公司等
汽车制造业—汽车整车制造	9	2.9	东风商用车有限公司、安徽江淮汽车集团股份有限公司、长城市汽车股份有限公司等
通用设备制造业—物料搬运设备制造	9	2.9	中联重科股份有限公司等
汽车制造业—汽车零部件及配件制造	8	2.6	重庆长安汽车股份有限公司、隆鑫通用动力股份有限公司、联合汽车电子有限公司等
金属制品业—结构性金属制品制造	8	2.6	洛阳双瑞特种装备有限公司等
专业技术服务业—工业与专业设计及其他专业技术服务	7	2.3	中信科移动通信技术股份有限公司、九阳股份有限公司、山西天地煤机装备有限公司等
通用设备制造业—锅炉及原动设备制造	7	2.3	潍柴动力股份有限公司等
计算机、通信和其他电子设备制造业—电子器件制造	6	2.0	上海华虹宏力半导体制造有限公司等

行业	企业数量	数量占比（%）	代表性企业
通用设备制造业—泵、阀门、压缩机及类似机械制造	6	2.0	山河智能装备股份有限公司、湖南机油泵股份有限公司、浙江三花智能控制股份有限公司等
专用设备制造业—电子和电工机械专用设备制造	5	1.6	上海微电子装备（集团）股份有限公司等
专用设备制造业—金属加工机械制造	5	1.6	天水锻压机床（集团）有限公司等
计算机、通信和其他电子设备制造业—电子元件及电子专用材料制造	5	1.6	江西欧迈斯微电子有限公司等
通用设备制造业—轴承、齿轮和传动部件制造	5	1.6	重庆齿轮箱有限责任公司等
电气机械和器材制造业—电线、电缆、光缆及电工器材制造	4	1.3	江苏亨通光电股份有限公司等

资料来源:笔者自制。

4. 集成应用服务商

集成应用服务商指具有技术专门化,位于价值链下游,借助数字技术进行柔性产业组织的软硬件集成商和架构搭建者,包括两类:

第一类是高附加值的集成应用,基于平台架构特性充分发挥数字技术的外部性,主要涉及传统消费品的硬件信息化和软件系统集成方案等方向。以软件和信息技术服务业、电子设备制造业、专业技术服务业、互联网和相关服务等行业为代表,研发资本和人力投入强度大,企业内部研发机构比重高,以获取发明专利授权为主要的知识产权保护手段,专利技术外溢作用明显。其具体经营产品或服务集中在信息系统集成和物联网技术服务(6.2%)、软件开发(5.2%)、工业与专业设计及其他专业技术服务(3.7%)、电子器件制造(2.9%)、工程技术与设计服务(2.3%)、通信设备制造(1.9%)等产业小类(见表5-74)。其中,"工程和技术研究及试验发展"类创新引擎企业数量较大,位列第8,表明集成应用服务商日益重视工程技术学科的理论和应用研究,其相关产品和技术的研发由标准且开放的技术范式所主导,独立构件与功能的接口界面不断归一化。此外,信息技术和数字经济的兴起提升了资源配置效率,庞大的市场规模和成熟的产业组织有助于其创新引擎企业积累丰富的架构创新经验。

表 5-74　集成应用服务商的行业分布(企业数量前 20)及代表性企业

行业	企业数量	数量占比(%)	代表性企业
软件和信息技术服务业—信息系统集成和物联网技术服务	32	6.2	北京四维图新科技股份有限公司、太极计算机股份有限公司、上海万向区块链股份公司、杭州海康威视数字技术股份有限公司、浩鲸云计算科技股份有限公司等
软件和信息技术服务业—软件开发	27	5.2	中国软件与技术服务股份有限公司、用友网络科技股份有限公司、瑞芯微电子股份有限公司、深圳汇川技术股份有限公司等
专业技术服务业—工业与专业设计及其他专业技术服务	19	3.7	浙江大华技术股份有限公司、广州华多网络科技有限公司、天津凯发电气股份有限公司等
电气机械和器材制造业—输配电及控制设备制造	19	3.7	深圳拓邦股份有限公司、河南森源电气股份有限公司、北京四方继保自动化股份有限公司等
研究和试验发展—工程和技术研究及试验发展	16	3.1	博众精工科技股份有限公司、中国建筑科学研究院有限公司、广州视源电子科技股份有限公司等
电气机械和器材制造业—电子器件制造	15	2.9	威创集团股份有限公司、聚光科技(杭州)股份有限公司、厦门华联电子股份有限公司等
汽车制造业—汽车零部件及配件制造	13	2.5	盛瑞传动股份有限公司、南京越博动力系统股份有限公司、重庆耐德工业股份有限公司等
汽车制造业—汽车整车制造	12	2.3	比亚迪汽车工业有限公司、上海汽车集团股份有限公司、北京新能源汽车股份有限公司等

续表

行业	企业数量	数量占比（％）	代表性企业
铁路、船舶、航空航天和其他运输设备制造业—船舶及相关装置制造	12	2.3	渤海造船厂集团有限公司、江南造船（集团）有限责任公司、武昌船舶重工集团有限公司等
专业技术服务业—工程技术与设计服务	12	2.3	中国京冶工程技术有限公司、同济大学建筑设计研究院（集团）有限公司、赛鼎工程有限公司等
铁路、船舶、航空航天和其他运输设备制造业—铁路运输设备制造	11	2.1	通号通信信息集团有限公司、中车资阳机车有限公司、中车大连机车车辆有限公司等
仪器仪表制造业—通用仪器仪表制造	11	2.1	北京和利时系统工程有限公司、中机试验装备股份有限公司、宁夏隆基宁光仪表股份有限公司等
专用设备制造业—采矿、冶金、建筑专用设备制造	10	1.9	中信重工机械股份有限公司、杭叉集团股份有限公司、内蒙古北方重工业集团有限公司等
铁路、船舶、航空航天和其他运输设备制造业—航空、航天器及设备制造	10	1.9	北京星航机电装备有限公司、陕西航空电气有限责任公司、中国航发成都发动机有限公司等
计算机、通信和其他电子设备制造业—通信设备制造	10	1.9	四川天邑康和通信股份有限公司、大唐电信科技股份有限公司、环旭电子股份有限公司等
通用设备制造业—通用零部件制造	9	1.7	二重（德阳）重型装备有限公司等
电气机械和器材制造业—电池制造	9	1.7	江西赣锋锂业股份有限公司等
仪器仪表制造业—专用仪器仪表制造	9	1.7	武汉精测电子集团股份有限公司等
土木工程建筑业—铁路、道路、隧道和桥梁工程建筑	8	1.5	广西路桥工程集团有限公司等
专用设备制造业—电子和电工机械专用设备制造	8	1.5	长园深瑞继保自动化有限公司等

资料来源：笔者自制。

第二类是围绕复合功能的产品系统,形成数字化、绿色化、智能化转型的供应链集群,涉及新能源汽车、自动生产线、能源数字网络、高端装备、智慧城市等产品或服务架构创新。相对集中于电气机械和器材制造业、通用设备制造业、运输设备制造业、专用设备制造业、汽车制造业、仪器仪表制造业等行业领域,这些领域自身研发水平较低,迫切需要外生技术的引进和整合,其主要手段是通过申请实用新型专利及生成"诀窍知识"构建品牌效应,此类厂商具有较强的市场盈利能力。其具体经营的产品或服务集中在输配电及控制设备制造(3.7%),汽车零部件及配件制造(2.5%),汽车整车制造(2.3%),船舶及相关装置制造(2.3%),铁路运输设备制造(2.1%),通用仪器仪表制造(2.1%),采矿、冶金、建筑专用设备制造(1.9%),电池制造(1.7%)等产业小类(见表5-74)。由此得出,新能源产品和智能化产品正经历由技术单点突破向上下游协同生态搭建的发展阶段,具有广阔的国际市场竞争前景,改进型的产品架构创新甚至是部分关键模块技术创新不断增强;国民基础性生产生活和国家重大安全需求,催生众多实现数字化和绿色化增值的产业集群,但其主要由国有企业为生产主体的成熟技术主导。

第三节　综合性国家科学中心和区域性创新高地的协同定位

一、基本原则

(一)主体协同定位:主体之间的竞合互动

综合性国家科学中心和区域性创新高地的功能差异决定了其创新主体的角色定位各不相同。因其天然异质性,企业、高校、科研院所、政府、中介机构及金融机构等创新主体在综合性国家科学中心和区域性创新高地创新组织中形成了不同的科技竞争合作关系。只有通过构建角色互补、功能互促的协同创新网络、创新联合体和创新战略联盟,发挥不同创新主体优势和效能,才能实现创新资源的高效配置,驱动区域创新高质量发展。

（二）区域协同定位：城市之间的竞合互动

不仅创新主体存在差异性，综合性国家科学中心和区域性创新高地所依托的城市或区域也具有显著的空间异质性，形成独特的区域创新生态环境。现代科技创新日益呈现出多主体协作、集成式突破、大规模实施的大科学研究范式特征。适应这一发展趋势的关键是实施跨区域协同创新模式，促进区域之间创新要素自由流动，创新资源整合共享，产业技术优势互补，打造区域创新共同体。

二、主要方法

（一）主体协同定位方法

基于第一节和第二节的核心功能分类法，可将各种类型战略科技力量和创新引擎企业规模数量，归总到对应的城市，进而对城市的区位商进行计算，公式如下：

$$SCIQUO_{c,s} = \left(NUM_{c,s} / \sum_s NUM_{c,s}\right) / \left(\sum_c NUM_{c,s} / \sum_c \sum_s NUM_{c,s}\right)$$

$$(5.27)$$

$$TECQUO_{c,v} = \left(NUM_{c,v} / \sum_v NUM_{c,v}\right) / \left(\sum_c NUM_{c,v} / \sum_c \sum_v NUM_{c,v}\right)$$

$$(5.28)$$

式（5.27）和式（5.28）中，$SCIQUO_{c,s}$ 是城市 c 的 s 类战略科技力量的区位商，$NUM_{c,s}$ 是城市 c 的 s 类战略科技力量的个体数。$TECQUO_{c,v}$ 是城市 c 的 v 类创新引擎企业的区位商，$NUM_{c,v}$ 是城市 c 的 v 类创新引擎企业的个体数。

$s \in$（科学导向研究者、应用导向研究者、跨界融合研究者、平台生态跟随者）

$v \in$（科技引领者、标准化生产厂商、基础设备供应商、集成应用服务商）。

对区位商进行计算处理，可进一步明晰各综合性国家科学中心和区域性创新高地城市(区域)的核心功能及强度等级。其中,综合性国家科学中心城市(区域)功能分级标准为:(1)若某种类型主体区位商大于1,认为该类主体在该区域内相对集中,区域承载相应的核心功能;(2)因为四种类型主体区位商大于1的数据序列均符合幂律分布(拟合度大于0.81),所以采用 *Ht-Index* 方法进行数值分级。区域性创新高地城市功能分级的标准为:(1)使用箱线图判断各区位商的离群点,并将之删去(因为区位商过大的城市或区域是由创新引擎企业数量过少引起);(2)若某种类型主体区位商大于1,认为该类主体在该区域内相对集中,区域承载相应的核心功能;(3)因为四种类型主体区位商大于1的数据序列均符合幂律分布(拟合度大于0.85),所以也采用 *Ht-Index* 方法进行数值分级。

(二)区域协同定位方法

第一,确定产业技术功能的共性,从不同类型的创新引擎企业集聚程度刻画区域性创新高地核心功能的空间格局;第二,在此基础上,归纳区位条件的同质性,主要参考中国科学技术信息所编著的《国家创新型城市创新能力评价报告》,从创新驱动、原始创新、技术创新、成果应用和社会效益等方面,定量分析综合性国家科学中心和区域性创新高地城市(区域)的创新生态环境水平,进而界定异质性的产业技术和科学研究功能的耦合组态及其协同特征。

三、主体协同定位方案

(一)综合性国家科学中心的核心功能

根据功能强度等级划分结果,得出综合性国家科学中心城市(区域)的核心主体功能强度定位(见表5-75)。

表 5-75　综合性国家科学中心城市(区域)的主体功能强度等级

功能	第一等级(支配)	第二等级(主导)
科学导向研究者	无	北京、粤港澳大湾区、南京、成都、武汉、合肥、天津、杭州、重庆、兰州、厦门
应用导向研究者	无	北京、西安、苏州、长沙、青岛、沈阳、大连、兰州、福州、石家庄
跨界融合研究者	苏州、宁波	上海、南京、西安、成都、合肥、长沙、青岛、重庆、哈尔滨、沈阳、大连、长春、福州、南昌
平台生态追随者	绍兴、温州、泉州、南通、常州	福州、石家庄、沈阳、青岛、上海、无锡、南昌、济南、郑州、哈尔滨、杭州、昆明、天津

资料来源:笔者自制。

　　第一等级城市以对应功能作为支配功能,精于培育相应主体,学科布局特色比较鲜明,但一般科技力量规模较小,区外辐射的能力较有限,仅发育少数较低等级科技创新中心。第二等级城市以对应功能作为主导功能,即驱动区域创新发展的关键功能,相较第一等级城市,其科技力量规模更大,科研实力更强,综合性功能加强,大量浮现区域级和国家级科技创新中心,在国家科技创新体系和全球创新网络中具有控制力和引领力。拥有支配级核心主体功能的城市较少,表明综合性国家科学中心城市(区域)的核心功能发展相对均衡,科研主体特色定位未能凸显(见表 5-75)。

1. 北京

　　以科学导向研究者和应用导向研究者角色为主。科学导向研究者以基础医学—生命科学为主,通过原始创新驱动各知识领域全面均衡发展;应用导向研究者着力推进自然科学向跨学科的共性技术发展,以促进战略性新兴技术的市场化应用。

　　北京拥有数量规模位居全国顶尖的大科学装置、国家重点实验室,云集一大批具有自主创新能力的科技领军企业和以关键技术突破为导向的科研院所,从而形成科学导向和应用导向为主的研究者角色定位。科学导向研究者所涉及的知识领域主要分布于生物学、遗传学、进化学、免疫学、内分泌学等生命科学—临床医学学科集群,计算机科学与技术(控制论、人工智能、软件等)、影像技术、精密仪器等工程技术学科集群,气象和大气科学、数理物理学、医学化学、自然地理学等自然科学学科集群,以及心理学、社会学、教育学、语言学等人文社会科学学科集群。应用导向研究者主要涉及物理学跨学科、化学跨学科、原子能物理等自然科学学科集群,以及显微镜技术、计算机科学及信息系统、电气和电子技术、能源燃料工程等工程技术学科集群。

2. 上海

以跨界融合研究者和平台生态追随者两类为主。跨界融合研究者以临床医学—生命科学为主体,驱动自然科学与工程技术的交互和集成;平台生态跟随者则不断构筑新型材料、应用化学、纳米科技、量子物理等学科领域研究优势。

上海综合性高水平大学和科研机构数量规模位列全国前列,重点实验室主要面向基础学科,高技术企业形成若干专业化创新集群。跨界融合研究者所涉及的知识领域主要分布于生物物理学、分子生物学、医学信息学、计算生物学等生命科学—临床医学学科集群,生物材料、生物工程、计算机技术(硬件和体系架构)等工程技术学科集群,纳米科技、化学跨学科、分析化学等自然科学学科集群,以及商学、管理学、社会问题等人文社会科学学科集群。平台生态跟随者主要涉及应用物理学、化学跨学科、物理化学、纳米科技、量子科技等自然科学学科集群,以及材料跨学科、计算机科学及信息系统、自动化控制系统等工程技术学科集群。

3. 粤港澳大湾区

与北京类似,粤港澳大湾区城市群也以应用导向研究者和科学导向研究者为主体。应用导向研究者以市场应用为主要牵引力,表现出自然科学工程化、工程技术原理化、临床医学职业化等学科发展特征;科学导向研究者以基础医学—生命科学为主,在生物技术、人居环境、绿色环保、海洋资源、先进材料等学科领域具有较显著优势。

粤港澳大湾区城市群的大科学装置、国家重点实验室规模位于全国前列，集聚大量的科技型企业和关键技术导向型的科研院所。应用导向研究者主要涉及应用化学、化学跨学科、高分子化学、分析化学、热力学等自然科学学科集群，计算机科学及信息系统、能源工程、化学工程、机械工程、材料及造纸工程、绿色可持续技术等工程技术学科集群，以及环境和职业健康、卫生保健等临床医学学科集群。科学导向研究者所涉及的知识领域比较广泛，主要分布于环境和职业健康、内分泌学、血液学、免疫学、药理学等临床医学学科集群，分子生物学、生物工艺学、应用微生物学、农业生物科学、食品科学和技术等生命科学学科集群，海洋能源与化工、材料科学（生物材料、鉴定和检测等）、绿色可持续与环境科学技术、计算机技术（跨学科应用、理论）等工程技术学科集群，地球科学、水资源科学、应用化学、医用化学、光谱学等自然科学学科集群，以及教育学、管理学、健康政策等人文社会科学学科集群。

4. 合肥

以科学导向研究者和跨界融合研究者为主导。科学导向研究者注重自然—生命多学科的理论创新，跨界融合研究者承接知识溢出并围绕高端显示设备、新型材料、精密科学仪器、量子计算等应用型学科领域持续发力。

合肥的大科学装置、国家重点实验室规模位列全国前列，中国科学技术大学与其科技型衍生企业形成产学研协同创新网络。科学导向研究者所涉及的知识领域主要分布于物理学、生物学、化学、多学科交叉的自然科学—生命科学学科集群。跨界融合研究者表现出高度的自然科学应用化倾向，主要涉及应用物理学、冷凝物质、分析化学、化学跨学科，同时注重高新技术的科学化发展，例如科学仪器、纳米科学、计算机科学和技术（控制论、人工智能、硬件架构等）、核科学等学科领域。

5. 西安

以跨界融合研究者和应用导向研究者为主，跨界融合研究者主攻高端运输设备、信息系统与关键材料等工程技术学科领域,强调多学科融合集成发展;应用导向研究者围绕市场需求进行上下游的工程技术配套研发。

西安的综合性高水平大学和科研机构数量规模处于领先梯队,拥有一批关键核心技术攻坚导向的国有企业和科研院所。跨界融合研究者主要分布于计算机科学和技术(人工智能、信息系统、跨学科应用等)、航空航天、电气和电子技术、设备仪器工程、涂料薄膜材料技术等工程技术学科集群,应用数学、声学、应用物理学、数理物理学、量子科学等数学—物理学学科集群,医学影像学、神经科学、计算生物学、医学信息学等生命科学—临床医学学科集群,教育学、心理学、社会学等人文社会科学学科集群。应用导向研究者主要分布于机械工程、材料工程、冶金工程、仪器工程、化石燃料工程、核工程等工程技术学科集群。

6. 南京

包括科学导向研究者和跨界融合研究者两类角色。科学导向研究者紧密围绕生物圈环境和资源,开展生态、环境、可持续发展等相关领域的理论创新、技术突破、临床医学应用和人地关系优化工作;跨界融合研究者为其原始创新提供上游技术支持,并拓展下游应用领域。

南京的国家重点实验室数量位列前茅,综合性高水平大学和科研机构众多。科学导向研究者主要分布在生物工艺学、生态学、毒理学、农学、免疫学、神经学、药理药剂学等生命科学—健康科学学科集群,地球科学、大气科学、水资源科学、有机化学、分析化学等自然科学学科集群,环境工程、生物医学工程、绿色可持续、遥感科学与技术等工程技术学科集群,人类学、发展学、教育学等人文社会科学学科集群。跨界融合研究者主要涉及影像技术、计算机科学(计算机科学理论和方法、跨学科应用、硬件和体系架构、信息系统等)、自动化技术、遥感科学与技术、机器人工程等工程技术学科集群,数学(数学应用、跨学科)、光谱学、物理学(冷凝物质、数理物理学)、水资源科学、自然地理学等自然科学学科集群,生态学、环境科学、生物多样性、职业健康等生命科学—健康科学学科集群,以及城市规划学、历史科学和哲学、工商管理学、考古学等人文社会科学学科集群。

7. 成都

以跨界融合研究者和科学导向研究者为主。跨界融合研究者聚焦地球科学,开展土木工程、建筑学、可持续发展等相关领域的关键技术突破和工程应用,科学导向研究者主要负责生命医学、地球科学、建筑工程等前沿学科的原始创新。

成都的综合性高水平大学和科研机构数量较多,国家重点实验室规模较大。跨界融合研究者主要涉及地质工程、建筑工程、绿色建筑工程、材料工程(陶瓷、合成物等)、计算机科学和技术(人工智能、跨学科应用等)等工程技术学科集群,以及数学(数学应用、跨学科)、物理学(冷凝物质、数理物理学等)、地球化学和地球物理学、自然地理学等自然科学学科集群。科学导向研究者主要分布在环境科学和职业健康、生物化学、分子生物学、微生物学、医学研究和实验、医学成像学等生命科学—临床医学学科集群,地球化学和地球物理学、地质学、大气科学等自然科学学科集群,以及地质工程、建筑工程、绿色建筑工程、材料工程(陶瓷、合成物等)、计算机科学(跨学科应用)等工程技术学科集群。

8. 武汉

以科学导向研究者为主导。紧密围绕生态环境和生物资源,开展环境科学、资源科学、生物学、可持续发展等相关领域的理论创新、技术突破、临床医学应用。

武汉的大科学装置、国家重点实验室规模在全国处于领先水平。科学导向研究者所涉及的知识领域主要分布于三大学科集群:与生态环境和生物资源相关的自然科学—生命科学—临床医学学科集群,如环境科学、生物学、地球科学、水资源科学、湖沼与海洋学、生物化学研究方法、生态学、寄生物学、微生物学、生物多样性、农业工程、土壤学等领域;工程技术学科集群,主要包括环境工程、计算机科学(跨学科应用)、设备仪器科学等领域;人文社会科学学科集群,以考古学、人类学为代表领域。

9. 天津

包括科学导向研究者和平台生态追随者两类角色。科学导向研究者立足于化学的传统优势,瞄准生命生理、临床医学、工业制造等前沿科学领域;平台生态追随者提供配套的科研软硬件和互补的专业性技术。

天津拥有一批国家重点实验室和建设良好的科技型企业梯队。科学导向研究者主要分布在生物化学、分子生物学、微生物学、医学研究和实验、遗传学、血液学等生命科学—临床健康学科集群,医用化学、分析化学、有机化学等自然科学学科集群,生物医学、显微镜学、计算机科学(跨学科应用)等工程技术学科集群。平台生态追随者主要涉及物理化学、光谱学、应用化学等自然科学,环境科学、化学、能源工程、材料工程等工程技术学科集群。

10. 杭州

包括科学导向研究者和平台生态追随者两类。科学导向研究者占据数字信息技术高地,深入计算生物学、先进电子技术、自动化技术等应用领域;平台生态追随者提供专业性技术、原型试产和质控评估等。

杭州拥有一批国家重点实验室和众多科技型企业。其科学导向研究者主要分布在生物化学、计算生物学等生命健康科学,数学(跨学科应用)、分析化学等自然科学,自动化技术、电气电子工程、计算机科学(控制论、跨学科应用、软件工程、信息系统、人工智能)等工程技术三个学科集群。平台生态追随者主要涉及电化学、纳米材料技术、环境科学、能源工程、计算机技术等多个领域。

11. 长沙

以跨界融合研究者和应用导向研究者为主。跨界融合研究者主攻高端增材和基础性装备,注重多学科交叉融合发展,应用导向研究者则进行上下游的工程技术配套。

长沙的综合性高水平大学数量较多,拥有一批技术攻坚导向的科技企业和科研机构。其跨界融合研究者主要分布于计算机科学(计算机科学理论和方法、信息系统、跨学科应用)、自动化技术、绿色可持续技术、机械工程等工程技术学科集群,数学、声学、电化学等自然科学学科集群,计算生物学、医学信息学等生命科学—临床医学学科集群。应用导向研究者主要分布于分析化学、矿物工程、建筑工程、材料工程、冶金工程、农业技术等学科领域。

12. 重庆

包括科学导向研究者和跨界融合研究者两类。科学导向研究者立足机械工程和能源工程优势,致力于高端生产设备和新能源相关设备研发;跨界融合研究者则为原始创新提供上游技术支持,并拓展下游应用领域。

重庆的国家重点实验室、综合性高水平大学和科研机构众多。其科学导向研究者主要分布在分子生物学、生物物理学、传染病学、免疫学等生命健康学科,声学、纳米技术、有机化学、热力学等自然科学学科,生物医学、生物材料工程、能源工程、节能等工程技术学科。跨界融合研究者主要涉及设备仪器工程、燃料工程、环境工程、计算机科学和技术(人工智能)、绿色可持续技术、自动化技术等工程技术学科集群,以及数学(跨学科应用)、光谱学、分析化学等自然科学学科集群。

13. 济南

以平台生态跟随者为主,尖端科技位势相对较低,主攻机械工程、热力工程、高性能材料工程等学科领域。

济南的科技领军企业担任平台生态"基础物种"的角色。平台生态跟随者所涉及的知识领域主要分布于能源和燃料工程、机械工程、材料科学、应用物理学、冷凝物质、制造工程、光学等领域,以工程技术学科为主。

14. 郑州

以平台生态追随者为主,主攻新材料工程、应用化学、环境工程等学科领域,但原始创新和关键核心技术突破相对不足。

郑州的科技领军企业担任平台生态"基础物种"的角色。所涉及的知识领域主要分布于农学、生物化学、应用化学、环境科学、食品科学、结晶学等分支学科。

15. 哈尔滨

包括跨界融合研究者和平台生态追随者两类。跨界融合研究者聚焦农业工程、动植物学、智能机器人技术和航空航天技术等工程技术学科领域,而平台生态追随者提供专业性技术、原型试产与质控评估。

哈尔滨拥有一批高水平大学和若干高技术产业集群。跨界融合研究者所涉及的知识领域主要分布于农业工程、动物科学、昆虫学、生物多样性、营养和饮食学等生命健康学科集群,合成材料工程、自动化技术、计算机科学(理论和方法、人工智能、硬件和体系架构、信息系统)、航空航天工程等工程技术学科集群,以及数学(跨学科应用)、声学、液体和等离子技术、分析化学等自然科学学科集群。平台生态跟随者则主要涉及涂料和薄膜工程、电化学(跨学科)、物理化学、冶金工程、机械工程等领域。

(二)区域性创新高地的核心功能

根据区域性创新高地城市内部主体功能等级划分结果,确立其核心主体功能强度等级(见表5-76)。

表5-76　区域性创新高地城市(含潜在)的主体功能强度等级

功能	第一等级(支配)	第二等级(主导)	第三等级(侧重)
科技引领者	无	长春、泉州、乌鲁木齐、东莞、烟台、绵阳	深圳、西安、成都、苏州、天津、合肥、宁波、福州、兰州、厦门、昆明、洛阳、南宁、贵阳
标准化生产厂商	昆明、兰州	青岛、长沙	北京、深圳、成都、重庆、天津、武汉、济南、宁波、郑州、烟台、绵阳、乌鲁木齐、泰州、石家庄、嘉兴

续表

功能	第一等级（支配）	第二等级（主导）	第三等级（侧重）
基础设备供应商	太原、嘉兴	郑州、无锡	南京、杭州、武汉、合肥、重庆、青岛、苏州、济南、宁波、长沙、佛山、常州、沈阳、贵阳、大连、乌鲁木齐、南通、台州
集成应用服务商	广州、哈尔滨、南宁、南昌、常州	上海、杭州、洛阳、东莞、泰州	北京、深圳、南京、重庆、天津、厦门、济南、大连、沈阳、佛山、无锡、银川

资料来源:笔者自制。

第一等级城市在科技引领者、标准化生产厂商、基础设备供应商和集成应用服务商四大功能上具有支配地位,产业特色较鲜明,但一般经济规模较小,向外知识扩散能力较有限,仅发育少量区域性科技创新中心。第二等级城市以四大功能作为其主导功能,在驱动区域创新发展方面发挥关键功效。相比第一等级城市,其平均经济规模更大,功能复合性更强,发育较多区域级和国家级科技创新中心。第三等级城市以四大功能作为重要性职能,在带动区域创新发展层面具有重要地位,平均经济规模超过前两级,产业技术创新功能高度综合,在区域、国家乃至全球层面具有较明显的科技创新引领力(见表5-76)。

1. 北京

北京集聚大量高层次人才和创新资源,覆盖多个战略性新兴产业创新链的关键环节,基于标准化生产厂商的相对优势,吸引集成应用服务商共同布局。北京的标准化生产厂商以软件咨询开发、物联网、生物医药制造和开发、工程技术研发等高端制造和服务业为主;集成应用服务商则以信息系统集成、云计算、互联网平台、工业设计等方案集成,以及汽车整车制造、航空设备制造、路桥建筑、仪器仪表制造等复杂装备制造为主。

2. 上海

立足由本地创新极核和区域经济腹地组成的庞大产业技术体系,上海主要依托集成应用服务商,充分挖掘高端制造潜力,占据多个战略性新兴产业终端软硬件集成应用环节制高点。上海的集成应用服务商分布广泛,相对集中于信息系统集成和物联网技术服务、信息技术咨询服务、信息处理和存储支持服务、芯片设计、电子器元件、船舶制造、航天器制造、汽车零部件及车身制造、新型材料、机器人等技术开发和方案集成领域,有力支撑了上海集成电路、人工智能及新能源和新材料等新兴支柱产业发展。

3. 深圳

深圳耕耘于信息通信技术软硬件领域,搭建科技引领者、标准化生产厂商、集成应用服务商于一体的完整产业技术创新生态。深圳在数字经济领域具有垄断优势,其集成应用服务商瞄准软件开发、计算机整机、汽车整车、科学仪器等终端应用场域;科技引领者涉及通信设备、电子元件及电子专用材料、医疗仪器设备及器械、集成电路设计等多个战略性新兴产业方向;标准化生产厂商则囊括电子器件制造、信息系统集成和物联网技术服务等技术领域。

4. 广州

广州以集成应用服务商为基本功能,主要包括船舶制造、车间数字化改造、光电设备、卫星导航、智慧城市等高技术含量行业的方案集成。重点将产业门类齐全的优势和市场高度开放的潜力融合,以高技术含量的方案集成作为产业技术创新的基石。

5. 天津

天津具有相对多元的主体功能,其标准化生产厂商以电池制造、药物开发、专业技术服务等产业技术领域为主;集成应用服务商聚焦通用零部件、工业设计、数字内容服务等领域;科技引领者以石油化工、环保工程等行业领域为主。其功能定位重点维持传统化工、电气领域的高端制造地位,衍生相关基础软硬件的研发优势。

6. 成都

围绕生物医药领域的优势,成都的科技引领者重点聚焦生产性服务业提质增效,标准化生产厂商则主导大规模产品研发和制造。成都的科技引领者主要集中于化学药品制造、医学研发试验、工程技术研发等基础性强、技术含量高的行业;标准化生产厂商则集中于化学药品、生物医药、中成药的生产,以及工程技术与设计服务、专用机械制造等生物医药及装备制造行业领域。

7. 南京

凭借电子、交通、机械等产业技术领域的累积动能,南京聚力发展互联网、物联网、屏显集成技术等数字经济。其集成应用服务商集中于信息系统集成、互联网服务、汽车动力系统等新兴产业领域;基础设备供应商则聚焦电子通用零件、铁路机车、汽车整车等制造业领域的升级和转型。

8. 苏州

苏州的科技引领者推动电气设备、新型材料、信息技术等电子信息及新材料产业化,基础设备供应商则致力于中间品和生产设备的研发。其基础设备供应商以物料搬运设备、结构性金属制品、计算机制造等装备制造业领域为主要发展方向;科技引领者则主要覆盖电气器材、合成材料、信息系统服务、家电等产业领域。

9. 武汉

武汉的主体功能定位于基础设备供应商和标准化生产厂商两类。其基础设备供应商以地理测绘、通信技术服务、船舶制造等优势产业领域为主;标准化生产厂商涉及化学药品、光学仪器、高性能材料等新兴产业领域。重点基于通信技术、遥感技术和机械工程等领域产业技术优势,打造价值链上下游协同式的产业创新集群。

10. 杭州

杭州的核心竞争力是强大的数字信息集成能力,在此基础上开发底层硬件供给潜能。其集成应用服务商相对集中于信息系统集成和物联网技术服务、软件开发、通信设备制造、自动化技术等信息通信技术领域;基础设备供应商则包括机械通用零部件和制造业专用加工器械等高端装备制造业领域。

11. 洛阳

洛阳高端创新主体以集成应用服务商和科技引领者功能为主导。其集成应用服务商集中于冶金相关的设备或最终金属产品等传统制造业领域,科技引领者布局于化学工业、材料工程、力学设计等产业技术方向。

12. 重庆

重庆创新主体功能多样,重点以汽车和电气机械技术为根本,依托高科技园区和高新技术开发区,致力于培育区域性创新集群。其基础设备供应商集中在汽车配件、机械通用零部件等技术领域;标准化生产厂商主要从事化学药品类技术开发和产业化;系统集成服务商分布较广泛,从事电机、专用和通用机械设备、通信设备、汽车整车等高端装备制造集成。

13. 西安

西安的发展重心在于培育精于研发新技术并推动技术转移的科技引领者。其科技引领者主要从事土木工程与建筑、运输设备、金属制品、稀土加工等行业,与本地科研机构和高等学校的优势学科高度关联;然而,具有较好产业基础的航空设备制造业并没有进入科技引领者方阵,主要受限于较弱的产学研网络组织。

14. 青岛

青岛以标准化生产厂商和基础设备供应商两大创新主体功能为主。其中,标准化生产厂商以生物医药、酿酒、电气器材等行业领域为主;基础设备供应商以铁路设备、汽车车身、家用电器等技术研发为目标。注重外部"管道"与本土"蜂鸣"的融合,通过融入全球创新网络和打造区域创新生态系统,以生物医药和终端器件规模生产带动基础器材的应用创新。

15. 合肥

合肥通过科技引领者牵引高端装备制造业发展,依托基础设备供应商带动传统材料行业发展。其科技引领者主要集中于电气器材及设备制造、通用零部件制造、仪器仪表制造、工程和技术研发等装备制造业;基础设备供应商

集中在皮革、纺织品、橡胶、金属等传统材料制造业;集成应用服务商则在软件
开发、信息技术服务等数字经济领域具有比较优势。

16. 长沙

长沙以标准化生产厂商和基础设备供应商两大主体功能为主,以化学药
品和终端器件规模生产带动共性技术的应用创新。其标准化生产厂商以化学
药品、精密仪器等新兴产业领域为主;基础设备供应商则主导通用设备、工程
技术研发等新兴技术研发。

17. 宁波

宁波的创新主体功能丰富,基础设备供应商来源于家电、照明专用生产设
备等制造业;标准化制造厂商集中于照明器具、合成材料等产业领域;基础设
备供应商精于生产和生活用品的开发。宁波的发展重心在于立足区位优势,
打造科技引领者主导的临港型工业创新集群。

18. 郑州

郑州主要围绕大型基础设施和高端装备拓展规模化生产能力。其基础设
备供应商主要从事采矿、冶金、建筑专用设备制造、交通与工矿工程建筑等行
业;标准化生产厂商则以公共设施及服务、专用设备制造、药品生产、工程技术
服务等行业领域为主导。

19. 济南

济南以冶金和机械重工为基础,采取开辟非相关多样化的技术发展路径。
其基础设备供应商以金属冶炼和加工、机械加工专用机械等行业领域为主,标
准化生产厂商主要涉及风机、机械重工、消费智能设备、化学药品等行业领域;
集成应用服务商分布较广泛,从事输配电控制、信息技术咨询、铁路运输设备、
建筑装修、药物开发等技术领域研发和商业化。

20. 泉州

泉州的创新主体功能定位于科技引领者和基础设备供应商。其中,科技
引领者涉及制鞋、棉纺、印染、金属冶炼等传统产业领域;基础设备供应商从事

化工专用设备、针织半成品等传统行业领域。发展关键是以鞋服和纺织品等传统行业为支柱产业,通过技术开发和基础设备升级带动产业的高附加值化。

21. 昆明

昆明以标准化生产厂商和科技引领者为主要功能定位,聚焦于化学药品和中成药、贵金属选矿和加工等优势产业领域。其发展路径是由中下游产业链规模化生产"反哺"上游创新链研发环节。

22. 沈阳

沈阳的创新主体功能定位是基础设备供应商和集成应用服务商。其基础设备供应商集中在航空航天设备、冶金采矿专用设备等高端装备制造领域,集成应用服务商则主要分布于通用设备、专用设备、配电变压系统、软件与信息系统总成等先进设备制造业领域。城市发展重心以航空和机械重工为基础,形成与其相关的多样化技术发展路径。

23. 厦门

厦门主要围绕偏消费性的电子产品和软控系统建设集成应用服务商和科技引领者梯队。其集成应用服务商集中于信息系统与软件开发、视听电子设备等新兴产业技术领域;科技引领者布局于照明器具、智能家居、光学仪器、化学纤维等优势产业技术领域。

24. 大连

大连的基础设备供应商集中在金属加工和航空设备等行业领域;集成应用服务商主要从事铁路和船舶设备制造等行业。有待以铁路设备和机械重工为基础,开辟与其相关的多样化技术发展路径。

25. 哈尔滨

哈尔滨以集成应用服务商为主体功能,其集成应用服务商主要从事原动设备、飞机工业、化学药品等前沿技术领域。重点是发挥重工业大型专用设备和航天设备制造业优势,集成应用信息化和数字化,推动高新产业的前沿技术转移转化,柔性响应全球价值链多方主体的市场需求。

26. 乌鲁木齐

乌鲁木齐的创新主体功能多样，但缺乏规模效应，有待基于资源环境独特禀赋，打造辐射边缘地区的高技术创新链与产品价值链。其科技引领者主要从事金属冶炼、稀土开采与加工、生物药品和专用化学品等新材料及生物医药行业领域，基础设备供应商集中在土木建筑和电力生产等传统产业领域，标准化生产厂商则主要从事药品技术标准化生产。

四、区域协同定位方案

（一）区域性创新高地主体功能的空间异质性

不同功能类型的创新引擎企业具有显著的空间异质性，呈现较明显的空间不均衡性、集聚性和等级层次性（见表5-77），具体而言：

表 5-77　四种角色类型创新引擎企业的城域分布

科技引领者		标准化生产厂商		基础设备供应商		集成应用服务商	
城市	数量	城市	数量	城市	数量	城市	数量
北京	23	北京	32	上海	15	上海	60
上海	19	天津	13	武汉	12	北京	60
成都	18	青岛	13	重庆	11	杭州	22
天津	15	上海	12	青岛	9	广州	22
深圳	12	成都	10	杭州	9	天津	20
合肥	12	长沙	9	合肥	9	合肥	15
宁波	9	深圳	8	太原	9	深圳	15
厦门	8	武汉	8	天津	8	武汉	13
西安	8	重庆	8	长沙	8	重庆	13
苏州	8	杭州	7	郑州	8	厦门	11
烟台	8	合肥	6	苏州	8	成都	11

续表

科技引领者		标准化生产厂商		基础设备供应商		集成应用服务商	
城市	数量	城市	数量	城市	数量	城市	数量
青岛	7	宁波	5	无锡	8	济南	10
临沂	6	济南	5	宁波	7	南京	10
广州	5	昆明	5	济南	7	苏州	8
武汉	5	潍坊	5	北京	6	无锡	8
洛阳	5	西安	4	潍坊	5	西安	8
福州	5	郑州	4	西安	5	洛阳	8
泉州	5	芜湖	4	南京	5	佛山	7
连云港	5	淄博	4	佛山	5	青岛	6
重庆	4	株洲	4	厦门	5	沈阳	6
济南	4	烟台	3	芜湖	4	常州	6
台州	4	南京	3	株洲	4	福州	6
贵阳	4	石家庄	3	广州	4	太原	5
银川	4	济宁	3	台州	4	郑州	5
绍兴	4	珠海	3	马鞍山	4	台州	5
绵阳	4	苏州	2	绍兴	4	襄阳	5
聊城	4	临沂	2	襄阳	4	大连	5
乌鲁木齐	4	广州	2	成都	3	石家庄	5
杭州	3	台州	2	贵阳	3	哈尔滨	5
南京	3	贵阳	2	乌鲁木齐	3	南昌	5

注:各类型取数量前 30 的城市。
资料来源:笔者自制。

1. 科技引领者

科技引领者角色的城市布局与科研力量集聚地、知识创新策源地高度重合,形成"一带多中心"的空间格局:以东部沿海城市集聚带为主轴,以内陆区域科技创新中心为支点的协同创新格局。京津冀城市群、山东半岛城市群、长三角城市群、粤闽浙沿海城市群和粤港澳大湾区城市群是科技引领者的重点集聚地。北京(23)、上海(19)、天津(15)、深圳(12)、合肥(12)、宁波(9)、厦门(8)、苏州(8)、烟台(8)、青岛(7)、临沂(6)、广州(5)、福州(5)、泉州(5)等中心城市是其重要的创新增长极。而成都(18)、西安(8)、武汉(5)、洛阳(5)、重庆(4)等中西部内陆中心城市集聚较高规模的创新引擎企业,扮演着区域性创新高地和国家科技创新体系支点角色。

2. 标准化生产厂商

承担标准化生产厂商角色的城市高度集中于高技术制造业发达的中心城市,呈现以规模以上工业企业为行业龙头的"钉子状"空间格局,形成多个不同等级的创新枢纽城市。包括北京(32)、天津(13)、青岛(13)、上海(12)、成都(10)、长沙(9)、深圳(8)、武汉(8)、重庆(8)、杭州(7)、合肥(6)等国家级中心城市和省会城市。

3. 基础设备供应商

扮演基础设备供应商角色的城市以传统工业500强企业为核心,集聚成群呈梯次联动布局和核心—边缘式组织。基础设备供应商型城市高度集聚于京津冀、长三角、山东半岛等沿海城市群,发育较典型的等级科层结构,呈现核心—边缘式圈层空间组织。其中,京津冀城市群以北京(6)和天津(8)为双核,唐山(1)、保定(1)、承德(2)等城市地处外围边缘。长三角城市群以上海(15)为核心,以杭州(9)、合肥(9)、苏州(8)、无锡(8)、宁波(7)等邻近城市为次核心,以南京(5)、马鞍山(4)、芜湖(4)、南通(4)、绍兴(4)、常州(3)等外围城市为边缘。山东半岛城市群形成了以青岛(9)和济南(7)为双核心,以威海(3)、潍坊(5)等城市为边缘的核心—外围结构。长江中游城市群则呈现以武汉(12)为核心,以长沙(8)为次核心,以黄石(3)、株洲(4)、衡阳(2)等城市为边缘的多个核心—外围式组团。

4. 集成应用服务商

集成应用服务商作为承载集成应用功能的创新主体,主要分布于高层级创新型城市,宏观构筑了以京津、沪杭、穗深、成渝为支点的菱形骨架。其高数值区相对集聚成群,形成了以北京(60)—天津(20)、上海(60)—杭州(22)、广州(22)—深圳(15)、成都(11)—重庆(13)为双核心的四大全国性创新城市群(京津冀城市群、长三角城市群、粤港澳大湾区城市群和成渝双城经济圈),以及以武汉(13)、西安(8)、济南(10)、洛阳(8)等为单中心的区域性创新型都市圈,这些集成应用服务商集聚地成为全国重要的技术创新枢纽,以及新产品及新技术服务的主要市场地。

(二)科学中心与创新高地区域协同定位

综合性国家科学中心和区域性创新高地功能的协同定位主要以产业技术功能的共性为基础。基于产业技术功能的共性和区位条件的同质性,将区域性创新高地城市分为八个组态,将每个组态与对应的综合性国家科学中心城市联结,进而归纳由产业技术功能和科学研究功能耦合的区域组态特征,从而界定综合性国家科学中心和区域性创新高地功能协同定位的区域类型(见表5-78和表5-79),具体包括以下八种类型:

表5-78　中国综合性国家科学中心和区域性创新高地核心功能的耦合组态(一)

耦合组态特征	综合性国家科学中心		区域性创新高地		耦合功能
	城市(区域)	科学研究功能	城市	产业技术功能	
整合能力突出的创新都市圈:科创资源充裕,区域整合能力强,生态多样性好的创新都市圈	北京	科学导向研究者	北京	标准化生产厂商	基于原始创新驱动力,以标准化生产厂商为中心,集聚科技引领者和集成应用服务商
		应用导向研究者		集成应用服务商	
	—	—	天津	标准化生产厂商	
	—	—		科技引领者	
	—	—		集成应用服务商	

续表

耦合组态特征	综合性国家科学中心		区域性创新高地		耦合功能
	城市（区域）	科学研究功能	城市	产业技术功能	
创新生态优越的区域创新增长极：科创基础雄厚，市场腹地广阔，创新生态基本建立的区域极核	上海	**跨界融合研究者**	上海	**集成应用服务商**	凭借技术领先、信息渠道通畅和创新开放性优势，柔性响应价值链上多方主体的需求
		平台生态追随者		—	
	粤港澳大湾区	科学导向研究者	广州	**集成应用服务商**	
		应用导向研究者		—	
	哈尔滨	**跨界融合研究者**	哈尔滨	**集成应用服务商**	
		平台生态追随者		—	
新兴产业引领的沿海科技创新中心：战略性新兴产业技术高地，东南沿海区域科创中心	粤港澳大湾区	**应用导向研究者**	深圳	**科技引领者**	位处业态更新迭代的前沿，充分发挥系统集成服务商的协同作用较强，吸引其他功能共位联动
		科学导向研究者		标准化生产厂商	
		—		集成应用服务商	
	南京	**跨界融合研究者**	南京	**集成应用服务商**	
		科学导向研究者		基础设备供应商	
	杭州	**平台生态追随者**	杭州	**集成应用服务商**	
		科学导向研究者	厦门	基础设备供应商	
		—		**集成应用服务商**	
制造业主导的中西部科技创新中心：科教力量出色、高技术制造业规模庞大的中西部科创中心	成都	**跨界融合研究者**	成都	**科技引领者**	以科技引领者作为牵引跨界融合研究、创新功能复合化发展的主要动力
		科学导向研究者		标准化生产厂商	
	西安	**跨界融合研究者**	西安	**科技引领者**	
		应用导向研究者		—	
	合肥	**跨界融合研究者**	合肥	**科技引领者**	
		科学导向研究者		基础设备供应商	
		—		集成应用服务商	

注：表格所列的城市（区域）科学研究功能和产业技术功能的区位商均大于1，加粗表示城市（区域）中强度最高的功能；"—"表示城市（区域）或类型缺失。

资料来源：笔者自制。

表5-79　中国综合性国家科学中心和区域性创新高地核心功能的耦合组态(二)

耦合组态特征	综合性国家科学中心		区域性创新高地		耦合功能
	城市(区域)	科学研究功能	城市	产业技术功能	
产业成熟的区域科技创新中心:资源禀赋优势,产业发育成熟的区域科创中心	武汉	科学导向研究者	武汉	基础设备供应商	上游产品和底层技术指向,基础设备供应商推动科学研究特色化、创新功能复合化发展
		—		标准化生产厂商	
	重庆	跨界融合研究者	重庆	基础设备供应商	
		科学导向研究者		标准化生产厂商	
	济南	平台生态追随者	济南	基础设备供应商	
		—		集成应用服务商	
	郑州	平台生态追随者	郑州	基础设备供应商	
		—		标准化生产厂商	
内外联动的区域创新型城市:产业特色鲜明、强调内外联动的区域重要创新型城市	长沙	应用导向研究者	长沙	标准化生产厂商	充分发挥标准化生产厂商的带动作用,瞄准战略性新兴产业技术的市场应用
		跨界融合研究者		基础设备供应商	
	—	—	昆明	标准化生产厂商	
	—	—	青岛	标准化生产厂商	
	—	—		基础设备供应商	
高度外向化的工业创新型城市:基于区位特色打造完备产业链,高度外向化的工业创新型城市	—	—	苏州	基础设备供应商	源头科技创新与下游市场应用互为支撑,科技引领者与基础设备供应商良好互馈
	—	—		科技引领者	
	—	—	宁波	科技引领者	
	—	—		基础设备供应商	
	—	—	泉州	科技引领者	
	—	—		基础设备供应商	
	—	—	乌鲁木齐	科技引领者	
	—	—		基础设备供应商	
以重工业为根基的创新型城市:瞄准基础材料和上游设备制造优势,参与下游终端装备集成的老工业基地	—	—	沈阳	基础设备供应商	瞄准基础材料和上游设备的局部优势,深度参与下游终端装备集成制造分工
	—	—		集成应用服务商	
	—	—	大连	基础设备供应商	
	—	—		集成应用服务商	

注:表格所列的城市(区域)科学研究功能和产业技术功能的区位商均大于1,加粗表示城市(区域)中强度最高的功能;"—"表示类型缺失。

资料来源:笔者自制。

1. 整合能力突出的创新都市圈

该组态集中于京津都市圈,由北京综合性国家科学中心、北京区域性创新高地、天津区域性创新高地组成(见表5-78)。主要基于原始创新驱动力,以标准化生产厂商为中心,集聚科技引领者和集成应用服务商。该都市圈科教资源领先,研发机构云集,科技企业头部效应突出,知识和技术创新辐射全国,市场化程度高,创新业态繁荣。但天津在中小型企业培育和创新驱动区域高质量发展方面存在短板。

2. 创新生态优越的区域创新增长极

该组态相对集中于上海及粤港澳大湾区城市群,由上海综合性国家科学中心、粤港澳大湾区综合性国家科学中心、上海区域性创新高地、广州区域性创新高地、哈尔滨区域性创新高地组成(见表5-78)。凭借技术领先、信息渠道通畅和创新开放性优势,柔性响应价值链上多方主体的需求。此类增长极科技基础雄厚,高校和研发机构云集,科技企业梯队完备,创新生态环境良好,技术成果商用价值高,知识和技术创新辐射全国,市场化程度高,创新业态繁荣。但广州在规模以上工业投入和产出效应方面存在短板,哈尔滨在规模以上工业企业研发投入和收益、社会经济收益等方面明显不足。

3. 新兴产业引领的沿海科技创新中心

该组态相对集中于长三角城市群及粤港澳大湾区城市群,由粤港澳大湾区综合性国家科学中心、南京综合性国家科学中心、杭州综合性国家科学中心、深圳区域性创新高地、南京区域性创新高地、杭州区域性创新高地、厦门区域性创新高地组成(见表5-78)。该类型区域工业技术创新基础雄厚,科技型企业规模庞大,成长型企业孵化业态良好,技术创新投入活跃且效益明显,企业技术创新转化成果显著,对社会经济推动作用强劲,开发区创新集群建设成效突出。但深圳在基础研究攻关、关键学科建设、原始知识突破方面存在较大提升空间,杭州在技术输出、工业技术创新方面存在短板,南京在高新技术企业和规模以上工业创新成果,以及创新驱动社会进步等方面存在一定局限,厦门则在科技成果转移转化效率方面有待强化。

4. 制造业主导的中西部科技创新中心

该组态以成都、西安和合肥为代表,由成都综合性国家科学中心、西安综合性国家科学中心、合肥综合性国家科学中心、成都区域性创新高地、西安区域性创新高地、合肥区域性创新高地组成(见表5-78)。以科技引领者作为牵引跨界融合研究、推动创新功能复合化发展的主要动力。该类科技创新中心科研基础雄厚,科技型企业数量众多,研发资金投入活跃,技术输出能力突出,高新技术企业创新成果显著。然而,成都在规模以上工业企业研发投入、新产品产出及社会经济效益提升方面存在短板;西安在新工业品的商用产出及社会经济效益提升方面显著不足;合肥则是技术交易能力存在明显缺陷,社会经济效益有待提升。

5. 产业成熟的区域科技创新中心

该组态以武汉、重庆、郑州及济南为代表,由武汉综合性国家科学中心、重庆综合性国家科学中心、济南综合性国家科学中心、郑州综合性国家科学中心、武汉区域性创新高地、重庆区域性创新高地、济南区域性创新高地、郑州区域性创新高地组成(见表5-79)。以上游产品开发和底层技术研发为指向,通过基础设备供应商推动科学研究特色化、创新功能复合化发展。该类科技创新中心科教资源集中,研发投入强度较高,产业发育成熟,产学研合作体系建设颇有成效,打造了一大批高水平科学和工程创新基地,成为全国或区域范围内的技术集散枢纽。但武汉在规模以上工业研发投入强度、外部资金和技术引进、新产品的盈利程度等方面存在不足。重庆在社会经济驱动方面存在明显短板。济南则在科技成果商业价值、创新开放程度、社会文化转型等方面有待优化。郑州则是产业技术流动性和辐射带动性作用有待加强。

6. 内外联动的区域创新型城市

该组态以长沙、昆明和青岛为代表,由长沙综合性国家科学中心、长沙区域性创新高地、昆明区域性创新高地、青岛区域性创新高地组成(见表5-79)。

旨在充分发挥标准化生产厂商的带动作用,瞄准战略性新兴产业技术的市场应用,突出产业特色,强调内外联动,注重引进外资激活本土企业创新潜能。这类城市科技型企业数量众多,研发投入强度较大,企业技术创新成果显著。但青岛在科技成果转移转化、原始创新突破方面存在不足,长沙在社会经济驱动方面具有明显短板,昆明则在技术转移转化、新工业品商业化方面有待优化。

7. 高度外向化的工业创新型城市

该组态以技术产业化功能为主导,由苏州区域性创新高地、宁波区域性创新高地、泉州区域性创新高地、乌鲁木齐区域性创新高地组成(见表5-79)。呈现源头科技创新与下游市场应用互为支撑,科技引领者与基础设备供应商良好互馈的格局。该类城市基于区位特色打造完备产业链,区域内产业基础较雄厚,科技型企业不断孕育,技术创新投入强度高、收益好,企业技术创新成果转化频繁。但苏州在基础研究、技术交易方面的能力存在较大发展空间,宁波在产业规模效应和头部企业示范效应方面存在短板,泉州高新技术企业绩效不够突出,乌鲁木齐则在社会经济转型方面明显落后。

8. 以重工业为根基的创新型城市

该组态基本位于东北地区,以沈阳区域性创新高地、大连区域性创新高地为典型(5-78)。主要瞄准基础材料和上游设备的局部优势,深度参与下游终端装备集成制造分工。这类城市技术产出效率高,经济发展动力强,科技型企业数量多。但在集聚外部性利用、创新开放性、社会经济转型等方面存在较大发展空间。

总之,促进综合性国家科学中心和区域性创新高地的协同耦合,是创新驱动发展战略的关键所在,也是推动区域产业升级转型和社会经济发展、培养具有地方特色创新增长极的重要基础,在这一过程中,亟须厘清综合性国家科学中心和区域性创新高地的功能定位。

第一,综合性国家科学中心存在功能建设重复、集聚效应欠佳、研究领域重叠等问题。本章在遵循科学技术发展的基本规律基础上,基于战略科技力量和高水平论文数据,构建科研主体—客体数据库;一方面,运用二模社会网络分析等方法,获取各选育城市知识承载的整体图景,解析其在各个学科门类和知识领域的基础优势,明确其支柱学科和主导知识领域;另一方面,利用网络计量指标定义热点技术的"共性、交叉、前沿"三种属性,分析其共性、交叉、前沿知识领域与其知识基础之间的关联特征;基于新巴斯德象限,构建战略科技力量的"原始知识突破—关键技术攻坚"创新活动性质模型,科学界定不同创新主体在科学研究体系中的角色定位,以此作为综合性国家科学中心核心功能定位的重要考量。研究表明:

(1)综合性国家科学中心城市的知识承载量具有空间聚集性,与综合性国家科学中心城市的等级层次大致吻合。在学科大类丰度和承载量上,综合性国家科学中心梯队的头部城市全面领先,尾部城市与之差距显著,中部城市具有差异性比较优势。

(2)综合性国家科学中心城市的热点知识有共性、交叉、前沿三类属性。共性知识发展脉络表现为资源环境和生命健康等基础学科的应用化和综合化趋势;交叉知识发展既表现为医学健康研究技术的集成,又体现为自然科学研究领域的高技术手段应用,还表现为人文社会科学的现实问题解决方案;前沿知识发展关键在于基础研究的内生演化动力,以产业升级的前瞻指向及国民生活基础性需求为牵引。

(3)共性、交叉、前沿领域在综合性国家科学中心选育城市的知识生产中占据重要地位。各城市的知识主导领域与共性知识领域存在一定程度的重合,支柱学科在其中扮演了关键性的基础角色;基于本地基础的共性知识和前沿知识演化路径较为不明确,广泛体现在区域级和其他低级别城市。此外,各城市共性领域和前沿领域与其支柱学科或知识领域的关联程度较低。

(4)基于知识—技术承载量差异,城市在科学研究体系中的主体角色可分为四类。科学导向研究者关注原始创新和基础知识的突破,国家重点实验室掌握主要的研究导向,既关注前沿基础的生命科学—临床医学,又聚焦多学科交叉的自然科学领域。应用导向研究者重点开展关键核心技术的攻坚,核心主体为龙头企业和技术导向型科研院所,实现工程应用牵引和自然科学推动"并驾齐驱"。跨界融合研究者不仅强调基础原创知识的突破,还重视关键核心技术的攻坚,由综合性强的高水平大学和科研机构主导,通过自然科学应用化、工程技术原理化、跨/多学科集成化主导其知识图谱。基础学科重点实验室和专业性科技企业主要扮演平台生态跟随者的角色,两类主体研究的动力是工程技术的市场领域细分和基础学科的共性技术演化。

第二,区域性创新高地存在技术特色不明、规模效益不足、资源能力错配等问题。本章在遵循产业技术发展的内在逻辑基础上,基于创新引擎企业、支撑性机构和高质量专利数据,构建创新主体—客体数据库,运用二模社会网络、技术复杂性等计量及可视化分析方法,刻画创新引擎企业的行业分布特征和创新使能技术的产业发展图景;将技术复杂性计量法拓展到组织维度,构建基于组织间联系的创新主体能力和技术异质性识别方法,辨析创新使能技术的"一体化—模块化"和"简单—复杂"二维分工特征;从"关联—复杂—承载"三个维度,发展了欧洲演化经济地理学派的"精明专业化"政策量化框架,明确区域现有产业技术优势,识别其隐藏发展机会;基于复杂性计量和混合部门划分的思想,构建创新引擎企业的"价值链位置—技术能力"模型,科学界定不同创新主体在产业技术体系中的主导角色,以此作为区域性创新高地核心功能定位的重要考量,研究表明:

(1)区域性创新高地的关键使能行业相对集中于高新技术制造业和服务业,以锂电池、半导体、航天器等高端制造业为主导,以期实现核心技术的重点突破。同时,生物医药、医疗器械、绿色技术、汽车核心部件等新兴产业领域的研究仍旧处于早期阶段,生产性服务业存在"重信息技术集成而轻精尖技术供给、重流程管理而轻科技中介、重应用研究而轻基础研究"的倾向。

(2)战略性新兴产业高度依赖新材料和生命科学领域的研究,蕴含着技术共性的特征;数字经济产业具有较强的技术承载能力,但其他产业(如节能环保、高端装备、新材料、生物技术等)技术遍在度较低。高精尖技术存在"重软件而轻硬件、重应用而轻基础、重系统集成而轻核心部件"的情况。

(3)创新使能技术以可代替性较高的技术为主,模块化优势明显。复杂一体化技术适配于生产流程一体化程度高的新兴产业;偏生产工艺的复杂模块技术集中在市场成熟的行业领域,偏产品架构的复杂模块技术嵌入民营企业分工体系和国家主导的科技创新平台;重大设施需求在简单一体化技术的促进下,推动新兴产业创新集群和技术研发共同体的形成;简单模块技术主要基于产业配套优势催生新兴产业生态。

(4)城市间的技术分工差异化发展态势显现,围绕"低成本—高收益"的区域多样化逻辑,共性热点技术主要集中于软件工程与计算机辅助设计、支撑性平台软件、新能源发电、输配电设备等新兴产业领域,形成信息技术软硬件、新能源或新能源汽车、新材料或高端装备三大产业发展重心。主要产业领域包括数字化产业领域、互联网经济领域、高端装备制造产业领域及医疗健康产业领域等。

(5)基于技术能力—价值链位置的差异,城市在产业技术体系中的创新主体角色可划分为四类:科技引领者、标准化生产厂商、基础设备供应商和集成应用服务商。科技引领者的技术复杂度高,位处价值链上游环节,由高技术服务和高端制造技术"双轮驱动"。第一类是高技术服务型行业,以专业承包或产学研联合的方式进行基础应用研究及技术服务等。第二类是高技术专用设备制造行业,一般是产业战略联盟的领头企业和研发平台的组织者,以产品创新为主要目标。标准化生产厂商的技术复杂度较高,位处价值链下游环节,以规模经济导向的新型产品开发和成熟产品大批量定制为主。第一类是基于科学研究的高技术产业生产商,围绕新的"主导设计"领域进行激烈竞争。第二类是后福特模块化定制的生产商,遵循成熟的"主导设计"和行业标准,以流程创新为主要目标。基础设备供应商的技术具有专门化特点,地处价值链上游,重点关注耐用消费品和复杂基础设施的专业设备和上游材料。第一类是耐用消费品行业中市场带动能力强的领军企业,主要集中于汽车和电器产业等传统耐用消费品制造业领域。第二类是具有公共采购优势的土木建筑、交通工程等行业领域的相关企业,往往是国民经济支柱产业中的基础设备和材料提供者。集成应用服务商的技术较单一,具有专门化优势,位处价值链下游环节,主要借助数字技术进行柔性产业组织的软硬件集成或架构搭建。第一类是高附加值的集成应用,基于平台架构特性充分发挥数字技术的外部性。第二类是围绕复合功能的产品系统,形成数字化、绿色化、智能化转型的供应链创新集群。

第三,综合性国家科学中心和区域性创新高地存在科技要素整合滞后、科研协同组织不力、知识生产和技术应用的转移转化机制和渠道不够完善等问题。本章在二者核心功能定位基础上,科学解构了综合性国家科学中心城市(区域)的创新主体功能定位及其组合类型:科学导向研究者—应用导向研究者型(以北京、粤港澳大湾区为代表)、跨界融合研究者—平台生态追随者型(以上海、哈尔滨为代表)、跨界融合研究者—科学导向研究者型(包括合肥、南京、成都、重庆等)、跨界融合研究者—应用导向研究者型(以西安、长沙为代表)、科学导向研究者—平台生态追随者型(以天津、杭州为代表)、科学导向研究者主导型(以武汉最典型)、平台生态追随者主导型(以济南、郑州为代表)。

据此,定量研判了区域性创新高地城市(区域)的创新主体功能定位及其组合类型:集成应用服务商主导型(以上海、广州为代表)、科技引领者主导型(以西安为代表)、标准化生产厂商—集成应用服务商协同型(以北京为代表)、科技引领者—标准化生产厂商协同型(以成都、昆明为代表)、集成应用服务商—基础设备供应商协同型(以南京、杭州、沈阳、大连为代表)、科技引领者—集成应用服务商协同型(以洛阳、厦门为代表)、科技引领者—基础设备供应商协同型(以苏州、泉州为代表)、标准化生产厂商—基础设备供应商协同型(以武汉、青岛、长沙、宁波、郑州为代表)、科技引领者—标准化生产厂商—集成应用服务商联动型(以深圳、天津为代表)、科技引领者—基础设备供应商—集成应用服务商联动型(以合肥为代表)、科技引领者—标准化生产厂商—基础设备供应商联动型(以乌鲁木齐为代表)、标准化生产厂商—基础设备供应商—集成应用服务商联动型(以重庆、济南为代表)等。

第四,从产业技术功能共性和区位条件同质性出发,基于城市间竞合互动的耦合定位,综合性国家科学中心和区域性创新高地形成区域差异化发展的八大耦合组态路径。

(1)整合能力突出的创新都市圈:创新资源丰富、区域创新链整合能力强、创新生态多样性好的创新都市圈,由北京、天津等组成。

(2)创新生态优越的区域创新增长极:科技创新基础雄厚、市场腹地广阔、创新生态优越的国家级或区域性创新增长引擎,由上海、广州、哈尔滨等组成。

(3)新兴产业引领的沿海科技创新中心:东南沿海战略性新兴产业技术高地,国家级或区域级科技创新中心,由粤港澳大湾区、南京、杭州、厦门等组成。

(4)制造业主导的中西部科技创新中心:科教力量较雄厚、高技术制造业规模庞大的中西部科技创新中心,由成都、西安、合肥等组成。

(5)产业成熟的区域科技创新中心:创新资源禀赋较好、产业发育成熟的国家级或区域级科技创新中心,由武汉、重庆、济南、郑州等组成。

(6)内外联动的区域创新型城市:产业特色鲜明、强调内外联动的区域性重要创新型城市,由长沙、昆明、青岛等组成。

(7)高度外向化的工业创新型城市:基于区位特色打造完备创新链和产业链,对外产业技术联系紧密的创新型工业城市,由苏州、宁波、泉州等组成。

(8)以重工业为根基的创新型城市:具备良好的制造业历史基础和较好的技术研发能力,由沈阳、大连等组成。

第六章 综合性国家科学中心和区域性创新高地的协同创新战略

大科学时代,科学研究日趋复杂,研发成本不断上升,以合作为主导的区域协同创新成为科技创新活动的主要形式(Gui 等,2019①;刘承良等,2017)。综合性国家科学中心和区域性创新高地协同创新是地理学、经济学、管理学关注的热点问题,也是国家实现高水平科技自立自强的重要途径之一。

基于知识和技术协同创新现状评估,发现当前我国综合性国家科学中心城市和区域性创新高地城市协同创新发展存在诸多不足,主要体现在城市内、城市间创新主体的创新互动不强,协同创新的各类屏障亟待突破等方面。由此,中国综合性国家科学中心城市和区域性创新高地城市的协同发展需要明晰战略目标,聚焦战略重点区域和领域,结合综合性国家科学中心城市和区域性创新高地城市的功能分工,从强化顶层设计、协同强化国家战略科技力量、联合开展科学技术攻关、共同打造高质量创新引领区、协同整合科技创新资源、共同提升创新支撑保障能力等方面擘画协同创新的战略路线图。

---

① Gui Q. C., Liu C. L., Du D. B., "Globalization of Science and International Scientific Collaboration: A Network Perspective", *Geoforum*, No.105, 2019.

第一节 综合性国家科学中心和区域性 创新高地协同创新的发展态势

随着各项区域协同发展战略的深入实施,我国科技创新的空间结构正在发生复杂深刻的变化,但仍面临着不协调、不充分的问题(鲁继通,2015[①];吴康敏等,2022[②])。从区域分异来看,中西部和东北地区(北方地区)的创新要素吸引力普遍偏弱,优质创新要素更倾向于向东南部(南方地区)大城市群的核心城市集聚,创新资源"孔雀东南飞"的现象依然突出(刘承良等,2021),科技资源和创新要素分布的东西差距、南北差距和城乡差距并存,深刻影响着综合性国家科学中心城市和区域性创新高地城市的协同创新联系。

科学合理界定综合性国家科学中心和区域性创新高地空间范围是制定其协同创新战略的前提。由于北京、上海、合肥等城市既是综合性国家科学中心城市,也是区域性创新高地城市,综合性国家科学中心和区域性创新高地功能不可简单机械分割。遵照前序章节并参考已有研究,结合数据可得性和可靠性,二者协同创新发展态势测算以城市作为基本单元(毛炜圣和刘承良,2022)。

为此,进一步将综合性国家科学中心城市、区域性创新高地城市界定为各等级综合性国家科学中心、区域性创新高地核心承载区所在城市(见表6-1)。其中,除东莞外的综合性国家科学中心城市均为区域性创新高地城市,单个区域性创新高地城市包括苏州、青岛、宁波等9座。本章从城市内、城市间两个视角重点关注四类协同创新态势(Wang等,2021[③])。一是,综合性

---

① 鲁继通:《京津冀区域协同创新能力测度与评价——基于复合系统协同度模型》,《科技管理研究》2015 年第 24 期。

② 吴康敏、张虹鸥、叶玉瑶、陈奕嘉、岳晓丽:《粤港澳大湾区协同创新的综合测度与演化特征》,《地理科学进展》2022 年第 9 期。

③ Wang S., Wang J., Wei C., Wang X., Fan F., "Collaborative Innovation Efficiency:From within Cities to between Cities:Empirical Analysis based on Innovative Cities in China", *Growth and Change*, Vol.52, No.3, 2021.

国家科学中心城市之间的协同创新。二是,区域性创新高地城市(非综合性国家科学中心)之间的协同创新。三是,综合性国家科学中心城市与区域性创新高地城市(非综合性国家科学中心)之间的协同创新。四是,综合性国家科学中心城市和区域性创新高地城市内部协同创新,指位于同一城市内不同创新主体之间的创新协作联系。综合性国家科学中心城市和区域性创新高地城市的协同创新既包括知识合作联系,同时也包括技术合作联系。因此,使用合作撰写论文表征知识生产的协同创新,使用合作申请专利表征技术协同创新;同时,采用5年时间窗口以平滑数据的起伏(桂钦昌等,2022[①];陈瑾宇和张娟,2023[②]),将评估时段设置为2012—2016年和2017—2021年。

表6-1 综合性国家科学中心城市和区域性创新高地城市的等级类型

综合性国家科学中心	区域性创新高地	数量	城市	类型
全球级	全球级	3	北京、上海、深圳	复合型
全球级	国家级	1	广州	复合型
国家级	国家级	3	南京、武汉、成都	复合型
国家级	区域级	2	合肥、西安	复合型
区域级	国家级	2	天津、杭州	复合型
区域级	区域级	5	长沙、重庆、济南、郑州、哈尔滨	复合型
非科学中心	区域级	9	苏州、青岛、宁波、泉州、昆明、沈阳、厦门、大连、乌鲁木齐	创新高地主导型
全球级	非创新高地	1	东莞	科学中心主导型

资料来源:笔者自制。

① 桂钦昌、杜德斌、刘承良、侯纯光:《基于随机行动者模型的全球科学合作网络演化研究》,《地理研究》2022年第10期。
② 陈瑾宇、张娟:《兰西城市群协同创新网络的结构洞与中间人研究》,《工业技术经济》2023年第7期。

一、基于知识生产的城市对外协同创新态势

2012 年以来,综合性国家科学中心城市和区域性创新高地城市之间逐渐建立起更为广泛、密切的知识合作联系,且各类协同创新规模均显著提升(戴靓等,2023)①,形成以北京、广州、上海为核心的轴—辐式和分布式空间组织架构(桂钦昌等,2021)。综合性国家科学中心城市间的创新联系相对密切,大致形成以北京为中心的放射状和核心—边缘式知识合作结构(桂钦昌等,2021),但东莞与其他综合性国家科学中心城市间知识合作相对稀疏,受限于一流高校和科研院所匮乏。区域性创新高地城市间的知识合作密度不断提升,但相对其他两类合作类型的规模较为有限,其规模较大的知识合作枢纽多以青岛、厦门等城市为主。区域性创新高地城市与综合性国家科学中心城市间均存在知识合作,青岛、沈阳、大连等区域性创新高地城市与上海、北京的合作规模超过部分综合性国家科学中心城市间。总的来看,在 2012—2016 年、2017—2021 年两个时间段内,综合性国家科学中心城市与区域性创新高地城市知识合作网络的空间结构未发生结构性变动,表现出强路径依赖性和时空稳态性(见表 6-2)。

表 6-2　综合性国家科学中心城市和区域性创新高地城市的知识
协同创新规模前 30 位(2012—2021 年)

位序	2012—2016 年			2017—2021 年		
	城市 1	城市 2	论文合作规模(篇)	城市 1	城市 2	论文合作规模(篇)
1	北京	上海	19667	北京	上海	46598
2	北京	南京	13885	北京	南京	32149
3	北京	广州	12332	北京	广州	29087

① 戴靓、曹湛,马海涛,纪宇凡:《中国城市知识合作网络结构演化的影响机制》,《地理学报》2023 年第 2 期。

位序	2012—2016 年			2017—2021 年		
	城市 1	城市 2	论文合作规模（篇）	城市 1	城市 2	论文合作规模（篇）
4	北京	武汉	11542	北京	武汉	27950
5	北京	西安	10067	北京	西安	24424
6	北京	天津	8944	北京	深圳	22281
7	北京	成都	8605	北京	天津	20595
8	上海	南京	7863	北京	成都	20179
9	北京	杭州	6942	上海	南京	18611
10	北京	合肥	6616	北京	杭州	18310
11	北京	深圳	6130	北京	青岛	16658
12	北京	青岛	5904	北京	合肥	14435
13	哈尔滨	北京	5495	深圳	广州	14373
14	北京	济南	5346	上海	杭州	14094
15	上海	杭州	5320	北京	长沙	13281
16	沈阳	北京	5301	上海	广州	12867
17	北京	长沙	5175	北京	济南	10797
18	上海	广州	4969	上海	武汉	10661
19	大连	北京	4266	哈尔滨	北京	10433
20	昆明	北京	4179	沈阳	北京	10399
21	北京	重庆	4027	郑州	北京	10266
22	上海	武汉	3826	北京	重庆	10122
23	深圳	广州	3591	大连	北京	9478
24	郑州	北京	3491	南京	杭州	9001
25	广州	南京	3337	广州	武汉	8998
26	南京	杭州	3102	广州	南京	8932
27	上海	合肥	3063	昆明	北京	7936
28	广州	武汉	3025	上海	西安	7868
29	上海	西安	2938	上海	深圳	7863
30	南京	合肥	2899	南京	武汉	7699

资料来源：笔者自制。

（一）京沪在国家科学中心知识协同创新体系中占据主导地位

在综合性国家科学中心城市间的知识协同创新网络中,北京、上海凭借独特的创新禀赋优势而占据枢纽位置和主导地位,大量知识合作择优链接这两个核心枢纽,形成以两者为核心的放射状空间结构。各综合性国家科学中心城市与北京的合作联系最为强劲,表现极强的"首都引力效应"和"虹吸效应"(曹湛和彭震伟,2021)[①],其中北京与上海的知识协同创新联系强度位居首位。但并非所有综合性国家科学中心城市间均建立起密切的协同创新联系,如东莞等城市尽管是综合性国家科学中心核心承载区所在城市,但与其他综合性国家科学中心城市联系相对较弱,主要受限于创新主体规模不足。相比之下,其与粤港澳大湾区城市群内城市的知识合作联系较为密切。主要原因是,综合性国家科学中心城市分布较为分散,空间距离对城际知识合作仍有深刻影响,促使综合性国家科学中心城市创新主体更倾向于与城市群、都市圈内部建立合作联系。同时,以论文为表征的知识合作高度依赖于高等院校和科研院所,东莞等综合性国家科学中心城市处于成长阶段,相较于其他城市,一流大学和科研机构较为匮乏,未形成竞争优势,难以开展跨区域特别是长距离知识合作联系(王长建等,2022)[②]。而北京作为国家政治中心,上海作为国家经济中心,集聚着大量创新资源和科技基础设施,与其他城市建立了便捷交通和通信联系,在知识合作网络择优链接(Preferential Attachment)机制作用下,与其他综合性国家科学中心城市产生了更为密切的知识流联系(席强敏等,2022[③];罗雪等,2022[④])。

---

① 曹湛、彭震伟:《中国三大城市群知识合作网络演化研究:结构特征与影响因素》,《城乡规划》2021年第5期。

② 王长建、叶玉瑶、汪菲、黄正东、李启军、陈宇、林浩曦、吴康敏、林晓洁、张虹鸥:《粤港澳大湾区协同发展水平的测度及评估》,《热带地理》2022年第2期。

③ 席强敏、张景乐、张可云:《中国城市专利规模与知识宽度的时空演变及影响因素》,《经济地理》2022年第3期。

④ 罗雪、毛炜圣、王帮娟、刘承良:《航空和高铁对中国城市创新能力的影响》,《地理科学进展》2022年第12期。

（二）区域性创新高地城市间科研合作强度受地理距离影响显著

区域性创新高地城市间的知识协同创新联系强度普遍低于其他几类城市，且受地理距离影响显著。区域性创新高地城市间知识合作规模遵循距离衰减律，存在知识合作的"门槛"距离（"极限距离"）（曹湛和彭震伟，2021）。位居前列的"城市对"地理距离相对较近、集聚成群，如大连—青岛、厦门—泉州等，形成以青岛、厦门等城市为核心的区域性知识流网络。区域性创新高地城市中的优势创新主体以产业类居多，高水平大学和科研院所的知识生产规模较少，城际科研合作联系相对松散。同时，受制于地理距离、经济联系等因素，区域性创新高地城市间交通联系、创新联系、产业联系尚未结网或网络发育不成熟，导致众多区域性创新高地城市之间缺乏高强度的协同创新联系（刘志彪和孔令池，2019①；李琳和彭璨，2020②）。

（三）国家科学中心与创新高地城市间知识协同创新联系强劲

大量高强度的知识协同创新联系产生于综合性国家科学中心城市与区域性创新高地城市之间。北京、上海两座城市在跨城知识合作网络中具有较强的影响力和控制力。一方面，排名前列的城市大多以京沪两座城市为枢纽，且其合作规模超过部分综合性国家科学中心城市之间，如北京—青岛、北京—沈阳等；另一方面，多数区域性创新高地城市的优势合作关系同样指向京沪两市。相比之下，东莞等综合性国家科学中心城市因其科教资源相对欠缺，知识创新能力位居末位，与其他区域性创新高地城市的知识协同创新水平处于低位（见表6-2）。与此同时，区域性创新高地城市与综合性国家科学中心城市

① 刘志彪、孔令池：《长三角区域一体化发展特征、问题及基本策略》，《安徽大学学报（哲学社会科学版）》2019年第3期。

② 李琳、彭璨：《长江中游城市群协同创新空间关联网络结构时空演变研究》，《人文地理》2020年第5期。

间的知识协同创新联系表现出较高的首位度,通常仅与其首位中心城市或少数综合性国家科学中心城市建立密切的知识合作联系,而与其他综合性国家科学中心城市的知识合作联系规模较小(戴靓等,2021)。

(四)国家科学中心与创新高地城市间科研合作遵循路径依赖

综合性国家科学中心城市与区域性创新高地城市间的知识协同创新网络生长遵循择优链接和地理邻近双重机制(刘承良等,2017)。归因于自身良好创新生态环境和发达科技设施条件,综合性国家科学中心城市与区域性创新高地城市间科研论文合作有较强的"路径依赖性"(Path Dependence)和"地方依赖性"(Place Dependence)(曹湛和彭震伟,2021),可以归纳为科学中心(Science Hubs)指向、地理邻近(Geogrpahical Proximity)指向和强链接(Strong Ties)指向三大特征。

1. 科学中心指向

综合性国家科学中心城市与区域性创新高地城市间的跨城科研合作在择优链接机制作用下,表现出较强的综合性国家科学中心指向性。由于综合性国家科学中心城市具备更高能级的知识生产和原始创新策源功能,集聚众多战略性科技力量和大科技装置集群,在诸多科学领域具有引领性优势和"磁石"效应,形成较强大的知识集成和溢出效应,从而与其他城市建立广泛而深入的科研合作联系。促使整个网络生长呈现较强的国家科学中心指向性(范如国,2014)[1],其中又以首都指向性特征最为显著,表现极强的"首都引力效应"(Andersson,2014[2];曹湛和彭震伟,2021)。

2. 地理邻近指向

综合性国家科学中心城市与区域性创新高地城市间科研合作高度依赖面

---

[1]　范如国:《复杂网络结构范型下的社会治理协同创新》,《中国社会科学》2014年第4期。

[2]　Andersson D. E., Gunessee S., Matthiessen C., Find S., "The Geography of Chinese Science", *Environment and Planning A*, Vol.46, No.12, 2014.

对面交流,遵循地理邻近性机制,表现出较强的地理邻近指向。这些地理邻近的城市间具有某些相同或相似的地域"专属性"特征,有利于形成创新关联,进而降低交流屏障,提高协同创新效率(吕国庆等,2014)①。受地理、文化、经济等多维邻近性作用,这种地理邻近性指向特征通常在城市群内部更为显著,但当前地理邻近机制所产生的局域协同创新网络密度和规模仍远低于"择优链接机制"所产生的跨区域协同创新网络,主要原因在于既有科研合作以显性知识为主,具有较强的传播扩散性。

3. 强链接指向

综合性国家科学中心城市与区域性创新高地城市的跨城科研合作联系存在一定的时间惯性,表现出显著的强链接继承性特征。一方面,综合性国家科学中心城市与区域性创新高地城市知识协同创新联系具有较强的"空间黏滞性"(Spatial Stickness)特征,总体格局保持稳定,具有显著的地方依赖性和路径依赖性;另一方面,通过择优链接机制,综合性国家科学中心城市与区域性创新高地城市不断加强与已有强链接城市的科研合作联系(尹贻梅等,2011)②,强化形成鲜明的等级层次性。尽管知识扩散效应趋强,中心城市与其弱连接城市间的科研合作程度增强,但其增长速度远低于强链接城市对,基于知识生产的协同创新呈典型的知识源锁定效应。

二、基于知识生产的城市内部协同创新态势

综合性国家科学中心城市内部知识协同创新水平总体高于区域性创新高地城市,但得益于本地创新生态建设,南京、武汉等区域性创新高地城市内部创新主体产学研合作日趋紧密,交织形成高度一体化的区域创新网络。从时

---

① 吕国庆、曾刚、顾娜娜:《基于地理邻近与社会邻近的创新网络动态演化分析——以我国装备制造业为例》,《中国软科学》2014年第5期。

② 尹贻梅、刘志高、刘卫东:《路径依赖理论研究进展评析》,《外国经济与管理》2011年第8期。

序变化看,各综合性国家科学中心城市和区域性创新高地城市内部的知识协同创新规模及其比重均处于上升趋势,城市内部科研合作联系愈加密切。

(一)国家科学中心城市内部协同创新强度增长迅猛

得益于不断集聚多样化和高能级的战略科技力量,综合性国家科学中心城市内部科研合作规模显著增长,发育形成日益复杂稠密的区域创新网络。一方面,绝大部分综合性国家科学中心城市(除东莞外)在第二阶段(2017—2021 年),内部科研合作出现较大幅度的增强态势,占科研总量的比例均超过10%,北京甚至占比超过 16%。各主要综合性国家科学中心城市内部的创新主体间联系日趋密切,产学研合作日渐复杂,交织形成典型的"小世界"网络,发育出"无标度"层级性特征,互补性和异质性创新资源配置不断优化。

相较区域性创新高地,综合性国家科学中心城市内部知识协同创新占据主导,具有等级分异性:高等级综合性国家科学中心城域内知识协同创新程度更高。主要由高等院校和科研机构等创新主体承载,科技型企业参与程度较弱。因此,高水平科研院校和科研机构富集的城市往往发育成为全国性或区域性知识协同创新高地(覃柳婷等,2020)①(见表 6-3)。北京和上海等国际级综合性国家科学中心集聚了众多高水平科研院所和高等院校,产生大量而紧密的同城科研合作交流。北京内部知识协同创新规模和强度占据全国性绝对领先地位,远超其他城市,且创新主体倾向与"双一流"高校及国家科研机构建立科研合作联系,呈现典型的"马太效应"或"择优链接偏好"。受限于顶尖高校及科研院所不足,东莞知识创新主体数量较少,域内科研合作规模处于最低水平。与此类似,深圳内部科研合作强度也略显不足,原因在于:一是,深圳缺乏大科学装置群、一流高校及科研机构布局,创新主体基础科学研究和对外科技合作相较不足;二是,既有高校及科研机构以外部高校和科研院所的分

---

① 覃柳婷、滕堂伟、张翌、曾刚:《中国高校知识合作网络演化特征与影响因素研究》,《科技进步与对策》2020 年第 22 期。

支机构为主,其知识合作倾向与其本部建立链接,这种总部—分支式的科研合作模式,导致深圳市内不同创新主体间的知识协同创新联系偏弱。

表 6-3 综合性国家科学中心城市和区域性创新高地城市内部的
知识协同创新规模前 30 位(2012—2021 年)

位序	2012—2016 年		2017—2021 年	
	城市	论文合作规模(篇)	城市	论文合作规模(篇)
1	北京	36280	北京	101387
2	上海	15448	上海	41274
3	南京	8637	南京	28286
4	武汉	5748	广州	25581
5	广州	7584	武汉	20627
6	西安	5296	西安	20518
7	杭州	4978	天津	14742
8	成都	3761	杭州	14758
9	天津	4570	成都	13168
10	长沙	2312	济南	9744
11	长春	3516	青岛	6834
12	合肥	2643	沈阳	7784
13	济南	2763	长春	10233
14	重庆	2564	长沙	7920
15	沈阳	2085	合肥	9125
16	青岛	1811	重庆	8581
17	郑州	1296	郑州	5821
18	深圳	915	福州	4719
19	苏州	560	苏州	2325
20	厦门	708	深圳	4165
21	南昌	773	南昌	3078
22	福州	1047	厦门	2403
23	宁波	552	宁波	2145
24	无锡	336	无锡	1110
25	常州	168	常州	720

续表

位序	2012—2016 年		2017—2021 年	
	城市	论文合作规模（篇）	城市	论文合作规模（篇）
26	南通	112	潍坊	466
27	东莞	39	东莞	257
28	潍坊	90	佛山	150
29	绍兴	24	南通	504
30	佛山	20	绍兴	153

资料来源：笔者自制。

（二）少数区域性创新高地城市内部协同创新联系较为强劲

与综合性国家科学中心城市类似，区域性创新高地城市内部科研合作强度及比重同样经历了快速增长过程。在第二时段（2017—2021 年），昆明、大连、乌鲁木齐、沈阳等大部分城市科研合作强度明显超过前一阶段，内部科研合作占比超过 10%，知识和技术获取越来越依赖于本地高水平创新主体。但仍有小部分城市（如苏州、厦门、泉州）内部知识合作占比仅约 5%，远低于全国平均水平，主要归因于这些城市缺乏高水平的创新主体、高等级的科技设施及良好的产学研合作机制。

区域性创新高地城市内部知识合作规模空间分异显著。多数区域性创新高地内部科研合作规模显著小于综合性国家科学中心城市，具有典型的技术研发导向，但仍有部分城市（如昆明、大连等）集聚了众多高水平研究型大学（褚德海等，2012）①，其内部知识合作规模远高于重庆、东莞等综合性国家科学中心城市。此外，泉州、宁波、乌鲁木齐等区域性创新高地城市高水平创新主体较少，科研协作程度较弱，本地知识创新网络较稀疏，知识协同创新强度较弱（见表 6-

① 褚德海、张莉莉、赵希男：《大型城市科技创新能力的竞优评析方法——以大连市为例》，《科技管理研究》2012 年第 5 期。

3)。

（三）国家科学中心和创新高地城市内部科研合作具有地方根植性

与对外科技合作机制类似,综合性国家科学中心城市和区域性创新高地城市内部科研合作也遵循"择优链接性"和"知识邻近性"的双重机制,高度取决于创新主体丰度、创新制度厚度和创新环境包容性等"本地根植性"(Local Embeddedness)机制,呈现典型的优势主体(Dominant Species)指向、知识邻近性(Konwledge Proximity)指向和社会文化邻近性(Sociocultural Proximity)指向三大区位特征。

1. 优势主体指向

综合性国家科学中心城市和区域性创新高地城市内部科研合作服从"择优链接"机制,发育较强的优势主体区位指向律。城内不同创新主体遵循"马太效应",倾向与同城创新能级较高、科研实力较强的创新主体(以战略科技力量为主)开展科研合作,发挥高能级创新主体更加专业化的原始创新突破能力,获取高水平创新主体的知识溢出,同时依托其"结构洞"效应建立更加多样化的外部联系(周灿等,2017)[1]。

2. 知识邻近性指向

综合性国家科学中心城市和区域性创新高地城市内部科研合作也遵循"知识邻近性"作用机制,表现出较强的知识邻近性区位指向规律。城内不同创新主体之间科研合作仍然受限于专业知识库差异性,倾向与自身专业背景相似的其他创新主体开展跨学科集成研究合作(Cao 等,2022)[2],以最大限度实现知识溢出效应。得益于不断完善的交通通信网络,地理邻近性的约束作

---

① 周灿、曾刚、曹贤忠:《中国城市创新网络结构与创新能力研究》,《地理研究》2017 年第7 期。

② Cao Z.,Derudder B.,Dai L., Peng Z., "'Buzz-and-Pipeline' Dynamics in Chinese Science: The Impact of Interurban Collaboration Linkages on Cities' Innovation Capacity", *Regional Studies*, Vol.56,No.2,2022.

用减弱,缄默知识的传递扩散规模增强,知识基础相似性和互补性的重要性不断提升,导致不同创新主体科研合作基本聚焦于同一学科或相近学科领域展开。

3. 社会文化邻近性指向

综合性国家科学中心城市和区域性创新高地城市内部科研合作存在一定的惯性,表现出"路径依赖"和"主体锁定"特征。受社会资本、信任基础和学术声望等因素综合影响,域内创新主体更倾向基于共同的行为和认知规则,与原有合作伙伴开展科研合作,建立稳定的同学之间、师生之间、同事之间的科研协作,以降低科研合作中的信息不对称性和"信任危机"。

三、基于技术发明的城市对外协同创新态势

2012 年以来,综合性国家科学中心城市和区域性创新高地城市间的技术合作联系愈发密切,协同创新规模和范围均不断扩大,形成日趋复杂的城际技术流网络。北京在城际技术合作网络中占据绝对的主导地位,导致全国技术创新体系呈现以其为顶点的放射状空间组织。区域性创新高地城市之间的技术合作强度相对偏弱,受地理邻近性作用显著,相邻城市形成较紧密的技术合作网络,进而推动以创新型城市群为基础的区域创新网络涌现。综合性国家科学中心城市与区域性创新高地城市之间的技术合作以北京为首位枢纽,呈现辐—辐式放射状空间结构。10 多年来,综合性国家科学中心城市与区域性创新高地城市技术合作网络的空间结构发生显著的结构性变动,中西部城市在全国技术创新网络中的重要节点地位日益攀升(周锐波,2021)。

(一)北京主导国家科学中心城市技术协同创新网络

凭借独特的创新资源禀赋和科技基础优势,北京集聚了大量科技领军企业及企业研发中心等战略科技力量,发展成为综合性国家科学中心城市技术合作网络的一级枢纽,在全国综合性国家科学中心跨城技术合作中占据不断

强化的绝对主导地位。绝大部分综合性国家科学中心城市(除东莞外)的首位优势技术合作方向指向北京。综合性国家科学中心城市之间的技术合作强度发育显著的等级层次性,呈良好的位序——规模分布和首位度分布,首位城市技术合作规模与次位城市间的差距超过 2 倍且持续扩大。与知识协同创新网络类似,部分综合性国家科学中心城市之间的技术合作联系不够紧密,城际技术合作联系高度集中于少数国际级综合性国家科学中心之间。因地理邻近性和产业相似性,东莞与广州和深圳的技术合作频繁,实现技术协作同城化,但与其他城市之间缺少高强度技术合作。得益于组织邻近性,合肥依托分支机构与北京和上海等总部企业集聚地建立广泛而深入的技术合作,而与其他城市之间的技术联系较为稀疏。这进一步说明,作为技术合作的主体,企业对外技术合作遵循网络生长、地理邻近、经济邻近和组织邻近等多重作用机制,一方面集聚了一定数量来自行政中心城市的企业分支机构,通过总部—分支组织开展跨城技术合作,以保持技术的排他性或垄断性;另一方面,企业研发合作具有"择优链接偏好",受地理邻近性和社会邻近性影响显著,边缘城市倾向与高能级城市或周边相邻城市进行技术合作,以获得有效的技术溢出(马海涛和王柯文,2022)①。

(二) 区域性创新高地城市间技术协同创新强度和范围有限

区域性创新高地城市间的技术协同创新规模和范围远小于综合性国家科学中心城市,以及综合性国家科学中心城市与区域性创新高地城市之间。一是,受限于科技领军企业规模不足,区域性创新高地城市间技术合作规模十分有限,与创新引擎企业及跨国企业研发机构云集的综合性国家科学中心城市对外技术合作规模差距明显。城际技术合作规模最大的城市对是泉州—厦门,在第二阶段仅产出 150 件,位于所有城市对技术合作强度方阵的中下游

---

① 马海涛、王柯文:《城市技术创新与合作对绿色发展的影响研究——以长江经济带三大城市群为例》,《地理研究》2022 年第 12 期。

（第116位），而其他区域性创新高地城市对技术合作强度仅到首位城市对的1/5—2/5（第二阶段30—60件）（见表6-4）。二是，因技术排他性，区域性创新高地城市之间技术合作相对围于企业组织边界（组织邻近性），主要以总部—分支机构形式开展，这进一步表明企业内部技术组织是支撑当前区域性创新高地间技术合作的主要动力。三是，得益于区域产业技术基础，区域性创新高地城市相对分散于沿海发达地区的城市群，与产业转移基本同构，区域性创新高地城市间的技术合作强度相对偏弱、范围相对集中；受地理距离影响深远，排名前列的技术合作城市对（泉州—厦门、沈阳—大连、苏州—宁波等）基本位于不同规模城市群域，这与区域性创新高地间的科研论文合作网络类似。

（三）北京成为国家科学中心与创新高地城市间的技术集散枢纽

与知识合作网络略有不同，综合性国家科学中心城市与区域性创新高地城市间的技术合作相对紧密，北京始终占据着主导地位，成为不同等级区域性创新高地优势技术流的首位方向，主要归因于其总部经济效应。作为国家首府，北京总部经济规模位居全国首列，汇集了众多创新型企业总部及跨国公司分支机构，拥有半数以上的中央企业总部，通过总部—制造基地（分支机构）链条形成显著的总部产业集聚效应、技术关联效应和资本放大效应等网络外溢效应。大量综合性国家科学中心城市和区域性创新高地城市吸引和集聚北京大型企业的研发分支机构或制造业基地，基于企业总部—分支组织形式，与北京产生大规模的技术创新联系，进而不断强化北京在全国技术协同创新体系中的枢纽作用和极核效应（方创琳等，2014）。此外，上海在综合性国家科学中心城市与区域性创新高地城市间技术合作网络中同样发挥着重要作用，但其对外联系相对集中于长三角城市群的区域性创新高地。地理邻近性及区域一体化所产生的空间溢出效应显著（马海涛和王柯文，2022），促使长三角城市群多个区域性创新高地城市技术合作强度占据领先地位，如杭州—宁波、上海—苏州等技术合作规模进入全国前20位（见表6-4）。

表 6-4　综合性国家科学中心城市与区域性创新高地城市间的技术
协同创新规模前 30 位城市对(2012—2021 年)

位序	2012—2016 年			2017—2021 年		
	城市 1	城市 2	专利合作规模(件)	城市 1	城市 2	专利合作规模(件)
1	南京	北京	6754	北京	上海	10669
2	上海	北京	6406	北京	南京	8940
3	济南	北京	3033	北京	成都	7873
4	杭州	北京	2929	北京	天津	7200
5	天津	北京	2920	北京	合肥	5899
6	深圳	北京	2357	北京	杭州	5765
7	合肥	北京	2264	北京	济南	4690
8	武汉	北京	1889	北京	西安	4058
9	深圳	东莞	1887	北京	武汉	4034
10	成都	北京	1712	北京	重庆	3824
11	沈阳	北京	1566	大连	北京	3478
12	长沙	北京	1385	北京	深圳	3301
13	西安	北京	1353	杭州	宁波	2948
14	深圳	上海	1340	郑州	北京	2869
15	郑州	北京	1206	北京	长沙	2797
16	重庆	北京	1140	沈阳	北京	2774
17	青岛	北京	1139	北京	广州	2598
18	苏州	深圳	1010	北京	青岛	2374
19	苏州	北京	916	上海	苏州	2206
20	广州	北京	850	北京	苏州	2159
21	深圳	广州	825	广州	东莞	2083
22	宁波	北京	666	深圳	东莞	1801
23	哈尔滨	北京	646	深圳	广州	1776
24	苏州	上海	629	乌鲁木齐	北京	1721
25	大连	北京	556	深圳	成都	1423
26	苏州	南京	529	上海	南京	1320
27	乌鲁木齐	北京	517	哈尔滨	北京	1266
28	上海	南京	485	上海	杭州	1265
29	深圳	厦门	474	深圳	苏州	1082
30	宁波	杭州	407	深圳	重庆	981

资料来源:笔者自制。

（四）国家科学中心与创新高地城市间技术协同创新呈四大特性

综合性国家科学中心城市与区域性创新高地城市的跨城技术合作网络生长遵循"择优链接"、组织邻近性、地理邻近性、产业邻近性等多重机制，形成了行政中心（Capital City）指向、企业总部（Enterprise Headquarter）指向、地理邻近（Geographical Proximity）指向和产业邻近（Industrial Proximity）指向等多种协同创新模式（杜亚楠等，2023[①]）。

1. 行政中心指向

综合性国家科学中心城市与区域性创新高地城市的跨城技术合作网络具有"择优链接偏好性"，节点区位高度集中于国家和省级行政中心，表现出较强的首都和省会城市指向性特征。得益于"强省会"战略，科技领军企业、国家科研机构、高水平研究型大学等战略科技力量高度集中于首都及省会城市，呈现比较典型的技术创新实力"省会独大"现象。由于创新资源的有限性及技术转移的滞后性，省会城市成为综合性国家科学中心和区域性创新高地培育的优先区位，促使省会城市间形成紧密的技术创新联系。

2. 企业总部指向

综合性国家科学中心城市与区域性创新高地城市间技术合作受组织邻近性作用显著，表现出较强的企业总部指向性特征。由于技术排他性，众多跨区域技术合作呈现企业内部的总部—分支组织架构，由分布在不同城市的企业总部和分支机构共同完成。同时，企业总部高度集聚于少数经济发达的巨型城市，吸引科技人才、技术服务机构等高端创新要素集聚，通过集体学习形成更具多样性的技术库和创新生态，促使不同地方企业通过总部—分支联系，与其总部所在城市产生广泛而频繁的技术合作联系。

[①]　杜亚楠、王庆喜、王忠燕：《多维邻近下中国三大城市群创新网络演化特征及机制研究》，《地理科学》2023 年第 2 期。

3. 地理邻近指向

综合性国家科学中心城市与区域性创新高地城市间技术流强度也遵循一定程度的距离衰减律,受地理邻近性机制影响,城际技术合作高度集聚成群,形成区域创新网络。得益于中国区际交通高速化和网络化,地理邻近性作用趋弱,邻近城市技术扩散强度显著小于行政中心指向性和企业总部指向性驱动下的城际技术合作。大量技术合作不断突破地理距离约束,基本与远程产业转移同构,形成等级式扩散和跳跃式扩散为主导的技术网络生长模式。

4. 产业邻近指向

综合性国家科学中心城市与区域性创新高地城市技术合作联系存在一定的时间惯性,始终集中于产业相似度高、技术互补性强的城市对,表现出较强的路径依赖性,倾向强化既有强链接技术合作的社会关系、产业联系和技术交互。这种空间和组织依赖性,与综合性国家科学中心—区域性创新高地城市科研合作网络演进规律一致,表明产业和技术邻近性对二者协同发展具有重要影响。

四、基于技术发明的城市内部协同创新态势

2012—2021 年,综合性国家科学中心城市内部技术协同创新水平总体高于区域性创新高地城市,但部分区域性创新高地城市内部技术合作网络同样表现出较强的生长活力(Ma,2018)①。其中,北京和深圳两座综合性国家科学中心城市内部技术合作规模始终位于前列,青岛和苏州等区域性创新高地城市内部专利合作强度进入全国前 10 位,超过西安、合肥、成都等国家级综合性国家科学中心城市(见表6-5)。

---

① Ma H.T., Fang C.L., Lin S.N., Huang X.D., Xu C.D., "Hierarchy, Clusters, and Spatial Differences in Chinese Inter-City Networks Constructed by Scientific Collaborators", *Journal of Geographical Sciences*, Vol.28, No.12, 2018.

表 6-5　综合性国家科学中心城市和区域性创新高地城市内部的
技术协同创新规模(2012—2021 年)

位序	2012—2016 年		2017—2021 年	
	城市	专利合作规模(件)	城市	专利合作规模(件)
1	北京	33790	北京	35834
2	深圳	7155	深圳	10301
3	上海	5761	南京	8141
4	南京	4088	上海	6776
5	广州	2337	青岛	5154
6	杭州	2316	广州	5104
7	青岛	1715	杭州	3427
8	武汉	1370	武汉	2385
9	天津	1143	济南	2034
10	长沙	1074	长沙	1755
11	宁波	864	苏州	1665
12	重庆	811	西安	1475
13	苏州	808	合肥	1419
14	合肥	691	重庆	1382
15	成都	691	成都	1373
16	济南	636	天津	1316
17	西安	560	宁波	1204
18	郑州	491	郑州	1023
19	沈阳	438	沈阳	508
20	昆明	437	厦门	471
21	东莞	299	东莞	386
22	大连	263	昆明	376
23	厦门	222	泉州	298
24	哈尔滨	190	哈尔滨	256
25	泉州	81	大连	206
26	乌鲁木齐	48	乌鲁木齐	125

资料来源:笔者自制。

（一）国家科学中心城市内部协同创新格局保持相对稳定

综合性国家科学中心城市内部技术协同创新结构相对固定,具有"空间黏滞性"。北京、深圳、南京和上海等综合性国家科学中心城市内部创新主体数量众多且类型多样,产学研一体化程度高,技术转移转化活跃,内部技术合作强度始终位于前列。郑州、东莞和哈尔滨等综合性国家科学中心城市内部的技术创新主体相对较少且类型较为单一,特别是作为战略科技力量的国家科研院所、科技领军企业、"双一流"大学等数量较少,创新主体间的技术合作网络相对稀疏,导致其技术协同创新水平较低(赵志耘等,2021)①。

综合性国家科学中心城市内部技术创新增长速度存在显著差异,呈现等级层次性。济南和西安技术合作强度和位序增长较为显著。其中,济南内部技术协同创新水平提升显著,排序提升了7位,规模增长了2倍多。尽管东莞内部技术合作规模小幅提升,但与其他综合性国家科学中心城市相比仍存在较大差距。天津市内专利合作规模增长放缓,总体位序下降了7位,有待进一步加快创新链与产业链深度融合,增强城市内部创新主体产学研协同创新水平。

（二）区域性创新高地城市内部技术协同创新程度较为薄弱

区域性创新高地城市内部技术协同创新水平总体低于综合性国家科学中心城市。其中,青岛、苏州和宁波等区域性创新高地城市内部专利合作规模处于相对较高水平,介于1000—5000件之间,但泉州、大连、乌鲁木齐等大量城市内部技术协作程度较低、产学研合作网络较为稀疏,10年间专利合作规模仅百余件,且技术多样性程度不高,原因在于城市内高能级、多样化的创新主体特别是创新型企业数量较少,且上下游产业间、创新链与产业链间技术联系

---

① 赵志耘、杨朝峰、张志娟:《国家创新型城市创新能力监测与评价》,《科技导报》2021年第21期。

较为薄弱(宓泽锋等,2022)①。

多数区域性创新高地城市内部技术协同创新规模处于增长状态。其中,泉州和青岛等城市增长速度较快,相对第一阶段增长了约2倍,但其整体位序未明显提升。与此相对,昆明和大连等城市出现了负增长情况,城市内部创新主体技术合作规模较低,产学研合作程度不高,亟须强化不同创新主体技术联系,打造区域创新网络。

(三) 城市内部技术协同创新兼具路径依赖和路径突破

与科研合作类同,综合性国家科学中心城市和区域性创新高地城市内部技术合作演化也遵循择优链接、地理邻近和产业转移三重机制,兼具路径依赖性、空间依赖性和路径突破性规律,形成优势主体依赖、创新集群依赖和网络路径突破三种区位指向特征。

1. 优势主体依赖

在网络"择优链接"机制作用下,综合性国家科学中心城市和区域性创新高地城市内部专利合作以创新引擎企业为主导,技术流网络组织和生长高度依赖优势创新主体。科技领军企业、专精特新"小巨人"企业、独角兽企业等高能级技术创新主体研发投入高、引领作用大、创新能力强和产业潜力好,集聚大量科技人才和创新资本,成为综合性国家科学中心城市和区域性创新高地城市创新网络生长的"发动机"。主要通过分布式创新和创新联合体形式吸引大量中小型企业等创新主体建立合作联系,促使整个本地区域创新网络呈轴—辐式空间组织。

2. 创新集群依赖

综合性国家科学中心城市和区域性创新高地城市创新主体遵循区域高

---

① 宓泽锋、邱志鑫、尚勇敏、周灿:《长三角区域创新集群的技术创新联系特征及影响探究——以新材料产业为例》,《地理科学》2022年第9期。

度集聚规律,发育典型的地方根植性。因地理邻近、技术关联和政策规划等作用,在综合性国家科学中心城市和区域性创新高地城市内部,同一产业领域具异质性和互补性的创新型企业及相关机构高度集中且交互于特定地域,广泛形成了以科技园区、高新技术开发区等为载体的创新型产业集群或创新集群(Innovation Cluster)。这些创新集群内部通过分工合作和集体学习(Collective Learning),成长为新知识、新技术和新产品的策源地,通过集散效应引领了综合性国家科学中心城市和区域性创新高地城市创新网络的孕育和壮大。

3. 网络路径突破

因技术转换成本、多维邻近性和学习效应等综合作用,综合性国家科学中心城市和区域性创新高地城市技术合作具有显著的路径依赖性。近五年,中西部省会城市实施"强省会"战略,东部沿海发达城市持续推进开放创新,通过政策引导、产业转型、人才集聚、技术引入、环境营造等路径创新方式,打造区域创新生态系统,强化企业主体地位,深化产学研一体化,不断创造新的技术合作路径,促进多个创新型城市内部技术协同创新网络化和多中心化。

五、协同创新的主要问题

(一)创新主体互动亟待增强

通过定量分析发现,我国综合性国家科学中心城市和区域性创新高地城市间的协同创新规模及范围呈显著空间分异性,大量城市内外技术合作规模处于较低水平,不同创新主体协作程度不高,成为制约国家创新活动高质量发展的重要因素(见表6-6)。

表 6-6 综合性国家科学中心城市和区域性创新高地城市的内外协同创新程度

外部协同规模	内部协同规模	知识协同创新		技术协同创新	
		2012—2016 年	2017—2021 年	2012—2016 年	2017—2021 年
高	高	北京、上海	北京、上海	北京	北京
中	高	—	—	—	—
低	高	—	—	—	青岛
高	中				
中	中	南京、广州、武汉、杭州、西安	南京、广州、武汉、杭州、西安	深圳、上海、南京	深圳、上海、南京、广州
低	中	哈尔滨	天津		
高	低	—	—		成都
中	低	成都	深圳、成都		
低	低	天津、大连、昆明、济南、合肥、重庆、长沙、沈阳、青岛、郑州、乌鲁木齐、深圳、厦门、苏州、宁波、东莞、泉州	长沙、合肥、青岛、重庆、济南、郑州、哈尔滨、苏州、沈阳、大连、昆明、厦门、宁波、乌鲁木齐、东莞、泉州	广州、武汉、杭州、西安、天津、成都、长沙、合肥、青岛、重庆、济南、郑州、哈尔滨、苏州、沈阳、大连、昆明、厦门、宁波、乌鲁木齐、东莞、泉州	武汉、杭州、西安、天津、长沙、合肥、重庆、济南、郑州、哈尔滨、苏州、沈阳、大连、昆明、厦门、宁波、乌鲁木齐、东莞、泉州

资料来源:笔者自制。

1. 城市对外协同创新联系极化现象显著

无论是知识合作还是技术合作,城际协同创新网络均表现显著的科学中心指向性,协同创新高度依赖综合性国家科学中心城市,呈现典型的空间极化现象。综合性国家科学中心城市产生较强的"虹吸"效应,一定程度抑制了区域性创新高地城市协同创新能力。择优链接偏好是不同综合性国家科学中心城市和区域性创新高地城市对外协同创新组织的关键机制,特别是技术合作,表现出强烈的"首都引力效应"和"科学中心垄断效应",较明显限制了城市间协同创新组织。相较技术合作,以显性知识为主体的科研合作更易突破地理距离的约束,长江以南地区众多综合性国家科学中心城市和区域性创新高地城市与北京建立了密切的知识协同联系,高度依赖首都的知识溢出效应,导致这些城市与其他城市间的知识交互和扩散受到较大阻碍。

2. 城市对外协同创新能力存在较大差距

城市对外协同创新能力差异性在不同类型城市间和相同类型城市间均有显著体现。整体上,综合性国家科学中心城市的对外协同创新能力普遍较强,表现出强大的影响力和控制力,而区域性创新高地城市的对外协同创新联系整体较弱,高度依赖于综合性国家科学中心城市的知识和技术溢出。同时,在综合性国家科学中心城市之间或区域性创新高地城市之间,城市的科研和专利合作规模差距同样显著,突出体现在北京与东莞、南京、武汉及其他区域性创新高地城市之间。这种城市对外协同创新能力的差异性主要取决于战略科技力量的集聚程度和协同水平。

3. 城市对外协同创新能力有待加强

综合性国家科学中心城市和区域性创新高地城市均面临对外协同创新联系水平低下的问题,特别是中小城市尤为明显。受限于战略科技力量不足,东莞等综合性国家科学中心城市,以及佛山、绍兴等区域性创新高地城市对外协同创新网络发育不充分、不平衡,在区域创新网络中的控制力、集散力和影响力较弱,处于网络的边缘地位,进而抑制了这些城市创新主体的知识技术吸收和扩散,强化了跨区域知识流动的障碍壁垒,导致这些城市本地知识技术出现锁定,对外协同创新能力不断削弱。

4. 地理邻近城市间协同创新程度偏弱

地理邻近性是综合性国家科学中心城市和区域性创新高地城市协同创新活动的重要影响机制,地理邻近的城市间开展协同创新的优势在于能够更高效地破除创新要素流动的阻碍,方便面对面交流,促进隐性知识的传播。但地理距离较近的创新主体参与协同创新的积极性相对较弱,如成都和重庆两座相邻城市,更倾向与北京、上海等中远距离但创新基础雄厚的创新增长极开展协同创新,表明城际协同创新的地理邻近性作用强度明显小于择优链接偏好机制。

5. 城市内部协同创新网络有待织密

不同城市内部协同创新联系的网络规模和密度存在较大差异,部分城市内部协同创新网络稀疏、节点联结不充分,尤其在创新能力较弱的综合性国家科学中心城市和区域性创新高地城市中表现突出。城市内部创新主体间因缺乏有序的整合导致协同广度和深度不足,面临链接水平低、聚合力不足等问题,限制了城市内多样化知识和技术的生产和溢出,进一步强化了创新发展的空间不均衡程度。

6. 高能级创新主体辐射带动作用有限

创新驱动城市协同发展是综合性国家科学中心城市和区域性创新高地城市的重要职能。因战略性科技力量薄弱,部分综合性国家科学中心城市和区域性创新高地城市的辐射带动功能尚未充分发挥。比如,东莞等副省级和地级创新型城市缺乏一流高校和科研机构等引领型创新主体和高能级创新平台,在内外协同创新中的辐射带动作用较为薄弱,与城市内部和其他城市的知识技术合作互动尚有较大的提升空间。

7. 城市协同创新存在较强的路径依赖

综合性国家科学中心城市和区域性创新高地城市的协同创新联系表现较强的路径依赖性,倾向与相对固定的高能级或相邻近的城市建立强科技创新协作联系,进而导致知识生产和技术发明等创新活动及其成果产出呈现较强的空间黏滞性。既有城市之间知识和技术流动路径不断强化,不利于多样化知识和技术的产出,以及新知识和新技术的突破。同时,这种协同创新的路径依赖和空间依赖也造成城市技术研发和产业发展的路径锁定,不利于城市产业技术升级转型和迭代更新(*Martin* 和 *Simmie*,2008)①。

(二)协同创新屏障亟待破解

结合实地调研分析发现,我国综合性国家科学中心城市和区域性创新高地城市间依然存在各类创新屏障,阻碍了城际创新要素广泛而频繁地流动,限制了创新链与产业链的互动和融合,主要表现在:

1. 科技创新要素分布不均与流动不畅并存

科技创新要素在各类城市的空间分布高度不平衡,大量创新资源高度集聚在北京、上海等全球级综合性国家科学中心城市。与此同时,由于高效的创新要素流动网络尚未充分构建,这些创新要素的共享和流动多在大城市之间进行,中小型城市较难吸引、获取高能级城市的优质创新要素。尽管部分创新要素共享网络已初步建成,但行政、制度、保密等壁垒依然是实际操作中面临的主要问题,优质的创新资源、创新成果无法根本实现普遍意义上的共享。这种创新资源空间分布的不均衡性及跨区域流动的不畅通性进一步阻碍了跨城市协同创新网络生长和溢出。

2. 阻碍创新要素流动的制度壁垒依然存在

因城市管理体制机制不够完备、科技治理体系相对落后、城市间创新政策缺乏有效衔接、创新生态系统不尽完善等综合影响,各种有形的、无形的壁垒和屏障在综合性国家科学中心城市和区域性创新高地城市协同创新过程中依然显著。一方面,各类行政壁垒限制了创新要素在城市间、城市内的自由、充分流动以及科技信息的共享;另一方面,同样抑制着城市间、城市内创新主体的科技合作和协同创新。

3. 城际创新活动、产业分工及功能布局尚不平衡

综合性国家科学中心城市、区域性创新高地城市多独自谋求自身发展,城

---

① Martin R., Simmie J., "Path Dependence and Local Innovation Systems in City-Regions", *Innovation Management Policy & Practice*, Vol.10, No.2, 2008.

市创新功能定位、重点发展领域表现较显著的趋同性,发展路径较为单一,导致创新链、产业链协同度不高、活力不足且缺乏弹性(曹钢,2013①;马征远等,2022②),城市内大量的创新主体未参与到协同创新中,或协同创新规模小、领域窄。各城市亟待在协同创新过程中进一步明确各自功能定位,充分发挥各自的区位优势、创新资源优势、创新领域优势及产业领域优势,提高创新链与产业链协同度、科学成果转移转化能力,进而形成有序分工协作的创新组织格局。

第二节　综合性国家科学中心和区域性创新高地协同创新的战略目标

一、协同创新资源高效配置

国家战略科技力量体系进一步完善,科技创新平台体系建设全面提速。各综合性国家科学中心核心承载区及重大科技基础设施建设深入推进,围绕各自优势领域和战略定位形成一批重大科技基础设施集群。依托重大科技基础设施在多个基础科学领域实现从跟跑、并跑到领跑的跨越,优势学科研究领域持续保持国际领先地位。全国科技创新体系进一步优化,互动更加密切,在综合性国家科学中心核心承载区新组建一批聚焦量子信息、光子与微纳电子、网络通信、人工智能、生物医药、现代能源系统等领域的国家实验室;强化多学科交叉融合,推进各城市的国家重点实验室优化重组,助力省级实验室聚焦优势领域取得新突破,共同形成结构合理、运行高效的实验室体系。高水平研究型大学、科研院所、新型研发机构、工程研究中心、技术创新中心建设成效显著,企业的创新主体地位得到进一步提升,创新意愿和创新能力显著提高,培

---

① 曹钢:《着力打造"关中区域网络型城市群"》,《西部学刊》2013 年第 1 期。
② 马征远、刘樱霞、王琼、桂柳鸣、陈大明、江洪波:《新发展格局下长三角产业链协同发展的挑战及应对》,《科技导报》2022 年第 17 期。

育形成一批具有全球影响力的科技领军企业、"小巨人"企业、"独角兽"企业、"隐形冠军"企业等,实现实验室、高等院校、科研院所、企业科研力量集聚布局和资源共享,产学研用深度融合。

二、协同创新平台提档升级

科技创新载体和创新合作平台的协同创新体系建设全面提速。北京、上海、粤港澳大湾区等国际科技创新中心建设取得突破,北京怀柔、上海张江、安徽合肥、粤港澳大湾区、陕西西安等综合性国家科学中心发展日益深入,形成示范引领效应,持续涌现出一批综合性国家科学中心和区域性创新高地。国家自主创新示范区、高新技术产业开发区、经济技术开发区等创新集群功能不断强化。围绕综合性国家科学中心和主要区域性创新高地适度超前布局建设一批具有前瞻性、战略性的重大科技基础设施集群,设施集群效应进一步显现,设施共建共享水平持续提升,支撑基础研究活动能力显著提高。科技创新公共服务平台持续完善,自然科技资源库、国家野外科学观测研究站(网)、科学大数据中心等科技创新支撑与保障类平台集约化建设。以各类创新平台为载体,全国主要综合性国家科学中心和区域性创新高地的科技创新竞争与合作更加密切,形成合力共建跨学科、跨领域的协同创新网络。

三、协同创新格局不断优化

协同创新功能定位日益清晰,协同创新空间布局不断优化,协同创新联系更加密切。以综合性国家科学中心和区域性创新高地为核心,打造一批具有引领作用和带动效应的创新增长极和增长带,建成一批具有区域影响力和全球竞争力的不同梯次创新型城市和科技创新中心,结合优势领域形成定位清晰、分工合理、功能互补、错位发展、联系密切的梯次联动格局。综合性国家科学中心城市和区域性创新高地城市内部各类创新空间进一步优化,以重点创新集群为依托拓展创新空间,实现创新资源加速向科学城、大学科技园、产业园、高新技术产业开发区、经济技术开发区等创新功能承载区汇聚融合;主要创新型城市打造形成一批定位清晰、功能互补、协调互动的创新功能核心承载区和辐射联动区。城市内、城市间、区域间协同创新联系更加密切,实现空间协同、主体协同、要素协同和领域协同,基本形成区域性创新高地辐射周边、综合性国家科学中心带动全国、国际科技创新中心引领全球的全域创新联动发展格局。跨区域协同创新达到新高度,东中西部综合性国家科学中心城市和区域性创新高地城市间科技合作更加密切,东部地区对东北、中部和西部地区的知识技术外溢效应日益凸显,区域创新发展不平衡、不充分问题得到根本缓解。

四、协同创新策源能力显著增强

综合性国家科学中心城市和区域性创新高地城市的知识协同创新策源能力显著增强,参与国际科技合作竞争能力不断攀升,重要创新型城市的技术协同创新攻关能力逐渐提升,中小城市协同创新溢出能力日益加强。战略性、基础性、前瞻性研究不断取得新突破,服务国家重大科技需求能力快速提升。载人航天、探月工程、深海工程、超级计算、高速列车、大飞机制造等前沿优势领域不断涌现一批基础研究和应用基础研究重大原创性成果,整体水平和国际影响力大幅增强。量子信息、光子与微纳电子、网络通信、人工智能、生物医药、现代能源系统等关键核心技术领域取得重大突破,部分领域创新能力进入世界前列,国际竞争力大幅提升。协同突破一系列制约国家安全和发展全局的基础核心领域的"卡脖子"技术,多项前沿、交叉和共性技术等关键核心技术瓶颈不断攻克,关键核心技术研发长期受制于人的局面得以扭转,实现重点产业链关键核心技术自主可控,实现"非对称"赶超,塑造"非对称"优势。

五、协同创新治理水平全面提升

协同创新体制机制改革持续深入推进,科研项目组织、科研经费管理、人才招引留存、科研机构改革、科技评价奖励、科技成果转化、科研诚信监督等政策进一步完善,创新创业、科技投融资、技术市场化、知识产权服务和保护等管理服务水平快速提升,科技创新治理体系和治理能力现代化水平显著提高。创新生态环境的吸引力和竞争力不断增强,具有国际水平的战略科技人才、科技领军人才、青年科技人才、海外高端人才、高层次创新创业团队加速向主要综合性国家科学中心和区域性创新高地集聚。人才、技术、资本、数据等创新要素流动的体制机制障碍显著较少,科技创新活动组织和协同创新体制机制日趋优化,阻碍跨行政区创新要素自由流动的壁垒基本破解,创新资源共建共享深入推进。开放合作水平全方位提升,国际科技合作日益紧密,与全球主要创新型国家和"一带一路"共建国家和地区的科技合作机制日渐完善。

第三节 综合性国家科学中心和区域性创新高地协同创新的战略重点

一、协同创新的重点区域

根据综合性国家科学中心城市和区域性创新高地的城市创新基础,结合各自优势领域和发展条件,针对性进行合理分工和协同优化,以城市群为主阵地推动跨区域协同创新,形成差异化发展路径和协同模式。重点在事关国家发展长远、全局和安全的空天海洋、信息网络、人工智能、卫生健康等战略必争领域,选择具有比较优势的城市和区域培育综合性国家科学中心和区域性创新高地(见表6-7)。

表6-7 综合性国家科学中心城市和区域性创新高地城市
协同创新战略的重点区域分布

重点区域类型	城市(群)
区域重大战略承载区	京津冀地区、长江经济带、粤港澳大湾区、长三角地区、黄河流域等

续表

重点区域类型	城市（群）
都市圈及城市群地区	京津冀、长三角、珠三角、成渝、长江中游、山东半岛、粤闽浙沿海、中原、关中平原、北部湾、哈长、辽中南、山西中部、黔中、滇中、呼包鄂榆、兰州—西宁、宁夏沿黄、天山北坡等城市群
独特创新优势区	创新优势区:三大城市群的核心城市、各省份的省会城市、在某领域具有全国比较优势的创新型城市 区位优势区:沿海港口城市、边境口岸城市、特别行政区、高海拔城市、特殊地质地貌区、特殊气候气象条件区等
中西部及东北地区	长江中游、成渝、哈长、辽中南、中原、关中平原、山西中部、黔中、滇中、呼包鄂榆、兰州—西宁、宁夏沿黄、天山北坡等城市群

资料来源:笔者自制。

（一）区域重大战略承载区

京津冀地区、长江经济带、粤港澳大湾区、长三角地区、黄河流域等区域不仅是国家区域重大战略的承载区,也是综合性国家科学中心和区域性创新高地协同创新的重点区。这些区域具有创新资源集聚、产业基础良好、开放程度较高等区位优势,在支撑当前及未来国家创新发展中发挥着重要的引领作用。需要加速推动其发挥创新基础优势,加快产业转型升级,驱动区域高质量发展,在综合性国家科学中心城市和区域性创新高地城市协同创新过程中充分发挥关联带动作用,形成以点带面的全面发展格局(高国力,2021)①。

（二）都市圈及城市群地区

城市群和都市圈是国家社会经济增长的动力源,也是我国重要的创新集聚区。当前,我国正在推进以中心城市引领城市群发展、以城市群带动区域发展的新模式,加快形成"以城市群、都市圈为依托构建大中小城市协调发展格局"。城市之间的竞争和合作也将逐步演化为城市群和都市圈之间的竞合

---

① 高国力:《加强区域重大战略、区域协调发展战略、主体功能区战略协同实施》,《人民论坛·学术前沿》2021年第14期。

（关成华，2021）①。随着新型城镇化快速推进，各类创新要素加速向城市群和都市圈集聚，综合性国家科学中心和区域性创新高地不断孕育。长三角、京津冀、珠三角等城市群及其都市圈成为综合性国家科学中心和区域性创新高地的集聚地，涌现不同等级和功能定位的创新型城市群和创新型都市圈，在全国协同创新体系中发挥着枢纽性支撑作用，通过增长极效应、集聚效应和网络外部性效应辐射带动周边创新追赶地区协同发展。

（三）独特创新优势区

区域创新体系是国家科技创新体系的重要组成，构建各具特色和优势的区域创新体系是推进国家科技创新体系高质量发展的关键支撑。作为创新型国家的重要支点，具备独特创新优势的区域相对集中于东部沿海发达城市群，广泛散布于中西部和东北地区的中心城市（省会城市）。其独特性主要体现在多个方面：一是，在当前我国战略重点科技和产业领域中具备独特比较优势；二是，具备独特的区位条件和资源集聚优势。在综合性国家科学中心和区域性创新高地协同创新中，加大具备独特优势领域和区域的政策倾斜。一方面，可以塑造我国在优势领域的国际领先地位，实现"卡脖子"技术的突破和赶超；另一方面，发挥优势区域的集散效应，可以强化对周边区域的关联带动作用。这些具备独特创新优势的区域并非全部是综合性国家科学中心或区域性创新高地培育城市，也可能是在某一领域或某个局域具有比较优势的创新型城市。需要面向国家科技战略全局和协同创新体系，将其作为重要增长点培育（见表6-7）。

（四）中西部及东北地区

缩小区域发展不平衡，实现后发地区高质量追赶的关键是实施创新驱动

---

① 关成华：《科学认识创新本质，助推创新型城市建设》，《人民论坛·学术前沿》2021年第13期。

发展战略。综合性国家科学中心城市和区域性创新高地城市协同发展是提升后发区域创新效能、辐射带动后发地区跨越式发展的根本路径。中西部及东北地区是我国创新发展的相对薄弱区,具有后发优势,是解决我国创新发展不平衡、不充分问题的重点区域(柯善咨,2010[①];刘承良和牛彩澄,2019[②])。在综合性国家科学中心城市和区域性创新高地城市协同创新过程中,需要重点关注中西部及东北地区具有比较优势的创新型城市,配合西部大开发、东北振兴、中部崛起等区域发展战略,强化东部沿海地区对中西部及东北地区创新引领带动作用,形成分工协作、优势互补的跨区域联动协同发展路径,进一步缩小地区间创新差距。同时,在中西部及东北地区的城市群地区布局高端创新平台,强化战略科技力量,培育形成若干新的创新增长极和增长带,辐射带动内陆地区高质量发展(见表6-7)。

二、协同创新的重点领域

面向世界科技前沿、面向经济主战场、面向国家重大需求、面向人民生命健康是综合性国家科学中心城市和区域性创新高地城市协同发展的战略主攻方向。关键共性技术、现代工程技术、颠覆式创新技术等优势领域或薄弱环节是我国塑造国际创新领先地位、突破国际技术封锁的重点领域。这些重点领域的识别是推进综合性国家科学中心城市和区域性创新高地城市协同创新的关键一环。一是,加强技术预见。通过建立动态评估体系,准确把握科技变革趋势及其影响,科学设定并调整重点技术领域清单,强化技术预见对技术领域前瞻布局的支撑。二是,立足区域优势。充分发挥不同区域科学研究、技术研发和产业基础优势,因地制宜制定优势互补的协同创新分工体系。

结合城市"十四五"规划、国家科技战略需求及知识技术复杂性,当前综

---

① 柯善咨:《中国中西部发展中城市的增长极作用》,《地理研究》2010年第3期。

② 刘承良、牛彩澄:《东北三省城际技术转移网络的空间演化及影响因素》,《地理学报》2019年第10期。

合性国家科学中心城市和区域性创新高地城市协同创新的战略重点领域主要包括以下几个方面：

（一）基础领域

基础研究旨在探索自然界或人类社会基本原理或规律等新知识而进行的实验性或理论性研究，是应用研究的前提和基础。所谓基础领域，即基础研究领域，主要包括物理学、化学、生物学、地球科学、天文学和数学等基础学科领域，通过纵深发展和交叉融合深刻影响着几乎所有科技领域的发展。当前，新一轮科技革命和产业变革孕育，人工智能、量子信息、区块链、合成生物学等技术不断崛起和迅速迭代，促使数学、生物学、生命科学、物理学、化学等基础学科地位日益提升。深刻把握新一轮科技产业变革机遇的关键是加强基础研究及应用基础研究，不断催生新思想、新发现、新方法，推动颠覆性、开创性、引领型突破。同时，依托综合性国家科学中心，重点布局两类创新型城市：一是综合性国家科学中心核心承载区所依托城市，充分发挥其重大科技基础设施集群优势，提高原始创新策源力；二是武汉、南京、成都、重庆、哈尔滨等高水平研究型大学高度集聚城市，在基础研究和应用基础研究协同创新中持续发力，强化战略科技力量的产学研协作和互动（见表6-7）。

（二）优势领域

所谓优势领域，即具有比较优势的科学研究领域和技术研发领域，是我国在国际上占据领先地位的前沿、共性、交叉知识，以及关键、核心、优势技术领域，也是综合性国家科学中心城市和区域性创新高地城市具有垄断性的科技领域。近年来，我国科技创新能力显著提升，在空天科技（如航空航天）、新一代信息技术、生物科技（如生物医药及医疗器械）、新材料、高端装备（如农机、电力、轨道交通、海洋工程、高技术船舶、数控机床等）、节能环保（如节能和新能源汽车）等学科和技术领域取得一批重大科技成果，在全球处于领先优势地位,亟须持续加大研发投入和协同攻关,不断塑造和强化引领性优势。与此同时,发挥创新型城市增长极效应,重点布局一些具有特色和优势的战略性新兴产业核心技术领域:空天科技(如北京、上海、广州、合肥等)、新一代信息技术(如北京、上海、深圳、广州、合肥、武汉、南京、长沙等)、生物科技(如北京、上海、深圳、广州、合肥、武汉、南京、长沙等)、新材料(如北京、上海、广州、成都、西安、重庆、郑州等)、高端装备(如上海、武汉、长沙、郑州等)等(见表6-7)。

(三)关键领域

所谓关键领域,即亟须突破的关乎国家安全的"卡脖子"技术领域和驱动国家发展的"牛鼻子"技术领域,主要集中于战略性新兴产业的硬科技领域(见图6-1)。尽管我国在诸多领域的科技论文和专利产出方面位居全球前列,但在人工智能、智能制造、信息技术(如量子信息、软件系统等)、集成电路、生物技术(如生命健康等)、新材料、新能源等战略性新兴产业技术前沿领域面临困境,亟须通过跨区域协同创新整合配置科技资源,加强原创性引领技术攻关,实现"弯道超车"。与此同时,迫切需要基础科学更加聚焦有助于形成未来竞争优势的战略性前沿方向。综合性国家科学中心城市和区域性创新高地城市协同创新应着重关注以下关键领域技术的突破:人工智能(如北京、上海、杭州、深圳、东莞、武汉、成都、重庆等)、量子信息(如北京、合肥、武汉、杭州等)、集成电路(北京、上海、广州、杭州、南京等)、生命健康(如北京、广州、合肥、武汉、南京等)、新材料(如上海、深圳、广州、合肥、武汉、长沙、重庆、郑州等)、新能源(如北京、上海、南京、重庆等)、软件系统(如北京、上海、深圳、广州、东莞等)等(见图6-1)。

(四)前沿领域

所谓前沿领域,指引领未来社会变革和世界经济发展,最具创新性和高

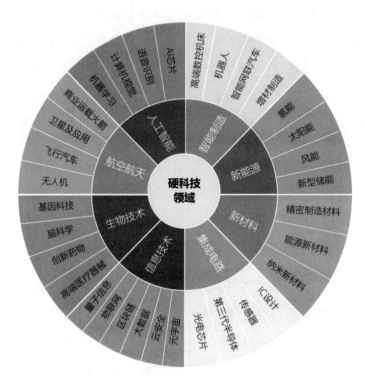

图 6-1 关键技术领域

资料来源:笔者自绘。

潜力的科技领域,也是我国前瞻布局、重点突破、抢占先机的未来产业领域。这些科技前沿主要基于新的科学理论、新的技术平台和新的应用场景而涌现(0→1 突破),对人类生产生活具有革命性影响,是世界科技竞争和产业布局的关键,主要集中于类脑智能、量子信息、新能源和制氢储能、区块链技术、合成生物和基因技术、未来网络、深海空天技术等具有先导性、战略性和高增长性的产业技术领域(文余源和王芝清,2023①;沈湫莎,2023②)。当前,综合性国家科学中心城市和区域性创新高地城市协同创新亟须围绕以下重大前沿领域,强化功能地域分工和协同:脑科学和类脑科学(如北京、上海、广州、深

---

① 文余源、王芝清:《加速发展和布局未来产业》,《中国社会科学报》2023 年 5 月 31 日。
② 沈湫莎:《未来产业创新前沿尽显"中国机遇"》,《文汇报》2023 年 9 月 12 日。

圳、武汉、西安、长沙等)、细胞与基因(如北京、深圳、上海、广州、成都、东莞、杭州等)、量子科学(如北京、上海、深圳、杭州、合肥、武汉、成都、西安、重庆、郑州等)、深海深地深空(如北京、上海、深圳、武汉、杭州等)、前沿新材料(如北京、上海、广州、成都、西安、重庆、郑州、东莞等)、下一代信息技术(如北京、上海、深圳、合肥、成都、杭州等)等(见表6-8)。

表6-8　综合性国家科学中心和区域性创新高地协同创新的战略前沿领域分布

战略重点领域类型	主要学科领域	主要承载城市(区域)
基础领域	数学、物理学、化学、材料科学、天文学、生命科学、地球科学等基础科学及交叉科学等	北京、深圳、上海、广州、合肥、西安、武汉、南京、成都、重庆、长沙、天津、哈尔滨等
优势领域	空天科技、新一代信息技术、生物科技、新材料、高端装备等	北京、上海、深圳、广州、合肥、西安、武汉、南京、长沙、郑州、重庆等
关键领域	人工智能、量子信息、集成电路、生命健康、新材料、新能源、软件系统等	北京、上海、杭州、深圳、东莞、武汉、成都、重庆、合肥、重庆、广州等
前沿领域	脑科学和类脑科学、细胞与基因、量子科学、深海深地深空、前沿新材料、下一代信息技术等	北京、上海、合肥、深圳、广州、东莞、武汉、杭州、重庆、成都、西安、郑州等

资料来源:笔者自制。

第四节　综合性国家科学中心和区域性创新高地协同创新的战略路径

一、顶层设计协同创新发展战略

明确功能定位并强化顶层设计是综合性国家科学中心城市和区域性创新高地城市高效协同创新的前提条件(吕拉昌等,2023)。根据协同创新目标及各地科技和产业发展基础及功能定位,在战略科学家、高校及科研院所、高新技术企业、地方政府和相关机构的共同参与下,成立跨省市、多部门协同领导小组,建立协同创新联席会议制度,共同制订协同创新行动计划,系统谋划综合性国家科学中心城市和区域性创新高地城市协同创新的路线图。根据各发展阶段的特点,作出相应的政策调整,为综合性国家科学中心城市和区域性创新高地城市协同创新提供有力的制度政策保障。

二、协同强化国家战略科技力量

(一)共建重大科技基础设施集群

围绕国家科技战略需求,明晰综合性国家科学中心和区域性创新高地及其依托城市的优质创新资源,锚定其优势科学技术领域及优质创新要素富集区位,科学界定综合性国家科学中心的核心承载区,布局建设重大科技基础设施集群。鼓励综合性国家科学中心城市积极吸引中国科学院等国家科研机构、高水平研究型大学、科技领军企业等战略科技力量及其重大科技基础设施布局。发挥地理邻近性作用机制,促进具有独特优势的综合性国家科学中心和区域性创新高地(城市),依托各自的创新资源,协同共建多类型、多等级的重大科技基础设施,逐渐形成功能分工合理、等级分布有序、资源共建共享的重大科技基础设施集群和重大科技基础设施协同网络(陈套和冯锋,2015)[1],以发挥其集群效应,进而在全国范围内形成功能互补、布局合理的重大科技基础设施协同创新体系,为突破世界前沿重大科学问题提供有力支撑。

鼓励综合性国家科学中心城市和区域性创新高地城市协同建设、共建共享科学数据中心,共同推动超算中心、生物医学数据中心、种质资源中心、药物药材中心等关键领域的科学数据中心建设,共同促进科学数据资源的共建共享,为科学研究开展提供强有力的数据保障(陈昕等,2023)[2]。

---

① 陈套、冯锋:《大科学装置集群效应及管理启示》,《西北工业大学学报(社会科学版)》2015 年第 1 期。

② 陈昕、郑晓欢、潘博雅、沈志宏、周园春、褚大伟:《中国科学院科学数据中心体系建设实践及展望》,《中国科学数据(中英文网络版)》2023 年第 1 期。

（二）协同构建高水平实验室体系

围绕国家和区域重大战略需求领域,突出问题导向、任务导向、需求导向,充分考虑各地区位交通优势、科技创新优势和产业发展优势等,对标国际一流实验室水平,以高水平科研机构、世界一流研究型大学、科技领军企业为重点支撑,高起点、高标准协同共建一批国家实验室、国家重点实验室、省部共建实验室等,建成特色突出、梯度合理、分工有序的国家实验室体系(李力维和董晓辉,2023)。其中,区域性创新高地城市需要强化与北京、上海、粤港澳大湾区等主要综合性国家科学中心城市及国际科技创新中心城市的对接和协作,不断强化本地创新主体的创新能力,发挥其创新比较优势,以争取更多的科技领军企业及其研发分支机构入驻布局。综合性国家科学中心城市同样需要发挥自身引领性创新优势,加强与其他综合性国家科学中心城市、区域性创新高地城市协同建设高水平实验室,与国际领先科研机构共同成立国际高水平实验室联盟机构,协同布局海外实验室分支机构,进而强化对国家重点项目研发的支撑保障。加强已有不同类型和等级实验室的融合和优化,通过调整、充实、整合、撤销等方式,推动实验室体系进一步完善,进而在全国范围内形成结构合理、运行高效的实验室体系,充分发挥其战略科技力量引领作用。

（三）协同打造高水平研究机构

围绕基础科学、前沿技术、关键共性技术、颠覆性技术等重大科技领域,锚定综合性国家科学中心和区域性创新高地的优势区位、核心承载区,集聚国内外优质创新要素,协同打造一批高水平引领性的研究机构。依托已有高水平研究机构,加快向综合性国家科学中心城市和区域性创新高地城市布局建设分支机构,充分利用本地创新优势和资源,实现强强联合和协同壮大。聚焦战略性新兴产业、未来产业等重点产业领域,深化产学研合作,围绕综合性国家科学中心城市和区域性创新高地城市的优势领域,引进、共建一批高水平新型研发机构(杨诗炜等,2019)①。协同推动国家工程技术研究中心、省级工程技术研究中心等技术创新平台及制造业创新中心、企业创新中心等产业创新平台的协同建设,支持以高新技术领军企业为主体,跨区域建设产业技术创新联盟、产学研协同创新中心,打通从基础研究到成果转移转化的关键环节。

(四)联合建设高水平研究型大学

聚焦基础研究和应用基础研究,集聚国内外优质高端人才力量,协同共建一批在重大前沿科学、关键共性技术拥有创新引领能力的高水平研究型大学,共同加强优势学科和特色专业建设,强化其基础研究突破和成果转移转化能力,支持"双一流"高校优势学科建设,进而提升其科学支撑力和国际影响力(李世奇和张珏,2020)②。支持具备特色技术创新能力的专科院校升级成长为本科院校或设立本科专业。具备地理邻近优势的综合性国家科学中心和区域性创新高地,应锚定各自及对方所依托城市的核心承载区等,进一步协同布局高水平研究型大学及其分校区和分支研究机构,大力开展科研资源设施共享和基础研究联合攻关。同时,促使北京、上海、粤港澳大湾区等综合性国家科学中心城市(区域)的高水平研究型大学以及世界一流境外院校在本地优势区位设立分支机构和联合研究机构,形成创新集群效应和创新网络外部性效应。

(五)共同培育科技领军企业

着力提升本地创新软环境和硬环境,聚焦重点领域和本地产业基础,加快集聚高水平创新型企业,通过财政和税收支持等方式,共同培育、吸收一批拥有关键研发能力、掌握关键核心技术、具有国际竞争力的科技领军企业(张学

① 杨诗炜、张光宇、罗嘉文:《新型研发机构研究的现状评估与发展建议——基于创新生态系统与创新价值链视角》,《科技管理研究》2019 年第 10 期。
② 李世奇、张珏:《新一轮高校空间布局面临的挑战及其应对》,《教育发展研究》2020 年第5 期。

文等,2023)。地理邻近的综合性国家科学中心城市和区域性创新高地城市应充分发挥科技领军企业集聚优势,强化创新主体和创新空间协同。一方面,引育并举支持具备创新能力和竞争能力的创新型企业或科技领军企业不断成长,提升其创新引领能力,进而带动创新链和产业链深度融合及其上下游环节协调联动。另一方面,着力优化营商环境和创新生态,协同吸引国内外知名创新型企业布局设立研发分支机构,注重与本地高水平科研院所和创新型企业等创新主体的协同布局,充分发挥创新主体集聚效应和协同联动功能。鼓励地理空间不邻近但具有紧密产业关联和优势互补的综合性国家科学中心城市和区域性创新高地城市间互相设立企业分支机构,利用各地相对优势开展跨区域和跨部门协同创新。

(六)协同优化战略科技力量布局

在全面考察国家科技发展战略需求及综合性国家科学中心城市和区域性创新高地城市优势领域基础上,科学合理确定综合性国家科学中心和区域性创新高地及其依托城市的职能分工和重点领域。其中,综合性国家科学中心及其依托城市不断强化重大科技基础设施、国家实验室体系、高水平研究型大学的布局优化,而区域性创新高地及其依托城市则侧重强化技术转移转化中心、产业技术创新中心、创新型企业的布局调整,在全国范围内形成空间梯度联动、功能分工协作的高度一体化布局。

综合性国家科学中心和区域性创新高地及其依托城市应充分考虑各自定位和分工,将重点的关键战略科技力量(如大科学装置、高能级实验室)调整布局至综合性国家科学中心核心承载区内,打造关键战略科技力量集群或集聚区,形成集聚效应;将次要的辅助战略科技力量(如产学研联盟、技术创新平台等)优化调整至区域性创新高地核心承载区或重点优质区位,通过交通通信高速化和网络化建立以综合性国家科学中心和区域性创新高地及其依托城市为关键支点的科技协同创新网络,充分发挥其支撑和保障功能。各类不便调整的战略科技力量(如高水平院校等)则宜维持原有区位,通过设立其分支机构或分校区,发挥各类交通和通信基础设施的集散效应,与核心承载区及其他战略科技力量集聚区进行协同联动(刘承良,2023)。

三、联合开展科学技术重大攻关

面向国家重点产业发展战略需求,建立关键核心技术动态清单,根据国家战略需求和产业发展需要及时动态调整学科领域布局,推动产学研深度融合创新。以综合性国家科学中心为主导,充分发挥综合性国家科学中心和区域性创新高地及其所在城市的科技优势和产业优势,协同制定产业标准,完善协同分工体系,保持国际领先地位;聚焦战略性前沿领域,集聚国家战略科技力量,发展具有中国特色的科技理论和技术范式,协同突破关键技术困境和前沿科学难题。

(一)联合开展科学研究和核心技术突破

聚焦国家科技发展需求,瞄准世界科学前沿,立足区域科技和产业优势,前瞻核定国家关键核心技术动态清单,科学制定综合性国家科学中心和区域性创新高地跨区域协同联合攻关机制框架,支持其所在城市的优质创新主体在基础研究、应用基础研究、关键核心技术领域发起或联合承担国家级、省部级重大科技项目,联合开展跨地区、跨学科的重大前沿科学和共性技术攻关行动,以项目促进科学研究和技术创新的突破,推出更多原创性且具有国际竞争力的科技成果(薛澜等,2019[①];范斐等,2020[②])。突破原有路径,发挥大科学装置群的集群效应和互动效应,与更多国内外城市建立协同创新联系,鼓励企

---

① 薛澜、姜李丹、黄颖、梁正:《资源异质性、知识流动与产学研协同创新——以人工智能产业为例》,《科学学研究》2019 年第 12 期。

② 范斐、连欢、王雪利、王嵩:《区域协同创新对创新绩效的影响机制研究》,《地理科学》2020 年第 2 期。

业和科研机构广泛参与国际科技协作,深度参与国际大科学计划和大科学工程,积极融入、引领全球创新网络。加大对重大科技项目的联合资助,发挥财政资金和国家科研项目的示范引导作用。

(二)强化产业链与创新链跨区域融合

围绕国家重点产业发展需求,聚集综合性国家科学中心和区域性创新高地及其所在城市的产业优势,强化重点产业创新协作及创新链与产业链互动(高洪玮,2022)①。以科技领军企业为主导,根据所在城市产业优势建立跨区域产业技术创新联盟,建设产学研协同创新中心等产业创新平台,聚焦核心区位打造若干战略性新兴产业集群,营造良好的产业协同创新氛围。一方面,组织企业开展横向协同创新,以科技领军企业为引领,汇集相同或相似产业创新资源,围绕重点产业领域,针对关键核心问题协同开展重大产业技术攻关。另一方面,组织各类企业围绕产业链,不断优化布局创新链,促进产业链与创新链精准对接,以产业联系促进新产品、新技术的研发。支持科技领军企业调动上下游产业和中小型企业,破除国际封锁,打造产业创新联合体,开展关键产业技术突破,联合攻克一批关键核心产业技术瓶颈。

四、共同打造高质量创新引领区

东部地区提高原始创新能力和集成创新能力,中西部地区走差异化和跨越式发展道路,柔性汇聚创新资源,支持有条件的区域率先形成协同创新示范区。

(一)共同建设创新创业空间

锚定城市优质创新要素富集区位或适宜区位,大力推动城市内外各类创

---

① 高洪玮:《推动产业链创新链融合发展:理论内涵、现实进展与对策建议》,《当代经济管理》2022 年第 5 期。

新主体和平台充分发挥各自优势共同推进科学城、科技城、科学园、高科技园区、高新技术产业开发区、自主创新示范区等创新空间高水平建设,推动各类高能级创新园区与其他具备资源优势、领域优势和区位优势的城市协同布局分支园区或"创新飞地"。以各类创新空间为主要承载区,推进不同高端创新资源集聚,根据协同创新主体的比较优势,明确各创新空间的主导领域,按照产业链和创新链协同分工,有序开展科学研究、技术研发、成果转化等活动(张颖莉和杨海波,2023)。最终,在全国范围内形成多个分工合理的、具有国际影响力和全国引领力的创新策源地,以此为创新增长极引领带动各类创新空间协同发展。

(二)协力培育创新发展带

激发交通基础设施干线和网络的集散优势,强化高端创新要素的高速集聚和扩散。以城际高速铁路等交通走廊为依托,在创新资源富集且地理邻近的综合性国家科学中心城市和区域性创新高地城市之间协同布局构建科技创新走廊(王潇婉和武健,2019)①。强化企业在科技创新走廊组织中的创新主体地位,以科技领军企业为引擎整合沿线创新资源和要素,以优势产业为着力点共同打造产业创新集群。根据沿线地区的产业优势和区位优势等,建设产业创新先行区、科技成果转化区、创新联动发展区等功能分区,强化区域联动发展,推进产业链深度合作,同时发挥其空间溢出效应,增强对腹地城市创新活动的辐射和带动作用,促进周边地区协同创新发展。

五、协同整合内外科技创新资源

(一)促进创新要素跨区域融通共享

综合性国家科学中心城市和区域性创新高地城市依托其多样性的创新资

---

① 王潇婉、武健:《如何发挥高校对科技创新走廊发展的支撑作用》,《中国高校科技》2019年第8期。

源,建设不同类型、不同等级的科技资源共享平台,构建跨区域创新资源合作共享网络,完善利益分配机制,促进各地科学数据、科技信息、科技文献、实验材料等科技资源跨区域有序流动和高效利用(田时中和余盼盼,2023)①。有序扩大综合性国家科学中心城市和区域性创新高地城市的科技资源影响力和辐射力,促使各类创新要素有序协同联动。不断完善综合性国家科学中心和区域性创新高地及其依托城市的创新资源协调联动和共享合作机制,协同建立大型科学装置群、大型科研仪器等科技基础设施共建、共管及共享机制,增强科技资源联动及共享政策的一致性和协调性,深化区域科技资源开放共享。依托北京、上海、粤港澳大湾区等国际科技创新中心,加快各类国际高端创新资源集聚,促进国际先进前沿技术向国内转移扩散。

(二) 协同开展人才培养、招引与共享

面向国家科技发展需求,坚持需求和问题导向,聚焦综合性国家科学中心城市和区域性创新高地城市的优势领域和重点产业,加强科教融合和产教融合,支持高校、科研院所、实验室、企业等创新主体跨区域联合培养高层次创新型和专业化人才。以综合性国家科学中心城市为引领,共建多层次国内、国际人才招引渠道,通过硬件保障、资金支持、知识激励、环境优化等系列方式,联合吸引适应本地重点产业技术和科学研究领域的海内外高层次创新人才及高水平创新团队进驻(齐宏纲等,2023)②。综合性国家科学中心城市和区域性创新高地城市共建人才交流平台,鼓励科技人才交流合作,定期选派高层次人才进行跨单位、跨省市、跨区域交流学习,促进高端人才顺畅有序流动。切实提高战略型人才的重视程度和培养力度,关注各类科技人才的真实需求并给

---

① 田时中、余盼盼:《创新要素流动、税制结构与制造业高质量发展》,《工业技术经济》2023 年第 7 期。

② 齐宏纲、戚伟、刘振、赵美风:《中国人才分布的学历梯度分异性:时空格局及影响机理》,《地理科学进展》2023 年第 5 期。

予及时响应,汇集各项资金、设施等优质资源,切实提高人才发展待遇。

六、协同提升创新支撑保障能力

(一)协同优化科技创新体制机制

综合性国家科学中心城市和区域性创新高地城市协同深化各类科技创新体制改革,加强各城市间科技创新政策的协调和科技创新规划的衔接,在综合性国家科学中心和区域性创新高地核心承载区开展创新政策先行先试。建立健全关键核心技术攻关的新型举国体制,建立协同创新成本共担、利益共享机制。协同推进科技计划、科研项目管理体制改革,促进科技计划和科研项目对科技创新活动的指引效应。协同深化科技奖励激励体制改革,共同推进科研机构评估、科技成果评价改革,激发各类创新主体的创新活力。协同深化科技人才体制改革,完善人才培养、吸引、流动等各类相关政策。协同完善科研诚信制度体系,建立科技伦理协作机制。

(二)协同强化知识产权服务

综合性国家科学中心城市和区域性创新高地城市共同建设知识产权服务保护合作机制,全面加强知识产权服务和保护等领域的协作。强化知识产权服务,以综合性国家科学中心为引领,共同培育高价值专利,促进各类战略性新兴产业商标和专利等知识产权的突破。完善知识产权服务政策体系,健全知识产权交易机制,依托或新建知识产权交易场所,推动知识产权信息高效流通和扩散。协同完善有利于激励创新的知识产权保护制度,加强知识产权法规体系建设,统筹制定契合当地科技体制的知识产权保护政策。联合强化知识产权保护工作,推行知识产权跨地区联合执法,提供高质量知识产权司法保障(谷丽等,2018)①。

---

① 谷丽、任立强、洪晨、韩雪、丁堃:《知识产权服务中合作创新行为的产生机理研究》,《科学学研究》2018 年第 10 期。

（三）协同推动科技成果转移转化

充分发挥市场和政府的协同作用，激励综合性国家科学中心城市和区域性创新高地城市政府和企业在成果转移转化、技术转让等领域开展深度合作，推动全国技术市场一体化（蔡跃洲，2015）①。依托综合性国家科学中心的科技基础设施集群，打造多个具有国际竞争力的科技成果转移转化基地、国际技术转移转化中心等技术转化平台，促进国内外先进科技成果吸收和转化。在主要区域性创新高地建设一批辐射全国的科技成果转移转化平台，积极承接综合性国家科学中心及其所在城市的科技成果转化项目，打通原始创新向现实生产力转化通道（王宏起等，2018）②。协同打造一批面向高能级科研机构和高层次研究型大学的产业孵化器，为先进成果转移转化提供便利条件。鼓励企业建立专业化的技术转移机构，主动承接科研机构和高校的最新科研成果转化。

（四）协同提升科技金融服务效能

依托综合性国家科学中心和区域性创新高地及其所在城市集聚国内外优质投融资机构，设立科技金融专营机构，完善科技创新金融服务体系，为创新主体提供覆盖科技创新全过程的金融服务支持（李俊霞和温小霓，2019）③。拓宽融资渠道，建设科技创新金融支持平台，为符合条件的高水平科技型企业、科研机构和高校等提供相应的金融政策优惠。支持通过股权和债权相结合等方式，为企业创新活动提供融资服务，支持符合条件的创新型企业在境内外上市融资。引导各类金融机构开发优质科技金融产品，协同建立跨区域联

---

① 蔡跃洲：《科技成果转化的内涵边界与统计测度》，《科学学研究》2015 年第 1 期。
② 王宏起、吕建秋、王珊珊：《科技成果转化的双边市场属性及其政策启示——基于成果转化平台的视角》，《科学学与科学技术管理》2018 年第 2 期。
③ 李俊霞、温小霓：《中国科技金融资源配置效率与影响因素关系研究》，《中国软科学》2019 年第 1 期。

合授信机制,推动信贷资源流动,服务各类创新主体的跨区域融资需求。

总之,推进综合性国家科学中心和区域性创新高地及其依托城市的协同发展是一项长期而艰巨的任务,涉及战略布局、科技研发、产业发展等诸多环节。作为科技创新地域系统,综合性国家科学中心城市和区域性创新高地城市协同发展的关键是制定战略目标,针对性部署战略重点区域、关键领域及发展路径。

第一,综合性国家科学中心城市和区域性创新高地城市协同创新存在系列突出问题,主要表现为城市内、城市间创新主体互动较弱,影响协同创新的各类屏障仍然存在。综合性国家科学中心城市和区域性创新高地城市对外协同创新主要形成优势城市指向性(科学中心指向、企业总部集聚区指向、首都和省会城市指向等)、多维邻近指向性(地理邻近指向性、产业邻近指向性)和网络路径依赖性(强链接指向性)等特征。而城市内部协同创新主要呈现优势主体依赖性、创新集群依赖性(知识邻近指向性、社会邻近指向性、地理邻近指向性)和网络路径突破性等特征。上述特征使二者协同创新表现出两方面不足:一是,创新主体互动亟待增强,具体表现为城市对外协同创新联系极化现象显著,城市对外协同创新能力存在较大差距,城市对外协同创新能力有待增强,部分地理邻近的城市间创新联系偏弱,城市内部协同创新网络有待织密,高能级主体协同创新的辐射带动作用有限,城市协同创新存在较强的路径依赖等七大方面;二是,协同创新屏障亟待破解,具体表现为科技创新资源分布不均与流动不畅并存、阻碍创新要素流动的制度壁垒依然严重、城市间创新活动产业分工体系及优势领域格局尚不平衡三大方面。

第二,综合性国家科学中心城市和区域性创新高地城市协同创新的总体目标是强化国家战略科技力量,保障国家科技自立自强。具体包括:区域协同创新体系建设程度较高,基础研究创新能力显著提高,关键核心技术攻关取得突破,高新技术产业总体向中高端行列发展;主要创新指标排名位居世界前列,中国科技创新的全球竞争力显著提升,成为世界主要科技强国、科学中心和创新高地,以及全球创新网络的枢纽节点。

第三,综合性国家科学中心城市和区域性创新高地城市协同创新的战略重点主要包括战略重点区域和战略重点领域两个方面。首先,综合性国家科学中心城市和区域性创新高地城市协同创新的战略重点区主要涵盖区域重大战略承载区、都市圈及城市群地区、独特创新优势区域、中西部及东北地区优势区域等。(1)区域重大战略承载区主要包括京津冀地区、长江经济带、粤港澳大湾区、长三角地区、黄河流域等。(2)都市圈及城市群地区主要涵盖京津冀、长三角、珠三角、成渝双城经济圈等 19 个重点城市群和都市圈。(3)独特创新优势区域主要包括创新优势区和区位优势区,其中创新优势区主要指某领域具有全国比较优势的城市或区域,区位优势区指沿海港口城市、边境口岸城市、特别行政区等具有特殊创新区位优势的城市或区域。(4)为解决我国当前创新发展不平衡、不充分的问题,中西部以及东北地区的创新发展也是关键所在。

其次,战略重点领域主要涉及基础研究领域、优势技术领域、关键技术领域和前沿技术领域等。(1)基础研究领域主要涉及数学、生命、物理等基础学科,重点布局区位包括综合性国家科学中心城市,以及武汉、南京、西安等高水平研究型大学集聚城市。(2)优势领域主要涉及空天科技、新一代信息技术、生物科技、新材料、高端装备、节能环保等在国际上占据领先地位的领域,重点布局区位包括北京、上海、广州等综合性国家科学中心城市,以及武汉、南京、成都等区域性创新高地城市。(3)关键领域主要为人工智能、量子信息、集成电路、生命健康、新材料、新能源、软件系统等"卡脖子"技术领域,重点布局区位包括北京、合肥、上海、深圳等综合性国家科学中心城市,以及杭州、南京、重庆、郑州等区域性创新高地城市。(4)前沿技术领域主要包括脑科学和类脑科学、细胞与基因、量子科学等未来可能影响全球经济发展和社会变革的技术。北京、深圳、上海等综合性国家科学中心城市,以及武汉、哈尔滨、杭州等具备比较优势的区域性创新高地城市是前沿技术的重点布局区域。

　　第四,根据协同创新目标和主要问题,可从强化顶层设计、协同强化国家战略科技力量、联合开展科学技术攻关、共同打造高质量创新引领区、协同整合科技创新资源、共同提升创新支撑保障能力六个方面推进综合性国家科学中心城市和区域性创新高地城市协同创新发展。(1)根据协同创新目标及各地发展基础及定位,在各类创新主体共同参与下,顶层设计和系统谋划综合性国家科学中心城市和区域性创新高地城市协同创新的规划蓝图。(2)围绕国家科技战略发展需求,共建重大科技基础设施集群,协同构建高水平实验室体系,合力打造高水平研究机构,联合建设高水平研究型大学,共同培育科技领军企业,不断优化战略科技力量布局。(3)面向国家重点产业发展需求,建立关键核心技术动态清单,联合开展科学研究和技术突破,协同突破关键技术困境和前沿科学难题,强化产业链与创新链跨区域融合。(4)遴选城市优质创新要素富集区位或适宜区位,共同建设科技创新空间;激发交通基础设施的集散优势,协力培育创新发展带,共同打造高质量创新引领区。(5)构建跨区域创新资源合作共享网络,促进创新要素跨区域融通共享;加强科教融合和产教融合,协同开展人才培养、招引和共享。(6)深化科技创新体制机制改革,建立协同创新成本共担和利益共享机制;协同强化知识产权服务,共同建设知识产权服务保护合作机制;打造科技成果转移转化一体化平台,协同推动科技成果转移转化;协同建立跨区域联合授信机制,不断提升科技金融服务质量。

第七章　综合性国家科学中心和区域性创新高地的政策保障体系

政府通过远景规划、模式选择及相关政策制定等"有为"方式为综合性国家科学中心和区域性创新高地的形成和发展提供系列规制保障(杜德斌,2024)。从"硅谷"的诞生和发展,纽约科技创新中心的崛起,到慕尼黑智能工业的升级,以及新加坡创新型城市的兴起,政府政策均发挥十分重要的推动作用。综合国内外科学中心和创新高地建设经验,不难发现创新优惠政策和法律法规是综合性国家科学中心和区域性创新高地形成和发展的重要支撑和关键保障,主要集中于财税补贴及优惠、科技金融支持及平台建设、科技人才引培和激励、科技体制改革及创新生态营造等方面。

第一节　综合性国家科学中心和区域性创新高地建设的财税政策

财税政策是科技自立自强最为有效、持久且规模庞大的资金保障。财税政策的积极实施能够有效提高创新主体的主观能动性并弥补市场失灵。良好的财税政策能够为创新主体成长营造优越创新环境,进而强化企业、高校及科研院所等创新主体的主体地位。

一、基本财税政策工具

我国的财税政策工具主要包括财政补贴及税收优惠政策。财政补贴政策指国家财政为了实现特定目标而向企业或个人所提供的一种补偿，主要包括专项基金、财政贴息、财政担保和以奖代补等方式。财政补贴属于供给型的事前激励措施，能够直接弥补研发资金的不足，是创新主体研发投入的重要资金来源之一。税收优惠政策指政府部门通过制定和调整税收制度安排，通过对符合政策的企业或个人减轻或免除税收来激励其进行科技创新，主要包括增值税、企业所得税、个人所得税等多个税收种类。该措施具有间接性和滞后性，属于事后激励措施，能够通过大力度的减税降费促进红利的释放，为企业创新注入强劲动力（胡慧芳等，2022）①。

（一）财政补贴

财政补贴政策指政府部门为企业开展新产品及新技术研发等科技创新活动提供直接财政投入的事前激励措施。该措施具有灵活、直接和迅速的特点，能够有效解决研发创新活动的资金投入不足等问题，从而减少企业的人力和物力成本，保证企业研发创新活动的延续。目前，综合性国家科学中心城市和区域性创新高地城市主要提出了建立财政科技投入稳定增长机制，构建覆盖科技创新全过程的财政资金统筹和联动机制，实施财政资金"拨改投"改革，引导激励企业和社会力量加大科技投入等财政政策。如南京在科技创新"十四五"规划中提出：加大对重大科研设施预研和依托设施开展科学研究的投入，并对企业等社会力量开展科技创新活动进行补偿和激励；重庆在"十四五"规划中提出，提高研发准备金、重大新产品补助等财税政策以促进创新主体专业化。

---

① 胡慧芳、欧忠辉、唐彤彤：《财税政策对企业研发的影响实效——以战略性新兴产业为经验证据》，《东南学术》2022 年第 5 期。

（二）税收政策

税收优惠对企业科技创新影响效应主要包括宏观层面的税制结构、税率差异，中观层面的特定行业、产业的税收优惠，以及微观层面如研发加计扣除、固定资产加速折旧等特定税收优惠等。目前，综合性国家科学中心城市和区域性创新高地城市的税收优惠政策主要集中在税收减免、降低税率两方面。具体包括人才税收优惠、高新技术企业税收优惠、开展技术转让所得税和知识产权税收优惠、加大支持科技创新税前扣除力度等税收优惠政策。如南京出台了关于优化税收优惠、税收减免等相关政策；重庆则提出"提高制造业企业研发费用加计扣除比例、高新技术企业税收优惠"等税收优惠政策。

二、财税政策存在的问题

目前，综合性国家科学中心城市和区域性创新高地城市的财税政策存在信息不对称、政策时效性短、科技财税支持方式单一、政策存在"真空"地带等方面的问题：

（一）政策制定者与创新主体间信息不对称

政策制定者与创新主体之间的信息不对称主要受科技创新的时间成本和技术门槛的影响，政策的制定者因此无法及时知晓创新主体的科研进展及具体研发需求。因此，在政策执行过程中，容易出现创新主体为了获得政府财税支持而产出创新效能较低的科研成果而非追求创新所带来的超额收益等不良现象。同时，由于财税政策的时效性特征，创新主体为了获得短期目标成果支持而进行低级的技术创新，从而抑制了关键核心技术的积累和产出（王怡，2020）[1]。因此，创新主体与政策制定者之间的信息不对称会抑制创新主体高

---

[1]　王怡：《中国财税政策对企业自主创新的作用研究》，《商业观察》2020年第2期。

质量、高水平、高附加值的创新产出。

(二) 财税支持方式比较单一

综合性国家科学中心城市和区域性创新高地城市科技创新的财税政策存在方式单一、路径锁定的问题。当前,各城市的财税政策聚焦于优惠税后政策和政府的专项资金支持等方式(何晶晶,2021)①。政府虽对科技创新支持方法作出一些探索和尝试,然而主要资助方式还是以政府无偿投资居多(李宏彪和罗丽娜,2021)②。随着科技软实力重要性日益提升,政府单一补贴的财税支持已经无法满足综合性国家科学中心和区域性创新高地的建设需求,科技创新的财税支持方式也迫切需要进一步优化。因此,必须基于现实基础,为创新主体提供更加契合的财税政策支持。

(三) 政策针对性和有效性亟须提升

目前,综合性国家科学中心城市和区域性创新高地城市的财税政策缺乏针对各创新主体的具体实施细则。首先,各城市财税政策中对高层次和高水平科技人员的所得税优惠政策较为缺乏,也并未充分考虑科研人员的教育投资成本和机会成本(李宏彪和罗丽娜,2021)。在个人所得税的优惠政策中只对部分奖金和补助实施免收个人所得税,这对创新主体个人的主观能动性产生一定的消极影响。其次,企业等创新主体的财税优惠政策缺乏针对性,例如在税法体系中较为缺乏中小企业等创新主体的财税优惠政策,从而加剧创新主体自主创新转型升级的负担(王怡,2020)。最后,政策宣传效率较低,目前众多地区的财税政策多采用非公开的方式发布,即采用公告和暂行条例等方式出台(李宏彪和罗丽娜,2021)。因此,部分科技创新主体无法及时获得全

---

① 何晶晶:《财政税收制度创新扶持中小企业发展的策略研究》,《经济研究导刊》2021年第34期。
② 李宏彪、罗丽娜:《财税政策对企业自主创新的作用研究》,《会计师》2021年第19期。

部的财税支持政策,主观能动性无法得到有效激励,创新激励政策体系也无法持续提升和完善,进而加剧政府与创新主体之间的信息壁垒。

三、主要财税政策建议

(一)提高科技投入比例,加强科技前沿领域资金投入

目前,综合性国家科学中心城市和区域性创新高地城市财政科技拨款占财政总支出的比例依旧较低,因此需要加强对科技创新活动的资金投入:(1)在财政科技投入增长幅度显著超过财政经常性收入增长幅度的前提下,加大对科技创新主体的资金支持(李宏彪和罗丽娜,2021);(2)在加大科技投入规模的基础上,需要对财政科技资金结构进行优化和完善,为中小企业的自主创新营造良好的政策环境,对基础研究和应用基础研究等核心领域加大投资力度,促进综合性国家科学中心和区域性创新高地自主创新能力不断提升,推动国家科研机构的重大科技成果转移转化(邵培德,2019①;李宏彪和罗丽娜,2021)。

(二)改变单一财政补助,创新资金投入方式

由于不同的科技创新活动拥有独特的研发周期及经济特征,采取多样化的财政支持方式对创新主体的科技产出意义重大(邵培德,2019):(1)政府部门应制定多种补贴、有偿使用、以奖代补、引入社会投资等财政方法,并逐步完善税收优惠政策组合,注重不同政策间的相互作用和协调持续,从政策协调性、连贯性、适应性等方面不断完善财税政策体系,避免因政策不一致而造成政策效率损失(寇明婷等,2023)②;(2)不断推动各方主动加大科技领域的投资,全面提高企业自主技术研发能力,从而形成多元化、多渠道的科技投入体

---

①　邵培德:《我国财税政策对企业自主创新的作用研究》,《中国集体经济》2019 年第 22 期。

②　寇明婷、程敏、崔文娟、陈凯华:《研发税收政策组合对 R&D 活动影响的空间计量分析》,《科研管理》2023 年第 6 期。

系(李宏彪和罗丽娜,2021),推行科研人员科技成果转化的股权激励制度、个人所得税的减免措施、初创时期的税收优惠措施等;(3)开展与科技创新活动对应的技术服务免征增值税等优惠政策,促进科技创新的配套产业同步发展。

(三)建立以间接优惠政策为主的财税政策

间接优惠相对其他优惠政策更具政策引导性优势,能够在政府引导的基础上充分发挥市场公平的基本准则,并建立"政策引导市场、市场引导企业"的激励机制。综合性国家科学中心城市和区域性创新高地城市可通过强化加速固定资产折旧、投资抵免等优惠政策,由直接优惠政策逐渐向间接优惠政策等形式过渡,充分激励各创新主体积极进行新技术的投资和设备的更新换代,从而进一步推动创新主体自主技术产业化进程(李宏彪和罗丽娜,2021)。

第二节　综合性国家科学中心和区域性创新高地建设的金融政策

金融是一种战略资源和生产要素,也是各种生产要素组合的资源配置工具,能够实现跨时间和跨空间的资源和风险配置。金融资源的优化配置能够对重大科技创新的发生和扩散发挥重要作用。由于新技术早期具有爆发式增长的可能性,以及较大的不确定性,新技术发展初期需要风险资本的投资,以获得技术创新繁荣和科技成果转化落地,而技术创新的突破又为风险投资带来可观收益,并激发更多社会资本进入风险投资领域(贾帅帅和贾林果,2023)[①]。

一、基本金融政策工具

无论是激发企业科技创新潜力,提升企业自主创新能力,还是推动企业与

[①] 贾帅帅、贾林果:《科技金融推动科技创新有效路径的跨国比较——兼谈科技金融促进高新区企业创新的实施路径》,《金融市场研究》2023年第2期。

高校、科研院所和社会组织等各类创新主体建立协同创新关系,形成攻坚原始创新、技术转化的强大合力,都必须依靠金融体系提供持续、稳定的资金支持(杨嫒棋等,2023)①。目前,科技金融的政策主要集中于科技融资支持政策、科技信贷体系、搭建金融服务平台、建设科技金融生态及科技孵化器建设等方面,以促进科技与金融有序结合。

(一) 创业风险投资政策

各种创业风险投资的使用对象多为高科技企业,这些创新主体具有极高的成长性和效益性,是国家科技竞争力和创新驱动力的重要源泉。他们在发展初期容易出现资金短缺的情况,因而需要创业风险投资机构的资金支持。目前,综合性国家科学中心城市和区域性创新高地城市的创业风险投资政策主要包括创业模式构建、政策文件出台、吸引外国投资等方面。

一是,构建"孵化+创投"的创业模式,发展众创空间(创新型孵化器)。该创业模式主要依托现代信息技术来发展新型创业服务,建立一批低成本、便利化、开放式众创空间、虚拟创新社区及多种形式的孵化机构。构建"孵化+创投"的创业模式能够为创新主体提供工作空间、网络空间、社交空间和共享空间,并降低大众参与创新创业的成本和门槛。北京、上海、深圳及西安等城市皆在"十四五"规划中提出支持众创空间、孵化器、加速器、大学科技园等创新创业载体发展的相关金融政策。

二是,出台有关风险投资地方性政策。综合性国家科学中心城市和区域性创新高地城市的创业投资政策集中于行业投资基金支持和创新主体投资管理等方面。例如,西安在"十四五"规划中提出,发挥国有创投机构的精准补位作用,健全科技部门与政府投资基金、创业投资机构的联系,建立"重点产业基金领投、政府引导基金跟投、金融和社会资本联投"的合作机制,形成"孵

---

① 杨嫒棋、杨一帆、寇明婷:《科技金融支持国家创新体系整体效能提升研究》,《科研管理》2023年第3期。

化+投资"的联合支持方式。武汉则提出"发挥政府引导基金作用,针对不同阶段企业需求,引导社会资本参与设立天使投资、风险投资、私募股权投资等各类创业投资基金,构建覆盖科技型企业全生命周期的创业投资基金体系"等相关投资政策。

(二) 科技信贷担保政策

科技信贷和担保政策主要针对科技型中小企业融资难问题,根据科技型企业的融资需求和企业特点,鼓励和支持商业银行开展产品和服务创新,探索支持科技型企业融资发展的多种方式,从而通过贷款和担保推动科技型企业的发展。目前,综合性国家科学中心城市和区域性创新高地城市对创新主体的科技信贷和担保政策集中于差异化的贷款和监管、创新风险管控、利益与风险的分担政策等。比如,西安在"十四五"规划中提出,加强与征信公司、担保机构、保险机构等合作,形成政担保联动、银保政联动、投贷联动,重点发展科技融资租赁、科技保险及知识产权质押融资、股权质押贷款等无形资产质押贷款。天津则明确规划:支持鼓励金融机构建立面向科技企业的专营机构,创新金融产品,缩短审批流程,提高科技型中小企业不良贷款容忍度,加大科技担保支持力度,探索开展科技保险、科技租赁、知识产权、应收债款质押融资,拓宽自由贸易账户功能应用和适用范围。

(三) 资本市场政策

资本市场政策的发展方向主要是引导和支持创新主体进入多层次资本市场。综合性国家科学中心城市和区域性创新高地城市的资本市场政策集中于多层次的股权交易市场体系、知识产权证券化业务、新三板市场(全国中小企业股份转让系统)等方面:

第一,建设多层次资本市场体系,推动创业板市场改革。多层次资本市场体系包括多层次的股权交易市场和多层次的债券交易市场。面对中小企业融资难问题,一是着重发展多层次的股权交易市场,特别是推动科技型中小企业在中小板市场、创业板市场(即"新三板"市场)上市。例如,佛山在"十四五"规划中提出"建立四板市场到三板市场的绿色通道"和"三板市场到二板市场的全方面服务机制",推动符合条件的科技型企业快速在资本市场挂牌上市。二是加快创业板市场改革,健全适合创新型、成长型企业发展的制度安排,扩大服务实体经济覆盖面,培育和支持符合条件的高新技术企业在中小板、创业板及其他板块上市融资。比如,宁波在"十四五"规划中提出,加强科技型企业上市辅导,完善科技创新板上市企业培育库,支持企业在科技创新板、创业板、主板及宁波股权交易中心等多层次资本市场上市。

第二,探索开展知识产权证券化业务。开展股权众筹融资试点,组织符合条件的高新技术企业发行中小企业集合债券和集合票据,探索发行符合战略性新兴产业领域的高新技术企业高收益债券。支持符合条件的企业发行项目收益债,募集资金用于加大科技创新投入。例如,重庆在"十四五"规划中指出,推动区域股权市场建立科技型企业综合金融服务平台,推动科技型企业在重庆股份转让中心科技创新板挂牌和完成股份制改造,探索设立基金孵化板,建立科技型企业债券融资推进机制。

第三,进一步完善"新三板"市场,推动高新技术企业股份转让工作。逐步允许具备条件的国家高新技术产业开发区内未上市的高新技术企业进入代办系统进行股份转让,完善非上市公司股份公开转让的制度设计。扶持发展区域性产权交易市场,统一交易标准和程序,建立技术产权交易所联盟和报价系统,为科技成果流通和科技型中小企业通过非公开方式进行股权融资提供服务。

(四)科技保险政策

科技保险指采取政策引导和商业化运作的经营模式,由政府提供财税补贴和税收优惠政策,通过保险公司的商业化运作,为高新技术企业提供财产、人员、责任及融资等方面的保险保障和服务,以提高企业的生存和发展能力。

随着我国自主创新战略的推进,高新技术企业对科技保险需求日益迫切。科技保险能够有效分散科技创新风险,提高科技企业的自主创新能力,日益成为科技界和保险界共同创新、融合发展的新舞台。例如,武汉在"十四五"规划中提出,加快建设国家级科技保险创新示范区,积极开展信用保险、科技保险、创业保险等科技保险产品和服务创新。

二、金融政策存在的问题

金融行业与科技创新同步进行,可以在产生联系、挖掘共同目标过程中,实现优势互补、强强联合、共同受益(包梦蛟等,2023)[①]。而科技金融政策是推动创新主体开展科技创新的重要保障,但是由于其不稳定性和高风险性,金融市场难以为科技创新提供强有力保障。目前,综合性国家科学中心城市和区域性创新高地城市的科技金融政策存在体系不完善、专业人才缺失、供给力度有待加强及多层次科技金融服务体系不健全等问题。

(一)科技金融政策体系有待进一步完善

当前,综合性国家科学中心城市和区域性创新高地城市的金融市场体系尚不健全,资本市场不发达,缺乏有效支持科技型中小企业成果转化资金和技术研发资金的支持渠道,科技创新板块受到较大程度的制约并难以获得快速发展(包梦蛟等,2023)。首先,尽管许多城市已经出台了一系列有关科技金融的优惠政策,并推出了与市场运行相匹配的一系列科技金融产品,但在科技金融政策体系建设方面还不够完善,存在风险投资政策覆盖范围不全,科技金融资金支持力度较弱等问题(王瑞瑞等,2022)[②]。其次,大部分政策依旧停留

---

① 包梦蛟、赵安然、王大鹏:《优化科技金融与科技创新协同机理的策略及建议》,《产业创新研究》2023 年第 3 期。

② 王瑞瑞、张瑞、赵莹:《科技金融深度融合助推河南建设国家创新高地研究》,《河南科技》2022 年第 17 期。

在宏观指导层面,且政策落实程度较低,从而导致政策无法得到有效推进和实现既定目标(包梦蛟等,2023)。最后,科技金融政策对创新的推动效果相对薄弱,科技金融与科技创新的融合效果有待提升。

(二)专业复合型科技金融人才缺乏

科技金融人力资源是科技金融创新的主体,也是科技金融有效运行的重要支撑(孟添和祝波,2020)①。因此,科技金融与科技创新的协同发展需要同时具备科技金融和科技创新领域知识的复合型人才。目前,综合性国家科学中心城市和区域性创新高地城市的科技金融人才引育存在诸多问题:(1)人才结构不合理,高层次科技金融人才数量少,复合型人才储备不足;(2)信息不对称,信息交流和反馈不及时;(3)科技金融与科技创新主体发展不协调(王瑞瑞等,2022)。科技金融领域是新兴产业,需要通过人才政策不断引进和培育复合型人才,避免"懂科技的不懂金融,懂金融的不懂科技"的情况出现,从而促进科技金融与科技创新高度协同发展(谢文栋,2022)②。

(三)科技金融融资模式单一,供给力度有待加大

科技金融资金持续供给是技术创新提质增效的重要保证,是构建一流创新生态,促进综合性国家科学中心城市和区域性创新高地城市建设的资金保障(王瑞瑞等,2022)。然而,目前综合性国家科学中心城市和区域性创新高地城市的科技金融政策存在科技创新融资模式较为单一、供给强度较为低下等问题。科技创新主体能够获取的主要资金来源依旧停留于政府拨发财政资金和传统商业银行贷款,进而导致了科技金融资金支持有限,且无法满足创新

---

① 孟添、祝波:《长三角科技金融的融合发展与协同创新思路研究》,《上海大学学报(社会科学版)》2020年第4期。
② 谢文栋:《科技金融政策能否提升科技人才集聚水平——基于多期DID的经验证据》,《科技进步与对策》2022年第20期。

主体在科技创新不同阶段的资金多样式需要(包梦蛟等,2023)。因此,综合性国家科学中心城市和区域性创新高地城市需要不断拓展金融服务渠道,完善金融体系,持续为创新主体提供多样化的金融服务(李延芳,2021)①。

三、主要金融政策建议

(一)建立多层次、多手段、多组合的全方位投融资服务

建立多层次、多手段和多组合的全方位科技金融服务,为不同阶段和不同层次的科技创新活动提供资金支持和保障:(1)科技创新是一个多阶段、多层次和多主体合作的过程,应在创新主体的技术研发、技术孵化、技术成果转化及产业化等各个阶段提供与之匹配的资金配置(任祝和薛瑞楠,2021)②;(2)科技创新也是一个具有不同发展程度的全生命周期过程(培育期、初创期、成长期、成熟期、衰退期等),需要为不同阶段的科技企业提供多元化的科技金融机构、多样化的科技金融产品,以及与生命周期相匹配的融资支持(孟添和祝波,2020);(3)建设数字化金融服务体系,以数据和互联网技术为基础,为创新主体提供全方位和多层次的科技金融服务(李延芳,2021)。

(二)促进科技创新资源的优化配置

优化配置科技创新资源能够促进科技创新活动信息的高效处理,减少信息不对称以降低交易成本。主要包括以下手段:(1)依托丰富的信息资源和相关的专业知识,综合评估科技型企业整体发展情况,降低投融资机构信息不对称问题,减少投融资活动的评估和交易成本,并集聚社会资本;(2)促进科技创新活动的优胜劣汰,通过科技创新项目的甄别和筛选,选择高成长、高收

---

① 李延芳:《区域经济高质量发展与科技金融政策的协调》,《中国外资》2021年第24期。
② 任祝、薛瑞楠:《天津市科技创新效率提升路径探讨——基于科技金融视角》,《天津经济》2021年第11期。

益、有潜力的项目和企业,淘汰科技创新活动未达到预期收益和成果的创新主体(任祝和薛瑞楠,2021);(3)加强产业集聚,优化配置科技创新资源,引导科技创新发展方向,不断吸引并培养复合型人才为创新主体提供针对性的科技金融服务。

（三）加快搭建科技金融联动综合服务平台

搭建科技金融联动综合服务平台能够推动科技金融资源高度整合,减少信息不对称情况,并促进专业人才的培养。主要集中于以下三个方面:(1)加强科技金融工作顶层设计,提升相关政策的专业性和执行性,增强纵向政府间和横向部门间的沟通和衔接,跨越部门利益进行通盘考虑,促进更广泛的行政管理部门、金融机构参与政策的制定和落实,以此形成政策合力(崔璐等,2020)①;(2)依托现有服务平台,实现高校及科研院所、中介服务机构、投融资机构、科技型企业之间的合作和互动,降低信息不对称,推进科技资源和金融资源的高度聚集和深度融合,推动科技项目落地产业化,促进科研成果及时转化和融资高效对接;(3)整合各领域专家资源,组建涵盖各行业的科技金融服务专家委员会,从创新主体科技含量、未来市场发展潜力等多方面进行解析,减少投融资机构信息不对称性,加强科技金融专业复合型人才培养,为建设科技金融体系提供人才支撑(任祝和薛瑞楠,2021)。

第三节　综合性国家科学中心和区域性
创新高地建设的人才政策

人才是区域经济增长的决定因素,是促进经济可持续发展和产业结构升级转型的真正源泉。人才也是创新的主体,高素质创新创业人才更是综合性国家

---

① 崔璐、申珊、杨凯瑞:《中国政府现行科技金融政策文本量化研究》,《福建论坛(人文社会科学版)》2020 年第 4 期。

科学中心和区域性创新高地形成发展的核心和关键(杜德斌和何舜辉,2016)。

一、基本人才政策工具

在知识经济时代,人才是综合性国家科学中心和区域性创新高地建设的行为主体,是新知识的创造者、新技术的发明者、新产业的开拓者(杜德斌和祝影,2022)。当前,众多综合性国家科学中心城市和区域性创新高地城市对人才这一核心要素均出台了相关政策,主要集中在人才的培育、人才的引进和人才的激励等方面。

(一)人才的培育和发展

目前,人才的培育和发展政策主要包括研发资金的投入、人才计划的实施、高等院校和科研院所科研人才的培育等。

第一,重点领域、重大平台、重大项目、重大工程是综合性国家科学中心城市和区域性创新高地城市集聚高端科技人才的主要阵地。例如,北京在"十四五"规划中提出加大高端人才引育力度,重点支持规划涉及的重大平台、重大工程、重大项目的人才支撑;上海则在"十四五"规划中提出加大对集成电路、生物医药、人工智能等重点领域的人才供给,加快前瞻布局,优化组织管理,提高人才质量。

第二,多类型、多层次、多途径是综合性国家科学中心城市和区域性创新高地城市科技人才计划实施的主要特征。例如,北京在"十四五"规划中提出,持续实施"北京学者""智源学者""科技新星计划"等人才计划,扩大北京自然科学基金青年科学基金项目的支持规模,发现和培养一批创新思维活跃、敢闯"无人区"的青年人才,努力造就一批具有世界影响力的顶尖人才。上海在"十四五"规划中提出,大力集聚和培育一批具有国际影响力的高层次科技创新人才和团队,着重加强对科技领军人才团队和高层次科技创新人才团队的稳定支持。西安则提出,实施"西安英才计划",采取柔性引才、平台引才、项目引才等多种方式,引进培育高层次人才、拔尖人才(团队)和青年才俊。

第三,依托重点学科、重点领域、高水平科研院所、重大创新平台培养各类人才是综合性国家科学中心城市和区域性创新高地城市科技人才培育的主要形式。例如,上海提出打造与国际科技创新中心建设和新时代经济社会发展需求相适应的科技创新人才队伍,加强青年人才培育,实施"强基激励计划",每年遴选培育 1000 名青年未来顶尖人才,并加大"超级博士后"支持力度,每年选拔培育 500 名海内外优秀博士。宁波提出,开展新业态创业领军人才培育,实施宁波帮"兴甬行动"、创二代"青蓝接力行动"、新生代"星火行动",聚焦商业模式创新、新型基础设施建设、平台经济及数据要素市场化等领域,重点支持企业高管、科技人员、海外留学归国人才、"创二代"等高端创业人才,引进培育一批适应新经济、新业态发展的领军人才。济南则提出,发挥国家级重点人才工程和"泰山人才"工程作用,依托重点学科、高水平科研院所、重大创新平台,围绕山东科技创新重点领域,培养引进一批有影响力的科技领军人才,并聚焦数学、物理学、化学、生物学、材料科学等基础学科,加大基础研究领域科技领军人才培养和引进力度。

(二) 人才的引进和服务

为集聚全球高端科技人才,一些综合性国家科学中心城市和区域性创新高地城市出台了宽松外籍入境政策、完善外来人才社会保障与服务体系,以及建设创新平台吸引人才集聚等政策。

一是,外籍人才的引进。为加大国际高端人才的引入,实施宽松的入境手续、便利的工作许可、放宽外籍人才就业等政策措施。例如,北京出台了外籍人才绿卡直通车、积分评估等宽松的外籍落户政策,以及签证、居留许可等外籍人才入境政策。上海出台了优化外国人来华工作许可制度,试点推进创业孵化期内外国人才及团队办理工作许可,便利外国青年人才、科研团队成员、科技企业骨干办理工作许可。西安落实了境外高端人才引进政策,在陕西自由贸易试验区探索外国人来华工作流程便利化办理方式,推进海外高层次人才工作许可、出入境便利服务、永久或长期居留手续、留学生就业等"绿色通道"服务。

二是,外来人才社会保障和服务的完善。从优化语言环境、文化环境、人才服务等方面,为外来人才提供良好社会保障和服务等类国民待遇。例如,北京实施"朱雀计划",加快引进国际律师、知识产权人才、项目经理、产业投资人、技术经纪人等科技服务人才。上海从语言环境、文化融入等角度,通过设立"海外人才服务之家",发布多语种政策服务信息,为在沪海外人才提供更加精准、内容丰富的优质服务,进一步营造海外人才回沪的引才环境。天津出台了支持滨海新区建设人才特区相关政策,推动建立外事审核审批直通车制度,深入推进海外人才离岸创新创业基地建设,支持和鼓励外籍高端人才申请在中国永久居留,打造国际人才集聚区。

三是,集聚人才的科技创新平台建设。通过加强研发机构、研发基地及各种形式的科技创新平台建设促进人才的引进。例如,北京提出了依托国家级创新基地、新型研发机构等创新平台,以"大科学装置+大科学任务"等形式,吸引全球顶尖科研人才开展科研工作的政策。武汉提出,以重大科技基础设施、高水平实验室等创新平台为依托,探索建立全球"双聘"制度,重点引进一批国内外顶尖科学家和一流创新团队,面向全球引进一批战略科学家。

(三)人才的激励和评价

目前,人才激励机制主要包括优化绩效工资、评价体系、职称评审等方面。例如,北京在"十四五"规划中,提出"完善科研人员职务发明成果权益分享机制",探索赋予科研人员职务科技成果所有权或长期使用权,以破解"五唯"和加快科技成果转化。上海提出深入实施科技创新人才分类评价和人才流动机制,充分激发人才创新活力,充分发挥用人单位人才评价主体作用,对从事基础研究、应用研究、成果转化和科技管理服务等不同类型人才,规范科技人才分类评价机制,推行基础研究代表作评价制度,探索多元化人才评价机制。重庆提出完善以能力贡献为导向的人才激励机制,健全开放灵活的人才吸引机制。宁波则提出了实行以增加知识价值为导向的人才激励机制,试行科技成果转移转化利益分配机制。

二、人才政策存在的问题

目前,综合性国家科学中心城市和区域性创新高地城市的人才政策虽然覆盖到人才的培育、引进、激励和评价等各个方面,但仍然没有针对性地破除关键政策"最后一公里"落地问题和协同性问题。

(一)人才培养体系不够完善

目前,我国综合性国家科学中心城市和区域性创新高地城市对各个类别的创新人才主体缺乏完整人才培养体系,不同类型人才的培养与就业需求和产业需求脱节,科研成果无法得到有效转化。一方面,人才培养对象政策覆盖不全。例如,部分城市的人才培养政策聚焦于体制内高校、科研院所及国有企业,重点培育教科文卫领域研究人员及科技创新研发人才,缺乏针对民营企业的项目支持及人才引育(孔缨,2018)[1]。部分城市则存在岗位群体政策无区分,以及不同教育程度人才政策目标错位的现象(韩红梅,2022)[2]。另一方面,人才培养政策与实际需求脱节。例如,科技创新人才培养政策对人才分类开发和培养,缺乏有效的分层分类机制而导致政策的有效性无法发挥。

(二)人才引进存在结构失衡及流失风险

1. 人才引进结构失衡,缺乏科技服务人才

人才结构矛盾突出,科技创新服务业人才开发滞后。科技服务业是以技

① 孔缨:《上海市科技创新中心人才政策评估及优化建议》,《党政论坛》2018年第11期。
② 韩红梅:《苏州市人才政策供给与人才需求契合度研究与启示》,《河南科技》2022年第21期。

术和知识形式为科技创新及其成果转移转化活动提供服务的新兴产业,也是建设综合性国家科学中心和区域性创新高地的重要支撑。目前,综合性国家科学中心城市和区域性创新高地城市的科技服务业发展基本滞后于高科技产业发展,尚未形成集聚效应,技术转移、创业孵化、知识产权、科技金融、科技研发等科技服务从业人员供给不足,导致现有技术成果无法实现高效转移转化和有效流动。比如,部分城市在数字经济建设中,针对性地出台人才培养项目申报配套、青年人才培养项目择优资助、技术人才培养和职业技能提升试点等资助计划,但依旧缺少数字经济投融资等方面的配套服务型企业人才培养(李帆等,2022)①,导致数字技术成果无法高速商品化和产业化。

2. 科技创新人才存在流失风险

目前,综合性国家科学中心城市和区域性创新高地城市的科技创新人才政策注重"引才",缺乏"留才"和"育才"环节政策的重视及实施。城际非理性的"外部人才抢夺战"愈演愈烈,本土人才缺乏足够重视和培育,进而造成本土人才外流的风险,许多综合性国家科学中心城市和区域性创新高地城市普遍存在人才"引得进、留不住、用不好"的现象。一是,地方政府揽才过于"功利",片面引进"高学历"和"有帽子"人才,与本地社会经济需求出现偏差,高技能工人、丰富创业经验人士等重要人才发展受到抑制,面临外流风险。二是,因片面评价机制,盲目引进外部人才,忽视本土人才的开发和培育,导致本土人才不断外流,加剧区域创新差距。三是,缺少后期配套规划,人才价值无法充分发挥。尤其是人才落户、住房补贴、子女教育、配偶工作等配套服务缺乏统一规划和部署,导致外引人才无法安居乐业,而本地人才也因配套服务内外有别出现外迁风险。例如,一些沿海经济发达城市的"落户难""住房难"问题降低了引进人才和本地人才的归属感和幸福感,进而导致大量人才"逃离"(李帆等,2022)。

---

① 李帆、胡春、杜振华:《北京市数字人才政策发展现状及对策建议》,《人才资源开发》2022年第19期。

（三）人才激励缺乏有效支撑

1. 人才激励力度有待加大

人才激励制度存在政策宣传和落实力度不够,人才激励机制效率低下的问题。在经济激励方面,科研人员的绩效工资普遍存在支出比例不足,知识创造的价值无法得到有效认同和充分激励的问题。在鼓励技术、知识产权入股、经营者持股和期权制度方面,相关政策还处于探索阶段,部分政策尚未落实。在社会激励方面,目前地方政府对人才的激励政策存在数量少且方式单一的问题,科技创新人才无法获得应有的社会尊重和荣誉(孔缨,2018)。

2. 人才激励政策有待宣传

在人才激励政策宣传方面,创新创业主体对政策的了解不够充分。一是,高校、企业等用人单位并未形成"找人才政策、学人才政策、用人才政策"的用人方法。二是,科技创新人才对相关政策缺乏了解,对市场环境、法律法规及相关政府部门不熟悉。作为企业需求最为旺盛的青年人才,往往因为无成果、无头衔等因素难以享受政策优惠,致使政策导向与实践结果出现脱节。三是,政府部门并未形成第三方信息渠道的供给,由此形成了用人单位与人才之间信息不对称问题,进而导致"人不尽其用",引发"人岗不相见"等问题。

三、主要人才政策建议

目前,综合性国家科学中心城市和区域性创新高地城市在科技创新人才培养政策、高端人才引进政策及科研人才激励政策等方面均存在一定的问题和不足,针对上述问题亟待优化人才引领创新发展的机制,建立健全科技人才引育协同政策体系:

（一）完善人才培养体系,促使供给需求有效对接

重点提升科技创新人才培养体系建设,促进人才培养效率的提升,与产业

实际需求的有效对接(宁甜甜和张再生,2014)①:(1)深入了解研究国内外人才类型及培养机制,不断创新发展人才成长培育理念,突破人才培养路径依赖,从人才年龄阶段、教育经历、科研成果及工作岗位等维度进行人才成长和培养政策的精准制定和实施;(2)对创新载体进行细致分类,针对不同类型企业、创新中心、高校、科研院所、重点实验室等创新载体精准实施人才培养政策,明晰不同人才政策的发放对象及实施范围;(3)促进人才培养政策与综合性国家科学中心和区域性创新高地实际需求相适应,确定区域创新产业所需要的人才类别,定制化和针对性制定人才培养和引进政策,保证政策目标的精确性和有效性,撤销目标错位的人才政策。

(二) 优化人才引进结构,促进科研成果高效转化

按照综合性国家科学中心城市和区域性创新高地城市的产业需求变化,不断优化人才引进结构,通过人才优惠政策减少人才流失,保证科研成果有效转化:(1)在人才引进中发挥政府和市场的双重作用。通过产业界、学术界等创新载体市场化引进人才,促进人才结构与实际需求相适应,并发挥政府的引导作用,推动人才引进与配置平台的建设和完善(赵玲玲,2019)②;(2)优化区域户籍制度及住房政策,建立基于人才分层分类的住房政策体系,减少人才的流失(李帆等,2022);(3)实现人才效益与人才流动两大目标齐头并进,鼓励人才在不同区域、创新载体及岗位职位之间的有序流动,促进科技创新的高效溢出。

(三) 激发人才激励制度效能,实现人才市场开放包容

人才激励政策的力度和宣传有待加大,且人才市场的开放性和包容度有

---

① 宁甜甜、张再生:《基于政策工具视角的我国人才政策分析》,《中国行政管理》2014年第4期。

② 赵玲玲:《深圳国际化人才引进政策的现状、问题及对策》,《特区实践与理论》2019年第2期。

待提升:(1)建立科研人员容错免责机制,放宽科研人员自主权利,拓宽人才市场的开放性和包容度;(2)提高科技人才收益和奖励,解决科技人才合理的后顾之忧,激发科技人才活力和创造力;(3)加大人才政策宣传力度,强化第三方信息平台建设,促进人才需求与人才供给有效对接;(4)建立多元主体的人才评价体系,健全人才合理分配创新成果收益的制度保障,充分激发科技人才能动性。

第四节　综合性国家科学中心和区域性创新高地建设的创新环境政策

创新环境政策为国家科技创新体系建设提供良好的支撑条件和环境氛围,是综合性国家科学中心和区域性创新高地建设的重要保障。完备的知识产权保护政策、先进的科技体制改革政策、良好的创新氛围和包容文化,能够为综合性国家科学中心和区域性创新高地发展提供充分的法律保障、有效的体制支撑及适宜的市场环境。

一、基本创新环境政策工具

创新环境是区域创新网络形成和发展的根本动力,一定程度上决定了区域吸引和聚集各种创新资源的能力。优化创新环境能够有效培育和激发创新主体的创新活力,其政策体系主要涉及科技体制、知识产权和技术标准、文化创新生态环境等维度。

(一)科技体制改革政策

科技体制改革能够有效统筹科技资源,释放创新发展活力,促进区域科技资源合理配置。在科技创新"十四五"规划中,众多综合性国家科学中心城市和区域性创新高地城市围绕科技体制深化改革,提出了导向性政策、激励性政策和规范性政策,以助力城市自主创新能力的提高。

1. 导向性政策

期间,众多综合性国家科学中心城市和区域性创新高地城市提出了推进政府职能和"放管服"改革,不断完善"服务包"制度,建设友好的营商环境,更大范围惠及各类创新主体。例如,北京在科技创新"十四五"规划中提出,持续建立"普惠+精准"服务机制,落实"服务包""服务管家"制度,针对不同类型创新主体提出不同的服务体制政策。西安也在"十四五"规划中提出了加速科技资源统筹改革,出台了《推进全面创新改革试验 打造"一带一路"创新中心的实施意见》等系列政策,率先开展以事前产权激励为核心的职务科技成果权属改革。

2. 激励性政策

激励性政策旨在通过改变科学事业费的拨款方式,调整科学事业费使用方向,从而优化科技资源配置,将科学事业费由养人改为办事,促使科研机构转换运行机制,加速科技成果转化和高新技术产业发展,提高自主创新能力和科技综合实力,促使科技与经济紧密结合。例如,北京在特定领域按规定开展高新技术企业认定"报备即批准"政策试点,推动研发费用加计扣除、高新技术企业所得税减免,以及中关村小微企业研发经费支持等政策的落实。

3. 规范性政策

为加强科技项目招标和投标活动的管理和监督,保障重大科技项目参加方的合法权益,众多综合性国家科学中心城市和区域性创新高地城市提出了一揽子规范性管理政策,主要包括投标管理、项目管理、研究开发中心管理、实验室规则等方面。例如,广东省科学技术委员会颁布了《广东省重大科技项目招标投标管理办法》《广东省科技创新百项工程项目管理责任制施行办法》《广东省科技项目跟踪管理办法(试行)》等相关监管政策。天津则提出了建立事前承诺、事中监督和事后绩效评估的监督管理机制,强化法人主体责任,建立随机抽查和专项评估制度,加强对科技项目的监督检查,进一步优化科研监督管理。规范性管理政策能够帮助创新主体确定功能定位和建立宏观目标,逐渐推动科技计划管理工作向科学化、规范化、法治化的方向发展。

(二)知识产权和技术标准政策

知识产权和技术标准是科技创新活动和创新驱动发展的桥梁和载体。运用标准化手段加强以知识产权为核心的知识资源规划和管理,已经成为现代化国家巩固和提升综合创新能力的战略选择。为加快建设世界科技强国,综合性国家科学中心城市和区域性创新高地城市纷纷出台了有关知识产权和技术标准的相关政策。

1. 知识产权政策

知识产权政策包括知识产权创造、知识产权运用、知识产权保护及知识产权管理等方面。综合性国家科学中心城市和区域性创新高地城市的法治环境政策主要集中于知识产权保护,具体内容包括知识产权评估、知识产权侵权查处机制等方面。加强知识产权保护,建立知识产权评估制度,严厉查处和制裁各种侵犯知识产权的行为,及时有效地处理知识产权纠纷是构建良好的创新文化氛围和优化创新环境的重要内容。例如,上海提出了"建立知识产权法院"举措,初步构建了"四位一体"的技术事实调查认定体系。北京在"十四五"规划中明确提出,运用新一代信息技术提升源头追溯、实时监测、在线识别、网络存证、跟踪预警等知识产权保护与服务能力,全面强化知识产权保护体系等相关法律政策。南京则在现有法规框架下,以知识产权创造者私法保护为利益平衡前提,在权属分配上将公共利益维护作为基本要求,明确规定公共参与方在权属分割中的比例范围。

2. 技术标准政策

技术标准政策包括基础技术标准、产品标准、工艺标准、检测试验方法标准,以及安全标准、卫生标准、环保标准等多个领域,是自主创新的技术基础。运用标准化手段,是夯实知识产权宏观管理基础和提升创新主体知识产权综合能力的关键。当前,综合性国家科学中心城市和区域性创新高地城市的技术标准化政策集中于攻关、研发、制定及起草产业技术标准等方面。例如,上海在科技创新"十四五"规划中提出了"加快关键科研仪器自主研发和标准建设,鼓励产学研联合自主制定、修订和完善仪器产业技术标准,加强国产科研仪器应用示范"等相关政策。天津在"十四五"规划中明确要求:强化科技创新的法治保障,加强知识产权和技术标准应用,支持高等院校、科研机构、企业和其他社会组织牵头或参与各类标准的起草和修订,形成具有自主知识产权的标准体系。济南则在科技创新"十四五"规划中,提出要强化技术标准体系建设,推动全社会运用标准化方式组织生产、经营和管理;以标准助力创新驱动,提升标准经济发展水平;建立技术创新、技术专利、技术标准递进转化机制;构建以自主知识产权技术为核心的先进团体标准体系;培育形成品牌标准,推动技术优势向标准优势、规则优势转变等。

(三)文化创新生态环境政策

营造有利于创新发展和人才成长的文化创新生态环境,是建设综合性国家科学中心和区域性创新高地的关键一环,主要包括科研诚信政策、科普政策和科技奖励政策三个方面:

1. 科研诚信政策

综合性国家科学中心城市和区域性创新高地城市的相关政策内容主要集中于科研诚信管理规范性文件、科研诚信建设联席会议制度及科技信用管理体系等方面。例如,西安在"十四五"规划中提出了"完善科研诚信体系建设,建立无禁区、全覆盖、零容忍的科研诚信管理制度,全面实行科研诚信承诺制"等相关政策。武汉则在"十四五"规划中提出,加强科技诚信监督体系建设,探索符合科技创新规律的科研组织机制和科研评价体系,营造开放包容的科技创新生态。

2. 科普政策

目前,综合性国家科学中心城市和区域性创新高地城市的科普政策主要包括推进科普设施及配套条件建设、加快科普能力及环境建设、加强科普人才队伍建设、实施科普事业税收优惠、促进科普产业发展等政策。比如,上海在"十四五"规划中提出:开展国内外科普发展动态跟踪调查研究,科学评价科普项目、活动的实施效果,加强科普工作规律性研究和科普统计分析等基础性工作,搭建科普政策咨询平台,强化科普人才队伍建设,加强科普资金投入等。

3. 科技奖励政策

我国综合性国家科学中心城市和区域性创新高地城市业已形成了较为完整的科技奖励制度,即国家级、省级和社会力量设奖相结合的、具有中国特色的科技奖励体系。例如,重庆在"十四五"规划中提出了深化科技奖励制度改革,改革完善科技成果奖励体系,注重奖励真正作出创造性贡献的科学家和一线科技人员,并控制奖励数量及提升奖励质量等举措。天津提出了改革完善科技奖励制度,推动科研院所依法依规实施章程管理,赋予科研院所和领军人才更大科研自主权等相关政策。青岛也提出了深化科技奖励制度改革,优化科技奖励项目,完善科技评价机制,建立科研诚信联席会议制度等类似政策。

二、创新环境政策存在的问题

综合性国家科学中心城市和区域性创新高地城市普遍制定实施了科技体制改革政策、创业环境法治政策、科技金融环境政策、科技创新服务政策及科技创新平台营建政策等一揽子创新环境建设政策,但依旧存在科技成果转化效率低下、政策协同机制缺失、投融资体系不健全、创新服务不完善等问题。

(一)政策设计缺乏系统集成和协同机制

综合性国家科学中心城市和区域性创新高地城市的科技创新环境政策缺

乏系统性、集成式的顶层制度设计(石明虹,2017)①。目前,城市科技创新环境政策多集中于知识"创新点",缺乏从科技研发、成果孵化到创新产业化的"知识创新链"系统化和集成式顶层设计,政策建设与创新链一体化缺乏整合,导致综合性国家科学中心城市和区域性创新高地城市的科技创新环境政策难以形成科技创新的联动性及资源整合的匹配性。

当前,产学研网络快速集聚产业、高校及科研机构等创新主体,促进知识从研发生产到创新成果商业化各环节相互耦合及梯次联动,有效避免科技与经济发展"两张皮"问题(石琳娜和陈劲,2023)②。然而,相关协同机制尚未完全建立,产学研之间并未形成协同创新的合力效应。知识与技术的联动,以及科技企业孵化和产业化循环流动主要取决于高校和科研院所等产学研各方主体的梯次联动,但是由于高校及科研院所的人才评价机制、人员流动机制和科技奖励机制等存在不足,一定程度上抑制了创新链、创业链和产业链之间的循环和融合,从而导致各类创新主体的主导功能定位存在同质化及不对等的现象,进而致使科技成果的产业化难以顺利实现(石明虹,2017;林嘉慧,2017③)。

(二)知识产权交易缺乏统一规则标准

近年来,尽管全国知识产权数量不断攀升,但是知识产权交易量和交易市场发展则相对滞后。同时,综合性国家科学中心城市和区域性创新高地城市缺乏规范统一的知识技术交易规则和交易标准,并存在交易环节烦琐、审批严格等问题,进而导致知识产权和技术专利交易成本较高,交易市场规模较小,交易市场局部分割。例如,技术交易所、联合产权交易所与股权托管交易中心

---

① 石明虹:《上海建设科技创新中心的创新创业环境政策落实跟踪研究》,《科学发展》2017 年第 8 期。
② 石琳娜、陈劲:《基于知识协同的产学研协同创新稳定性研究》,《科学学与科学技术管理》2023 年第 7 期。
③ 林嘉慧:《北京市科技创新政策效果评价》,东北财经大学 2017 年硕士学位论文。

等机构之间缺乏联动机制,相关交易规则和交易标准的规范化有待提升。此外,知识交易还存在交易前置环节过多、估价难以确认、交易信息不对称、交易效率偏低等突出问题。

(三)专业化和市场化科技中介服务不足

发达完善的科技中介服务是促进科技成果产业化的关键环节。知识技术交易市场常出现市场信息不对称的情况,因此需要专业的中介服务对接供需双方,避免出现市场失灵的现象。目前,综合性国家科学中心城市和区域性创新高地城市仍缺乏从事科技情报、知识产权、科技价值评估、科技金融等方面的专业化科技中介服务机构,且缺少专业性科技中介服务人才储备。一些从事科技创新政策评估人员主要是社会科学领域的专家,注重定性分析而不善于量化研究(程金凤,2021)[①]。同时,现有的科研院所及科技服务机构大多隶属政府主导的国有体系,其相关业务和盈利来源依赖政府及国有企业,市场规模受到限制,并存在交易环节多、审批严格、交易规则烦琐、交易成本较高等诸多问题。

(四)科技成果转移转化内在动力不足

综合性国家科学中心城市和区域性创新高地城市的科技成果申请基数庞大,但科技成果转移转化尚处于低水平阶段,转化内在动力不足。(1)研发人员对科技成果市场化转化的相关信息难以及时获取,且高校科技成果转化的相关政策和法律法规宣传不全面和不到位。(2)中介转移机构缺失及中介转化人员不专业。政策和法律法规的适用条件是有一定的专业性和局限性的,因此科技成果转化在实践中仍有转化难度。专业的转移转化机构和人才缺失,使高价值的科技成果无法顺利地进行产业化或商业化。(3)利益分配不均。高校

[①]　程金凤:《河南省科技创新政策评估的现状、问题与对策研究》,《中国集体经济》2021年第28期。

科技成果转移转化的利益分配不合理使科技成果转移转化主体的收益无法获得保障,抑制了相关主体实施技术转移转化的积极性(石慧,2022)①。

三、主要创新环境政策建议

当前,综合性国家科学中心城市和区域性创新高地城市的创新环境政策在顶层设计和协同机制、知识产权交易、科技创新服务及法律法规配套等方面存在薄弱环节,亟待强化创新环境政策供给,优化产业技术创新体系,建设公平市场环境,完善科技管理制度,以促进科技成果高效转移转化。

(一)建立产学研深度融合的技术创新体系

产学研协同创新一直是各国科技创新活动的主流组织模式(石琳娜和陈劲,2023)。在国家重大创新战略背景下,市场竞争相对于政府培育更能高效促进新技术、新产业、新产品的研发和创新(石明虹,2017),因此亟待建立企业为主体、市场为导向、产学研深度融合的技术创新体系:(1)通过市场竞争,从研发方向界定、技术路线选择、技术要素价格调控等方面,优化不同创新要素配置模式,减少技术路线和商业模式的复杂性及多变性影响;(2)通过市场机制,优化创新资源的导向作用,加大创新主体研发投入,促使创新主体真正投入创新决策、技术研发、科研组织、成果转移转化的全链条过程中,从而促进整个创新链梯次联动发展。

(二)建设有利于激发创新的公平市场环境

营造有利于大众创业、万众创新的政策环境和制度环境,建立健全公平市场环境机制:(1)建立高效的知识产权综合管理体制,打造公共服务体系,提升综合运用知识产权促进创新驱动发展的能力;(2)打破制约创新的行业垄

---

① 石慧:《高校科技成果转化模式的问题与对策探究》,《中国产经》2022年第24期。

断和市场分割,改进新技术、新产品、新商业模式的准入管理,健全产业技术政策和管理制度,形成要素价格倒逼创新的机制;(3)继续完善推动企业技术创新的税收政策,在高新技术企业税收优惠、研发费用加计扣除、固定资产加速折旧等方面加大扶持力度;(4)引导金融机构加强和改善对企业技术创新的金融服务,加大资本市场对科技型企业的支持力度。

(三)构建更符合创新规律的科技管理制度

当前,综合性国家科学中心城市和区域性创新高地城市科技管理制度多存在重复、分散、封闭、低效等问题(石明虹,2017),亟须深化科技管理体制改革。(1)彻底改变科技管理部门"多头管理"的现象,统筹优化科技资源配置,坚持按目标成果、绩效考核为导向进行分配,构建总体布局合理、功能定位清晰、契合城市特色的科技计划体系和管理制度。(2)大力推动科技管理信息化和数字化进程,提升科技管理效率和加大项目监管力度;利用大数据统计分析,梳理科技管理中存在的问题和困难,实现科研精细化管理(李皓辰等,2021)[①]。(3)推动科技管理队伍专业化,定期组织各行业领域专家对科技管理人员进行系统培训,并不断更新各领域前沿知识,从而提升科技管理的效率和效果(李皓辰等,2021)。

(四)探索多主体协同的科技成果转化路径

科技成果转移转化是涉及多主体、多环节、多因素影响的复杂过程,因此需要有效平衡各方利益并形成协同转化机制。建立多主体协同的科技成果转移转化路径是提高科技成果转化效率的重要方式(王守文等,2023)[②]。(1)加强

[①]　李皓辰、王利、王国强、熊燕:《经济高质量发展下的科技管理体制构建路径研究——以泸州市为例》,《决策咨询》2021年第4期。

[②]　王守文、覃若兰、赵敏:《基于中央、地方与高校三方协同的科技成果转化路径研究》,《中国软科学》2023年第2期。

多方梯次联动,促进多主体参与。建立中央、地方和创新组织三方主体协同、社会多方参与的科技成果转移转化协同机制,以激发利益相关者相对优势,促进创新资源和要素高速流动,推动科技成果高效转移转化。(2)中央政府健全科技成果转移转化政策制度,厘清创新主体功能定位,实施宽严相济的奖惩制度,在降低政策实施成本的同时,提升政策激励效用。(3)地方政府因地制宜打通区域创新网络关键环节。根据不同成果转化价值设置差异化的奖励比例,以激励高校科技成果转移转化动能。构建科技成果信息公开平台,建设和完善技术转移机构,促进高校和地方企业技术供需联动。(4)企业、高校、科研院所等组织充分发挥主观能动性,不断优化科技成果转移转化工作机制。一是,充分发挥自身基础优势,面向国家重大需求和前沿技术领域,促成高质量的科技成果产出;二是,打造技术转移转化信息平台,强化产学研联系,建立长期稳定的战略合作关系;三是,采取转让、许可、合作、作价投资等多种转化方式,拓宽科技成果转化渠道。

总之,作为一种制度安排,综合性国家科学中心和区域性创新高地的建设离不开"有为"的政府。相关政策科学制定是政府"有为"的根本体现,主要包括财税、金融、人才及创新环境等方面:

综合性国家科学中心城市和区域性创新高地城市推进科技创新的财税政策主要包括财政补贴和税收优惠两方面。然而,既有综合性国家科学中心城市和区域性创新高地城市存在政策制定者与创新主体信息不对称、财税政策缺乏针对性、财税政策支持方式单一,以及信息不公开、不透明等突出问题。因此,综合性国家科学中心城市和区域性创新高地城市建设亟待:提高科技投入比例,加强科技前沿领域资金投入;改变单一财政补助,创新资金投入方式;建立以间接优惠政策为主的财税政策。

综合性国家科学中心城市和区域性创新高地城市的科技创新金融政策主要包括创业风险投资政策、科技信贷和担保政策、资本市场政策及科技保险政策等。当前,综合性国家科学中心城市和区域性创新高地城市在政策体系、复合型人才储备及融资模式方面存在一定不足。因此,建立多层次、多手段及多组合的全方位投融资服务,促进科技创新资源的优化配置,加快搭建科技金融联动综合服务平台,是激发综合性国家科学中心城市和区域性创新高地城市创新活力的关键科技金融政策工具。

综合性国家科学中心城市和区域性创新高地城市的科技人才政策主要包括人才的培育发展、人才的引进服务、人才的激励评价三个方面。既有综合性国家科学中心城市和区域性创新高地城市存在人才培养体系不够完善、人才引进结构稍显失衡且存在流失风险、人才激励效果缺乏有效支撑等问题。因此,综合性国家科学中心城市和区域性创新高地城市亟须加强人才培养体系建设,与实际需求有效对接;优化人才引进结构,促进科研成果有效转移转化;加大人才激励力度和宣传效率,拓宽人才市场开放性和包容度。

综合性国家科学中心城市和区域性创新高地城市的创新环境政策主要包括科技体制改革政策、知识产权和技术标准政策、文化创新生态环境政策三个方面。然而,综合性国家科学中心城市和区域性创新高地城市存在政策设计缺乏系统集成、协同机制尚未建立、知识产权缺乏统一标准、专业化科技创新服务薄弱、科技成果转移转化动力不足等突出问题。因此,建立以企业为主体、市场为导向、产学研深度融合的技术创新体系,营造有利于创新和敢于创新的公平市场环境,深化科技管理制度改革,建立多方协同、利益互促的科技成果转移转化路径是培植综合性国家科学中心城市和区域性创新高地城市创新土壤的关键手段。

参 考 文 献

1．艾之涵：《法国索菲亚科学园区的发展对我国高新科技园区的启示》，《科技管理研究》2015 年第 22 期。

2．安璐：《全球科技创新中心：内涵、要素与发展方向》，《人民论坛·学术前沿》2020 年第 6 期。

3．白光祖、曹晓阳：《关于强化国家战略科技力量体系化布局的思考》，《中国科学院院刊》2021 年第 5 期。

4．白静：《优化原始创新环境 推动关键核心技术突破——科技部等部门印发〈加强"从 0 到 1"基础研究工作方案〉》，《中国科技产业》2020 年第 4 期。

5．包梦蛟、赵安然、王大鹏：《优化科技金融与科技创新协同机理的策略及建议》，《产业创新研究》2023 年第 3 期。

6．薄力之：《国内外大科学装置集聚区》，《国际城市规划》2023 年第 2 期。

7．卞松保、柳卸林：《国家实验室的模式、分类和比较——基于美国、德国和中国的创新发展实践研究》，《管理学报》2011 年第 4 期。

8．蔡跃洲：《科技成果转化的内涵边界与统计测度》，《科学学研究》2015 年第 1 期。

9．曹钢：《着力打造"关中区域网络型城市群"》，《西部学刊》2013 年第 1 期。

10．曹贤忠、曾刚、邹琳：《长三角城市群 R&D 资源投入产出效率分析及空间分异》，《经济地理》2015 年第 1 期。

11．曹湛、戴靓、吴康、彭震伟：《全球城市知识合作网络演化的结构特征与驱动因素》，《地理研究》2022 年第 4 期。

12．曹湛、戴靓、杨宇、彭震伟：《基于"蜂鸣—管道"模型的中国城市知识合作模式及其对知识产出的影响》,《地理学报》2022 年第 4 期。

13．曹湛、彭震伟:《中国三大城市群知识合作网络演化研究:结构特征与影响因素》,《城乡规划》2021 年第 5 期。

14．曾鹏:《当代城市创新空间理论与发展模式研究》,天津大学 2007 年博士学位论文。

15．曾芷墨:《基于自组织理论的高技术产业创新生态系统演化研究》,重庆交通大学 2022 年硕士学位论文。

16．陈瑾宇、张娟:《兰西城市群协同创新网络的结构洞与中间人研究》,《工业技术经济》2023 年第 7 期。

17．陈劲、朱子钦、杨硕:《"揭榜挂帅"机制:内涵、落地模式与实践探索》,《软科学》2023 年第 11 期。

18．陈娟、周华杰、樊潇潇、杨春霞、李玥、曾钢、彭良强、杨为进、林明炯:《重大科技基础设施的开放管理》,《中国科技资源导刊》2016 年第 4 期。

19．陈凯华、于凯本:《加快构建以国家实验室为核心的国家科研体系》,《光明日报》2017 年 12 月 7 日。

20．陈强:《激发科创"核爆点"的三重逻辑》,《文汇报》2023 年 7 月 30 日。

21．陈清怡、千庆兰、姚作林:《城市创新空间格局与地域组织模式——以北京、深圳与上海为例》,《城市规划》2022 年第 10 期。

22．陈套、冯锋:《大科学装置集群效应及管理启示》,《西北工业大学学报(社会科学版)》2015 年第 1 期。

23．陈伟:《典型国家或地区区域创新系统演进研究》,《当代经济》2012 年第 19 期。

24．陈昕、郑晓欢、潘博雅、沈志宏、周园春、褚大伟:《中国科学院科学数据中心体系建设实践及展望》,《中国科学数据(中英文网络版)》2023 年第 1 期。

25．程金凤:《河南省科技创新政策评估的现状、问题与对策研究》,《中国集体经济》2021 年第 28 期。

26．褚德海、张莉莉、赵希男:《大型城市科技创新能力的竞优评析方法——以大连市为例》,《科技管理研究》2012 年第 5 期。

27．崔宏轶、张超:《综合性国家科学中心科学资源配置研究》,《经济体制改革》2020 年第 2 期。

28．崔璐、申珊、杨凯瑞:《中国政府现行科技金融政策文本量化研究》,《福建论坛(人文社会科学版)》2020 年第 4 期。

29．戴靓、曹湛、马海涛、纪宇凡：《中国城市知识合作网络结构演化的影响机制》，《地理学报》2023年第2期。

30．戴靓、纪宇凡、王嵩、朱青、丁子军：《中国城市知识创新网络的演化特征及其邻近性机制》，《资源科学》2022年第7期。

31．邓祥征、梁立、吴锋、王振波、何书金：《发展地理学视角下中国区域均衡发展》，《地理学报》2021年第2期。

32．董坤、许海云、罗瑞、王超、方曙：《科学与技术的关系分析研究综述》，《情报学报》2018年第6期。

33．杜传忠：《关键核心技术创新视角下的科技创新新型举国体制及其构建》，《求索》2023年第2期。

34．杜德斌、段德忠：《全球科技创新中心的空间分布、发展类型及演化趋势》，《上海城市规划》2015年第1期。

35．杜德斌、何舜辉：《全球科技创新中心的内涵、功能与组织结构》，《中国科技论坛》2016年第2期。

36．杜德斌、祝影：《全球科技创新中心：构成要素与创新生态系统》，《科学》2022年第4期。

37．杜德斌：《全球科技创新中心：动力与模式》，上海人民出版社2015年版。

38．杜德斌：《中国孕育世界级科技创新中心的潜力》，《地理教育》2016年第12期。

39．杜德斌：《全球科技创新中心：理论与实践》，上海科学技术出版社2024年版。

40．杜德林、王姣娥、焦敬娟、杜方叶：《珠三角地区产业与创新协同发展研究》，《经济地理》2020年第10期。

41．杜亚楠、王庆喜、王忠燕：《多维邻近下中国三大城市群创新网络演化特征及机制研究》，《地理科学》2023年第2期。

42．杜志威、吕拉昌、黄茹：《中国地级以上城市工业创新效率空间格局研究》，《地理科学》2016年第3期。

43．段德忠、杜德斌、谌颖、翟庆华：《中国城市创新网络的时空复杂性及生长机制研究》，《地理科学》2018年第11期。

44．段德忠、杜德斌、刘承良：《上海和北京城市创新空间结构的时空演化模式》，《地理学报》2015年第12期。

45．樊春良、李哲：《国家科研机构在国家战略科技力量中的定位和作用》，《中国科学院院刊》2022年第5期。

46．樊春良：《美国国家实验室的建立和发展——对美国能源部国家实验室的历史考察》，《科学与社会》2022 年第 2 期。

47．樊继达：《以科技自立自强支撑全面建设社会主义现代化国家》，《理论探索》2023 年第 2 期。

48．范斐、戴尚泽、于海潮、刘承良：《城市层级对中国城市创新绩效的影响研究》，《中国软科学》2022 年第 1 期。

49．范斐、连欢、王雪利、王嵩：《区域协同创新对创新绩效的影响机制研究》，《地理科学》2020 年第 2 期。

50．范如国：《复杂网络结构范型下的社会治理协同创新》，《中国社会科学》2014 年第 4 期。

51．方创琳、马海涛、王振波、李广东：《中国创新型城市建设的综合评估与空间格局分异》，《地理学报》2014 年第 4 期。

52．方岱宁、刘彬、裴永茂、陈明继、张一慧、陈浩森、高汝鑫：《对钱学森技术科学思想的再认识》，《科学通报》2023 年第 10 期。

53．冯烨、梁立明：《世界科学中心转移的时空特征及学科层次析因(上)》，《科学学与科学技术管理》2000 年第 5 期。

54．付淳宇：《区域创新系统理论研究》，吉林大学 2015 年硕士学位论文。

55．高国力：《加强区域重大战略、区域协调发展战略、主体功能区战略协同实施》，《人民论坛·学术前沿》2021 年第 14 期。

56．高洪玮：《推动产业链创新链融合发展：理论内涵、现实进展与对策建议》，《当代经济管理》2022 年第 5 期。

57．龚斌磊：《中国农业技术扩散与生产率区域差距》，《经济研究》2022 年第 11 期。

58．谷丽、任立强、洪晨、韩雪、丁堃：《知识产权服务中合作创新行为的产生机理研究》，《科学学研究》2018 年第 10 期。

59．关成华：《科学认识创新本质，助推创新型城市建设》，《人民论坛·学术前沿》2021 年第 13 期。

60．桂钦昌、杜德斌、刘承良、侯纯光：《基于随机行动者模型的全球科学合作网络演化研究》，《地理研究》2022 年第 10 期。

61．桂钦昌、杜德斌、刘承良、徐伟、侯纯光、焦美琪、翟晨阳、卢函：《全球城市知识流动网络的结构特征与影响因素》，《地理研究》2021 年第 5 期。

62．郭细根：《创新型企业空间分布及其影响因素研究——来自全国 676 家创新型试点企业的数据分析》,《科技进步与对策》2016 年第 15 期。

63．国家知识产权局知识产权发展研究中心:《2022 年中国知识产权发展状况评价报告》,2022 年,见 https://www.cnipa.gov.cn/art/2022/12/28/art_88_181042.html。

64．韩凤芹、陈亚平、马羽彤:《高水平科技自立自强下国家创新平台高质量发展策略》,《经济纵横》2023 年第 2 期。

65．韩红梅:《苏州市人才政策供给与人才需求契合度研究与启示》,《河南科技》2022 年第 21 期。

66．何宏:《德国亥姆霍兹国家研究中心联合会介绍》,《中国基础科学》2004 年第 5 期。

67．何华沙:《市场驱动型产学研合作理论与实践研究》,武汉大学 2014 年博士学位论文。

68．何晶晶:《财政税收制度创新扶持中小企业发展的策略研究》,《经济研究导刊》2021 年第 34 期。

69．何平:《我国科技领军企业发展面临的挑战与应对策略》,《价格理论与实践》2023 年第 2 期。

70．何枭、郭丽娜、周群:《基于三螺旋模型的国家实验室协同创新测度及启示》,《中国科技论坛》2020 年第 7 期。

71．何艳冰、黄晓军、杨新军:《快速城市化背景下城市边缘区失地农民适应性研究:以西安市为例》,《地理研究》2017 年第 2 期。

72．贺灿飞、毛熙彦:《尺度重构视角下的经济全球化研究》,《地理科学进展》2015 年第 9 期。

73．胡斌:《复杂多变环境下企业生态系统的动态演化及运作研究》,同济大学出版社 2013 年版。

74．胡德鑫,纪璇:《知识生产模式的现代转型与研究型大学跨学科组织的建构》,《高教探索》2022 年第 3 期。

75．胡慧芳、欧忠辉、唐彤彤:《财税政策对企业研发的影响实效——以战略性新兴产业为经验证据》,《东南学术》2022 年第 5 期。

76．胡森林、曾刚、刘海猛、庄良:《中国省级以上开发区产业集聚的多尺度分析》,《地理科学》2021 年第 3 期。

77．胡艳、张安伟:《新发展格局下大科学装置共建共享路径研究》,《区域经济评论》2022 年第 2 期。

78．黄亮、王馨竹、杜德斌、盛垒:《国际研发城市:概念、特征与功能内涵》,《城市发展研究》2014 年第 2 期。

79．黄鲁成:《宏观区域创新体系的理论模式研究》,《中国软科学》2002 年第 1 期。

80．黄庆桥、姚俭建:《制度:唯物史观的重要范畴》,《上海交通大学学报(哲学社会科学版)》2004 年第 1 期。

81．黄群慧、贺俊:《中国制造业的核心能力、功能定位与发展战略——兼评〈中国制造 2025〉》,《中国工业经济》2015 年第 6 期。

82．黄群慧:《东北地区制造业战略转型与管理创新》,《经济纵横》2015 年第 7 期。

83．黄少坚:《国家创新体系与企业研发中心建设模式研究》,中国人民大学出版社 2014 年版。

84．黄振羽:《基于大科学设施的创新生态系统建设——"雨林模型"与演化交易成本视角》,《科技进步与对策》2019 年第 19 期。

85．贾帅帅、贾林果:《科技金融推动科技创新有效路径的跨国比较——兼谈科技金融促进高新区企业创新的实施路径》,《金融市场研究》2023 年第 2 期。

86．贾中华、张喜玲:《高水平推动综合性国家科学中心建设研究》,《中国发展》2020 年第 5 期。

87．姜南、李济宇、顾文君:《技术宽度、技术深度和知识转移》,《科学学研究》2020 年第 9 期。

88．焦美琪、杜德斌、桂钦昌、侯纯光:《"一带一路"视角下城市技术合作网络演化特征与影响因素研究》,《地理研究》2021 年第 4 期。

89．柯善咨:《中国中西部发展中城市的增长极作用》,《地理研究》2010 年第 3 期。

90．孔令文、徐长生、易鸣:《市场竞争程度、需求规模与企业技术创新——基于中国工业企业微观数据的研究》,《管理评论》2022 年第 1 期。

91．孔缨:《上海市科技创新中心人才政策评估及优化建议》,《党政论坛》2018 年第 11 期。

92．寇明婷、程敏、崔文娟、陈凯华:《研发税收政策组合对 R&D 活动影响的空间计量分析》,《科研管理》2023 年第 6 期。

93．雷德森:《对科学园认识的演进和发展趋势》,《科研管理》2004 年第 3 期。

94．黎友焕、钟季良:《国内外政产学研协同创新生态系统研究评述——内涵、运行机制与绩效》,《经济研究导刊》2020 年第 2 期。

95．李帆、胡春、杜振华：《北京市数字人才政策发展现状及对策建议》，《人才资源开发》2022 年第 19 期。

96．李皓辰、王利、王国强、熊燕：《经济高质量发展下的科技管理体制构建路径研究——以泸州市为例》，《决策咨询》2021 年第 4 期。

97．李宏彪、罗丽娜：《财税政策对企业自主创新的作用研究》，《会计师》2021 年第 19 期。

98．李虹：《区域创新体系的构成及其动力机制分析》，《科学学与科学技术管理》2004 年第 2 期。

99．李洪涛、王丽丽：《中心城市科技创新对城市群产业结构的影响》，《科学学研究》2021 年第 11 期。

100．李经成、黄春晓：《创新型企业城市内部空间分布及组织逻辑——以南京市为例》，《经济地理》2022 年第 7 期。

101．李俊霞、温小霓：《中国科技金融资源配置效率与影响因素关系研究》，《中国软科学》2019 年第 1 期。

102．李力维、董晓辉：《中国特色国家实验室体系的鲜明特征、建设基础和发展路径研究》，《科学管理研究》2023 年第 1 期。

103．李琳、雒道政：《多维邻近性与创新：西方研究回顾与展望》，《经济地理》2013 年第 6 期。

104．李琳、彭璨：《长江中游城市群协同创新空间关联网络结构时空演变研究》，《人文地理》2020 年第 5 期。

105．李玲娟、王璞、王海燕：《美国国家实验室治理机制研究——以能源部国家实验室为例》，《科学学研究》2022 年第 9 期。

106．李梅芳、王俊、王彦彪、王梦婷、赵永翔：《大学—产业—政府三螺旋体系与区域创业——关联及区域差异》，《科学学研究》2016 年第 8 期。

107．李梦芸：《科学城大科学设施空间布局研究——以张江科学城为例》，《城市观察》2022 年第 3 期。

108．李世奇、张珏：《新一轮高校空间布局面临的挑战及其应对》，《教育发展研究》2020 年第 5 期。

109．李延芳：《区域经济高质量发展与科技金融政策的协调》，《中国外资》2021 年第 24 期。

110．李燕萍、沈晨、罗静子：《基于企业创新主导的区域创新体系及其要素协同——以台湾新竹科学园为例》，《科技进步与对策》2014 年第 13 期。

111．李晔：《新竹科学工业园区与中关村科技园区发展模式的比较分析》，天津大学 2005 年硕士学位论文。

112．李源、刘承良、毛炜圣、谢永顺：《全球数据中心扩张的空间特征与区位选择》，《地理学报》2023 年第 8 期。

113．李源、刘承良：《争创综合性国家科学中心的挑战与对策》，《地理教育》2022 年第 10 期。

114．李正风：《如何准确理解国家战略科技力量》，《中国科技论坛》2022 年第 4 期。

115．李志遂、刘志成：《推动综合性国家科学中心建设增强国家战略科技力量》，《宏观经济管理》2020 年第 4 期。

116．李志遂、聂常虹、刘倚溪、贺舟：《大科学装置（集群）驱动型创新生态系统的理论模型与实证研究》，《管理评论》2023 年第 1 期。

117．连瑞瑞：《综合性国家科学中心管理运行机制与政策保障研究》，中国科学技术大学 2019 年博士学位论文。

118．林苞、雷家骕：《基于科学的创新与基于技术的创新——兼论科学—技术关系的"部门"模式》，《科学学研究》2014 年第 9 期。

119．林嘉慧：《北京市科技创新政策效果评价》，东北财经大学 2017 年硕士学位论文。

120．林剑铭、刘承良：《世界典型创新空间的发展模式：科学中心与创新高地》，《地理教育》2022 年第 10 期。

121．刘承良、管明明、段德忠：《中国城际技术转移网络的空间格局及影响因素》，《地理学报》2018 年第 8 期。

122．刘承良、桂钦昌、段德忠、殷美元：《全球科研论文合作网络的结构异质性及其邻近性机理》，《地理学报》2017 年第 4 期。

123．刘承良、李春乙、刘向杰：《中国创新型城市化的空间演化及影响因素》，《华中师范大学学报（自然科学版）》2021 年第 5 期。

124．刘承良、毛炜圣：《综合性国家科学中心体系布局优化：框架体系与实践策略》，《城市观察》2023 年第 3 期。

125．刘承良、牛彩澄：《东北三省城际技术转移网络的空间演化及影响因素》，《地理学报》2019 年第 10 期。

126．刘承良、闫姗姗：《中国跨国城际技术通道的空间演化及其影响因素》，《地理学报》2022 年第 2 期。

127．刘承良：《城乡路网系统的空间复杂性》，上海科学普及出版社 2017 年版。

128．刘承良：《中国战略科技力量的时空配置与布局优化》，《人民论坛·学术前沿》2023 年第 9 期。

129．刘承良：《优化国家技术转移体系布局建设》，《学习时报》2025 年 1 月 15 日。

130．刘冬梅、陈钰、玄兆辉：《新时期区域科技创新中心的选取与相关建议》，《中国科技论坛》2022 年第 7 期。

131．刘冬梅、赵成伟：《科技创新中心建设的内涵、实践与政策走向》，《中国科技论坛》2023 年第 5 期。

132．刘庆龄、曾立：《国家战略科技力量主体构成及其功能形态研究》，《中国科技论坛》2022 年第 5 期。

133．刘通、刘承良：《"全球—地方"视角下中国创新网络演化格局与内生机制》，《世界地理研究》2024 年第 9 期。

134．刘炜、郭传民：《基于创新空间生产的城市更新策略：理论、方法与国际经验》，《科技管理研究》2022 年第 16 期。

135．刘卫东：《世界高科技园区建设和发展的趋势》，《世界地理研究》2001 年第 1 期。

136．刘向杰、王敏、刘承良：《创业空间的微区位模式及影响因素——以广州市为例》，《世界地理研究》2023 年第 8 期。

137．刘晓燕、阮平南、李非凡：《基于专利的技术创新网络演化动力挖掘》，《中国科技论坛》2014 年第 3 期。

138．刘孝波：《我国高新区的集群发展研究》，沈阳工业大学 2006 年硕士学位论文。

139．刘洋、盘思桃、张寒旭、罗梦思：《加快建设粤港澳大湾区综合性国家科学中心》，《宏观经济管理》2023 年第 2 期。

140．刘云、翟晓荣：《美国能源部国家实验室基础研究特征及启示》，《科学学研究》2022 年第 6 期。

141．刘则渊、陈悦：《新巴斯德象限：高科技政策的新范式》，《管理学报》2007 年第 3 期。

142．刘则渊：《技术科学与国家创新驱动发展战略——学习钱学森的技术科学思想》，《钱学森研究》2018 年第 2 期。

143．刘则渊：《论科学技术与发展》，大连理工大学出版社 1997 年版。

144．刘志彪、孔令池：《长三角区域一体化发展特征、问题及基本策略》，《安徽大学学报(哲学社会科学版)》2019年第3期。

145．刘志迎、沈磊、韦周雪:《企业开放式创新动力源的实证研究》,《科学学研究》2018年第4期。

146．柳卸林、杨博旭、肖楠:《我国区域创新能力变化的新特征、新趋势》,《中国科学院院刊》2021年第1期。

147．鲁继通:《京津冀区域协同创新能力测度与评价——基于复合系统协同度模型》,《科技管理研究》2015年第24期。

148．陆娅楠:《开放是创新的最佳滋养》,《人民日报》2021年8月4日。

149．栾春娟、梁乐言、竺申:《中美产/学/研专利价值度比较及启示》,《科学与管理》2020年第3期。

150．罗锋、杨丹丹、梁新怡:《区域创新政策如何影响企业创新绩效?——基于珠三角地区的实证分析》,《科学学与科学技术管理》2022年第2期。

151．罗雪、毛炜圣、王帮娟、刘承良:《航空和高铁对中国城市创新能力的影响》,《地理科学进展》2022年第12期。

152．罗雪、王杰、刘承良:《国家战略科技力量的基本内涵和空间分布格局》,《地理教育》2022年第10期。

153．吕国庆、曾刚、顾娜娜:《基于地理邻近与社会邻近的创新网络动态演化分析——以我国装备制造业为例》,《中国软科学》2014年第5期。

154．吕拉昌、辛晓华、陈东霞:《城市创新基础设施空间格局与创新产出——基于中国290个地级及以上城市的实证分析》,《人文地理》2021年第4期。

155．吕拉昌、赵彩云、冉丹、马铭晨:《中国综合性国家科学中心研究进展与展望》,《科学管理研究》2023年第1期。

156．马海涛、胡夏青:《城市网络视角下的中国科技创新功能区划研究》,《地理学报》2022年第12期。

157．马海涛、陶晓丽:《区域科技创新中心内涵解读与功能研究》,《发展研究》2022年第2期。

158．马海涛、王柯文:《城市技术创新与合作对绿色发展的影响研究——以长江经济带三大城市群为例》,《地理研究》2022年第12期。

159．马海涛、徐楦钫、江凯乐:《中国城市群技术知识多中心性演化特征及创新效应》,《地理学报》2023年第2期。

160．马海涛:《知识流动空间的城市关系建构与创新网络模拟》,《地理学报》2020年第4期。

161．马双、曾刚、张翼鸥：《技术关联性、复杂性与区域多样化——来自中国地级市的证据》，《地理研究》2020年第4期。

162．马征远、刘樱霞、王琼、桂柳鸣、陈大明、江洪波：《新发展格局下长三角产业链协同发展的挑战及应对》，《科技导报》2022年第17期。

163．毛炜圣、刘承良：《综合性国家科学中心的发展评估与区位选择》，《地理教育》2022年第8期。

164．毛熙彦、贺灿飞：《区域发展的"全球—地方"互动机制研究》，《地理科学进展》2019年第10期。

165．梅亮、陈劲、刘洋：《创新生态系统：源起、知识演进和理论框架》，《科学学研究》2014年第12期。

166．孟景伟：《从"科技园区"转型"创新城区"》，《中关村》2013年第3期。

167．孟添、祝波：《长三角科技金融的融合发展与协同创新思路研究》，《上海大学学报（社会科学版）》2020年第4期。

168．宓泽锋、邱志鑫、尚勇敏、周灿：《长三角区域创新集群的技术创新联系特征及影响探究——以新材料产业为例》，《地理科学》2022年第9期。

169．苗长虹：《全球—地方联结与产业集群的技术学习——以河南许昌发制品产业为例》，《地理学报》2006年第4期。

170．宁甜甜、张再生：《基于政策工具视角的我国人才政策分析》，《中国行政管理》2014年第4期。

171．齐宏纲、戚伟、刘振、赵美风：《中国人才分布的学历梯度分异性：时空格局及影响机理》，《地理科学进展》2023年第5期。

172．钱学森：《论技术科学》，《科学通报》1957年第3期。

173．[日]青木昌彦、安藤晴彦：《模块时代：新产业结构的本质》，上海远东出版社2023年版。

174．曲云腾：《国家工程研究中心管理模式及优化整合研究》，《中国铁路》2022年第2期。

175．冉奥博、刘云：《创新生态系统结构、特征与模式研究》，《科技管理研究》2014年第23期。

176．任祝、薛瑞楠：《天津市科技创新效率提升路径探讨——基于科技金融视角》，《天津经济》2021年第11期。

177．沙德春、王文亮、肖美丹、吴静：《科技园区转型升级的内在动力研究》，《中国软科学》2016年第1期。

178．邵培德:《我国财税政策对企业自主创新的作用研究》,《中国集体经济》2019年第22期。

179．邵同尧、潘彦:《风险投资、研发投入与区域创新——基于商标的省级面板研究》,《科学学研究》2011年第5期。

180．申庆喜、李诚固、刘仲仪、胡述聚、刘倩:《长春市公共服务设施空间与居住空间格局特征》,《地理研究》2018年第11期。

181．沈湫莎:《未来产业创新前沿尽显"中国机遇"》,《文汇报》2023年9月12日。

182．[美]D.E.司托克斯:《基础科学与技术创新:巴斯德象限》,周春彦、谷春立译,科学出版社1999年版。

183．施锦诚、朱凌、王迎春:《会聚视角下关键核心技术研发特征与突破路径》,《科学学研究》2024年第3期。

184．石慧:《高校科技成果转化模式的问题与对策探究》,《中国产经》2022年第24期。

185．石琳娜、陈劲:《基于知识协同的产学研协同创新稳定性研究》,《科学学与科学技术管理》2023年第7期。

186．石明虹:《上海建设科技创新中心的创新创业环境政策落实跟踪研究》,《科学发展》2017年第8期。

187．石新泓:《创新生态系统:IBM Inside》,《商业评论》2006年第8期。

188．石忆邵、卜海燕:《创新型城市评价指标体系及其比较分析》,《中国科技论坛》2008年第1期。

189．史璐璐、江旭:《创新链:基于过程性视角的整合性分析框架》,《科研管理》2020年第6期。

190．司月芳、曾刚、曹贤忠、朱贻文:《基于全球—地方视角的创新网络研究进展》,《地理科学进展》2016年第5期。

191．司月芳、孙康、朱贻文、曹贤忠:《高被引华人科学家知识网络的空间结构及影响因素》,《地理研究》2020年第12期。

192．苏屹、姜雪松、雷家骕、林周周:《区域创新系统协同演进研究》,《中国软科学》2016年第3期。

193．孙久文、张皓、王邹:《区域发展重大战略功能平台的联动发展研究》,《特区实践与理论》2022年第5期。

194．孙康、司月芳:《创新型人才流动的空间结构与影响因素——基于高被引华人科学家履历分析》,《地理学报》2022 年第 8 期。

195．孙思源、彭现科:《基于科技创新基本逻辑强化国家战略科技力量》,《科技中国》2022 年第 12 期。

196．覃柳婷、滕堂伟、张翌、曾刚:《中国高校知识合作网络演化特征与影响因素研究》,《科技进步与对策》2020 年第 22 期。

197．谭慧芳、谢来风:《综合性国家科学中心高质量建设思路——以粤港澳大湾区为例》,《开放导报》2022 年第 4 期。

198．汤国安:《ArcGIS 地理信息系统空间分析实验教程》,科学出版社 2006 年版。

199．陶爱萍、刘秉东:《互联网发展对城市创新的影响研究——基于中国 283 个城市面板数据的实证检验》,《经济与管理评论》2022 年第 6 期。

200．田时中、余盼盼:《创新要素流动、税制结构与制造业高质量发展》,《工业技术经济》2023 年第 7 期。

201．童昕、王缉慈:《论全球化背景下的本地创新网络》,《中国软科学》2000 年第 9 期。

202．万劲波、赵兰香、牟乾辉:《国家创新平台体系建设的回顾与展望》,《中国科学院院刊》2012 年第 6 期。

203．汪涛、张小珍、汪樟发:《国家工程技术研究中心政策的历史演进及协调状况研究》,《科学学与科学技术管理》2010 年第 9 期。

204．汪樟发、汪涛、王毅:《国家工程研究中心政策的历史演进及协调状况研究》,《科学学研究》2010 年第 5 期。

205．王帮娟、王涛、刘承良:《中国技术转移枢纽及其网络腹地的时空演化》,《地理学报》2023 年第 2 期。

206．王帮娟、王涛、刘承良:《综合性国家科学中心和区域性创新高地协同发展的理论框架》,《地理教育》2022 年第 8 期。

207．王宏起、吕建秋、王珊珊:《科技成果转化的双边市场属性及其政策启示——基于成果转化平台的视角》,《科学学与科学技术管理》2018 年第 2 期。

208．王宏伟、马茹、张慧慧、陈晨:《我国区域创新环境分析研究》,《技术经济》2021 年第 9 期。

209．王慧斌、白惠仁:《德国大科学装置的开放共享机制及启示》,《中国科学基金》2019 年第 3 期。

210．王缉慈:《知识创新和区域创新环境》,《经济地理》1999 年第 1 期。

211．王稼琼、绳丽惠、陈鹏飞:《区域创新体系的功能与特征分析》,《中国软科学》

1999 年第 2 期。

212．王景荣、徐荣荣：《基于自组织理论的区域创新系统演化路径分析——以浙江省为例》，《科技进步与对策》2013 年第 9 期。

213．王莉静：《基于自组织理论的区域创新系统演进研究》，《科学学与科学技术管理》2010 年第 8 期。

214．王瑞瑞、张瑞、赵莹：《科技金融深度融合助推河南建设国家创新高地研究》，《河南科技》2022 年第 17 期。

215．王守文、覃若兰、赵敏：《基于中央、地方与高校三方协同的科技成果转化路径研究》，《中国软科学》2023 年第 2 期。

216．王涛、王帮娟、刘承良：《综合性国家科学中心和区域性创新高地的基本内涵》，《地理教育》2022 年第 8 期。

217．王潇婉、武健：《如何发挥高校对科技创新走廊发展的支撑作用》，《中国高校科技》2019 年第 8 期。

218．王兴平、朱凯：《都市圈创新空间：类型、格局与演化研究——以南京都市圈为例》，《城市发展研究》2015 年第 7 期。

219．王怡：《中国财税政策对企业自主创新的作用研究》，《商业观察》2020 年第 2 期。

220．王贻芳、白云翔：《发展国家重大科技基础设施 引领国际科技创新》，《管理世界》2020 年第 5 期。

221．王云、杨宇、刘毅：《粤港澳大湾区建设国际科技创新中心的全球视野与理论模式》，《地理研究》2020 年第 9 期。

222．王长建、叶玉瑶、汪菲、黄正东、李启军、陈宇、林浩曦、吴康敏、林晓洁、张虹鸥：《粤港澳大湾区协同发展水平的测度及评估》，《热带地理》2022 年第 2 期。

223．王振、李斌、梁正：《俄罗斯国家科学中心协同创新机制研究》，《全球科技经济瞭望》2017 年第 Z1 期。

224．王振旭、朱巍、张柳、刘青：《科技创新中心、综合性国家科学中心、科学城概念辨析及典型案例》，《科技中国》2019 年第 1 期。

225．王铮、孙翊、顾春香：《枢纽—网络结构：区域发展的新组织模式》，《中国科学院院刊》2014 年第 3 期。

226．王铮、杨念、何琼、姚梓璇：《IT 产业研发枢纽形成条件研究及其应用》，《地理研究》2007 年第 4 期。

227．王智源：《强化知识产权创造保护运用促进综合性国家科学中心建设》，《中共合肥市委党校学报》2017 年第 6 期。

228．王子龙、谭清美:《区域创新体系(RIS)的网络结构》,《科技进步与对策》2003 年第 1 期。

229．温珂、刘意、潘韬、李振国:《公立科研机构在国家创新系统中的角色研究》,《科学学研究》2023 年第 2 期。

230．文余源、王芝清:《加速发展和布局未来产业》,《中国社会科学报》2023 年 5 月 31 日。

231．吴福象、王泽芸:《份额偏离分析视角下制造业国家战略科技力量布局研究》,《湘潭大学学报(哲学社会科学版)》2022 年第 6 期。

232．吴贵华:《创新空间分布和空间溢出视角下城市群创新中心形成研究》,华侨大学 2020 年博士学位论文。

233．吴金希:《"创新"概念内涵的再思考及其启示》,《学习与探索》2015 年第 4 期。

234．吴敬琏:《发展中国高新技术产业:制度重于技术》,中国发展出版社 2002 年版。

235．吴康敏、张虹鸥、叶玉瑶、陈奕嘉、岳晓丽:《粤港澳大湾区协同创新的综合测度与演化特征》,《地理科学进展》2022 年第 9 期。

236．吴林海:《世界科技工业园区发展历程、动因和发展规律的思考》,《高科技与产业化》1999 年第 1 期。

237．吴卫、银路:《巴斯德象限取向模型与新型研发机构功能定位》,《技术经济》2016 年第 8 期。

238.《习近平著作选读》第二卷,人民出版社 2023 年版。

239.《习近平谈治国理政》第三卷,外文出版社 2020 年版。

240．席强敏、李国平、孙瑜康、吕爽:《京津冀科技合作网络的演变特征及影响因素》,《地理学报》2022 年第 6 期。

241．席强敏、张景乐、张可云:《中国城市专利规模与知识宽度的时空演变及影响因素》,《经济地理》2022 年第 3 期。

242．谢文栋:《科技金融政策能否提升科技人才集聚水平——基于多期 DID 的经验证据》,《科技进步与对策》2022 年第 20 期。

243．徐示波、贾敬敦、仲伟俊:《国家战略科技力量体系化研究》,《中国科技论坛》2022 年第 3 期。

244．徐维祥、张筱娟、刘程军:《长三角制造业企业空间分布特征及其影响机制研究:尺度效应与动态演进》,《地理研究》2019年第5期。

245．徐扬、陶锋、韦东明:《资质认定型创新政策能否促进企业技术创新"增量提质"——来自国家认定企业技术中心政策的证据》,《南方经济》2022年第8期。

246．薛澜、姜李丹、黄颖、梁正:《资源异质性、知识流动与产学研协同创新——以人工智能产业为例》,《科学学研究》2019年第12期。

247．阳镇:《关键核心技术:多层次理解及其突破》,《创新科技》2023年第1期。

248．杨斌、肖尤丹:《国家科研机构硬科技成果转化模式研究》,《科学学研究》2019年第12期。

249．杨博旭、柳卸林、吉晓慧:《区域创新生态系统:知识基础与理论框架》,《科技进步与对策》2023年第13期。

250．杨东奇:《对技术创新概念的理解与研究》,《哈尔滨工业大学学报(社会科学版)》2000年第2期。

251．杨会良、杨雅旭、侯雨彤:《台湾新竹科学工业园发展现状及对雄安新区的借鉴研究》,《经济研究参考》2018年第64期。

252．杨瑾:《国内外综合性科学中心建设的借鉴与启示》,《杭州科技》2021年第6期。

253．杨诗炜、张光宇、罗嘉文:《新型研发机构研究的现状评估与发展建议——基于创新生态系统与创新价值链视角》,《科技管理研究》2019年第10期。

254．杨媛棋、杨一帆、寇明婷:《科技金融支持国家创新体系整体效能提升研究》,《科研管理》2023年第3期。

255．杨中楷、高继平、梁永霞:《构建科技创新"双循环"新发展格局》,《中国科学院院刊》2021年第5期。

256．叶茂、江洪、郭文娟、龚琴:《综合性国家科学中心建设的经验与启示——以上海张江、合肥为例》,《科学管理研究》2018年第4期。

257．尹贻梅、刘志高、刘卫东:《路径依赖理论研究进展评析》,《外国经济与管理》2011年第8期。

258．余斌、李星明、曾菊新、罗静:《武汉城市圈创新体系的空间分析——基于区域规划的视角》,《地域研究与开发》2007年第1期。

259．袁晓辉、刘合林:《英国科学城战略及其发展启示》,《国际城市规划》2013年第5期。

260．[美]约瑟夫·熊彼特:《经济发展理论》,何畏等译,商务印书馆1990年版。

261．张宝珍:《〈张江科学城建设规划〉落地实施将形成"一心一核、多圈多点、森林绕城"格局》,《城市导报》2017 年 8 月 11 日。

262．张赤东、贾璨、李雨珈：《"区域科技创新中心"政策概念的界定分析》,《科技中国》2022 年第 4 期。

263．张凤、何传启：《创新的内涵、外延和经济学意义》,《世界科技研究与发展》2002 年第 3 期。

264．张佳锃、夏丽丽、林剑铬、安琳、蔡润林：《行业知识基础视角下城际创新网络模拟与邻近机制——以长三角城市群为例》,《热带地理》2022 年第 11 期。

265．张坚、黄琨、李英、齐国友、迟春洁、刘璇：《张江综合性国家科学中心服务上海科创中心建设路径》,《科学发展》2018 年第 9 期。

266．张利飞：《高科技产业创新生态系统耦合理论综评》,《研究与发展管理》2009 年第 3 期。

267．张琳、彭玉杰、杜会英、黄颖：《技术会聚：内涵、现状与测度——兼论与学科交叉的关系》,《图书情报工作》2021 年第 1 期。

268．张玲玲、王蝶、张利斌：《跨学科性与团队合作对大科学装置科学效益的影响研究》,《管理世界》2019 年第 12 期。

269．张妮、赵晓冬：《区域创新生态系统可持续运行建设路径研究》,《科技进步与对策》2022 年第 6 期。

270．张仁开：《新时代上海众创空间发展的新思路研究》,《上海城市管理》2018 年第 4 期。

271．张仁开：《培育创新的热带雨林：上海创新生态系统演化研究》,华东师范大学出版社 2018 年版。

272．张士运、王健、庞立艳、姚常乐：《科技创新中心的功能与评价研究》,《世界科技研究与发展》2018 年第 1 期。

273．张守华：《基于巴斯德象限的我国科研机构技术创新模式研究》,《科技进步与对策》2017 年第 20 期。

274．张伟峰、王敬青：《中关村与新竹科学园发展模式比较》,《宝鸡文理学院学报（社会科学版）》2007 年第 3 期。

275．张文忠：《中国不同层级科技创新中心的布局与政策建议》,《中国科学院院刊》2022 年第 12 期。

276．张学文、靳晴天、陈劲：《科技领军企业助力科技自立自强的理论逻辑和实现路径：基于华为的案例研究》,《科学学与科学技术管理》2023 年第 1 期。

277．张燕、韩江波：《大湾区科技创新协同发展机制与路径研究——基于综合性国家科学中心的视角》,《上海市经济管理干部学院学报》2022 年第 4 期。

278．张耀方:《综合性国家科学中心的内涵、功能与管理机制》,《中国科技论坛》2017 年第 6 期。

279．张艺、陈凯华:《官产学三螺旋创新的国际研究:起源、进展与展望》,《科学学与科学技术管理》2020 年第 5 期。

280．张颖莉、杨海波:《世界科学城的演变历程及对粤港澳大湾区的启示》,《中国科技论坛》2023 年第 1 期。

281．张永安、关永娟:《市场需求、创新政策组合与企业创新绩效——企业生命周期视角》,《科技进步与对策》2021 年第 1 期。

282．张志强、熊永兰、韩文艳:《成渝国家科技创新中心建设模式与政策研究》,《中国西部》2020 年第 5 期。

283．赵洁、胡浩、谭佳:《新时代国家工程技术研究中心建设的思考》,《科技资讯》2023 年第 1 期。

284．赵玲玲:《深圳国际化人才引进政策的现状、问题及对策》,《特区实践与理论》2019 年第 2 期。

285．赵天宇、孙巍:《政府支持、创新环境与工业企业研发》,《经济问题》2022 年第 3 期。

286．赵喜仓、李冉、吴继英:《创新主体与区域创新体系的关联机制研究》,《江苏大学学报(社会科学版)》2009 年第 2 期。

287．赵雅楠、吕拉昌、赵娟娟、赵彩云、辛晓华:《中国综合性国家科学中心体系建设》,《科学管理研究》2022 年第 2 期。

288．赵彦飞、李雨晨、陈凯华:《国家创新环境评价指标体系研究:创新系统视角》,《科研管理》2020 年第 11 期。

289．赵志耘、杨朝峰、张志娟:《国家创新型城市创新能力监测与评价》,《科技导报》2021 年第 21 期。

290．郑传月、杨艳红:《综合性国家科学中心视角的城市创新基础设施建设模式研究——基于北京、上海、合肥和深圳的比较》,《安徽科技》2022 年第 2 期。

291．郑江淮、许冰:《驱动创新增长的区域发展体制:内涵、逻辑与路径》,《兰州大学学报(社会科学版)》2022 年第 6 期。

292．郑小平、司春林:《国家创新体系学术思想形成研究》,《研究与发展管理》2006 年第 5 期。

293．郑小平:《国家创新体系研究综述》,《科学管理研究》2006 年第 4 期。

294．周灿、曾刚、曹贤忠：《中国城市创新网络结构与创新能力研究》，《地理研究》2017 年第 7 期。

295．周锐波、邱奕锋、胡耀宗：《中国城市创新网络演化特征及多维邻近性机制》，《经济地理》2021 年第 5 期。

296．朱东、杨春、张朝晖：《科学与城的有机融合——怀柔科学城的规划探索与思考》，《城市发展研究》2020 年第 1 期。

297．邹志明、陈迅：《双循环背景下中国双向 FDI 协调发展水平及其影响因素研究——基于 PVAR 模型的测度和动态面板模型的实证分析》，《经济问题探索》2021 年第 8 期。

298．Andersen E.S.，& Lundvall B.A.，"National Innovation Systems and the Dynamics of the Division of Labor"，in Edquist C.，*Systems of Innovation：Technologies，Institutions and Organizations*，London：Pinter Publisher，1997.

299．Andersson D.E.，Gunessee S.，Matthiessen C.W.，& Find S.，"The Geography of Chinese Science"，*Environment and Planning A*，Vol.46，No.12，2014.

300．Athreye S.S.，"Agglomeration and Growth：A Study of the Cambridge Hi-Tech Cluster"，in Bresnahan T.& Gambardella A.，*Building High Tech Clusters*，Cambridge，UK：Cambridge University Press，2012.

301．Balland P.A.，"Proximity and the Evolution of Collaboration Networks：Evidence from Research and Development Projects within the Global Navigation Satellite System（GNSS）Industry"，*Regional Studies*，Vol.46，No.6，2012.

302．Balland P.A.，Broekel T.，Diodato D.，Giuliani E.，Hausmann R.，O'Clery N.，Rigby D.，"The New Paradigm of Economic Complexity"，*Research Policy*，Vol.51，No.8，2022.

303．Balland P.A.，Boschma R.，Crespo J.，Rigby D.，"Smart Specialization Policy in the European Union：Relatedness，Knowledge Complexity and Regional Diversification"，*Regional Studies*，Vol.53，No.9，2019.

304．Balland P.A.，De Vaan M.，Boschma R.，"The Dynamics of Interfirm Networks along the Industry Life Cycle：The Case of the Global Video Game Industry，1987－2007"，*Journal of Economic Geography*，Vol.13，No.5，2013.

305．Balland P.A.，Belso-Martínez J.A.，Morrison A.，"The Dynamics of Technical and Business Knowledge Networks in Industrial Clusters：Embeddedness，Status，or Proximity？"，*Economic Geography*，Vol.92，No.1，2016.

306 . Balland P. A. , Rigby D. , "The Geography of Complex Knowledge", *Economic Geography*, *Vol*.93, No.1, 2017.

307 . Barbera F. , & Fassero S. , "The Place-Based Nature of Technological Innovation: The Case of Sophia Antipolis", *Journal of Technology Transfer*, Vol.38, No.3, 2013.

308 . Bathelt H. , Henn S. , "The Geographies of Knowledge Transfers over Distance: Toward a Typology", *Environment and Planning A*, Vol.46, No.6, 2014.

309 . Besag J. , "Comments on Ripley's Paper", *Journal of the Royal Statistical Society* (*Series B*), Vol.39, 1977.

310 . Boschma R. , "Proximity and Innovation: A Critical Assessment", *Regional Studies*, Vol.39, No.1, 2005.

311 . Boschma R. , Balland P.A. , Kogler D. , "Relatedness and Technological Change in Cities: The Rise and Fall of Technological Knowledge in US Metropolitan Areas from 1981 to 2010", *Industrial and Corporate Change*, Vol.24, No.1, 2015.

312 . Bozeman B. , Gaughan M. , Youtie J. , Slade C. P. , Rimes H. , "Research Collaboration Experiences, Good and Bad: Dispatches from the Front Lines", *Science & Public Policy*, Vol.43, No.2, 2016.

313 . Broekel T. , Boschma R. , "Knowledge Networks in the Dutch Aviation Industry: The Proximity Paradox", *Journal of Economic Geography*, Vol.12, No.2 2012.

314 . Campello R. J. , Moulavi D. , Sande J. , "Density-Based Clustering Based on Hierarchical Density Estimates", in Pei J. , Tseng V.S. , Cao L. , Motoda H. , Xu Y. (eds) *PAKDD 2013: Advances in Knowledge Discovery and Data Mining*, Berlin: Springer, 2013.

315 . Cao Z. , Derudder B. , Dai L. , Peng Z. , "'Buzz-and-Pipeline' Dynamics in Chinese Science: The Impact of Interurban Collaboration Linkages on Cities' Innovation Capacity", *Regional Studies*, Vol.56, No.2, 2022.

316 . Carlsson B. , "Internationalization of Innovation Systems: A Survey of the Literature", *Research Policy*, Vol.35, No.1, 2006.

317 . Yigitcanlar T. , "Planning for Knowledge-Based Urban Development: Global Perspectives", *Journal of Knowledge Management*, Vol.13, No.5, 2009.

318 . Yigitcanlar T. , Velibeyoglu K. , & Martinez-Fernandez C. , "Rising Knowledge Cities: The Role of Urban Knowledge Precincts", *Journal of Knowledge Management*, Vol.12, No.5, 2008.

319 . Castellacci F. , "Technological Paradigms, Regimes and Trajectories: Manufacturing

and Service Industries in a New Taxonomy of Sectoral Patterns of Innovation", *Research Policy*, Vol.37, No.6-7, 2008.

320 . Castells M., *The Rise of the Network Society*, Oxford, UK: Blackwell, 1996.

321 . Chesbrough H.W., *Open Innovation: The New Imperative for Creating and Profiting from Technology*, Boston: Harvard Business Press, 2003.

322 . Cooke P. N., "Regional Innovation Systems, Clusters, and the Knowledge Economy", *Industrial and Corporate Change*, Vol.10, No.4, 2001.

323 . Cooke P.N., "Regional Innovation Systems: Competitive Regulation in the New Europe", *Geoforum*, Vol.23, No.3, 1992.

324 . Cooke P.N., Heidenreich M., Braczyk H.J., *Regional Innovation Systems: The Role of Governance in a Globalised World*, London: Routledge, 2004.

325 . Dicken P., "Geographers and 'Globalization': (yet) Another Missed Boat?", *Transactions of the Institute of British Geographers*, Vol.29, No.1, 2004.

326 . Doloreux D., "What We Should Know about Regional Systems of Innovation", *Technology in Society*, Vol.24, No.3, 2002.

327 . Edquist C., "Design of Innovation Policy through Diagnostic Analysis: Identification of Systemic Problems (or Failures)", *Industrial & Corporate Change*, Vol.20, No.6, 2011.

328 . Edquist C., *Systems of Innovation: Technologies, Institutions and Organizations*, London: Pinter Publisher, 1997.

329 . Esty D.C., & Porter M.E., "Industrial Ecology and Competitiveness: Strategic Implications for the Firm", *Journal of Industrial Ecology*, Vol.2, No.1, 1998.

330 . Etzkowitz H., Webste A., Gebhardt C., Terra B.R.C., "The Future of the University and the University of the Future: Evolution of Ivory Tower to Entrepreneurial Paradigm", *Research Policy*, Vol.29, No.2, 2000.

331 . Bassis F.N., Armellini F., "Systems of Innovation and Innovation Ecosystems: A Literature Review in Search of Complementarities", *Journal of Evolutionary Economics*, Vol.28, No.5, 2018.

332 . Freeman C., *Technology Policy and Economic Performance: Lessons from Japan*, London: Pinter Publishers, 1987.

333 . Freeman C., "Networks of Innovators: A Synthesis of Research Issues", *Research Policy*, Vol.20, No.5, 1991.

334 . Gans C., *The Limits of Nationalism*, Cambridge, UK：Cambridge University Press,2003.

335 . Gluckler J., Doreian P., "Social Network Analysis and Economic Geography-Positional,Evolutionary and Multi-level Approaches", *Journal of Economic Geography*, Vol. 16,No.6,2016.

336 . Green C., "Learning by Comparing Technopoles of the World：The Cambridge Phenomenon",*The 6th International Conference on Technology and Innovation*,2022.

337 . Grimpe C., Hussinger K., "Formal and Informal Knowledge and Technology Transfer from Academia to Industry：Complementarity Effects and Innovation Performance", *Industry and Innovation*,Vol.20,No.8,2013.

338 . Gui Q.C., Liu C.L., Du D.B., "Globalization of Science and International Scientific Collaboration：A Network Perspective",*Geoforum*,No.105,2019.

339 . Hall P., Pain K.,*The Polycentric Metropolis：Learning from Mega-city Regions in Europe*,London：Routledge,2006.

340 . Hannan M.T., Freeman J.,"The Population Ecology of Organization",*American Journal of Sociology*,Vol.82,No.5,1977.

341 . Hekkert M.P., Suurs R.A.A., Negro S.O., Kuhlmann S., Smits R.E.H.M., "Functions of Innovation Systems：A New Approach for Analysing Technological Change", *Technological Forecasting & Social Change*,Vol.74,No.4,2007.

342 . Hidalgo C.A., Hausmann R.,"The Building Blocks of Economic Complexity", *Proceedings of the National Academy of Sciences*,Vol.106,No.26,2009.

343 . Hidalgo C.A., Klinger B.,Barabási A.L., Hausmann R., "The Product Space Conditions the Development of Nations",*Science*,Vol.317,No.5937,2007.

344 . Keeble D.,Lawson C.,Moore B., Wilkinson F.,"Collective Learning Processes, Networking and 'Institutional Thickness' in the Cambridge Regions",*Regional Studies*, Vol.33,No.4,1999.

345 . Koh F.C.C.,Koh W.T.H., Tschang F.T.,"An Analytical Framework for Science Parks and Technology Districts with an Application to Singapore",*Journal of Business Venturing*,Vol.20,No.2,2005.

346 . Leydesdorff L.,*A Triple Helix of University-Industry-Government Relations：The Future Location of Research*,New York：State University Press,1997,pp.134−188.

347 . Liu C.L.,*Geography of Technology Transfer in China：A Glocal Network Approach*,

Singapore:World Scientific,2023.

348 . Liu X., White S.,"Comparing Innovation Systems:A Framework and Application to China's Transitional Context",*Research Policy*,Vol.30,No.7,2001.

349 . Longhi C., "Networks, Collective Learning and Technology Development in Innovative High Technology Regions:The Case of Sophia-Antipolis",*Regional Studies*,Vol. 33,No.4,1999.

350 . Lundvall B.A.,*National Systems of Innovation,Towards a Theory of Innovation and Interactive Learning*,London:Pinter Publishers,1992.

351 . Ma H.T.,Fang C.L.,Lin S.N.,Huang X.D., Xu C.D.,"Hierarchy,Clusters,and Spatial Differences in Chinese Inter-City Networks Constructed by Scientific Collaborators", *Journal of Geographical Sciences*,Vol.28,No.12,2018.

352 . Markkula M.A.,"European Engineering Universities as Key Actors in Regional and Global Innovation Ecosystems",*SEFI 40th Annual Conference*,2012.

353 . Markusen A., "Sticky Places in Slippery Space:A Typology of Industrial Districts",*Economic Geography*,Vol.72,No.3,1996.

354 . Martin R., Simmie J.,"Path Dependence and Local Innovation Systems in City-Regions",*Innovation Management Policy & Practice*,Vol.10,No.2,2008.

355 . Maskell P.,"Accessing Remote Knowledge:The Roles of Trade Fairs,Pipelines, Crowdsourcing and Listening Posts",*Journal of Economic Geography*,Vol.14,No.5,2014.

356 . Mefcalfe S.,"The Economic Foundations of Technology Policy:Equilibrium and Evolutionary Perspectives",in Metcalfe S.(ed),*Handbook of the Economics of Innovation and Technological Change*,Oxford,UK:Blackwell,1995,pp.409-512.

357 . Meyer-Krahmer F., Schmoch U., "Science-Based Technologies: University-industry Interactions in Four Fields",*Research Policy*,Vol.27,No.8,1998.

358 . Miller R., Cote M., *Growing the Next Silicon Valley:A Guide for Successful Regional Planning*,Lexington, MA:Lexington Books,1987.

359 . Moore J.F., "Predators and Prey:A New Ecology of Competition",*Harvard Business Review*,Vol.71,No.3,1993.

360 . Niosi J.,"National Systems of Innovations are 'X-Efficient'(and X-Effective): Why Some are Slow Learners",*Research Policy*,Vol.31,No.2,2002.

361 . Nooteboom B.,Vanheverbeke W.P.M.,Duysters G.M.,Gilsing V.A., van den Oord A.J.,"Optimal Cognitive Distance and Absorptive Capacity",*Research Policy*,Vol.36,No.7,

2007.

362 . Ohmae K., "The Rise of the Region State", *Foreign Affairs*, Vol.72, No.2, 1993.

363 . Pavitt K., "Sectoral Patterns of Technical Change: Towards A Taxonomy and A Theory", *Research Policy*, Vol.13, 1984.

364 . Pyke F., Becattini G. & Sengenberger W., *Industrial Districts and Inter-Firm Co-operation in Italy*, Geneva: International Institute for Labour Studies, 1990.

365 . Rose R. Shin D.C., "Democratization Backwards: The Problem of Third-Wave Democracies", *British Journal of Political Science*, Vol.31, No.2, 2001.

366 . Roper S., Du J., & Love J.H., "Modeling the Innovation Value Chain", *Research Policy*, Vol.37, No.6-7, 2008.

367 . Sciarra C., Chiarotti G., Ridolfi L., Laio F., "Reconciling Contrasting Views on Economic Complexity", *Nature Communications*, No.11, 2020.

368 . Talor P.J., "Urban Hinterworlds: Georaphies of Corporate Service Provision under Conditions of Contemporary Globalization", *Geography*, Vol.86, No.1, 2001.

369 . Tang C., Qiu P., Dou J.M., "The Impact of Borders and Distance on Knowledge Spillovers-Evidence from Cross-Regional Scientific and Technological Collaboration", *Technology in Society*, 2022.

370 . Teece D.J., "Profiting from Technological Innovation: Implications for Iintegration, Collaboration, Licensing and Public Policy", *Research Policy*, Vol.15, No.6, 1986.

371 . Teece D. J., "Reflections on 'Profiting from Innovation'", *Research Policy*, Vol.35, No.8, 2006.

372 . Wang S., Wang J.X., Wei C.Q., Wang X.L., Fan F., "Collaborative Innovation Efficiency: From within Cities to between Cities: Empirical Analysis Based on Innovative Cities in China", *Growth and Change*, Vol.52, No.3, 2021.

373 . Westwick P.J., Hoddeson L., *The National Labs: Science in An American System*, 1947-1974, Cambridge, MA: Harvard University Press, 2003.

374 . Wuyts S., Colombo M., Dutta S., Nooteboom B., "Empirical Tests of Optimal Cognitive Distance", *Journal of Economic Behavior & Organization*, No.58, 2005.

375 . Yeung H.W., *Strategic Coupling: East Asian Industrial Transformation in the New Global Economy*, Ithaca: Cornell University Press, 2016.